新世纪高等院校精品教材

微积分学

上 册

吴迪光　张　彬　编著

U0277052

浙江大學出版社

图书在版编目（CIP）数据

微积分学．上／吴迪光编著．—杭州：浙江大学出版社，1995(2018.7 重印)
ISBN 978-7-308-01521-9

Ⅰ．微… Ⅱ．吴… Ⅲ．微积分—高等学校—教材 Ⅳ．O172

中国版本图书馆 CIP 数据核字（2007）第 003009 号

微积分学（上册）

吴迪光　张　彬　编著

责任编辑　徐素君
出版发行　浙江大学出版社
（杭州市天目山路 148 号　邮政编码 310007）
（网址：http://www.zjupress.com）
排　　版　杭州中大图文设计有限公司
印　　刷　浙江省良渚印刷厂
开　　本　787mm×1092mm　1/16
印　　张　19.25
字　　数　510 千
版 印 次　1995 年 3 月第 1 版　2018 年 7 月第 11 次印刷
书　　号　ISBN 978-7-308-01521-9
定　　价　40.00 元

前　言

本书是按照国家教委高等学校工科数学课程教学指导委员会拟定的高等数学课程教学基本要求，并根据我校是一所以工为主、理工结合、兼有人文、经管的多科性大学的特点而编写的，内容有：一元函数微积分、矢量代数与空间解析几何、多元函数微积分、无穷级数(包括傅里叶级数)、常微分方程等五部分．学时范围为190～210学时，可作为高等学校工科、理科(非数学专业)、经济管理等有关专业本科生的微积分课程的教材．书中冠有“*”号部分(用小体字排版)系供对微积分要求较高的专业选用和自学者阅读．

为了便于教学，编写时力求表述确切、思路清楚、由浅入深、通俗易懂、例题适当、注重解题方法、培养能力．每章末附有较充足的习题，包括计算题、分析论证题、综合应用题，并插有思考讨论题，书末附有答案，较难的题附有提示，课后布置习题可选其中三分之一左右，其余的可供学有余力的学生根据本专业要求自行选做，在内容安排上我们注意以下几点：

(1) 预备知识部分介绍了实数集、实数连续性，有限集的最大最小数，有界无限集的上确界与下确界概念，使学生了解无限集不同于有限集，从而为引入极限概念和理论作准备．

(2) 加强极限“夹逼”法的运用，这一方法不但是导出微分学两个重要基本公式和定积分存在性证明所必需，同时本身也是从已知求未知的一种重要方法．

(3) 用定义在 R^n 上的点函数统一了多元函数概念和多元函数的积分概念，以期加强内容的内在联系，同时减少不必要的重复，也节省了学时．

(4) 将常微分方程主要部分提前在紧接一元微积分之后，全微分方程放在曲线积分与路径无关一节，级数解法放入无穷级数应用一节，这不只是为了与物理课程的教学相配合，同时也有利于加强一元函数建立函数关系的训练．

(5) 为了加强矢量分析的应用，场论中梯度部分放入多元偏导数应用一节，散度与旋度放入多元函数积分学有关章节．

本书的绪论、预备知识与第一、二、三、七、十、十一、十二、十三、十四章由吴迪光撰稿，第四、五、六、八、九章由张彬撰稿．

本书的出版得到浙江大学应用数学系和浙江大学教务处的支持，并由黄达人教授审稿，潘兴斌教授、方道元博士、金蒙伟博士对书稿各有关章节提出了许多极为宝贵的意见，数学系分管教学的系主任丁善瑞副教授，还参加了本书下册的编写研讨，在此表示衷心的感谢．

本书可能有不当甚至差错之处，恳请读者批评指教，我们不胜感激．

吴迪光　张　彬

1994年3月

目　录

绪 论

(一)

微积分——变量数学的基础部分，它的系统发展开始于17世纪后半叶，但它的思想却萌芽于公元前若干世纪.我国战国时期的哲学著作《庄子》载公孙龙提出的命题："一尺之棰，日取其半，万世不竭"，认为物质是连续的，无限可分的；而另一派墨子(公元前约498—418)提出："非半弗斫，则不动，说在端"，"端，是无间也"，认为物质既连续可分，但又有间断，存在不可分的最小单位"端".古希腊学者亚里士多德(Aristotle，公元前384—322)认为："连续就是可分割为无限可分的东西"，"数必定终止在不可分割的东西上."阿那克萨哥拉(Anaxagoras，公元前约500—428)认为："在小的东西里面并没有最小的，总是有更小的，因为存在的东西决不能因为分割而不复存在."我国战国时期名家惠施(公元前约380—300)提出："至大无外，谓之大一；至小无内，谓之小一"，这里所谓"大一"、"小一"蕴含了无穷大量与无穷小量的思想.我国记载天文历算的古书(公元前11世纪)——《周髀算经》载学者商高语："圆出于方，方出于矩"，提出了曲与直及其转化的思想.古希腊智者派安提丰(Amtiphon，公元前5世纪)提出可以把圆看成无穷多边的正多边形，揭示了有限与无限的思想.毕达哥拉斯学派布莱生(Bryson，公元前5世纪)则从圆的外切正多边形来逼近圆形，后人称之为"穷竭法".阿基米德(Archimedes，公元前约287—212)应用穷竭法计算圆周率精确到10^{-3}和从一系列三角形面积之和得出抛物弓形的面积.公元263年，我国数学家刘徽提出"割圆术"："割之弥细，所失弥少，割之又割以至不可割，则与圆合体而无所失矣."这里所谓割之又割，蕴含了步骤的无限继续，以至不可割蕴含了无限步骤达到飞跃而完成，得到与圆合体的精确值.这些讨论都可以说是微积分思想的源泉.

(二)

微积分作为一门学科的形成，是伴随着社会生产的发展经历了漫长岁月的，直到15世纪下半叶，欧洲适应资本的原始积累的需要，生产力开始得到很大的发展，工业方面建立了机械工场，机械用于采矿、冶金工业.美洲的发现，环球航行的成功，通商贸易范围的扩大，促进了交通事业的发展，这样也为自然科学展示出崭新的课题，例如，为了研究光线对透镜镜面(曲面)的折射与反射现象，需要研究曲线的切线问题；对钟摆运动的研究，需要讨论在运动状态下摆锤的位置与速度随时间变化的规律，这就超出了静力学的研究范围.另一方面，哥白尼(Copernicus，1473—1543)的"日心说"动摇了一直处于天文学统治地位的"地心说"，也标志着自然科学从神权的束缚下的解放，从此自然科学迅速发展起来.卡瓦列利(Cavalieri，1598—1647)把构成线、面、体的基本单元(点、线、面)叫做不可分量，把几何图形看作是组成这一图形的不可分量单元的无穷积累，这一方法可以说是"穷竭法"向积分方法的过渡.笛卡儿(Descartes，1596—1650)与费玛(Fermat，1601—1665)提出了按运动的观点定义曲线，引进了坐标概念，把空间数量化，对力学、光学、天文学的研究起了推动作用，为微积分的诞生作了准备.1655年，瓦里斯

(Wallis,1616—1703)的《无穷算术》提出了极限过程. 1638 年费玛得出求极值的"静止原理". 1670 年巴罗(Barrow,1630—1677)在《光学及几何学讲义》中提出了与微分三角形相一致的概念. 这样,经过许多人的努力,为微积分这门学科的形成积累了充分的资料. 德国的天文学家开普勒(Kepler,1571—1630)在第谷(Tycho Brahe,1546—1601)积累的天文观测数据的基础上,继续对行星轨道进行观测,发现对火星运动的观测数据与哥白尼"日心说"的数据总相差约$(\frac{1}{8})^\circ$,使他对圆形轨道产生了怀疑,于 1609—1619 年相继提出了行星运行轨道的三条定律. 牛顿(Newton,1643—1727)则认为行星运动之所以具有上述性质,必是某一力学规律的结果,他在伽利略(Galileo,1564—1642)的自由落体力学分析的基础上,进而发现了万有引力定律,由于行星运行速度的不均匀性,需要描述这类不均匀的速度,他提出了流数法,认为曲线是由点的连续运动生成的,因此,形成曲线的点的横坐标和纵坐标一般说来都是变化着的量,把这个变化着的量称为流,而把流的变化率称为流数——导数. 由流数关系式反过来求流量关系式,这就是求导数的逆问题——积分问题. 这样,从物理学角度为微积分的诞生与深入研究提供了正确道路. 与此同时,莱布尼兹(Leibniz,1646—1716)从几何角度得出曲线的切线斜率,明确了求区间$[a,x]$上曲边梯形的面积 $A(x)$ 与求曲线切线斜率的互逆关系. 从此微积分这门学科宣告诞生了.

微积分学是从量的侧面描述物质运动变化过程的一门基础数学,其中度量长度、时间、质量……等等量所用到的数系是实数系,由于当时实数系理论的不完备,微积分开始建立时的运算只是形式的,致使微积分学还缺乏坚实的理论基础. 早在公元前 5 世纪,毕达哥拉斯学派就发现,若假定量只是有限可分,便遇到正方形的对角线与其边长不可公度的困难. 在微积分诞生后,首先遇到了有理数列在有理数集内不一定有极限这类问题. 1872 年戴德金(Dedekind,1831 — 1916)提出了"分划理论";魏尔斯特拉斯(Weierstrass,1815 — 1897)提出了单调有界数列必有极限;康托(Cantor,1845 — 1918)提出用有理基本数列的等价类定义了无理数,明确了度量空间的完备性. 这样,实数的三派理论从不同角度定义了无理数,他们的文章同于 1872 年在德国发表,从而实现了实数系的明确理解. 接着遇到的是什么是无穷小量的问题,魏尔斯特拉斯提出用"$\varepsilon-\delta$"的分析方法来描述极限过程,使柯西(Cauchy,1789 — 1857)以极限语言给出的无穷小的定义有了分析的描述,从而实现了对无穷小量的辩证理解;同时,由波尔察诺(Bolzano,1781 — 1848)所给出的连续函数的定义;柯西给出的定积分作为和式极限的定义,以及可导性、收敛性等等定义,都可以用"$\varepsilon-\delta$"的分析语言来统一描述. 黎曼(Riemann,1826 — 1866)放宽了定积分定义中被积函数的连续条件,继而由达布(Darboux,1842 — 1917)完成了可积定理,至此,又经过许许多多数学家的相继努力,微积分的基本理论系统开始形成. 到 20 世纪,策墨罗(Zermelo,1871 — 1953)与富兰克尔(Fraenkel,1891 — 1965)进一步完善了康托的集合论,微积分发展到系统地运用集合论来处理数学问题.

(三)

微积分学是建立在无限观念上的基础数学,它处理问题的基本方法是极限法. 我们知道客观世界多种多样的物质运动变化状态,一般可区分为均匀变化与非均匀变化两大类型. 在中学教材中的常量数学,已能描述均匀变化的状态,但对非均匀变化的状态就受到限制了. 例如,设物体的运动方程为 $s=s(t)$,为了描述作直线运动物体的速度,在匀速情形,若已知在 $\Delta t=t-$

t_0 时间内物体经过的路程为 $\Delta s = s(t) - s(t_0)$，那么，用一次除法运算，便得平均速度 $\bar{v}$，即

$$\bar{v} = \frac{\Delta s}{\Delta t}, \tag{1}$$

这里 $\bar{v} =$ 常量，它可描述匀速运动过程中任一时刻运动的快慢. 对非匀速情形，由于速度随时间 t 而变，此时(1) 式中 $\bar{v} \neq$ 常量，为了求某一瞬时 t_0 的速度 v，无论将 $|\Delta t|$ 取得多么小，由(1) 式总只能是 v 的一个近似值. 为了求得精确值，须令 $|\Delta t|$ 无限缩小(但 $\Delta t \neq 0$，否则(1) 式无意义)，用无限多个近似值来逼近精确值，即采用极限法，令 $\Delta t \to 0$(Δt 无限趋近零)，从(1) 式取极限，若 $\bar{v} = \dfrac{\Delta s}{\Delta t} \to A$(常数)，那么 A 便是所求该瞬时 t_0 的速度 v 的值，即 $v(t_0) = A$. 采用数学符号，记为

$$v(t_0) = \lim_{\Delta t \to 0} \bar{v} = \lim_{\Delta t \to 0} \frac{\Delta s}{\Delta t} \overset{\text{记}}{=} \frac{ds}{dt}\Big|_{t=t_0} = A, \tag{2}$$

并称 $\dfrac{ds}{dt}\Big|_{t=t_0}$ 为路程函数 $s = s(t)$ 关于时间 t 在 t_0 处的导数，其中 lim 是英文“极限”limit 的前三个字母. 导数的概念与求导的方法是微分学中研究的基本内容之一.

与上述问题相反，若已知某变速直线运动的速度 $v = v(t)$ 是时间 t 的连续函数，要求物体从时间 $t = a$ 到时间 $t = b(a < b)$ 经过的路程. 对匀速运动来说，只需用一次乘法运算就可以了，即由(1) 式得

$$\Delta s = \bar{v}\Delta t, \tag{3}$$

其中 $\Delta t = b - a$，$\Delta s = s - s_0$，s_0 是运动的初始位置. 若运动是非匀速情形，那么速度 v 不是常量，为了求经过的路程，此时(3) 式已不适用. 设想将时间区间 $[a,b]$ 分成 n 小段，不妨记每一小段的左端点分别为 $t_1, t_2, \cdots, t_n$，同时记每一小段长 $t_{i+1} - t_i = \Delta t_i$，$i = 1, 2, \cdots, n$，在每一小段上，以等速 $v(t_1), v(t_2), \cdots, v(t_n)$ 近似代替变速 $v(t)$，从而由(3) 式得到各相应小段上经过的路程近似地为

$$\Delta s_1 \approx v(t_1)\Delta t_1, \quad \Delta s_2 \approx v(t_2)\Delta t_2, \quad \cdots \quad, \Delta s_n \approx v(t_n)\Delta t_n. \tag{4}$$

其中 $\Delta s_1 + \Delta s_2 + \cdots + \Delta s_n = s$. 将(4) 式中各项相加，得到在整个时间区间 $[a,b]$ 内物体经过的路程的近似值，即有

$$s \approx v(t_1)\Delta t_1 + v(t_2)\Delta t_2 + \cdots + v(t_n)\Delta t_n. \tag{5}$$

无 论将 $[a,b]$ 分得多么小，(5) 式中得到的总只能是 s 的一个近似值. 为了求得精确值，将区间 $[a,b]$ 无限细分，那么，(5) 式右边就无限逼近精确值 s，若记 $\lambda = \max\limits_{1 \leqslant i \leqslant n}\{\Delta t_i\}$，令 $\lambda \to 0$，于是

$$s = \lim_{\lambda \to 0}[v(t_1)\Delta t_1 + v(t_2)\Delta t_2 + \cdots + v(t_n)\Delta t_n] \overset{\text{记}}{=} \int_a^b v(t)dt, \tag{6}$$

并称 $\displaystyle\int_a^b v(t)dt$ 为速度函数 $v = v(t)$ 在时间区间 $[a,b]$ 上的定积分.

以上步骤可用更形象的符号来简单表示，设想将 $[a,b]$ 无限细分，每一微小长度记为 dt，那么在区间 $[t, t + dt] \subset [a,b]$ 内物体以速度 $v(t)$ 运动所经过的路程，记为

$$ds = v(t)dt, \tag{7}$$

(7) 式中 ds 或 $v(t)dt$ 称为路程 s 的微分. 这样(6) 式简记为

$$s = \int_a^b ds = \int_a^b v(t)dt. \tag{8}$$

将(8) 式与(7) 式联系起来看，可知总体量 s 可通过局部量 —— 微分 ds 用积分表示出来，这种方法即所谓定积分的微元法的思想.

从以上对微分与积分的粗略思想介绍，可以看出微分与积分分别属于局部与整体两类不

同范畴的问题，解决问题的思想方法是通过无限步骤，借助极限方法达到近似量转化为精确量．

极限理论是微积分学的基础，它从思想方法上突出地表现了变量数学不同于常量数学的特点．关于一元函数的极限、导数与微分及积分的介绍，分别见本书第二、三、五、六章．

（四）

从以上介绍，可以看出，从实际中来又紧密联系现实世界的实际是微积分学的显著特点，其考虑问题和解决问题的具体方法，对于建立能用于更广泛范围的统一理论有着重要的意义．对于初学微积分的读者，在学习方法上需要逐步掌握这种处理变化无限的变量问题的一系列方法，要改变那种偏重解题技巧而不重视数学概念和思想方法的习惯，要知道微积分的精华，并不仅仅是一些解题技巧，而是要更多地体会隐藏在各个基本概念背后的数学思想，如果数学思想不明确，即使有一些解题技巧，也不一定能得到有价值的科学结论．只有概念清楚，数学思路明确，那么解题技巧才能充分显示其作用．同时，微积分学中的各个概念是有机的统一体，读者在学习时，要正确理解各个基本概念之间的内在联系，正确理解各个基本定理和公式的背景与具体条件、结论和应用的范围，明确论证的方法和步骤，并能正确地运用．在学习中要善于从教材中一些简单的数学模型（用数学式子对一些几何、物理或其他实际问题的数学描述）的建立与求解中吸取数学语言的确切表述，选择适当的方法求解，并用求得的解来解释原型问题，同时用从原型得来的信息检验所得的解答，以及确认结果的正确性．

在整个学习过程中，还要善于把知识按一定结构（教学计划与培养目标）努力综合成具有解决科学技术问题的实际本领．知识的积累与综合的过程，不同于简单的算术加法，而是会能动地产生新质，特别是近代科学技术中，多科性的知识、技术与能力的综合，在某种意义上说，综合就是创造．我们期望读者通过本门课程的学习，获得微积分学的基础知识和得到能力的培养，初步掌握做学问和进行科学研究的基本思想与方法，为进一步扩大知识领域，学习专业知识，为祖国现代化而工作打好必要的基础．

预备知识

§1 实数集

1.1 实数、数集

人们在遇到的量中，有一类量具有单个的自然单元，通过“数一数”，抽象出**自然数** 1,2,3,…；还有一类量，如长度、体积、重量等，不具有单个的自然单元，但可对它进行分割，人们通过选定的单位量进行度量，有时恰好能度量得尽，有时会遇到要逐步缩小选定的单位量方能度量得尽，甚至还有度量不尽，出现不可公度的情形，这样，抽象出**有理数**与**无理数**，有理数与无理数总称**实数**.

我们知道，**自然数集**表示为

$$N = \{1,2,3,\cdots\},$$

整数集表示为

$$Z = \{\cdots, -3, -2, -1,0,1,2,3,\cdots\},$$

有理数集表示为

$$Q = \{x \mid x = \frac{m}{n}, m \in Z, n \in N\},$$

实数集表示为

$$R = \{x \mid x \text{ 或是有理数，或是无理数}\}.$$

在上述集合中，我们知道 $N \subset Z \subset Q \subset R$，即前者是后者的真子集. 本书中，如无特别声明，凡讲到的数均指实数，凡讲到数集均指 R 的子集.

1.2 实数的性质

实数具有熟知的交换、结合、分配律等运算规则外，还有以下几个常见的重要性质.

(1) **有序性** 任意两个实数 x,y 之间有且仅有下列三种关系之一：

$$x > y; \quad x = y; \quad x < y.$$

(2) **可比性(阿基米德公理)** 若 x 和 y 都是实数，且 x 为正，则存在自然数 n，使得

$$nx > y.$$

以上性质 1°,2° 对整数集 Z 就已具备.

(3) **稠密性** 在任何两个不相等的实数之间总存在实数.

事实上，这一性质对有理数就已具备，是有理数集 Q 区别于整数集 Z 的一个重要特征. 这就是说，对任何 $a,b \in Q(a < b)$，在 a,b 之间至少可找到一个有理数 c，使 $a < c < b$. 例如，取 $c = \dfrac{a+b}{2}$；再取 $d = \dfrac{a+c}{2}$，就有 $a < d < c$，依此类推，不论 a,b 相差多么小，在 a,b 之间总可找到无穷多个有理数，这就是有理数的稠密性.

(4) **连续性** 将实数集 R 分划(切割) 为两个子集 A,B，它们满足：

1° A,B 为非空集；2° $R = A \cup B$；3° 对任何 $x \in A, y \in B$，成立 $x < y$，则称(A,B) 为

对实数集 R 的一个分划(切割).对 R 的任何一个分划 (A,B),或者 A 具有最大实数,或者 B 具有最小实数,二者有且仅有一种情况发生,这就是**实数的连续性**.

从几何上看,全体实数和数轴上的点之间存在着一一对应关系(即对任意 $x \in R$,存在唯一个数轴上的点 P 与之对应,又对数轴上任意一点 P,存在唯一的 $x \in R$ 使 x 与 P 对应),对应于数轴上点分布的连续性,也就是实数的连续性,它说明实数集,没有任何空隙,还应指出:有理数集 Q 虽说稠密,但仍有空隙,例如 $\sqrt{2} \notin Q$.因此,连续性是实数集区别于有理数集的特征,为了强调这一特征性质,常常把实数集 R 叫做**实数连续统**.

例 1 计算 $\sqrt{2}$ 的近似值.

解 采用有理数列夹逼无理数的方法.将线段 $[1,2]$ 十等分,其分点是 1.1,1.2,1.3,…1.9,通过计算可得

$$1.1^2 < 1.2^2 < 1.3^2 < 1.4^2 < 2 < 1.5^2 < 1.6^2 < 1.7^2 < 1.8^2 < 1.9^2,$$

于是有

$$1.4 < \sqrt{2} < 1.5;$$

再把线段 $[1.4,1.5]$ 十等分,其分点是 1.41,1.42,1.43,…,1.49,又通过计算,有

$$(1.41)^2 < 2 < (1.42)^2;$$

再一次把线段 $[1.41,1.42]$ 十等分,通过计算,可得

$$(1.414)^2 < 2 < (1.415)^2,$$

这样,逐次十等分,可得一个 n 位有理小数 a_n,使得

$$a_n < \sqrt{2} < b_n = a_n + \left(\frac{1}{10}\right)^n,$$

或

$$0 < \sqrt{2} - a_n < \left(\frac{1}{10}\right)^n,$$

这样通过两边夹逼求得无理数 $\sqrt{2}$ 具有允许误差 $\left(\frac{1}{10}\right)^n$ 的 n 位小数的近似值 a_n.事实上,对每一个无理数 α,总可举出两个有理数 r_1, r_2,使

$$r_1 < \alpha < r_2,$$

而 $r_2 - r_1 = \delta$,不管这个随意选定的有理正数 δ 是多么小.上述这种两边夹逼的方法,是从已知求未知常采用的方法.

例 2 试证

$$\frac{1}{2\sqrt{n}} \leqslant \frac{1 \cdot 3 \cdot 5 \cdots\cdots (2n-1)}{2 \cdot 4 \cdot 6 \cdots\cdots 2n} < \frac{1}{\sqrt{2n+1}},$$

等号仅当 $n = 1$ 时成立.

证 由不等式 $\frac{m}{m+1} < \frac{m+1}{m+2}$,令 $m = 1,3,\cdots,2n-1$,两边分别作乘积得

$$u_n = \frac{1}{2} \cdot \frac{3}{4} \cdot \frac{5}{6} \cdots\cdots \frac{2n-1}{2n} < \frac{2}{3} \cdot \frac{4}{5} \cdot \frac{6}{7} \cdots\cdots \frac{2n}{2n+1} \overset{\text{记}}{=} v_n,$$

于是

$$u_n^2 < u_n v_n = \frac{1}{2n+1} \quad \text{或} \quad 0 < u_n < \frac{1}{\sqrt{2n+1}};$$

又

$$\omega_n = \frac{1}{2} \cdot \frac{2}{3} \cdot \frac{4}{5} \cdots\cdots \frac{2n-2}{2n-1} \leqslant \frac{1}{2} \cdot \frac{3}{4} \cdot \frac{5}{6} \cdots\cdots \frac{2n-1}{2n} = u_n,$$

于是

$$\frac{1}{2} \cdot \frac{1}{2n} = \omega_n u_n \leqslant u_n^2 \quad \text{或} \quad \frac{1}{2\sqrt{n}} \leqslant u_n.$$

综上所述,得

$$\frac{1}{2\sqrt{n}} \leqslant \frac{1 \cdot 3 \cdot 5 \cdots\cdots (2n-1)}{2 \cdot 4 \cdot 6 \cdots\cdots 2n} < \frac{1}{\sqrt{2n+1}},$$

等号仅当 $n=1$ 时成立.

为简便计,常引入记号 $1 \cdot 3 \cdot 5 \cdots\cdots (2n-1) = (2n-1)!!$,以及 $2 \cdot 4 \cdot 6 \cdots\cdots 2n = (2n)!!$,于是

$$\frac{1}{2\sqrt{n}} \leqslant \frac{(2n-1)!!}{(2n)!!} < \frac{1}{\sqrt{2n+1}}.$$

例 3 设有 n 个($n \geqslant 2$) 正数 $a_1, a_2, \cdots, a_n$,证明

$$\frac{n}{\frac{1}{a_1} + \frac{1}{a_2} + \cdots + \frac{1}{a_n}} \leqslant \sqrt[n]{a_1 a_2 \cdots a_n} \leqslant \frac{a_1 + a_2 + \cdots + a_n}{n}, \tag{1.1}$$

(调和平均)　　(几何平均)　　(算术平均)

等号当且仅当 $a_1 = a_2 = \cdots = a_n$ 时成立.

先证(1.1) 右边不等式,即几何平均不大于算术平均.

证 不妨设 $a_1, a_2, \cdots, a_n$ 中的最小数是 a_1,最大数是 a_n(否则,调换它们的次序重新编号即可). 于是

$$a_1 \leqslant \frac{a_1 + a_2 + \cdots + a_n}{n} \leqslant a_n,$$

等号当且仅当 $a_1 = a_2 = \cdots = a_n$ 时成立.

记 $\frac{a_1 + a_2 + \cdots + a_n}{n} = \bar{a}$,于是

$$(\bar{a} - a_1)(\bar{a} - a_n) = a_1 a_n - \bar{a}(a_1 + a_n - \bar{a}) \leqslant 0,$$

即

$$0 < a_1 a_n \leqslant \bar{a}(a_1 + a_n - \bar{a}). \tag{1.2}$$

下面用数学归纳法证明(1.1) 右边不等式成立.

已知当 $n=2$ 时, $\sqrt{a_1 a_2} \leqslant \frac{a_1 + a_2}{2}$ 成立.

设(1.1) 对 $n-1$ 时成立,那么,对 $a_2, a_3, \cdots, a_{n-1}$ 和 $(a_1 + a_n - \bar{a})$ 这 $n-1$ 个数,有

$$\sqrt[n-1]{a_2 a_3 \cdots a_{n-1}(a_1 + a_n - \bar{a})} \leqslant \frac{a_2 + a_3 + \cdots + a_{n-1} + (a_1 + a_n - \bar{a})}{n-1} = \frac{n\bar{a} - \bar{a}}{n-1} = \bar{a},$$

从而

$$a_2 a_3 \cdots a_{n-1}(a_1 + a_n - \bar{a}) \leqslant (\bar{a})^{n-1},$$

两边以 $\bar{a}$ 乘,得

$$a_2 a_3 \cdots a_{n-1} \bar{a}(a_1 + a_n - \bar{a}) \leqslant (\bar{a})^n,$$

由(1.2) 得 $a_2 a_3 \cdots a_{n-1}(a_1 a_n) \leqslant a_2 a_3 \cdots a_{n-1}[\bar{a}(a_1 + a_n - \bar{a})]$,即 $a_1 a_2 a_3 \cdots a_{n-1} a_n \leqslant (\bar{a})^n$,

得

$$\sqrt[n]{a_1 a_2 a_3 \cdots a_{n-1} a_n} \leqslant \frac{a_1 + a_2 + \cdots + a_n}{n};$$

在上式中分别将 $a_1, a_2, \cdots, a_n$ 换成 $\frac{1}{a_1}, \frac{1}{a_2}, \cdots, \frac{1}{a_n}$,再颠倒即得

$$\frac{n}{\frac{1}{a_1} + \frac{1}{a_2} + \cdots + \frac{1}{a_n}} \leqslant \sqrt[n]{a_1 a_2 \cdots a_n},$$

于是(1.1) 式成立.　　证毕

1.3 距离、绝对值、邻域

(1) 设数轴上有两点 P、Q,它们的坐标分别为 x, y,规定这两点间的**距离**是

$$PQ=\sqrt{(x-y)^2}\overset{\text{记}}{=}|x-y|,\tag{1.3}$$

这里,$|x-y|$ 称为二实数 x,y 之差的**绝对值**. 可以验证:

1° 任何 $x,y\in R$,有 $|x-y|\geqslant 0$,并且 $|x-y|=0$ 仅当 $x=y$ 时成立;

2° 对于任何 $x,y\in R$,有 $|x-y|=|y-x|$;

3° 对任何 $x,y,z\in R$,有 $|x-y|\leqslant|x-z|+|y-z|$.

在(1.3)式中,特别取 $y=0$,得

$$|x|=\begin{cases}x, & \text{当 } x>0;\\ 0, & \text{当 } x=0;\\ -x, & \text{当 } x<0.\end{cases}$$

下面列举一些常用的绝对值不等式. 设 $x,y\in R$,有

1° $-|x|\leqslant x\leqslant|x|$;

2° $|x|-|y|\leqslant|x\pm y|\leqslant|x|+|y|$;

3° $|xy|=|x||y|$; $\left|\dfrac{x}{y}\right|=\dfrac{|x|}{|y|}$ $(y\neq 0)$.

(2) 设 $a,\delta\in R$,且 $\delta>0$,满足不等式

$$|x-a|<\delta\quad(\text{或 } a-\delta<x<a+\delta)$$

的一切实数 x 所成的集

$$\{x\mid|x-a|<\delta\}$$

称为**点 a 的 δ 邻域**. 在数轴上,点 a 的 δ 邻域表示与点 a 的距离小于 δ 的点的全体.

例 4 设 $x\geqslant 0,a\geqslant 0$,试证 $|\sqrt{x}-\sqrt{a}|\leqslant\sqrt{|x-a|}$.

证 由于

$$\begin{aligned}|\sqrt{x}-\sqrt{a}|^2&=|\sqrt{x}-\sqrt{a}||\sqrt{x}-\sqrt{a}|\leqslant|\sqrt{x}-\sqrt{a}||\sqrt{x}+\sqrt{a}|\\&=|(\sqrt{x}-\sqrt{a})(\sqrt{x}+\sqrt{a})|=|x-a|,\end{aligned}$$

得

$$|\sqrt{x}-\sqrt{a}|\leqslant\sqrt{|x-a|}.$$

证毕

1.4 区间

设 $a,b\in R$,且 $a<b$,则数集 $\{x\mid a<x<b\}$ 表示数轴上两点 a,b 间(不包括 a,b)一切点的全体,称为**开区间**,记为 (a,b),即

$$(a,b)=\{x\mid a<x<b\}.$$

点 a 的 δ 邻域是一个以点 a 为中心的开区间,即

$$\{x\mid|x-a|<\delta\}=(a-\delta,a+\delta).$$

又记号

$$[a,b]=\{x\mid a\leqslant x\leqslant b\}$$

称为**闭区间**.

类似地,还有所谓**半开区间**与**无穷区间**:

$$[a,b)=\{x\mid a\leqslant x<b\};\quad(a,b]=\{x\mid a<x\leqslant b\};$$

$$(-\infty,b)=\{x\mid x<b\};\quad(-\infty,b]=\{x\mid x\leqslant b\};$$

$$(-\infty,+\infty)=\{x\mid-\infty<x<+\infty\}=R.$$

其中符号“$-\infty$”读做“**负无穷**”;“$+\infty$”读做“**正无穷**”,它们只是一个符号而不是数. 又“∞”读做“无穷”.

例 5 试证 开区间 (a,b) 中没有最大数也没有最小数.

证 反证法 设开区间(a,b)中有最大数M,因开区间不含端点,所以$M \neq b$,必有$a < M < b$,且$\frac{M+b}{2} \in (a,b)$及$a < M < \frac{M+b}{2} < b$,这与$M$是$(a,b)$中最大数的假设矛盾.同理可证开区间$(a,b)$中没有最小数. 证毕

1.5 有界数集、上确界与下确界

一、有界数集

设数集A是R的一个非空子集.

1° 若存在实数M,使对任意的$x \in A$,都有$x \leqslant M$,则称**数集A是有上界的**,并说**M是集A的一个上界**;

2° 若存在实数m,使对任意的$x \in A$,都有$x \geqslant m$,则称**数集A是有下界的**,并说**m是集A的一个下界**;

3° 若存在实数m与M,使对任意的$x \in A$,都有$m \leqslant x \leqslant M$,则称**数集$A$是有界集**;

4° 若对任意给定的正数G,总可找到$x_0 \in A$,使得$|x_0| > G$,则称**数集A是无界的**.

例 6 试证 任一非空有限数集

$$A = \{a_1, a_2, \cdots, a_k\}$$

是有界的,其中下标k是任一给定的自然数.

证 记k个实数$a_1, a_2, \cdots, a_k$中最小数为m,最大数为M,于是

$$m \leqslant a_i \leqslant M \qquad (i = 1, 2, \cdots, k)$$

由有界数集的定义即知A是有界的. 证毕

我们注意到,在有界数集A中,若M是它的上界,那么任何比M大的数也是A的上界,可见,上界有无穷多个.由例6知,在有限数集A中的最大数M便是A的最小上界;同理,最小数m便是A的最大下界,并且,$m, M \in A$.值得注意的是,在有界的无限数集中,最小的上界与最大的下界即算存在,也不一定属于该集.例如,有界无限集$A = \{x \mid 0 < x < 1\}$的"最小的上界"$M = 1$,"最大的下界"$m = 0$都不是集A中的元素.但这里最小的上界与最大的下界的含意是什么,需要引入上确界与下确界的定义.

二、上确界与下确界

(1) 设数集A是R的一个非空、有上界的子集,若数β具有性质:

1° 对任意$x \in A$,有$x \leqslant \beta$;

2° 任给$\varepsilon > 0$(不管它多么小),至少可找到一个$x_0 \in A$,使得$x_0 > \beta - \varepsilon$.则称**数$\beta$是集$A$的上确界**,记为

$$\beta = \sup A \overset{\text{或}}{=} \sup_{x \in A}\{x\},$$

其中 sup 是 supremum 的缩写.

(2) 设数集A是R的一个非空、有下界的子集,若数α具有性质:

1° 对任意$x \in A$,有$x \geqslant \alpha$;

2° 任给$\varepsilon > 0$(不管它多么小),至少可找到一个$x_0 \in A$,使得$x_0 < \alpha + \varepsilon$,则称**数$\alpha$是数集$A$的下确界**,记为

$$\alpha = \inf A \overset{\text{或}}{=} \inf_{x \in A}\{x\},$$

其中 inf 是 infimum 的缩写.

上确界与下确界统称**确界**.例如,$A = \{x \mid 0 < x < 1\}$,于是$\sup A = 1, \inf A = 0$.

根据实数系的连续性,可得下面的重要性质:

性质 1 (**确界的存在性**)有上界的数集 A,必存在上确界 $\sup A$;有下界的数集 A,必存在下确界 $\inf A$.

性质 2 (**确界的唯一性**)有上界的数集 A 的上确界 $\sup A$ 是唯一的;有下界的数集 A 的下确界 $\inf A$ 也是唯一的.

以上性质在第二章的理论证明中首先要用到它们.

§2 几个简写符号

有时为了书写简便起见,在推理或陈述时,常用下面几个符号.

2.1 $\Rightarrow$、$\Leftrightarrow$

1° 在命题中,若 P 成立时,推出 Q 成立,记为

$$P \Rightarrow Q,$$

称 **P 是 Q 的充分条件;Q 是 P 的必要条件**.

2° 若命题中 P,Q 互为充分必要条件,即 $P \Rightarrow Q$ 且 $Q \Rightarrow P$,记为

$$P \Leftrightarrow Q,$$

或说成"P **等价于** Q",有时还说成"**当且仅当 P 成立时,Q 成立**"或"**Q 成立,必须且只须 P 成立**".

2.2 $\forall$ 、$\exists$ 、$\triangleq$

1° 符号"$\forall$"称为**全称量词**,表示"**对所有的**"(for all)或"**对任意的**"(for arbitrary),取其第一个字母 A 的倒写.

2° 符号"$\exists$"称为**存在量词**,表示"**存在**"(exist),它取其第一个字母 E 的反写.

3° 符号"$\triangleq$"表示"**定义为**","**表示为**"或"**记为**".

例如,"对任意给定的正数 ε,总存在正数 N,使得当 $n > N$ 时,都有 $|u_n - a| < \varepsilon$ 成立",可用逻辑量词表述为:

$$\forall\ \varepsilon > 0,\quad \exists\ N > 0,\quad \forall\ u_n:\ n > N \Rightarrow |u_n - a| < \varepsilon.$$

上述命题的否命题,可用逻辑量词表述为:

$$\exists\ \varepsilon_0 > 0,\quad \forall\ N > 0,\quad \exists\ n:\ n > N \Rightarrow |u_n - a| \geqslant \varepsilon_0.$$

2.3 $\sum$、$\prod$

1° 求和号 $\sum$ $\quad a_1 + a_2 + a_3 + \cdots + a_n \triangleq \sum\limits_{k=1}^{n} a_k;$

2° 求积号 $\prod$ $\quad a_1 \cdot a_2 \cdot a_3 \cdots a_n \triangleq \prod\limits_{k=1}^{n} a_k.$

例 7 (1) $\sum\limits_{k=1}^{n} a = na;$ (2) $\sum\limits_{k=1}^{n} Ca_k = C\sum\limits_{k=1}^{n} a_k$ (C 常数);

(3) $\sum\limits_{k=1}^{n}(a_k + b_k) = \sum\limits_{k=1}^{n} a_k + \sum\limits_{k=1}^{n} b_k;$ (4) $\sum\limits_{k=1}^{n} a_k \xlongequal{k=j+1} \sum\limits_{j=0}^{n-1} a_{j+1} = \sum\limits_{k=0}^{n-1} a_{k+1}.$

例 8 (1) $\prod\limits_{k=1}^{n} a = a^n;$ (2) $\prod\limits_{k=1}^{n} Ca_k = C^n \prod\limits_{k=1}^{n} a_k$ (C 常数);

(3) $\prod_{k=1}^{n} a_k b_k = \prod_{k=1}^{n} a_k \cdot \prod_{k=1}^{n} b_k$;　　(4) $\prod_{k=1}^{n} a_k \xlongequal{k=j+1} \prod_{j=0}^{n-1} a_{j+1} = \prod_{k=0}^{n-1} a_{k+1}$.

习　题

1. 若 $\frac{a}{b} < \frac{c}{d}$，且 b,d 为正数，试证

$$\frac{a}{b} < \frac{a+c}{b+d} < \frac{c}{d}.$$

2. 设任意点 $x_0 \in (a,b)$，试证总存在正数 δ，使得 $(x_0-\delta, x_0+\delta) \subset (a,b)$.

3. 设 a,b,c 为实数，试证

$$1^\circ \quad |a-b| \leqslant |a-c| + |c-b|;$$

$$2^\circ \quad \left| \sqrt{a^2+b^2} - \sqrt{a^2+c^2} \right| \leqslant |b-c|.$$

4. 设 a,b 为给定的实数，ε 是可以任意小的正数，试证

1°　若 $|a-b| < \varepsilon$，　则 $a=b$;

2°　若 $a < b+\varepsilon$，　则 $a \leqslant b$.

5. 设 a 为有理数，b 为无理数，试证 $a+b, a-b$ 为无理数，又若 a,b 皆为无理数，问 $a+b, a-b$ 是否必为无理数？

6. 利用平均值公式证明 $n! < \left(\frac{n+1}{2}\right)^n$，　$n \geqslant 2$.

7. 用数学归纳法证明

1°　$(1+x_1)(1+x_2)\cdots(1+x_n) \geqslant 1 + x_1 + x_2 + \cdots + x_n$，其中 $x_i (i=1,2,\cdots,n)$ 同号且都大于 -1.

2°　利用 1° 证明 $(1+x)^n \geqslant 1+nx$（n 为正整数，$x > -1$）.

3°　$(n!)^2 \geqslant n^n$，（n 是大于 1 的自然数）.

8. 用数学归纳法证明

1°　$\sum_{k=1}^{n} k = \frac{n(n+1)}{2}$;　　2°　$\sum_{k=1}^{n} k^2 = \frac{n(n+1)(2n+1)}{6}$;

3°　$\sum_{k=1}^{n} k^3 = \left(\frac{n(n+1)}{2}\right)^2 = \left(\sum_{k=1}^{n} k\right)^2$;　　4°　$\sum_{k=1}^{n} \frac{k}{2^k} = 2 - \frac{n+2}{2^n}$.

9. 若 A 是数集，其上确界 $\sup A = \beta$，下列说法是否等价？

1°　$\forall x \in A$，　$x \leqslant \beta$，　且　　$\forall \varepsilon > 0$，　$\exists x_0 \in A$，　使 $x_0 > \beta - \varepsilon$;

2°　$\forall x \in A$，　$x \leqslant \beta$，　且　　$\forall x < \beta$，　$\exists x_0 \in A$，　使 $x_0 > x$;

3°　β 是数集 A 的最小上界，即 $\beta = \min\{y \mid \forall x \in A, x \leqslant y\}$.

第一章　函数

人们在考察的问题中，限定在一非空数集内可以任意取值的量称为**变量**，只能取同一数值的量称为**常量**，为了研究两个相关数集中变量与变量的关系，就引入了函数概念．

§1　函数概念

1.1　函数的定义

例 1　物体在高速运动过程中，其质量 m 随速度 v 的变化而变化，有关系式

$$m=\frac{m_0}{\sqrt{1-\left(\frac{v}{c}\right)^2}}\quad (0\leqslant v<c).\tag{1.1}$$

其中，常量 m_0 是物体当 $v=0$ 时的质量，c 接近 3×10^{10}(厘米 / 秒) 是光速．

在(1.1)式中，v 的取值范围是数集 $A=\{v|0\leqslant v<c\}$，(1.1)式是一个对应规则，$\forall\ v\in A$，按照这个规则，都有唯一的一个 $m\in B=\{m|m_0\leqslant m<+\infty\}$ 的值与之对应，即 m 的值随 v 的值所确定．

例 2　脉冲发生器产生一三角波(图 1-1)：

当　$0\leqslant t\leqslant 10$ 时，$U=1.5t$；

当　$10<t\leqslant 20$ 时，$U=-1.5(t-20)$．

这一三角波的数学表达式可统一写为

$$U=\begin{cases}1.5t, & 0\leqslant t\leqslant 10;\\ -1.5(t-20), & 10<t\leqslant 20.\end{cases}\tag{1.2}$$

在(1.2)式中，t 的取值范围是数集 $A=\{t|0\leqslant t\leqslant 20\}$，(1.2)式是一个对应规则，$\forall\ t\in A$，按照这个规则，都有唯一的一个 $U=\{U|0\leqslant U\leqslant 15\}$ 的值与之对应，即 U 的值随 t 的值所确定．

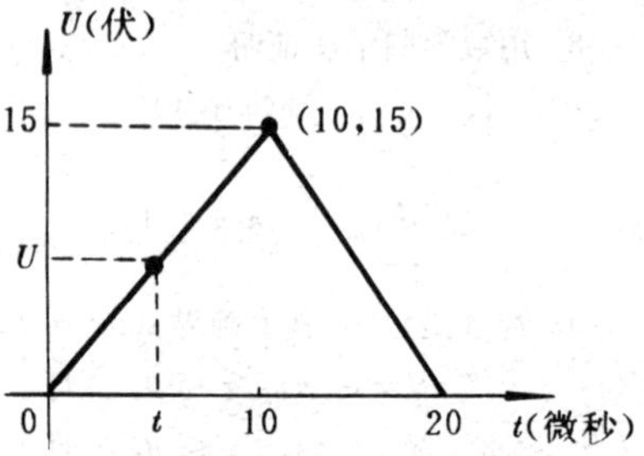

图 1-1

例 3　自动记录仪描绘某地某天气温 T(℃)随时间 t(小时)而变化的气温曲线图如图 1-2 所示．

由图，t 的取值范围是数集 $A=\{t|0\leqslant t\leqslant 24\}$，图 1-2 表示一个对应规则，$\forall\ t\in A$，按照这个规则，都有唯一的一个 $T\in B=\{T|-1\leqslant T\leqslant 15\}$ 值与之对应，即 T 的值随 t 的值所确定．

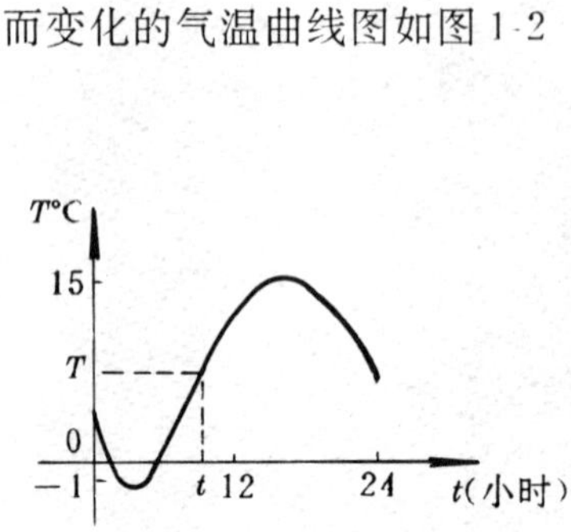

图 1-2

以上各例中，都是一个量的值由另一个量的值来确定，或者说，一个量对另一个量有依赖关系．在 17 世纪时，曾引入"函数"这个术语，但在现代分析中，将数集上的对应规则称为函数，有如下定义．

定义　设 A,B 是两个非空的数集，若存在一个对应规则 f，使得对每一个 $x\in A$，都有唯一的一个实数 $y\in B$ 与之对应，则称 **f 是定义在数集 A 上的函**

数，数集 A 称为 f 的**定义域**.

x 称为**自变量**，y 称为**因变量**，函数 f 在 x 处对应的 y 值称为**函数 f 的值**(**函数值**) 记为

$$y = f(x), \quad x \in A. \tag{1.3}$$

当 x 在定义域 A 中变化时，所有函数值 $f(x)$ 所成的集，称为**函数 f 的值域**，可表示为

$$\{f(x) \mid x \in A\} \subset B.$$

函数 f 的定义域 A，有时也记为 A_f，或 D，D_f 等.

关系式"$y = f(x), x \in A$"也表达了 y 随 x 的变化而变化的关系，称为**函数关系**，y 通过函数关系依赖于 x，常说成"**y 是 x 的函数**". 在不致引起混淆的情况下，常以 $f(x)$ 表示"**x 的函数**".

函数关系的表达形式可以是解析式(数学算式)、图形、表格等. 在例 2 中，是用解析式表示的一个函数，但在 $t \in [0,10]$ 与 $t \in (10,20]$ 须用不同的解析式表达，这种在定义域内的一些不相重叠的真子集中用不同解析式或图形来表示的函数称为**分段表示的函数**，简称**分段函数**.

一个函数关系，由对应规则 f 和定义域 D_f 所完全确定，不受变量记号 x, y 的影响. 如 $y = f(x), x \in D_f$；$s = f(t), t \in D_f$ 表示同一函数关系.

设有两个函数 f 和 g，若它们的定义域 D 相同，且对 $\forall\, x \in D$，都有

$$f(x) = g(x),$$

则称这两个**函数相等**. 例如 $f(x) = \log_5 x^2$ 与 $g(x) = 2\log_5|x|$ 相等，但与 $h(x) = 2\log_5 x$ 不相等，因后者与前二者定义域不同.

若一个函数有指明的物理或几何等实际意义时，其定义域要按实际意义来考虑；若只是给出一个解析式，而未加其他说明，则规定其定义域是指按解析式有对应函数值的自变量全体数值所成的集合，这种由解析式本身确定的函数定义域称为**自然定义域**.

例如，函数关系 $s = \dfrac{1}{2}gt^2$，若指明这是离地面高 h 处的自由落体运动，s 是下落的路程，t 是经历的时间，则定义域为 $0 \leqslant t \leqslant \sqrt{\dfrac{2h}{g}}$； 若对 s, t 未加任何说明，则可认为是自然定义域 $t \in R$.

例 4 求 $f(x) = \dfrac{\sqrt{4 - x^2}}{\log_2(x^2 - 1)}$ 的定义域.

解 其中分子 $\sqrt{4 - x^2}$ 的定义域 $A_1 = \{x \mid |x| \leqslant 2\}$，分母 $\log_2(x^2 - 1)$ 的定义域 $A_2 = \{x \mid |x| > 1\}$，又分母为零的点 $x = -\sqrt{2}, \sqrt{2}$ 所成集 $A_3 = \{-\sqrt{2}, \sqrt{2}\}$，因此，函数 $f(x)$ 的定义域是

$$A = (A_1 \cap A_2) \backslash A_3 = \{x \mid x \in [-2, -\sqrt{2}) \cup (-\sqrt{2}, -1) \cup (1, \sqrt{2}) \cup (\sqrt{2}, 2)]\}.$$

例 5 设

$$f(x) = \begin{cases} \dfrac{1 - \sqrt{1 - x}}{x}, & \text{当 } x < 0; \\ 1 + x, & \text{当 } x \geqslant 0, \end{cases}$$ 试求：(1) $f[f(-3)]$， (2) $f(x + 1)$.

解 (1) $f(-3) = \dfrac{1 - \sqrt{1 - (-3)}}{-3} = \dfrac{1}{3}$，$f[f(-3)] = f(\dfrac{1}{3}) = 1 + \dfrac{1}{3} = \dfrac{4}{3}$.

(2) $$f(x + 1) = \begin{cases} \dfrac{1 - \sqrt{1 - (x + 1)}}{x + 1}, & \text{当 } x + 1 < 0; \\ 1 + (x + 1), & \text{当 } x + 1 \geqslant 0, \end{cases}$$

即 $$f(x+1)=\begin{cases}\dfrac{1-\sqrt{-x}}{x+1}, & 当\ x<-1;\\ 2+x, & 当\ x\geqslant -1.\end{cases}$$

例 6 设 $f(\dfrac{x+1}{x-1})=x$, 试求 $f(x)$ 与 $f(x^2)$.

解 令 $\dfrac{x+1}{x-1}=t$,解得 $x=\dfrac{t+1}{t-1}$,于是 $f(t)=\dfrac{t+1}{t-1}$,更换变量记号,分别有

$$f(x)=\frac{x+1}{x-1},\qquad f(x^2)=\frac{x^2+1}{x^2-1}.$$

1.2 函数的图形

在平面直角坐标系 xOy 中,凡坐标满足方程 $y-f(x)=0(x\in A)$ 的点 (x,y) 所成的集:

$$\Gamma=\{(x,y)\,|\,y=f(x),x\in A\}$$

称为**定义在集 A 上函数 f 的图形**.

一般说来,函数的图形是平面上的一条曲线(图 1-3) 或分段表示的曲线,这些曲线与平行于 y 轴的直线至多相交于一点. 还应指出: 并不是所有的函数都可绘出其图形的,如下例:

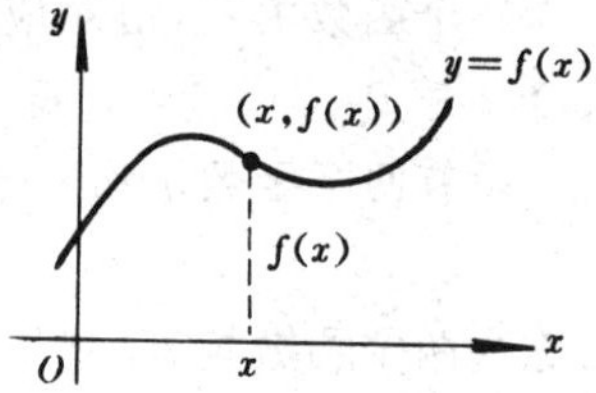

图 1-3

例 7 狄利克雷(Dirichlet) 函数

$$D(x)=\begin{cases}1, & 当\ x\ 为有理数;\\ 0, & 当\ x\ 为无理数,\end{cases}$$

其图形是点集$\{(x,y)\,|\,y=D(x),x\in R\}$. 由实数的稠密性,在任何有理数 q 的邻域有无穷多个无理数;在任何无理数 r 的邻域有无穷多个有理数,因此,这样的函数图形是无法画出的,只能想像与有理数 q 相应的点 $(q,D(q))=(q,1)$ 都落在直线 $y=1$ 上;与无理数 r 相应的点 $(r,D(r))=(r,0)$ 都落在直线 $y=0$(x 轴) 上.

* 关于函数还有如下一些解释:

1° 把函数 f 解释为由 x 轴上的定义域到 y 轴上的值域的**映射**. 这里,不是把 x 和 y 解释为 xOy 平面上同一点的坐标,而是解释为两个不同数轴上的点,于是函数 f 就把 x 轴上的点 x 映射为 y 轴上的点 y. 如图 1-4.

例如,设有两个平行的数轴 x 轴与 y 轴,如图 1-5,在两轴所在平面内一点 o,那么以 o 为投影中心,将 x 轴上的点 x 投影到 y 轴上的点所产生的映射(仿射映射),可用线性函数 $y=ax+b$ 来表示.

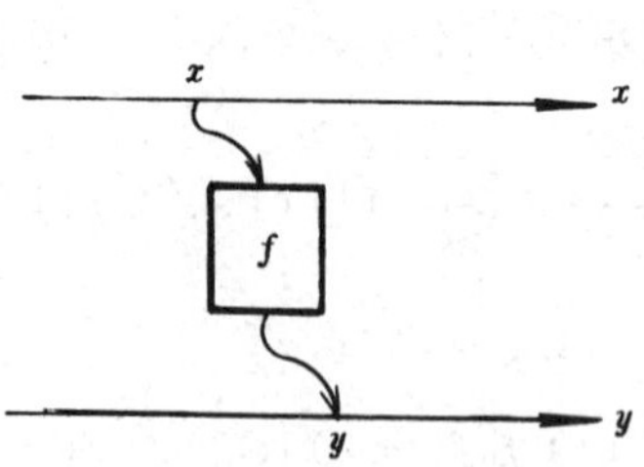

图 1-4

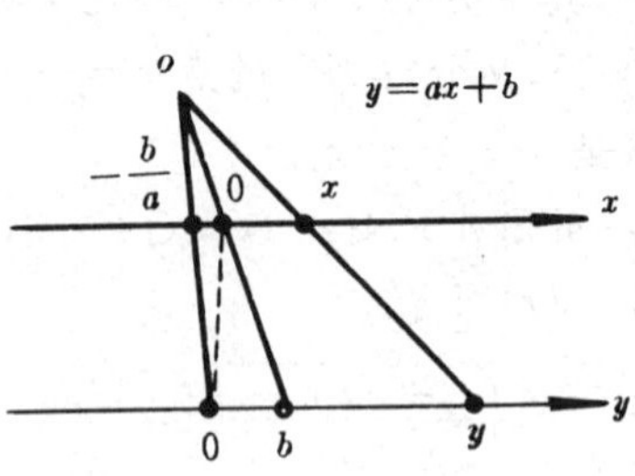

图 1-5

一般,还可把自变量解释为一维或多维空间(如数轴是一维空间,xOy 平面是二维空间) 中一点的坐标,对于定义域中每一个点 P,函数 f 规定了因变量的确定值 —— 另一点 Q 的坐标,称**点 Q 为点 P 的像,P 为点 Q 的原像**,于是,我们说函数 f 将原像点 P 映射为像点 Q,如图 1-6.

又如对每一个 t,方程

$$x=\cos t,\quad y=\sin t$$

确定了 x 和 y 的值,于是 x 与 y 是 t 的函数,这里 t 轴上区间$[0,2\pi)$ 被映射到 xOy 平面上的单位圆,原像点充满 t

轴上区间$[0,2\pi)$，而像点充满了 xOy 平面上的单位圆　$x^2+y^2=1$.

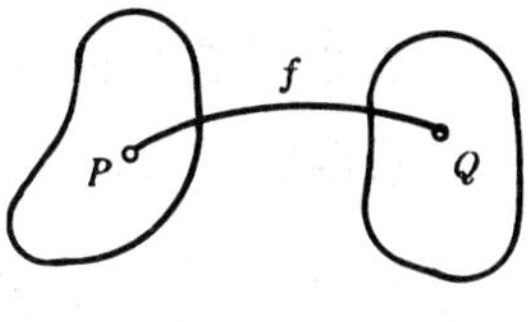

图 1-6

2°　函数 f 也可解释为如下定义的有序数组的集合：

$f=\{(x,y)\mid$ 对任意的$(x_1,y_1),(x_1,y_2)$，则有 $y_1=y_2\}$，在集 f 中，有序数组(x,y) 中所有第一个元素 x 所成的集 A 称为**函数 f 的定义域**，而第二个元素 y 所成的集 B 称为**函数 f 的值域**. 设有序数组$(a,b)\in f$，写作 $b=f(a)$，读做 b 是 f 在 a 处的值. 我们指出：xOy 平面上任一子集，其元素都是有序数组，但并非每一子集都是一个函数，例如：

$$f=\{(x,y)\mid y=\sqrt{x}\}$$

表示一个函数，但

$$g=\{(x,y)\mid y^2=x\}$$

不表示一个函数，可以看到，例如，$(4,2),(4,-2)\in g$，但 $2\neq-2$，不符合上述函数定义.

§2　几类有某种特性的函数

2.1　单调函数

设函数 $f(x),x\in D$，如果 $\forall\, x_1,x_2\in D_1\subset D$，当 $x_1<x_2$ 时，恒有

$$f(x_1)\leqslant f(x_2)(\text{或 } f(x_1)\geqslant f(x_2)),\tag{2.1}$$

则称 **$f(x)$ 在 D_1 上是单调增(或单调减)函数**.

在(2.1)中，将"$\leqslant$"(或"$\geqslant$")改为"$<$"(或"$>$")时，则称**函数 $f(x)$ 在 D_1 上是严格单调增(或严格单调减)函数**. 若在 D 上具有上述性质的函数统称**单调函数**.

例 1　$f(x)=x^2$　在区间$(-\infty,0)$上严格单调减；在区间$(0,+\infty)$上严格单调增，但在整个定义区间$(-\infty,+\infty)$上不是单调函数.

例 2　最大整数函数. $\forall\, x\in(-\infty,+\infty)$，都可写成

$x=n+r,n\in Z,0\leqslant r<1$，记$[x]=n$，于是

$$x=[x]+r,\quad 0\leqslant r<1,$$

则称　$f(x)=[x],\quad x\in(-\infty,+\infty)$

为**最大整数函数**，简称**取整函数**，或用分段函数表示为

$$y=[x]=\begin{cases}\cdots & \cdots\quad\cdots\quad\cdots\\ -1, & \text{当 } -1\leqslant x<0;\\ 0, & \text{当 } 0\leqslant x<1;\\ 1, & \text{当 } 1\leqslant x<2;\\ \cdots & \cdots\quad\cdots\quad\cdots\\ n, & \text{当 } n\leqslant x<n+1;\\ \cdots & \cdots\quad\cdots\quad\cdots.\end{cases}$$

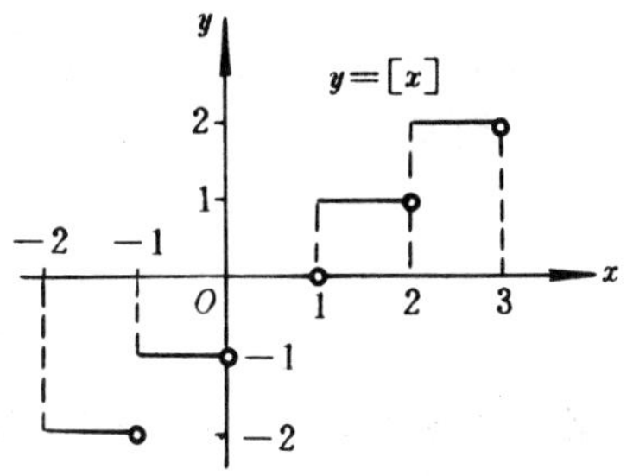

图 1-7

这里，$f(x)=[x]$ 在定义区间$(-\infty,+\infty)$是单调函数，但不是严格单调函数，如图 1-7.

取整函数具有如下性质：

1°　$[x]\leqslant x<[x]+1$ 或 $x-1<[x]\leqslant x,\quad\forall\, x\in R$；

2°　$[x+n]=[x]+n,\quad\forall\, x\in R,\quad n\in Z$；

3°　$[-x]=\begin{cases}-[x], & \forall\, x\in Z;\\ -[x]-1, & \forall\, x\in R\setminus Z.\end{cases}$

2.2　有界函数

设函数 $f(x), x \in D$，若存在常数 m（或 M），使得 $\forall\, x \in D$，都有

$$m \leqslant f(x)\text{（或 } f(x) \leqslant M\text{）},\quad x \in D, \tag{2.2}$$

则称 $f(x)$ 在 D 上是**有下（或上）界的函数**.

若同时存在常数 m 与 M，使得 $\forall\, x \in D$，都有

$$m \leqslant f(x) \leqslant M, \tag{2.3}$$

则称 $f(x)$ 在 D 上是**有界函数**. 或者说，若 f 的值域是一有界集，则 f 是**有界函数**，若记 $K = \max\{|m|, |M|\}$，则(2.3) 可改写为

$$|f(x)| \leqslant K,\quad x \in D. \tag{2.4}$$

若 $\forall\, G > 0$（不管正数 G 多么大），总 $\exists\, x_0 \in D$，使得

$$|f(x_0)| > G, \tag{2.5}$$

则称 $f(x)$ 在 D 上是**无界函数**.

例如 $f(x) = \sin\dfrac{1}{x}$ 在定义区间 $(-\infty, 0) \cup (0, +\infty)$ 上有 $\left|\sin\dfrac{1}{x}\right| \leqslant 1$，故是有界函数. 又如 $f(x) = \dfrac{1}{x}$ 在区间 $(0,1)$ 上是无界函数. 事实上，$\forall\, G > 0$（不妨假定 $G > \dfrac{1}{2}$），总 $\exists\, x_0 = \dfrac{1}{2G} \in (0,1)$，使得 $f(x_0) = f\left(\dfrac{1}{2G}\right) = 2G > G$，故 $f(x) = \dfrac{1}{x}$ 在区间 $(0,1)$ 上是无界函数.

2.3　奇函数与偶函数

设函数 $f(x), x \in D$，且 D 关于原点对称，即当 $x \in D$ 时，则有 $-x \in D$.　若 $\forall\, x \in D$，有

$$f(-x) = -f(x), \tag{2.6}$$

则称 $f(x)$ 在 D 上是**奇函数**；若 $\forall\, x \in D$，有

$$f(-x) = f(x), \tag{2.7}$$

则称 $f(x)$ 在 D 上是**偶函数**.

例如 $x^3, \sin x, x^2\sin x$，以及符号函数

$$\operatorname{sgn} x = \begin{cases} 1, & x > 0; \\ 0, & x = 0; \\ -1, & x < 0, \end{cases}$$

都是奇函数，其中 sgn 是 sign（符号）的缩写，它代表一个函数符号. 又 $x^2, \cos x, x\sin x$，以及

$$f(x) = \begin{cases} 1 + x, & -1 \leqslant x \leqslant 0; \\ 1 - x, & 0 < x \leqslant 1, \end{cases}$$

都是偶函数.

奇函数的图形关于原点对称，偶函数的图形关于 y 轴对称.

2.4　周期函数

设函数 $f(x), x \in D$，若存在一个非零常数 T，使得 $\forall\, x \in D$ 及 $(x + T) \in D$，并且

$$f(x + T) = f(x), \tag{2.8}$$

则称 $f(x)$ 在 D 上是**周期函数**，常数 T 称为 $f(x)$ 的**周期**. 当 T 是满足(2.8) 的最小正数时，称 T 为 $f(x)$ 的**最小正周期**，通常所说周期函数的周期指的是它的最小正周期. 显然，若 T 是 $f(x)$ 的最小正周期，那么，$\pm nT$（n 是自然数）也都是 $f(x)$ 的周期. 周期函数的自然定义域是 R 中的无界数集.

例 3 $\sin x$ 以 2π 为周期；$\mathrm{tg}x$ 以 π 为周期；若 $f(x)$ 以 T 为周期，ω、φ 为正数，则 $f(\omega x+\varphi)$ 以 $\frac{T}{\omega}$ 为周期.

例 4 $f(x)=x-[x], x\in(-\infty,+\infty)$，是以 $T=1$ 为周期的周期函数.

事实上，由取整函数 $[x]$ 的性质 $[x+n]=[x]+n(n\in \mathrm{Z})$，知

$$f(x+1)=x+1-[x+1]=x+1-([x]+1)=x-[x]=f(x),$$

即 $f(x)$ 是以 $T=1$ 为周期的周期函数.

对周期函数，只要了解一个周期内函数的图形与性质，也就了解了整个定义域内函数的图形与性质. 由于

$$\begin{cases} f(x)=x-[x]=x, & 0\leqslant x<1; \\ f(x+1)=f(x), & x\in(-\infty,+\infty), \end{cases}$$

它的图形如图 1-8.

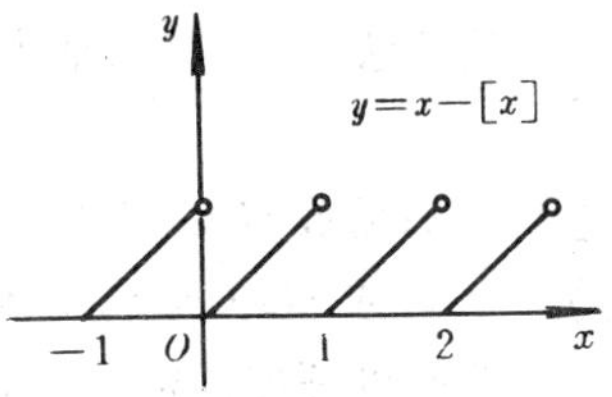

图 1-8

还应当指出，并不是每一个周期函数都有最小正周期，例如，狄利克雷函数 $D(x)$ 是一个周期函数，任一有理数都是它的周期，但没有最小正周期，这是由于正有理数集中没有最小数.

§3 反函数、复合函数

3.1 反函数

一、反函数概念

在 §1 函数的定义中，按关系式

$$y=f(x),\quad x\in A, \tag{3.1}$$

$\forall x\in A$，都有唯一的一个 $y\in B$ 与之对应，这里，B 是 f 的值域. 若反过来，$\forall y\in B$ 是否都有唯一个 $x\in A$ 与之对应？若是肯定的话，则将 f 的反对应规则记为 f^{-1}，称为 **f 的反函数**，即有函数关系式

$$x=f^{-1}(y),\quad y\in B. \tag{3.2}$$

这里，对应规则 f^{-1} 是定义在 B 上的函数.

因函数关系由定义域和对应规则确定，与变量记号无关，又习惯上自变量用记号 x 表示，因变量用记号 y 表示，于是在(3.2) 式中将变量的记号 x 与 y 对换，得

$$y=f^{-1}(x),\quad x\in B. \tag{3.3}$$

(3.3) 式与(3.2) 式同是(3.1) 式的反函数.

若将 $f^{-1}\triangleq\varphi$，(3.3) 式也可表示为

$$y=\varphi(x),\quad x\in B. \tag{3.4}$$

在函数的定义中，对每一个自变量的值，它对应的因变量的值是"唯一"的，或者说是"单值"的，这样的函数也称为**单值函数**. 我们今后讨论的函数，根据函数定义都是单值函数，但为叙述问题的方便，若对自变量的值，有多于一个因变量的值与之对应，我们补充定义它是**多值函数**. 问题是：单值函数的反函数不一定是单值函数！例如，$y=\sin x, x\in R$ 是单值函数，但反过来，$\forall y\in[-1,1]$，却有无穷多个 x 与之对应，如给定 $y=\frac{1}{2}\in[-1,1]$，由 $\frac{1}{2}=\sin x$，解得 $x=\frac{\pi}{6}+2k\pi, x=\frac{5\pi}{6}+2k\pi, k=0,\pm1,\pm2,\cdots$，即有无穷多个 x 值与之对应. 那么一个

（单值）函数具有什么条件方存在（单值）反函数？有下述定理：

定理（充分条件） 若函数

$$y = f(x), \quad x \in A$$

是严格单调增（或严格单调减）的，则在值域 B 上存在反函数

$$x = f^{-1}(y), \quad y \in B,$$

并且反函数也是严格单调增（或严格单调减）的.

证 我们只对严格单调增的情形证明.

反证法 设存在某个 $y_0 \in B$，A 中有 x_1 与 x_2 且 $x_1 < x_2$ 这两个数对应同一个 y_0，即

$$f(x_1) = f(x_2) = y_0,$$

这与已知函数 $f(x)$ 在 A 上严格单调增（$f(x_1) < f(x_2)$）矛盾. 于是，对任意 $y \in B$，A 中存在唯一的一个 x，使 $f(x) = y$，即函数 $y = f(x)$ 存在反函数 $x = f^{-1}(y)$.

下面再证反函数 $x = f^{-1}(y)$ 在 B 上也严格单调增. 设 y_1 与 y_2 是 B 中任意两点，且 $y_1 < y_2$. 设 $x_1 = f^{-1}(y_1)$ 与 $x_2 = f^{-1}(y_2)$，即

$$y_1 = f(x_1) \text{ 与 } y_2 = f(x_2),$$

已知 $y_1 < y_2$，即 $f(x_1) < f(x_2)$. 又已知函数 $y = f(x)$ 在 A 上严格单调增，当 $f(x_1) < f(x_2)$ 时，必有 $x_1 < x_2$（因为否则 $x_1 \geqslant x_2$，应有 $f(x_1) \geqslant f(x_2)$）. 即

$$f^{-1}(y_1) < f^{-1}(y_2),$$

故反函数 $x = f^{-1}(y)$ 在 B 上严格单调增. 证毕

对于一个函数，若在整个定义区间上非严格单调，但若存在一个子区间上是严格单调，在该子区间上便可得到一个严格单调的反函数.

例如，正弦函数 $y = \sin x$ 在定义区间的子区间 $\left[-\frac{\pi}{2}, \frac{\pi}{2}\right]$ 上是严格单调增的，故存在（主值）反函数 $x = \arcsin y$ 或 $y = \arcsin x$ 在区间 $[-1, 1]$ 也是严格单调增的.

余弦函数 $y = \cos x$ 在定义区间的子区间 $[0, \pi]$ 上是严格单调减的，故存在（主值）反函数 $x = \arccos y$ 或 $y = \arccos x$ 在区间 $[-1, 1]$ 上也是严格单调减的.

正切函数 $y = \mathrm{tg} x$ 在定义区间的子区间 $\left(-\frac{\pi}{2}, \frac{\pi}{2}\right)$ 上是严格单调增的，故存在（主值）反函数 $x = \mathrm{arctg} y$ 或 $y = \mathrm{arctg} x$ 在区间 $(-\infty, +\infty)$ 上也是严格单调增的.

从上述讨论还可知道，若 $f(x)$，$x \in A$ 是严格单调的，这时，$\forall\, x_1, x_2 \in A$，有

$$x_1 \neq x_2 \quad \Leftrightarrow \quad f(x_1) \neq f(x_2),$$

即双方是单值对应的，或者说成是“一对一”的，这时 f 的反函数 f^{-1} 存在，且 f 与 f^{-1} 互为反函数. 即

$$y = f(x), x \in A, y \in B \quad \Leftrightarrow \quad x = f^{-1}(y), y \in B, x \in A.$$

于是

$$f^{-1}[f(x)] = x, \quad x \in A; \quad f[f^{-1}(y)] = y, \quad y \in B.$$

若将 f，f^{-1} 看成运算符号，它们碰在一起则作用抵消. 例如：

$$\log_2 2^x = x, \quad x \in (-\infty, +\infty); \quad 2^{\log_2 y} = y, \quad y \in (0, +\infty).$$

$$\arcsin(\sin x) = x, \quad x \in \left[-\frac{\pi}{2}, \frac{\pi}{2}\right]; \quad \sin(\arcsin y) = y, \quad y \in [-1, 1].$$

二、反函数的图形

在同一直角坐标系 xOy 中，函数 $y = f(x)$ 与反函数 $y = f^{-1}(x)$ 的图形是关于直线 $y = x$ 对称的. 事实上，若点 $M(a, b)$ 在曲线 $y = f(x)$ 上，同时也在 $x = f^{-1}(y)$（是同一图形，只是对应关

系相反)上,当将 $x=f^{-1}(y)$ 中变量的记号 x 与 y 对调后,得 $y=f^{-1}(x)$,于是点 $M'(b,a)$ 就在曲线 $y=f^{-1}(x)$ 上了.而点 $M(a,b)$ 与 $M'(b,a)$ 关于直线 $y=x$ 对称,故知 $y=f(x)$ 与 $y=f^{-1}(x)$ 的图形关于 $y=x$ 对称,如图 1-9.

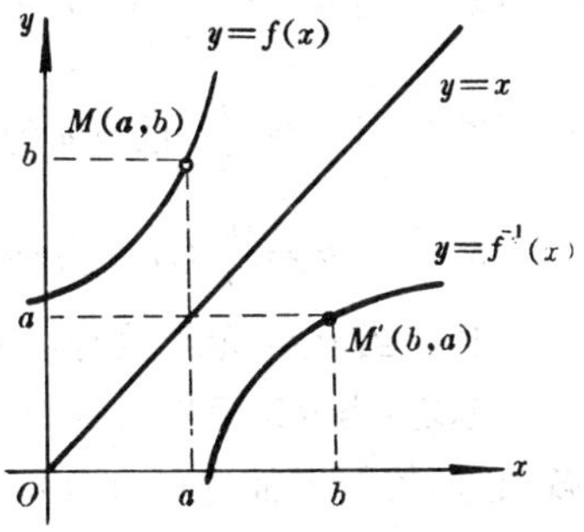

图 1-9

3.2 复合函数

例如:设

$$y=\sqrt{u},\quad u=\log_2 x.$$

当 $x\in[1,+\infty)$ 时,$u=\log_2 x\geqslant 0$,这时 $y=\sqrt{u}$ 有定义,于是变量 x 通过变量 u 与变量 y 建立了对应关系,记为

$$y=\sqrt{\log_2 x},\quad x\in[1,+\infty),$$

我们称 $y=\sqrt{\log_2 x}$ 是 $y=\sqrt{u}$ 与 $u=\log_2 x$ 相复合而成的复合函数.

定义 设函数 $y=f(u)$ 的定义为 $D(f)$,函数 $u=\varphi(x)$ 的定义域为 $D(\varphi)$,对 $x\in\{x|x\in D(\varphi)$,且 $\varphi(x)\in D(f)\}$,则 y 通过 $u[u=\varphi(x)]$ 构成 x 的函数,称为由 $y=f(u)$ 与 $u=\varphi(x)$ 相复合而成的函数,简称**复合函数**,记为 $y=f[\varphi(x)]$,其中 u 称为**中间变量**.

还须指出,在两个函数相复合时,如果内层函数 $u=\varphi(x)$ 的值域有部分超出外层函数 $y=f(u)$ 的定义域时,则须适当缩小内层函数的定义域,使其值域全部落在外层函数的定义域中,方能构成复合函数.如上例中,$u=\log_2 x$ 的定义域是 $(0,+\infty)$,须缩小为 $[1,+\infty)$,方能使其值域 $[0,+\infty)$ 全部包含在 $y=\sqrt{u}$ 的定义域中,因此,构成复合函数 $y=\sqrt{\log_2 x}$.

今后还会遇到中间变量不止一个的复合函数,例如,$y=\sqrt{\log_2 \mathrm{tg}\frac{x}{2}}$ 是由

$$y=\sqrt{u},\quad u=\log_2 v,\quad v=\mathrm{tg}w,\quad w=\frac{x}{2}$$

复合而成的复合函数,u,v,w 是中间变量.

最后指出:复合函数是与复合次序有关的.例如:$f(x)=\sin x$, $g(x)=x^2$,则

$$f[g(x)]=\sin(x^2),\quad g[f(x)]=(\sin x)^2\triangleq\sin^2 x.$$

可见, $f[g(x)]\neq g[f(x)]$.

今后,我们要学会分析复合函数的复合结构,既要会把一个复合函数拆开成几个简单函数的复合,又要会把几个简单函数复合成一个复合函数.

§4 初等函数

4.1 基本初等函数

下列六种函数统称**基本初等函数**,要求熟悉它们的性质和图形.

一、常值函数

$$y=C(C\text{ 为常数}),\quad x\in(-\infty,+\infty).$$

其图形是过点 $(0,C)$ 且平行于 x 轴的直线(如图 1-10).

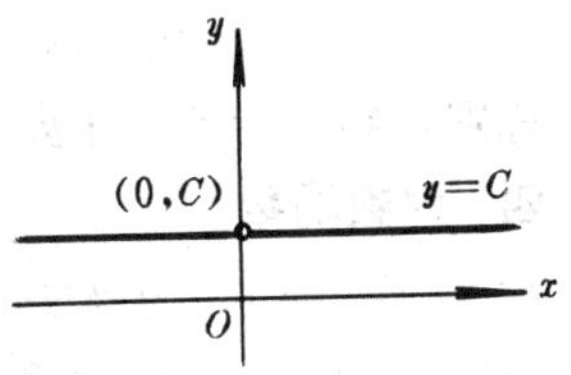

图 1-10

二、幂函数

$y=x^a$(a 为常数)定义域分别为:

1° 当 $\alpha = \begin{cases} n \\ -n \end{cases}$ (n 为正整数) 时, x 分别属于 $\begin{cases} (-\infty, +\infty); \\ (-\infty, 0) \cup (0, +\infty). \end{cases}$

2° 当 $\alpha = \frac{1}{n}$, 且当 n 为 $\begin{cases} \text{奇数时}, x \in (-\infty, +\infty); \\ \text{偶数时}, x \in [0, +\infty). \end{cases}$

3° 当 $\alpha = \frac{m}{n}$ (m, n 为整数, 且 $n > 0$) 时, 定义域要根据 n 的奇、偶与 m 的正负而定.

4° 当 $\alpha =$ 无理数时, $x \in (0, +\infty)$.

总之, 当 $\alpha > 0$ 时, $y = x^\alpha$ 在 $(0, +\infty)$ 上严格增; 当 $\alpha < 0$ 时, $y = x^\alpha$ 在 $(0, +\infty)$ 上严格减, 它们的图形都过点 $(1,1)$. 函数 $y = x^\alpha$ 与 $y = x^{\frac{1}{\alpha}}$ 在它们的严格单调区间内互为反函数.

下面画出 $y = x^\alpha$ 当 $\alpha = \pm\frac{1}{2}, \pm 1, \pm 2$ 时, 在第 I 象限的图形(如图 1-11 与图 1-12).

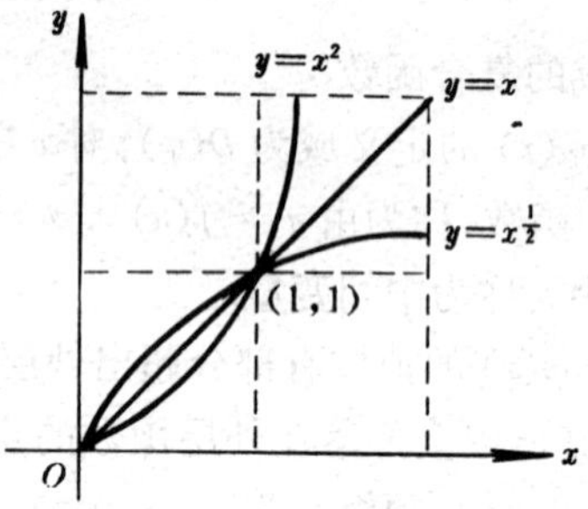

图 1-11

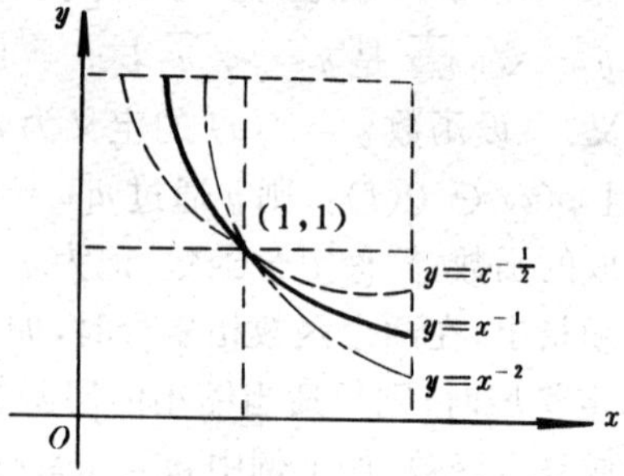

图 1-12

三、指数函数

$$y = a^x \quad (a > 0, a \neq 1), \quad x \in (-\infty, +\infty).$$

当 $a > 1$ 时, $y = a^x$ 在 $(-\infty, +\infty)$ 上严格增; 当 $0 < a < 1$ 时, $y = a^x$ 在 $(-\infty, +\infty)$ 上严格减, 它们的图形都过点 $(0,1)$. 函数 $y = a^x (a > 1)$ 与函数 $y = a^{-x} = (\frac{1}{a})^x (a > 1)$ 的图形关于 y 轴对称(如图 1-13).

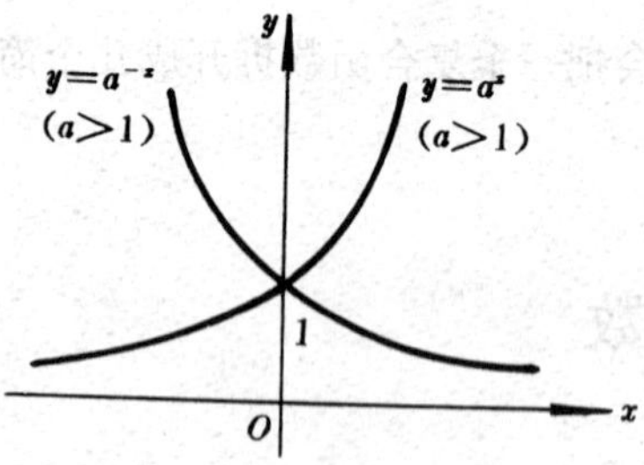

图 1-13

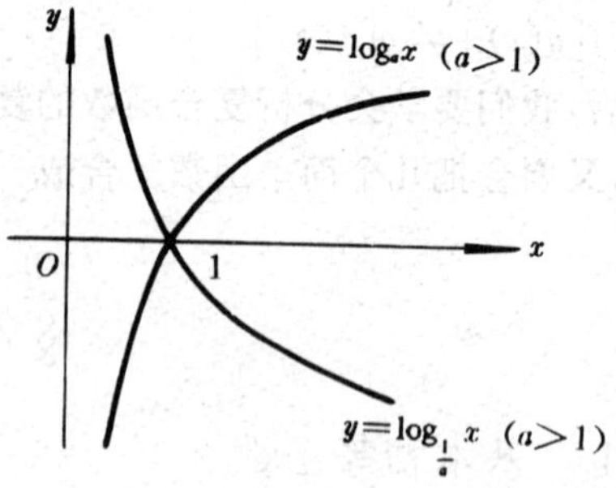

图 1-14

特别, 当 $a = e$ 时, 得 $y = e^x, y = e^{-x}$, 其中 $e = 2.718281828459045\cdots$ 是无理数.

四、对数函数

$y = \log_a x \quad (a > 0, a \neq 1), \quad x \in (0, +\infty)$.

当 $a > 1$ 时, $y = \log_a x$ 在 $(0, +\infty)$ 上严格增; 当 $0 < a < 1$ 时, $y = \log_a x$ 在 $(0, +\infty)$ 上严格减, 它们的图形都过点 $(1,0)$, 如图 1-14.

函数 $y = \log_a x (a > 1)$ 与 $y = \log_{\frac{1}{a}} x (a > 1)$ 的图形关于 x 轴对称.

函数 $y=a^x$ 与 $y=\log_a x$ 互为反函数.

特别,$y=\log_{10}x\triangleq\lg x$ 称为**常用对数**;$y=\log_e x\triangleq\ln x$ 称为**自然对数**.二者有换算近似公式

$$\ln x\approx 2.302585\lg x.$$

五、三角函数

$$y=\sin x,\quad y=\cos x,\quad x\in(-\infty,+\infty);$$

$$y=\operatorname{tg}x,\quad y=\frac{1}{\cos x}\triangleq\sec x,\quad x\neq\frac{2k+1}{2}\pi\quad(k\in Z);$$

$$y=\operatorname{ctg}x,\quad y=\frac{1}{\sin x}\triangleq\csc x,\quad x\neq k\pi\quad(k\in Z).$$

六、反三角函数

$$y=\arcsin x,\quad x\in[-1,1],\quad y\in[-\frac{\pi}{2},\frac{\pi}{2}];$$

$$y=\arccos x,\quad x\in[-1,1],\quad y\in[0,\pi];$$

$$y=\operatorname{arctg}x,\quad x\in(-\infty,+\infty),\quad y\in(-\frac{\pi}{2},\frac{\pi}{2});$$

$$y=\operatorname{arcctg}x,\quad x\in(-\infty,+\infty),\quad y\in(0,\pi).$$

下面是 $y=\sin x,\cos x,\operatorname{tg}x,\operatorname{ctg}x$ 与其反函数(主值)的图形.如图 1-15 至图 1-18.

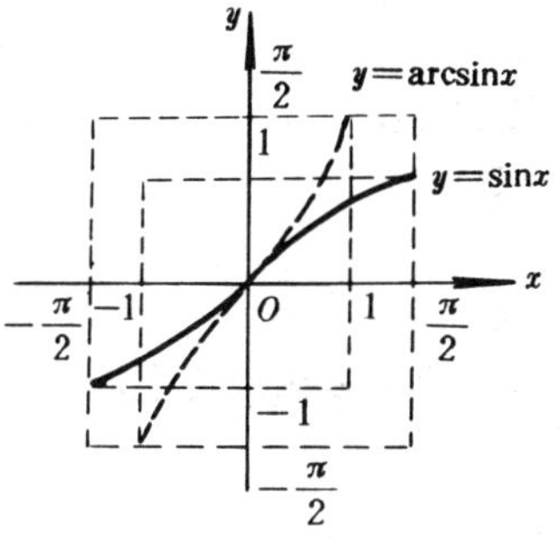

图 1-15

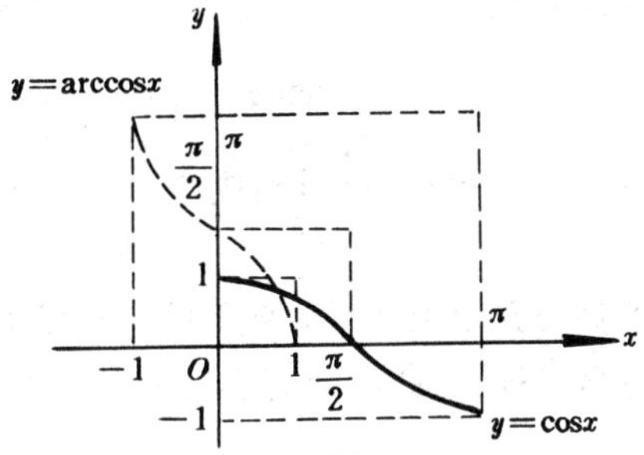

图 1-16

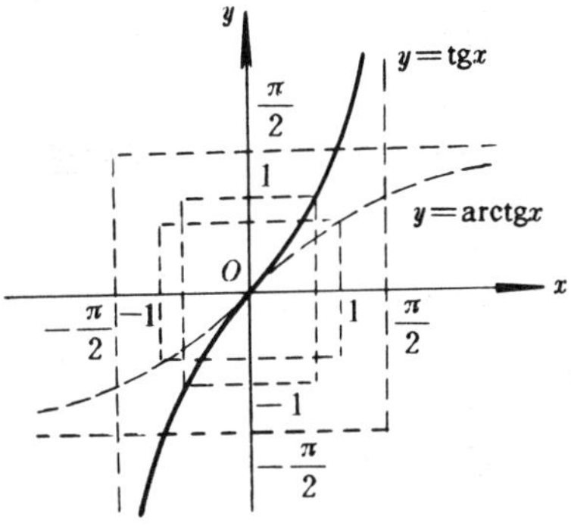

图 1-17

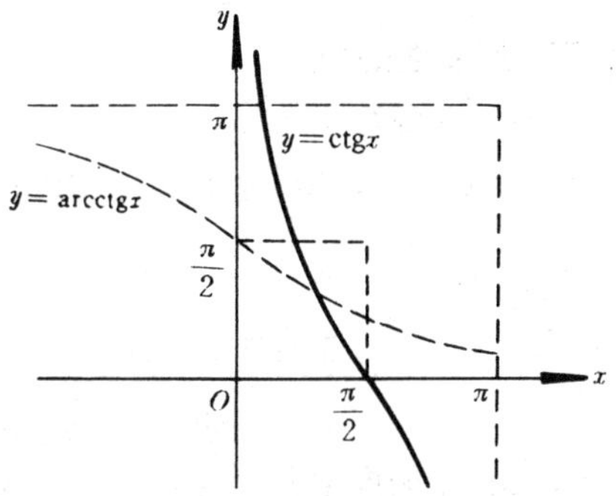

图 1-18

4.2 初等函数

一、初等函数

由基本初等函数经过有限次加、减、乘、除与复合等运算所构成的函数,统称**初等函数**.

例如:两个多项式(整函数)的商在分母不为零的区间内所成函数

$$y=\frac{a_0x^n+a_1x^{n-1}+\cdots+a_{n-1}x+a_n}{b_0x^m+b_1x^{m-1}+\cdots+b_{m-1}x+b_m}$$

称为**有理函数**,它是初等函数.又如

$$y=\sqrt[3]{\ln\operatorname{arctg}\frac{xe^x}{x^2+1}}+x^{\sin x}$$

是一个初等函数,其中 $x^{\sin x}=e^{\sin x\ln x}(x>0)$ 可看成是由 $e^u, u=\sin x\ln x$ 复合而成的函数.一般

$$y=[u(x)]^{v(x)}=e^{v(x)\ln u(x)}\quad(u(x)>0)$$

称为**幂指函数**,只要 $u(x), v(x)$ 是初等函数,它就是初等函数.

二、双曲函数

在初等函数中,有一类所谓**双曲函数**,它们分别定义为:

双曲正弦函数 $y=\operatorname{sh}x=\dfrac{e^x-e^{-x}}{2},\quad x\in(-\infty,+\infty)$;

双曲余弦函数 $y=\operatorname{ch}x=\dfrac{e^x+e^{-x}}{2},\quad x\in(-\infty,+\infty)$;

双曲正切函数 $y=\operatorname{th}x=\dfrac{\operatorname{sh}x}{\operatorname{ch}x}=\dfrac{e^x-e^{-x}}{e^x+e^{-x}},\quad x\in(-\infty,+\infty)$.

其中符号 sh,ch,th 的第一个字母,分别取 sine(正弦),cosine(余弦),tangent(正切)的字头,第二个字母 h 都是取 hyperbolic(双曲线的)字头.

注意到关系

$$\operatorname{ch}^2x-\operatorname{sh}^2x=\left(\frac{e^x+e^{-x}}{2}\right)^2-\left(\frac{e^x-e^{-x}}{2}\right)^2=1.$$

若令 $u=\operatorname{ch}x, v=\operatorname{sh}x$,则得

$$u^2-v^2=1\qquad(u\geqslant 1).$$

这是在直角坐标系 uOv 下的等边双曲线(右支)方程,双曲函数由此得名.

容易验证,双曲函数有类似三角函数的一些恒等式:

$\operatorname{sh}(x\pm y)=\operatorname{sh}x\operatorname{ch}y\pm\operatorname{ch}x\operatorname{sh}y$,特别,$\operatorname{sh}2x=2\operatorname{sh}x\operatorname{ch}x$;

$\operatorname{ch}(x\pm y)=\operatorname{ch}x\operatorname{ch}y\pm\operatorname{sh}x\operatorname{sh}y$,特别,$\operatorname{ch}2x=\operatorname{ch}^2x+\operatorname{sh}^2x$,

$\operatorname{ch}^2x-\operatorname{sh}^2x=1$,以及 $1-\operatorname{th}^2x=\dfrac{1}{\operatorname{ch}^2x}$ 等.

三、反双曲函数

双曲正弦函数 $y=\operatorname{sh}x$ 在定义区间$(-\infty,+\infty)$严格单调增,具有**反双曲正弦函数**,记为 $y=\operatorname{sh}^{-1}x$ 或 $y=\operatorname{arsh}x$,为了导出其表达式,由

$$y=\frac{e^x-e^{-x}}{2}=\frac{e^{2x}-1}{2e^x}\text{ 或 }(e^x)^2-2ye^x-1=0,$$

解得 $e^x=y\pm\sqrt{y^2+1}$ (舍去负号),即 $x=\ln(y+\sqrt{y^2+1})$

或
$$y=\operatorname{arsh}x=\ln(x+\sqrt{x^2+1}),\quad x\in(-\infty,+\infty).$$

$y=\operatorname{arsh}x$ 的图形与 $y=\operatorname{sh}x$ 的图形关于直线 $y=x$ 对称.

同理,对 $y=\operatorname{ch}x$ 在其定义子区间$[0,+\infty)$严格单调增,得**反双曲余弦函数**,记为

$$y=\operatorname{ch}^{-1}x\quad\text{或}\quad y=\operatorname{arch}x,$$

并有
$$y=\operatorname{arch}x=\ln(x+\sqrt{x^2-1}),\quad x\in[1,+\infty).$$

又 $y=\operatorname{th}x$ 在其定义区间$(-\infty,+\infty)$上严格单调增,可得**反双曲正切函数**,记为

$$y=\operatorname{th}^{-1}x\quad\text{或}\quad y=\operatorname{arth}x,$$

并有
$$y=\operatorname{arth}x=\frac{1}{2}\ln\frac{1+x}{1-x},\quad x\in(-1,1).$$

4.3 函数图形的合成法

函数图形的**合成法**是从已知函数的图形出发，经过一些简单运算，得出某些较复杂函数图形概貌的作图方法，往往能抓住函数图形的某种特征，较简捷地作出某些未知函数的图形.

例 1 试作 $y=\mathrm{sh}x$ 和 $y=\mathrm{ch}x$ 的图形.

解 由已知 $y=e^x, y=e^{-x}$ 的图形，可作出 $y_1=\frac{e^x}{2},\quad y_2=\frac{e^{-x}}{2}$ 的图形，于是

$$y=\mathrm{sh}x=\frac{e^x}{2}-\frac{e^{-x}}{2}=y_1-y_2,\quad y=\mathrm{ch}x=\frac{e^x}{2}+\frac{e^{-x}}{2}=y_1+y_2.$$

对同一横坐标 x，将点 (x,y_1)，(x,y_2) 的对应纵坐标分别相减、相加，得点 (x,y_1-y_2)，(x,y_1+y_2)，即分别得 $y=\mathrm{sh}x, y=\mathrm{ch}x$ 的图形上的点 (x,y). 又注意到 $\mathrm{sh}(-x)=-\mathrm{sh}x, \mathrm{ch}(-x)=\mathrm{ch}x$ 知 $y=\mathrm{sh}x$ 是奇函数，图形关于原点对称；$y=\mathrm{ch}x$ 是偶函数，图形关于 y 轴对称(如图 1-19).

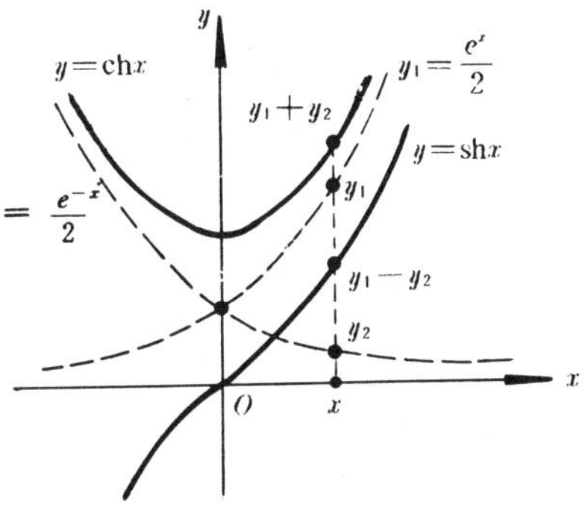

图 1-19

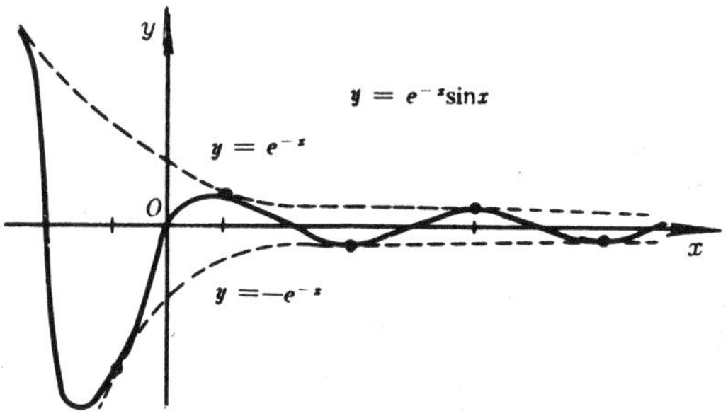

图 1-20

例 2 试作 $y=e^{-x}\sin x$ 的图形.

解 由于 $|e^{-x}\sin x|\leqslant e^{-x}$ 即 $-e^{-x}\leqslant e^{-x}\sin x\leqslant e^{-x}$，因此，$y=e^{-x}\sin x$ 的图形界于 $y=e^{-x}$ 与 $y=-e^{-x}$ 之间. 当 $x=n\pi(n\in Z)$ 时，$y=0$，得图形与 x 轴的交点 $(n\pi,0)$；当 $x=n\pi+\frac{\pi}{2}(n\in Z)$，因 $\sin(n\pi+\frac{\pi}{2})=(-1)^n$，这时 $y=e^{-x}\sin x$ 图形上的点，当 n 是偶数时，落在 $y=e^{-x}$ 上，当 n 是奇数时，落在 $y=-e^{-x}$ 上，联接诸点，便得 $y=e^{-x}\sin x$ 的大致图形，如图 1-20.

4.4 实例

例 3 设一半径为 R 的定圆，其内侧有一半径为 $r=\frac{R}{4}$ 的动圆，沿定圆的圆周滚动(不滑动)，试求动圆的圆周上定点 P 的轨迹方程.

解 设当 $t=0$ 时，动圆上定点 P 位于点 $A(R,0)$，建立直角坐标系如图 1-21，当动圆滚动角 θ 与定圆在 B 点相切时，$\overset{\frown}{PB}=\overset{\frown}{AB}$，$\angle AOB\triangleq t$，$\angle PO'B=\theta$.

现在将 P 点坐标 x,y 用参数 t 来表示. 又设 $\angle CO'O=\beta$，$\angle PO'C=\alpha$，于是 $\beta+t=\frac{\pi}{2}$，$\beta+\alpha+\theta=\pi$. 由 $\overset{\frown}{PB}=\overset{\frown}{AB}$，得 $Rt=r\theta$，故 $\theta=\frac{R}{r}t$，又 $\beta=\frac{\pi}{2}-t$，$\alpha=\frac{\pi}{2}-\frac{R-r}{r}t$. 因此，

$$\begin{cases} x=(R-r)\cos t+r\sin(\frac{\pi}{2}-\frac{R-r}{r}t)=(R-r)\cos t+r\cos\frac{R-r}{r}t; \\ y=(R-r)\sin t-r\cos(\frac{\pi}{2}-\frac{R-r}{r}t)=(R-r)\sin t-r\sin\frac{R-r}{r}t. \end{cases}$$

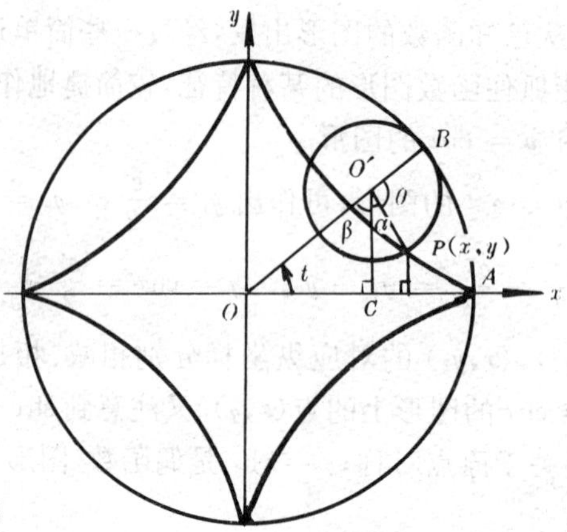

图 1-21

将 $r=\dfrac{R}{4}$ 代入,得动圆的圆周上定点 P 的轨迹(称为**星形线**)其方程为

$$\begin{cases} x=\dfrac{3}{4}R\cos t+\dfrac{1}{4}R\cos 3t=R\cos^3 t; \\ y=\dfrac{3}{4}R\sin t-\dfrac{1}{4}R\sin 3t=R\sin^3 t, \end{cases} \quad (0\leqslant t\leqslant 2\pi)$$

这是关于 t 的参数方程.若消去参数 t,得直角坐标下的二元方程

$$x^{\frac{2}{3}}+y^{\frac{2}{3}}=R^{\frac{2}{3}}.$$

若解出 y,得到以 x 为自变量的函数表达式

$$y=(R^{\frac{2}{3}}-x^{\frac{2}{3}})^{\frac{3}{2}};\quad y=-(R^{\frac{2}{3}}-x^{\frac{2}{3}})^{\frac{3}{2}},$$

它们分别表示星形线在 x 轴上方和 x 轴下方的部分.

若由参数方程 $x=R\cos^3 t, y=R\sin^3 t$ 作图时,可通过描点法,给 t 一系列值,由方程得对应点 (x,y),联接诸点即得大致图形,列表如下:

t	0	$\dfrac{\pi}{6}$	$\dfrac{\pi}{4}$	$\dfrac{\pi}{3}$	$\dfrac{\pi}{2}$	$\dfrac{2\pi}{3}$	$\cdots 2\pi$
x	R	$0.65R$	$0.354R$	$0.125R$	0	$-0.125R$	$\cdots R$
y	0	$0.125R$	$0.354R$	$0.65R$	R	$0.65R$	$\cdots 0$

例 4 动点 P 到两定点 $F_1(-a,0)$,$F_2(a,0)$ 的距离的乘积为常值 a^2,动点 P 的轨迹称为**双纽线**,试求其方程,并作图.

解 由图 1-22,已知直角坐标系 xOy 中点 $F_1(-a,0)$,$F_2(a,0)$,于是距离的平方

$$d_1^2=(x+a)^2+y^2,\quad d_2^2=(x-a)^2+y^2.$$

由条件 $d_1d_2=a^2$,即

$$[(x-a)^2+y^2][(x+a)^2+y^2]=a^4,$$

化简得双纽线在直角坐标下方程为

$$(x^2+y^2)^2-2a^2(x^2-y^2)=0.$$

引入极坐标,$x=r\cos\theta$,$y=r\sin\theta$,得

$$r^4 - 2a^2r^2(\cos^2\theta - \sin^2\theta) = 0,$$

除以 r^2，应用三角公式化简，得双纽线的极坐标方程为

$$r^2 = 2a^2\cos 2\theta.$$

双纽线极坐标方程比它的直角坐标方程形式要简单. 若对已知极坐标方程作图时，可按下列步骤：

1° **对称** 设 (r,θ) 在曲线上，由方程知 $(r,-\theta)$，$(-r,\theta)$ 都在曲线上，故图形关于极轴和极点 O 都对称.

2° **范围** 因 $\cos 2\theta$ 的最大值为 1，故 r 最大值为 $\sqrt{2}a$，图形为一闭曲线. 当 $\cos 2\theta$ 为负时，即 $\frac{\pi}{2} < 2\theta < \frac{3\pi}{2}$ 或 $\frac{\pi}{4} < \theta < \frac{3}{4}\pi$ 时，r 为虚数，故这一部分无图形. 当 $\theta = \frac{\pi}{4}, \frac{3\pi}{4}$ 时，$r = 0$.

3° 考虑 $0 \leqslant \theta \leqslant \frac{\pi}{4}$ 时，**描点法**作出这部分图形，然后由对称性作出全部图形，如图 1-22.

$r^2 = 2a^2\cos 2\theta$

θ	2θ	$\cos 2\theta$	r
0°	0°	1	$\pm\sqrt{2}a$
15°	30°	0.866	$\pm 0.93\sqrt{2}a$
30°	60°	0.500	$\pm 0.7\sqrt{2}a$
45°	90°	0	0

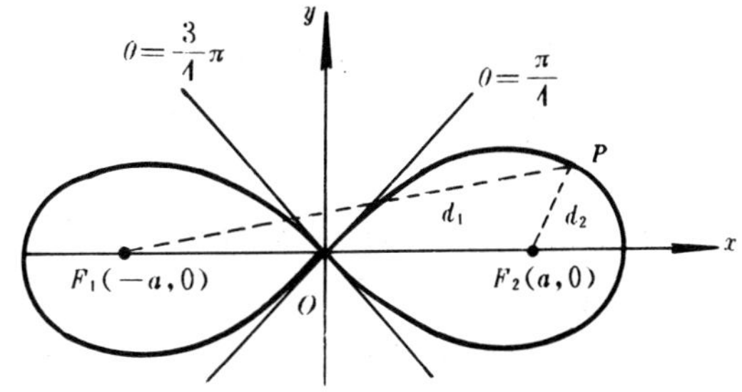

图 1-22

习题一

§1

1. 问 $f(x)$ 满足什么条件时，y 才有定义？

(1) $y = \sqrt{f(x)}$， (2) $y = \frac{1}{\sqrt{f(x)}}$， (3) $y = \frac{1}{\sqrt{\log_2 f(x)}}$， (4) $y = \operatorname{arctg} f(x)$，

(5) $y = \arcsin[1 + f(x)]$.

2. 下列函数是否相等？

(1) $f(x) = \frac{x^2-1}{x+1}$， $g(x) = x - 1$； (2) $f(x) = \frac{x^4-1}{x^2+1}$， $g(x) = x^2 - 1$；

(3) $f(x) = \lg\frac{x-1}{x+1}$， $g(x) = \lg(x-1) - \lg(x+1)$；(4) $f(x) = \sin^2 x + \cos^2 x$， $g(x) = 1$.

3. 求下列函数的定义域：

(1) $f(x) = \sqrt{\frac{(x-a)(x-b)}{(x-c)(x-d)}}$ $(0 < a < b < c < d)$，并求 $f(\frac{b+c}{2})$.

(2) $f(x) = \sqrt{3-x} + \arcsin\frac{x-2}{3}$，并求 $f(-1)$.

(3) $f(x) = 2\operatorname{arctg}(x+3) + \sqrt{1-\lg(x^2-3x)}$，并求 $f(-2)$.

(4) $f(x) = \lg(\sin\frac{\pi}{x})$，并求 $f(\frac{5}{12})$.

4. 已知 $f(x)$ 的定义域 $A = \{x \mid 0 < x < 1\}$，求下列函数的定义域：

(1) $f(\sqrt{1-x^2})$，　(2) $f(\sin x)$，　(3) $f(\lg x)$.

5. 求函数 $f(x)=\log_2\frac{1-x}{1+x}$ 的定义域 A,并证明

(1) $f(x)+f(-x)=0,\ x\in A$；　(2) $f(a)+f(b)=f(\frac{a+b}{1+ab}),\ a,b\in A$.

6. 设 $f(x)=x^2$,试证 $f(x^2+y^2)=f[f(x)]+f[f(y)]+2f(x)f(y)$.

7. 单位跳跃函数定义为 $H(x)=\begin{cases}0, & 当\ x<0;\\ 1, & 当\ x\geqslant 0,\end{cases}$ 试写出下列函数的表达式并绘图；

(1) $f(x)=H(x)-H(-x)$，　(2) $f(x)=x[H(x)-H(-x)]$，

(3) $f(x)=H(x+1)+H(x-1)$，　(4) $f(x)=(1-x)[H(x+1)-H(x-1)]$.

8. 设 $G(x-2)=\begin{cases}1, & 当\ x<0;\\ x, & 当\ x\geqslant 0,\end{cases}$ 试写出下列函数的表达式,并绘图：

(1) $G(x)$，　(2) $G(x+1)$，　(3) $f(x)=G(x)+G(x+1)$.

9. 试作下列函数的图形：

(1) $y=|x+1|+|x-5|$，　(2) $y=|\ln|x||$，

(3) $y=\begin{cases}\frac{|x-2|}{x-2}, & 当\ x\neq 2;\\ 0, & 当\ x=2.\end{cases}$　(4) $y=\begin{cases}\frac{1}{x+1}, & 当\ x<-1;\\ \lg(x+1), & 当\ x>-1.\end{cases}$

(5) $y=\begin{cases}\sqrt{2x-x^2}, & 当\ 0\leqslant x\leqslant 2;\\ |2x-x^2|, & 当\ x<0\ 及\ x>2.\end{cases}$

§2

10. (1) 设 $f(x),g(x)$ 在公共定义区间上都单调增,问 $f(x)+g(x),f(x)-g(x),f(x)g(x),\frac{f(x)}{g(x)}(g(x)\neq 0)$ 是否也单调增？

(2) 设 $f(x)$ 在区间 $(0,+\infty)$ 内有定义,$x_1>0,x_2>0$. 试证

(1) 若 $\frac{f(x)}{x}$ 单调增加,则 $f(x_1)+f(x_2)\leqslant f(x_1+x_2)$；

(2) 若 $\frac{f(x)}{x}$ 单调减少,则 $f(x_1)+f(x_2)\geqslant f(x_1+x_2)$.

11. (1) 试证 $f(x)=\frac{e^x-e^{-x}}{e^x+e^{-x}}$ 在定义区间 $(-\infty,+\infty)$ 上有界.

(2) 讨论 $f(x)=\begin{cases}2^{-|x|}, & 当\ |x|\geqslant 1;\\ 3-x^2 & 当\ |x|<1\end{cases}$ 的有界性.

12. (1) 试证 $f(x)=\frac{1}{x}\sin\frac{1}{x}$ 在区间 $(0,1)$ 上无界；在区间 $[\delta,1](0<\delta<1)$ 上有界.

(2) 定义在区间 $(-\infty,+\infty)$ 上的严格单调函数是否必无界？

13. (1) 试证　两个偶函数的和与积,仍是偶函数；两个奇函数的积为偶函数；奇函数与偶函数之积为奇函数.

(2) 设 $f(x)$ 的定义域 A 为关于原点对称的区间,试证 $f(x)$ 既是奇函数又是偶函数 $\Leftrightarrow f(x)\equiv 0,x\in A$.

(3) 试证　任何定义在区间 $(-l,l)$ 上的奇函数在原点的值必是零.

14. 已知 $e^x=\mathrm{ch}x+\mathrm{sh}x$,其中 $\mathrm{ch}x=\frac{e^x+e^{-x}}{2}$ 为偶函数,$\mathrm{sh}x=\frac{e^x-e^{-x}}{2}$ 为奇函数. 试把这一结论推广到任何定义在关于原点对称的区间上的函数 $f(x)$,都可表示为一个奇函数与一个偶函数的和.

15. 讨论下列函数的奇偶性：

(1) $f(x)=\log_2(x+\sqrt{1+x^2})$，　(2) $f(x)=x\log_2\frac{1-x}{1+x}$，　(3) $f(x)=\begin{cases}x\sin\frac{1}{x}, & x\neq 0;\\ 0, & x=0,\end{cases}$

(4) $f(x)=\begin{cases}-x^2+4x+1, & x>0;\\ 0, & x=0;\\ x^2+4x-1, & x<0,\end{cases}$　(5) $f(x)=\begin{cases}-x^2+4x+1, & x>0;\\ 1, & x=0;\\ x^2+4x-1, & x<0.\end{cases}$

16. (1) 设 $f(x)$ 是有最小正周期的周期函数,试证 $f(x)$ 的任一周期都是最小正周期的整数倍.

(2) 设 $f(x),g(x)$ 分别是以 T_1,T_2 为周期的周期函数，且 $\frac{T_2}{T_1}$ 为有理数，试证 $f(x)\pm g(x),f(x)g(x)$ 是以 T_1,T_2 的最小公倍数为周期的周期函数.

17. (1) 设 存在非零常数 l，对定义域内任一点 x，都分别有

(i) $f(x+l)=-f(x)$，　　(ii) $f(x+l)=\frac{1}{f(x)}$.

问 $f(x)$ 是否为周期函数？如不是，试说明理由；如是，试指出其周期.

(2) $\sin x^2$ 是否是周期函数？

18. 求下列周期函数的最小正周期：

(1) $f(x)=\cos^4 x+\sin^4 x$，　　(2) $f(x)=\text{tg}\frac{x}{2}\text{tg}\frac{x}{3}$，

(3) $f(x)=|\cos\frac{x}{2}|+|\sin\frac{x}{2}|$，　　(4) $f(x)=[x]-2[\frac{x}{2}]$.

§3

19. 求下列函数的反函数：

(1) $y=\sqrt{1-x^2},x\in[-1,0]$，

(2) $y=\begin{cases}x, & -\infty<x<1;\\ x^2, & 1\leqslant x\leqslant 4;\\ 2^x, & 4<x<+\infty,\end{cases}$　　(3) $y=\frac{ax+b}{cx+d}$　$(ad-bc\neq 0)$，

(4) $y=\sqrt[3]{x+\sqrt{1+x^2}}+\sqrt[3]{x-\sqrt{1+x^2}}$.

20. 设函数 $f(x)=\frac{1}{1+x}(x\neq -1)$ 的反函数为 $f^{-1}(x)$，试求函数 $y=f^{-1}[f^{-1}(x)]$ 的表达式及其定义域.

21. 非严格单调的函数是否也可能存在反函数？试以函数　$y=\begin{cases}-x, & -1\leqslant x\leqslant 0;\\ 1+x, & 0<x\leqslant 1\end{cases}$ 来说明你的结论.

22. 下列函数是由哪些简单函数的复合而成的？

(1) $y=\sin^2\frac{1}{x}$，　(2) $y=e^{\sin^2\frac{1}{x}}$，　(3) $y=\sqrt{\ln\text{tg}\frac{x}{2}}$，　(4) $y=(1-x^2)^{\sin x}$.

23. 已知 $f(x),g(x)$ 如下列各题，试求 $f[f(x)],g[g(x)],f[g(x)],g[f(x)]$.

(1) $f(x)=x^2-1,g(x)=\begin{cases}1, & x>0;\\ 0, & x=0;\\ -1, & x<0,\end{cases}$

(2) $f(x)=\begin{cases}x^3, & x\leqslant 0;\\ x, & x>0,\end{cases}$　$g(x)=\begin{cases}2, & x\leqslant 0;\\ -x^2, & x>0.\end{cases}$

24. 设 $f(x)=\begin{cases}\sin x, & x\geqslant 0;\\ x^2, & x<0,\end{cases}$　$g(x)=\begin{cases}0, & x>1;\\ -\sqrt{1-x}, & x\leqslant 1,\end{cases}$ 问 $f(x)$ 与 $g(x)$ 能否构成复合函数 $f[g(x)]$ 和 $g[f(x)]$？若能，写出其解析式.

25. (1) 设奇或偶函数 $f_i(x)(i=1,2,\cdots,n)(n\geqslant 2)$ 进行复合，得定义在区间 $(-l,l)$ 上的一个复合函数 $G(x)=f_n(f_{n-1}(\cdots f_1(x)))$，问 $G(x)$ 为偶函数的条件是什么？

(2) 设 $f(x),x\in(-l,l)$，能否断言 $f(x^2)$ 是偶函数？$f(x^3)$ 是奇函数？

§4

26. 试由 $y=f(x)=\cos x$ 在区间 $[0,\pi]$ 上的图形，作下列函数的图形.

(1) $y=f(x+2)$，　(2) $y=f(x-2)$，　(3) $y=f(2x)$，

(4) $y=f(\frac{x}{2})$，　(5) $y=2+f(x)$，　(6) $y=2f(x)$，

(7) $y=\frac{|f(x)|}{f(x)}$，　(8) $y=\frac{f(x)+|f(x)|}{2}$，　(9) $y=f^{-1}(x)$.

27. 根据 $f(x)=\text{arctg}x$ 与 $g(x)=\frac{\pi}{4}x^3$ 的图形，求作下列函数的图形.

(1) $y=\frac{1}{2}[f(x)+g(x)+|f(x)-g(x)|]$，　(2) $y=\frac{1}{2}[f(x)+g(x)-|f(x)-g(x)|]$.

28. 用合成法作下列函数的图形.

(1) $y = x + \sin x$，　(2) $y = x + \dfrac{1}{x}$，　(3) $y = \sec x$，　(4) $y = x\sin\dfrac{1}{x}$.

29. 试作下列极坐标方程的图形((r,θ) 为极坐标，$a > 0$).

(1) $r = a$，　(2) $\theta = \dfrac{3}{4}\pi$，　(3) $r = 2a\cos\theta$，

(4) $r = 2a\sin\theta$，　(5) $r = a(1 - \cos\theta)$，　(6) $r^2 = a^2\sin 2\theta$.

综合题

30. (1) 设 $f(x) = \dfrac{|x|}{x}$ 和 $g(x) = \begin{cases} b, & x < x_0; \\ a, & x > x_0, \end{cases}$ 试证 $g(x) = \dfrac{a+b}{2} + (\dfrac{a-b}{2})f(x - x_0)$.

(2) 求 $f(x)$，已知

(i) $f(x^2) = \dfrac{1}{x}(x < 0)$，　(ii) $f(x - \dfrac{1}{x}) = \dfrac{x^3 - x}{x^4 + 1}(x \neq 0)$，　(iii) $f(\ln x) = \begin{cases} 1, & 0 < x \leqslant 1; \\ x, & 1 < x < +\infty. \end{cases}$

31. 求函数 $f(x)$，$x \neq 0$，已知对任意实数 $t \neq 0$，有 $af(t) + bf(\dfrac{1}{t}) = \dfrac{c}{t}$，其中 a,b,c 为常数，且 $|a| \neq |b|$.

32. 求函数 $f(x)$，已知 $f(\dfrac{x}{x-1}) = af(x) + \varphi(x)$，其中 $|a| \neq 1$，$\varphi(x)$ 是 $x \neq 1$ 的已知函数.

33. 在平面直角坐标系 xOy 中，作出由方程 $|\ln x| + |\ln y| = 1$ 所表示的曲线的图形.

34. 设 $f_1(x) = f(x) = \dfrac{x}{\sqrt{1+x^2}}$，　$f_{k+1}(x) = f[f_k(x)]$，$k = 1,2,\cdots$，试求 $f_n(x)$.

35. 对于任意的实数 x 和整数 n，定义 $f(\sin x) = \sin(4n+1)x$，试求 $f(\cos x)$.

36. 设 $h(x)$，$f(x)$，$g(x)$ 都是单调增加函数且 $h(x) \leqslant f(x) \leqslant g(x)$，求证　$h[h(x)] \leqslant f[f(x)] \leqslant g[g(x)]$.

37. 设 $f(x)$ 是以周期 $T = 2$ 的周期函数，且在区间$[-1,1]$内的表达式为 $f(x) = \begin{cases} 0, & -1 < x \leqslant 0; \\ x, & 0 < x \leqslant 1, \end{cases}$

求 $f(x)$ 在区间$(3,5]$内的表达式，并在$(-1,5]$内作出 $f(x)$ 的图形.

38. 设 $f(x)$ 满足下列各题的条件，试作出 $y = f(x)$，$x \in (-\infty, +\infty)$ 的图形：

(1) $f(x+1) = 2f(x)$，且当 $0 \leqslant x \leqslant 1$ 时，$f(x) = x(1-x)$；

(2) $f(x+\pi) = f(x) + \sin x$，且当 $0 \leqslant x \leqslant \pi$ 时，$f(x) = 0$.

39. 试证

(1) 任何一个定义在$(-\infty, +\infty)$以 T 为周期的周期函 数都可化为以 2π 为周期的周期函数.

(2) 任何一个定义在$[a,b]$上的函数，都可化为$[0,\pi]$上的函数.

40. 如图，试将内接于抛物弓形的矩形面积 A 表示为第 1 象限内顶点横坐标 x 的函数.

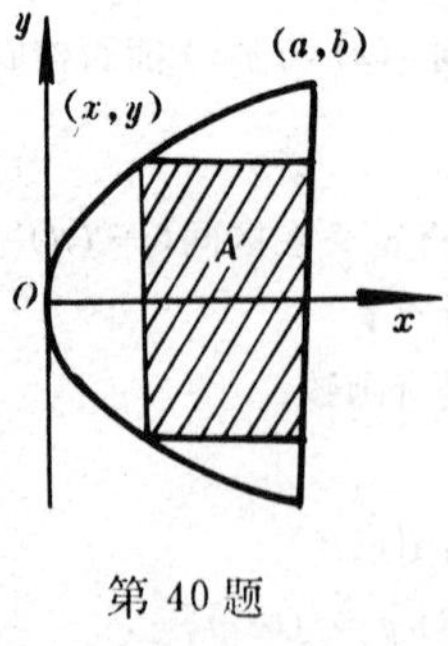

第 40 题

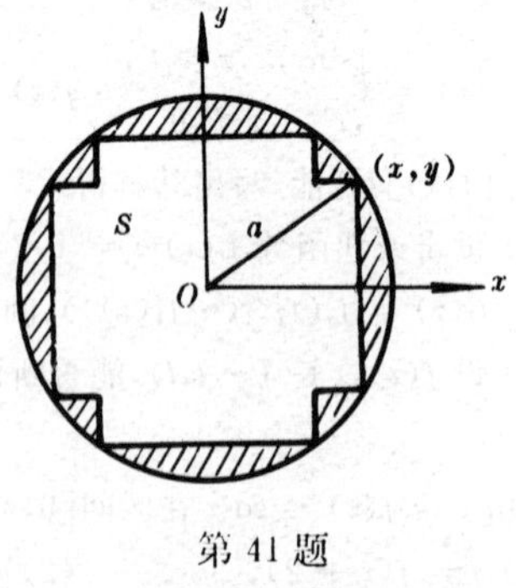

第 41 题

41. 一半径为 a 的圆片，锯去如图示阴影部分后，剩下部分为两个互相垂直的相等矩形，试将剩下部分的面积 S 表示为第 1 象限顶点的横坐标 x 的函数.

42. 设有一高为 H，底半径为 R 的正圆锥，试将内接于此正圆锥的正圆柱的体积 V 表示为其高 h 的函数.

43. 有一底半径为 R 厘米，高为 h 厘米的正圆锥形容器，以 V_0 立方厘米 / 秒的速度往容器内注入液体，试求容器内液高 x 与时间 t 的函数关系.

44. 在温度计上，摄氏 0° 对应华氏 32°，摄氏 100°C 对应华氏 212°，求摄氏温标与华氏温标之间的函数关系.

45. 设半径为 a 的圆沿直线滚动(不滑动),试求该圆上定点 P 的轨迹(**摆线**)的方程.

46. 某种商品供给量 Q 对价格 P 的函数关系为 $Q=Q(P)=a+bc^P$(a,b,c 为正常数).已知当 $P=2$ 时,$Q=30$;当 $P=3$ 时,$Q=50$;$P=4$ 时,$Q=90$,试求此函数关系 $Q=Q(P)$.

47. 某工厂生产一种器件,年产量为 a 件,分若干批进行生产,每批生产准备费为 b 元,设产品均匀投入市场,且上一批销完后立即生产下一批,即平均库存量为批量的一半,设每年每件库存费为 c 元,试求一年中库存费与生产准备费之和 p 与批量 x 的函数关系.

48. 计算某种货物的税款,当货价不多于 a 元的免税,a 元以上到 b 元的,其超过 a 元的部分抽税 2%,b 元以上的除抽取 2% 以外,其超过 b 元的部分再抽 3%,试将该货物的税款表示为货价的函数.

第二章　极限与连续

微积分学中处理变量问题的基本方法是极限法，这种方法是建立在无限观念基础上的，因而它与处理常量问题的方法有着本质的不同，本章讨论极限概念、理论和运算方法，并用极限方法研究函数的连续性，为学习微积分打好基础.

§1　数列的极限

1.1　数列极限的定义

设有一定义在自然数集上的函数

$$u_n = f(n),\quad n = 1,2,3,\cdots,$$

将 u_n 按下标 n 由小到大的顺序排列，得一列数，称为**数列**，记为 $\{u_n\}$，即

$$\{u_n\}:\ u_1, u_2, u_3, \cdots, u_n, \cdots \tag{1.1}$$

其中，u_n 称为**数列** $\{u_n\}$ **的通项**或**一般项**.

自然数集是无限集，因而数列(1.1)的项数是无穷的，这就提出当 n 无限增大时，u_n 的趋向问题.

例如　我国战国时期的哲学著作《庄子》中所载命题："一尺之棰，日取其半，万世不竭"，它描述了对一尺长的棒，在每天截取其一半的过程中，棒长剩余量随天数 n 的变化情况，可用数列表示为

$$\left\{\frac{1}{2^n}\right\}:\ \frac{1}{2}, \frac{1}{2^2}, \frac{1}{2^3}, \cdots, \frac{1}{2^n}, \cdots$$

所谓"万世不竭"，是说变量 $\frac{1}{2^n}$ 随天数 n 永远在变化且不为零，由于变化过程是无限的，所以我们关心的是变量 $\frac{1}{2^n}$ 的变化趋势是什么？如果趋势清楚了，那么也就掌握了这个变化过程的实质. 通过观察，可以说变量 $\frac{1}{2^n}$ 随 n 无限增大而趋于零. 所谓"趋于零"，即永远保持任意接近于常量 0，或者说，变量 $\frac{1}{2^n}$ 与常量 0 要多么接近，就可永远保持多么接近，只要 n 充分大.

从几何上看，变量 $\frac{1}{2^n}$ 看成数轴上的动点，常量 0 是数轴上的定点，动点与定点接近的程度，可用距离

$$\left|\frac{1}{2^n} - 0\right|$$

的大小来衡量. 任意接近也就是这个距离可以任意小，而大小是通过比较来认识的，若取任意给定的(不管多么小)正数 ε 作比较标准，要

$$\left|\frac{1}{2^n} - 0\right| < \varepsilon,$$

只要 $\frac{1}{2^n} < \varepsilon$，即 $2^n > \frac{1}{\varepsilon}$ 或 $n > \log_2 \frac{1}{\varepsilon}$（不妨设 $0 < \varepsilon < \frac{1}{2}$），取 $N = \left[\log_2 \frac{1}{\varepsilon}\right]$，只要 $n > N$，恒有

$$\left|\frac{1}{2^n}-0\right|<\varepsilon.$$

从以上分析知：所谓"趋于零"，是说变量$\frac{1}{2^n}$与常量 0 之间随着 n 无限增大具有下述关系：

对任意给定的正数 ε(不管多么小)，总存在正整数 $N=[\log_2\frac{1}{\varepsilon}]$，当 $n>N$ 时(即任一个 $n\in\{n|n=N+1,N+2,\cdots\}$)，恒有

$$\left|\frac{1}{2^n}-0\right|<\varepsilon,$$

这时，我们称数列$\{\frac{1}{2^n}\}$的极限是 0，记作

$$\lim_{n\to+\infty}\frac{1}{2^n}=0 \quad 或 \quad \frac{1}{2^n}\to 0 \quad (n\to\infty).$$

(lim 是英文 limit 的前三个字母).

一般，数列极限有下列定义：

定义 设数列$\{u_n\}$，若存在常数 a，它与 u_n 之间有下述关系：

对于任意给定的正数 ε(不管多么小)，总存在正整数 N，使得当 $n>N$ 时，恒有

$$|u_n-a|<\varepsilon,$$

则称**常数 a 为数列$\{u_n\}$的极限**，记为

$$\lim_{n\to+\infty}u_n=a \quad 或 \quad u_n\to a \quad (n\to+\infty).$$

用逻辑量词可表达为

$$\forall\varepsilon>0,\quad \exists N>0,\quad \forall n:n\in\{n|n>N\}\Rightarrow|u_n-a|<\varepsilon.$$

数列$\{u_n\}$有极限 a，也说成 u_n **趋于 a** 或$\{u_n\}$**收敛于 a**，并说$\{u_n\}$是**收敛数列**.

我们指出：数列$\{u_n\}$收敛于 a，不同的数列收敛的方式可以不同. 例如，在例 1 中已知数列$\{\frac{1}{2^n}\}$收敛于 0，类似地按定义易证数列

$$\{-\frac{1}{2^n}\},\{\frac{(-1)^n}{2^n}\},\{\frac{1+(-1)^n}{2^n}\},\{\frac{2+(-1)^n}{2^n}\}$$

都收敛于 0，但它们可从大到小，或从小到大或时大时小，跳来跳去等等方式收敛于 0.

说明：1° 在上述数列极限定义中，ε 是任意给定的正数，不管多么小，由于正数中没有小到不可再小的正数，这就表达了 u_n 与 a 无限接近的含义，深刻地揭示了极限的本质.

2° 定义中，只要 N 存在就行，并未限定它的大小，如果存在一个正数 N 符合定义的要求，那么，大于 N 的任何一个正数也都能符合定义的要求，因此，常采用所谓"不等式放大"来求 N，以便于计算.

例 1 设常值数列：$u_n=C$(C 为常数)，证明 $\lim\limits_{n\to+\infty}u_n=C$.

证：$\forall\varepsilon>0$，对一切自然数 n，恒有

$$|u_n-C|=|C-C|=0<\varepsilon.$$

按定义，$\lim\limits_{n\to+\infty}u_n=C$. 证毕

例 2 设 $\lim\limits_{n\to+\infty}u_n=a$，$C$ 为非零常数，证明 $\lim\limits_{n\to+\infty}Cu_n=Ca$.

证 $\forall\varepsilon>0$，找 N，由 $\lim\limits_{n\to+\infty}u_n=a$，对$\frac{\varepsilon}{|C|}>0$，$\exists N>0$，当 $n>N$ 时，恒有

$$|Cu_n-Ca|=|C||u_n-a|<|C|\cdot\frac{\varepsilon}{|C|}=\varepsilon,$$

按定义，$\lim\limits_{n\to+\infty} Cu_n = Ca$. 证毕

例 3 试证 $\lim\limits_{n\to+\infty} q^n = 0$，其中 $|q| < 1$.

证 因 $0 < |q| < 1$，令 $b > 0$，使 $|q| = \frac{1}{1+b}$. $\forall\ \varepsilon > 0$，找 N，根据二项式定理，有

$$|q^n - 0| = |q|^n = \frac{1}{(1+b)^n} = \frac{1}{1 + nb + \frac{n(n-1)}{2\,!}b^2 + \cdots + b^n} < \frac{1}{nb} < \varepsilon,$$

这样把不等式放大，解得 $n > \frac{1}{\varepsilon b}$，取 $N = [\frac{1}{\varepsilon b}]$，于是当 $n > N$ 时，恒有

$$|q^n - 0| < \varepsilon,$$

按定义，$\lim\limits_{n\to+\infty} q^n = 0$，当 $q = 0$ 时，由例 1 即得. 证毕

另证 对 $0 < |q| < 1$ 的情形，$\forall\ \varepsilon > 0$，找 N，由

$$|q^n - 0| = |q|^n < \varepsilon,$$

因 $|q| < 1$，有 $\ln|q| < 0$，从 $|q|^n < \varepsilon$ 两边取对数，解得 $n > \frac{\ln\varepsilon}{\ln|q|}$. 取 $N = [\frac{\ln\varepsilon}{\ln|q|}]$，于是，当 $n > N$ 时，恒有

$$|q^n - 0| = |q^n| < \varepsilon,$$

按定义，$\lim\limits_{n\to+\infty} q^n = 0 (0 < |q| < 1)$. 证毕

例 4 试证 $\lim\limits_{n\to+\infty} \sqrt[n]{a} = 1 (a > 0)$.

证(1) 当 $a > 1$ 时，$\sqrt[n]{a} > 1$，$\forall\ \varepsilon > 0$，由

$$|\sqrt[n]{a} - 1| = \sqrt[n]{a} - 1 < \varepsilon \text{ 或 } a < (1+\varepsilon)^n,$$

解得 $n > \frac{1}{\log_a(1+\varepsilon)}$，记 $N = [\frac{1}{\log_a(1+\varepsilon)}]$，于是当 $n > N$ 时，恒有

$$|\sqrt[n]{a} - 1| < \varepsilon,$$

按定义，有 $\lim\limits_{n\to+\infty} \sqrt[n]{a} = 1 \quad (a > 1)$. 证毕

另证 令 $\sqrt[n]{a} - 1 = b_n > 0$，有 $a = (1 + b_n)^n > 1 + nb_n$，即 $b_n < \frac{a-1}{n}$. $\forall\ \varepsilon > 0$，由

$$|\sqrt[n]{a} - 1| = b_n < \frac{a-1}{n} < \varepsilon,$$

这样，把不等式放大，解得 $n > \frac{a-1}{\varepsilon}$，记 $N = [\frac{a-1}{\varepsilon}]$，则当 $n > N$ 时，恒有

$$|\sqrt[n]{a} - 1| < \varepsilon,$$

按定义，有 $\lim\limits_{n\to+\infty} \sqrt[n]{a} = 1 \quad (a > 1)$.

(2) 当 $0 < a < 1$ 时，令 $\frac{1}{a} = b > 1$，有

$$|\sqrt[n]{a} - 1| = \left|\frac{1}{\sqrt[n]{b}} - 1\right| = \left|\frac{\sqrt[n]{b} - 1}{\sqrt[n]{b}}\right| \leqslant |\sqrt[n]{b} - 1|.$$

已知 $b > 1$，由(1)，$\forall\ \varepsilon > 0$，存在正整数 N，当 $n > N$ 时，有 $|\sqrt[n]{b} - 1| < \varepsilon$，于是，就有

$$|\sqrt[n]{a} - 1| < \varepsilon,$$

即 $\lim\limits_{n\to+\infty} \sqrt[n]{a} = 1 \quad (0 < a < 1)$.

(3) 当 $a = 1$ 时，对任何大于 1 的自然数 n，$\sqrt[n]{a} = 1$，而常数 1 的极限就是该常数本身. 即

$$\lim_{n\to+\infty}\sqrt[n]{a}=1 \quad (a=1).$$

综(1),(2),(3)得 $\lim\limits_{n\to+\infty}\sqrt[n]{a}=1 \quad (a>0)$. 证毕

1.2 收敛数列的性质

性质 1(唯一性) 若数列$\{u_n\}$的极限存在,则极限值是唯一的.

证 反证法 假设极限值不唯一,设有两个不等的极限值 a 与 b,即

$$\lim_{n\to+\infty}u_n=a,\quad \lim_{n\to+\infty}u_n=b,\quad a\neq b. \tag{1.2}$$

不妨取 $\varepsilon=\frac{1}{3}|a-b|>0$,由 $\lim\limits_{n\to+\infty}u_n=a$, $\exists\, N_1>0$,当 $n>N_1$ 时,恒有

$$|u_n-a|<\varepsilon; \tag{1.3}$$

又由 $\lim\limits_{n\to+\infty}u_n=b$,$\exists\, N_2>0$,当 $n>N_2$ 时,恒有

$$|u_n-b|<\varepsilon. \tag{1.4}$$

取 $N=\max\{N_1,N_2\}$,则当 $n>N$ 时,(1.3)式与(1.4)式同时成立,于是

$$|a-b|=|u_n-b-(u_n-a)|\leqslant|u_n-b|+|u_n-a|<\varepsilon+\varepsilon=2\varepsilon=\frac{2}{3}|a-b|,$$

得出 $1<\frac{2}{3}$! 因此假设不成立,从而 $a=b$,即极限值唯一. 证毕

性质 2(保号性) 设 $\lim\limits_{n\to+\infty}u_n=a>0$,则存在正整数 N 和 $\eta>0$,当 $n>N$ 时,有

$$u_n>\eta>0.$$

证 由条件 $\lim\limits_{n\to+\infty}u_n=a>0$,取定 $\varepsilon=\frac{a}{2}>0$,存在正整数 N,当 $n>N$ 时,有

$$|u_n-a|<\frac{a}{2},$$

即 $-\frac{a}{2}<u_n-a<\frac{a}{2}$ 或 $\frac{a}{2}<u_n<\frac{3}{2}a$,取 $\eta=\frac{a}{2}$,则当 $n>N$ 时,恒有

$$u_n>\eta>0.$$

证毕

又若数列$\{u_n\}$的极限 $a<0$,可类似证明存在正整数 N 和 $\eta>0$ 当 $n>N$ 时,恒有

$$u_n<-\eta<0.$$

推论 若 $\lim\limits_{n\to+\infty}u_n=a$,且 $u_n>0$(或 <0),$n=1,2,\cdots$,则 $a\geqslant0$(或 $a\leqslant0$).

注意,这里结果可能取等号,例如,$u_n=\frac{1}{2^n}>0$,$n=1,2,\cdots$,有 $\lim\limits_{n\to+\infty}\frac{1}{2^n}=0$,这里,$a=0$.

性质 3(夹逼性) 设三个数列$\{u_n\}$、$\{v_n\}$、$\{w_n\}$,若满足:

1° $v_n\leqslant u_n\leqslant w_n$, $n=1,2,\cdots$; 2° $\lim\limits_{n\to+\infty}v_n=\lim\limits_{n\to+\infty}w_n=a$,则

$$\lim_{n\to+\infty}u_n=a.$$

证 $\forall\,\varepsilon>0$,由条件 2°,$\lim\limits_{n\to+\infty}v_n=a$,$\exists\, N_1>0$,当 $n>N_1$ 时,恒有

$$|v_n-a|<\varepsilon \text{ 或 } -\varepsilon<v_n-a<\varepsilon; \tag{1.5}$$

又 $\lim\limits_{n\to+\infty}w_n=a$,$\exists\, N_2>0$,当 $n>N_2$ 时,恒有

$$|w_n-a|<\varepsilon \quad\text{或}\quad -\varepsilon<w_n-a<\varepsilon. \tag{1.6}$$

取 $N=\max\{N_1,N_2\}$,当 $n>N$ 时,(1.5)式与(1.6)式同时成立. 再由条件 1° 得

$$-\varepsilon<v_n-a\leqslant u_n-a\leqslant w_n-a<\varepsilon,$$

即有 $-\varepsilon<u_n-a<\varepsilon$ 或 $|u_n-a|<\varepsilon$,按定义

$$\lim_{n\to+\infty} u_n = a.$$

证毕

例 5 试求 $\lim\limits_{n\to+\infty}\sqrt[n]{1^n+2^n+3^n+\cdots+9^n}$.

解 由不等式

$$9=\sqrt[n]{9^n}<\sqrt[n]{1^n+2^n+3^n+\cdots+9^n}<\sqrt[n]{9\cdot 9^n}=9\cdot\sqrt[n]{9},$$

及例 1、例 2、例 4 知 $\lim\limits_{n\to+\infty} 9=9$, $\lim\limits_{n\to\infty}\sqrt[n]{9}=1$, $\lim\limits_{n\to+\infty} 9\sqrt[n]{9}=9$,利用夹逼性得

$$\lim_{n\to+\infty}\sqrt[n]{1^n+2^n+3^n+\cdots\cdots+9^n}=9.$$

由上例可看到,利用夹逼性,可从已知数列极限去求未知数列的极限.

例 6 试求 $\lim\limits_{n\to+\infty}\dfrac{1\cdot 3\cdot 5\cdots\cdots(2n-1)}{2\cdot 4\cdot 6\cdots\cdots 2n}$.

解 由预备知识例 2,有不等式

$$\frac{1}{2\sqrt{n}}\leqslant\frac{1\cdot 3\cdot 5\cdots\cdots(2n-1)}{2\cdot 4\cdot 6\cdots\cdots 2n}<\frac{1}{\sqrt{2n+1}},$$

易知 $\lim\limits_{n\to+\infty}\dfrac{1}{2\sqrt{n}}=0$; $\lim\limits_{n\to+\infty}\dfrac{1}{\sqrt{2n+1}}=0$,由夹逼性,得

$$\lim_{n\to+\infty}\frac{1\cdot 3\cdot 5\cdots\cdots(2n-1)}{2\cdot 4\cdot 6\cdots\cdots 2n}=0.$$

例 7 试证 $\lim\limits_{n\to+\infty}\dfrac{a^n}{n\,!}=0$(常数 $a>0$).

证 由常数 $a>0$,总存在正整数 K,使 $a\leqslant K$,则当 $n>K$ 时,

$$0<\frac{a^n}{n\,!}=\left(\frac{a}{1}\cdot\frac{a}{2}\cdot\frac{a}{3}\cdots\cdots\frac{a}{K}\right)\left(\frac{a}{K+1}\cdot\frac{a}{K+2}\cdot\frac{a}{K+3}\cdots\cdots\frac{a}{n-1}\right)\left(\frac{a}{n}\right),$$

$$<\frac{a^K}{K\,!}\cdot\frac{a}{n}=\frac{a^{K+1}}{K\,!}\cdot\frac{1}{n},$$

其中 $\dfrac{a^{K+1}}{K\,!}$ 为正常数,由例 2,有 $\lim\limits_{n\to+\infty}\dfrac{a^{K+1}}{K}\dfrac{1}{n}=0$,由夹逼性,得

$$\lim_{n\to+\infty}\frac{a^n}{n\,!}=0\quad(\text{常数 } a>0).$$

证毕

1.3 子数列

设从数列 $\{u_n\}$: $u_1,u_2,u_3,\cdots,u_n,\cdots$ 中任意地抽出无穷多项,并按原有次序排成一新数列,称为 **$\{u_n\}$ 的子数列**,记为

$$\{u_{n_k}\}:\ u_{n_1},u_{n_2},u_{n_3},\cdots,u_{n_k},\cdots. \tag{1.7}$$

子数列中第 k 项,在原数列中是第 n_k 项,因此,子数列(1.7)中的下标满足关系:

1° $n_k\geqslant k$;

2° $k_2>k_1\Longleftrightarrow n_{k_2}>n_{k_1}$.

一个数列 $\{u_n\}$ 可以有无穷多个子数列. 例如:

$\{u_{2k-1}\}$: $u_1,u_3,u_5,\cdots,u_{2k-1}\cdots$;

$\{u_{2k}\}$: $u_2,u_4,u_6,\cdots,u_{2k},\cdots$;

$\{u_{3k+1}\}$: $u_4,u_7,u_{10},\cdots,u_{3k+1},\cdots$

等等都是 $\{u_n\}$ 的子数列,下面引入子数列的极限概念:

定义 设有子数列 $\{u_{n_k}\}$ 与常数 a. $\forall\,\varepsilon>0$, $\exists\,N>0$,当 $k>N$ 时(注意 $n_k\geqslant k>N$),恒有

$$|u_{n_k}-a|<\varepsilon,$$

则称**常数 a 为子数列$\{u_{n_k}\}$的极限**，记为

$$\lim_{k\to+\infty} u_{n_k}=a.$$

一个数列$\{u_n\}$与它的子数列$\{u_{n_k}\}$的收敛性有何关系呢？

定理 1 若数列$\{u_n\}$的极限是a，则它的任一子数列$\{u_{n_k}\}$的极限也是a.

证 由条件$\lim\limits_{n\to+\infty}u_n=a$，$\forall\ \varepsilon>0$，$\exists\ N>0$，当$n>N$时，恒有

$$|u_n-a|<\varepsilon. \tag{1.8}$$

对一切$k>N$时，$n_k>n_N\geqslant N$，由(1.8)式有

$$|u_{n_k}-a|<\varepsilon,$$

即 $\lim\limits_{k\to+\infty}u_{n_k}=a.$ 证毕

定理 2 设$\{u_{n'_k}\}$与$\{u_{n''_k}\}$是数列$\{u_n\}$的任意两个子数列，若

$$\lim_{k\to+\infty}u_{n'_k}=a_1,\ \lim_{k\to+\infty}u_{n''_k}=a_2,\text{且 } a_1\neq a_2,$$

则$\lim\limits_{n\to+\infty}u_n$不存在.

证 反证法 若$\{u_n\}$的极限存在是a，即$\lim\limits_{n\to+\infty}u_n=a$. 那么，由上述定理1和收敛数列极限的唯一性，有

$$\lim_{k\to+\infty}u_{n'_k}=a,\ \lim_{k\to+\infty}u_{n''_k}=a,$$

这与$a_1\neq a_2$的假设矛盾，因此，$\lim\limits_{n\to+\infty}u_n$不存在. 证毕

例 8 $\{(-1)^{2k-1}\}$和$\{(-1)^{2k}\}$是数列$\{(-1)^n\}$的两个子数列，而

$$\lim_{k\to+\infty}(-1)^{2k-1}=\lim_{k\to+\infty}(-1)=-1;\ \lim_{k\to+\infty}(-1)^{2k}=\lim_{k\to+\infty}1=1,$$

二者不相等，故$\lim\limits_{n\to+\infty}(-1)^n$不存在.

1.4 几类有特性的数列

一、单调数列

由于数列是定义在自然数集上的函数：$u_n=f(n)$，$n=1,2,\cdots$，那么，由函数单调、有界的定义，立即得出数列$\{u_n\}$的单调、有界定义：

设 数列$\{u_n\}$，若

$$u_n\leqslant u_{n+1}(\text{或 } u_n\geqslant u_{n+1}),n=1,2,\cdots, \tag{1.9}$$

则称$\{u_n\}$是**单调增加**(或**单调减少**)数列.

单调增加数列与单调减少数列，统称**单调数列**. 在(1.9)式中将“$\leqslant$”(或“$\geqslant$”)改为“$<$”(或“$>$”)，则是**严格单调数列**.

二、有界数列

1° 设数列$\{u_n\}$，若存在常数m(或M)，使得

$$m\leqslant u_n(\text{或 } u_n\leqslant M),n=1,2,\cdots, \tag{1.10}$$

则称$\{u_n\}$是**有下界**(或**上界**)**的数列**.

若同时存在常数m,M，使得

$$m\leqslant u_n\leqslant M\quad(n=1,2,\cdots), \tag{1.11}$$

则称$\{u_n\}$是**有界数列**. 若记$K=\max\{|m|,|M|\}$，由上面不等式(1.11)，得

$$|u_n|\leqslant K(n=1,2,\cdots).$$

例 9 $\{\frac{1}{2^n}\}$是单调减少的有下界数列；$\{\frac{(-1)^n}{2^n}\}$，$\{(-1)^n\}$是不单调的有界数列.

2° 设数列$\{u_n\}$,若$\forall G>0$(不管G多么大),$\exists n_0$,使得

$$|u_{n_0}|>G,$$

则称$\{u_n\}$是**无界数列**.

例 10 $\{n^2\}$: $1^2,2^2,3^2,\cdots,n^2,\cdots$;

$\{2^{(-1)^n n}\}$: $\frac{1}{2},2^2,\frac{1}{2^3},2^4,\cdots,2^{(-1)^n n},\cdots$,

都是无界数列.

三、发散数列

若数列$\{u_n\}$不收敛,即不存在常数a,使数列$\{u_n\}$以a为极限,则称$\{u_n\}$**是发散数列**.例如,有界数列$\{(-1)^n\}$是发散数列.

对于无界数列是发散数列,有两种情形:

一种情形是数列$\{u_n\}$从某项之后,其绝对值可以保持大于任意给定(不管多么大)的正数,这种情形,我们称$\{u_n\}$为无穷大,即有如下定义:

定义 对任意给定的正数G(不管多么大),总存在正整数N,使得当$n>N$时,恒有

$$|u_n|>G, \tag{1.12}$$

则称当$n\to+\infty$时,$\{u_n\}$**是无穷大**,记为

$$\lim_{n\to+\infty}u_n=\infty \quad 或 \quad u_n\to\infty(n\to+\infty).$$

在(1.12)中,若u_n只取正值或只取负值有

$$u_n>G \quad 或 \quad u_n<-G.$$

记为$\lim\limits_{n\to+\infty}u_n=+\infty$或$\lim\limits_{n\to+\infty}u_n=-\infty$,分别称$\{u_n\}$当$n\to+\infty$时是**正无穷大**或**负无穷大**.

例 11 当$n\to+\infty$时,$\{n^2\}$是正无穷大,$\{-n^2\}$是负无穷大,$\{(-1)^n n^2\}$是无穷大,它们都是发散数列.

另一种情形是数列$\{u_n\}$无界但不是无穷大的发散数列.

例如:无界数列$\{2^{(-1)^n n}\}$,其中两个子数列$\{u_{2k-1}\}$,$\{u_{2k}\}$,其极限分别为

$$\lim_{k\to+\infty}u_{2k-1}=\lim_{k\to+\infty}\frac{1}{2^{2k-1}}=0;\quad \lim_{k\to+\infty}u_{2k}=\lim_{k\to+\infty}2^{2k}=+\infty,$$

故是发散的.注意$\{2^{(-1)^n n}\}$是无界的,并不是无穷大(为什么?).尚须指出:它的一个子数列$\{2^{2k}\}$是无穷大.

定理 无界数列必有子数列是无穷大.

证 设$\{u_n\}$是无界数列,$\forall G>0$,$\exists n_0$,使得

$$|u_{n_0}|>G.$$

现在取一系列$G_n=n$,$n=1,2,\cdots$,首先对$G_1=1$,必有$|u_{n_1}|>1$,其次,对$G_2=2$,存在$n_2>n_1$,使$|u_{n_2}|>2$,同样,对$G_3=3$,存在$n_3>n_2$,使$|u_{n_3}|>3$,继续这样无限做下去,这样选出的子数列$\{u_{n_k}\}$必是无穷大,即$\lim\limits_{k\to+\infty}u_{n_k}=\infty$.

证毕

四、稳定性数列

设数列$\{u_n\}$.若$\forall \varepsilon>0$,$\exists N>0$,当$m,n>N$时,恒有

$$|u_m-u_n|<\varepsilon,$$

则称$\{u_n\}$是**稳定性数列**.

在稳定性数列中,当下标充分大时,任何两项彼此可以任意接近,也就是数列项的变化愈来愈稳定,具有稳定性的数列,也称**柯西(Cauchy)数列**或**基本数列**.

例 12 讨论数列

(1) $\{\frac{1}{1^2}+\frac{1}{2^2}+\cdots+\frac{1}{n^2}\}$; (2) $\{1+\frac{1}{2}+\frac{1}{3}+\cdots+\frac{1}{n}\}$

的稳定性.

解 (1) 令 $u_n=\frac{1}{1^2}+\frac{1}{2^2}+\cdots+\frac{1}{n^2}$,并设 $m=n+p$,p 为自然数,$\forall\,\varepsilon>0$,由

$$\begin{aligned}|u_{n+p}-u_n|&=\frac{1}{(n+1)^2}+\frac{1}{(n+2)^2}+\cdots+\frac{1}{(n+p)^2}\\&<\frac{1}{n(n+1)}+\frac{1}{(n+1)(n+2)}+\cdots+\frac{1}{(n+p-1)(n+p)}\\&=(\frac{1}{n}-\frac{1}{n+1})+(\frac{1}{n+1}-\frac{1}{n+2})+\cdots+(\frac{1}{n+p-1}-\frac{1}{n+p})\\&=\frac{1}{n}-\frac{1}{n+p}<\frac{1}{n}<\varepsilon,\end{aligned}$$

解得 $n>\frac{1}{\varepsilon}$,取 $N=[\frac{1}{\varepsilon}]$,则当 $n>N$ 时,恒有

$$|u_{n+p}-u_n|<\varepsilon \quad 或 \quad |u_m-u_n|<\varepsilon,$$

按定义,$\{u_n\}=\{1+\frac{1}{2^2}+\frac{1}{3^2}+\cdots+\frac{1}{n^2}\}$ 是稳定性数列.

(2) 令 $u_n=1+\frac{1}{2}+\frac{1}{3}+\cdots+\frac{1}{n}$,不论 N 取得多么大,对 $n=N+1$,$m=2N+2$,有

$$|u_m-u_n|=\frac{1}{N+2}+\cdots+\frac{1}{2N+2}>(N+1)\frac{1}{2N+2}=\frac{1}{2}.$$

因此,对 $\varepsilon=\frac{1}{2}$,不论 N 取得多么大,尽管 $m,n>N$,却有 $|u_m-u_n|>\frac{1}{2}$,即 $|u_m-u_n|<\varepsilon$ 不成立. 按定义

$$\{u_n\}=\{1+\frac{1}{2}+\frac{1}{3}+\cdots+\frac{1}{n}\}$$

不是稳定性数列.

1.5 数列极限存在性的条件

关于数列极限的存在性,有下列必要条件、充分条件和必要充分条件:

一、数列收敛的必要条件

定理 1(必要条件) 若数列 $\{u_n\}$ 收敛,则 $\{u_n\}$ 有界.

证 设 $\lim\limits_{n\to+\infty}u_n=a$,对某个 $\varepsilon_0>0$,存在 $N_0>0$,当 $n>N_0$ 时,有

$$|u_n-a|<\varepsilon_0,$$

由不等式 $|u_n|-|a|\leqslant|u_n-a|$,得

$$|u_n|<|a|+\varepsilon_0 \quad (n>N_0).$$

令 $K=\max\{|a|+\varepsilon_0,|u_1|,|u_2|,\cdots,|u_{N_0}|\}$,于是

$$|u_n|\leqslant K \quad (n=1,2,\cdots),$$

即数列 $\{u_n\}$ 有界. 证毕

本定理的逆不成立,例如,数列 $\{(-1)^{n-1}\}$ 有界,但无极限(不收敛).

本定理从几何上来看也是明显的. 由 $\lim\limits_{n\to+\infty}u_n=a$,在数轴上作点 a 的 ε 邻域:$(a-\varepsilon,a+\varepsilon)$,在该邻域的外面只可能有数列 $\{u_n\}$ 的有限多项,因此,总可以用以原点为中心的适当大的区间把 $\{u_n\}$ 的所有项全部包含起来.

二、数列收敛的充分条件

定理 2(充分条件,单调有界准则) 若数列$\{u_n\}$单调增(或单调减)有上界(或下界),则必有极限.

证 只就数列$\{u_n\}$单调增有上界的情形证明.根据预备知识,有上界的数集必有上确界,记数列$\{u_n\}$的上确界为a,即

$$a=\sup\{u_n\},$$

由上确界的定义:

1° $u_n \leqslant a \quad (n=1,2,\cdots)$;

2° $\forall \varepsilon>0$,至少存在一项u_N,有

$$u_N>a-\varepsilon, \tag{1.13}$$

又由$\{u_n\}$单调增,故当$n>N$时,恒有

$$u_N \leqslant u_n \quad (n=N+1,N+2,\cdots). \tag{1.14}$$

由不等式(1.13)、(1.14),及1°,当$n>N$时,恒有

$$a-\varepsilon<u_N\leqslant u_n\leqslant a<a+\varepsilon,$$

即 $a-\varepsilon<u_n<a+\varepsilon$,于是 $|u_n-a|<\varepsilon$,

由定义 $\lim\limits_{n\to+\infty}u_n=a$,这极限就是该数列的上确界.

同理可证,单调减有下界的数列必有极限,这极限便是该数列的下确界.

本定理中,数列的单调有界这一条件,对于收敛性来说是充分条件,这个命题的重要意义在于证明数列极限的存在,而不必预先知道极限的值,并且在具体应用时,数列的单调性与有界性通常是容易检验的.

例 13 试证 极限 $\lim\limits_{n\to+\infty}(1+\dfrac{1}{n})^n$ 存在.

证 注意 $\lim\limits_{n\to+\infty}(1+\dfrac{1}{n})^n\neq\lim\limits_{n\to+\infty}(1+0)^n=1$.这是由于底数中的$n$与指数中的$n$是同时变化的,不可以先取底数中的$n\to+\infty$,后取指数中的$n\to+\infty$.

下面我们用定理2来证明这个极限存在,记

$$u_n=(1+\frac{1}{n})^n.$$

先证$\{u_n\}$单调增.由预备知识中例3,有不等式

$$\sqrt[n]{a_1\cdot a_2\cdot\cdots\cdot a_n}\leqslant\frac{a_1+a_2+\cdots+a_n}{n},$$

其中$a_1,a_2,\cdots,a_n$都是正数.设$a_1=a_2=a_3=\cdots=a_n=(1+\dfrac{1}{n}),a_{n+1}=1$,于是

$$\sqrt[n+1]{(1+\frac{1}{n})^n\cdot 1}\leqslant\frac{n(1+\frac{1}{n})+1}{n+1}=\frac{n+2}{n+1}=1+\frac{1}{n+1},$$

从而 $$u_n=(1+\frac{1}{n})^n\leqslant(1+\frac{1}{n+1})^{n+1}=u_{n+1}\quad(n=1,2,\cdots),$$

即数列$\{u_n\}$单调增,又当$n>5$时,设

$$a_1=a_2=\cdots=a_6=\frac{5}{6},a_7=a_8=\cdots=a_{n+1}=1,$$

于是 $$\sqrt[n+1]{(\frac{5}{6})^6\cdot 1^{n-5}}\leqslant\frac{6\cdot\frac{5}{6}+(n-5)\cdot 1}{n+1}=\frac{n}{n+1},$$

即 $(\dfrac{5}{6})^6\leqslant(\dfrac{n}{n+1})^{n+1}$,从而

$$u_n=(1+\frac{1}{n})^n<(1+\frac{1}{n})^{n+1}\leqslant(\frac{6}{5})^6=2.985984<3,$$

因此，$\{u_n\}$ 有上界，由定理 2 知数列 $\{(1+\frac{1}{n})^n\}$ 极限存在. 证毕

上面证明了 $\lim\limits_{n\to+\infty}(1+\frac{1}{n})^n$ 存在，记其极限值为 e，可以证明 e 是一个无理数，并有

$$\lim_{n\to+\infty}(1+\frac{1}{n})^n=e=2.718281828459045\cdots.$$

在本节定理 1 中看到：有界性对于数列的收敛性说来只是必要条件，但对子数列的收敛性说来却是充分条件，有下述定理：

定理 3（维尔斯特拉斯(Weierstrass) 定理） 有界数列必具有收敛的子数列.

* **证** 设数列 $\{u_n\}$ 有界，即存在数 α_1,β_1，使得

$$\alpha_1\leqslant u_n\leqslant\beta_1\quad(n=1,2,\cdots).$$

今把闭区间 $[\alpha_1,\beta_1]$ 二等分，得 $[\alpha_1,\frac{\alpha_1+\beta_1}{2}]$；$[\frac{\alpha_1+\beta_1}{2},\beta_1]$，那么，二者中至少有一个含有 $\{u_n\}$ 的无穷多项，记它为 $[\alpha_2,\beta_2]$，再将 $[\alpha_2,\beta_2]$ 二等分，同样二者中至少有一个含有 $\{u_n\}$ 的无穷多项，记它为 $[\alpha_3,\beta_3]$，逐次这样作，得一系列闭区间(**区间套**)：

$$[\alpha_1,\beta_1]\supset[\alpha_2,\beta_2]\supset[\alpha_3,\beta_3]\supset\cdots\supset[\alpha_k,\beta_k]\supset\cdots,$$

其中每一个都包含 $\{u_n\}$ 的无穷多项，且具有

1° $\alpha_1\leqslant\alpha_2\leqslant\cdots\leqslant\alpha_{k-1}\leqslant\alpha_k<\beta_k\leqslant\beta_{k-1}\leqslant\cdots\leqslant\beta_2\leqslant\beta_1\quad(k=1,2,\cdots)$；

2° $\beta_k-\alpha_k=\frac{\beta_1-\alpha_1}{2^{k-1}}\to0\quad(k\to+\infty)$.

由 1° 知数列 $\{\alpha_k\}$ 单调增有上界，数列 $\{\beta_k\}$ 单调减有下界，由本节定理 2 知都有极限，记为

$$\lim_{k\to+\infty}\alpha_k=a;\quad\lim_{k\to+\infty}\beta_k=b,$$

并且满足 $\alpha_k\leqslant a\leqslant b\leqslant\beta_k(k=1,2,\cdots)$. 再由 2° 得 $a=b$，且 $a\in[\alpha_k,\beta_k]\quad(k=1,2,\cdots)$，即

$$\lim_{k\to+\infty}\alpha_k=\lim_{k\to+\infty}\beta_k=a\in[\alpha_k,\beta_k]\quad(k=1,2,\cdots).$$

最后，我们在 $[\alpha_1,\beta_1]$ 中任取一项，记为 u_{n_1}，接着，在 $[\alpha_2,\beta_2]$ 中取一项，记为 u_{n_2}，要求 $n_2>n_1$，(因 $[\alpha_2,\beta_2]$ 中包含 $\{u_n\}$ 无限多项，所以一定能办到). 再接下去在 $[\alpha_3,\beta_3]$ 中取一项为 u_{n_3}，满足 $n_3>n_2$，等等. 这样，在数列 $\{u_n\}$ 中取出了一个子数列

$$\{u_{n_k}\}:u_{n_1},u_{n_2},\cdots,u_{n_k},\cdots,(n_1<n_2<n_3<\cdots<n_k<\cdots),$$

其中 $u_{n_k}\in[\alpha_k,\beta_k]$，这个子数列必收敛于 a，事实上，由

$$|u_{n_k}-a|\leqslant|\beta_k-\alpha_k|\to0\quad(k\to+\infty),$$

即 $\forall\varepsilon>0$，$\exists N>0$，当 $k>N$ 时，恒有 $|\beta_k-\alpha_k|<\varepsilon$. 从而当 $n_k\geqslant k>N$ 时，$|u_{n_k}-a|<\varepsilon$，按定义，得

$$\lim_{k\to+\infty}u_{n_k}=a.$$

证毕

三、数列收敛的必要充分条件

在本节定理 2 中，我们看到单调、有界是数列收敛的充分条件，由于并非每一个收敛数列都必定是单调的(虽然它是有界的)，但当且仅当一个数列具有稳定性时，它必定是收敛的，有如下定理：

定理 4 （必要充分条件，柯西收敛准则） 数列 $\{u_n\}$ 收敛的必要充分条件是 $\{u_n\}$ 为稳定性数列(柯西数列).

* **证** 必要性 设数列 $\{u_n\}$ 收敛于 a，即 $\lim\limits_{n\to+\infty}u_n=a$，故 $\forall\varepsilon>0$，$\exists N>0$，当 $n,m>N$ 时，恒有

$$|u_n-a|<\frac{\varepsilon}{2},\quad|u_m-a|<\frac{\varepsilon}{2}.$$

因而

$$|u_m-u_n|=|u_m-a+a-u_n|\leqslant|u_m-a|+|u_n-a|<\frac{\varepsilon}{2}+\frac{\varepsilon}{2}=\varepsilon.$$

即得
$$|u_m - u_n| < \varepsilon.$$
按定义,数列$\{u_n\}$是稳定性数列.

充分性　设$\{u_n\}$是稳定性数列,先证$\{u_n\}$必有界.事实上,若取定$\varepsilon=1$,存在自然数N_0,当$n>N_0$时,恒有
$$|u_n - u_{N_0+1}| < 1 \quad \text{或} \quad |u_n| < |u_{N_0+1}| + 1.$$
令　$M=\max\{|u_1|,|u_2|\cdots,|u_{N_0}|,|u_{N_0+1}|+1\}$,就有
$$|u_n| \leqslant M \quad (n=1,2,\cdots),$$
即$\{u_n\}$是有界的.

其次,根据定理3,有界数列$\{u_n\}$必具有收敛的子数列$\{u_{n_k}\}$,设$\{u_{n_k}\}$收敛于a,
即　$\forall\ \varepsilon>0$,$\exists\ N_1>0$,当$k>N_1$时,恒有
$$|u_{n_k} - a| < \frac{\varepsilon}{2}; \tag{1.15}$$
再由稳定性条件,对上述$\varepsilon>0$,$\exists\ N>0$,(不妨取$N\geqslant N_1$),当$n>N$时,
$$|u_n - u_{n_{N+1}}| < \frac{\varepsilon}{2}. \tag{1.16}$$
于是由(1.15)式与(1.16)式得
$$|u_n - a| = |u_n - u_{n_{N+1}} + u_{n_{N+1}} - a| \leqslant |u_n - u_{n_{N+1}}| + |u_{n_{N+1}} - a| < \frac{\varepsilon}{2} + \frac{\varepsilon}{2} = \varepsilon,$$
按定义$\lim\limits_{n\to+\infty} u_n = a$,即数列$\{u_n\}$收敛.

证毕

例14　由本节例12,数列
$$\{u_n\} = \{\frac{1}{1^2} + \frac{1}{2^2} + \frac{1}{3^2} + \cdots + \frac{1}{n^2}\}$$
是稳定性数列,由柯西收敛准则知这数列是收敛的,我们将在第十三章利用傅里叶级数证明这数列的极限是$\frac{\pi^2}{6}$,即
$$\lim_{n\to+\infty}(\frac{1}{1^2} + \frac{1}{2^2} + \frac{1}{3^2} + \cdots + \frac{1}{n^2}) = \frac{\pi^2}{6}.$$
又数列$\{u_n\} = \{\frac{1}{1} + \frac{1}{2} + \frac{1}{3} + \cdots + \frac{1}{n}\}$是不稳定的,由柯西收敛准则,这数列是发散的.

例15　设数列$\{u_n\}$满足条件$|u_{n+1} - u_n| \leqslant aq^n$　$(a>0,0<q<1)$,试证$\{u_n\}$收敛.

证　对任意的正整数n与p,由条件有
$$\begin{aligned}|u_{n+p} - u_n| &= |u_{n+p} - u_{n+p-1} + u_{n+p-1} - u_{n+p-2} + u_{n+p-2} - \cdots + u_{n+1} - u_n| \\ &\leqslant |u_{n+p} - u_{n+p-1}| + |u_{n+p-1} - u_{n+p-2}| + |u_{n+p-2} - u_{n+p-3}| + \cdots + |u_{n+1} - u_n| \\ &\leqslant aq^{n+p-1} + aq^{n+p-2} + aq^{n+p-3} + \cdots + aq^n = aq^n(1 + q + q^2 + \cdots + q^{p-1}) \\ &= aq^n\frac{1-q^p}{1-q} < \frac{aq^n}{1-q} \quad (\frac{a}{1-q} \triangleq K \text{ 正常数}).\end{aligned} \tag{1.17}$$
又$0<q<1$,$\lim\limits_{n\to+\infty} q^n = 0$,因此,$\forall\ \varepsilon>0$,$\exists\ N>0$,当$n>N$时,有$|q^n| < \frac{\varepsilon}{K}$.故
$$|u_{n+p} - u_n| < \frac{a}{1-q}q^n < K \cdot \frac{\varepsilon}{K} = \varepsilon.$$
按柯西收敛准则,$\lim\limits_{n\to+\infty} u_n$存在,即$\{u_n\}$收敛.

证毕

§2　函数的极限

2.1　函数极限的定义

一、自变量$x\to\infty$时,$f(x)$的极限

定义 1° 设 $f(x)$ 在区间 $(b,+\infty)$ 上有定义，若存在常数 A 与 $f(x)$ 有下述关系：
$\forall\varepsilon>0$，$\exists N>0$ $(N\in(b,+\infty))$，当 $x>N$ 时，恒有

$$|f(x)-A|<\varepsilon,$$

则称**常数 A 为函数 $f(x)$ 当 $x\to+\infty$ 时的极限**，记为

$$\lim_{x\to+\infty}f(x)=A\ (\text{或 } f(x)\to A, x\to+\infty).$$

2° 若 $f(x)$ 在区间 $(-\infty,b)$ 上有定义，A 为一常数. $\forall\varepsilon>0$，$\exists N>0$ $(-N\in(-\infty,b))$，当 $x<-N$ 时，恒有 $|f(x)-A|<\varepsilon$，则称**常数 A 为函数 $f(x)$ 当 $x\to-\infty$ 时的极限**，记为

$$\lim_{x\to-\infty}f(x)=A\quad(\text{或 } f(x)\to A, x\to-\infty).$$

3° 若 $f(x)$ 在 $(-\infty,-b)\cup(b,+\infty)$ $(b>0)$ 上有定义，A 为一常数. $\forall\varepsilon>0$，$\exists N>0$，当 $|x|>N$ $(N>b)$ 时，恒有 $|f(x)-A|<\varepsilon$，则称**常数 A 为函数 $f(x)$ 当 $x\to\infty$ 时的极限**，记为

$$\lim_{x\to\infty}f(x)=A\quad(\text{或 } f(x)\to A, x\to\infty).$$

这里，$x\to\infty$ 包含 $x\to+\infty$ 与 $x\to-\infty$ 两种单侧趋向的情形，从而得下面的等价命题：

$$\lim_{x\to\infty}f(x)=A\iff\lim_{x\to+\infty}f(x)=\lim_{x\to-\infty}f(x)=A.\tag{2.1}$$

在等价命题中，(2.1) 式右边作为必要条件的否定，可以判断极限 $\lim\limits_{x\to\infty}f(x)$ 的不存在，即若 $\lim\limits_{x\to+\infty}f(x)$ 与 $\lim\limits_{x\to-\infty}f(x)$ 有一不存在，或都存在但不相等，则双向极限 $\lim\limits_{x\to\infty}f(x)$ 不存在.

例 1 按定义证明 (1) $\lim\limits_{x\to+\infty}\operatorname{arctg}x=\dfrac{\pi}{2}$； (2) $\lim\limits_{x\to-\infty}\operatorname{arctg}x=-\dfrac{\pi}{2}$；并指出双向极限 $\lim\limits_{x\to\infty}\operatorname{arctg}x$ 是否存在.

证 (1) $\forall\varepsilon>0$，找 N，由

$$\left|\operatorname{arctg}x-\frac{\pi}{2}\right|=\frac{\pi}{2}-\operatorname{arctg}x<\varepsilon \text{ 或 } \operatorname{arctg}x>\frac{\pi}{2}-\varepsilon,$$

得 $x>\operatorname{tg}\left(\dfrac{\pi}{2}-\varepsilon\right)$，取 $N=\operatorname{tg}\left(\dfrac{\pi}{2}-\varepsilon\right)$，当 $x>N$ 时，恒有

$$\left|\operatorname{arctg}x-\frac{\pi}{2}\right|<\varepsilon,$$

按定义，$\lim\limits_{x\to+\infty}\operatorname{arctg}x=\dfrac{\pi}{2}$.

(2) $\forall\varepsilon>0$，找 N，由

$$\left|\operatorname{arctg}x-\left(-\frac{\pi}{2}\right)\right|=\frac{\pi}{2}+\operatorname{arctg}x<\varepsilon\quad\text{或}\quad x<\operatorname{tg}\left(\varepsilon-\frac{\pi}{2}\right)=-\operatorname{tg}\left(\frac{\pi}{2}-\varepsilon\right),$$

当 $0<\varepsilon<\dfrac{\pi}{2}$ 时，$\operatorname{tg}\left(\dfrac{\pi}{2}-\varepsilon\right)>0$，取 $N=\operatorname{tg}\left(\dfrac{\pi}{2}-\varepsilon\right)$，当 $x<-N$ 时，恒有

$$\left|\operatorname{arctg}x-\left(-\frac{\pi}{2}\right)\right|<\varepsilon,$$

按定义，$\lim\limits_{x\to-\infty}\operatorname{arctg}x=-\dfrac{\pi}{2}$.

由 (1) 与 (2)，$\lim\limits_{x\to+\infty}\operatorname{arctg}x\neq\lim\limits_{x\to-\infty}\operatorname{arctg}x$，知双向极限 $\lim\limits_{x\to\infty}\operatorname{arctg}x$ 不存在. 证毕

例 2 试证 $\lim\limits_{x\to\infty}\dfrac{\sin x}{x}=0\quad(x\neq0)$.

证 $\forall\varepsilon>0$，找 N，由

$$\left|\frac{\sin x}{x}-0\right|=\left|\frac{\sin x}{x}\right|\leqslant\frac{1}{|x|}<\varepsilon\qquad(x\neq0),$$

即 $|x| > \frac{1}{\varepsilon}$，取 $N = \frac{1}{\varepsilon}$，则当 $|x| > N$ 时，恒有

$$\left|\frac{\sin x}{x} - 0\right| < \varepsilon,$$

按定义，$\lim\limits_{x\to\infty}\frac{\sin x}{x} = 0$. 证毕

极限 $\lim\limits_{x\to\infty}f(x) = A$ 的几何解释是：在纵坐标轴上，任给以 A 为中心的 ε 邻域：

$$\{f(x) \mid A - \varepsilon < f(x) < A + \varepsilon\},$$

总可以找到正数 N，从而在横坐标轴上得到数集 $D = \{x \mid |x| > N\}$，当横坐标 x 取在集 D 内时，对应纵坐标 $f(x)$ 落在以 A 为中心的 ε 邻域内（如图 2-1）.

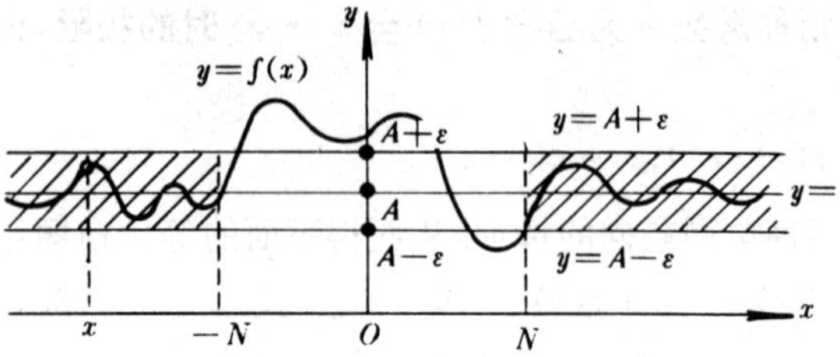

图 2-1

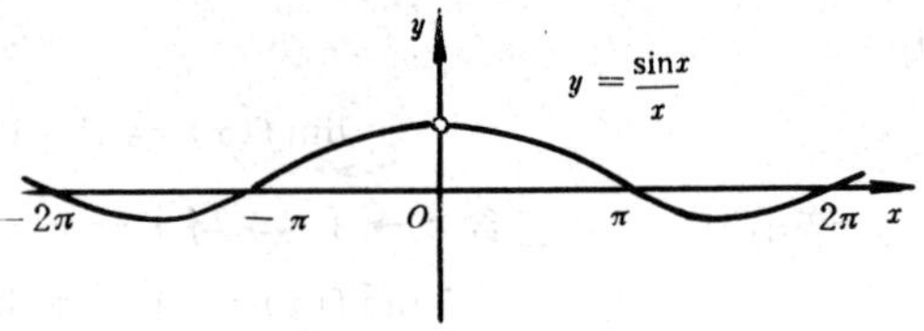

图 2-2

由图 2-1，对于伸展到无穷的曲线 $y = f(x)$，若其上的点 $M(x, f(x))$ 沿曲线无限远离原点时，点 M 到直线 $y = A$ 的距离趋于零，这时称**直线 $y = A$ 为曲线 $y = f(x)$ 的水平渐近线**，即若 $\lim\limits_{x\to\pm\infty}f(x) = A$，则直线 $y = A$ 是曲线 $y = f(x)$ 的水平渐近线. 曲线的渐近线描述了该曲线在无穷远处的变化性态.

例 3 由于 $\lim\limits_{x\to\infty}\frac{\sin x}{x} = 0$，故直线 $y = 0$ 是曲线 $y = \frac{\sin x}{x}$ 的水平渐近线（如图 2-2）.

例 4 由于 $\lim\limits_{x\to+\infty}\operatorname{arctg}x = \frac{\pi}{2}$，故直线 $y = \frac{\pi}{2}$ 是曲线 $y = \operatorname{arctg}x$ 当 $x > 0$ 时的水平渐近线；又由于 $\lim\limits_{x\to-\infty}\operatorname{arctg}x = -\frac{\pi}{2}$，故直线 $y = -\frac{\pi}{2}$ 是曲线 $y = \operatorname{arctg}x$ 当 $x < 0$ 时的水平渐近线.

二、自变量 $x \to x_0$ 时，$f(x)$ 的极限

例 5 设自由落体运动：$s = s(t) = \frac{1}{2}gt^2$，求下落过程中某一时刻 t_0 的瞬时速度 $v(t_0)$.

解 设 t_0 附近时刻为 t，且 $t \neq t_0$，在时间区间 $[t_0, t]$ 或 $[t, t_0]$ 内的平均速度为

$$\bar{v} = \frac{s(t) - s(t_0)}{t - t_0} = \frac{\frac{1}{2}gt^2 - \frac{1}{2}gt_0^2}{t - t_0} = \frac{1}{2}g(t + t_0) \quad (t \neq t_0), \tag{2.2}$$

我们看到，$\bar{v}$ 随时间 t 而变，它是变速运动，为了求 t_0 时刻的瞬时速度，我们从平均速度 $\bar{v}$ 出发来考虑，当 $|t - t_0|$ 无限缩小（$t \neq t_0$）时，由观察 $\bar{v}$ 趋于常数 gt_0. 因此，我们定义 gt_0 为所求瞬时速度，即 $v(t_0) = gt_0$，记为

$$v(t_0) = v|_{t=t_0} = \lim_{t\to t_0}\bar{v} = \lim_{t\to t_0}\frac{s(t) - s(t_0)}{t - t_0} = \lim_{t\to t_0}\frac{1}{2}g(t + t_0) = gt_0. \tag{2.3}$$

$\bar{v}$ 趋于常数 gt_0，也就是 $\bar{v}$ 与 gt_0 有下述关系：$\forall\ \varepsilon > 0$ （不管 ε 多么小），要

$$|\bar{v} - gt_0| = \left|\frac{s(t) - s(t_0)}{t - t_0} - gt_0\right| = \left|\frac{1}{2}g(t + t_0) - gt_0\right| = \frac{1}{2}g|t - t_0| < \varepsilon,$$

只要 $0<|t-t_0|<\frac{2\varepsilon}{g}\triangleq\delta$，于是当 $0<|t-t_0|<\delta$ 时，恒有

$$|\bar{v}-gt_0|<\varepsilon.$$

一般有以下定义：

定义 设函数 $f(x)$ 在点 x_0 的某邻域（点 x_0 可除外）内有定义，若存在常数 A，使得 $f(x)$ 与 A 有下述关系：

$\forall\varepsilon>0$（不管 ε 多么小），$\exists\delta>0$，当 $0<|x-x_0|<\delta$ （即 $\forall x\in\{x|0<|x-x_0|<\delta\}$）时，恒有

$$|f(x)-A|<\varepsilon,$$

则称**常数 A 为函数 $f(x)$ 当 $x\to x_0$ 时的极限**，记作

$$\lim_{x\to x_0}f(x)=A\quad 或\quad f(x)\to A,\quad x\to x_0. \tag{2.4}$$

上述定义用逻辑量词可表述如下：

$$\forall\varepsilon>0,\exists\delta>0,\forall x:x\in\{x|0<|x-x_0|<\delta\}\Rightarrow|f(x)-A|<\varepsilon.$$

说明：1° 定义中"$0<|x-x_0|<\delta$"的"$0<$"，指明 $x\neq x_0$. 因此，当 $x\to x_0$，$f(x)$ 的极限 A 与 $f(x)$ 在 x_0 处是否有定义无关，即 $f(x_0)$ 无定义，极限 A 仍可以存在；$f(x_0)$ 有定义，极限 A 也可以不存在.

2° 在定义中，关心的是 $f(x)$ 在 x_0 的充分小的去心邻域 $\{x|0<|x-x_0|<\delta\}$ 内变化趋势这一局部性质，只要存在一个 δ 符合定义的要求，那么比 δ 小的任何正数也都能符合要求.

极限 $\lim\limits_{x\to x_0}f(x)=A$ 的几何解释是：在 y 轴上取以点 A 为中心的 ε 邻域：$(A-\varepsilon,A+\varepsilon)$，那么在 x 轴上存在以 x_0 为中心的去心 δ 邻域：$(x_0-\delta,x_0)\cup(x_0,x_0+\delta)$，当横坐标 x 落在该 δ 邻域内时，对应纵坐标 $y(=f(x))$ 就落在以 A 为中心的 ε 邻域内（如图 2-3）.

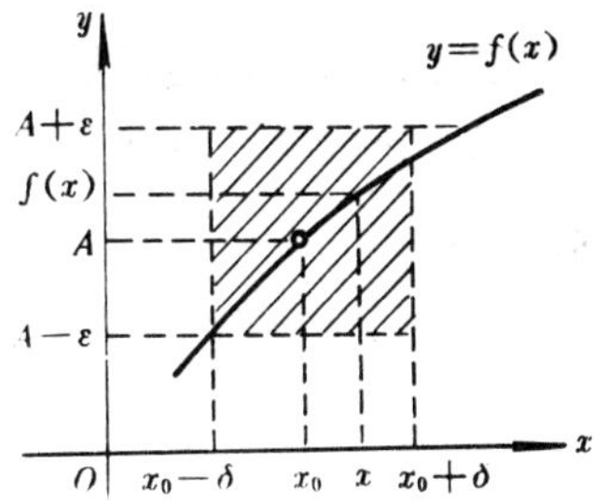

图 2-3

例 6 按定义证明

$$\lim_{x\to1}\frac{x^2-1}{x-1}=2.$$

证 $\forall\varepsilon>0$，找 $\delta>0$，由 $x\to1$，始终有 $x\neq1$，于是，要使

$$\left|\frac{x^2-1}{x-1}-2\right|=|x+1-2|=|x-1|<\varepsilon, \tag{2.5}$$

取 $\delta=\varepsilon$，当 $0<|x-1|<\delta$ 时，必有(2.5)式成立. 亦即

$\forall\varepsilon>0$，$\exists\delta=\varepsilon>0$，当 $0<|x-1|<\delta$ 时，有

$$\left|\frac{x^2-1}{x-1}-2\right|<\varepsilon,$$

按定义，$\lim\limits_{x\to1}\frac{x^2-1}{x-1}=2$. 证毕

例 7 按定义证明 $\lim\limits_{x\to a}\sqrt{x}=\sqrt{a}$，$(a>0)$.

证 由于 $x\to a$，使 $\sqrt{x}$ 有意义，先限制

$|x-a|<a$（即 $0<x<2a$）. $\forall\varepsilon>0$，找 $\delta>0$，要使

$$|\sqrt{x}-\sqrt{a}|=\left|\frac{x-a}{\sqrt{x}+\sqrt{a}}\right|<\frac{|x-a|}{\sqrt{a}}<\varepsilon,$$

即 $|x-a|<\sqrt{a}\,\varepsilon$，取 $\delta=\min\{\sqrt{a}\,\varepsilon,a\}$，当 $0<|x-a|<\delta$ 时，恒有

$$|\sqrt{x}-\sqrt{a}|<\varepsilon,$$

按定义，$\lim\limits_{x\to a}\sqrt{x}=\sqrt{a}$. 证毕

另证 同样先限制 $|x-a|<a$. $\forall\ \varepsilon>0$，由不等式（见预备知识，例 4）

$$|\sqrt{x}-\sqrt{a}|\leqslant\sqrt{|x-a|}<\varepsilon,$$

即 $|x-a|<\varepsilon^2$，取 $\delta=\min\{\varepsilon^2,a\}$，当 $0<|x-a|<\delta$ 时，恒有

$$|\sqrt{x}-\sqrt{a}|<\varepsilon,$$

按定义，$\lim\limits_{x\to a}\sqrt{x}=\sqrt{a}$. 证毕

本例中，用两种证法找出的 δ 不同，这是无关紧要的，决定极限的是正数 δ 的存在，并未限定 δ 的大小.

例 8 按定义证明 $\lim\limits_{x\to x_0}e^x=e^{x_0}$. (2.6)

证 $\forall\ \varepsilon>0$，不妨假定 $\varepsilon<e^{x_0}$，找 $\delta>0$，要使

$$|e^x-e^{x_0}|=e^{x_0}|e^{x-x_0}-1|<\varepsilon,$$

即 $1-\varepsilon e^{-x_0}<e^{x-x_0}<1+\varepsilon e^{-x_0}$ 或 $\ln(1-\varepsilon e^{-x_0})<x-x_0<\ln(1+\varepsilon e^{-x_0})$.

注意 $(1-\varepsilon e^{-x_0})(1+\varepsilon e^{-x_0})=1-\varepsilon^2e^{-2x_0}<1$，有 $\ln(1-\varepsilon e^{-x_0})<-\ln(1+\varepsilon e^{-x_0})$，只要

$$-\ln(1+\varepsilon e^{-x_0})<x-x_0<\ln(1+\varepsilon e^{-x_0}) \text{ 或 } |x-x_0|<\ln(1+\varepsilon e^{-x_0}),$$

取 $\delta=\ln(1+\varepsilon e^{-x_0})$，则当 $0<|x-x_0|<\delta$ 时，恒有

$$|e^x-e^{x_0}|<\varepsilon,$$

按定义，$\lim\limits_{x\to x_0}e^x=e^{x_0}$. 证毕

三、左极限与右极限

在 $\lim\limits_{x\to x_0}f(x)=A$ 的定义中，关系式 $0<|x-x_0|<\delta$ 等价于 $(x_0-\delta,x_0)\cup(x_0,x_0+\delta)$. 特别地，若

(1) 若 $x\in(x_0-\delta,x_0)$，且当 $x\to x_0$ 时，$f(x)\to A$，则称 A **为** $f(x)$ **在点** x_0 **的左极限**. 记为

$$\lim_{x\to x_0^-}f(x)=A \text{ 或 } f(x_0-0)=A;$$

(2) 若 $x\in(x_0,x_0+\delta)$，且当 $x\to x_0$ 时，$f(x)\to A$，则称 A **为** $f(x)$ **在点** x_0 **的右极限**. 记为

$$\lim_{x\to x_0^+}f(x)=A \text{ 或 } f(x_0+0)=A.$$

其中 $f(x_0-0)$ 与 $f(x_0+0)$ 分别是左极限与右极限的记号，不要与函数值的记号 $f(x_0)$ 相混淆.

上述左极限与右极限统称**单侧极限**，它与双侧极限 $\lim\limits_{x\to x_0}f(x)=A$ 有等价关系：

$$\lim_{x\to x_0}f(x)=A \iff \lim_{x\to x_0^-}f(x)=\lim_{x\to x_0^+}f(x)=A. \tag{2.7}$$

在(2.7)式右边，作为必要条件的否定可作为判断极限 $\lim\limits_{x\to x_0}f(x)$ 不存在的充分条件，即若左极限与右极限有一不存在或两者都存在但不相等，则双侧极限不存在.

例 9 试讨论 $f(x)=\begin{cases}x, & 0\leqslant x<2;\\ 2, & 2<x<4;\\ 8-x, & 4\leqslant x\leqslant 6\end{cases}$ 在点 $x=2$ 与点 $x=4$ 处的单侧极限与双侧极限的关系.

解 (1) 当点 $x\in(2-\delta,2)\cup(2,2+\delta)$ 时 $(0<\delta<2)$，由于 $\lim\limits_{x\to 2^-}f(x)=\lim\limits_{x\to 2^-}x=2$；

$\lim\limits_{x\to 2^+} f(x)=\lim\limits_{x\to 2^+} 2=2$，有 $f(2-0)=f(2+0)=2$，由(2.7)，双侧极限$\lim\limits_{x\to 2}f(x)=2$.

(2) 当$x\in(4-\delta,4)\cup(4,4+\delta)$时$(0<\delta<2)$，由$\lim\limits_{x\to 4^-}f(x)=\lim\limits_{x\to 4^-}2=2$；$\lim\limits_{x\to 4^+}f(x)=\lim\limits_{x\to 4^+}(8-x)=4$，这里$f(4-0)\neq f(4+0)$，于是双侧极限$\lim\limits_{x\to 4}f(x)$不存在，如图 2-4.

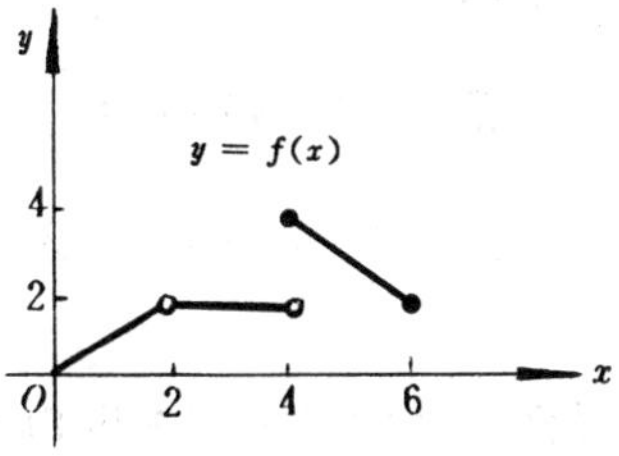

图 2-4

2.2 函数极限与数列极限的关系

函数极限与数列极限有如下关系：

定理(海涅(Heine)定理) $\lim\limits_{x\to x_0}f(x)=A$ 的必要充分条件是：对$f(x)$的定义域内的任意数列$\{x_n\}$：$x_n\to x_0(x_n\neq x_0)$，有$\lim\limits_{n\to+\infty}f(x_n)=A$.

证 必要性 已知$\lim\limits_{x\to x_0}f(x)=A$， 即$\forall\varepsilon>0,\exists\delta>0$，当$0<|x-x_0|<\delta$时，恒有

$$|f(x)-A|<\varepsilon.$$

又已知，对$f(x)$的定义域内的任意数列$\{x_n\}$，有$\lim\limits_{n\to+\infty}x_n=x_0,x_n\neq x_0$，根据数列极限定义：

对上述$\delta>0,\exists N>0$，当$n>N$时，有$0<|x_n-x_0|<\delta$，从而，当$n>N$时，恒有

$$|f(x_n)-A|<\varepsilon.$$

于是 $\forall\varepsilon>0,\exists N>0$，当$n>N$时，恒有$|f(x_n)-A|<\varepsilon$，按定义

$$\lim_{n\to+\infty}f(x_n)=A.$$

充分性 由已知条件：在$f(x)$的定义域内的任意数列$\{x_n\}$：$x_n\to x_0(x_n\neq x_0)$，有$\lim\limits_{n\to+\infty}f(x_n)=A$. 但因数列的任意性，由此来直接证明$\lim\limits_{x\to x_0}f(x)=A$是困难的，故采取反证法. 假设$\lim\limits_{x\to x_0}f(x)=A$不成立，即对某个$\varepsilon_0>0$，不论$\delta>0$多么小，总存在某个$x$，尽管$0<|x-x_0|<\delta$，但

$$|f(x)-A|\geqslant\varepsilon_0.$$

设$f(x)$在邻域$\{x\,|\,0<|x-x_0|<\delta'\}$上有定义，现依次取$\delta=\dfrac{\delta'}{2},\dfrac{\delta'}{2^2},\cdots,\dfrac{\delta'}{2^n},\cdots$，则存在相应的$x_1,x_2,\cdots,x_n,\cdots$，尽管

$$0<|x_1-x_0|<\frac{\delta'}{2}，但\ |f(x_1)-A|\geqslant\varepsilon_0;$$

$$0<|x_2-x_0|<\frac{\delta'}{2^2}，但\ |f(x_2)-A|\geqslant\varepsilon_0;$$

$$\cdots\quad\cdots\quad\cdots\qquad\cdots\quad\cdots\quad\cdots$$

$$0<|x_n-x_0|<\frac{\delta'}{2^n}，但\ |f(x_n)-A|\geqslant\varepsilon_0;$$

$$\cdots\quad\cdots\quad\cdots\qquad\cdots\quad\cdots\quad\cdots$$

显然$\{x_n\}\subset\{x\,|\,0<|x-x_0|<\delta\}$且$\lim\limits_{n\to+\infty}x_n=x_0$，但它所对应的函数值所成的数列$\{f(x_n)\}$却不以$A$为极限，这与假设矛盾.

证毕

在本定理中，若将“$x\to x_0$”换成“$x\to\infty$”，类似地可证相应的结论成立.

这个定理揭示了函数极限与数列极限的联系，使得数列极限与函数极限的有关定理相互沟通，其必要条件的否定，可以判断某些函数极限的不存在，即若在$f(x)$的定义域内有两个收敛于x_0的数列$\{x_n^{(1)}\}(x_n^{(1)}\neq x_0)$与$\{x_n^{(2)}\}(x_n^{(2)}\neq x_0)$，若$\{f(x_n^{(1)})\}$，$\{f(x_n^{(2)})\}$的极限有一不存在，或

都存在但不相等，则$\lim\limits_{x\to x_0}f(x)$不存在.

例 10 试证 $\lim\limits_{x\to 0}\sin\dfrac{1}{x}$ 不存在.

证 对$f(x)=\sin\dfrac{1}{x}$，取两个趋于零的数列：

$$x_n^{(1)}=\frac{1}{2n\pi},\quad x_n^{(2)}=\frac{1}{2n\pi+\dfrac{\pi}{2}}.$$

显然，$x_n^{(1)}\neq 0, x_n^{(2)}\neq 0$. 由于

$$f(x_n^{(1)})=\sin\frac{1}{x_n^{(1)}}=\sin 2n\pi=0;$$

$$f(x_n^{(2)})=\sin\frac{1}{x_n^{(2)}}=\sin(2n\pi+\frac{\pi}{2})=1,$$

于是 $\lim\limits_{n\to+\infty}f(x_n^{(1)})=0$, $\lim\limits_{n\to+\infty}f(x_n^{(2)})=1$，二者极限存在但不相等，故极限$\lim\limits_{x\to 0}\sin\dfrac{1}{x}$不存在，见图 2-5.

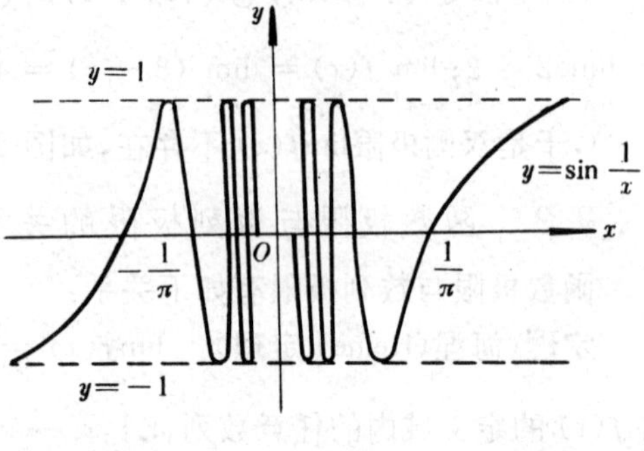

图 2-5

2.3 函数极限的性质

在函数极限中，有类似于数列极限的性质：

性质 1(唯一性) 若函数$f(x)$的极限存在，则其极限是唯一的. 即

若 $\lim\limits_{x\to x_0}f(x)=A$; $\lim\limits_{x\to x_0}f(x)=B$, 则 $A=B$.

性质 2(保号性) 若$\lim\limits_{x\to x_0}f(x)=A, A>0$(或$A<0$)，则存在正数$\delta$和$\eta$，使当$0<|x-x_0|<\delta$，恒有

$$f(x)>\eta>0 \quad (\text{或 } f(x)<-\eta<0).$$

推论 设存在正数δ，当$0<|x-x_0|<\delta$时，$f(x)>0$(或$f(x)<0$)且$\lim\limits_{x\to x_0}f(x)=A$，则$A\geqslant 0$(或$A\leqslant 0$).

性质 3(夹逼性) 设有三个函数$g(x), f(x), h(x)$，当$x\in\{x|0<|x-x_0|<\delta_0\}$满足

1° $g(x)\leqslant f(x)\leqslant h(x)$; 2° $\lim\limits_{x\to x_0}g(x)=\lim\limits_{x\to x_0}h(x)=A$, 则

$$\lim_{x\to x_0}f(x)=A.$$

只证性质 3，性质 1 与性质 2 请读者自证.

证 由2°，$\forall\ \varepsilon>0, \exists\ \delta>0$，取$0<\delta<\delta_0$，则当$0<|x-x_0|<\delta$，同时成立：

$$|g(x)-A|<\varepsilon \text{ 与 } |h(x)-A|<\varepsilon,$$

即 $A-\varepsilon<g(x)<A+\varepsilon$ 与 $A-\varepsilon<h(x)<A+\varepsilon$. 又由$1^\circ$，有

$$A-\varepsilon<g(x)\leqslant f(x)\leqslant h(x)<A+\varepsilon,$$

从而有

$$|f(x)-A|<\varepsilon,$$

按定义，$\lim\limits_{x\to x_0}f(x)=A$. 证毕

另证 由条件2°，$\lim\limits_{x\to x_0}g(x)=\lim\limits_{x\to x_0}h(x)=A$. 根据海涅定理的必要性，对任意数列$\{x_n\}$：$x_n\to x_0(x_n\neq x_0)$，且$\{x_n\}\subset\{x|0<|x-x_0|<\delta<\delta_0\}$，有

$$\lim_{n\to+\infty}g(x_n)=\lim_{n\to+\infty}h(x_n)=A.$$

又由条件1° $g(x_n)\leqslant f(x_n)\leqslant h(x_n)$，以及由 §1 数列极限的夹逼性，对上述任意数列$\{x_n\}$：$x_n$

$\to x_0,(x_n \neq x_0)$，有

$$\lim_{n\to+\infty} f(x_n) = A.$$

再根据海涅定理的充分性，有

$$\lim_{x\to x_0} f(x) = A.$$

证毕

以上性质 1,2,3 中若将"$x \to x_0$"改为"$x \to \infty$"有相应的条件与结论，请读者证明.

2.4　重要极限 $\lim\limits_{x\to 0}\dfrac{\sin x}{x} = 1$.

设 $f(x) = \dfrac{\sin x}{x}$，作圆，如图 2-6，取圆心角 $\angle AOB = x$（弧度），$0 < x < \dfrac{\pi}{2}$，过点 A 作圆的切线交 OB 的延长线于 C，于是

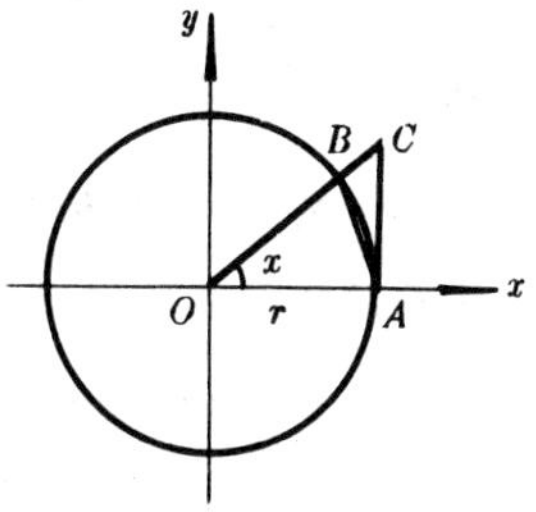

图 2-6

$\triangle AOB$ 面积 $<$ 扇形 AOB 面积 $<$ $\triangle AOC$ 面积，

即　$\dfrac{r^2}{2}\sin x < \dfrac{r^2}{2}x < \dfrac{r^2}{2}\mathrm{tg}x$ 或 $\sin x < x < \mathrm{tg}x$.　　(2.8)

以 $\sin x$ 除上式，得

$$1 < \frac{x}{\sin x} < \frac{1}{\cos x} \quad 或 \quad \cos x < \frac{\sin x}{x} < 1.$$

从而　$0 < 1 - \dfrac{\sin x}{x} < 1 - \cos x = 2\sin^2\dfrac{x}{2} < 2\sin\dfrac{x}{2} < 2\cdot\dfrac{x}{2} = x.$　　(2.9)

因此，$\forall\ \varepsilon > 0$，取 $\delta = \min(\varepsilon, \dfrac{\pi}{2})$，当 $0 < x < \delta$ 时，便有　$0 < 1 - \dfrac{\sin x}{x} < \varepsilon$. 即

$$\lim_{x\to 0^+}\frac{\sin x}{x} = 1.$$

如果 $x \in (-\dfrac{\pi}{2}, 0)$，令 $x = -t$，便得

$$\lim_{x\to 0^-}\frac{\sin x}{x} = \lim_{t\to 0^+}\frac{\sin(-t)}{-t} = \lim_{t\to 0^+}\frac{\sin t}{t} = 1.$$

综合上述，得

$$\lim_{x\to 0}\frac{\sin x}{x} = 1.$$

证毕

这是一个重要的极限，在第三章将利用它导出一个导数公式.

我们还附带得到，对 $|x| < \dfrac{\pi}{2}$，有不等式

$$|\sin x| \leqslant |x|. \tag{2.10}$$

事实上，这个不等式 $\forall\ x \in R$ 都成立.

由(2.9)式还得到 $\lim\limits_{x\to 0}\sin x = 0$，$\lim\limits_{x\to 0}\cos x = 1$，利用(2.10)式还可证明 $\forall\ x_0 \in R$，都有

$$\lim_{x\to x_0}\sin x = \sin x_0, \quad \lim_{x\to x_0}\cos x = \cos x_0 \tag{2.11}$$

成立，在下节中还要讨论这一结论.

2.5　函数极限存在性的条件

和数列极限类似，函数极限有下列存在性的条件：

定理 1（必要条件）　若 $\lim\limits_{x\to x_0} f(x) = A$，则 $f(x)$ 在点 x_0 的充分小的去心邻域内有界（局部有界）. 即存在常数 $K > 0$ 及 $\delta > 0$，使得当 $0 < |x - x_0| < \delta$ 时，都有

$$|f(x)| \leqslant K.$$

证 由条件 $\lim\limits_{x\to x_0}f(x)=A$,对某个 $\varepsilon_0>0$,存在某个 $\delta>0$,当 $0<|x-x_0|<\delta$,恒有

$$|f(x)-A|<\varepsilon_0.$$

由不等式 $|f(x)|-|A|\leqslant|f(x)-A|$,得

$$|f(x)|<|A|+\varepsilon_0\triangleq K.$$

证毕

本定理中,将"$x\to x_0$"改为"$x\to\infty$"有相应的条件和结论,请读者自证.

定理 2(充分条件) 单调有界函数必有单侧极限.

现就 $x\to x_0^-$ 与 $x\to+\infty$ 的两种情形,分别叙述如下:

(1) 若 $f(x)$ 在数集 $\{x|x\in(x_0-\delta,x_0),\delta>0\}$ 上单调增(或单调减)有上界(或下界),则极限 $\lim\limits_{x\to x_0^-}f(x)$ 存在.

(2) 若 $f(x)$ 在数集 $\{x|x\in(x_0,+\infty)\}$ 上是单调增(或单调减)有上界(或下界),则极限 $\lim\limits_{x\to+\infty}f(x)$ 存在.

证 只就(1)中 $f(x)$ 为单调增有上界的情形证明.

设 $f(x)$ 在数集 $\{x|x\in(x_0-\delta,x_0),\delta>0\}$ 上单调增有上界,记

$$Y=\{f(x)|x\in(x_0-\delta,x_0),\delta>0\}.$$

由于数集 Y 有上界,必有上确界,记 $\sup Y=\beta$,于是

1° $f(x)\leqslant\beta$,当 $x\in(x_0-\delta,x_0)$ 时;

2° $\forall\varepsilon>0,\exists x_1\in(x_0-\delta,x_0),f(x_1)\in Y$,使得 $f(x_1)>\beta-\varepsilon$.

因 $f(x)$ 单调增,所以当 $x_1<x<x_0$ 时,有

$$\beta-\varepsilon<f(x_1)\leqslant f(x)\leqslant\beta<\beta+\varepsilon,$$

即 $|f(x)-\beta|<\varepsilon$,按定义, $\lim\limits_{x\to x_0^-}f(x)=\beta$.

证毕

(2)的证明,请读者完成.

若考虑 $f(x)$ 在数集 $\{x|x\in(x_0,x_0+\delta),\delta>0\}$ 或数集 $\{x|x\in(-\infty,x_0)\}$ 单调有界的情形,可类似地证明 $\lim\limits_{x\to x_0^+}f(x)$ 或 $\lim\limits_{x\to-\infty}f(x)$ 存在.

定理 3(必要充分条件,柯西收敛准则) 极限 $\lim\limits_{x\to x_0}f(x)$ 存在的必要充分条件是 $f(x)$ 在点 x_0 的某个去心邻域具有**稳定性**.所谓稳定性是指 $f(x)$ 满足条件(**柯西条件**):

$\forall\varepsilon>0,\exists\delta>0$,对任意的 $x',x''\in\{x|0<|x-x_0|<\delta\}$,当 $0<|x'-x_0|<\delta;0<|x''-x_0|<\delta$,都有

$$|f(x')-f(x'')|<\varepsilon.$$

* **证** 必要性 设 $\lim\limits_{x\to x_0}f(x)=A$,即

$\forall\varepsilon>0,\exists\delta>0$,当 $0<|x'-x_0|<\delta;0<|x''-x_0|<\delta$ 时,恒有

$$|f'(x)-A|<\frac{\varepsilon}{2};\quad|f(x'')-A|<\frac{\varepsilon}{2},$$

因此, $|f(x')-f(x'')|\leqslant|f(x')-A|+|f(x'')-A|<\frac{\varepsilon}{2}+\frac{\varepsilon}{2}=\varepsilon$,

也就是说,$f(x)$ 在点 x_0 的去心邻域是稳定的.

充分性 设 $f(x)$ 在点 x_0 的去心邻域 $\{x|0<|x-x_0|<\delta\}$ 内是稳定的,即 $\forall\varepsilon>0,\exists\delta>0$,当 $0<|x'-x_0|<\delta,0<|x''-x_0|<\delta$ 时,恒有

$$|f(x')-f(x'')|<\varepsilon.$$

对该邻域内任意数列 $\{x_n\}$:$x_n\to x_0(x_n\neq x_0)$,由数列极限定义,对上述 $\delta>0$,存在正整数 N,当 $n_1,n_2>N$ 时,

恒有

$$0<|x_{n_1}-x_0|<\delta \quad 与 \quad 0<|x_{n_2}-x_0|<\delta,$$

于是，对任意 $n_1,n_2>N$ 时，恒有

$$|f(x_{n_1})-f(x_{n_2})|<\varepsilon.$$

根据数列柯西收敛准则的充分性，对任意数列 $\{x_n\}:x_n\to x_0(x_n\neq x_0)$，数列 $\{f(x_n)\}$ 收敛，记 $\lim\limits_{n\to+\infty}f(x_n)=A$，这极限值 A 必与数列 $\{x_n\}$ 的选取无关. 再根据海涅定理的充分性，得函数极限存在，且 $\lim\limits_{x\to x_0}f(x)=A$. 证毕

另外说明一下："极限 A 必与数列 $\{x_n\}$ 的选择无关"事实上，若另取一数列 $\{x'_n\}:x'_n\to x_0(x'_n\neq x_0)$，使得 $\lim\limits_{n\to+\infty}f(x'_n)=A'$，$A\neq A'$，那么作数列：

$$x_1,x'_1,x_2,x'_2,\cdots,x_n,x'_n,\cdots,$$

该数列收敛于 x_0，且每项都不等于 x_0，但对应数列

$$f(x_1),f(x'_1),f(x_2),f(x'_2),\cdots,f(x_n),f(x'_n),\cdots$$

不收敛. 这是因这个数列两个子数列收敛于不同的极限值 A 与 A'，这与上面证明结果矛盾，故 $A=A'$.

本定理中，若将"$x\to x_0$"改为"$x\to+\infty$"的情形，有类似的结果.

§3 无穷小与无穷大

3.1 无穷小

若极限 $\lim\limits_{\substack{x\to x_0\\(x\to\infty)}}f(x)=0$，则称 $f(x)$ **当** $x\to x_0$**(或** $x\to\infty$**)时是无穷小**，若用分析语言来描述，有如下定义：

定义 设 $f(x)$ 在点 x_0 的某一去心邻域(或当 $|x|$ 充分大时)有定义，若 $\forall\ \varepsilon>0$，$\exists\ \delta>0$(或 $N>0$)，当 $0<|x-x_0|<\delta$(或 $|x|>N$)时，恒有

$$|f(x)|<\varepsilon, \tag{3.1}$$

则称 $f(x)$ **当** $x\to x_0$**(或** $x\to\infty$**)时是无穷小.**

由(3.1)式知，无穷小是绝对值保持任意小的变量，因此，任何很小的数都不是无穷小. 但须指出：常值函数 0，以数 0 为极限，由(3.1)式，它是无穷小.

若 $f(x)$ 以 A 为极限，则 $f(x)-A\triangleq\alpha(x)$ 以零为极限，反之亦然，于是得函数极限与无穷小的等价性命题：

$$\lim_{\substack{x\to x_0\\(x\to\infty)}}f(x)=A \iff \lim_{\substack{x\to x_0\\(x\to\infty)}}[f(x)-A]=0\iff f(x)=A+\alpha(x)(\lim_{\substack{x\to x_0\\(x\to\infty)}}\alpha(x)=0). \tag{3.2}$$

这个等价性命题，把函数极限与无穷小沟通起来，常常利用它把函数极限问题化为无穷小问题来讨论. 关于无穷小有下述定理：

定理 1 有限多个无穷小的和是无穷小.

证 设 $\alpha_i(x)(i=1,2,\cdots,k)$ 当 $x\to x_0$(或 $x\to\infty$)时是无穷小，即 $\forall\ \varepsilon>0$，$\exists\ \delta_i>0$(或 $N_i>0$)，$i=1,2,\cdots,k$，当 $0<|x-x_0|<\delta_i$(或 $|x|>N_i$)时，恒有

$$|\alpha_i(x)|<\frac{\varepsilon}{k}\quad (i=1,2,\cdots,k);$$

在有限数集中，总存在最小数(或最大数)取 $\delta=\min\{\delta_1,\delta_2,\cdots,\delta_k\}$(或 $N=\max\{N_1,N_2,\cdots,N_k\}$)，则当 $0<|x-x_0|<\delta$(或 $|x|>N$)时，恒有

$$\left|\sum_{i=1}^{k}\alpha_i(x)\right|\leqslant\sum_{i=1}^{k}|\alpha_i(x)|<\sum_{i=1}^{k}\frac{\varepsilon}{k}=k\cdot\frac{\varepsilon}{k}=\varepsilon,$$

即 $\lim\limits_{\substack{x\to x_0\\(x\to\infty)}}\sum\limits_{i=1}^{k}\alpha_i(x)=0$,也就是有限多个无穷小的和是无穷小. 证毕

注意:本定理仅对有限多个情形成立,对无穷多个情形结论未必成立,请读者举例说明.

定理 2 有界函数与无穷小的乘积是无穷小.

证 设函数 $f(x)$ 在数集 $\{x\,|\,0<|x-x_0|<\delta_1\}$(或 $\{x\,|\,|x|>N_1\}$)上有界,即 $\exists K>0$,使得对该数集上任意 x,都有

$$|f(x)|\leqslant K; \tag{3.3}$$

又 $\lim\limits_{\substack{x\to x_0\\(n\to\infty)}}\alpha(x)=0$,$\exists\ \delta_2>0$(或 $N_2>0$),即当 $0<|x-x_0|<\delta_2$(或 $|x|>N_2$)时,恒有

$$|\alpha(x)|<\frac{\varepsilon}{K}; \tag{3.4}$$

取 $\delta=\min\{\delta_1,\delta_2\}$(或 $N=\max\{N_1,N_2\}$),则当 $0<|x-x_0|<\delta$(或 $|x|>N$),时(3.3)式与(3.4)式同时成立,于是

$$|f(x)\alpha(x)|=|f(x)||\alpha(x)|<K\cdot\frac{\varepsilon}{K}=\varepsilon,$$

按定义,$\lim\limits_{\substack{x\to x_0\\(x\to\infty)}}f(x)\alpha(x)=0$. 证毕

推论 1 常数与无穷小的乘积是无穷小.

推论 2 有限个无穷小的乘积是无穷小.

例 1 试求 $\lim\limits_{x\to 0}x\sin\dfrac{1}{x}$.

解 由于 $x\to 0$,$\left|\sin\dfrac{1}{x}\right|\leqslant 1$,由定理 2 有 $\lim\limits_{x\to 0}x\sin\dfrac{1}{x}=0$.

3.2 无穷大

和数列极限的情形一样,在考察当 $x\to x_0$(或 $x\to\infty$)函数 $f(x)$ 的变化趋势时,有一类特殊情况,即是 $|f(x)|$ 可以保持任意大,有以下定义:

定义 设 $f(x)$ 在点 x_0 的某一去心邻域(或当 $|x|$ 充分大时)有定义,若 $\forall\ G>0$(不管正数 G 多么大),$\exists\ \delta>0$(或 $N>0$),当 $0<|x-x_0|<\delta$(或 $|x|>N$)时,恒有

$$|f(x)|>G, \tag{3.5}$$

则称 $f(x)$ **当 $x\to x_0$(或 $x\to\infty$)时是无穷大**,记为

$$\lim_{\substack{x\to x_0\\(x\to\infty)}}f(x)=\infty\text{(或 }f(x)\to\infty\text{,当 }x\to x_0\text{(或 }x\to\infty\text{)时)}.$$

在(3.5)式中,若 $f(x)$ 只取正值或只取负值,即 $f(x)>G$ 或 $f(x)<-G$,记为

$$\lim_{\substack{x\to x_0\\(x\to\infty)}}f(x)=+\infty \quad\text{或}\quad \lim_{\substack{x\to x_0\\(x\to\infty)}}f(x)=-\infty,$$

分别称 $f(x)$ **当 $x\to x_0$(或 $x\to\infty$)时是正无穷大或负无穷大**.

例 2 试证 $\lim\limits_{x\to 0^+}e^{\frac{1}{x}}=+\infty$.

证 $\forall\ G>0$,找 $\delta>0$,要使

$$e^{\frac{1}{x}}>G,$$

于是,$\dfrac{1}{x}>\ln G$ 或 $x<\dfrac{1}{\ln G}$,取 $\delta=\dfrac{1}{\ln G}$,则当 $0<x<\delta$ 时,恒有

$$|e^{\frac{1}{x}}|>G,$$

按定义，$\lim\limits_{x\to 0^+} e^{\frac{1}{x}} = +\infty$. 证毕

从以上定义可以看到，无穷大(∞)是绝对值可以保持任意大的变量.它有确定的变化趋势，有时也将无穷大(∞)作为这函数的极限，称为**无穷极限**，而趋于定数的极限，有时也叫**有穷极限**.

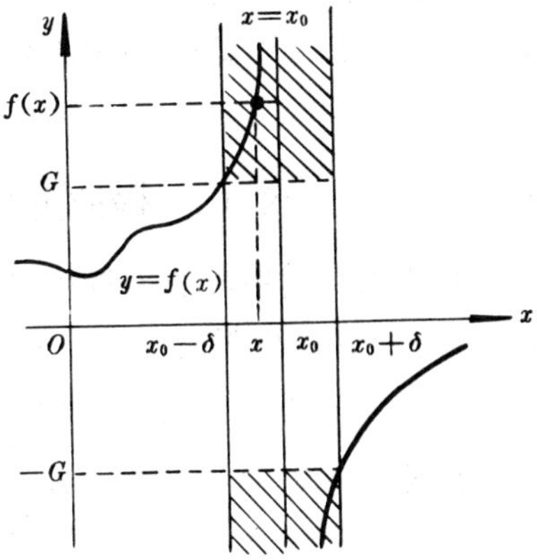

图 2-7

极限$\lim\limits_{x\to x_0} f(x) = \infty$的几何解释是：$\forall G > 0$，总可找到以$x_0$为中心的去心$\delta$邻域：$\{x | x \in (x_0 - \delta, x_0) \cup (x_0, x_0 + \delta)\}$，当横坐标$x$落在该$\delta$邻域内时，纵坐标就落在集$\{f(x) | f(x) \in (-\infty, -G) \cup (G, +\infty)\}$内.

由图 2-7，对于一伸展到无穷的曲线$y = f(x)$，若点$M(x, f(x))$沿曲线无限远离原点时，点M到直线$x = x_0$的距离趋于零，则称**直线$x = x_0$是曲线$y = f(x)$的铅直渐近线**. 即若$\lim\limits_{x\to \pm x_0} f(x) = \pm\infty$，则直线$x = x_0$是曲线$y = f(x)$的铅直渐近线.

例如： 由于$\lim\limits_{x\to 2} \dfrac{1}{x-2} = \infty$，知直线$x = 2$是曲线$y = \dfrac{1}{x-2}$的铅直渐近线.

由于$\lim\limits_{x\to \frac{\pi}{2}} \mathrm{tg}x = \infty$，知直线$x = \dfrac{\pi}{2}$是曲线$y = \mathrm{tg}x$的铅直渐近线.

由于$\lim\limits_{x\to 0^+} e^{\frac{1}{x}} = +\infty$，知直线$x = 0$是曲线$y = e^{\frac{1}{x}}$当$x \to 0^+$时的铅直渐近线.

3.3 无穷大与无穷小的关系

无穷大与无穷小的变化趋势，有下面的"互倒"关系.

定理 设$f(x)$在点x_0的某个去心邻域(或$|x|$充分大时)不等于零，于是

1° 若$\lim\limits_{\substack{x\to x_0\\(x\to\infty)}} f(x) = \infty$，则$\lim\limits_{\substack{x\to x_0\\(x\to\infty)}} \dfrac{1}{f(x)} = 0$；

2° 若$\lim\limits_{\substack{x\to x_0\\(x\to\infty)}} f(x) = 0$，则$\lim\limits_{\substack{x\to x_0\\(x\to\infty)}} \dfrac{1}{f(x)} = \infty$.

证 下面证 1° $\forall \varepsilon > 0$，取$G = \dfrac{1}{\varepsilon} > 0$，由条件$\lim\limits_{\substack{x\to x_0\\(x\to\infty)}} f(x) = \infty$，$\exists \delta > 0 (N > 0)$，当$0 < |x - x_0| < \delta$(或$|x| > N$)时，恒有 $|f(x)| > G$，即

$$\left| \frac{1}{f(x)} \right| < \frac{1}{G} = \varepsilon,$$

按定义，$\lim\limits_{\substack{x\to x_0\\(x\to\infty)}} \dfrac{1}{f(x)} = 0$. 证毕

2°的证明，请读者完成.

例 3 已知$\lim\limits_{x\to 0^+} e^{\frac{1}{x}} = +\infty$，由定理中 1°得

$$\lim_{x\to 0^+} e^{-\frac{1}{x}} = 0 \text{ 或 } \lim_{x\to 0^-} e^{\frac{1}{x}} = 0,$$

因此，双侧极限 $\lim\limits_{x\to 0} e^{\frac{1}{x}}$不存在.

例 4 已知 $\lim\limits_{x\to 0}(1-\cos x)=0$,由定理中 2° 得

$$\lim_{x\to 0}\frac{1}{1-\cos x}=\infty.$$

以上讨论的各类变量间的关系,如图 2-8,其中无穷小与无穷大有上述定理中的"互倒"关系.

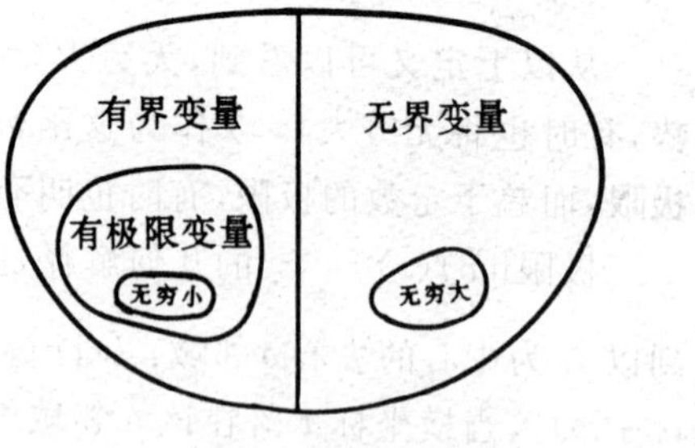

图 2-8

§4 极限的运算

本节先介绍极限的运算法则,有了这些法则,就可根据一些已知的极限去求一些未知的极限.

4.1 函数极限的四则运算法则

定理 1 设 $\lim\limits_{\substack{x\to x_0\\(x\to\infty)}}f(x)=A$, $\lim\limits_{\substack{x\to x_0\\(x\to\infty)}}g(x)=B$,则有

1° $\lim\limits_{\substack{x\to x_0\\(x\to\infty)}}[f(x)\pm g(x)]=A\pm B=\lim\limits_{\substack{x\to x_0\\(x\to\infty)}}f(x)\pm\lim\limits_{\substack{x\to x_0\\(x\to\infty)}}g(x)$;

2° $\lim\limits_{\substack{x\to x_0\\(x\to\infty)}}f(x)g(x)=AB=[\lim\limits_{\substack{x\to x_0\\(x\to\infty)}}f(x)]\cdot[\lim\limits_{\substack{x\to x_0\\(x\to\infty)}}g(x)]$;

3° $\lim\limits_{\substack{x\to x_0\\(x\to\infty)}}\dfrac{f(x)}{g(x)}=\dfrac{A}{B}=\dfrac{\lim\limits_{\substack{x\to x_0\\(x\to\infty)}}f(x)}{\lim\limits_{\substack{x\to x_0\\(x\to\infty)}}g(x)}$ (当 $B\neq 0$ 时).

证 1° 只证和的情形.由已知条件与(3.2)式有

$$f(x)=A+\alpha(x),\quad g(x)=B+\beta(x).\tag{4.1}$$

其中 $\alpha(x),\beta(x)$ 是当 $x\to x_0(x\to\infty)$ 时的无穷小.于是

$$f(x)+g(x)=A+B+\alpha(x)+\beta(x),$$

由于两个无穷小的和是无穷小,再根据(3.2)式得

$$\lim_{\substack{x\to x_0\\(x\to\infty)}}[f(x)+g(x)]=A+B=\lim_{\substack{x\to x_0\\(x\to\infty)}}f(x)+\lim_{\substack{x\to x_0\\(x\to\infty)}}g(x).$$ 证毕

对于差的情形,请读者自证.

2° 同样,由(4.1)式有

$$f(x)g(x)=AB+(A\beta(x)+B\alpha(x)+\alpha(x)\beta(x)),$$

由无穷小的定理及(3.2)式,得

$$\lim_{\substack{x\to x_0\\(x\to\infty)}}f(x)g(x)=AB=[\lim_{\substack{x\to x_0\\(x\to\infty)}}f(x)]\cdot[\lim_{\substack{x\to x_0\\(x\to\infty)}}g(x)].$$ 证毕.

3° 已知 $\lim\limits_{\substack{x\to x_0\\(x\to\infty)}}g(x)=B$, $|B|\neq 0$,由极限的保号性,存在 $\delta_1>0$(或 $N_1>0$) 和 $\eta>0$,当 $0<|x-x_0|<\delta_1$(或 $|x|>N_1$) 时,$|g(x)|\geqslant\eta>0$. 因此,$\dfrac{1}{g(x)}$ 有定义,且 $\dfrac{1}{Bg(x)}$ 有界,即

$$\left|\frac{1}{Bg(x)}\right|\leqslant\frac{1}{|B|\eta}.$$

$$\frac{f(x)}{g(x)}-\frac{A}{B}=\frac{Bf(x)-Ag(x)}{Bg(x)}=\frac{B(A+\alpha(x))-A(B+\beta(x))}{Bg(x)}=\frac{B\alpha(x)-A\beta(x)}{Bg(x)}$$

而最后一个等式右边是无穷小,因此

$$\lim_{\substack{x \to x_0 \\ (x \to \infty)}} \frac{f(x)}{g(x)} = \frac{A}{B} = \frac{\lim\limits_{\substack{x \to x_0 \\ (x \to \infty)}} f(x)}{\lim\limits_{\substack{x \to x_0 \\ (x \to \infty)}} g(x)} \quad (B \neq 0).$$

证毕

上述 1°,2°,3° 结果表明,在每个函数极限存在条件下,加、减、乘、除(除法分母极限不等于零)与取极限这两类运算的先后次序可以交换.

又 1° 与 2° 可推广到有限多个情形,结论仍成立. 即若 $\lim\limits_{\substack{x \to x_0 \\ (x \to \infty)}} f_i(x) = A_i (i = 1, 2, \cdots, k, k$ 为不小于 2 的自然数),则有

$$\lim_{\substack{x \to x_0 \\ (x \to \infty)}} \sum_{i=1}^{n} f_i(x) = \sum_{i=1}^{n} A_i = \sum_{i=1}^{n} \lim_{\substack{x \to x_0 \\ (x \to \infty)}} f_i(x); \tag{4.2}$$

$$\lim_{\substack{x \to x_0 \\ (x \to \infty)}} \prod_{i=1}^{n} f_i(x) = \prod_{i=1}^{n} A_i = \prod_{i=1}^{n} \lim_{\substack{x \to x_0 \\ (x \to \infty)}} f_i(x). \tag{4.3}$$

特别,若 $\lim\limits_{\substack{x \to x_0 \\ (x \to \infty)}} f(x) = A$,则 $\lim\limits_{\substack{x \to x_0 \\ (x \to \infty)}} [f(x)]^n = A^n$. (4.4)

例 1 设 x 的多项式

$$P(x) = a_0 x^n + a_1 x^{n-1} + \cdots + a_n;$$
$$Q(x) = b_0 x^m + b_1 x^{m-1} + \cdots + b_m,$$

求证 $\lim\limits_{x \to x_0} \dfrac{P(x)}{Q(x)} = \dfrac{P(x_0)}{Q(x_0)} \quad (Q(x_0) \neq 0).$ (4.5)

证 由 $\lim\limits_{x \to x_0} x = x_0$, $\lim\limits_{x \to x_0} x^n = x_0^n$,及极限运算法则,得

$$\begin{aligned}\lim_{x \to x_0} P(x) &= \lim_{x \to x_0} (a_0 x^n + a_1 x^{n-1} + \cdots + a_n) = \lim_{x \to x_0} (a_0 x^n) + \lim_{x \to x_0} (a_1 x^{n-1}) + \cdots + \lim_{x \to x_0} a_n \\ &= a_0 \lim_{x \to x_0} x^n + a_1 \lim_{x \to x_0} x^{n-1} + \cdots + a_n = a_0 x_0^n + a_1 x_0^{n-1} + \cdots + a_n = P(x_0),\end{aligned}$$

同理, $\lim\limits_{x \to x_0} Q(x) = Q(x_0)$. 又由 $Q(x_0) \neq 0$,于是

$$\lim_{x \to x_0} \frac{P(x)}{Q(x)} = \frac{\lim\limits_{x \to x_0} P(x)}{\lim\limits_{x \to x_0} Q(x)} = \frac{P(x_0)}{Q(x_0)} \quad (Q(x_0) \neq 0).$$

证毕

例如: $\lim\limits_{x \to 1} \dfrac{x^4 + x^2 + 1}{x^3 + 1} = \dfrac{3}{2}$.

例 2 求 $\lim\limits_{x \to 1} \dfrac{x^4 - 1}{x^3 - 1}$.

解 由于 $Q(x) = x^3 - 1$, $Q(1) = 0$,故不能运用商的极限运算法则. 又 $P(x) = x^4 - 1$, $P(1) = 0$,这类极限称为“$\dfrac{0}{0}$”型未定式. 由于 $x \to 1$, $x \neq 1$,于是

$$\frac{x^4 - 1}{x^3 - 1} = \frac{(x-1)(x+1)(x^2+1)}{(x-1)(x^2+x+1)} = \frac{(x+1)(x^2+1)}{x^2+x+1},$$

由商的极限运算法则,得

$$\lim_{x \to 1} \frac{x^4 - 1}{x^3 - 1} = \lim_{x \to 1} \frac{(x+1)(x^2+1)}{x^2+x+1} = \frac{4}{3}.$$

例 3 求 $\lim\limits_{x \to 1} \dfrac{x^4 + 1}{x^3 - 1}$.

解 由于 $Q(x) = x^3 - 1$, $Q(1) = 0$,故不能运用商的极限运算法则. 又 $P(x) = x^4 + 1$, $P(1) \neq 0$,考虑将分子、分母颠倒后分式的极限,得

$$\lim_{x\to 1}\frac{x^3-1}{x^4+1}=\frac{0}{2}=0,$$

再由无穷小与无穷大的关系定理，原式的极限为

$$\lim_{x\to 1}\frac{x^4+1}{x^3-1}=\infty.$$

例 4 (1) 求 $\lim\limits_{x\to\infty}(3x^2-5x+7)$； (2) 求 $\lim\limits_{x\to\infty}\dfrac{3x^2-5x+7}{4x^2+3x-11}$.

解 (1) 当 $x\to\infty$ 时，$3x^2$、$5x$ 都是无穷大，和(差)的极限运算法则不能用. 考虑倒式

$$\frac{1}{3x^2-5x+7}=\frac{1}{x^2}\frac{1}{3-\frac{5}{x}+\frac{7}{x^2}},\tag{4.6}$$

因 $\lim\limits_{x\to\infty}\dfrac{1}{x^2}=0$，$\lim\limits_{x\to\infty}(3-\dfrac{5}{x}+\dfrac{7}{x^2})=3$，故当 $|x|$ 充分大时，函数 $3-\dfrac{5}{x}+\dfrac{7}{x^2}$ 有界，于是(4.6)式是无穷小与有界函数的乘积是无穷小，其倒式是无穷大，即

$$\lim_{x\to\infty}(3x^2-5x+7)=\infty.$$

(2) 由于分子、分母皆为无穷大，商的极限运算法则不能运用，这类极限称为“$\dfrac{\infty}{\infty}$”**型未定式**. 将分子、分母以最高次幂 x^2 遍除后，由于分母的极限不是 0，利用商的极限运算法则，得

$$\lim_{x\to\infty}\frac{3x^2-5x+7}{4x^2+3x-11}=\lim_{x\to\infty}\frac{3-\frac{5}{x}+\frac{7}{x^2}}{4+\frac{3}{x}-\frac{11}{x^2}}=\frac{\lim\limits_{x\to\infty}(3-\frac{5}{x}+\frac{7}{x^2})}{\lim\limits_{x\to\infty}(4+\frac{3}{x}-\frac{11}{x^2})}=\frac{3}{4}.$$

一般，若多项式 $P(x)$、$Q(x)$ 如例 1 所设，且 $a_0\neq 0$，$b_0\neq 0$，则有

$$\lim_{x\to\infty}\frac{P(x)}{Q(x)}=\lim_{x\to\infty}\frac{a_0x^n+a_1x^{n-1}+\cdots+a_n}{b_0x^m+b_1x^{m-1}+\cdots+b_m}$$

$$=\lim_{x\to\infty}x^{n-m}\frac{a_0+\frac{a_1}{x}+\cdots+\frac{a_n}{x^n}}{b_0+\frac{b_1}{x}+\cdots+\frac{b_m}{x^m}}=\begin{cases}0, & \text{当 } n<m;\\ \dfrac{a_0}{b_0}, & \text{当 } n=m;\\ \infty, & \text{当 } n>m.\end{cases}$$

例 5 求(1) $\lim\limits_{n\to+\infty}(\dfrac{1^2}{n^3}+\dfrac{2^2}{n^3}+\cdots+\dfrac{n^2}{n^3})$； (2) $\lim\limits_{n\to+\infty}n^{\frac{1}{3}}[(n+1)^{\frac{2}{3}}-(n-1)^{\frac{2}{3}}]$.

解 (1) 由于项数与 n 有关而趋于无穷，不能运用和的极限运算法则，先由求和公式得

$$\lim_{n\to+\infty}(\frac{1^2}{n^3}+\frac{2^2}{n^3}+\cdots+\frac{n^2}{n^3})=\lim_{n\to\infty}\frac{1}{n^3}\cdot\frac{n(n+1)(2n+1)}{6}$$

$$=\frac{1}{6}\lim_{n\to\infty}(1+\frac{1}{n})(2+\frac{1}{n})=\frac{1}{3}.$$

(2) 当 $n\to+\infty$ 时，$n^{\frac{1}{3}}\to+\infty$；又 $(n+1)^{\frac{2}{3}}-(n-1)^{\frac{2}{3}}\to 0$，这种类型的极限称为“$0\cdot\infty$”**型未定式**，这里有理化分子后，可化为“$\dfrac{\infty}{\infty}$”型未定式. 注意到

$$\begin{aligned}4n&=(n+1)^2-(n-1)^2\\&=[(n+1)^{\frac{2}{3}}-(n-1)^{\frac{2}{3}}][(n+1)^{\frac{4}{3}}+(n+1)^{\frac{2}{3}}(n-1)^{\frac{2}{3}}+(n-1)^{\frac{4}{3}}],\end{aligned}$$

于是 $$\lim_{n\to+\infty}n^{\frac{1}{3}}[(n+1)^{\frac{2}{3}}-(n-1)^{\frac{2}{3}}]=\lim_{n\to+\infty}\frac{n^{\frac{1}{3}}\cdot 4n}{(n+1)^{\frac{4}{3}}+(n+1)^{\frac{2}{3}}(n-1)^{\frac{2}{3}}+(n-1)^{\frac{4}{3}}}$$

$$=\lim_{n\to+\infty}\frac{4}{(1+\frac{1}{n})^{\frac{4}{3}}+(1+\frac{1}{n})^{\frac{2}{3}}(1-\frac{1}{n})^{\frac{2}{3}}+(1-\frac{1}{n})^{\frac{4}{3}}}=\frac{4}{3}.$$

例 6 求 $\lim\limits_{x\to 1}\left(\frac{3}{1-x^3}-\frac{2}{1-x^2}\right)$.

解 当 $x\to 1$ 时，$\frac{3}{1-x^3}\to\infty$，$\frac{2}{1-x^2}\to\infty$，差的极限运算法则不能用，这类极限称为“$\infty-\infty$”**型未定式**. 但将两个分式通分后，可化为“$\frac{0}{0}$”型未定式，再消去公因子 $1-x$，得

$$\lim_{x\to 1}\left(\frac{3}{1-x^3}-\frac{2}{1-x^2}\right)=\lim_{x\to 1}\frac{(1-x)(1+2x)}{(1-x)(1+x)(1+x+x^2)}$$

$$=\lim_{x\to 1}\frac{1+2x}{(1+x)(1+x+x^2)}=\frac{1}{2}.$$

例 7 设数列 $\{u_n\}$，其中 $u_n=\frac{1}{\sqrt{5}}\left[\left(\frac{1+\sqrt{5}}{2}\right)^n-\left(\frac{1-\sqrt{5}}{2}\right)^n\right]$，求 $\lim\limits_{n\to+\infty}\frac{u_n}{u_{n+1}}$.

解 $\frac{u_n}{u_{n+1}}=\dfrac{\left(\frac{1+\sqrt{5}}{2}\right)^n-\left(\frac{1-\sqrt{5}}{2}\right)^n}{\left(\frac{1+\sqrt{5}}{2}\right)^{n+1}-\left(\frac{1-\sqrt{5}}{2}\right)^{n+1}}$，分子、分母同以 $\left(\frac{1+\sqrt{5}}{2}\right)^n$ 除，得

$$\frac{u_n}{u_{n+1}}=\frac{1-\left(\frac{1-\sqrt{5}}{1+\sqrt{5}}\right)^n}{\frac{1+\sqrt{5}}{2}-\left(\frac{1-\sqrt{5}}{1+\sqrt{5}}\right)^n\left(\frac{1-\sqrt{5}}{2}\right)}.$$

由于 $\left|\frac{1-\sqrt{5}}{1+\sqrt{5}}\right|<1$，$\lim\limits_{n\to+\infty}\left(\frac{1-\sqrt{5}}{1+\sqrt{5}}\right)^n=0$，于是

$$\lim_{n\to+\infty}\frac{u_n}{u_{n+1}}=\frac{2}{1+\sqrt{5}}=\frac{\sqrt{5}-1}{2}\approx 0.618\quad(\text{取}\sqrt{5}\approx 2.236).$$

例 8 设数列 $\{u_n\}$ 定义为：

$$u_0>0,u_n=\frac{1}{2}\left(u_{n-1}+\frac{a}{u_{n-1}}\right)\quad(a>0,n=1,2,3,\cdots).$$

试证 极限 $\lim\limits_{n\to+\infty}u_n$ 存在，并求此极限.

证 先证 $\{u_n\}$ 有下界，由不等式 $u_{n-1}^2+a\geqslant 2\sqrt{a}\,u_{n-1}$，有

$$u_n=\frac{1}{2}\left(u_{n-1}+\frac{a}{u_{n-1}}\right)=\frac{u_{n-1}^2+a}{2u_{n-1}}\geqslant\frac{2\sqrt{a}\,u_{n-1}}{2u_{n-1}}=\sqrt{a}\quad(n=1,2,\cdots),$$

故 $\{u_n\}$ 有下界. 再证 $\{u_n\}$ 单调减，由于

$$u_{n+1}-u_n=\frac{1}{2}\left(u_n+\frac{a}{u_n}\right)-u_n=\frac{a-u_n^2}{2u_n}\leqslant 0,$$

即 $u_{n+1}\leqslant u_n\quad(n=1,2,\cdots)$，故 $\{u_n\}$ 单调减.

因此，数列 $\{u_n\}$ 单调减有下界，由单调有界准则知极限存在，设此极限为 l，即 $\lim\limits_{n\to+\infty}u_n=l$.

将 $u_n=\frac{1}{2}\left(u_{n-1}+\frac{a}{u_{n-1}}\right)$ 两边取极限，得

$$l=\frac{1}{2}\left(l+\frac{a}{l}\right),$$

解得 $l=\sqrt{a}$，亦即

$$\lim_{n\to+\infty}u_n=\sqrt{a}.$$

证毕

本例可作为电子计算机中开方程序的数学模型.

4.2 复合函数的极限

定理 2 设复合函数 $y=f[\varphi(x)]$：$y=f(u)$，$u=\varphi(x)$，若$\lim\limits_{x\to x_0}\varphi(x)=u_0$，$\lim\limits_{u\to u_0}f(u)=A$，且 $\exists\ \delta_0>0$，使得当 $0<|x-x_0|<\delta_0$ 时，恒有 $\varphi(x)\neq u_0$，则

$$\lim_{x\to x_0}f[\varphi(x)]=\lim_{u\to u_0}f(u)=A. \tag{4.7}$$

证 由 $\lim\limits_{u\to u_0}f(u)=A$，$\forall\ \varepsilon>0$，$\exists\ \eta>0$，使得当 $0<|u-u_0|<\eta$ 时，恒有

$$|f(u)-A|<\varepsilon;$$

又由$\lim\limits_{x\to x_0}\varphi(x)=u_0$，所以对上述 $\eta>0$，$\exists\ \delta_1>0$，使得当 $0<|x-x_0|<\delta_1$，时，恒有

$$|\varphi(x)-u_0|<\eta,$$

取 $\delta=\min\{\delta_0,\delta_1\}$，则当 $0<|x-x_0|<\delta$ 时，恒有 $0<|\varphi(x)-u_0|<\eta$，从而有

$$|f[\varphi(x)]-A|=|f(u)-A|<\varepsilon,$$

即

$$\lim_{x\to x_0}f[\varphi(x)]=\lim_{u\to u_0}f(u)=A.$$

证毕

我们指出：定理 2 中"$\exists\ \delta_0>0$，使得当 $0<|x-x_0|<\delta_0$ 时，恒有 $\varphi(x)\neq u_0$"这一条件是保证与 $u\to u_0$，$u\neq u_0$ 相一致. 否则结论不一定成立.

例如：$f(u)=\begin{cases}0, u\neq 0;\\ 1, u=0,\end{cases}$ $\varphi(x)\equiv 0$，于是 $f[\varphi(x)]=1$，且$\lim\limits_{x\to 0}\varphi(x)=0$. 但(4.7)式不成立，即

$$\lim_{x\to 0}f[\varphi(x)]=1\neq\lim_{u\to 0}f(u)=0. \tag{4.8}$$

其原因是(4.8)式右边 $u\neq 0$，而左边 $\varphi(x)=0$，两者取值范围不一致. 但在定理 2 中，若 $A=f(u_0)$，$u_0=\varphi(x_0)$，这时"$\exists\ \delta_0>0$，使得当 $0<|x-x_0|<\delta_0$ 时，恒有 $\varphi(x)\neq u_0$"的条件可以取消，结论(4.7)总成立，这种情况将在本章 §5 讨论.

例 9 求$\lim\limits_{x\to 0}\dfrac{\sqrt{1+\sin x}-1}{x}$.

解 由于当 $x\to 0$ 时，$\sin x\to 0$，$\sqrt{1+\sin x}\to 1$，本题极限是"$\dfrac{0}{0}$"型未定式. 将分子有理化，然后利用重要极限 $\lim\limits_{x\to 0}\dfrac{\sin x}{x}=1$，得

$$\lim_{x\to 0}\frac{\sqrt{1+\sin x}-1}{x}=\lim_{x\to 0}\frac{\sin x}{x(\sqrt{1+\sin x}+1)}=\frac{1}{2}.$$

例 10 求 $\lim\limits_{x\to+\infty}e^x(\sqrt{e^{2x}+1}-e^x)$.

解 当 $x\to+\infty$ 时，$e^x\to+\infty$，而 $\sqrt{e^{2x}+1}-e^x=\dfrac{1}{\sqrt{e^{2x}+1}+e^x}\to 0$，这极限为"$\infty\cdot 0$"型未定式. 将分子有理化，化成"$\dfrac{\infty}{\infty}$"型，然而消去公因子 e^x，即有

$$\lim_{x\to+\infty}e^x(\sqrt{e^{2x}+1}-e^x)=\lim_{x\to+\infty}\frac{e^x}{\sqrt{e^{2x}+1}+e^x}=\lim_{x\to+\infty}\frac{1}{\sqrt{1+e^{-2x}}+1}=\frac{1}{2}.$$

例 11 求 $\lim\limits_{x\to 0}\dfrac{1-\cos x}{x^2}$.

解 这是"$\dfrac{0}{0}$"型未定式. 由 $1-\cos x=2\sin^2\dfrac{x}{2}$，令$\dfrac{x}{2}=t$，当 $x\to 0$ 时，$t\to 0$，于是

$$\lim_{x\to 0}\frac{1-\cos x}{x^2}=\lim_{x\to 0}\frac{2\sin^2\frac{x}{2}}{x^2}=\frac{1}{2}\lim_{t\to 0}\left(\frac{\sin t}{t}\right)^2=\frac{1}{2}\times 1^2=\frac{1}{2}.$$

例 12 设 $f(x)=\begin{cases}\dfrac{\sin 2(x-1)}{x(x-1)}, & 当\ x<1;\\ x+a, & 当\ x\geqslant 1,\end{cases}$ 其中 a 是常数,求 $\lim\limits_{x\to 1}f(x)$.

解 由于 $x=1$ 是 $f(x)$ 定义域的分段点,故须考虑单侧极限,于是

$$\lim_{x\to 1^-}f(x)=\lim_{x\to 1^-}\frac{\sin 2(x-1)}{x(x-1)}=\lim_{x\to 1^-}\frac{\sin 2(x-1)}{2(x-1)}\cdot\frac{2}{x}=2;$$

$$\lim_{x\to 1^+}f(x)=\lim_{x\to 1^+}(x+a)=1+a,$$

左右极限都存在,当 $a=1$ 时,二者相等,双侧极限 $\lim\limits_{x\to 1}f(x)=2$;当 $a\neq 1$ 时,$\lim\limits_{x\to 1}f(x)$ 不存在.

4.3 重要极限 $\lim\limits_{x\to\infty}(1+\frac{1}{x})^x=e$

本章 §1 例 8 已得出 $\lim\limits_{n\to+\infty}(1+\frac{1}{n})^n=e$,今证对 x 取实数值时,有 $\lim\limits_{x\to\infty}(1+\frac{1}{x})^x=e$.

1° 先考虑 $x\to+\infty$ 的情形.不妨设 $x\geqslant 1$,总存在自然数 n,使得 $n\leqslant x<n+1$,于是

$$1+\frac{1}{n+1}<1+\frac{1}{x}\leqslant 1+\frac{1}{n}\ 及\ (1+\frac{1}{n+1})^n\leqslant(1+\frac{1}{x})^x\leqslant(1+\frac{1}{n})^{n+1}$$

或
$$(1+\frac{1}{n+1})^{n+1}(1+\frac{1}{n+1})^{-1}\leqslant(1+\frac{1}{x})^x\leqslant(1+\frac{1}{n})^n(1+\frac{1}{n}).\tag{4.9}$$

当 $x\to+\infty$ 时,$n\to+\infty$,由 $\lim\limits_{n\to+\infty}(1+\frac{1}{n})^n=e$ 与极限运算法则,有

$$\lim_{n\to+\infty}(1+\frac{1}{n+1})^{n+1}(1+\frac{1}{n+1})^{-1}=e\cdot 1=e;$$

$$\lim_{n\to+\infty}(1+\frac{1}{n})^n(1+\frac{1}{n})=e\cdot 1=e,$$

对(4.9)式由夹逼性,得 $\lim\limits_{x\to+\infty}(1+\frac{1}{x})^x=e$.

2° 再考虑 $x\to-\infty$ 的情形.令 $x=-(t+1)$,当 $x\to-\infty$ 时,$t\to+\infty$,于是

$$\lim_{x\to-\infty}(1+\frac{1}{x})^x=\lim_{t\to+\infty}(1-\frac{1}{t+1})^{-(t+1)}=\lim_{t\to+\infty}(\frac{t}{t+1})^{-(t+1)}$$
$$=\lim_{t\to+\infty}(1+\frac{1}{t})^{t+1}=\lim_{t\to+\infty}(1+\frac{1}{t})^t\cdot(1+\frac{1}{t})=e.$$

综合 1°、2° 得
$$\lim_{x\to\infty}(1+\frac{1}{x})^x=e.\tag{4.10}$$

在(4.10)式中,令 $\frac{1}{x}=\alpha$,则当 $x\to\infty$ 时,$\alpha\to 0$,于是得

$$\lim_{\alpha\to 0}(1+\alpha)^{\frac{1}{\alpha}}=e.\tag{4.11}$$

例 13 求 (1) $\lim\limits_{x\to\infty}(1+\frac{k}{x})^x$ (常数 $k\neq 0$);

(2) $\lim\limits_{x\to e}(\ln x)^{\frac{1}{1-\ln x}}$; (3) $\lim\limits_{x\to 0}[\mathrm{tg}(\frac{\pi}{4}-x)]^{\mathrm{ctg}x}$.

解 (1) 令 $x=ky$,于是

$$\lim_{x\to\infty}(1+\frac{k}{x})^x=\lim_{y\to\infty}[(1+\frac{1}{y})^y]^k=e^k.$$

(2) 令 $1-\ln x=t$ 即 $\ln x=1-t$,当 $x\to e$ 时,$t\to 0$,于是,由(4.11)得

$$\lim_{x\to e}(\ln x)^{\frac{1}{1-\ln x}}=\lim_{t\to 0}(1-t)^{\frac{1}{t}}=\lim_{t\to 0}[1+(-t)]^{-\frac{1}{t}(-1)}=e^{-1}.$$

(3) $\lim\limits_{x\to 0}[\mathrm{tg}(\frac{\pi}{4}-x)]^{\mathrm{ctg}x}=\lim\limits_{x\to 0}(\frac{1-\mathrm{tg}x}{1+\mathrm{tg}x})^{\frac{1}{\mathrm{tg}x}}\xlongequal{令\ \mathrm{tg}x=t}\lim\limits_{t\to 0}(\frac{1-t}{1+t})^{\frac{1}{t}}$

$$=\frac{\lim\limits_{t\to 0}(1-t)^{\frac{1}{t}}}{\lim\limits_{t\to 0}(1+t)^{\frac{1}{t}}}=\frac{e^{-1}}{e}=e^{-2}.$$

例 14 设有某种游离物质 C_0 克分子，假定在单位时间内此物质有 $p\%$ 起反应，求反应过程中任一时刻 t 尚有多少克分子未起反应？

解 由假设在一个单位时间起反应的物质为 $\frac{p}{100}C_0$ 克分子，尚未起反应的物质的量为

$$C_0-\frac{p}{100}C_0=C_0(1-\frac{p}{100});$$

同样，在两个单位时间末尚未起反应的物质为

$$C_0(1-\frac{p}{100})-\frac{p}{100}C_0(1-\frac{p}{100})=C_0(1-\frac{p}{100})^2;$$

由此可知 t 个单位时间末未起反应的物质为

$$C_0(1-\frac{p}{100})^t. \tag{4.12}$$

以上只是把反应看作是经过整数个单位时间跳跃式地发生的. 其实反应是连续不断地进行的，因此，为了更接近于实际，把反应时间的间隔分得更细，一个单位时间分为 n 等分，反应百分数 $\frac{p}{100}$ 缩小 n 倍，发生反应的次数增加 n 倍，如此，经过 t 时刻末尚未起反应的物质为

$$C_0(1-\frac{p}{100n})^{nt}, \tag{4.13}$$

令 $\frac{p}{100}=k$，则(4.13)式化为 $C_0(1-\frac{k}{n})^{nt}$，当 n 越大，问题就越接近实际. 因此，要解决问题，就须令 $n\to+\infty$ 取极限，即反应过程中任一时刻 t 尚未起反应物质的克分子数为

$$C(t)=\lim_{n\to+\infty}C_0(1-\frac{k}{n})^{nt}=C_0\lim_{n\to+\infty}\left[(1+\frac{1}{-\frac{n}{k}})^{-\frac{n}{k}}\right]^{-kt}=C_0e^{-kt}.$$

在现实中，这类数学模型与方法是经常遇到的. 其他如：放射物质的衰变；细胞的繁殖；连续计算复利的本利和以及由它导出贴现公式；物体被周围介质冷却或加热；大气压随地面上的高度的变化；电路的接通或切断时，直流电流的产生或消失过程等.

§5 函数的连续性

在 §2 中讨论过函数 $f(x)$ 在点 x_0 的极限是 A，即 $\lim\limits_{x\to x_0}f(x)=A$，但点 x_0 可能不属于 $f(x)$ 的定义域，此时，$f(x_0)$ 无定义；即使 x_0 属于 $f(x)$ 的定义域，$f(x_0)$ 也不一定恰好等于 A，若 $f(x_0)$ 有定义且恰好等于 A，即 $\lim\limits_{x\to x_0}f(x)=A=f(x_0)$，这时函数 $f(x)$ 有着重要的实际意义和理论意义.

5.1 函数连续的定义

定义 设函数 $f(x)$ 在点 x_0 的某邻域内有定义，若成立

$$\lim_{x\to x_0}f(x)=f(x_0), \tag{5.1}$$

则称**函数 $f(x)$ 在点 x_0 处连续**.

上述函数 $f(x)$ 在点 x_0 处连续的定义，用"$\varepsilon-\delta$"语言来描述为

$\forall\ \varepsilon>0, \exists\ \delta>0$，当 $|x-x_0|<\delta$ 时，都有 $|f(x)-f(x_0)|<\varepsilon$.

并将 $x - x_0 \triangleq \Delta x$，称为**自变量 x（在点 x_0 处）的改变量**，$f(x) - f(x_0) = f(x_0 + \Delta x) - f(x) \triangleq \Delta y$，称为**因变量 y 的改变量**，于是

$$\lim_{x \to x_0} f(x) = f(x_0) \Leftrightarrow \lim_{x \to x_0}[f(x) - f(x_0)] = 0 \Leftrightarrow \lim_{\Delta x \to 0} \Delta y = 0. \qquad (5.2)$$

也就是说，当自变量的改变量 Δx 是无穷小时，相应因变量的改变量 Δy 也是无穷小，则函数 $y = f(x)$ 在点 x_0 处连续（图 2-9），这正是物质运动变化过程中一类连续现象的描述.

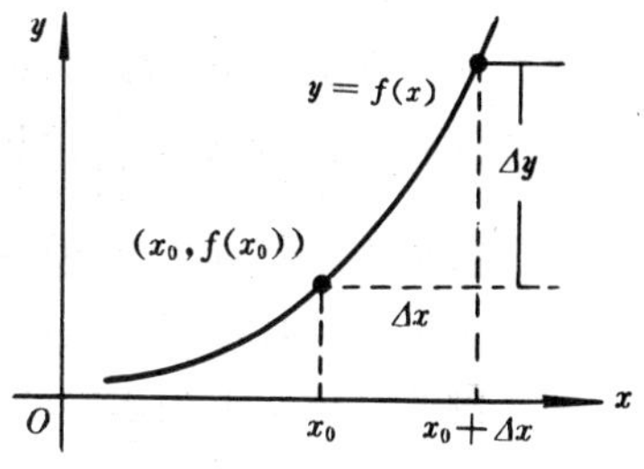

图 2-9

从运算角度看，由于 $\lim_{x \to x_0} x = x_0$，于是（5.1）式可改写为

$$\lim_{x \to x_0} f(x) = f(\lim_{x \to x_0} x). \qquad (5.3)$$

这表明当 $f(x)$ 在点 x_0 处连续时，那么“f”与“lim”可交换运算次序，也就是把极限运算问题化为求函数值的问题，这对极限运算带来很大方便.

若 $f(x)$ 在区间 (a,b) 上每一点都连续，则称 $f(x)$ **在区间 (a,b) 上连续**；若 $f(x)$ 在闭区间 $[a,b]$ 上有定义，并在开区间 (a,b) 上连续，且在区间端点处成立：

$$\lim_{x \to a^+} f(x) = f(a) \quad 与 \quad \lim_{x \to b^-} f(x) = f(b),$$

则称 $f(x)$ **在闭区间 $[a,b]$ 上连续**.

一个函数若在整个定义区间上连续，则称它为**连续函数**.

我们知道 $\forall\, x_0 \in (-\infty, +\infty)$，有

$$\lim_{x \to x_0} \sin x = \sin x_0, \quad \lim_{x \to x_0} \cos x = \cos x_0, \quad \lim_{x \to x_0} e^x = e^{x_0}, \quad \lim_{x \to x_0} \frac{P(x)}{Q(x)} = \frac{P(x_0)}{Q(x_0)} (Q(x_0) \neq 0),$$

其中 $P(x), Q(x)$ 都是 x 的多项式. 因此，$\sin x, \cos x, e^x$ 是连续函数，有理函数 $f(x) = \dfrac{P(x)}{Q(x)}$ 在分母不为零的定义区间上是连续函数.

5.2 函数的间断点

凡使关系式 $\lim_{x \to x_0} f(x) = f(x_0)$ 不成立的点 x_0，称为**函数 $f(x)$ 的不连续点或间断点**. 由等价关系

$$\lim_{x \to x_0} f(x) = f(x_0) \Leftrightarrow f(x_0 - 0) = f(x_0 + 0) = f(x_0), \qquad (5.4)$$

凡导致等式 $f(x_0 - 0) = f(x_0 + 0) = f(x_0)$ 破坏的点 x_0，便是函数 $f(x)$ 的间断点. 设 x_0 是 $f(x)$ 的间断点，若 $f(x_0 - 0)$ 与 $f(x_0 + 0)$ 都存在，则称 **x_0 为 $f(x)$ 的第一类间断点**；否则，（即 $f(x_0 - 0)$ 与 $f(x_0 + 0)$ 中至少有一个不存在），则称 **x_0 为 $f(x)$ 的第二类间断点**.

在第一类间断点中，若 $f(x_0 - 0) = f(x_0 + 0) \neq f(x_0)$ 或 $f(x_0)$ 无定义，称 **x_0 为可去间断点**；若 $f(x_0 - 0)$ 与 $f(x_0 + 0)$ 都存在但 $f(x_0 - 0) \neq f(x_0 + 0)$，称 **$x_0$ 为跳跃间断点**，$|f(x_0 + 0) - f(x_0 - 0)|$ 称为 **$f(x)$ 在点 x_0 处的跃度**.

例 1 讨论下列函数的间断点.

(1) $f(x) = x - [x], x \in [0,2]$， (2) $f(x) = \begin{cases} \dfrac{\sin x}{x}, & x \neq 0; \\ a, & x = 0, \end{cases}$ 其中 a 为常数.

解 (1) $f(x)=x-[x]=\begin{cases}x, & 0\leqslant x<1;\\ x-1, & 1\leqslant x<2;.\\ 0, & x=2.\end{cases}$

考虑 $f(x)$ 的定义域$[0,2]$内的分段点 $x=1$,及端点 $x=2$ 处,由于

$$f(1-0)=\lim_{x\to1^-}x=1,f(1+0)=\lim_{x\to1^+}(x-1)=0,f(1-0)\neq f(1+0),$$

故 $x=1$ 是 $f(x)$ 的跳跃间断点. 又 $f(2-0)\neq f(2)$,故 $x=2$ 是 $f(x)$ 的(左方)跳跃间断点.

(2) 因$\lim\limits_{x\to0}f(x)=\lim\limits_{x\to0}\dfrac{\sin x}{x}=1$; $f(0)=a$,因此,

当 $a\neq1$ 时,$f(0-0)=f(0+0)\neq f(0)$,故 $x=0$ 是 $f(x)$ 的可去间断点;

当 $a=1$ 时,$f(0-0)=f(0+0)=f(0)$,故 $x=0$ 是 $f(x)$ 的连续点.

例 2 讨论下列函数的间断点.

(1) $f(x)=\dfrac{1}{x}$, (2) $f(x)=e^{\frac{1}{x}}$, (3) $f(x)=\sin\dfrac{1}{x}$.

解(1) 因 $f(0-0)=\lim\limits_{x\to0^-}\dfrac{1}{x}=-\infty$;$f(0+0)=\lim\limits_{x\to0^+}\dfrac{1}{x}=+\infty$,故 $x=0$ 是 $f(x)=\dfrac{1}{x}$ 的第二类间断点(无穷型).

(2) 因 $f(0-0)=\lim\limits_{x\to0^-}e^{\frac{1}{x}}=0$;$f(0+0)=\lim\limits_{x\to0^+}e^{\frac{1}{x}}=+\infty$,故 $x=0$ 是 $f(x)=e^{\frac{1}{x}}$ 的第二类间断点.

(3) 因 $f(0-0)=\lim\limits_{x\to0^-}\sin\dfrac{1}{x}$ 与 $f(0+0)=\lim\limits_{x\to0^+}\sin\dfrac{1}{x}$ 都不存在,故 $x=0$ 是 $f(x)=\sin\dfrac{1}{x}$ 的第二类间断点(振荡型).

最后,介绍一下所谓分段连续函数概念:

设 $f(x)$ 在闭区间$[a,b]$上仅在有限多个点处发生第一类间断,在其余所有的点都连续,则称 $f(x)$ **在**$[a,b]$ **上是分段连续函数**. 如例 1 中,$f(x)=x-[x]$,$x\in[0,2]$ 是分段连续函数.

5.3 闭区间上连续函数的性质

闭区间上的连续函数,具有一些特殊的性质,这些性质的几何意义都很直观明显,它们的理论证明放在本章 §8.

定理 1(有界性) 若函数 $f(x)$ 在闭区间$[a,b]$上连续,则 $f(x)$ 在$[a,b]$上有界,即存在常数 $K>0$,对任意 $x\in[a,b]$,有

$$|f(x)|\leqslant K.$$

一般说来,闭区间上的非连续函数或开区间上的连续函数,就未必有界,例如 $f(x)=\dfrac{1}{x}$ 在$[-1,1]$上或在$(0,1)$上都无界.

定理 2(最值性) 若函数 $f(x)$ 在闭区间$[a,b]$上连续,则在该区间上至少存在两点 ξ_1,ξ_2,使得对$[a,b]$中的一切 x,都有

$$f(\xi_1)\leqslant f(x)\leqslant f(\xi_2),\quad (a\leqslant x\leqslant b).$$

其中 $f(\xi_1)\triangleq m$,$f(\xi_2)\triangleq M$,分别称为**函数** $f(x)$ **在**$[a,b]$ **上的最小值和最大值**(图 2-10).

如果定理的条件有一不满足,则这样的 ξ_1,ξ_2 不一定能找到,例如,$f(x)=x$ 在开区间$(-1,1)$,与 $g(x)=\dfrac{1}{x}$ 在$[-1,1]$上都找不到这样的 ξ_1,ξ_2.

定理 3(介值性) 若函数 $f(x)$ 在闭区间$[a,b]$上连续,$f(a)\neq f(b)$,μ 是介于 $f(a)$ 于 $f(b)$ 间任一数,则至少存在一点 $\xi\in(a,b)$,使得 $f(\xi)=\mu$(图 2-11).

推论 设 $f(x)$ 在闭区间 $[a,b]$ 上连续，并且 $f(a)f(b) < 0$，则至少存在一点 $\xi \in (a,b)$，使 $f(\xi) = 0$.

推论的几何意义是：闭区间上的连续曲线 $y = f(x)$ 从 x 轴的一侧延伸到另一侧，它至少与 x 轴相交一次. 如图 2-11，曲线 $y = f(x)$ 与 x 轴的交点，纵坐标 $f(\xi) = 0$，即横坐标 ξ 是方程 $f(x) = 0$ 的实根，ξ 也称为**函数 $f(x)$ 的零点**.

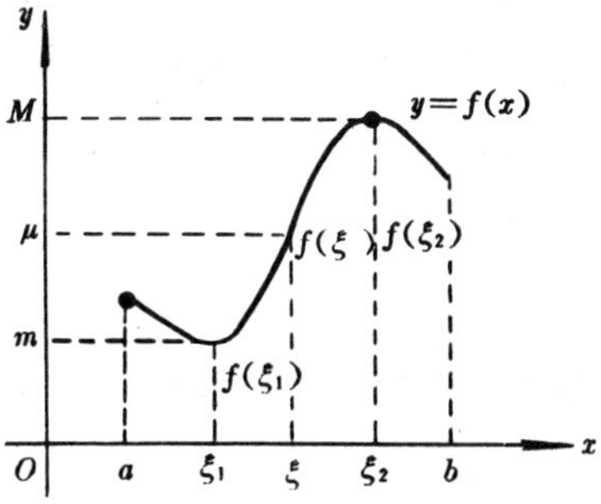

图 2-10

例 3 任何一个实系数多项式 $p(x) = a_0x^n + a_1x^{n-1} + \cdots + a_{n-1}x + a_n$ 是区间 $(-\infty, +\infty)$ 上的连续函数. 若在某个区间 $[a,b] \subset (-\infty, +\infty)$ 上，$p(a)p(b) < 0$，则在 (a,b) 内必至少有方程 $p(x) = 0$ 的一个实根.

特别，实系数奇次代数方程至少有一实根.

证 设方程 $a_0x^n + a_1x^{n-1} + \cdots + a_{n-1}x + a_n = 0$，($a_0 \neq 0$，$n$ 为奇数). 不妨设 $a_0 > 0$，令

$$f(x) = a_0x^n + a_1x^{n-1} + \cdots + a_{n-1}x + a_n,$$

因 n 为奇数，且 $a_0 > 0$，所以

$$\lim_{x \to -\infty} f(x) = -\infty; \lim_{x \to +\infty} f(x) = +\infty,$$

$\forall G > 0, \exists N_1 > 0$，当 $x < -N_1$ 时，$f(x) < -G < 0$；

$\exists N_2 > 0$，当 $x > N_2$ 时，$f(x) > G > 0$，

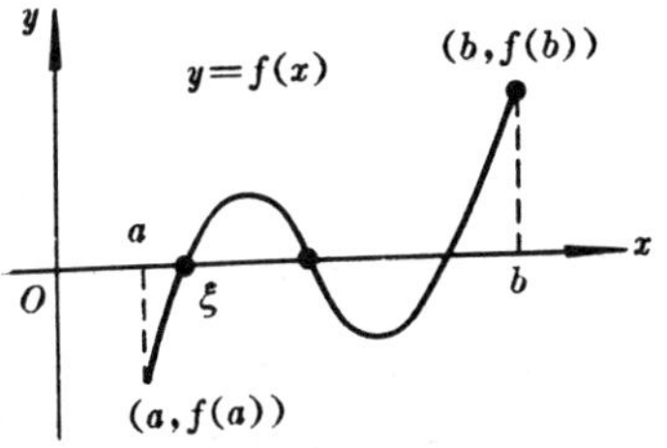

图 2-11

取 $a < -N_1, b > N_2$，则 $f(a)f(b) < 0$，因为 $f(x)$ 在闭区间 $[a,b]$ 上连续，所以由介值定理的推论，至少存在一点 $\xi \in (a,b)$，使 $f(\xi) = 0$. 证毕

5.4 初等函数的连续性

一、连续函数的运算

由极限的四则运算法则直接得连续函数的四则运算法则，有如下定理：

定理 1 若函数 $f(x), g(x)$ 皆在点 x_0 处连续，则

$$f(x) \pm g(x), \quad f(x)g(x), \quad \frac{f(x)}{g(x)} \quad (g(x_0) \neq 0)$$

都在点 x_0 处连续.

只要将极限四则运算法则证明过程中的条件"$0 < |x - x_0| < \delta$"改为 $|x - x_0| < \delta$，结论相应成立.

定理 2(复合函数的连续性) 若函数 $u = \varphi(x)$ 在点 x_0 处连续，且 $u_0 = \varphi(x_0)$，又函数 $y = f(u)$ 在点 u_0 处连续，则复合函数 $y = f[\varphi(x)]$ 在点 x_0 处也连续，即

$$\lim_{x \to x_0} f[\varphi(x)] = f[\varphi(x_0)].$$

本定理是 4.2 定理 2 复合函数极限的一个特例，由于 $f(u)$ 在点 u_0 处连续且 $u_0 = \varphi(x_0)$，所以对 x 充分接近 x_0 时，$\varphi(x) \neq u_0$ 的限制取消了，从而使得应用时更为方便.

定理 3(单调函数的连续性) 设 $f(x)$ 是定义在区间 I 的单调函数，并且它的值域 J 是一个区间，则 $f(x)$ 在区间 I 上连续.

证 只就 $f(x)$ 是定义在区间 I 的单调增加函数的情形来证明. $\forall x_0 \in I$，由条件，$f(x)$ 在区间 $(x_0 - \delta, x_0)$ 上单调增，$f(x) \leqslant f(x_0)$，即有上界，于是，有上确界：

$$\beta=\sup\{f(x)\,|\,x\in(x_0-\delta,x_0)\},$$

从而
$$\lim_{x\to x_0^-}f(x)=\beta\leqslant f(x_0).$$

现在只需证明 $\beta=f(x_0)$，假若不然，$\beta<f(x_0)$，则对一切 $x\in(x_0-\delta,x_0)$，都有 $f(x)\leqslant\beta<f(x_0)$，于是在区间 $[\beta,f(x_0)]\subset J$ 内便没有函数 $f(x)$ 的值，这与 $f(x)$ 的值充满了区间 J 的假设矛盾，因此 $\beta=f(x_0)$，即有

$$\lim_{x\to x_0^-}f(x)=f(x_0).$$

同理可证 $\lim\limits_{x\to x_0^+}f(x)=f(x_0)$，于是成立 $\lim\limits_{x\to x_0}f(x)=f(x_0)$. 由于 x_0 是区间 I 中任一点，故 $f(x)$ 在区间 I 上连续.

对于函数 $f(x)$ 在区间 I 上单调减的情形，可令 $g(x)=-f(x)$，利用上述证明结果即得.

定理 4(反函数的连续性) 设函数 $y=f(x)$ 在闭区间 $[a,b]$ 上连续，且严格单调增加(或严格单调减少)，并设 $f(a)=\alpha$，$f(b)=\beta$，则函数 $y=f(x)$ 存在反函数 $x=f^{-1}(y)$，并且反函数 $x=f^{-1}(y)$ 在区间 $[\alpha,\beta]$(或 $[\beta,\alpha]$) 上也连续.

证 只就 $y=f(x)$ 在闭区间 $[a,b]$ 上连续，且严格增情形证明. 由第 1 章 §3 反函数的存在性定理，对严格单调增的函数 $y=f(x)$，在其值域上必存在单值的反函数 $x=f^{-1}(y)$，且它也是严格增；又由闭区间上连续函数的介值定理，知函数值必定充满一个闭区间 $[\alpha,\beta]$，其中 $\alpha=f(a)$，$\beta=f(b)$；再由单调函数的连续性定理 3，知 $x=f^{-1}(y)$ 在 $[\alpha,\beta]$ 上连续. 证毕

二、基本初等函数的连续性

常值函数 C 显然在 $(-\infty,+\infty)$ 上连续.

已知 $\sin x,\cos x,e^x$ 在区间 $(-\infty,+\infty)$ 上连续，再根据定理 1 知 $\operatorname{tg}x=\dfrac{\sin x}{\cos x}$，$\operatorname{ctg}x=\dfrac{\cos x}{\sin x}$ 分别在其定义域上连续，又根据定理 4 知，反三角函数(主值)$\arcsin x,\arccos x,\operatorname{arctg}x,\operatorname{arcctg}x$ 及对数函数 $\ln x$ 分别在其定义域上皆连续.

幂函数 $x^a\triangleq e^{a\ln x}$，指数函数 $a^x\triangleq e^{x\ln a}$，根据定理 2 复合函数的连续性知，幂函数、指数函数在其定义域上连续，又根据定理 4，对数函数 $\log_a x$ 在其定义域上连续.

综上所述，基本初等函数(常值函数、三角函数、反三角函数、幂函数、指数函数、对数函数)在它们各自的定义域上皆连续. 由于初等函数是由基本初等函数经过有限次的四则运算和有限次的复合而成，根据定理 1 与定理 2，只要它们的定义域(除去孤立点集的部分) 是某个区间或 由某些区间组成，这种函数必定连续，也就是说：初等函数在其定义区间上连续，这个结论对考察函数连续性与极限的计算很方便. 例如，在考察函数 $f(x)$ 在点 x_0 或在区间 (a,b) 内是否连续，如果 $f(x)$ 是初等函数，那么，只要看点 x_0 或区间 (a,b) 是否属于 $f(x)$ 的定义区间即可. 计算其极限 $\lim\limits_{x\to x_0}f(x)$ 时，若 $f(x)$ 是初等函数，x_0 属于 $f(x)$ 的定义区间，那么就有 $\lim\limits_{x\to x_0}f(x)=f(x_0)$，即将极限计算问题化为求函数值 $f(x_0)$ 的问题.

例 4 计算 $\lim\limits_{x\to\frac{\pi}{2}}(\ln\sin x)^{100}$.

解 因 $(\ln\sin x)^{100}$ 是初等函数，$x=\dfrac{\pi}{2}$ 在其定义区间内，由连续性得

$$\lim_{x\to\frac{\pi}{2}}(\ln\sin x)^{100}=(\ln\sin\frac{\pi}{2})^{100}=0.$$

例 5 试证(1) $\lim\limits_{x\to0}\dfrac{\ln(1+x)}{x}=1$，　　(2) $\lim\limits_{x\to0}\dfrac{e^x-1}{x}=1$，

(3) $\lim\limits_{x\to 0}\dfrac{(1+x)^{\alpha}-1}{x}=\alpha$ （α 为常数）.

证(1) 注意到 $\ln u$ 在 $u=e$ 处连续，于是

$$\lim_{x\to 0}\frac{\ln(1+x)}{x}=\lim_{x\to 0}\ln(1+x)^{\frac{1}{x}}=\ln[\lim_{x\to 0}(1+x)^{\frac{1}{x}}]=\ln e=1.$$

(2) 令 $e^x-1=t$，解出 $x=\ln(1+t)$，当 $x\to 0$ 时，$t\to 0$，于是

$$\lim_{x\to 0}\frac{e^x-1}{x}=\lim_{t\to 0}\frac{t}{\ln(1+t)}=\lim_{t\to 0}\frac{1}{\dfrac{\ln(1+t)}{t}}=\frac{1}{1}=1.$$

(3) 利用(1) 与(2)，由 $\dfrac{(1+x)^{\alpha}-1}{x}=\dfrac{e^{\alpha\ln(1+x)}-1}{\alpha\ln(1+x)}\cdot\dfrac{\alpha\ln(1+x)}{x}$，于是

$$\lim_{x\to 0}\frac{(1+x)^{\alpha}-1}{x}=\lim_{x\to 0}\frac{e^{\alpha\ln(1+x)}-1}{\alpha\ln(1+x)}\cdot\lim_{x\to 0}\frac{\alpha\ln(1+x)}{x}=\alpha.$$

§6 无穷小的比较

6.1 无穷小的阶的概念

我们知道，当 $x\to 0$ 时，$x^2,5x^2,x^3$ 都是无穷小，但它们的比：$\dfrac{x^3}{x^2},\dfrac{x^2}{x^3},\dfrac{5x^2}{x^2}$ 分别趋于 $0,\infty,5$，这意味着虽然它们都是无穷小，然而趋于零的快慢程度是有差别的，我们引入以下定义：

定义 设 $\lim\limits_{\substack{x\to x_0\\(x\to\infty)}}\alpha(x)=0$，$\lim\limits_{\substack{x\to x_0\\(x\to\infty)}}\beta(x)=0$，且 $\beta(x)\neq 0$.

1° 若 $\lim\limits_{\substack{x\to x_0\\(x\to\infty)}}\dfrac{\alpha(x)}{\beta(x)}=0$，则称 $\alpha(x)$ **比** $\beta(x)$ **是高阶无穷小**，记为 $\alpha(x)=o(\beta(x))$（当 $x\to x_0$（或 $x\to\infty$）时）。其中小写字母“o”是“order”一词的第一个字母.

2° 若 $\lim\limits_{\substack{x\to x_0\\(x\to\infty)}}\dfrac{\alpha(x)}{\beta(x)}=A$ （非零常数），则称 $\alpha(x)$ 与 $\beta(x)$ 是同阶无穷小。或更广泛一些，若存在两个正常数 c,d，使当 $0<|x-x_0|<\delta$（或 $|x|>N$）时，有

$$c\leqslant\left|\frac{\alpha(x)}{\beta(x)}\right|\leqslant d$$

则称 $\alpha(x)$ **与** $\beta(x)$ **是同阶无穷小**. 同阶无穷小常记为

$\alpha(x)=O(\beta(x))$ （当 $x\to x_0$（或 $x\to\infty$）时）. 这里“O”是英文大写字母.

3° 特别，若 $\lim\limits_{\substack{x\to x_0\\(x\to\infty)}}\dfrac{\alpha(x)}{\beta(x)}=1$，则称 $\alpha(x)$ **与** $\beta(x)$ **是等价无穷小**. 记为

$$\alpha(x)\sim\beta(x)\quad（当\ x\to x_0（或\ x\to\infty）时）.$$

4° 若存在正常数 k，成立 $\lim\limits_{\substack{x\to x_0\\(x\to\infty)}}\dfrac{\alpha(x)}{[\beta(x)]^k}=A$ （非零常数），则称 $\alpha(x)$ **是关于** $\beta(x)$ **的** k **阶无穷小**.

另外，若 $\alpha(x)$ 为有界函数，有记号：$\alpha(x)=O(1)$；若 $\alpha(x)$ 为无穷小，有记号：$\alpha(x)=o(1)$.

例 1 当 $x\to 0$ 时，x 与 $1-\cos x$ 都是无穷小，且

1° $\lim\limits_{x\to 0}\dfrac{1-\cos x}{x}=0$，故 $1-\cos x=o(x)(x\to 0)$.

2° $\lim\limits_{x\to 0}\dfrac{1-\cos x}{x^2}=\dfrac{1}{2}$，故 $1-\cos x=O(x^2)(x\to 0)$.

3° $\lim\limits_{x\to 0}\dfrac{1-\cos x}{x^2/2}=1$，故 $1-\cos x\sim\dfrac{x^2}{2}(x\to 0)$.

例 2 当 $x\to 0$ 时，x 与 $x(1+\sin\dfrac{1}{x})$ 都是无穷小，且

$$1\leqslant\left|\frac{x(1+\sin\frac{1}{x})}{x}\right|=\left|1+\sin\frac{1}{x}\right|\leqslant 2,$$

因此，$x(1+\sin\dfrac{1}{x})$ 与 x 是同阶无穷小，即

$$x(1+\sin\frac{1}{x})=O(x)\quad(x\to 0).$$

例 3 当 $x\to 0$ 时，$x,\sin x,\operatorname{tg}x,\ln(1+x),e^x-1,1-\cos x,(1+x)^\alpha-1$（$\alpha$ 为实数）都是无穷小，且

$x\sim\sin x\sim\ln(1+x)\sim e^x-1$；

以及 $1-\cos x\sim\dfrac{1}{2}x^2$；$(1+x)^\alpha-1\sim\alpha x$，特别当 $\alpha=\dfrac{1}{n}$，$\sqrt[n]{1+x}-1\sim\dfrac{x}{n}$.

例 4 当 $x\to 0^+$ 时，求无穷小 $\sqrt{x+\sqrt{x+\sqrt{x}}}$ 关于无穷小 x 的阶数.

解 设 k 为正常数，由于当 $1-8k=0$ 即 $k=\dfrac{1}{8}$ 时有

$$\lim_{x\to 0^+}\frac{\sqrt{x+\sqrt{x+\sqrt{x}}}}{x^k}=\lim_{x\to 0^+}\sqrt{x^{1-2k}+\sqrt{x^{1-4k}+\sqrt{x^{1-8k}}}}=1,$$

故当 $x\to 0$ 时，$\sqrt{x+\sqrt{x+\sqrt{x}}}$ 是关于 x 的 $\dfrac{1}{8}$ 阶无穷小.

下面介绍利用等价无穷小替代来简化极限运算的一个法则.

6.2 等价无穷小的替代法则

定理（等价无穷小的替代法则） 设当 $x\to x_0$（或 $x\to\infty$）时，$\alpha(x)\sim\alpha'(x)$，$\beta(x)\sim\beta'(x)$，且 $\lim\limits_{\substack{x\to x_0\\(x\to\infty)}}\dfrac{\alpha'(x)}{\beta'(x)}$ 存在，则

$$\lim_{\substack{x\to x_0\\(x\to\infty)}}\frac{\alpha(x)}{\beta(x)}=\lim_{\substack{x\to x_0\\(x\to\infty)}}\frac{\alpha'(x)}{\beta'(x)}.$$

证 由于 $\lim\limits_{\substack{x\to x_0\\(x\to\infty)}}\dfrac{\alpha(x)}{\alpha'(x)}=1$，$\lim\limits_{\substack{x\to x_0\\(x\to\infty)}}\dfrac{\beta(x)}{\beta'(x)}=1$，于是

$$\lim_{\substack{x\to x_0\\(x\to\infty)}}\frac{\alpha(x)}{\beta(x)}=\lim_{\substack{x\to x_0\\(x\to\infty)}}\left[\frac{\alpha(x)}{\alpha'(x)}\cdot\frac{\alpha'(x)}{\beta'(x)}\cdot\frac{\beta'(x)}{\beta(x)}\right]=\lim_{\substack{x\to x_0\\(x\to\infty)}}\frac{\alpha'(x)}{\beta'(x)}.$$

证毕

例 5 计算 $\lim\limits_{x\to 0}\dfrac{\operatorname{tg}x-\sin x}{\sin^3 2x}$.

解 因 $\operatorname{tg}x-\sin x=\operatorname{tg}x(1-\cos x)$，当 $x\to 0$ 时，有 $\operatorname{tg}x\sim x$，$1-\cos x\sim\dfrac{x^2}{2}$，以及 $\sin^3 2x=(\sin 2x)^3\sim(2x)^3$. 于是

$$\lim_{x\to 0}\frac{\operatorname{tg}x-\sin x}{\sin^3 2x}=\lim_{x\to 0}\frac{\operatorname{tg}x(1-\cos x)}{(\sin 2x)^3}=\lim_{x\to 0}\frac{x\cdot\frac{x^2}{2}}{(2x)^3}=\frac{1}{16}.$$

这里指出，若如此替代：

$\lim\limits_{x\to0}\dfrac{\mathrm{tg}x-\sin x}{\sin^3 2x}=\lim\limits_{x\to0}\dfrac{x-x}{(2x)^3}=\lim\limits_{x\to0}\dfrac{0}{(2x)^3}=0$,便得出错误结果. 原因是两个等价无穷小的差 $\mathrm{tg}x-\sin x$ 是一个比 x 更高阶的无穷小 $\dfrac{x^3}{2}$ 而不是 0,这里正好丢掉了起作用的高阶无穷小而出错,因此凡涉及差时,必须转化成乘积的形式后再作代换.

例 6 计算 $\lim\limits_{x\to1}\dfrac{x^\alpha-1}{x-1}$ (α 为常数).

解 当 $x\to1$ 时,$e^{\alpha\ln x}-1\sim\alpha\ln x$,$\ln[1+(x-1)]\sim x-1$,于是

$$\lim_{x\to1}\frac{x^\alpha-1}{x-1}=\lim_{x\to1}\frac{e^{\alpha\ln x}-1}{x-1}=\lim_{x\to1}\frac{\alpha\ln x}{x-1}=\lim_{x\to1}\frac{\alpha\ln[1+(x-1)]}{x-1}=\lim_{x\to1}\frac{\alpha(x-1)}{x-1}=\alpha.$$

例 7 计算 $\lim\limits_{x\to0}\dfrac{1-\cos(1-\cos\frac{x}{2})}{\ln(1+x^4)}$.

解 注意到当 $u\to0$ 时,$1-\cos u\sim\dfrac{u^2}{2}$,经两次运用,得

$$\lim_{x\to0}\frac{1-\cos(1-\cos\frac{x}{2})}{\ln(1+x^4)}=\lim_{x\to0}\frac{(1-\cos\frac{x}{2})^2}{2x^4}=\frac{1}{2}\lim_{x\to0}\frac{[\frac{1}{2}(\frac{x}{2})^2]^2}{x^4}=\frac{1}{128}.$$

例 8 计算 $\lim\limits_{x\to0}\dfrac{\sqrt{1+\mathrm{tg}^2x}-1}{e^{-x^2}-1}$.

解 $\lim\limits_{x\to0}\dfrac{\sqrt{1+\mathrm{tg}^2x}-1}{e^{-x^2}-1}=\lim\limits_{x\to0}\dfrac{\mathrm{tg}^2x}{2}\cdot\dfrac{1}{(-x^2)}=\dfrac{1}{2}\lim\limits_{x\to0}\dfrac{x^2}{-x^2}=-\dfrac{1}{2}.$

最后指出,由于无穷小与无穷大有互倒关系,由以上关于无穷小的阶的概念类似地可建立关于无穷大的阶的概念,例如,设 $\lim\limits_{\substack{x\to x_0\\(x\to\infty)}}f(x)=\infty$,$\lim\limits_{\substack{x\to x_0\\(x\to\infty)}}g(x)=\infty$,若

$$\lim_{\substack{x\to x_0\\(x\to\infty)}}\frac{f(x)}{g(x)}=0,$$

则称**当** $x\to x_0$(**或** $x\to\infty$) **时**,$f(x)$ **比** $g(x)$ **是低阶的无穷大**(**或** $g(x)$ **比** $f(x)$ **是高阶的无穷大**),若 $\lim\limits_{\substack{x\to x_0\\(x\to\infty)}}\dfrac{f(x)}{g(x)}=1$,则称**当** $x\to x_0$(**或** $x\to\infty$) **时**,$f(x)$ **与** $g(x)$ **是等价的无穷大**.

§7 函数的一致连续性

我们知道:函数 $f(x)$ 在某区间 I 上连续,是指 $f(x)$ 在该区间上每一点连续,或者说,点点连续. 即对任意点 $x_0\in I$,$\forall\ \varepsilon>0$,$\exists\ \delta=\delta(\varepsilon,x_0)>0$,当 $|x-x_0|<\delta$ 时,恒有 $|f(x)-f(x_0)|<\varepsilon$. 这里,点 x_0 不同,一般说 δ 也不同. 因此,点点连续是局部性概念. 现在的问题是:$\forall\ \varepsilon>0$,若能存在对区间 I 上一切点 x 都适用的公用 δ,即所谓一致连续(或均匀连续) 概念. 它是一个在区间上整体性概念,当考虑 $f(x)$ 在区间上的整体性质时有重要的理论意义. 有下述定义:

定义 设函数 $f(x)$ 在区间 I 上有定义,$\forall\ \varepsilon>0$,$\exists\ \delta=\delta(\varepsilon)>0$,对区间 I 上任意点列 x_1,x_2,当 $|x_1-x_2|<\delta$ 时,都有

$$|f(x_1)-f(x_2)|<\varepsilon,$$

则称 $f(x)$ **在区间 I 上一致连续**(**或均匀连续**).

一致连续的否定叙述,即 $f(x)$ 在区间 I 上非一致连续:对某个 $\varepsilon_0>0$,不论正数 δ 多么小,在区间 I 上,总存在某两点 x_1,x_2,虽然满足 $|x_1-x_2|<\delta$,但有 $|f(x_1)-f(x_2)|\geqslant\varepsilon_0$.

例 1 试证 $f(x)=\sin x$ 在区间 $(-\infty,+\infty)$ 上一致连续.

证 $\forall \varepsilon>0$,找 $\delta=\delta(\varepsilon)>0$,对任意二点 $x_1,x_2\in(-\infty,+\infty)$,由

$$|\sin x_1-\sin x_2|=2\left|\cos\frac{x_1+x_2}{2}\right|\left|\sin\frac{x_1-x_2}{2}\right|\leqslant 2\frac{|x_1-x_2|}{2}=|x_1-x_2|<\varepsilon.$$

取 $\delta=\varepsilon$,则当 $|x_1-x_2|<\delta$ 时,都有

$$|\sin x_1-\sin x_2|<\varepsilon,$$

按定义,$f(x)=\sin x$ 在区间 $(-\infty,+\infty)$ 上一致连续.

例 2 试证 $f(x)=x^2$ 在区间 $[0,a]$(a 正数)一致连续,但在 $(0,+\infty)$ 上非一致连续.

证 (1) $\forall \varepsilon>0$,找 $\delta=\delta(\varepsilon)>0$,对任意二点 $x_1,x_2\in[0,a]$,$(a>0)$,由

$$|x_1^2-x_2^2|=|x_1-x_2||x_1+x_2|<2a|x_1-x_2|<\varepsilon.$$

取 $\delta=\dfrac{\varepsilon}{2a}$,则当 $|x_1-x_2|<\delta$ 时,都有

$$|x_1^2-x_2^2|<\varepsilon.$$

按定义,$f(x)=x^2$ 在区间 $[0,a]$(a 正数)上一致连续.

(2) 对 $\varepsilon_0=1$,不论正数 δ 多么小,在区间 $(0,+\infty)$ 内总存在两点 $x_1=\dfrac{1}{\delta}+\dfrac{\delta}{2}$,$x_2=\dfrac{1}{\delta}$,尽管 $|x_1-x_2|=\dfrac{\delta}{2}<\delta$,但

$$|x_1^2-x_2^2|=\left|\left(\frac{1}{\delta}+\frac{\delta}{2}\right)^2-\left(\frac{1}{\delta}\right)^2\right|=1+\frac{\delta^2}{4}>1.$$

按定义,$f(x)=x^2$ 在区间 $(0,+\infty)$ 上非一致连续.

例 3 试证 $f(x)=\cos\dfrac{1}{x}$ 在区间 $(0,1)$ 内非一致连续.

证 对 $\varepsilon_0=\dfrac{1}{2}$,不论正数 δ 多么小,在区间 $(0,1)$ 内总存在两点 $x_1=\dfrac{1}{2n\pi}$,$x_2=\dfrac{1}{2n\pi+\dfrac{\pi}{2}}$,

尽管
$$|x_1-x_2|=\left|\frac{1}{2n\pi}-\frac{1}{2n\pi+\frac{\pi}{2}}\right|=\frac{\frac{\pi}{2}}{2n\pi\left(2n\pi+\frac{\pi}{2}\right)}<\frac{1}{8n^2\pi}<\frac{1}{16n^2}<\delta,$$

但有
$$\left|\cos\frac{1}{x_1}-\cos\frac{1}{x_2}\right|=\left|\cos 2n\pi-\cos\left(2n\pi+\frac{\pi}{2}\right)\right|=1>\frac{1}{2}=\varepsilon_0.$$

按定义, $f(x)=\cos\dfrac{1}{x}$ 在区间 $(0,1)$ 内非一致连续.

根据一致连续的定义,若函数 $f(x)$ 在区间 I 上一致连续,则函数 $f(x)$ 在 I 上必连续,事实上,将 x_2 固定,令 x_1 变化,即函数 $f(x)$ 在点 x_2 连续,因为 x_2 是区间 I 上的任意一点,所以函数 $f(x)$ 在区间 I 上连续. 反过来,在区间 I 上点点连续的函数是否一致连续呢?也就是从无穷多个正数 $\delta=\delta(\varepsilon,x_0)$,$x_0\in I$ 中,是否能存在最小的一个 δ(这样,对区间 I 上所有点 x_0 通用)?一般来说是不一定存在的,但对闭区间上连续的函数来说,是保证存在的. 有下述定理:

定理(康托(Cantor)定理) 若函数 $f(x)$ 在闭区间 $[a,b]$ 上连续,则在该区间上一致连续.

本定理在下节证明. 由此得等价条件:

$f(x)$ 在闭区间 $[a,b]$ 上连续 $\Leftrightarrow f(x)$ 在闭区间 $[a,b]$ 上一致连续.

在有限开区间上可证有下面等价条件:

$f(x)$ 在开区间 (a,b) 内连续,且 $\lim\limits_{x\to a^+}f(x)$ 与 $\lim\limits_{x\to b^-}f(x)$ 存在、有限 $\Leftrightarrow f(x)$ 在开区间 (a,b) 内一致连续.

在无限区间上可证有下列必要条件：

$f(x)$ 在区间$(-\infty, +\infty)$上连续，且 $\lim\limits_{x\to-\infty} f(x)$ 与 $\lim\limits_{x\to+\infty} f(x)$ 存在、有限 $\Rightarrow f(x)$ 在区间$(-\infty, +\infty)$上一致连续.

其中"$\not\Leftarrow$"可从 $\sin x$ 在$(-\infty, +\infty)$上一致连续，但 $\lim\limits_{x\to-\infty}\sin x$ 与 $\lim\limits_{x\to+\infty}\sin x$ 不存在得出.

*§8　闭区间上连续函数性质的证明

下面对闭区间上连续函数性质：有界性、最值性、介值性和一致连续性给予理论证明.

定理 1（有界性）　设 $f(x)$ 在闭区间$[a,b]$上连续，则 $f(x)$ 在$[a,b]$上有界.

证　反证法　设 $f(x)$ 在闭区间$[a,b]$上无界，于是，对任给自然数 n，$\exists\, x_n \in [a,b]$，使得 $|f(x_n)| \geqslant n$，因 $x_n \in [a,b]$，故$\{x_n\}$有界，由维尔斯特拉斯定理，从有界数列$\{x_n\}$中可选出一个收敛的子数列$\{x_{n_k}\}$：$x_{n_k} \to x_0 (k \to +\infty)$，且由 $a \leqslant x_{n_k} \leqslant b$ 知 $x_0 \in [a,b]$，而 $|f(x_{n_k})| \geqslant n_k$，有 $\lim\limits_{k\to+\infty} |(f(x_{n_k})| = +\infty$，这与 $f(x)$ 在点 $x_0 \in [a,b]$ 连续：$\lim\limits_{x\to x_0} f(x) = f(x_0)$，有 $\lim\limits_{k\to+\infty} |f(x_{n_k})| = |f(x_0)|$ 矛盾，故 $f(x)$ 必在闭区间$[a,b]$上有界.

定理 2（最值性）　设 $f(x)$ 在闭区间$[a,b]$上连续，则 $f(x)$ 在$[a,b]$上必能取到最大值和最小值至少各一次.

证　由有界性定理，$f(x)$ 在$[a,b]$上有界，于是

$$\beta = \sup\{f(x) | x \in [a,b]\}, \alpha = \inf\{f(x), x \in [a,b]\}$$

存在、有限. 也就是要证明至少存在一点 $x_1 \in [a,b]$，使 $f(x_1) = \beta$；也至少存在一点 $x_2 \in [a,b]$，使 $f(x_2) = \alpha$，今只证前者.

根据上确界的定义：

1°　对一切 $x \in [a,b]$，$f(x) \leqslant \beta$；

2°　$\forall\, \varepsilon > 0$，$\exists\, x' \in [a,b]$，有 $f(x') > \beta - \varepsilon$.

由此，$\forall\, \varepsilon_n > 0$，且 $\varepsilon_n \to 0$，$\exists\, x_n \in [a,b]$，使 $f(x_n) > \beta - \varepsilon_n$. 由于$\{x_n\}$有界，从$\{x_n\}$中可选取收敛的子数列：

$$\{x_{n_k}\}：\lim_{k\to+\infty} x_{n_k} = x_1，且\ x_1 \in [a,b].$$

又由于 $f(x)$ 在点 x_1 连续，有 $\lim\limits_{k\to+\infty} f(x_{n_k}) = f(x_1)$.

但另一方面，$\beta - \varepsilon_{n_k} < f(x_{n_k}) \leqslant \beta$，有 $\lim\limits_{k\to+\infty} f(x_{n_k}) = \beta$，由极限的唯一性知 $f(x_1) = \beta$.　　证毕

定理 3（介值性）　(1) 设 $f(x)$ 在闭区间$[a,b]$上连续，并且 $f(a)f(b) < 0$，则在开区间(a,b)内至少存在一点 ξ 使得 $f(\xi) = 0$.

(2) 设 $f(x)$ 在闭区间$[a,b]$上连续，μ 是介于 $f(a)$ 与 $f(b)$ 间任一实数，则在开区间(a,b)内至少存在一点 ξ，使得 $f(\xi) = \mu$.

证　(1) 不妨设 $f(a) < 0 < f(b)$，$[a,b] \triangleq [a_1,b_1]$. 将$[a_1,b_1]$二等分，若 $f(\frac{a_1+b_1}{2}) = 0$，则取 $\xi = \frac{a_1+b_1}{2}$，于是 $f(\xi) = 0$，那么，ξ 便合所求.

若 $f(\frac{a_1+b_1}{2}) \neq 0$，当 $f(\frac{a_1+b_1}{2}) > 0$ 时，取$[a_1, \frac{a_1+b_1}{2}] \triangleq [a_2,b_2]$；或当 $f(\frac{a_1+b_1}{2}) < 0$ 时，取$[\frac{a_1+b_1}{2}, b_1] \triangleq [a_2,b_2]$，这样，得出$[a_2,b_2]$.

再将$[a_2,b_2]$二等分，类似地作下去，直到区间$[a_n,b_n]$. 除了恰巧在某个等分点 $\frac{a_n+b_n}{2}$ 上，$f(\frac{a_n+b_n}{2}) = 0$，从而得到 $\xi = \frac{a_n+b_n}{2}$，使 $f(\xi) = 0$ 外，我们如此无限继续作下去，没有一个分点使 $f(x) = 0$，这时，就得到一闭区间套：$\{[a_n,b_n]\}$. 且有

1°　$[a_{n-1},b_{n-1}] \supset [a_n,b_n]$：$a_{n-1} \leqslant a_n < b_n \leqslant b_{n-1}$，$n = 1,2,\cdots$. 由于数列$\{a_n\}$单调增有上界，故存在极限，设为 ξ，即 $\lim\limits_{n\to+\infty} a_n = \xi$；

2°　$b_n - a_n = \frac{1}{2^{n-1}}(b-a) \to 0 \quad (n \to +\infty)$，于是有

$$\lim_{n\to+\infty} b_n = \lim_{n\to+\infty}[a_n + (b_n - a_n)] = \lim_{n\to+\infty} a_n = \xi. \tag{8.1}$$

对单调有界数列来说,极限就是它的确界,即

$$\sup\{a_n\} = \xi = \inf\{b_n\} \quad 或 \quad a_n \leqslant \xi \leqslant b_n$$

亦即,ξ 是这闭区间套一个公共点,且是唯一的.不然,若还有一点 $\eta,\eta\neq\xi$,有 $a_n\leqslant\xi,\eta\leqslant b_n$,由 $0<|\xi-\eta|\leqslant|b_n-a_n|\to 0(n\to+\infty)$,故 $\xi=\eta,\xi\in[a,b]$.因 $f(x)$ 在点 ξ 处连续,故

$$\lim_{n\to+\infty} f(a_n) = \lim_{n\to+\infty} f(b_n) = f(\xi).$$

注意到闭区间套$\{[a_n,b_n]\}$的构造规则,有 $f(a_n)<0,f(b_n)>0$,由极限保号性有

$$f(\xi)\leqslant 0;f(\xi)\geqslant 0,\xi\in[a,b].$$

从而得 $f(\xi)=0,\xi\in[a,b]$.又由条件 $f(a)\cdot f(b)<0$,所以 $\xi\neq a,b$,即 $\xi\in(a,b)$. 证毕

(2) 作辅助函数

$$g(x) = f(x) - \mu,$$

显然,$g(x)$ 在闭区间$[a,b]$上连续,且 $g(a)g(b)=[f(a)-\mu][f(b)-\mu]<0$.

由(1),至少存在一点 $\xi\in(a,b)$,使得 $g(\xi)=0$,即 $f(\xi)=\mu,\xi\in(a,b)$. 证毕

说明:若 $f(x)$ 在闭区间$[a,b]$上是严格单调的,则定理 3 中的 ξ 是唯一的,且 $f(a)=\alpha,f(b)=\beta$,其值域 J 是$[\alpha,\beta]$(或$[\beta,\alpha]$),也就是它的值域 J 充满了一个闭区间$[\alpha,\beta]$(或$[\beta,\alpha]$).这是由于 $f(x)$ 在闭区间$[a,b]$上一定能取到最小值 m 和最大值 M,不妨设 $f(x)$ 是严格单调增,则 $M=f(b)=\beta,m=f(a)=\alpha$.这样,对任一实数 μ: $\alpha<\mu<\beta$,根据上述介值定理,必存在一个 $\xi\in(a,b)$,使得 $f(\xi)=\mu$.由此可知,定义在闭区间$[a,b]$上不为常数的连续函数 $f(x)$ 的函数值充满了闭区间$[\alpha,\beta]$(或$[\beta,\alpha]$),但须注意 $f(a),f(b)$ 一般不是值域区间 J 的端点.

定理 4(一致连续性) 若函数 $f(x)$ 在闭区间$[a,b]$上连续,则 $f(x)$ 在闭区间$[a,b]$上一致连续.

证 反证法 若 $f(x)$ 在闭区间$[a,b]$上连续,但非一致连续,即对某个 $\varepsilon_0>0$,不论正数 δ 多么小,在闭区间$[a,b]$上总存在两点 $x^{(1)},x^{(2)}$,虽然满足 $|x^{(1)}-x^{(2)}|<\delta$,但有 $|f(x^{(1)})-f(x^{(2)})|\geqslant\varepsilon_0$.

取 $\delta_n=\frac{1}{n}(n=1,2,\cdots)$,相应地存在 $x_n^{(1)}$ 与 $x_n^{(2)}\in[a,b]$,当 $|x_n^{(1)}-x_n^{(2)}|<\delta_n=\frac{1}{n}$,有

$$|f(x_n^{(1)})-f(x_n^{(2)})|\geqslant\varepsilon_0 \qquad (n=1,2,\cdots).$$

由于 $a\leqslant x_n^{(1)}\leqslant b$,即数列$\{x_n^{(1)}\}$有界,由维尔斯特拉斯定理,必有收敛的子数列$\{x_{n_k}^{(1)}\}$,即

$$\lim_{k\to+\infty} x_{n_k}^{(1)} = c\in[a,b].$$

因 $\lim\limits_{n\to+\infty}[x_n^{(1)}-x_n^{(2)}]=0$,所以对另一数列$\{x_n^{(2)}\}$,若取与$\{x_{n_k}^{(1)}\}$有相同的下标 n_k 的子数列,则得这样一个收敛的子数列$\{x_{n_k}^{(2)}\}$:

$$\lim_{k\to+\infty} x_{n_k}^{(2)} = \lim_{k\to+\infty}[x_{n_k}^{(1)}+(x_{n_k}^{(2)}-x_{n_k}^{(1)})] = \lim_{k\to+\infty} x_{n_k}^{(1)} = c.$$

由于 $f(x)$ 在点 $c\in[a,b]$ 连续,因而 $\lim\limits_{k\to+\infty} f(x_{n_k}^{(1)}) = \lim\limits_{k\to+\infty} f(x_{n_k}^{(2)}) = f(c)$,即

$$\lim_{k\to+\infty}[f(x_{n_k}^{(1)})-f(x_{n_k}^{(2)})]=0.$$

这与 $|f(x_{n_k}^{(1)})-f(x_{n_k}^{(2)})|\geqslant\varepsilon_0 \quad (k=1,2,\cdots)$ 矛盾,故 $f(x)$ 在闭区间$[a,b]$上一致连续. 证毕

习题二

§1

1. 观察数列$\{u_n\}$的变化趋势,试指出其极限(如果存在的话).

 (1) $\{\frac{2n+1}{3n+1}\}$, (2) $\{(1+\frac{1}{n})^2\}$, (3) $\{0.99\cdots9\}$(小数点后 n 个 9),

 (4) $\{\mathrm{arctg}n\}$, (5) $\{2+(-1)^n\}$, (6) $\{3^{n(-1)^n}\}$.

2. 已知数列 $u_n=\frac{3n+(-1)^n}{5n},n=1,2,\cdots$.

 (1) 指出当 $n\to+\infty$ 时,u_n 的极限 a; (2) 若 $\varepsilon=0.01$,问第几项以后,就有 $|u_n-a|<\varepsilon$;

 (3) 若 ε 是任意指定的正数,问第几项以后,就有 $|u_n-a|<\varepsilon$.

3. 用数列极限的定义证明:

(1) $\lim\limits_{n\to+\infty}\dfrac{n}{\sqrt{n^2+n}}=1$，　(2) $\lim\limits_{n\to+\infty}\dfrac{\sin\sqrt{n}}{2^n}=0$，　(3) $\lim\limits_{n\to+\infty}\sqrt[n]{n}=1$.

4. 用夹逼性证明：

(1) $\lim\limits_{n\to+\infty}[5+(-1)^n]^{\frac{1}{n}}=1$，　(2) $\lim\limits_{n\to+\infty}\sqrt{n}(\sqrt{n+1}-\sqrt{n})=\dfrac{1}{2}$，

(3) $\lim\limits_{n\to+\infty}\left(\dfrac{1}{\sqrt{n^2+1}}+\dfrac{1}{\sqrt{n^2+2}}+\cdots+\dfrac{1}{\sqrt{n^2+n}}\right)=1$，

(4) $\lim\limits_{n\to+\infty}\dfrac{1+\sqrt[2]{2}+\cdots+\sqrt[n]{n}}{n}=1$，　(5) $\lim\limits_{n\to+\infty}\dfrac{n!}{n^n}=0$，　(6) $\lim\limits_{n\to+\infty}\dfrac{1}{\sqrt[n]{n!}}=0$.

5. 设 $u_n=\dfrac{n}{n+1}\cos\dfrac{n\pi}{2}, n=1,2,\cdots$.

(1) 问$\{u_n\}$是否是有界数列？　(2) 写出子数列：$\{u_{4k}\},\{u_{4k+1}\},\{u_{4k+2}\},\{u_{4k+3}\}$；

(3) (2) 中各子数列是否收敛？若是，试指出收敛于何值？　(4) 问$\{u_n\}$是否收敛？

(5) 问$\{u_n\}$是否必有无穷多个收敛的子数列？

6. 试讨论下列各题若是肯定的要证明；若是否定的，要举反例：

(1) $\lim\limits_{n\to+\infty}u_n=a \iff \lim\limits_{n\to+\infty}u_{n+m}=a$，($m$是任何固定的自然数).

(2) $\lim\limits_{n\to+\infty}u_n=a \iff \lim\limits_{k\to+\infty}u_{2k}=\lim\limits_{k\to+\infty}u_{2k-1}=a$.

(3) $\lim\limits_{n\to+\infty}u_n=a\Rightarrow \lim\limits_{n\to+\infty}|u_n|=|a|$. 反之是否成立？

(4) 若数列$\{u_n\}$与$\{v_n\}$都收敛，问$\{u_n+v_n\}$是否收敛？反之，若数列$\{u_n+v_n\}$收敛，问$\{u_n\}$，$\{v_n\}$是否都必收敛？

(5) 若数列$\{u_n\}$与$\{v_n\}$都收敛，问$\{u_nv_n\}$是否收敛？反之，若数列$\{u_nv_n\}$收敛，问$\{u_n\}$，$\{v_n\}$是否都必收敛？

(6) 若数列$\{u_n\}$收敛，$\{v_n\}$发散，问$\{u_n+v_n\}$，$\{u_nv_n\}$的敛散性如何？

(7) 若数列$\{u_n\}$与$\{v_n\}$都发散，问$\{u_n+v_n\}$，$\{u_nv_n\}$是否发散？

(8) 上方无界的数列$\{u_n\}$是否必有$\lim\limits_{n\to+\infty}u_n=+\infty$？

7. (1) 设数列$\{u_n\}$满足 $|u_{n+1}|\leqslant q|u_n|, n\geqslant N$($N$是某自然数，$0<q<1$)，试用夹逼性证 $\lim\limits_{n\to+\infty}u_n=0$.

(2) 设数列$\{u_n\}$满足 $\lim\limits_{n\to+\infty}\left|\dfrac{u_{n+1}}{u_n}\right|=l<1$，试利用(1)的结论证 $\lim\limits_{n\to+\infty}u_n=0$.

(3) 利用(2)的结果，求下列极限：

(i) $\lim\limits_{n\to+\infty}na^n$　(a常数，$|a|<1$)；　(ii) $\lim\limits_{n\to+\infty}\dfrac{a^n}{n!}$　(a常数)；　(iii) $\lim\limits_{n\to+\infty}\dfrac{n^2}{a^n}$　(a常数，$a>1$).

*8. (1) 不用平均值公式证明数列$\{(1+\dfrac{1}{n})^n\}$单调增；数列$\{(1+\dfrac{1}{n})^{n+1}\}$单调减.

(2) 证明不等式$(1+\dfrac{1}{n})^n<e<(1+\dfrac{1}{n})^{n+1}$　($n=1,2,\cdots$).

(3) 证明不等式$\dfrac{1}{n+1}<\ln(1+\dfrac{1}{n})<\dfrac{1}{n}$　($n=1,2,\cdots$).

(4) 利用(3)以及夹逼性证明 $\lim\limits_{n\to+\infty}\left(\dfrac{1}{n}+\dfrac{1}{n+1}+\cdots+\dfrac{1}{2n}\right)=\ln 2$.

(5) 利用单调有界准则证明下面极限存在：

$\lim\limits_{n\to+\infty}\left(1+\dfrac{1}{2}+\dfrac{1}{3}+\cdots+\dfrac{1}{n}-\ln n\right)$.

9. 用数列极限的柯西准则，判别下列数列$\{u_n\}$的收敛性.

(1) $u_n=\dfrac{\sin 1}{1^2}+\dfrac{\sin 2}{2^2}+\cdots+\dfrac{\sin n}{n^2}$，　(2) $u_n=1+\dfrac{1}{2^\alpha}+\dfrac{1}{3^\alpha}+\cdots+\dfrac{1}{n^\alpha}(0<\alpha<1)$，

(3) 若$\{u_n\}$满足 $|u_2-u_1|+|u_3-u_2|+\cdots+|u_n-u_{n-1}|\leqslant K$　(正常数)，

(4) 若$\{u_n\}$满足 $|u_{n+2}-u_{n+1}|<\dfrac{1}{2}|u_{n+1}-u_n|, n=1,2,\cdots$.

§2

10. 设 $f(x)=\dfrac{x-1}{2(x+1)}$，

(1) 指出当 $x \to 3$ 时，$f(x)$ 的极限 A.

(2) 若 $\varepsilon = 0.01$，试求 δ 的值，使当 $0 < |x-3| < \delta$ 时，就有 $|f(x) - A| < \varepsilon$.

(3) 若 ε 是任意指定的正数，试求 δ 的值，使当 $0 < |x-3| < \delta$ 时，就有 $|f(x) - A| < \varepsilon$.

11. 按函数极限的定义证明：

(1) 设 $f(x) = C$ （常数），$x_0 \in R$，则 $\lim\limits_{\substack{x \to x_0 \\ (x \to \infty)}} f(x) = C$.

(2) 设 $\lim\limits_{\substack{x \to x_0 \\ (x \to \infty)}} f(x) = A$，则 (i) $\lim\limits_{\substack{x \to x_0 \\ (x \to \infty)}} Cf(x) = CA$（$A,C$ 为常数）.

(ii) 且当 $f(x) > 0, A \geqslant 0$ 时，有 $\lim\limits_{\substack{x \to x_0 \\ (x \to \infty)}} \sqrt{f(x)} = \sqrt{A}$.

(3) $\lim\limits_{x \to 1} \dfrac{x^3 - 1}{x^2 - 1} = \dfrac{3}{2}$，　(4) $\lim\limits_{x \to 0}(1 + x)^a = 1$（$a$ 为正常数），

(5) $\forall\, x_0 \in R$，　$\lim\limits_{x \to x_0} \sin x = \sin x_0$；　$\lim\limits_{x \to x_0} \cos x = \cos x_0$，

(6) $\lim\limits_{x \to \infty} a^{\frac{1}{x}} = 1$　$(a > 0)$，　(7) $\lim\limits_{x \to \infty} \dfrac{\operatorname{arctg} x}{x} = 0$　或　$\lim\limits_{x \to 0} x \operatorname{arctg} \dfrac{1}{x} = 0$.

12. 试证：

(1) $\lim\limits_{x \to x_0^+} f(x) = A \iff \lim\limits_{t \to +\infty} f(x_0 + \dfrac{1}{t}) = A$；　(2) $\lim\limits_{x \to x_0^-} f(x) = B \iff \lim\limits_{t \to -\infty} f(x_0 + \dfrac{1}{t}) = B$.

举出具有性质(1)，(2)的函数 $f(x)$ 各一个.

13. 求下列函数在指定点的左极限，右极限与极限：

(1) $f(x) = \dfrac{|1 - x|}{1 - x}$，在 $x = 1$ 处.

(2) $f(x) = \begin{cases} \operatorname{arctg} \dfrac{1}{x}, & x < 0; \\ \sin \dfrac{1}{x}, & x > 0. \end{cases}$ 在点 $x = 0$ 处.　(3) $f(x) = \begin{cases} 1 - \dfrac{\sin x}{x}, & x < 0; \\ x \operatorname{arctg} \dfrac{1}{x}, & x > 0. \end{cases}$ 在点 $x = 0$ 处.

(4) $f(x) = \dfrac{|x|}{\sqrt{a + x} - \sqrt{a - x}}$　$(a > 0)$　在点 $x = 0$ 处.

14. 利用夹逼性求下列极限：

(1) $\lim\limits_{x \to 0} \dfrac{x}{a}\left[\dfrac{b}{x}\right]$　（a,b 正常数），　(2) $\lim\limits_{x \to +\infty} \dfrac{2 - [x]}{3x + 4}$，

(3) $\lim\limits_{x \to +\infty} \sqrt[x]{a_1^x + a_2^x + \cdots + a_k^x}$　（常数 $a_i \geqslant 0, i = 1,2,\cdots,k$）.

§3

15. (1) 用分析语言叙述下列极限定义：

(i) $\lim\limits_{x \to x_0^+} f(x) = -\infty$（"$G$-$\delta$"）；　(ii) $\lim\limits_{x \to +\infty} f(x) = +\infty$（"$G$-$N$"）.

(2) 按(1)的定义证明：

(i) $\lim\limits_{x \to 0^+} \log_2 x = -\infty$；　(ii) $\lim\limits_{x \to +\infty} \log_2 x = +\infty$，　(iii) $\lim\limits_{n \to +\infty} \sqrt[n]{n!} = +\infty$.

16. 求下列函数的指定极限：

(1) $f(x) = \dfrac{1}{1 + e^{\frac{1}{x}}}$，当 $x \to 0^-, x \to 0^+, x \to 0$.

(2) $f(x) = \begin{cases} x + \dfrac{1}{x}, & x < 0; \\ \ln x, & x > 0, \end{cases}$　当 $x \to 0^-, x \to 0^+, x \to 0, x \to -\infty, x \to +\infty$.

(3) $f(x) = \dfrac{[x]}{x}$　当 $x \to 0^-, x \to 0^+, x \to 0$.

(4) $f(x) = \dfrac{[x + 1] + |x|}{x}$，当 $x \to 0^-, x \to 0^+, x \to 0$.

17. (1) 试证：(i) 若 $\lim\limits_{\substack{x\to x_0\\(x\to\infty)}} f(x)=+\infty$，且当 $0<|x-x_0|<\delta_0$(或 $|x|>N_0$ 时)，$|g(x)|\leqslant K$(正数)，则 $\lim\limits_{\substack{x\to x_0\\(x\to\infty)}}[f(x)+g(x)]=+\infty$.

(ii) 若 $\lim\limits_{x\to+\infty} f(x)=+\infty$，$\lim\limits_{x\to+\infty} g(x)=A>0$，则 $\lim\limits_{x\to+\infty} f(x)g(x)=+\infty$.

(2) 讨论下列极限：

(i) $\lim\limits_{x\to+\infty}(x+\operatorname{arctg}x)$，　(ii) $\lim\limits_{x\to+\infty}(x+\sin x)$，　(iii) $\lim\limits_{x\to+\infty} x\operatorname{arctg}x$，

*(iv) 利用第 8 题(5)的结论，证明 $\lim\limits_{n\to+\infty}\left(1+\frac{1}{2}+\frac{1}{3}+\cdots+\frac{1}{n}\right)=+\infty$.

(v) 若 $f(x)=x\sin x$ 问 $f(x)$ 是否有界？当 $x\to+\infty$ 时，$f(x)$ 是否是无穷大？

§ 4

18. 求下列极限：

(1) $\lim\limits_{x\to1}\frac{x^3-1}{x^2-1}$，　(2) $\lim\limits_{h\to0}\frac{(x+h)^3-x^3}{h}$，　(3) $\lim\limits_{h\to0}\frac{1}{h}\left(\frac{1}{\sqrt{x+h}}-\frac{1}{\sqrt{x}}\right)$，

(4) $\lim\limits_{x\to a^+}\frac{\sqrt{x}-\sqrt{a}+\sqrt{x-a}}{\sqrt{x^2-a^2}}$，　(5) $\lim\limits_{x\to1}\frac{\sqrt{x+2}-\sqrt{3}}{\sqrt[3]{x}-1}$，　(6) $\lim\limits_{x\to0}\frac{\sqrt[3]{1+x}-\sqrt{1-x}}{x}$，

(7) $\lim\limits_{x\to1}\frac{x^{n+1}-(n+1)x+n}{(x-1)^2}$，　(8) $\lim\limits_{h\to0}\frac{|h-1|-1}{h}$，　(9) $\lim\limits_{x\to1}\frac{1-\sqrt[n]{x}}{1-x}$，

(10) $\lim\limits_{x\to1}\frac{(1-\sqrt{x})(1-\sqrt[3]{x})\cdots(1-\sqrt[10]{x})}{(1-x)^9}$，　(11) $\lim\limits_{x\to0^+}\left(\sqrt{\frac{1}{x(x-1)}+\frac{1}{4x^2}}-\frac{1}{2x}\right)$，

(12) $\lim\frac{1+2^{\frac{1}{x}}}{3+2^{\frac{1}{x}}}$，　当 $x\to0^-$，$x\to0^+$，$x\to0$.

19. 求下列极限：

(1) $\lim\limits_{x\to\infty}\frac{3x^2+2x+1}{4x^3-3x^2-1}$，　(2) $\lim\limits_{x\to\infty}\frac{4x^3-3x^2-1}{3x^2+2x+1}$，

(3) $\lim\limits_{x\to\infty}\frac{(3x-1)^{20}(2x-3)^{30}}{(4-5x)^{50}}$，　(4) $\lim\limits_{n\to\infty}\frac{3^{n+1}-(-1)^n}{3^n-2^n}$，

(5) $\lim\limits_{x\to-\infty}\left(\sqrt{x^2+x}-\sqrt{x^2+1}\right)$，　(6) $\lim\limits_{x\to+\infty}\left(\sqrt{x-\sqrt{x}}-\sqrt{x+\sqrt{x}}\right)$，

(7) $\lim\limits_{x\to\infty}\left[x^{\frac{1}{3}}(x-3)^{\frac{2}{3}}-x\right]$，　(8) $\lim\limits_{x\to+\infty} x^{\frac{3}{2}}\left(\sqrt{x+1}+\sqrt{x-1}-2\sqrt{x}\right)$，

(9) $\lim\limits_{n\to+\infty}\left[\frac{1+3+5+\cdots+(2n-1)}{n+1}-\frac{2n+1}{2}\right]$，

(10) $\lim\limits_{n\to+\infty}\frac{1+q+q^2+\cdots+q^n}{1+p+p^2+\cdots+p^n}$　$(|q|<1,|p|<1)$，

(11) $\lim\limits_{n\to+\infty}\sum\limits_{k=1}^{n}\frac{1}{k(k+1)}$，　(12) $\lim\limits_{n\to+\infty}\sum\limits_{k=1}^{n}\frac{1}{1+2+3+\cdots+k}$，

(13) $\lim\limits_{n\to+\infty}\prod\limits_{k=2}^{n}\left(1-\frac{1}{k^2}\right)$，　(14) $\lim\limits_{n\to+\infty}\sum\limits_{k=1}^{n}\frac{2k-1}{2^k}$.

20. 求下列极限：

(1) $\lim\frac{\sin mx}{\sin nx}$($m,n$ 为自然数)，　(i) 当 $x\to0$；(ii) 当 $x\to\pi$，

(2) $\lim\frac{x-\sin2x}{x-\sin3x}$，　(i) 当 $x\to0$，(ii) 当 $x\to\infty$.　(3) $\lim\limits_{x\to0}\left(\frac{\sin x}{x}+\frac{\arcsin x}{x}+\frac{\operatorname{tg}x}{x}+\frac{\operatorname{arctg}x}{x}\right)$，

(4) $\lim\left(x\operatorname{arctg}\frac{3}{x}+\frac{2}{x}\operatorname{arctg}x\right)$，　(i) 当 $x\to0$，　(ii) 当 $x\to\infty$.

(5) $\lim\frac{x^2}{x+1}\sin\frac{1}{x}$，　(i) 当 $x\to0$，　(ii) 当 $x\to\infty$，　(iii) 当 $x\to-1$.

(6) $\lim\limits_{x\to2}\frac{\sin(x^2-4)}{x-2}$，　(7) $\lim\limits_{x\to0}\frac{\sqrt{1+\operatorname{tg}x}-\sqrt{1+\sin x}}{x^3}$，　(8) $\lim\limits_{x\to0^+}\frac{1-\sqrt{\cos x}}{1-\cos\sqrt{x}}$，

(9) $\lim\limits_{x\to 0}\dfrac{1-\cos x\cos 2x\cos 3x}{1-\cos x}$，(10) $\lim\limits_{x\to a}\sin\dfrac{x-a}{2}\mathrm{tg}\dfrac{\pi x}{2a}$，(11) $\lim\limits_{x\to\frac{\pi}{4}}\dfrac{\sqrt{2}\cos x-1}{1-\mathrm{tg}^2 x}$，

(12) $\lim\limits_{x\to 0}\dfrac{1-\cos x\sqrt{\cos 2x}}{x^2}$，(13) $\lim\limits_{x\to 1}(1-x)\mathrm{tg}\dfrac{\pi}{2}x$，(14) $\lim\limits_{x\to\infty}x(\dfrac{\pi}{4}-\mathrm{arctg}\dfrac{x}{1+x})$.

21. 证明数列$\{u_n\}$有极限，并求出该极限.

(1) 设 $u_1=0, u_{n+1}=\dfrac{u_n+3}{4}, (n=1,2,\cdots)$.　(2) 设 $u_1=1, u_n=\dfrac{1+2u_{n-1}}{1+u_{n-1}}, (n=2,3,\cdots)$.

22. 求下列极限：

(1) $\lim\limits_{x\to 0}(1+kx)^{\frac{m}{x}}$($k,m$ 非零常数)，　(2) $\lim\limits_{x\to\infty}(1+\dfrac{k}{x})^{mx}$($k,m$ 非零常数)，

(3) $\lim\limits_{x\to\infty}(\dfrac{x}{1+x})^x$，　(4) $\lim\limits_{x\to 0}(x+e^x)^{\frac{2}{x}}$，　(5) $\lim\limits_{x\to+\infty}(\dfrac{x^2-2x+1}{x^2-4x+2})^x$.

23. 用夹逼法求下列极限：

(1) $\lim\limits_{n\to+\infty}(\dfrac{1}{n+\sqrt{1}}+\dfrac{1}{n+\sqrt{2}}+\cdots+\dfrac{1}{n+\sqrt{n}})$，

(2) $\lim\limits_{n\to+\infty}\dfrac{\sqrt{1\cdot 2}+\sqrt{2\cdot 3}+\cdots+\sqrt{n(n+1)}}{n^2}$，　(3) $\lim\limits_{n\to+\infty}(1+\dfrac{1}{n}+\dfrac{1}{n^2})^n$.

24. (1) 已知 $\lim\limits_{x\to+\infty}(\dfrac{x+C}{x-C})^x=4$，求 C 的值.

(2) 已知 $\lim\limits_{x\to 0}\dfrac{\sqrt{1+x+x^2}-(1+ax)}{x^2}=b$，求常数 a,b 的值.

§5

25. 试证：(1) $\sin x$ 在定义区间$(-\infty,+\infty)$上连续.

(2) 连续函数的保号性：若 $f(x)$ 在点 x_0 处连续，且 $f(x_0)>0$(或 <0)，则在充分接近 x_0 的点 x 处，$f(x)>0$(或 <0).

26. 试确定下列各题中的常数 a,b，使得函数在定义区间上连续.

(1) $f(x)=\begin{cases}x+2a, & x<-2;\\ 3ax+b, & -2\leqslant x<1;\\ 3x-2b, & x\geqslant 1.\end{cases}$

(2) $f(x)=\begin{cases}\dfrac{\sqrt{1-ax}-1}{x}, & x<0;\\ ax+b, & 0\leqslant x\leqslant 1;\\ \mathrm{arctg}\dfrac{1}{x-1}, & x>1.\end{cases}$　(3) $f(x)=\begin{cases}e^{\frac{1}{x}}, & x<0;\\ ax+b, & 0\leqslant x\leqslant 1;\\ \dfrac{1-\cos(x-1)}{x^2-2x+1}, & x>1.\end{cases}$

27. 找出下列函数的不连续点，并指出其类型：

(1) $f(x)=\begin{cases}0, & x=0;\\ \dfrac{|x|-x}{|x|-x^3}, & x\neq 0,1.\end{cases}$　(2) $f(x)=\begin{cases}\cos\dfrac{\pi}{2}x, & |x|\leqslant 1;\\ |x-1|, & |x|>1.\end{cases}$

(3) $f(x)=\begin{cases}\sqrt{1-x}, & x\leqslant 0;\\ (1-x)^{\frac{1}{x}}, & 0<x\leqslant 1;\\ \dfrac{x^2-1}{x^2-3x+2}, & x>1.\end{cases}$　(4) $f(x)=\dfrac{x}{\mathrm{tg}x}$.

28. 设 $f(x)=\dfrac{\sin\pi x}{x(x-1)}$，试补充定义 $f(x)$ 在 $x=0$ 与 $x=1$ 处的值，使补充定义后的函数在闭区间$[0,1]$上连续.

29. 画出下列各种间断情况的示意图，并适当举例说明.

(1) $f(x_0-0)\neq f(x_0+0)$，　(2) $f(x_0-0)=f(x_0+0)\neq f(x_0)$，

(3) $f(x_0-0)=f(x_0)$；$f(x_0+0)=+\infty$，

(4) $f(x_0-0)$ 不存在(振荡型)；$f(x_0+0)=f(x_0)$.

(5) $f(x_0-0)=+\infty, f(x_0+0)=-\infty$.

30. (1) 证明 $f(x)=\begin{cases} x, & \text{当 } x \text{ 为有理数;} \\ 1-x & \text{当 } x \text{ 为无理数} \end{cases}$ 仅在一点 $x=\frac{1}{2}$ 处连续,在其他任何点都不连续.

(2) 举出一个在 $(-\infty,+\infty)$ 上点点有定义,但点点不连续又平方后处处都连续的函数的例子.

(3) 若 $f(x)$ 在点 $x=a$ 的邻域有定义,极限 $\lim\limits_{h\to 0}[f(a+h)-f(a-h)]=0$,问 $f(x)$ 在点 a 是否连续?

31. 计算下列极限:

(1) $\lim\limits_{x\to 0}\sqrt{\ln\frac{\operatorname{tg}x}{x}}$, (2) $\lim\limits_{n\to+\infty}\sin^n\frac{2n\pi}{3n+1}$, (3) $\lim\limits_{n\to+\infty}\left(1+\frac{1+a+a^2+\cdots+a^n}{n}\right)^n, |a|<1$.

(4) $\lim\limits_{x\to+\infty}(\sin\sqrt{x+1}-\sin\sqrt{x})$, (5) $\lim\limits_{x\to+\infty}x[\ln(x+1)-\ln x]$, (6) $\lim\limits_{n\to+\infty}\sin^2(\pi\sqrt{n^2+n})$,

(7) $\lim\limits_{x\to+\infty}(\operatorname{arch}x-\ln x)$.

32. 试讨论下列各情况:设当 x 充分接近 x_0 时,$f(x)>0, g(x)>0$,且 $\lim\limits_{x\to x_0}f(x)=a, \lim\limits_{x\to x_0}g(x)=b$,($a,b$ 是常数或无穷大).

(1) 若 $0<a<+\infty, 0<b<+\infty$,则 $\lim\limits_{x\to x_0}[f(x)]^{g(x)}=a^b$.

(2) 若 $0<a<+\infty, b=0$, 则 $\lim\limits_{x\to x_0}[f(x)]^{g(x)}=1$.

(3) 若 $0\leqslant a<1, b=+\infty$,则 $\lim\limits_{x\to x_0}[f(x)]^{g(x)}=0$.

(4) 若 $a>1, b=+\infty$,则 $\lim\limits_{x\to x_0}[f(x)]^{g(x)}=+\infty$.

(5) 当 $a=1, b=+\infty$,举出使下面各式成立的 $f(x)$ 与 $g(x)$ 的例子:

(*i*) $\lim\limits_{x\to x_0}[f(x)]^{g(x)}=0$, (*ii*) $\lim\limits_{x\to x_0}[f(x)]^{g(x)}=1$, (*iii*) $\lim\limits_{x\to x_0}[f(x)]^{g(x)}=+\infty$.

33. 试讨论下列问题:

(1) 若 $b>a, \forall\,\delta\in(0,\frac{b-a}{2})$,$f(x)$ 在闭区间 $[a+\delta,b-\delta]$ 上连续,问

(*i*) $f(x)$ 在开区间 (a,b) 内连续否? (*ii*) $f(x)$ 在闭区间 $[a,b]$ 上连续否?设 $f(a), f(b)$ 有定义.

(2) 若 $f(x)$ 在点 x_0 处连续,则 $f^2(x)$、$|f(x)|$ 在点 x_0 连续,反之是否成立?

(3) 若 $f(x)$ 在点 x_0 处连续,$g(x)$ 在点 x_0 处间断,则 $f(x)\pm g(x)$ 在点 x_0 处间断;若 $f(x)$ 和 $g(x)$ 在点 x_0 处都间断,能否断言 $f(x)\pm g(x)$ 在点 x_0 处间断?

(4) 若 $f(x)$ 在点 x_0 处连续,$g(x)$ 在点 x_0 处间断或 $f(x)$ 与 $g(x)$ 在点 x_0 处都间断,问 $f(x)g(x)$ 在点 x_0 处是否必间断?

(5) 问 $f(x)=x-k\sin x\,(0\leqslant k<1)$ 是否存在有连续的反函数?

34. 设符号函数 $\operatorname{sgn}x=\begin{cases}-1, x<0; \\ 0, x=0; \\ 1, x>0,\end{cases}$ 试写出下列函数的表达式,并讨论在 $x=0$ 处的连续性.

(1) $1-\operatorname{sgn}x$, (2) $x\operatorname{sgn}x$, (3) sgn^2x, (4) $\frac{1}{\operatorname{sgn}x}$, (5) $\frac{1}{\operatorname{sgn}^2x}$,

(6) $\frac{1}{1-\operatorname{sgn}^2x}$, (7) $\frac{1}{x(1-\operatorname{sgn}^2x)}$.

35. 试证:

(1) 方程 $\sin x-x\cos x=0$ 在区间 $(\pi,\frac{3}{2}\pi)$ 内至少有一实根.

(2) 方程 $x2^x-1=0$ 在区间 $(0,1)$ 内至少有一实根.

(3) $mx=\operatorname{tg}x\,(m>1)$ 在区间 $(0,\frac{\pi}{2})$ 内至少有一实根.

(4) 方程 $x-a\sin x=b\,(0<a<1, b>0)$ 至少有一正根 $\xi\in(0,a+b]$.

(5) 方程 $\frac{5}{x-1}+\frac{7}{x-2}+\frac{16}{x-3}=0$ 在区间 $(1,2)$ 与区间 $(2,3)$ 内各有一实根.

(6) 设 $p(x)=a_0x^n+a_1x^{n-1}+\cdots+a_{n-1}x+a_n\,(a_0,a_n\neq 0)$,若 $a_0a_n<0$,则 $p(x)=0$ 至少有一正根,且若 n 是偶数,则 $p(x)=0$ 还有一负根.

(7) 若 $f(x)$ 在闭区间 $[0,2l]$ 上连续，且 $f(0)=f(2l)$，则方程 $f(x)=f(x+l)$ 在 $[0,l]$ 内至少有一实根.

(8) 设 $f(x)$ 在闭区间 $[a,b]$ 上连续，试证：

(i) 若 a_1,a_2 是满足 $a_1+a_2=1$ 的正实数，则至少存在一点 $\xi\in[a,b]$，使得 $a_1f(a)+a_2f(b)=f(\xi)$.

(ii) 对任何正实数 λ_1,λ_2，至少存在一点 $\mu\in[a,b]$，使得 $\lambda_1f(a)+\lambda_2f(b)=(\lambda_1+\lambda_2)f(\mu)$.

(9) 若 $f(x)$ 在开区间 (a,b) 上连续. $f(a+0)$，$f(b-0)$ 都存在（或无穷大）且异号，试证 $f(x)=0$ 在区间 (a,b) 内至少有一实根.

§6

36. 当 $x\to0$ 时，定出下列无穷小（关于 x）的阶，并写出它们的等价无穷小.

(1) $x\sin\sqrt[3]{x}$，　(2) $\ln(1+x)-\ln(1-x)$，

(3) $\sqrt{1+\mathrm{tg}x}-\sqrt{1+\sin x}$，　(4) $\sqrt{x^2+\sqrt[3]{x}}$.

37. 设 m 为自然数（$m\geqslant2$），试证　当 $x\to0$ 时，

$$\sqrt[m]{1+x}=1+\frac{1}{m}x+o(x)=1+\frac{1}{m}x-\frac{m-1}{2m^2}x^2+o(x^2).$$

并分别在允许误差 $o(x)$ 与 $o(x^2)$ 条件下，求 $\sqrt[5]{1080}$ 的近似值.

38. 设 a,b 为正常数；试证：

(1) $\sqrt{a+x^b}-\sqrt{a}\sim\dfrac{x^b}{2\sqrt{a}}$，$x\to0$；

(2) $\sqrt{x+\sqrt{ax+\sqrt{bx}}}\sim\sqrt[8]{bx}$，$x\to0^+$；　(3) $\sqrt{x+\sqrt{ax+\sqrt{bx}}}\sim\sqrt{x}$，$x\to+\infty$；

(4) 选择适当的 k,c，使得

(i) $\dfrac{1}{\sqrt{n}}\sin^3\dfrac{2}{n}\sim\dfrac{c}{n^k}$，$n\to+\infty$；

(ii) $\arcsin(\sqrt{x^2+\sqrt{x}}-x)\sim\dfrac{c}{x^k}$，$x\to+\infty$；

(iii) $\sqrt[3]{1-\sqrt{x}}\sim c(x-1)^k$，$x\to1$；

(iv) $\ln x\sim c(x-1)^k$，$x\to1$.

39. 试证　当 $x\to0$ 时，（m,n 正数）有

(1) $o(x^m)+o(x^n)=o(x^p)$，其中 $p=\min\{m,n\}$；

(2) $o(x^m)\cdot o(x^n)=o(x^{m+n})$.

40. 设半径为 R 的圆，圆心角 $\angle AOB=\alpha$，它所对的圆弧为 $\overset{\frown}{AB}$，弦为 AB，半径 OD 垂直于 AB，并与 AB 相交于 C（如图），试证 当 $\alpha\to0$ 时，

(1) AB 与 $\overset{\frown}{AB}$ 是等价无穷小；

(2) CD 是比 $\overset{\frown}{AB}$ 高阶的无穷小.

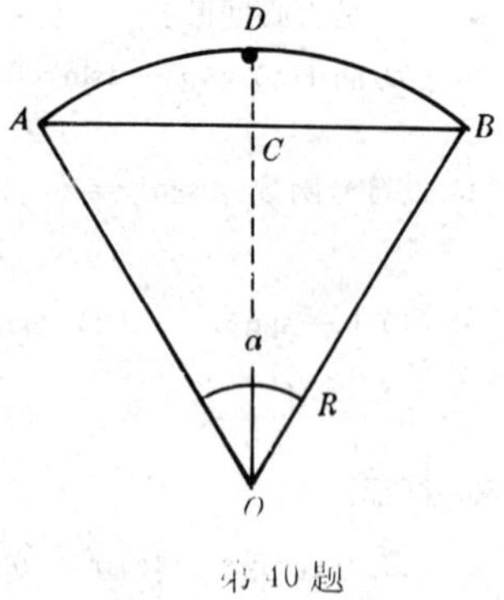

第40题

41. 利用等价无穷小的替代法则，求下列极限.

(1) $\lim\limits_{x\to0}\dfrac{2^{-x^2}-1}{\cos x-1}$，　(2) $\lim\limits_{x\to0}\dfrac{\sin\sin\sin x}{x}$，　(3) $\lim\limits_{x\to0}\dfrac{\sqrt{1+x\sin x}-1}{\ln(1-\mathrm{tg}^2x)}$，

(4) $\lim\limits_{x\to0}\dfrac{\arcsin\dfrac{x}{\sqrt{1-x^2}}}{\mathrm{arctg}x}$，　(5) $\lim\limits_{x\to0}\dfrac{(\arcsin x)^2}{x(\sqrt{1+x}-1)}$，　(6) $\lim\limits_{x\to0}\dfrac{\ln(\sin^2x+e^x)-x}{\ln(x^2+e^{2x})-2x}$，

(7) $\lim\limits_{x\to-\infty}\dfrac{\ln(1+3^x)}{\ln(1+2^x)}$，　(8) $\lim\limits_{x\to1}(1-x)\log_x2$，　(9) $\lim\limits_{x\to0}\dfrac{\ln\cos nx}{\ln\cos mx}(m\neq0)$，

(10) $\lim\limits_{x\to 0}\dfrac{\cos mx-\cos nx}{x^2}$，　　(11) $\lim\limits_{h\to 0}\dfrac{\text{arctg}(x+h)-\text{arctg}x}{h}$.

§7

42. 试证 $f(x)=\dfrac{1}{x}$ 在$[\delta,1](0<\delta<1)$上一致连续，在$(0,1)$内非一致连续.

43. (1) 设$f(x)$在某区间I上有定义，且对I上任意两点x_1,x_2，都有　$|f(x_1)-f(x_2)|\leqslant K|x_1-x_2|$　(K正常数)，试证 $f(x)$ 在区间 I 上一致连续.

(2) 利用(1)的结果证明无界函数 $f(x)=x+\sin x$ 在区间$(-\infty,+\infty)$上一致连续.

(3) 问 $f(x)=x\sin x$ 在区间$(-\infty,+\infty)$上是否一致连续？

*44. (1) 试证　等价命题：$f(x)$在(a,b)上连续，且$f(a+0)$，$f(b-0)$都存在、有限$\Leftrightarrow f(x)$在开区间(a,b)上一致连续.

(2) 利用(1)讨论下列函数在区间$(0,1)$上的一致连续性：

(i) $f(x)=x\sin\dfrac{1}{x}$，　(ii) $f(x)=\sin\dfrac{1}{x}$.

*45. (1) 试证　若$f(x)$在区间$(a,+\infty)$上连续，且$f(a+0)$，$f(+\infty)$都存在、有限，则$f(x)$在$(a,+\infty)$上一致连续，但逆命题不真.(其中 $f(+\infty)\triangleq\lim\limits_{x\to+\infty}f(x)$).

(2) 讨论下列函数在区间$(0,+\infty)$上的一致连续性.

(i) $f(x)=\dfrac{\sin x}{x}$，　(ii) $f(x)=\dfrac{\ln(1+x)}{x}$，　(iii) $f(x)=x\text{arctg}\dfrac{1}{x}$.

*§8

46. 设 $f(x)$ 在闭区间$[a,b]$上连续，$x_1,x_2,\cdots,x_n$ 是$[a,b]$上的点.

(1) 试证至少存在一点 $\xi\in[a,b]$，使得 $f(\xi)=\dfrac{f(x_1)+f(x_2)+\cdots+f(x_n)}{n}$；

(2) 又当 $p_1+p_2+\cdots+p_n=1$，$p_i>0(i=1,2,\cdots,n)$，则至少存在一点 $\xi\in[a,b]$，使得 $f(\xi)=p_1f(x_1)+p_2f(x_2)+\cdots+p_nf(x_n)$.

47. 设 $f(x)$ 在闭区间$[a,b]$上连续，且 $x\in[a,b]$ 时，$a\leqslant f(x)\leqslant b$，试证至少存在一点 $\xi\in[a,b]$，使得 $f(\xi)=\xi$，这时，称 ξ **是** $f(x)$ **在区间**$[a,b]$**上的一个不动点**.

48. 若 $f(x)$ 在区间$[a,b]$上连续，且 $\forall\, x\in[a,b]$ 有 $\left|f(x)-\dfrac{a+b}{2}\right|\leqslant\dfrac{b-a}{2}$，则方程 $f[f(x)]=x$ 在$[a,b]$上至少存在一个根.

49. 设 C 是正数，n 是正整数，试证方程 $x^n=C$ 存在唯一正根.

综合题

50. 验证下列极限：

(1) $\lim\limits_{n\to+\infty}(1+\dfrac{x}{n})^n=e^x$，　(2) $\lim\limits_{n\to+\infty}(1+\dfrac{x_n}{n})^n=e^x$，其中 $x_n\to x(n\to+\infty)$.

(3) $\lim\limits_{h\to 0}\dfrac{x^h-1}{h}=\ln x,(x>0)$，　(4) $\lim\limits_{n\to+\infty}n(\sqrt[n]{x}-1)=\ln x,(x>0)$.

51. 验证下列极限$(a>0,b>0,a\neq 1,b\neq 1)$.

(1) $\lim\limits_{n\to+\infty}\left(\dfrac{\sqrt[n]{a}+\sqrt[n]{b}}{2}\right)^n=\sqrt{ab}$，　(2) $\lim\limits_{n\to+\infty}(\cos\dfrac{x}{n}+k\sin\dfrac{x}{n})^n=e^{kx}$，($k$ 常数)，

(3) $\lim\limits_{x\to a}\dfrac{a^x-x^a}{x-a}=a^a\ln\dfrac{a}{e}$，　(4) $\lim\limits_{x\to+\infty}x^2(a^{\frac{1}{x}}-a^{\frac{1}{x+1}})=\ln a$.

52. 求下列极限，其中 $a>0$.

(1) $\lim\limits_{n\to+\infty}\dfrac{a^n}{1+a^{2n}}$，　(2) $\lim\limits_{n\to+\infty}(\sqrt{a^n+2}-\sqrt{a^n+1})$，　(3) $\lim\limits_{x\to+\infty}\dfrac{a^x-a^{-x}}{a^x+a^{-x}}$.

53. 确定下列各题中的常数 a,b.

(1) $\lim\limits_{x\to 1}\dfrac{a\sqrt{x+3}-b}{x-1}=1$，则 $a=$ ____，$b=$ ____.

(2) 设 $f(x)=\dfrac{ax^2-2}{x^2+1}+3bx+5$，若

(i) $\lim\limits_{x\to\infty}f(x)=0$，则 $a=$ ____，$b=$ ____.

(ii) $\lim\limits_{x\to\infty}f(x)=\infty$，则 $a=$ ____，$b=$ ____.

(3) 若 $\lim\limits_{x\to+\infty}\left[(x^5+7x^4+2)^a-x\right]=b\neq 0$ 则 $a=$ ____，$b=$ ____.

(4) 若 $\lim\limits_{n\to+\infty}\dfrac{n^a}{n^b-(n-1)^b}=1995$，则 $a=$ ____，$b=$ ____.

(5) 若 $f(x)=\begin{cases}(\cos x)^{1/x^2}, & x\neq 0;\\ a, & x=0\end{cases}$ 在 $x=0$ 处连续，则 $a=$ ____.

(6) 设 $f(x)=\lim\limits_{n\to+\infty}\dfrac{x^{2n-1}+ax^2+bx}{x^{2n}+1}$ 为连续函数，则 $a=$ ____，$b=$ ____.

(7) 若 $f(x)=\begin{cases}2^{\frac{1}{x}}, & x<a;\\ a, & x=a;\\ x\operatorname{arctg}\dfrac{2}{x}, & x>a.\end{cases}$ 当 $a=$ ____，$f(x)$ 在点 $x=a$ 处连续.

(8) 若 $f(x)=\begin{cases}x, x<1;\\ a, x\geqslant 1,\end{cases}$ $g(x)=\begin{cases}b, & x<0;\\ x+2, x\geqslant 0,\end{cases}$ $F(x)=f(x)+g(x)$ 在区间 $(-\infty,+\infty)$ 上连续，则 $a=$ ____，$b=$ ____.

54. 试证(1) $\lim\limits_{n\to+\infty}(1+x)(1+x^2)(1+x^4)\cdots(1+x^{2^n})=\dfrac{1}{1-x}$，$|x|<1$.

(2) $\lim\limits_{n\to+\infty}\cos\dfrac{x}{2}\cos\dfrac{x}{2^2}\cdots\cos\dfrac{x}{2^n}=\dfrac{\sin x}{x}$.

55. 讨论下列函数的连续性.

(1) $f(x)=\lim\limits_{n\to+\infty}x\operatorname{arctg}nx$，　(2) $f(x)=\lim\limits_{t\to x}\dfrac{1}{t-x}\ln\dfrac{t}{x}$，　(3) $f(x)=\lim\limits_{t\to+\infty}\dfrac{x+e^{tx}}{1+e^{tx}}$，

(4) $f(x)=\lim\limits_{n\to+\infty}\dfrac{x^{2n}-1}{x^{2n}+1}$，　(5) $f(x)=\lim\limits_{n\to+\infty}\cos^{2n}x$.

56. 证明用下面递推方法定义的数列 $\{u_n\}$：

$u_1=a>0, u_{n+1}=\sqrt{b+u_n}\quad(b>0, n=1,2,\cdots)$

收敛于方程 $x^2-x-b=0$ 的正根.

57. 设数列 $\{x_n\}$ 定义为：$x_{n+1}=x_n^2-2x_n+2$，$n=1,2,\cdots$，试讨论 $\{x_n\}$ 的收敛性，若

(1) $1<x_1<2$；(2) $x_1=2$；(3) $x_1>2$.

58. 设 $\{x_n\}$ 是单调增数列，$\{y_n\}$ 是单调减数列，$\lim\limits_{n\to+\infty}(x_n-y_n)=0$.

试证 $\lim\limits_{n\to+\infty}x_n=\lim\limits_{n\to+\infty}y_n$.

59. 设 $0\leqslant a<b$，$x_1=a$，$y_1=b$，且 $x_n=\dfrac{x_{n-1}+y_{n-1}}{2}$，　$y_n=\sqrt{x_{n-1}y_{n-1}}$.

试证 $\{x_n\}$，$\{y_n\}$ 的极限存在且相等.

*60. 设 $f(x)$ 满足条件：

1° $-\infty<a\leqslant f(x)\leqslant b<+\infty$，$x\in[a,b]$；

2° $|f(x')-f(x'')|\leqslant K|x'-x''|\quad(0<K<1)$，$x',x''\in[a,b]$，试证：

(1) $f(x)$ 在 $[a,b]$ 上连续；

(2) 存在唯一点 $\xi\in[a,b]$，使 $\xi=f(\xi)$；

(3) 若 $x_1\in[a,b]$，定义数列 $\{x_n\}$：$qdx_n=f(x_{n-1})\quad(n=2,3,\cdots)$，有 $\lim\limits_{n\to+\infty}x_n=\xi$.

*61. 设开普勒(Kepler)方程 $x-\varepsilon\sin x=m\qquad(0<\varepsilon<1)$ 且

$x_0=m,\quad x_1=m+\varepsilon\sin x_0,\cdots,\quad x_n=m+\varepsilon\sin x_{n-1},\cdots$

证明 存在 $\xi=\lim\limits_{n\to+\infty}x_n$，且 ξ 为该方程唯一根.

62. 方程 $2x+y=1$ 及 $(1+h)x+h^2y=1$ 表示相交于一点的两直线，当 $h\to 1$ 时，此交点的极限位置如何？

63. 设中心在原点，半径为 r 的上半圆与 y 轴和抛物线 $y^2=x$ 分别交于点 P,M，直线 PM 与 x 轴的交点为 Q，

当 $r\to 0$ 时，Q 点的极限位置如何？

64. 证明　若对任意实数 x,y，有 $f(x+y)=f(x)+f(y)$，且 $f(x)$ 在点 $x=0$ 处连续，则 $f(x)$ 在区间 $(-\infty,+\infty)$ 上连续.

65. 在 x 轴上，于区间 $[0,2]$ 内有 3 克重物质均匀分布，又在 $x=3$ 处集中有一克重物质，试将区间 $(-\infty,x)$ 段的质量表示为 x 的函数，并讨论其连续性.

66. 设 $\lim\limits_{x\to 1}\dfrac{f(x)}{x-1}=1$，$\lim\limits_{x\to 2}\dfrac{f(x)}{x-2}=2$，$\lim\limits_{x\to 3}\dfrac{f(x)}{x-3}=3$，若 $f(x)$ 为多项式，试求出其次数最低者.

67. 设当 $0<|x-x_0|<\delta$ 时，$h(x)\leqslant f(x)\leqslant g(x)$，且 $\lim\limits_{x\to x_0}[g(x)-h(x)]=0$，

(1) 试证 $\lim\limits_{x\to x_0}[f(x)-h(x)]=\lim\limits_{x\to x_0}[g(x)-f(x)]=0$.　(2) $\lim\limits_{x\to x_0}f(x)$ 一定存在吗？

(3) 若 $\lim\limits_{x\to x_0}h(x)$ 与 $\lim\limits_{x\to x_0}g(x)$ 中有一个存在，那么 $\lim\limits_{x\to x_0}f(x)$ 一定存在吗？

68. 设当 $x\to x_0$ 时，$\alpha(x)\sim\beta(x)$，$\alpha(x)\neq 0$，$\psi(x)\neq 0$，且

$\lim\limits_{x\to x_0}\dfrac{\varphi(x)}{\alpha(x)}=a\neq 1$，$\lim\limits_{x\to x_0}\dfrac{\varphi(x)-\alpha(x)}{\psi(x)}=A$，试证 $\lim\limits_{x\to x_0}\dfrac{\varphi(x)-\beta(x)}{\psi(x)}=A$.

第三章　导数与微分

导数是从研究因变量相对于自变量的变化率的问题中抽象出来的数学概念，它为探求函数的各种性态和函数的结构与计算提供了一种统一而有效的方法．微分是利用导数来研究因变量的改变量而引出的另一数学概念，本章介绍导数与微分概念和计算方法．

§1　导数概念

1.1　导数的定义

一、导数的定义

在第二章 §2 函数极限中，我们讨论过自由落体运动的瞬时速度，下面对一般直线运动情形再提出这个问题．

问题 1　瞬时速度　一质点作变速直线运动，其运动方程为

$$s = f(t),$$

其中 t 是时间，s 是路程，试求在时刻 t_0 的瞬时速度 $v(t_0)$．

考虑 t_0 附近的任一时刻 t，时间改变量 $t - t_0 \triangleq \Delta t$，于是 $t = t_0 + \Delta t$．在 Δt 时间内，质点经过的路程为 $\Delta s = f(t_0 + \Delta t) - f(t_0)$，平均速度为

$$\frac{\Delta s}{\Delta t} = \frac{f(t_0 + \Delta t) - f(t_0)}{\Delta t}. \tag{1.1}$$

由于是变速运动，平均速度随 Δt 而变，当 $|\Delta t|$ 越小（$\Delta t \neq 0$），平均速度就越接近于 t_0 时刻的瞬时速度．因此，在(1.1) 式中取 $\Delta t \to 0$ 时的极限，如果为定数的话，便是该变速直线运动的**瞬时速度**，

即
$$v(t_0) = \lim_{\Delta t \to 0} \frac{\Delta s}{\Delta t} = \lim_{\Delta t \to 0} \frac{f(t_0 + \Delta t) - f(t_0)}{\Delta t}.$$

问题 2　切线斜率　设一平面曲线的方程为

$$y = f(x),$$

求该曲线上点 $P(x_0, y_0)$（$y_0 = f(x_0)$）处的切线斜率．

在曲线上任意另取一点 $Q(x_0 + \Delta x, y_0 + \Delta y)$（$\Delta x \neq 0$），过 P, Q 的割线斜率为

$$\operatorname{tg}\theta = \frac{\Delta y}{\Delta x} = \frac{f(x_0 + \Delta x) - f(x_0)}{\Delta x}.$$

如果点 Q 沿曲线无限趋于点 P 时，若割线 PQ 存在极限位置 PT（如图 3-1），那么，PT 就定义为**该曲线在点 P 处的切线**．同时割线 PQ 的斜率 $\operatorname{tg}\theta$ 的极限为定数，即有

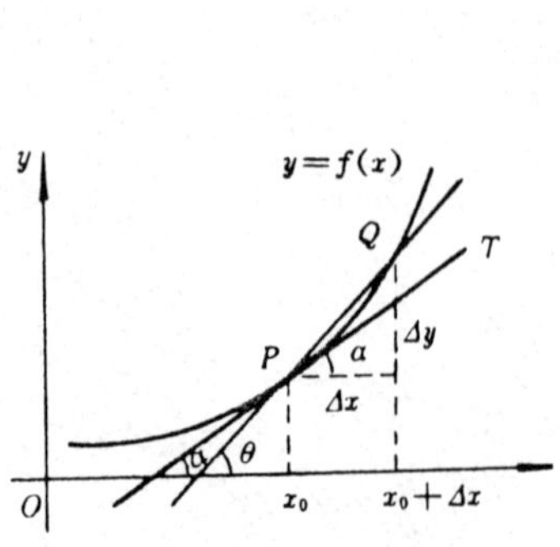

图 3-1

$$\operatorname{tg}\alpha = \lim_{Q \to P} \operatorname{tg}\theta = \lim_{\Delta x \to 0} \frac{\Delta y}{\Delta x} = \lim_{\Delta x \to 0} \frac{f(x_0 + \Delta x) - f(x_0)}{\Delta x}$$

就是**切线 PT 的斜率**．

上面问题 1 与 2，二者的实际意义不同，然而解决问题所采用的数学方法和表达形式是完

全相同的，即求因变量的改变量与自变量改变量的比，当自变量的改变量趋于零时的极限——因变量对自变量的变化率，其他许多问题如电流强度、化学反应的速度，细棒的线密度、比热、功率以及经济分析中经济量的变化率（边际）等等，都需计算这种类型的极限，有如下导数的定义：

定义 设函数 $y=f(x)$ 在点 x_0 的某邻域内有定义. 若在 x_0 处自变量 x 有改变量 Δx，且 $x_0+\Delta x$ 仍属于该邻域，相应的因变量 y 的改变量 $\Delta y=f(x)-f(x_0)=f(x_0+\Delta x)-f(x_0)$. 如果极限

$$\lim_{\Delta x\to 0}\frac{\Delta y}{\Delta x}=\lim_{x\to x_0}\frac{f(x)-f(x_0)}{x-x_0}=\lim_{\Delta x\to 0}\frac{f(x_0+\Delta x)-f(x_0)}{\Delta x} \tag{1.2}$$

存在、有限，则称**函数** $y=f(x)$ **在点** x_0 **处可导**. 此极限称为**函数** $y=f(x)$ **在点** x_0 **处的导数**，记为

$f'(x_0)$ 或 $\left.\frac{dy}{dx}\right|_{x=x_0}$， 即

$$f'(x_0)=\left.\frac{dy}{dx}\right|_{x=x_0}=\lim_{\Delta x\to 0}\frac{\Delta y}{\Delta x}=\lim_{x\to x_0}\frac{f(x)-f(x_0)}{x-x_0}=\lim_{\Delta x\to 0}\frac{f(x_0+\Delta x)-f(x_0)}{\Delta x}.$$

如果(1.2)式的极限不存在，则称**函数** $y=f(x)$ **在点** x_0 **不可导**.

设函数 $y=f(x)$ 在区间 (a,b) 上有定义，$\forall\, x\in(a,b)$，如果极限

$$\lim_{\Delta x\to 0}\frac{\Delta y}{\Delta x}=\lim_{\Delta x\to 0}\frac{f(x+\Delta x)-f(x)}{\Delta x} \tag{1.3}$$

都存在、有限，则称**函数** $y=f(x)$ **在区间** (a,b) **上可导**. 那么，极限值一般是随点 x 在区间上变化而变化，即是 x 的函数，称为**导函数**，简称**导数**. 记为 $f'(x)$ 或 $\frac{dy}{dx}$，即

$$f'(x)=\frac{dy}{dx}=\lim_{\Delta x\to 0}\frac{\Delta y}{\Delta x}=\lim_{\Delta x\to 0}\frac{f(x+\Delta x)-f(x)}{\Delta x}.$$

显然，函数 $f(x)$ 在点 x_0 处的导数 $f'(x_0)$ 就是导函数 $f'(x)$ 在点 $x=x_0$ 的函数值，即

$$f'(x_0)=f'(x)|_{x=x_0}.$$

根据导数的概念，在问题1中，质点在时刻 t_0 的瞬时速度 $v(t_0)=\left.\frac{ds}{dt}\right|_{t=t_0}$；在问题2中，曲线 $y=f(x)$ 在点 $(x_0,f(x_0))$ 处切线的斜率 $\mathrm{tg}\alpha=\left.\frac{dy}{dx}\right|_{x=x_0}$ 或 $f'(x_0)$. 由平面解析几何中直线方程的点斜式，得**曲线** $y=f(x)$ **在点** $(x_0,f(x_0))$ **处的切线方程为**

$$y-f(x_0)=f'(x_0)(x-x_0). \tag{1.4}$$

过点 $P(x_0,f(x_0))$ 且与该点的切线相垂直的直线，称为**曲线** $y=f(x)$ **在点** $P(x_0,f(x_0))$ **的法线**，设 $f'(x_0)\neq 0$，则**法线方程**为

$$y-f(x_0)=\frac{-1}{f'(x_0)}(x-x_0). \tag{1.5}$$

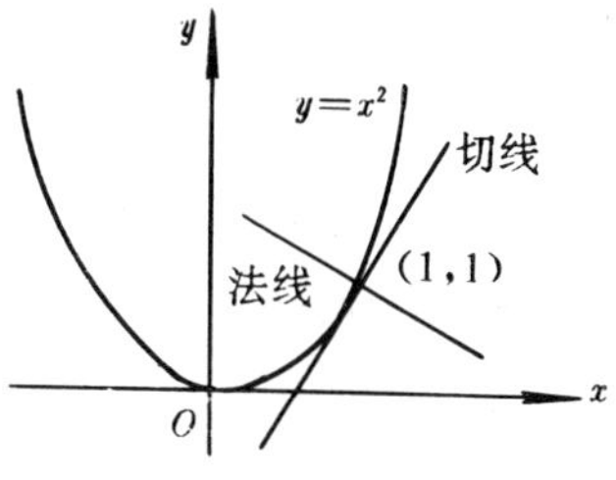

图 3-2

例1 求抛物线 $y=x^2$ 在点 $(1,1)$ 处的切线方程和法线方程.

解 如图 3-2，在点 $(1,1)$ 处切线斜率为

$$\left.\frac{dy}{dx}\right|_{x=1}=\lim_{\Delta x\to 0}\frac{(1+\Delta x)^2-1^2}{\Delta x}=\lim_{\Delta x\to 0}(2+\Delta x)=2.$$

于是所求切线方程为

$$y - 1 = 2(x - 1),$$

法线方程为

$$y - 1 = -\frac{1}{2}(x - 1).$$

二、左导数与右导数

设 $f(x)$ 在点 x_0 可导，由于导数是一种特殊形式的极限，于是由单侧极限与双侧极限的等价命题，有

$$\lim_{x \to x_0} \frac{f(x) - f(x_0)}{x - x_0} = A \Leftrightarrow \lim_{x \to x_0^-} \frac{f(x) - f(x_0)}{x - x_0} = \lim_{x \to x_0^+} \frac{f(x) - f(x_0)}{x - x_0} = A,$$

其中 $\lim\limits_{x \to x_0^-} \dfrac{f(x) - f(x_0)}{x - x_0} = \lim\limits_{\Delta x \to 0^-} \dfrac{f(x_0 + \Delta x) - f(x_0)}{\Delta x} \triangleq f'_-(x_0)$，称为 $f(x)$ **在点 x_0 的左导数**；

$\lim\limits_{x \to x_0^+} \dfrac{f(x) - f(x_0)}{x - x_0} = \lim\limits_{\Delta x \to 0^+} \dfrac{f(x_0 + \Delta x) - f(x_0)}{\Delta x} \triangleq f'_+(x_0)$，称为 $f(x)$ **在点 x_0 的右导数**.

因此，若 $f(x)$ 在点 x_0 可导，则有等价命题：

$$f'(x_0) = A \Leftrightarrow f'_-(x_0) = f'_+(x_0) = A. \tag{1.6}$$

作为可导的必要条件的否定，可得不可导的充分条件：若左导数 $f'_-(x_0)$ 与右导数 $f'_+(x_0)$ 有一个不存在，或都存在但不相等，则导数 $f'(x_0)$ 不存在. 今后对分段函数在分段点处的导数是否存在，皆由此判定.

例 2 设 $f(x) = \begin{cases} x\operatorname{arctg}\dfrac{1}{x}, & x \neq 0; \\ 0 & x = 0, \end{cases}$ 问导数 $f'(0)$ 是否存在？

解 由于 $\dfrac{f(0 + \Delta x) - f(0)}{\Delta x} = \dfrac{\Delta x \operatorname{arctg}\dfrac{1}{\Delta x}}{\Delta x} = \operatorname{arctg}\dfrac{1}{\Delta x}$,

$$f'_+(0) = \lim_{\Delta x \to 0^+} \operatorname{arctg}\frac{1}{\Delta x} = \frac{\pi}{2};$$

$$f'_-(0) = \lim_{\Delta x \to 0^-} \operatorname{arctg}\frac{1}{\Delta x} = -\frac{\pi}{2},$$

$f'_+(0) \neq f'_-(0)$，故导数 $f'(0)$ 不存在（跳跃型）.

如图 3-3，曲线 $y = f(x)$ 在点 $(0,0)$ 处的右切线：

$y - 0 = f'_+(0)(x - 0)$，即 $\quad y = \dfrac{\pi}{2}x$；

左切线：$y - 0 = f'_-(0)(x - 0)$，即

$$y = -\frac{\pi}{2}x.$$

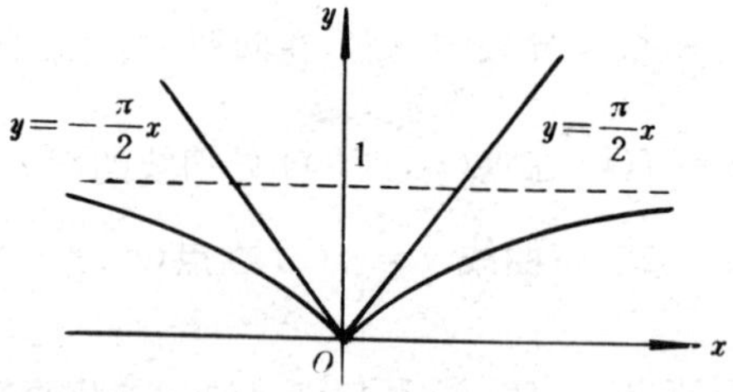

图 3-3

故曲线 $y = f(x)$ 在点 $(0,0)$ 处的右切线与左切线都存在，但二者不重合，即在该点处的切线不存在.

1.2 可导与连续的关系

在例 2 中，虽然函数 $y = f(x)$ 在 $x = 0$ 的点处不可导，但在该点易知关系式 $\lim\limits_{x \to 0^-} f(x) = \lim\limits_{x \to 0^+} f(x) = f(0) = 0$ 是成立的，即 $y = f(x)$ 在点 $x = 0$ 处是连续的，可见函数的可导性是比连续性的要求更高，一般有下述定理：

定理 函数 $y = f(x)$ 在点 x_0 可导 $\Rightarrow$ 函数 $y = f(x)$ 在点 x_0 连续.

证 "$\Rightarrow$"设在 x_0 自变量的改变量是 Δx，因变量相应的改变量 $\Delta y = f(x_0 + \Delta x) - f(x_0)$，已

知 $f'(x_0)$ 存在，于是

$$\lim_{\Delta x\to 0}\Delta y=\lim_{\Delta x\to 0}\frac{\Delta y}{\Delta x}\cdot\Delta x=\lim_{\Delta x\to 0}\frac{\Delta y}{\Delta x}\cdot\lim_{\Delta x\to 0}\Delta x=f'(x_0)\cdot 0=0,$$

由连续定义，知函数 $y=f(x)$ 在点 x_0 处连续.

“$\not\Leftarrow$” 如例 2，$f(x)$ 在 $x=0$ 处连续，但导数 $f'(0)$ 不存在. 证毕

由上述定理知，在考察 $f(x)$ 在点 x_0 是否可导时，首先考察函数在该点是否连续，若不连续，则不可导了.

例 3 讨论函数 $f(x)=\sqrt[3]{x^2}$ 在 $x=0$ 处的连续性与可导性.

解 由于 $\sqrt[3]{x^2}$ 是基本初等函数，$x=0$ 在其定义域内，故在 $x=0$ 处连续. 又

$$\frac{f(0+\Delta x)-f(0)}{\Delta x}=\frac{\sqrt[3]{(\Delta x)^2}}{\Delta x}=(\Delta x)^{-\frac{1}{3}},$$

$$f'_+(0)=\lim_{\Delta x\to 0^+}(\Delta x)^{-\frac{1}{3}}=+\infty;$$

$$f'_-(0)=\lim_{\Delta x\to 0^-}(\Delta x)^{-\frac{1}{3}}=-\infty,$$

因而导数 $f'(0)$ 不存在（无穷型），如图 3-4.

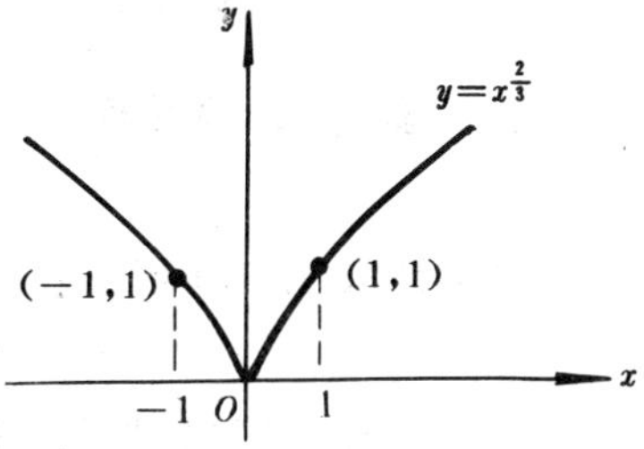

图 3-4

曲线 $y=\sqrt[3]{x^2}$ 在点 $(0,0)$ 是一个尖点，该点处的切线（左切线与右切线重合）与 x 轴相垂直.

例 4 讨论函数 $f(x)=\begin{cases}x\sin\dfrac{1}{x}, & x\neq 0;\\ 0 & x=0\end{cases}$ 在 $x=0$ 处的连续性与可导性.

解 由于 $\lim\limits_{x\to 0}f(x)=\lim\limits_{x\to 0}x\sin\dfrac{1}{x}=0$，又 $f(0)=0$，即 $\lim\limits_{x\to 0}f(x)=f(0)$ 成立，故 $f(x)$ 在 $x=0$ 处连续. 但极限

$$\lim_{\Delta x\to 0}\frac{f(0+\Delta x)-f(0)}{\Delta x}=\lim_{\Delta x\to 0}\frac{\Delta x\sin\frac{1}{\Delta x}}{\Delta x}=\lim_{\Delta x\to 0}\sin\frac{1}{\Delta x}$$

不存在（振荡型），所以函数在 $x=0$ 不可导.

从以上三例看到，函数 $y=f(x)$ 在 $x=0$ 处都连续，且都不可导，但不可导具体情形却不同，可见利用导数更能揭示出函数的性态.

例 5 设 $f(x)=\begin{cases}e^x, & x\leqslant x_0;\\ ax+b, & x>x_0,\end{cases}$ 试确定常数 a,b，使 $f(x)$ 在点 x_0 可导.

解 由于要求 $f(x)$ 在点 x_0 可导，则在该点 $f(x)$ 必连续，因此要求 $f(x)$ 在点 x_0 可导的条件是成立

$$\begin{cases}f(x_0-0)=f(x_0+0)=f(x_0); & (1.7)\\ f'_-(x_0)=f'_+(x_0). & (1.8)\end{cases}$$

由(1.7)式得

$$e^{x_0}=ax_0+b, \tag{1.9}$$

又 $$f'_-(x_0)=\lim_{\Delta x\to 0^-}\frac{e^{x_0+\Delta x}-e^{x_0}}{\Delta x}=\lim_{\Delta x\to 0^-}\frac{e^{x_0}(e^{\Delta x}-1)}{\Delta x}=e^{x_0};$$

$$f'_+(x_0)=\lim_{\Delta x\to 0^+}\frac{a(x_0+\Delta x)+b-e^{x_0}}{\Delta x}=\lim_{\Delta x\to 0^+}\frac{a(x_0+\Delta x)+b-(ax_0+b)}{\Delta x}=a,$$

由(1.8)式，有 $a=e^{x_0}$，代入(1.9)式得 $b=e^{x_0}(1-x_0)$. 因此函数的表示式是：

$$f(x)=\begin{cases} e^x, & x\leqslant x_0; \\ e^{x_0}(x+1-x_0), & x>x_0. \end{cases}$$

§2 导数的运算

2.1 几个基本初等函数的导数公式

一、常值函数 C 的导数

$$C'=0.$$

注意到 $f(x+\Delta x)=f(x)=C$，于是

$$C'=\lim_{\Delta x\to 0}\frac{f(x+\Delta x)-f(x)}{\Delta x}=\lim_{\Delta x\to 0}\frac{C-C}{\Delta x}=\lim_{\Delta x\to 0}\frac{0}{\Delta x}=0.$$

二、幂函数 x^α 的导数

$$(x^\alpha)'=\alpha x^{\alpha-1}\quad(\alpha\text{ 常数}).$$

注意到当 $\Delta x\to 0$ 时，$(1+\frac{\Delta x}{x})^\alpha-1\sim\alpha(\frac{\Delta x}{x})$，于是，当 $x\neq 0$ 时，

$$(x^\alpha)'=\lim_{\Delta x\to 0}\frac{(x+\Delta x)^\alpha-x^\alpha}{\Delta x}=\lim_{\Delta x\to 0}\frac{x^\alpha[(1+\frac{\Delta x}{x})^\alpha-1]}{\Delta x}=x^\alpha\lim_{\Delta x\to 0}\frac{\alpha(\frac{\Delta x}{x})}{\Delta x}=x^\alpha\cdot\frac{\alpha}{x}=\alpha x^{\alpha-1}.$$

当 $x=0$ 时，有

$$(x^\alpha)'|_{x=0}=\lim_{\Delta x\to 0}\frac{(0+\Delta x)^\alpha-0^\alpha}{\Delta x}=\lim_{\Delta x\to 0}(\Delta x)^{\alpha-1}=\begin{cases}0, & \alpha>1;\\ 1, & \alpha=1;\\ \infty, & 0<\alpha<1.\end{cases}$$

综合上述，幂函数 x^α 在它的定义域(在 $x=0$ 处，除去 $0<\alpha<1$ 的情况) 内皆可导，且

$$(x^\alpha)'=\alpha x^{\alpha-1}.$$

例如：

$$(\frac{1}{x})'=(x^{-1})'=(-1)x^{-1-1}=-\frac{1}{x^2};$$

$$(\sqrt{x})'=(x^{\frac{1}{2}})'=\frac{1}{2}x^{\frac{1}{2}-1}=\frac{1}{2\sqrt{x}}.$$

三、正弦函数与余弦函数的导数

$$(\sin x)'=\cos x,\quad(\cos x)'=-\sin x.$$

注意到当 $\Delta x\to 0$，$\sin\frac{\Delta x}{2}\sim\frac{\Delta x}{2}$，以及 $\cos(x+\frac{\Delta x}{2})\to\cos x$，$\sin(x+\frac{\Delta x}{2})\to\sin x$，于是

$$(\sin x)'=\lim_{\Delta x\to 0}\frac{\sin(x+\Delta x)-\sin x}{\Delta x}=\lim_{\Delta x\to 0}\frac{2\cos(x+\frac{\Delta x}{2})\sin\frac{\Delta x}{2}}{\Delta x}=\cos x;$$

$$(\cos x)'=\lim_{\Delta x\to 0}\frac{\cos(x+\Delta x)-\cos x}{\Delta x}=\lim_{\Delta x\to 0}\frac{-2\sin(x+\frac{\Delta x}{2})\sin\frac{\Delta x}{2}}{\Delta x}=-\sin x.$$

四、对数函数的导数

$$(\log_a|x|)'=\frac{1}{x\ln a}.\quad\text{当 }a=e\text{ 时，}(\ln|x|)'=\frac{1}{x}.$$

注意到当 $\Delta x\to 0$ 时，$\ln|x+\Delta x|-\ln|x|=\ln(1+\frac{\Delta x}{x})\sim\frac{\Delta x}{x}$，于是

$$(\log_a|x|)'=\lim_{\Delta x\to 0}\frac{\log_a|x+\Delta x|-\log_a|x|}{\Delta x}=\lim_{\Delta x\to 0}\frac{1}{\ln a}\frac{\ln(1+\frac{\Delta x}{x})}{\Delta x}=\frac{1}{\ln a}\lim_{\Delta x\to 0}\frac{\frac{\Delta x}{x}}{\Delta x}=\frac{1}{x\ln a};$$

当 $a=e$ 时，$(\ln|x|)'=\frac{1}{x}$.

五、指数函数的导数

$$(a^x)'=a^x\ln a,\quad 当\ a=e\ 时，(e^x)'=e^x.$$

注意到，当 $\Delta x\to 0$ 时，$a^{\Delta x}-1\sim(\ln a)\Delta x$，于是

$$(a^x)'=\lim_{\Delta x\to 0}\frac{a^{x+\Delta x}-a^x}{\Delta x}=\lim_{\Delta x\to 0}\frac{a^x(a^{\Delta x}-1)}{\Delta x}=a^x\ln a;$$

当 $a=e$ 时，$(e^x)'=e^x$.

2.2 导数的四则运算法则

定理 1 设函数 $u=u(x)$，$v=v(x)$ 在点 x 处可导，则

1° $(u\pm v)'=u'\pm v'$；

2° $(uv)'=u'v+uv'$，特别 $v=C$（常数），得 $(Cu)'=Cu'$；

3° $\left(\frac{u}{v}\right)'=\frac{u'v-uv'}{v^2}(v\neq 0)$，特别，$\left(\frac{1}{v}\right)'=-\frac{v'}{v^2}(v\neq 0)$.

证 1° 设 $y=u+v$，$\Delta y=(u+\Delta u)+(v+\Delta v)-(u+v)=\Delta u+\Delta v$，于是

$$y'=\lim_{\Delta x\to 0}\frac{\Delta y}{\Delta x}=\lim_{\Delta x\to 0}\frac{\Delta u+\Delta v}{\Delta x}=\lim_{\Delta x\to 0}\frac{\Delta u}{\Delta x}+\lim_{\Delta x\to 0}\frac{\Delta v}{\Delta x}=u'+v',$$

即 $(u+v)'=u'+v'$. 同理，$(u-v)'=u'-v'$.

2° 设 $y=uv$，$\Delta y=(u+\Delta u)(v+\Delta v)-uv=v\Delta u+u\Delta v+\Delta u\Delta v$，并注意到 $u=u(x)$ 可导必连续，因而有 $\lim\limits_{\Delta x\to 0}\Delta u=0$，于是

$$\begin{aligned}y'&=\lim_{\Delta x\to 0}\frac{\Delta y}{\Delta x}=\lim_{\Delta x\to 0}\left(v\frac{\Delta u}{\Delta x}+u\frac{\Delta v}{\Delta x}+\Delta u\frac{\Delta v}{\Delta x}\right)=v\lim_{\Delta x\to 0}\frac{\Delta u}{\Delta x}+u\lim_{\Delta x\to 0}\frac{\Delta v}{\Delta x}+\lim_{\Delta x\to 0}\Delta u\cdot\lim_{\Delta x\to 0}\frac{\Delta v}{\Delta x}\\&=u'v+uv',\end{aligned}$$

即
$$(uv)'=u'v+uv'.$$

特别，若 $v=C$（常数），得 $(Cu)'=Cu'$（C 常数）.

3° 设 $y=\frac{u}{v}(v\neq 0)$，$\Delta y=\frac{u+\Delta u}{v+\Delta v}-\frac{u}{v}=\frac{v\Delta u-u\Delta v}{v(v+\Delta v)}$，

于是
$$y'=\lim_{\Delta x\to 0}\frac{\Delta y}{\Delta x}=\lim_{\Delta x\to 0}\frac{v\frac{\Delta u}{\Delta x}-u\frac{\Delta v}{\Delta x}}{v(v+\Delta v)}=\frac{v\lim\limits_{\Delta x\to 0}\frac{\Delta u}{\Delta x}-u\lim\limits_{\Delta x\to 0}\frac{\Delta v}{\Delta x}}{v^2+v\lim\limits_{\Delta x\to 0}\Delta v}=\frac{u'v-uv'}{v^2},$$

即
$$\left(\frac{u}{v}\right)'=\frac{u'v-uv'}{v^2}.$$

特别，若 $u=1$，得 $\left(\frac{1}{v}\right)'=\frac{-v'}{v^2}$.

注：应用归纳法，可将 1°，2° 推广到任意有限多个可导函数的情形，即若函数 $u_i=u_i(x)$ $(i=1,2,\cdots,n)$ 皆可导，则

$$(u_1+u_2+\cdots+u_n)'=u'_1+u'_2+\cdots+u'_n;$$
$$(u_1u_2\cdots u_n)'=u'_1u_2\cdots u_n+u_1u'_2\cdots u_n+\cdots+u_1u_2\cdots u'_n.$$

例 1 求下列函数的导数

(1) $f(x)=x^5+5^x+5x+5$；　(2) $f(x)=\log_5 x+\log_x 5+\ln\sqrt{\frac{x}{5}}$.

解 (1) $f'(x)=(x^5+5^x+5x+5)'=(x^5)'+(5^x)'+(5x)'+5'$
$=5x^4+5^x\ln 5+5.$

(2) $f'(x) = (\log_5 x + \log_x 5 + \ln\sqrt{\frac{x}{5}})' = (\log_5 x)' + (\frac{\ln 5}{\ln x})' + [\frac{1}{2}(\ln x - \ln 5)]'$

$= \frac{1}{x\ln 5} + \ln 5\frac{-(\ln x)'}{(\ln x)^2} + \frac{1}{2}[(\ln x)' - (\ln 5)'] = \frac{1}{x\ln 5} - \frac{\ln 5}{x(\ln x)^2} + \frac{1}{2x}.$

例 2 求下列函数的导数

(1) $f(x) = \sqrt{x}\ln x$, (2) $f(x) = e^x(x^2\sin x - \cos x)$.

解 (1) $f'(x) = (\sqrt{x}\ln x)' = (\sqrt{x})'\ln x + \sqrt{x}(\ln x)'$

$= \frac{1}{2}x^{-\frac{1}{2}}\ln x + \sqrt{x}\cdot\frac{1}{x} = \frac{1}{2}\frac{1}{\sqrt{x}}(\ln x + 2).$

(2) $f'(x) = (e^x)'(x^2\sin x - \cos x) + e^x(x^2\sin x - \cos x)'$

$= e^x(x^2\sin x - \cos x) + e^x[(x^2\sin x)' - (\cos x)']$

$= e^x(x^2\sin x - \cos x) + e^x[(x^2)'\sin x + x^2(\sin x)' + \sin x]$

$= e^x(x^2\sin x - \cos x) + e^x[2x\sin x + x^2\cos x + \sin x]$

$= e^x[(x+1)^2\sin x + (x^2 - 1)\cos x]$.

例 3 证明下列导数公式

(1) $(\mathrm{tg}x)' = \sec^2 x$; (2) $(\mathrm{ctg}x)' = -\csc^2 x$;

(3) $(\sec x)' = \sec x\,\mathrm{tg}x$; (4) $(\csc x)' = -\csc x\,\mathrm{ctg}x$.

证 只证(1)、(3),请读者自证(2)、(4).

(1) $(\mathrm{tg}x)' = (\frac{\sin x}{\cos x})' = \frac{(\sin x)'\cos x - \sin x(\cos x)'}{\cos^2 x} = \frac{\cos^2 x + \sin^2 x}{\cos^2 x} = \frac{1}{\cos^2 x} = \sec^2 x.$

(3) $(\sec x)' = (\frac{1}{\cos x})' = \frac{-(\cos x)'}{\cos^2 x} = \frac{\sin x}{\cos^2 x} = \sec x\,\mathrm{tg}x.$ 证毕

2.3 反函数的求导法则

定理 2 设 $y = f(x)$ 为函数 $x = \varphi(y)$ 的反函数,若 $\varphi(y)$ 在点 y_0 的某邻域内连续,严格单调且 $\varphi'(y_0) \neq 0$,则 $f(x)$ 在点 $x_0(x_0 = \varphi(y_0))$ 可导,且

$$f'(x_0) = \frac{1}{\varphi'(y_0)} \quad 或 \quad \left.\frac{dy}{dx}\right|_{x=x_0} = \frac{1}{\left.\frac{dx}{dy}\right|_{y=y_0}}.$$

证 给 x_0 以改变量 $\Delta x \neq 0$,由于 $\varphi(y)$ 严格单调,从而 $y = f(x)$ 也严格单调,可知 $\Delta y = f(x_0 + \Delta x) - f(x_0) \neq 0$,于是有

$$\frac{\Delta y}{\Delta x} = \frac{1}{\frac{\Delta x}{\Delta y}}.$$

因 $\varphi(y)$ 在 y_0 处连续,从而 $y = f(x)$ 也在点 x_0 连续,因此当 $\Delta x \to 0$ 时,有 $\Delta y \to 0$,又由 $\varphi'(y_0) \neq 0$,就得

$$f'(x_0) = \lim_{\Delta x\to 0}\frac{\Delta y}{\Delta x} = \frac{1}{\lim\limits_{\Delta y\to 0}\frac{\Delta x}{\Delta y}} = \frac{1}{\varphi'(y_0)}.$$ 证毕

例 4 试证反三角函数的导数公式:

(1) $(\arcsin x)' = \frac{1}{\sqrt{1-x^2}}$, (2) $(\arccos x)' = \frac{-1}{\sqrt{1-x^2}}$,

(3) $(\mathrm{arctg}x)' = \frac{1}{1+x^2}$, (4) $(\mathrm{arcctg}x)' = \frac{-1}{1+x^2}$.

证 只证(1)、(3),请读者自证(2)、(4).

(1) 因 $y = \arcsin x$ 是 $x = \sin y(|y| < \frac{\pi}{2})$ 的反函数，于是

$$\frac{dy}{dx} = \frac{1}{\frac{dx}{dy}} = \frac{1}{\cos y} \quad (|y| < \frac{\pi}{2}),$$

由于 $|y| < \frac{\pi}{2}, \cos y > 0$，此时，$\cos y = \sqrt{1 - \sin^2 y} = \sqrt{1 - x^2}$，即有

$$(\arcsin x)' = \frac{1}{\sqrt{1 - x^2}}.$$

(3) 因 $y = \operatorname{arctg} x$ 是 $x = \operatorname{tg} y(|y| < \frac{\pi}{2})$ 的反函数，于是

$$\frac{dy}{dx} = \frac{1}{\frac{dx}{dy}} = \frac{1}{\sec^2 y} = \frac{1}{1 + \operatorname{tg}^2 y} = \frac{1}{1 + x^2},$$

即 $$(\operatorname{arctg} x)' = \frac{1}{1 + x^2}.$$ 证毕

2.4 复合函数的求导法则

定理 3 设函数 $y = f(u)$ 对 u 可导，$u = \varphi(x)$ 对 x 可导，则复合函数 $y = f[\varphi(x)]$ 对 x 可导，且

$$\frac{dy}{dx} = \frac{dy}{du}\frac{du}{dx} \quad 或 \quad (f[\varphi(x)])' = f'(u)\varphi'(x).$$

证 已知 $y = f(u)$ 对 u 可导，即

$$\lim_{\Delta u \to 0} \frac{\Delta y}{\Delta u} = f'(u) \quad 或 \quad \frac{\Delta y}{\Delta u} = f'(u) + \alpha,$$

其中 $\lim\limits_{\Delta u \to 0} \alpha = 0$. 于是，当 $\Delta u \neq 0$ 时，有

$$\Delta y = f'(u)\Delta u + \alpha \Delta u; \tag{2.1}$$

另一方面，当 $\Delta x \neq 0$ 时，$\Delta u = \varphi(x + \Delta x) - \varphi(x)$ 有可能为零①，但当 $\Delta u = 0$ 时，虽然有

$$\Delta y = f(u + \Delta u) - f(u) = 0,$$

此时，(2.1) 式也成立，但须对 α 扩充定义为

$$\alpha = \begin{cases} \frac{\Delta y}{\Delta u} - f'(u), & 当 \Delta u \neq 0; \\ 0 & 当 \Delta u = 0, \end{cases}$$

这样，(2.1) 式不论对 Δu 是否为零都成立. 用 $\Delta x(\Delta x \neq 0)$ 除(2.1) 式两边，得

$$\frac{\Delta y}{\Delta x} = f'(u)\frac{\Delta u}{\Delta x} + \alpha \frac{\Delta u}{\Delta x},$$

令 $\Delta x \to 0$，对上式取极限，并注意到当 $\Delta x \to 0$ 时，$\Delta u \to 0, \alpha \to 0$，于是

$$\lim_{\Delta x \to 0} \frac{\Delta y}{\Delta x} = f'(u) \lim_{\Delta x \to 0} \frac{\Delta u}{\Delta x} + \lim_{\Delta x \to 0} \alpha \cdot \lim_{\Delta x \to 0} \frac{\Delta u}{\Delta x}$$
$$= f'(u)\varphi'(x) + 0 \cdot \varphi'(x) = f'(u)\varphi'(x),$$

---

① 例如 $u = u(x) = \begin{cases} \sin \frac{1}{x} & x \neq 0; \\ 0 & x = 0, \end{cases}$ 当取 $\Delta x = \frac{1}{n\pi} \neq 0 (n = \pm 1, \pm 2, \cdots)$ 时，有

$$\Delta u = u(0 + \Delta x) - u(0) = \sin \frac{1}{\Delta x} = \sin n\pi = 0.$$

即 $$(f[\varphi(x)])' = f'(u)\varphi'(x) = f'[\varphi(x)]\varphi'(x) \text{ 或 } \frac{dy}{dx} = \frac{dy}{du}\cdot\frac{du}{dx}.$$ 证毕

定理 3 可推广到任意有限个函数复合的情形,例如:

设 $y=f(u)$ 对 u 可导,$u=g(v)$ 对 v 可导,$v=h(x)$ 对 x 可导,则复合函数 $y=f\{g[h(x)]\}$ 对 x 可导,且有

$$(f\{g[h(x)]\})' = f'(u)g'(v)h'(x) = f'\{g[h(x)]\}g'[h(x)]h'(x),$$

或写为
$$\frac{dy}{dx} = \frac{dy}{du}\frac{du}{dv}\frac{dv}{dx}.$$

复合函数求导时,要分清复合层次,由外层到内层,层层求导,作乘积,便得结果,这种求导法有时也称**链导法**.

例 5 设 $y=(3-2x)^{100}$,求 $\frac{dy}{dx}$.

解 引入中间变量 $u=3-2x$,于是复合函数 $y=(3-2x)^{100}$ 可写为 $y=u^{100}$,$u=3-2x$. 由复合函数求导公式

$$\frac{dy}{dx} = \frac{dy}{du}\frac{du}{dx} = (u^{100})'(3-2x)' = 100u^{99}\cdot(-2) = -200(3-2x)^{99}.$$

若不写出中间变量,注意到函数的复合层次,由外层到内层,层层求导,作乘积,即得

$$[(3-2x)^{100}]' = 100(3-2x)^{99}(3-2x)' = -200(3-2x)^{99}.$$

例 6 设 $y=\sin^2 x$,求 $\frac{dy}{dx}$.

解 引入中间变量 $u=\sin x$,于是复合函数 $y=\sin^2 x$ 可写为 $y=u^2$,$u=\sin x$,由复合函数求导公式

$$\frac{dy}{dx} = \frac{dy}{du}\frac{du}{dx} = (u^2)'(\sin x)' = 2u\cos x = 2\sin x\cos x = \sin 2x.$$

若不写出中间变量,注意到复合层次,得

$$(\sin^2 x)' = 2\sin x(\sin x)' = 2\sin x\cos x = \sin 2x.$$

另解 先由三角公式 $\sin^2 x = \frac{1-\cos 2x}{2}$,然后求导,

即 $$(\sin^2 x)' = \left(\frac{1-\cos 2x}{2}\right)' = \frac{1}{2}[0-(-\sin 2x)(2x)'] = \frac{1}{2}\sin 2x\cdot 2 = \sin 2x.$$

例 7 设 $y=\sqrt{\arcsin\sqrt{x}}$,求 $\frac{dy}{dx}$.

解 复合函数 $y=\sqrt{\arcsin\sqrt{x}}$ 可分解为 $y=u^{\frac{1}{2}}$, $u=\arcsin v$, $v=\sqrt{x}$. 由复合函数求导法则有

$$\frac{dy}{dx} = \frac{dy}{du}\frac{du}{dv}\frac{dv}{dx} = (u^{\frac{1}{2}})'(\arcsin v)'(\sqrt{x})' = \frac{1}{2}u^{-\frac{1}{2}}\cdot\frac{1}{\sqrt{1-v^2}}\cdot\frac{1}{2}x^{-\frac{1}{2}}$$
$$= \frac{1}{2}\frac{1}{\sqrt{\arcsin\sqrt{x}}}\cdot\frac{1}{\sqrt{1-x}}\cdot\frac{1}{2}\frac{1}{\sqrt{x}} = \frac{1}{4}\frac{1}{\sqrt{(x-x^2)\arcsin\sqrt{x}}}.$$

这里,复合函数 $\sqrt{\arcsin\sqrt{x}}$ 的复合层次是 $(\cdot)^{\frac{1}{2}}$, $\arcsin(\cdot)$, $x^{\frac{1}{2}}$,于是

$$(\sqrt{\arcsin\sqrt{x}})' = \frac{1}{2}(\arcsin\sqrt{x})^{-\frac{1}{2}}\cdot\frac{1}{\sqrt{1-(\sqrt{x})^2}}\cdot\frac{1}{2}x^{-\frac{1}{2}} = \frac{1}{4}\frac{1}{\sqrt{(x-x^2)\arcsin\sqrt{x}}}.$$

例 8 设 $y=e^{\sin^2\frac{1}{x}}$,求 $\frac{dy}{dx}$.

解 复合函数 $e^{\sin^2\frac{1}{x}}$ 的复合层次是 $e^{(\cdot)}$，$(\cdot)^2$，$\sin(\cdot)$，x^{-1}，得

$$(e^{\sin^2\frac{1}{x}})' = e^{\sin^2\frac{1}{x}}\cdot 2\sin\frac{1}{x}\cdot\cos\frac{1}{x}\cdot(-x^{-2}) = -\frac{1}{x^2}\sin\frac{2}{x}e^{\sin^2\frac{1}{x}}.$$

例 9 设 $y = x\ln(x+\sqrt{1+x^2})$，求 $\frac{dy}{dx}$.

解 先用乘积求导公式，得

$$\begin{aligned}[x\ln(x+\sqrt{1+x^2})]' &= x'\ln(x+\sqrt{1+x^2}) + x[\ln(x+\sqrt{1+x^2})]' \\ &= \ln(x+\sqrt{1+x^2}) + x\cdot\frac{1}{x+\sqrt{1+x^2}}\cdot[1+\frac{1}{2}(1+x^2)^{-\frac{1}{2}}\cdot 2x] \\ &= \ln(x+\sqrt{1+x^2}) + \frac{x}{\sqrt{1+x^2}}.\end{aligned}$$

例 10 设幂指函数 $y = [f(x)]^{g(x)}$，这里 $f(x) > 0$，且 $f(x)$，$g(x)$ 皆可导，求 $\frac{dy}{dx}$.

解 先将幂指函数表示成指数函数的形式，并引进中间变量 $u = g(x)\ln f(x)$，有

$$[f(x)]^{g(x)} = e^{g(x)\ln f(x)} \triangleq e^u，其中\ u = g(x)\ln f(x).$$

由复合函数求导法，得

$$\begin{aligned}([f(x)]^{g(x)})' &= (e^u)'\cdot(g(x)\ln f(x))' = e^u[g'(x)\ln f(x) + g(x)(\ln f(x))'] \\ &= [f(x)]^{g(x)}[g'(x)\ln f(x) + g(x)\cdot\frac{f'(x)}{f(x)}].\end{aligned}$$

特别，$(x^x)' = x^x(\ln x + 1) \quad (x > 0)$.

例 11 证明 双曲线函数的导数公式：

(1) $(\mathrm{sh}x)' = \mathrm{ch}x$， (2) $(\mathrm{ch}x)' = \mathrm{sh}x$， (3) $(\mathrm{th}x)' = \frac{1}{\mathrm{ch}^2x}$.

证

$$(\mathrm{sh}x)' = (\frac{e^x - e^{-x}}{2})' = \frac{1}{2}[(e^x)' - (e^{-x})'] = \frac{e^x + e^{-x}}{2} = \mathrm{ch}x.$$

$$(\mathrm{ch}x)' = (\frac{e^x + e^{-x}}{2})' = \frac{1}{2}[(e^x)' + (e^{-x})'] = \frac{e^x - e^{-x}}{2} = \mathrm{sh}x.$$

$$(\mathrm{th}x)' = (\frac{\mathrm{sh}x}{\mathrm{ch}x})' = \frac{(\mathrm{sh}x)'\mathrm{ch}x - \mathrm{sh}x(\mathrm{ch}x)'}{\mathrm{ch}^2x} = \frac{\mathrm{ch}^2x - \mathrm{sh}^2x}{\mathrm{ch}^2x} = \frac{1}{\mathrm{ch}^2x}.$$

2.5 基本导数公式表

根据基本初等函数的求导公式与求导法则，就能求出任何一个初等函数的导数，现将前面得出的求导公式与法则列表如下：

一、基本公式

1° $(C)' = 0$，

2° $(x^\alpha)' = \alpha x^{\alpha-1}$，

3° $(a^x)' = a^x\ln a$， $(e^x)' = e^x$，

4° $(\log_a|x|)' = \frac{1}{x\ln a}$， $(\ln|x|)' = \frac{1}{x}$，

5° $(\sin x)' = \cos x$，

6° $(\cos x)' = -\sin x$，

7° $(\mathrm{tg}x)' = \sec^2x$，

8° $(\mathrm{ctg}x)' = -\csc^2x$，

9° $(\sec x)' = \sec x\,\mathrm{tg}x$，

10° $(\csc x)' = -\csc x\,\mathrm{ctg}x$，

11° $(\arcsin x)' = \frac{1}{\sqrt{1-x^2}}$，

12° $(\arccos x)' = \frac{-1}{\sqrt{1-x^2}}$，

13° $(\mathrm{arctg}x)' = \frac{1}{1+x^2}$，

14° $(\mathrm{arcctg}x)' = \frac{-1}{1+x^2}$，

15° $(\mathrm{sh}x)' = \mathrm{ch}x$，

16° $(\mathrm{ch}x)' = \mathrm{sh}x$，

17° $(\mathrm{th}x)' = \frac{1}{\mathrm{ch}^2x}$.

二、求导法则

(1) 和、差、积、商的导数

1° $(u \pm v)' = u' \pm v'$,　　2° $(uv)' = u'v + uv'$,　　3° $(\frac{u}{v})' = \frac{u'v - uv'}{v^2}$.

(2) 反函数的导数

设 $y = f(x)$ 是 $x = \varphi(y)$ 的反函数,则

$$\frac{dy}{dx} = \frac{1}{\frac{dx}{dy}} \quad 或 \quad f'(x) = \frac{1}{\varphi'(y)}.$$

(3) 复合函数的导数

设复合函数 $y = f[\varphi(x)]$ 或 $y = f(u), u = \varphi(x)$,则

$$(f[\varphi(x)])' = f'[\varphi(x)]\varphi'(x) \quad 或 \quad \frac{dy}{dx} = \frac{dy}{du}\frac{du}{dx}.$$

三、分段函数的导数

设分段函数

$$f(x) = \begin{cases} \varphi(x), & x \in (a, x_0]; \\ \psi(x), & x \in (x_0, b), \end{cases}$$

其中 $\varphi(x), \psi(x)$ 可导,则 $f(x)$ 的导数可如下求得:

若在分段点 $x = x_0$ 处的左、右导数

$$f'_-(x_0) = \lim_{x \to x_0^-} \frac{\varphi(x) - \varphi(x_0)}{x - x_0}; \quad f'_+(x_0) = \lim_{x \to x_0^+} \frac{\psi(x) - \varphi(x_0)}{x - x_0}$$

都存在且相等,即 $f'_-(x_0) = f'_+(x_0) = A$,则 $f'(x_0) = A$;又在区间 (a, x_0) 内,$f'(x) = \varphi'(x)$;在区间 (x_0, b) 内有 $f'(x) = \psi'(x)$,于是

$$f'(x) = \begin{cases} \varphi'(x), & x \in (a, x_0); \\ A, & x = x_0; \\ \psi'(x), & x \in (x_0, b). \end{cases}$$

若 $f'_-(x_0), f'_+(x_0)$ 都存在但不相等或至少有一个不存在,则分段函数 $f(x)$ 在分段点 $x = x_0$ 处的导数不存在,这时

$$f'(x) = \begin{cases} \varphi'(x), & x \in (a, x_0); \\ \psi'(x), & x \in (x_0, b). \end{cases}$$

§3　隐函数与参数式函数的求导法则

3.1　隐函数的求导法则

设自变量 x 与因变量 y 的对应规则 f 是由二元方程

$$F(x, y) = 0 \tag{3.1}$$

所确定的,即设有一非空数集 D,$\forall\ x \in D$,按照(3.1)都有唯一的一个 y 与之对应,这种对应规则 f 称为**由方程**(3.1)**所确定的隐函数**,表示为 $y = f(x)$. 就方程来说,$y = f(x)$ 是方程(3.1)的解,因此有

$$F(x, f(x)) \equiv 0. \tag{3.2}$$

关于什么条件下,方程(3.1)能确定隐函数 $y = f(x)$,将在本书下册第九章介绍. 我们约

定，如无特别声明，我们所指的隐函数都是存在的，并且可导.

应用复合函数的求导法则对(3.2)式两端关于自变量求导，便可求得隐函数的导数.

例 1 求方程 $y-x-\frac{1}{2}\sin y=0$ 确定的隐函数 $y=f(x)$ 的导数.

解 方程两端对 x 求导，由复合函数的求导法则，其中 $\sin y$ 是 y 的函数，y 又是 x 的函数，于是

$$(y-x-\frac{1}{2}\sin y)'=0' \quad 或 \quad y'-x'-\frac{1}{2}(\sin y)'=0,$$

即

$$y'-1-\frac{1}{2}(\cos y)y'=0,$$

解得所求隐函数的导数为

$$y'=\frac{1}{1-\frac{1}{2}\cos y}.$$

例 2 求蔓叶线 $x^3+y^3=3axy(a\neq 0)$ 在点 $(\frac{3}{2}a,\frac{3}{2}a)$ 处的切线方程和法线方程.

解 先求曲线上点 $(\frac{3}{2}a,\frac{3}{2}a)$ 处的切线斜率，即该曲线方程所确定的隐函数在该点处的导数. 由

$$(x^3+y^3)'=(3axy)',$$

即 $$3x^2+3y^2y'=3a(y+xy'),$$

解得

$$y'=\frac{ay-x^2}{y^2-ax}，于是 y'|_{(\frac{3}{2}a,\frac{3}{2}a)}=-1.$$

所求切线方程与法线方程分别为

$$y-\frac{3}{2}a=-(x-\frac{3}{2}a)$$

与 $$y-\frac{3}{2}a=x-\frac{3}{2}a,$$

即 $x+y=3a$ 与 $y=x$，如图 3-5.

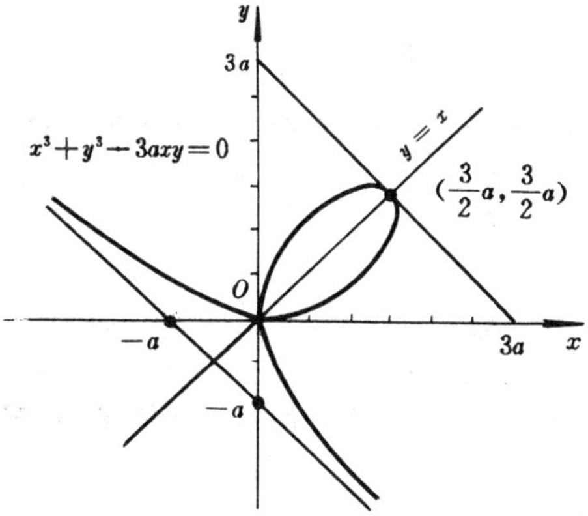

图 3-5

例 3 证明从抛物线焦点发出的光线，经抛物线反射后，其反射光线都平行于抛物线的对称轴.

证 设抛物线方程为 $y^2=2px$，在其上任取一点 $M(x,y)$，从焦点 $F(\frac{p}{2},0)$ 发出的光线经点 M 的反射线为 MR，今证 $MR\parallel x$ 轴(对称轴).

作过点 M 的切线 QT，其斜率为 y'，只需证同位角 $\beta_1=\theta_1$(图 3-6).

根据光线的入射角 α(入射光线与法线的夹角)应等于反射角 β(反射光线与法线的夹角)的原理，其余角 $\alpha_1=\beta_1$，因此只证 $\alpha_1=\theta_1$，即证 $\triangle FQM$ 为等腰三角形.

设切线 QT 上任一点坐标为 (X,Y)，切线方程为

$$Y-y=y'(X-x),$$

令 $Y=0$，得 Q 点横坐标 $X=x-\frac{y}{y'}$. 由隐函数求导法，对 $y^2=2px$ 两边关于 x 求导，$2yy'=2p$，于是 $y'=\frac{p}{y}$，得

$$X=x-\frac{y}{y'}=x-\frac{y^2}{p}=x-\frac{2px}{p}=-x.$$

由两点求距离公式

$$FQ=\frac{p}{2}-(-x)=\frac{p}{2}+x,$$

$$FM=\sqrt{(x-\frac{p}{2})^2+y^2}=\sqrt{x^2-px+\frac{p^2}{4}+2px}$$

$$=\sqrt{(x+\frac{p}{2})^2}=x+\frac{p}{2},$$

即有 $FQ=FM$，因此 $\triangle FQM$ 为等腰三角形.

于是 $\alpha_1=\theta_1$，因此，$MR\,/\!/\,x$ 轴. 证毕

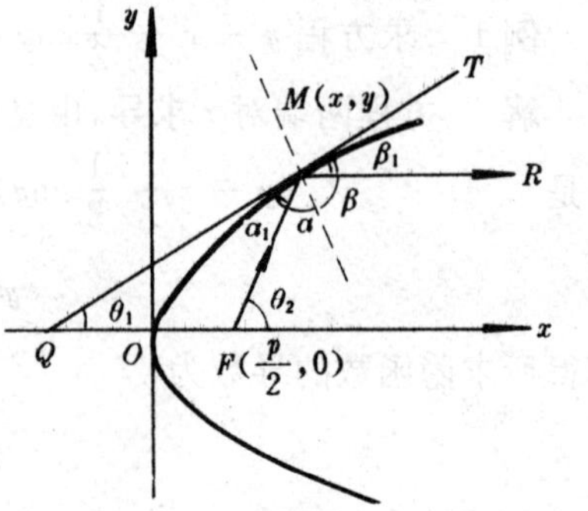

图 3-6

下面介绍有多个因子相乘除的函数可用取对数求导的方法来简化求导运算.

例 4 设 $y=\sqrt{\dfrac{(2x-1)^3(3x-2)^4(4x-3)^5}{(x^2+1)^7(x^4+1)^9}}$，求 y'.

解 两边取自然对数，得

$$\ln y=\frac{1}{2}[3\ln|2x-1|+4\ln|3x-2|+5\ln|4x-3|-7\ln(x^2+1)-9\ln(x^4+1)],$$

按隐函数求导法，上式两边关于 x 求导，得

$$\frac{1}{y}y'=\frac{1}{2}[3\cdot\frac{2}{2x-1}+4\cdot\frac{3}{3x-2}+5\,\frac{4}{4x-3}-7\cdot\frac{2x}{x^2+1}-9\cdot\frac{4x^3}{x^4+1}],$$

解得

$$y'=\sqrt{\frac{(2x-1)^3(3x-2)^4(4x-3)^5}{(x^2+1)^7(x^4+1)^9}}[\frac{3}{2x-1}+\frac{6}{3x-2}+\frac{10}{4x-3}-\frac{7x}{x^2+1}-\frac{18x^3}{x^4+1}].$$

以上所谓对数求导法，适用于多个因子相乘除的情形，同时也适用于幂指函数

$$y=[f(x)]^{g(x)}\quad(f(x)>0)$$

的求导，将上式两边取自然对数，得

$$\ln y=g(x)\ln f(x),$$

按隐函数求导法，上式两边关于 x 求导，得

$$\frac{1}{y}y'=g'(x)\ln f(x)+g(x)\cdot\frac{f'(x)}{f(x)},$$

解得
$$y'=[f(x)]^{g(x)}[g'(x)\ln f(x)+g(x)\cdot\frac{f'(x)}{f(x)}].$$

3.2 参数式函数的求导法则

在平面解析几何中，常用参数方程（t 是参数）

$$\begin{cases}x=\varphi(t);\\ y=\psi(t),\end{cases}\quad\alpha\leqslant t\leqslant\beta\tag{3.3}$$

来表示曲线，$\forall\, t\in[\alpha,\beta]$，由(3.3)式确定曲线上一点$(x,y)$. 下面考虑在(3.3)式中不消去$t$（有许多情形这种手续是复杂的）如何求 y 对 x 的导数$\frac{dy}{dx}$. 若 $x=\varphi(t)$，$y=\psi(t)$ 对参数 t 皆可导，且 $\varphi'(t)\neq0$，设 $x=\varphi(t)$ 的反函数为 $t=\varphi^{-1}(x)$，于是，$y=\psi(t)$，$t=\varphi^{-1}(x)$，即 y 是 x 的复合函数

$$y=\psi[\varphi^{-1}(x)],\tag{3.4}$$

(3.4) 式称为**由(3.3)式表达的参数式函数**. 由复合函数与反函数的求导法则，得 y 关于 x 的导数

$$\frac{dy}{dx}=\frac{dy}{dt}\cdot\frac{dt}{dx}=\frac{dy}{dt}\cdot\frac{1}{\frac{dx}{dt}}=\frac{\psi'(t)}{\varphi'(t)},\tag{3.5}$$

这就是参数式函数的求导公式.

例 5 已知星形线的参数方程

$$\begin{cases}x=a\cos^3 t;\\ y=a\sin^3 t,\end{cases}\quad 0\leqslant t\leqslant 2\pi.$$

(1) 求$\left.\frac{dy}{dx}\right|_{t=\frac{\pi}{4}}$,(2) 证明该曲线上任一点的切线夹在两坐标轴间的长为常数.

解 (1) $\varphi'(t)=\frac{dx}{dt}=3a\cos^2 t(-\sin t)$;$\psi'(t)=\frac{dy}{dt}=3a\sin^2 t\cos t$,由公式(3.5)得

$$\frac{dy}{dx}=\frac{\psi'(t)}{\varphi'(t)}=\frac{3a\sin^2 t\cos t}{-3a\cos^2 t\sin t}=-\operatorname{tg}t.$$

因此,$\left.\frac{dy}{dx}\right|_{t=\frac{\pi}{4}}=-\operatorname{tg}t\big|_{t=\frac{\pi}{4}}=-1.$

(2) **证** 由于曲线关于两个坐标轴对称,我们只就第一象限($0<t_0<\frac{\pi}{2}$)情形来证明.

$\forall\, t_0\in(0,\frac{\pi}{2})$,星形线上点$(x_0,y_0)=(a\cos^3 t_0,a\sin^3 t_0)$处的切线斜率$k=-\operatorname{tg}t_0$,切线方程为

$$y-a\sin^3 t_0=-\operatorname{tg}t_0(x-a\cos^3 t_0),$$

它与x轴交点为$P_1(a\cos t_0,0)$;与y轴交点为$P_2(0,a\sin t_0)$,故夹在两坐标轴的长为

$$P_1P_2=\sqrt{(a\cos t_0-0)^2+(0-a\sin t_0)^2}=a\ (\text{常数}).$$ 证毕

验证 消去t,得星形线关于x,y的二元方程为

$$x^{\frac{2}{3}}+y^{\frac{2}{3}}=a^{\frac{2}{3}}.$$

如上考虑第一象限内点(x,y),按隐函数求导法

$$\frac{2}{3}x^{-\frac{1}{3}}+\frac{2}{3}y^{-\frac{1}{3}}y'=0,$$

解得 $y'=-(\frac{y}{x})^{\frac{1}{3}}$,当$t=\frac{\pi}{4}$时,对应点$(\frac{a\sqrt{2}}{4},\frac{a\sqrt{2}}{4})$,于是$y'|_{t=\frac{\pi}{4}}=-1$,切线方程为

$$y-\frac{a\sqrt{2}}{4}=-(x-\frac{a\sqrt{2}}{4})\quad\text{或}\quad x+y=\frac{a}{\sqrt{2}},$$

夹在两坐标轴间的长为

$$P_1P_2=\sqrt{(\frac{a}{\sqrt{2}})^2+(\frac{a}{\sqrt{2}})^2}=a\quad(\text{常数}).$$ 证毕

例 6 如图 3-7,设曲线Γ的极坐标方程为

$$r=r(\theta),\tag{3.6}$$

试证 曲线上点$M(r,\theta)$的切线MT与该点的矢径OM的夹角ψ,成立

$$\operatorname{ctg}\psi=\frac{1}{r}\frac{dr}{d\theta}.\tag{3.7}$$

证 方程(3.6)化为以θ为参数的参数方程为

$$\begin{cases}x=r\cos\theta=r(\theta)\cos\theta;\\ y=r\sin\theta=r(\theta)\sin\theta.\end{cases}\tag{3.8}$$

按参数式函数求导法,由(3.8)求得曲线Γ在点$M(r,\theta)$处的切线斜率为

$$\mathrm{tg}\alpha=\frac{dy}{dx}=\frac{\dfrac{d}{d\theta}[r(\theta)\sin\theta]}{\dfrac{d}{d\theta}[r(\theta)\cos\theta]}=\frac{\dfrac{dr}{d\theta}\sin\theta+r\cos\theta}{\dfrac{dr}{d\theta}\cos\theta-r\sin\theta}.$$

又
$$\mathrm{tg}\psi=\mathrm{tg}(\alpha-\theta)=\frac{\mathrm{tg}\alpha-\mathrm{tg}\theta}{1+\mathrm{tg}\alpha\mathrm{tg}\theta}=\frac{\dfrac{dy}{dx}-\mathrm{tg}\theta}{1+\dfrac{dy}{dx}\mathrm{tg}\theta},\tag{3.9}$$

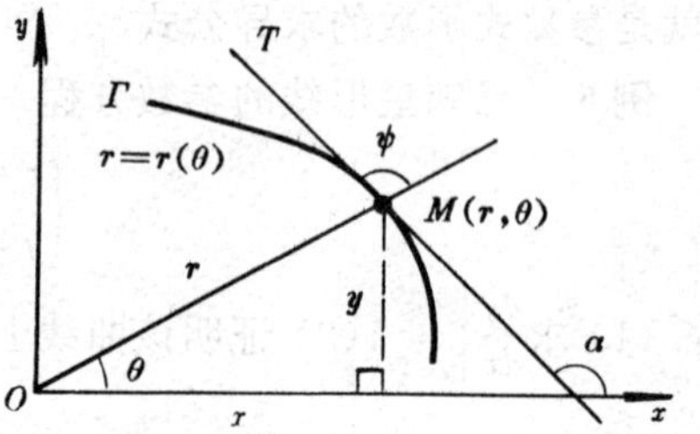

图 3-7

将前式代入(3.9)式并化简后,得

$$\mathrm{tg}\psi=\frac{r}{\dfrac{dr}{d\theta}}\quad 或\quad \mathrm{ctg}\psi=\frac{1}{r}\frac{dr}{d\theta}.\ (证毕)$$

例如:曲线 $r=r(\theta)$ 为对数螺线 $r=ae^{m\theta}$(a,m 常数)时,有

$$\mathrm{ctg}\psi=\frac{1}{r}\frac{dr}{d\theta}=\frac{ame^{m\theta}}{ae^{m\theta}}=m(常数).$$

例 7 由物理学知道,在温度不变的条件下,理想气体的压力 P 与体积 V 的关系为

$$PV=C\quad(常数).\tag{3.10}$$

已知体积为 1000 立方厘米时,压力为每平方厘米 5 公斤,若压力以每小时 0.05 公斤的速率减小,问体积的增加速率是多少?

解 这是变量 V 和变量 P 关于时间 t 的变化率之间相互关系问题.先确定(3.10)式中的常数 C,将 $V=1000,P=5$ 代入(3.10)式,得 $C=5\times1000=5000$,于是

$$V=\frac{5000}{P}.\tag{3.11}$$

又因 V 和 P 都随时间 t 变化,所以都是 t 的函数,(3.11)式两边对 t 求导,并在右端运用复合函数求导法则,得

$$\frac{dV}{dt}=-\frac{5000}{P^2}\frac{dP}{dt}.\tag{3.12}$$

因压力 P 以每小时 0.05 公斤的速率减小,即 $\frac{dP}{dt}=-0.05$,于是

$$\left.\frac{dV}{dt}\right|_{P=5}=-\frac{5000}{5^2}\times(-0.05)=10.$$

因此,在所设条件下,当压力 P 以每小时 0.05 公斤的速率减小时,体积 V 将以每小时 10 立方厘米的速率增加.

从上例中,我们看到,一个问题中若变量 y 是变量 x 的函数,又 y 与 x 都是第三个变量 t 的函数,这种研究 y,x 关于 t 变化率间相互关系的问题,称为**相关变化率问题**.

§4 高阶导数

4.1 高阶导数概念

若函数 $f(x)$ 在某区间 I 的导数 $f'(x)$(也称**一阶导数**)仍是 x 的函数,那么,可继续讨论 $f'(x)$ 的求导问题.

定义 设函数 $f(x)$ 在某区间 I 上的一阶导函数为 $f'(x)$,$\forall\, x\in I$,若极限

$$\lim_{\Delta x\to 0}\frac{f'(x+\Delta x)-f'(x)}{\Delta x}$$
存在有限，则称**这极限为 $f(x)$ 的二阶导数**，记为 $f''(x)$，即
$$f''(x)=[f'(x)]'=\lim_{\Delta x\to 0}\frac{f'(x+\Delta x)-f'(x)}{\Delta x}.$$
类似地可定义三阶导数与更高阶的导数. 一般，函数 $f(x)$ 的 $n-1$ 阶导数，记为 $f^{(n-1)}(x)$，那么，若它对 x 仍可导的话，称为**函数 $f(x)$ 的 n 阶导数**，记为 $f^{(n)}(x)$，即
$$f^{(n)}(x)=[f^{(n-1)}(x)]'=\lim_{\Delta x\to 0}\frac{f^{(n-1)}(x+\Delta x)-f^{(n-1)}(x)}{\Delta x}.$$
二阶与二阶以上的导数，统称**高阶导数**. 对于函数 $y=f(x)$ 的高阶导数
$$f''(x),f'''(x),f^{(4)}(x),f^{(5)}(x),\cdots,f^{(n)}(x),$$
也分别记为 $\quad \dfrac{d^2y}{dx^2},\quad \dfrac{d^3y}{dx^3},\quad \dfrac{d^4y}{dx^4},\quad \dfrac{d^5y}{dx^5},\cdots,\dfrac{d^ny}{dx^n}.$

一般说按求导公式和求导法则，对函数逐阶求导或利用数学归纳法，便可得函数的高阶导数.

例 1 设简谐运动
$$s=A\sin(\omega t+\varphi)\quad (A,\omega,\varphi \text{为常数}),$$
其中 t 表示时间，s 表示路程. 求证
$$\frac{d^2s}{dt^2}+\omega^2 s=0.$$
证 由于速度 $v=\dfrac{ds}{dt}=A\omega\cos(\omega t+\varphi)$，又加速度 $a=\dfrac{dv}{dt}=\dfrac{d}{dt}(\dfrac{ds}{dt})=\dfrac{d^2s}{dt^2}$，即
$$\frac{d^2s}{dt^2}=\frac{dv}{dt}=-A\omega^2\sin(\omega t+\varphi)=-\omega^2 s,$$
得
$$\frac{d^2s}{dt^2}+\omega^2 s=0.$$
证毕

例 2 证明高阶导数公式：

1° $(x^\alpha)^{(n)}=\alpha(\alpha-1)(\alpha-2)\cdots(\alpha-n+1)x^{\alpha-n}$（$\alpha$ 是常数).

特别 当 $\alpha=n$（自然数）时，$(x^n)^{(n)}=n!$.

2° $(\sin x)^{(n)}=\sin(x+n\dfrac{\pi}{2})$，　　3° $(\cos x)^{(n)}=\cos(x+n\dfrac{\pi}{2})$.

证 1° 当 $n=1$ 时，$(x^\alpha)'=\alpha x^{\alpha-1}$. 设 $n=m$ 时，有
$$(x^\alpha)^{(m)}=\alpha(\alpha-1)(\alpha-2)\cdots(\alpha-m+1)x^{\alpha-m},$$
于是
$$\begin{aligned}(x^\alpha)^{(m+1)}&=[(x^\alpha)^{(m)}]'=\alpha(\alpha-1)\cdots(\alpha-m+1)(\alpha-m)x^{\alpha-m-1}\\&=\alpha(\alpha-1)\cdots(\alpha-m+1)[\alpha-(m+1)+1]x^{\alpha-(m+1)},\end{aligned}$$
由数学归纳法，对任意自然数 n，成立
$$(x^\alpha)^{(n)}=\alpha(\alpha-1)(\alpha-2)\cdots(\alpha-n+1)x^{\alpha-n}.$$
特别，当 $\alpha=n$ 时，$x^{\alpha-n}=x^0=1$，于是
$$(x^n)^{(n)}=n(n-1)(n-2)\cdots3\cdot2\cdot1=n!.$$
2° 当 $n=1$ 时，$(\sin x)'=\cos x=\sin(x+\dfrac{\pi}{2})$，设 $n=m$ 时，
$$(\sin x)^{(m)}=\sin(x+m\cdot\frac{\pi}{2}),$$
则
$$(\sin x)^{(m+1)}=[\sin(x+m\frac{\pi}{2})]'=\cos(x+m\frac{\pi}{2})=\sin[x+(m+1)\frac{\pi}{2}],$$
由数学归纳法，对任意自然数 n，成立

$$(\sin x)^{(n)} = \sin\left(x + n\frac{\pi}{2}\right).$$ 证毕

3° 同理可证 $(\cos x)^{(n)} = \cos\left(x + n\frac{\pi}{2}\right)$.

4.2 高阶导数的运算法则

定理 设 $u = u(x), v = v(x)$ 都 n 阶可导，则

1° $(u \pm v)^{(n)} = u^{(n)} \pm v^{(n)}$， 2° $(Cu)^{(n)} = Cu^{(n)}$ （C 为常数），

3° $$(uv)^{(n)} = \sum_{k=0}^{n} C_n^k u^{(n-k)} v^{(k)} = u^{(n)}v + nu^{(n-1)}v'$$
$$+ \frac{n(n-1)}{2!}u^{(n-2)}v'' + \cdots + \frac{n(n-1)\cdots(n-k+1)}{k!}u^{(n-k)}v^{(k)} + \cdots + uv^{(n)}.$$

其中记号 $u^{(0)} = u, v^{(0)} = v$.

只证 3°，请读者自证 1°，2°.

证 3° 当 $n = 1$ 时，有

$$(uv)' = \sum_{k=0}^{1} C_1^k u^{(1-k)} v^{(k)} = C_1^0 u'v + C_1^1 uv' = u'v + uv'.$$

设 $n = m$ 时，有

$$(uv)^{(m)} = \sum_{k=0}^{m} C_m^k u^{(m-k)} v^{(k)}.$$

于是
$$(uv)^{(m+1)} = [(uv)^{(m)}]' = \left(\sum_{k=0}^{m} C_m^k u^{(m-k)} v^{(k)}\right)'$$
$$= \sum_{k=0}^{m} C_m^k (u^{(m-k)} v^{(k)})' = \sum_{k=0}^{m} C_m^k (u^{(m-k+1)} v^{(k)} + u^{(m-k)} v^{(k+1)})$$
$$= \sum_{k=0}^{m} C_m^k u^{(m-k+1)} v^{(k)} + \sum_{k=0}^{m} C_m^k u^{(m-k)} v^{(k+1)}$$
$$= \sum_{k=0}^{m} C_m^k u^{(m-k+1)} v^{(k)} + \sum_{k=1}^{m+1} C_m^{k-1} u^{(m-k+1)} v^{(k)}$$
$$= \left(u^{(m+1)}v + \sum_{k=1}^{m} C_m^k u^{(m-k+1)} v^{(k)}\right) + \left(\sum_{k=1}^{m} C_m^{k-1} u^{(m-k+1)} v^{(k)} + uv^{(m+1)}\right)$$
$$= u^{(m+1)}v + \sum_{k=1}^{m} (C_m^k + C_m^{k-1}) u^{(m-k+1)} v^{(k)} + uv^{(m+1)}$$
$$= u^{(m+1)}v + \sum_{k=1}^{m} C_{m+1}^k u^{(m-k+1)} v^{(k)} + uv^{(m+1)} = \sum_{k=0}^{m+1} C_{m+1}^k u^{(m+1-k)} v^{(k)},$$

其中利用了 $C_m^k + C_m^{k-1} = C_{m+1}^k$，于是当 $n = m + 1$ 时也成立.

由数学归纳法，对任意自然数 n，公式 3° 成立. 证毕

公式 3° 称为**求乘积 uv 的高阶导数的莱布尼兹**(Leibniz) **公式**，它的系数与代数学中二项式 $(a + b)^n$ 的展开式的系数相偶合.

例 3 设 $y = x^2\cos x$，求 $y^{(100)}$.

解 记 $u = \cos x$，已知 $u^{(n)} = \cos\left(x + n\cdot\frac{\pi}{2}\right)$，

$$v = x^2, \quad v' = 2x, \quad v'' = 2, \quad v''' = 0.$$

由莱布尼兹公式，有

$$y^{(100)} = (\cos x \cdot x^2)^{(100)} = (\cos x)^{(100)}x^2 + C_{100}^1(\cos x)^{(99)}\cdot(x^2)' + C_{100}^2(\cos x)^{(98)}(x^2)''$$

$$= x^2\cos(x+100\cdot\frac{\pi}{2}) + 100\cdot 2x\cos(x+99\cdot\frac{\pi}{2}) + \frac{100\cdot 99}{2}\cdot 2\cos(x+98\cdot\frac{\pi}{2})$$
$$= x^2\cos x + 200x\sin x - 9900\cos x.$$

例 4 验证函数 $y=\ln(x+\sqrt{1+x^2})$ 满足方程

$$(1+x^2)y''+xy'=0, \tag{4.1}$$

并求 $y^{(n)}(0)$.

解 由 $y'=\frac{1}{\sqrt{1+x^2}}$, $y''=-\frac{x}{(1+x^2)^{\frac{3}{2}}}=-\frac{x}{1+x^2}y'$,整理后得 y 满足方程(4.1).

将(4.1)式两边对 x 求 n 阶导数,由莱布尼兹公式,得

$$(y'')^{(n)}(1+x^2)+C_n^1(y'')^{(n-1)}(1+x^2)'+C_n^2(y'')^{(n-2)}(1+x^2)''+(y')^{(n)}x+C_n^1(y')^{(n-1)}x'=0,$$

即 $$(1+x^2)y^{(n+2)}+(2n+1)xy^{(n+1)}+n^2y^{(n)}=0. \tag{4.2}$$

令 $x=0$,得递推公式

$$y^{(n+2)}(0)=-n^2y^{(n)}(0). \tag{4.3}$$

已知 $y(0)=0$,由(4.3)式,得

$$y^{(2)}(0)=y^{(4)}(0)=\cdots=y^{(2k)}(0)=0,$$

又 $y'(0)=1$, $$y^{(3)}(0)=-1^2y'(0)=(-1)\cdot 1^2,$$

$$y^{(5)}(0)=-3^2y^{(3)}(0)=(-3^2)(-1)\cdot 1^2=(-1)^2\cdot 1^2\cdot 3^2,\cdots$$

可得 $$y^{(2k+1)}(0)=(-1)^k1^2\cdot 3^2\cdots(2k-1)^2.$$

于是 $$\begin{cases} y^{(n)}(0)=\begin{cases}0, & n=2k;\\ (-1)^k[(2k-1)!!]^2, & n=2k+1,\end{cases} \quad k=1,2,\cdots,\\ y'(0)=1.\end{cases}$$

例 5 设方程 $xy+\ln y=1$ 确定隐函数 $y=y(x)$,求 $y'|_{x=1}$,$y''|_{x=1}$.

解 由隐函数求导法,将方程两边关于 x 求导,得

$$(xy)'+(\ln y)'=0,$$

即 $$y+xy'+\frac{1}{y}y'=0. \tag{4.4}$$

解得 $y'=\frac{-y^2}{xy+1}$. 当 $x=1$ 时,由原方程知 $y=1$,于是 $y'|_{x=1}=-\frac{1}{2}$.

对(4.4)式两边关于 x 求导,得

$$y'+(xy')'+(\frac{1}{y}y')'=0,$$

即 $$y'+y'+xy''-\frac{y'}{y^2}y'+\frac{1}{y}y''=0. \tag{4.5}$$

以 $x=1$,$y=1$,$y'=-\frac{1}{2}$ 代入(4.5)式,解得 $y''|_{x=1}=\frac{5}{8}$.

例 6 已知摆线的参数方程 $\begin{cases}x=a(t-\sin t);\\ y=a(1-\cos t),\end{cases}$ 求 $\left.\frac{dy}{dx}\right|_{t=\frac{\pi}{2}}$,$\left.\frac{d^2y}{dx^2}\right|_{t=\frac{\pi}{2}}$.

解 由参数式函数求导法,得

$$y'_x=\frac{dy}{dx}=\frac{\frac{dy}{dt}}{\frac{dx}{dt}}=\frac{\frac{d}{dt}[a(1-\cos t)]}{\frac{d}{dt}[a(t-\sin t)]}=\frac{a\sin t}{a(1-\cos t)}=\operatorname{ctg}\frac{t}{2},$$

$$\frac{d^2y}{dx^2}=\frac{d(y'_x)}{dx}=\frac{\frac{dy'_x}{dt}}{\frac{dx}{dt}}=\frac{\frac{d}{dt}(\operatorname{ctg}\frac{t}{2})}{\frac{d}{dt}[a(t-\sin t)]}=\frac{-\frac{1}{2}\csc^2\frac{t}{2}}{a(1-\cos t)}=-\frac{1}{4a}\csc^4\frac{t}{2}.$$

于是 $\left.\frac{dy}{dx}\right|_{t=\frac{\pi}{2}}=\operatorname{ctg}\left.\frac{t}{2}\right|_{t=\frac{\pi}{2}}=1$； $\left.\frac{d^2y}{dx^2}\right|_{t=\frac{\pi}{2}}=-\frac{1}{4a}\csc^4\left.\frac{t}{2}\right|_{t=\frac{\pi}{2}}=-\frac{1}{a}$.

§5 微　分

5.1 微分概念

一、微分的定义

例 设边长为 x 的立方体，其体积 $V=x^3$，问当边长从 x 改变到 $x+\Delta x$ 时，体积 V 的改变量 ΔV 的近似值是多少？

我们知道

$$\Delta V=(x+\Delta x)^3-x^3=3x^2\Delta x+[3x(\Delta x)^2+(\Delta x)^3]=3x^2\Delta x+o(\Delta x),$$

其中 $o(\Delta x)=3x(\Delta x)^2+(\Delta x)^3$ 是关于 Δx 的高阶无穷小（当 $\Delta x\to 0$ 时）. 这样，当 $|\Delta x|$ 很小时，有

$$\Delta V\approx 3x^2\Delta x=(x^3)'\Delta x.$$

由此看出，若略去高阶无穷小项，得出正比于 Δx 的项 $3x^2\Delta x$，且系数与 $V=x^3$ 的导数联系起来，显得简单、方便.

定义 设函数 $y=f(x)$ 在某区间内有定义，点 x 及 $x+\Delta x$ 都在这区间内，若函数 $f(x)$ 的改变量 Δy 能分成两项：一项正比于自变量 x 的改变量 Δx，另一项是关于 Δx 的高阶无穷小，即

$$\Delta y=A(x)\Delta x+o(\Delta x)\left(\lim_{\Delta x\to 0}\frac{o(\Delta x)}{\Delta x}=0\right). \tag{5.1}$$

其中 $A(x)$ 是只与点 x 有关而与 Δx 无关的系数. 则称**函数 $y=f(x)$ 在点 x 处可微**，$A(x)\Delta x$ 称为**函数 $y=f(x)$ 在点 x 的微分**，记为 dy 或 $df(x)$. 即

$$dy=A(x)\Delta x \quad 或 \quad df(x)=A(x)\Delta x. \tag{5.2}$$

在(5.1)式的右端，由于一项 $o(\Delta x)$ 比 Δx 是高阶无穷小；另一项 $A(x)\Delta x$ 关于 Δx 是同阶无穷小，又对 Δx 说是一次的或者说是线性的. 因此在一指定点 x 处考察微分时，当 $A(x)\neq 0$，$dy=A(x)\Delta x$ 是(5.1)式右端两项中的线性主要部分.

二、可微与可导的关系

可微与可导有下述关系定理：

定理 函数 $y=f(x)$ 在点 x 可微的必要充分条件，是函数 $y=f(x)$ 在点 x 可导.

证 必要性 若函数 $y=f(x)$ 在点 x 可微，有

$$\Delta y=A(x)\Delta x+o(\Delta x),$$

其中 $A(x)$ 是只与点 x 有关而与 Δx 无关的系数，且 $\Delta x\neq 0$. 于是

$$\frac{\Delta y}{\Delta x}=A(x)+\frac{o(\Delta x)}{\Delta x},$$

取极限
$$\lim_{\Delta x\to 0}\frac{\Delta y}{\Delta x}=A(x)+\lim_{\Delta x\to 0}\frac{o(\Delta x)}{\Delta x}=A(x),$$

即 $y=f(x)$ 在点 x 可导，且 $A(x)=f'(x)$.

充分性 若函数 $y=f(x)$ 在点 x 可导，有

$$\lim_{\Delta x\to 0}\frac{\Delta y}{\Delta x}=f'(x) \quad 或 \quad \frac{\Delta y}{\Delta x}=f'(x)+\alpha，其中 \lim_{\Delta x\to 0}\alpha=0.$$

从而 $\Delta y=f'(x)\Delta x+\alpha\Delta x=f'(x)\Delta x+o(\Delta x)$，其中 $f'(x)$ 只与点 x 有关而与 Δx 无关；$o(\Delta x)$ 比 Δx 是高阶无穷小，所以函数 $y=f(x)$ 在点 x 可微. 证毕

上述定理说明函数 $y=f(x)$ 在点 x 可微与可导是等价的，且 $A(x)=f'(x)$. 于是由(5.2)式，函数 $y=f(x)$ 在点 x 的微分 dy 可写为

$$dy=f'(x)\Delta x. \tag{5.3}$$

从而(5.1)式可写为

$$\Delta y=dy+o(\Delta x)=f'(x)\Delta x+o(\Delta x). \tag{5.4}$$

因为当 $y=x$ 时，有 $dx=dy=x'\Delta x=\Delta x$，我们规定：自变量的改变量称为**自变量的微分**，并记成 dx，即

$$dx=\Delta x.$$

这样，(5.3)式又可写为

$$dy=f'(x)dx, \tag{5.5}$$

从而有等价关系

$$dy=f'(x)dx \Leftrightarrow f'(x)=\frac{dy}{dx}.$$

由此可知，导数 $f'(x)$ 等于函数 $y=f(x)$ 的微分 dy 与自变量 x 的微分 dx 的商，因此，导数也称**微商**，这是对过去导数定义中将 $\frac{dy}{dx}$ 作为一整体记号的新的认识.

三、微分的几何意义

从(5.4)式，我们来看微分的几何意义. 如图 3-8，PT 是曲线 $y=f(x)$ 在点 $P(x,f(x))$ 的切线，其斜率为 $\mathrm{tg}\alpha=f'(x)$.

$\Delta y=f(x+\Delta x)-f(x)=NQ$，

$dy=f'(x)\Delta x=\mathrm{tg}\alpha\cdot\Delta x=NT$.

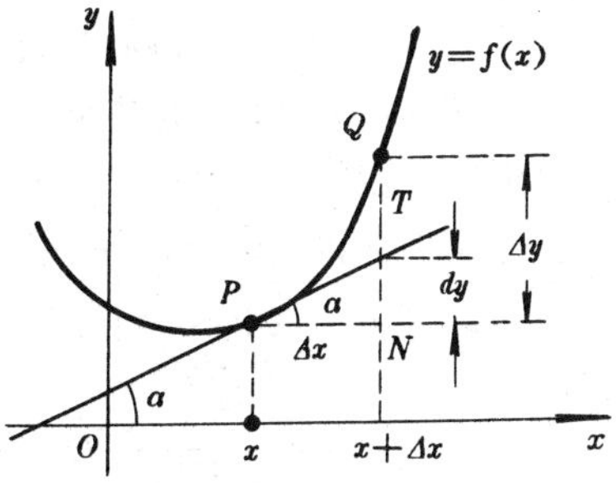

图 3-8

可见，微分 dy 是曲线 $y=f(x)$ 在点 $P(x,f(x))$ 的切线 PT 纵坐标的改变量 NT，而

$$TQ=NQ-NT=\Delta y-dy=o(\Delta x).$$

因此，当 $|\Delta x|$ 充分小时，可用线段 NT 近似代替 NQ，或者说在 P 点邻近，可用切线段 PT 近似代替曲线弧 $\overset{\frown}{PQ}$.

5.2 微分基本公式和运算法则

一、微分基本公式

由(5.5)式知，将导数公式表中每个导数乘上自变量的微分 dx，便得相应的微分公式：

1° $dC=0$，　　2° $dx^\alpha=\alpha x^{\alpha-1}dx$，

3° $da^x=a^x\ln a\,dx$，　$de^x=e^x dx$，　　4° $d\log_a|x|=\frac{1}{x\ln a}dx$，　$d\ln|x|=\frac{1}{x}dx$，

5° $d\sin x=\cos x\,dx$，　　6° $d\cos x=-\sin x\,dx$，

7° $d\mathrm{tg}x=\sec^2x\,dx$，　　8° $d\mathrm{ctg}x=-\csc^2x\,dx$，

9° $d\sec x=\sec x\,\mathrm{tg}x\,dx$，　　10° $d\csc x=-\csc x\,\mathrm{ctg}x\,dx$，

11° $d\arcsin x=\frac{1}{\sqrt{1-x^2}}dx$，　　12° $d\arccos x=\frac{-1}{\sqrt{1-x^2}}dx$，

13° $d\mathrm{arctg}x=\frac{1}{1+x^2}dx$，　　14° $d\mathrm{arcctg}x=\frac{-1}{1+x^2}dx$，

15° $d\mathrm{sh}x=\mathrm{ch}x\,dx$，　　16° $d\mathrm{ch}x=\mathrm{sh}x\,dx$，

17° $d\text{th}x = \dfrac{1}{\text{ch}^2 x}dx.$

二、微分四则运算

定理 设 $u = u(x), v = v(x)$ 在点 x 处可微，则

1° $d(u \pm v) = du \pm dv$， 2° $d(uv) = vdu + udv$，特别，$d(Cu) = Cdu$（C 为常数），

3° $d(\dfrac{u}{v}) = \dfrac{vdu - udv}{v^2}$ $(v \neq 0)$，特别 $d(\dfrac{1}{v}) = -\dfrac{dv}{v^2}$.

证 只证 3°，请读者自证 1°，2°. 由微分定义，有

$d(\dfrac{u}{v}) = (\dfrac{u}{v})'dx = \dfrac{u'v - uv'}{v^2}dx = \dfrac{vu'dx - uv'dx}{v^2} = \dfrac{vdu - udv}{v^2}.$ 证毕

三、复合函数的微分

定理 设函数 $u = \varphi(x)$ 在点 x 可微，且函数 $y = f(u)$ 在点 $u(u = \varphi(x))$ 可微，则复合函数 $y = f[\varphi(x)]$ 在点 x 可微，且有

$$dy = f'(u)du. \tag{5.6}$$

证 由(5.5)式，$du = \varphi'(x)dx$，及

$$dy = (f[\varphi(x)])'dx = f'[\varphi(x)]\varphi'(x)dx = f'(u)du.$$ 证毕

在(5.6)式中，u 是中间变量，它与自变量是 x 的微分(5.5)式的形式相同，这一性质称作**微分形式不变性**.

例 1 设 $y = \ln(x + \sqrt{1 + x^2})$，求微分 dy.

解 $dy = y'dx = [\ln(x + \sqrt{1 + x^2})]'dx = \dfrac{1}{x + \sqrt{1 + x^2}} \cdot (1 + \dfrac{1}{2}\dfrac{2x}{\sqrt{1 + x^2}})dx$

$$= \frac{1}{\sqrt{1 + x^2}}dx.$$

另解 按(5.6)式和微分运算法则，令 $u = x + \sqrt{1 + x^2}$，有

$$dy = (\ln u)'du = \frac{1}{x + \sqrt{1 + x^2}}d(x + \sqrt{1 + x^2}) = \frac{1}{x + \sqrt{1 + x^2}}(dx + d\sqrt{1 + x^2})$$

$$= \frac{1}{x + \sqrt{1 + x^2}}[dx + \frac{1}{2}\frac{1}{\sqrt{1 + x^2}}(d1 + dx^2)]$$

$$= \frac{1}{x + \sqrt{1 + x^2}}[dx + \frac{1}{2}\frac{1}{\sqrt{1 + x^2}}(0 + 2xdx)]$$

$$= \frac{1}{x + \sqrt{1 + x^2}}(\frac{\sqrt{1 + x^2} + x}{\sqrt{1 + x^2}})dx = \frac{1}{\sqrt{1 + x^2}}dx.$$

例 2 设方程 $\text{arctg}\,\dfrac{y}{x} = \ln\sqrt{x^2 + y^2}$ 确定函数 $y = y(x)$，求微分 dy.

解 将方程 $\text{arctg}\,\dfrac{y}{x} = \dfrac{1}{2}\ln(x^2 + y^2)$，两边同取微分

$$d(\text{arctg}\,\frac{y}{x}) = \frac{1}{2}d[\ln(x^2 + y^2)],$$

于是
$$\frac{1}{1 + (\frac{y}{x})^2}d(\frac{y}{x}) = \frac{1}{2}\frac{1}{x^2 + y^2}d(x^2 + y^2),$$

即
$$\frac{x^2}{x^2 + y^2} \cdot \frac{xdy - ydx}{x^2} = \frac{1}{2}\frac{1}{x^2 + y^2}(2xdx + 2ydy),$$

化简得 $xdy - ydx = xdx + ydy$ 或 $(x - y)dy = (x + y)dx$，所求微分为

$$dy = \frac{x + y}{x - y}dx.$$

例 3 设参数方程 $\begin{cases} x = e^t\sin t; \\ y = e^t\cos t, \end{cases}$ 求 $\dfrac{dy}{dx}, \dfrac{d^2y}{dx^2}$.

解 利用导数 $\dfrac{dy}{dx}$ 是 dy 与 dx 的商，得

$$y'_x = \frac{dy}{dx} = \frac{d(e^t\cos t)}{d(e^t\sin t)} = \frac{\cos t de^t + e^t d\cos t}{\sin t de^t + e^t d\sin t} = \frac{\cos t \cdot e^t dt + e^t(-\sin t)dt}{\sin t \cdot e^t dt + e^t \cos t dt}$$

$$= \frac{\cos t - \sin t}{\cos t + \sin t} = \mathrm{tg}(\frac{\pi}{4} - t).$$

$$\frac{d^2y}{dx^2} = \frac{dy'_x}{dx} = \frac{d\mathrm{tg}(\frac{\pi}{4} - t)}{d(e^t\sin t)} = \frac{-\sec^2(\frac{\pi}{4} - t)dt}{e^t(\cos t + \sin t)dt} = \frac{-\sec^2(\frac{\pi}{4} - t)}{e^t \cdot \sqrt{2}\cos(\frac{\pi}{4} - t)}$$

$$= -\frac{\sqrt{2}}{2}e^{-t}\sec^3(\frac{\pi}{4} - t).$$

5.3 微分在近似计算中的应用

一、近似公式

由(5.4)式，当函数 $y = f(x)$ 在点 x_0 可微时，有

$$\Delta y = dy + o(\Delta x) \quad 或 \quad f(x_0 + \Delta x) - f(x_0) = f'(x_0)\Delta x + o(\Delta x).$$

当 $|\Delta x|$ 充分小时，有近似公式

$$f(x_0 + \Delta x) \approx f(x_0) + f'(x_0)\Delta x. \tag{5.7}$$

特别，当 $x_0 = 0$ 时，$\Delta x = x$，在(5.7)式中，若 $f(x) = \sin x, \mathrm{tg}x, e^x, \ln(1+x)$ 及 $(1+x)^\alpha$，可分别得如下近似公式：

$$\sin x \approx x, \quad \mathrm{tg}x \approx x, \quad e^x \approx 1 + x,$$
$$\ln(1+x) \approx x, \quad (1+x)^\alpha \approx 1 + \alpha x. \tag{5.8}$$

例 4 计算 $\sqrt[5]{253}$ 的近似值.

解 已知当 $|x|$ 充分小时，有 $(1+x)^\alpha \approx 1 + \alpha x$，令 $\alpha = \dfrac{1}{n}$，得 $\sqrt[n]{1+x} \approx 1 + \dfrac{x}{n}$，于是即可得到

$$\sqrt[5]{253} = \sqrt[5]{243 + 10} = \sqrt[5]{3^5(1 + \frac{10}{243})} = 3(1 + \frac{10}{243})^{\frac{1}{5}}$$

$$\approx 3(1 + \frac{1}{5} \cdot \frac{10}{243}) = 3(1 + 0.00823) = 3.02469.$$

例 5 如图 3-9 在电容器充电过程中，电容器的电压 U_c 与时间 t 的关系是

$$U_c = E(1 - e^{-\frac{t}{RC}}), \tag{5.9}$$

式中 E, R, C 是正常数. 当 $0 < t \ll RC$ 时，利用近似公式 $e^t \approx 1 + t$，以 $-\dfrac{t}{RC}$ 代 t，得

$$U_c \approx E[1 - (1 - \frac{t}{RC})] = \frac{E}{RC}t. \tag{5.10}$$

这样，将(5.9)式线性化了，由(5.10)式作近似计算方便得多.

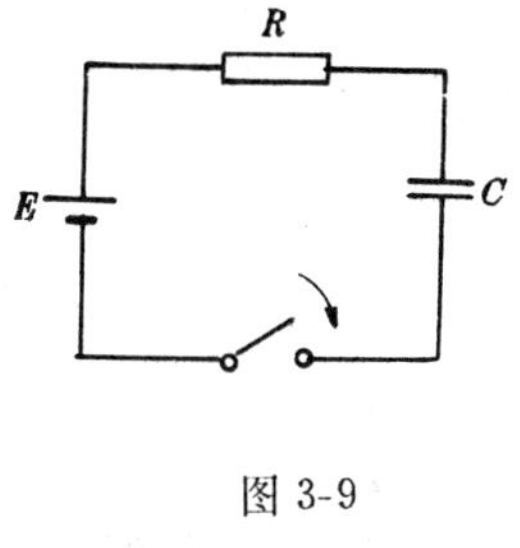

图 3-9

二、误差估计

设 x 为准确数，x^* 为近似数，则 $x - x^* \triangleq \Delta x$ 称为近似数 x^* 的**绝对误差**. 若存在正数 δx，使得 $|x - x^*| = |\Delta x| \leqslant \delta x$，则称 δx 为**绝对误差限**.

为了进一步说明 x^* 的近似程度，还须顾及绝对误差相对于数 x(或 x^*)的比值的大小，我

们称$\frac{x-x^*}{x}$(或$\frac{x-x^*}{x^*}$)为近似数x^*的**相对误差**,而$\frac{\delta x}{|x|}$(或$\frac{\delta x}{|x^*|}$)为**相对误差限**.

设依赖于x的量y,系由公式$y=f(x)$确定,于是

$$|\Delta y| \approx |dy| = |f'(x)\Delta x| \leqslant |f'(x)|\delta x \triangleq \delta y, \tag{5.11}$$

那么,$\delta y=|f'(x)|\delta x$便是量y的绝对误差限,又

$$\frac{\delta y}{|y|} = \left|\frac{f'(x)}{f(x)}\right|\delta x \tag{5.12}$$

便是量y的相对误差限.

例6 在测量直径为$D=10\text{cm}$的球的体积时,由于测量直径产生绝对误差限$\delta D=0.1\text{cm}$,由此计算球体积的绝对误差限为多少?又若要求算出球体积的相对误差限不超过1%,问度量直径的相对误差限是多少?

解 球体积$V=\frac{\pi}{6}D^3$,$V'=\frac{\pi}{2}D^2$,于是V的绝对误差限为

$$\delta V = |V'|\delta D = \frac{\pi}{2}D^2\delta D = \frac{\pi}{2}\times 10^2 \times 0.1 = 5\pi(\text{cm}^3).$$

V的相对误差限为

$$\frac{\delta V}{V} = \frac{\frac{\pi}{2}D^2\delta D}{\frac{\pi}{6}D^3} = 3\frac{\delta D}{D} = 3\frac{0.1}{10} = 3\%.$$

又度量直径的相对误差限为

$$\frac{\delta D}{D} = \frac{1}{3}\frac{dV}{V} < \frac{1}{3}(1\%) = 0.\dot{3}\%.$$

5.4 高阶微分

若函数$y=f(x)$在某区间I上的微分(一阶微分)

$$dy = f'(x)dx \tag{5.13}$$

仍是x的函数,那么可继续讨论对它的微分.由于$\forall\ x\in I$,取定x的一个公用改变量$\Delta x=dx$,故将(5.13)式对x微分时,只需把dx看成常数因子,同时继续微分时所乘的dx与原来的保持相同,并将$(dx)^2$记为dx^2,注意:$dx^2=(dx)^2\neq d(x^2)$.

定义 设函数$y=f(x)$在某区间I二阶可导,则

$$d(dy) = d[f'(x)dx] = [f'(x)dx]'dx = f''(x)dx^2$$

称为**函数$y=f(x)$的二阶微分**,记为d^2y,即

$$d^2y = f''(x)dx^2 \qquad (dx^2=(dx)^2). \tag{5.14}$$

类似地可定义三阶微分与更高阶的微分.一般,若函数$y=f(x)$ n阶可导,则对$n-1$阶微分$d^{n-1}y=f^{(n-1)}(x)dx^{n-1}$的微分,称为**函数$y=f(x)$的$n$阶微分**,记为$d^ny$,即

$$\begin{aligned} d^ny &= d(d^{n-1}y) = d[f^{(n-1)}(x)dx^{n-1}] \\ &= [f^{(n-1)}(x)dx^{n-1}]'dx = f^{(n)}(x)dx^n, \end{aligned} \tag{5.15}$$

其中$dx^n=(dx)^n$.从而有等价关系

$$d^ny = f^{(n)}(x)dx^n \Leftrightarrow f^{(n)}(x) = \frac{d^ny}{dx^n}. \tag{5.16}$$

由此可知,n阶导数$f^{(n)}(x)$等于函数$y=f(x)$的n阶微分d^ny与dx^n的商.

我们指出:(5.15)式是x作为自变量得出的,若x不是自变量而是中间变量,即对复合函数的情形就得不出这个结果了.

设 $y=f(u),u=\varphi(x)$，由一阶微分形式不变性，有

$$dy=f'(u)du.$$

但是，现在 u 不是自变量，故 du 也不再是常数因子了，而是 $du=\varphi'(x)dx$，由函数乘积的微分法则，有

$$\begin{aligned}d^2y&=d[f'(u)du]=[df'(u)]du+f'(u)d(du)\\&=f''(u)du^2+f'(u)d^2u.\end{aligned}\tag{5.17}$$

显然，(5.17) 式与(5.14) 式不同，可见复合函数的微分形式不变性只限于一阶微分成立，而对于二阶或二阶以上的高阶微分就不再具有这个性质了.

习题三

§1

1. 按定义求下列函数在指定点的导数：

(1) $f(x)=\sqrt{x}$，求 $f'(1)$.

(2) $f(x)=\dfrac{(x-1)(x-2)(x-3)(x-5)}{x-4}$，求 $f'(1)$.

(3) $f(x)=\dfrac{x(1+x)(2+x)\cdots(n+x)}{(1-x)(2-x)\cdots(n-x)}$，求 $f'(0)$.

2. 若 $f'(x_0)$ 存在，求下列极限：

(1) $\lim\limits_{\Delta x\to 0}\dfrac{f(x_0)-f(x_0-\Delta x)}{\Delta x}$，　(2) $\lim\limits_{\Delta x\to 0}\dfrac{f(x_0+\Delta x)-f(x_0-\Delta x)}{\Delta x}$，

(3) $\lim\limits_{\Delta x\to 0}\dfrac{f(x_0+2\Delta x)-f(x_0)}{\Delta x}$，　(4) $\lim\limits_{\Delta x\to 0}\dfrac{f(x_0+a\Delta x)-f(x_0-b\Delta x)}{\Delta x}$ (a,b 常数)，

(5) $\lim\limits_{x\to x_0}\dfrac{xf(x_0)-x_0f(x)}{x-x_0}$，　(6) $\lim\limits_{n\to\infty}n[f(x_0+\dfrac{1}{n})-f(x_0)]$，

(7) $\lim\limits_{n\to\infty}\left[\dfrac{f(x_0+\frac{1}{n})}{f(x_0)}\right]^n$ ($f(x_0)\neq 0$).

3. 设 $f(x)=\begin{cases}\dfrac{1-\sqrt{1-x}}{x}, & x<0;\\ a+bx, & x\geqslant 0,\end{cases}$ 试确定 a,b 的值，使 $f(x)$ 在 $x=0$ 处连续，且可导.

4. 计算 $f(x)=\begin{cases}\dfrac{x}{1+e^{\frac{1}{x}}}, & x\neq 0;\\ 0, & x=0\end{cases}$ 在点 $x=0$ 处的左、右导数. 并问在该点的导数是否存在？

5. (1) 讨论 $f(x)=\sqrt{1+|x|}$ 在 $x=0$ 处的连续性与可导性.

(2) 已知 $g(x)$ 在 $x=x_0$ 连续，问 $f(x)=(x-x_0)g(x)$ 在 x_0 是否可导？

(3) 已知 $g(x)$ 在 $x=x_0$ 不连续，问 $f(x)=(x-x_0)g(x)$ 在 x_0 是否可导？

(4) 设 $g(0)=g'(0)=0$，$f(x)=\begin{cases}g(x)\sin\dfrac{1}{x}, & x\neq 0;\\ 0, & x=0,\end{cases}$ 试求 $f'(0)$.

(5) 若 $f(x)$ 在点 x_0 可导，试讨论 $|f(x)|$ 在点 x_0 的可导性.

6. 求下列曲线在指定点的切线方程和法线方程：

(1) $y=\sin x$，在 $x=\dfrac{\pi}{4}$ 的点.

(2) $y=\begin{cases}\ln(1+x), & x\geqslant 0;\\ x, & x<0,\end{cases}$ 在 $x=0$ 的点.

7. (1) 问在横坐标 x 取哪些值的点，曲线 $y=x^2$ 的切线与曲线 $y=x^3$ 的切线 1° 相互平行；2° 相互垂直.

(2) 若抛物线 $y=x^2+bx+c$ 与直线 $y=x$ 在点(1,1) 相切，求常数 b,c.

8. 质量为 100 克的物体，按规律 $s=2+t^2$ 作直线运动(s 的单位是厘米，t 的单位是秒)，试求运动开始后 4

秒这一时刻物体的动能.

9. 一质量分布不均匀的细杆 AB，长度为 20cm，M 是棒上任一点，AM 段的质量与从点 M 到点 A 的距离 x 的平方成正比，当 $AM = 2\text{cm}$，质量 $m = 8$ 克，试求：(1) 质量 m 表为距离 x 的函数；(2) 全杆的平均线密度；(3) 任意点 M 处细杆的线密度，及在 $x = 12$ 处的线密度.

10. 设 $P(x)$ 是 x 的多项式，a 是实数，且 $P(x) = Q(x)(x-a) + P(a)$，其中 $Q(x)$ 也是多项式，$\lim\limits_{x \to a} Q(x) = ?$

11. 设 $f(x)$，$g(x)$ 在点 $x = 0$ 可导，且 $g(x) \neq 0$，$g'(0) \neq 0$，$f(0) = g(0) = 0$，试证：

$$\lim_{x \to 0} \frac{f(x)}{g(x)} = \frac{f'(0)}{g'(0)}.$$

§2

12. 求下列函数在指定点处的导数：

(1) $f(x) = 2x^3 - 4x^2 + 5x + 1$， 求 $f'(0)$，$f'(1)$.

(2) $f(x) = (\sqrt[3]{x} - 1)(\frac{1}{x^3} + 2)$，求 $f'(1)$，$f'(-1)$.

(3) $f(x) = \frac{\sin x}{x}$， 求 $f'(\frac{\pi}{2})$.

(4) $f(x) = \frac{x+2}{|x-5|}$， 求 $f'(2)$.

(5) $f(x) = x(x-1)(x-2)\cdots(x-100)$，求 $f'(0)$，$f'(1)$.

13. (1) 设 $f(x) = x^3 - 3x^2 + 2x + 1$，求 $\lim\limits_{h \to 0} \frac{f(a+3h) - f(a-2h)}{h}$.

(2) $\lim\limits_{h \to 0} \frac{\sin(x+h) - \sin(x-h)}{h}$.

14. 求下列函数的导数：

(1) $y = x^3 + 3^x + \ln 3$，

(2) $y = \sqrt{x} + \sqrt{x\sqrt{x}} + \sqrt{x\sqrt{x\sqrt{x}}}$，

(3) $y = e^x \cos x$，

(4) $y = (x^2 + 2^x)\ln x$，

(5) $y = x^2 e^x (\sin x - \cos x)$，

(6) $y = \frac{\sin x}{x} + \frac{x}{\sin x}$，

(7) $y = \frac{1 - \ln x}{1 + \ln x}$，

(8) $y = \frac{xe^x - 1}{\ln x}$，

(9) $y = \frac{x\operatorname{ctg} x}{1 + \operatorname{tg} x}$，

(10) $y = \frac{\csc x - \operatorname{ctg} x}{\sec x + \operatorname{tg} x}$，

(11) $y = (\sin x + \cos x)(\arcsin x + \arccos x)$，

(12) $y = (\operatorname{tg} x + \operatorname{ctg} x)(\operatorname{arctg} x + \operatorname{arcctg} x)$，

(13) $y = \frac{\sin x + \arcsin x}{\cos x + \arccos x}$.

15. 求下列函数的导数：

(1) $y = (3 - 2x)^{100}$，

(2) $y = (\frac{1 - \sqrt{x}}{1 + \sqrt{x}})^5$，

(3) $y = \sin 2x + \sin^2 x + \sin x^2$，

(4) $y = \cos\sqrt{x} + \sqrt{\cos x} + \sqrt{\cos\sqrt{x}}$，

(5) $y = \sqrt{e^x} + e^{\sqrt{x}} + \sqrt{e^{\sqrt{x}}}$，

(6) $y = \cos\frac{x}{2} + \cos\cos\frac{x}{2} + \cos\cos\cos\frac{x}{2}$，

(7) $y = \ln x + \ln\ln x + \ln\ln\ln x$，

(8) $y = \cos[\cos^2(\cos^3\frac{x}{2})] + \ln[\ln^2(\ln^3\frac{x}{2})]$，

(9) $y = e^{-x} + e^{-x^2} + e^{-\sin^2 x^2}$，

(10) $y = \operatorname{tg}\frac{x}{2} + \ln\operatorname{tg}\frac{x}{2} + \sqrt{\ln\operatorname{tg}\frac{x}{2}}$，

(11) $y = \frac{x}{\ln x} + (\frac{x}{\ln x})^2 + 2^{(\frac{x}{\ln x})^2}$，

(12) $y = \ln(\sec x + \operatorname{tg} x) + \ln(\csc x + \operatorname{ctg} x)$，

(13) $y = \ln\frac{\sqrt{1 - e^x} + 1}{\sqrt{1 + e^x} - 1}$，

(14) $y = \ln\sin\frac{1}{x} + \ln\sin^2\frac{1}{x} + \ln^3\sin^2\frac{1}{x}$，

(15) $y = \sqrt{\arcsin x} + \arcsin\sqrt{x} + \sqrt{\arcsin\sqrt{x}}$，

(16) $y = \operatorname{tg}\sqrt{x} + \operatorname{arctg}\sqrt{x} + \operatorname{arctg}\sqrt{\sqrt{x}-1}$,

(17) $y = a\operatorname{ch}\dfrac{x}{a}\sqrt{1+\operatorname{sh}^2\dfrac{x}{a}}$,

(18) $y = \cos(2\arccos\dfrac{x}{2}) + \operatorname{arctg}(2\operatorname{tg}\dfrac{x}{2}) + \operatorname{th}(\dfrac{1}{2}\ln\dfrac{1+x}{1-x})$,

(19) $y = \ln\sqrt{x} + \ln\sqrt{x+\sqrt{x}} + \ln\sqrt{x+\sqrt{x+\sqrt{x}}}$,

(20) $y = \ln\sqrt{\dfrac{e^{2x}}{e^{2x}-1}} + \sqrt{\ln(\sin^2\dfrac{1}{x}+\cos^2\dfrac{1}{x})}$.

16. 设 $f'(u)$ 存在，试求$\dfrac{dy}{dx}$.

(1) $y = f(\sin x) + \sin f(x) + f[\sin f(x)]$, (2) $y = e^{f(x)}\cdot f(e^x)$,

(3) $y = \sqrt{x^2+f^2[x^2+f(x^2)]}$, (4) $y = f\{f[f(\dfrac{x}{2})]\}$.

17. 设 $\varphi(x),\psi(x)$ 可导，求下列函数的导数$\dfrac{dy}{dx}$.

(1) $y = \operatorname{tg}2(\operatorname{arctg}\dfrac{\varphi(x)}{\psi(x)})$, (2) $y = \varphi(x^2+\psi(x))$.

18. 求下列函数的导数$\dfrac{dy}{dx}$.

(1) $y = |x^3|$, (2) $y = |x^2-4|$,

(3) $y = |(x^2-1)^2(x+1)|$, (4) $y = 2^{|a-x|}\quad(a>0)$.

19. 求下列函数的导数 $f'(x)$：

(1) $f(x) = \begin{cases} xe^{-x}, & x>0; \\ \operatorname{arctg}x, & x\leqslant 0, \end{cases}$ (2) $f(x) = \begin{cases} x^2e^{-x^2}, & |x|\leqslant 1; \\ e^{-1}, & |x|>1. \end{cases}$

(3) 设 $f(x) = \varphi[\varphi(x)]$，其中 $\varphi(x) = \begin{cases} 1-x^2, & |x|\leqslant 1; \\ 1, & |x|>1. \end{cases}$

§3

20. 求下列方程所确定的隐函数的导数$\dfrac{dy}{dx}$.

(1) $x^3y+xy^3-10=0, \left.\dfrac{dy}{dx}\right|_{(2,1)}$, (2) $(x^2+y^2)^2 = 2(x^2-y^2), \left.\dfrac{dy}{dx}\right|_{(\frac{\sqrt{3}}{2},\frac{1}{2})}$,

(3) $x\sin y + x = \operatorname{arctg}y$, (4) $e^{xy}-x^2+y^3=0$,

(5) $\ln y + e^{\frac{x}{y}} = 1$, (6) $\sec^2 y + \operatorname{ctg}(x-y) = \operatorname{tg}^2 x$,

(7) $(\cos x)^y = (\sin y)^x$, (8) $\arcsin(xy) = \arccos(x+y)$.

21. (1) 设 $x^ny^m = (x+y)^{n+m}$，试证 $x\dfrac{dy}{dx} = y$.

(2) 设 $y = x^x(\dfrac{\sin x}{x})^{\operatorname{ctg}x}$，试用对数求导法求$\dfrac{dy}{dx}$.

(3) 设 $y = \dfrac{e^{\sin x}}{x^2}\sqrt{\dfrac{x(x+1)}{(x+2)(x+3)}}$，试用对数求导法求$\dfrac{dy}{dx}$.

22. 求过点 $A(-1,1)$ 且与曲线 $2e^x-2\cos y-1=0$ 上点$(0,\dfrac{\pi}{3})$ 处的切线相垂直的直线方程.

23. 若曲线 $y=x^2+ax+b$ 与曲线 $2y=-1+xy^3$ 在点$(1,-1)$ 相切，求 a,b.

24. 试证：两双曲线族 $x^2-y^2=a$ 与 $xy=b$ 成正交(即在交点处的切线互相垂直)曲线网，其中 a,b 为非零常数.

25. 试证：曲线 $\sqrt{x}+\sqrt{y}=\sqrt{a}$ (a 正常数) 上任一点处的切线在两坐标轴截距之和为常数.

26. 求下列参数式函数的导数$\dfrac{dy}{dx}$：

(1) $\begin{cases} x = a(t-\sin t); \\ y = a(1-\cos t), \end{cases} \left.\dfrac{dy}{dx}\right|_{t=\frac{\pi}{3}}$, (2) $\begin{cases} x = e^{2\theta}\cos\theta; \\ y = e^{2\theta}\sin\theta, \end{cases} \left.\dfrac{dy}{dx}\right|_{\theta=\frac{\pi}{2}}$,

(3) $\begin{cases} x = \sqrt[3]{1 - \sqrt{t}}; \\ y = \sqrt{1 - \sqrt[3]{t}}, \end{cases}$ (4) $\begin{cases} x = \arcsin \dfrac{t}{\sqrt{1 + t^2}}; \\ y = \arccos \dfrac{1}{\sqrt{1 + t^2}}. \end{cases}$

27. 设 $x = x(t), y = y(t)$ 由方程组 $\begin{cases} x^2 + 5xt + 4t^3 = 0; \\ e^y + (t - 1)y + \ln t = 1 \end{cases}$ 确定，求 $\left.\dfrac{dy}{dx}\right|_{t=1}$.

28. 求曲线 $\begin{cases} x = \dfrac{3at}{1 + t^3}; \\ y = \dfrac{3at^2}{1 + t^3} \end{cases}$ 在 $t = 2$ 的点处的切线方程和法线方程.

29. (1) 证明：阿基米德螺线 $r = a\theta$ 与双曲螺线 $r = \dfrac{a}{\theta}$ 正交(a 正常数，(r, θ) 为极坐标).

(2) 证明：二心形线 $r = a(1 + \cos\theta)$ 与 $r = a(1 - \cos\theta)$ 正交(a 正常数，(r, θ) 为极坐标).

30. 证明：曲线 $r = a\sin^3 \dfrac{\theta}{3}$ 的矢径和切线的夹角 ψ 与切线倾角 α，满足 $\mathrm{tg}\alpha = \mathrm{tg}4\psi$.

31. 证明：曲线 $\begin{cases} x = a(\cos t + t\sin t); \\ y = a(\sin t - t\cos t) \end{cases}$ 上所有点的法线与原点等距离.

32. 证明：圆 $\begin{cases} x = a\cos t; \\ y = a\sin t \end{cases}$ 的切线就是该圆的渐伸线 $\begin{cases} x = a(\cos t + t\sin t); \\ y = a(\sin t - t\cos t) \end{cases}$ 的法线.

33. 已知在时刻 t(分)，容器中的细菌个数为 $Q = 10^4 \cdot 2^{kt}$(k 为常数).

(1) 若经过 30 分钟，细菌个数增加一倍，求 k 值.

(2) 当容器中细菌个数为 8×10^4 个时，求该时刻的细菌增长率.

34. 某球体内充满气体，若气体以 2 米^3/分的速率溢出，求当球体半径为 12 米时，球表面积减小之速率.

35. 一正圆锥形容器，高 10 米，顶圆半径 3 米，现以 8 米^3/分的速率向内注水，问当水深 4 米时，液面上升的速率为多少?液面积扩大的速率为多少?

36. 在抛物线 $y^2 = 18x$ 上求一点，使该点处纵坐标的增加率等于横坐标增加率的 2 倍.

§ 4

37. 求下列函数的二阶导数：

(1) $y = e^{-x^2}$， (2) $y = \arcsin x$， (3) $y = x^x$，

(4) $y = e^{-ax}\sin bx$， (5) $y = |\ln|x||$， (6) $y = e^{f(x)}$(其中 $f''(x)$ 存在).

38. 求下列方程所确定的隐函数 $y = y(x)$ 的二阶导数 $\dfrac{d^2y}{dx^2}$：

(1) $y^2 + 2\ln y = x^4$， (2) $y = x^y$，

(3) $xy - \sin(\pi y^2) = 0$，$\left.\dfrac{d^2y}{dx^2}\right|_{(0,1)}$， (4) $\sqrt{x^2 + y^2} = ae^{\mathrm{arctg}\frac{y}{x}} (a > 0)$.

39. 求下列参数式函数的二阶导数 $\dfrac{d^2y}{dx^2}$.

(1) $\begin{cases} x = \ln(1 + t^2); \\ y = t - \mathrm{arctg} t, \end{cases}$ 求 $\left.\dfrac{d^2y}{dx^2}\right|_{t=1}$. (2) $\begin{cases} x = a(\ln \mathrm{tg} \dfrac{t}{2} + \cos t); \\ y = a\sin t, \end{cases}$

(3) $\begin{cases} x = e^t\cos t; \\ y = e^t\sin t, \end{cases}$ 求 $\left.\dfrac{d^2y}{dx^2}\right|_{t=0}$. (4) $\begin{cases} x = a(\cos t + t\sin t); \\ y = a(\sin t - t\cos t). \end{cases}$

40. 求下列函数的 n 阶导数 $\dfrac{d^ny}{dx^n}$.

(1) $y = \ln \dfrac{1 + x}{1 - x}$， (2) $y = \cos^4 x + \sin^4 x$，

(3) $y = \sin x \sin 2x \sin 3x$， (4) $y = \dfrac{4x^2 + x}{1 - x - 2x^2}$，

(5) $y = x^2 \sin \omega x$ (ω 常数)， (6) $y = e^{-x}\sin x$.

41. 设 $f(x)$ 与 $f'(x)$ 在 $x=0$ 的某邻域内可导，试证：

$$\lim_{a\to 0}\left[\lim_{b\to 0}\frac{f(a+b)-f(a)-f(b)+f(0)}{ab}\right]=f''(0).$$

42. 设 $\varphi(x)$ 在区间 $(-\infty,x_0]$ 内二阶可导，应如何选择系数 a,b,c 才能使

$$f(x)=\begin{cases}\varphi(x), & x\leqslant x_0;\\ a(x-x_0)^2+b(x-x_0)+c, & x>x_0\end{cases}$$

在 $(-\infty,+\infty)$ 内的二阶导数存在？

43. 问 a 取何值时，方使

$$f(x)=\begin{cases}x^a\sin\dfrac{1}{x}, & x>0;\\ 0, & x\leqslant 0\end{cases}$$

在区间 $(-\infty,+\infty)$ 上满足(1) 二阶导数存在，(2) 二阶导数连续.

44. 验证：

(1) $y=\dfrac{\sin x}{x}$ 满足方程 $\dfrac{d^2y}{dx^2}+\dfrac{2}{x}\dfrac{dy}{dx}+y=0$.

(2) $T_n(x)=\dfrac{1}{2^{n-1}}\cos(n\arccos x)$ 满足方程 $(1-x^2)T''_n(x)-xT'_n(x)+n^2T_n(x)=0\quad(n=0,1,2,\cdots)$.

(3) 方程 $\sqrt{1+y}\sqrt{y}-\ln(\sqrt{y}+\sqrt{1+y})=x$ 所确定的函数 $y=y(x)$ 满足 $\dfrac{d^2y}{dx^2}+\dfrac{1}{2y^2}=0$.

45. 设 $y=\arcsin x$，证明：

(1) $(1-x^2)y''-xy'=0$,

(2) $(1-x^2)y^{(n+2)}-x(1+2n)y^{(n+1)}-n^2y^{(n)}=0$,

(3) 导出递推公式 $y^{(n+2)}(0)=n^2y^{(n)}(0)$, $y^{(0)}\triangleq y(0)=0$, $y'(0)=1$，并求出

$$y^{(n)}(0)=\begin{cases}0, & n=2k;\\ [(2k-1)!!]^2, & n=2k+1,\end{cases}\qquad k=1,2,\cdots,$$

46. 设勒让德多项式 $P_n(x)=\dfrac{1}{2^nn!}[(x^2-1)^n]^{(n)}$，证明：

(1) $P_n(1)=1$; $P_n(-1)=(-1)^n$.

(2) $(1-x^2)P''_n(x)-2xP'_n(x)+n(n+1)P_n(x)=0$.

§5

47. 求下列函数的微分 dy：

(1) $y=\sqrt{1-x^2}$,　　(2) $y=e^{\alpha x}\cos\beta x$,

(3) $y=\sqrt{\arcsin\dfrac{1}{x^3}}$,　　(4) $y=\operatorname{arctg}^2(e^{-x^2})$,

(5) $y=(1+\dfrac{1}{x})^x$,　　(6) $y=\dfrac{x^{\ln x}}{(\ln x)^x}$.

48. 求方程所确定函数 $y=y(x)$ 的微分 dy.

(1) $e^{xy}-x^2+y^3=1$,　(2) $y\sin x-\cos(x-y)=0$.

49. 利用微分 dy 与 dx 的商即是导数 $\dfrac{dy}{dx}$; $d(\dfrac{dy}{dx})$ 与 dx 的商，即二阶导数 $\dfrac{d^2y}{dx^2}$; $d(\dfrac{d^2y}{dx^2})$ 与 dx 的商即三阶导数，求下列参数式函数的 $\dfrac{d^3y}{dx^3}$.

(1) $\begin{cases}x=t^2-2t;\\ y=3t^2-4t,\end{cases}$　(2) $\begin{cases}x=\sec t;\\ y=\operatorname{tg}t.\end{cases}$　(3) $\begin{cases}x=\varphi'(t);\\ y=t\varphi'(t)-\varphi(t).\end{cases}$ 设 $\varphi(t)$ 三阶可导，且 $\varphi''(t)\neq 0$.

50. 设 $f(u)$ 可微，利用一阶微分形式不变性求下列函数的微分 dy.

(1) $y=f[f(\sin x)]$,　(2) $y=f[\sin f(x)]$.

51. (1) 利用微分证明近似公式 $\sqrt[n]{a^n+x}\approx a+\dfrac{x}{na^{n-1}}\quad(a>0)$.

(2) 当$\frac{|x|}{a^n}$足够小时，利用上述近似公式求 $\sqrt[7]{100}$ 的近似值.

52. 利用微分求近似值.

(1) $(0.998)^6$，　(2) $\sin 31°$，　(3) $\ln(1.01)$.

53. 一电路中，已知电阻 $R = 22$ 欧姆，今用电流表测得电流 $I = 10$ 安培，测量的绝对误差限是 0.1 安培，问用公式 $P = I^2 R$ 计算电功率 P 所产生的绝对误差限 δP 是多少？相对误差限 $\frac{\delta P}{|P|}$ 是多少？

54. 对一圆柱形钢材试件进行轴向拉伸试验，已知试件直径 $D = 1$ 厘米，长 $L = 10$ 厘米，在荷载 $P = 1570$ 公斤的拉伸下，测得伸长 $l = 0.010$ 厘米，已知测量伸长 l 的仪器有测量绝对误差限 0.0003 厘米，问用公式 $E = \frac{4PL}{\pi D^2 l}$ 计算弹性模量 E 时，绝对误差限 δE 和相对误差限 $\frac{\delta E}{|E|}$ 各多少？

55. 已知单摆运动的周期 $T = 2\pi\sqrt{\frac{l}{g}}$($g = 980$ 厘米 / 秒^2，l 为摆长，单位为厘米).

(1) 设钟摆的周期原是 1 秒，在冬季摆长缩短 0.01 厘米，问这钟每天大约快多少？

(2) 已知钢的线膨胀系数为 0.000011，一个准确的钢质钟在 20℃ 时，摆长为 24.83 厘米，夏天室温到 36℃ 时，钟每天大约慢多少？冬天室温降到 −10℃ 时，钟每天大约快多少？

综合题

56. 求下列函数的导数：

(1) 设 $f(x^2) = x^3 \quad (x > 0)$，求 $f'(4)$.

(2) 设 $f(\frac{x-1}{x+1}) = x$，　求 $f'(0)$.

(3) 设 $f(x) = \begin{cases} e^{-\frac{1}{x^2}}, & x \neq 0; \\ 0 & x = 0, \end{cases}$ 求 $f'(0)$.

(4) 设 $g(x) = xf(x) + 1$，$\lim\limits_{x\to 0} f(x) = f(0)$，求 $g'(0)$.

(5) 设 $f(x) = \frac{1}{1-x^2}$，　求 $f^{(1994)}(0)$.

57. 讨论下列函数在 $x = 0$ 处的可导性.

(1) $f(x) = x|x|$，　(2) $g(x) = x[x]$，　(3) $h(x) = \begin{cases} x\operatorname{sh}x, & x \geqslant 0; \\ \sin x, & x < 0. \end{cases}$

58. 求下列函数的导数：

(1) $f(x) = \sin x°$　($x°$ 表示六十进制 x 度)，求 $f'(x)$.

(2) $f(\frac{1}{x}) = \frac{x}{1+x}$，求 $f'(x)$.

(3) $y = |x+1| + |x-5|$，求$\frac{dy}{dx}$.

(4) $f(x) = \lim\limits_{t\to\infty} x(1+\frac{1}{t})^{2tx}$，求 $f'(x)$.

(5) $f(x) = \sin x$，　求 $f'[f(x)]$，$(f[f(x)])'$.

(6) $f'(x) = \sin x^2$，$y = f(\frac{2x-1}{x+1})$，求$\frac{dy}{dx}$.

(7) $y = f[g(x)]$，$f(x) = \begin{cases} 1, & x < \frac{\pi}{2}; \\ \sin x, & x \geqslant \frac{\pi}{2}, \end{cases}$　$g(x) = \begin{cases} 0, & x < 0; \\ x^2, & x \geqslant 0, \end{cases}$ 求$\frac{dy}{dx}$.

(8) 设 $x = a\ln\frac{a + \sqrt{a^2 - y^2}}{y}$ $(0 < y < a)$，求$\frac{dy}{dx}$，$\frac{d^2y}{dx^2}$.

(9) 设 $\begin{cases} x = \ln t; \\ y = t^m, \end{cases}$ 求$\left.\frac{d^n y}{dx^n}\right|_{t=1}$.

(10) 设 $y = y(x)$，$z = z(x)$ 由方程组 $x = t + t^{-1}$，$y = t^2 + t^{-2}$，$z = t^3 + t^{-3}$ 确定($t \neq 0$)，试证 $3x\frac{d^2y}{dx^2} =$

$\frac{d^2z}{dx^2}$.

59. (1) 求一次数不高于三次的多项式 $p(x)$，且满足 $p(0)=p(1)=0, p'(0)=0, p'(1)=2$.

(2) 设 n 次多项式 $p(x)=a_0x^n+a_1x^{n-1}+\cdots+a_n$，试证：$\forall x_0\in R$，

$$p(x)=b_0(x-x_0)^n+b_1(x-x_0)^{n-1}+\cdots+b_n,$$

则 $b_{n-k}=\frac{1}{k!}p^{(k)}(x_0), k=0,1,2,\cdots,n$. 其中记号 $p^{(0)}(x_0)=p(x_0)$.

(3) 设 $p(x)$ 是 n 次多项式，证明 x_0 是方程 $p(x)=0$ 的 k 重根 $(k\leqslant n)$ 的必要充分条件是 $p(x_0)=p'(x_0)=\cdots=p^{(k-1)}(x_0)=0$，而 $p^{(k)}(x_0)\neq 0$.

60. (1) 若函数 $\varphi_1(x),\varphi_2(x),\cdots,\varphi_n(x)$ 在点 x 处皆不为零，且可导，试证：$f(x)=\varphi_1(x)\varphi_2(x)\cdots\varphi_n(x)$ 在点 x 也可导，且

$$f'(x)=f(x)\left[\frac{\varphi'_1(x)}{\varphi_1(x)}+\frac{\varphi'_2(x)}{\varphi_2(x)}+\cdots+\frac{\varphi'_n(x)}{\varphi_n(x)}\right].$$

(2) 设 $f(x)=|\varphi(x)|$，若 $\varphi^{(n)}(x)$ 存在，且 $\varphi(x)\neq 0$，试证：$f^{(n)}(x)=\frac{\varphi(x)}{|\varphi(x)|}\varphi^{(n)}(x)$.

(3) 设 $y=\prod_{i=1}^{n}(x-a_i)^{b_i}$，其中 $a_i,b_i(i=1,2,\cdots,n)$ 都为常数，试证：

$$y'=\prod_{i=1}^{n}(x-a_i)^{b_i}\left[\sum_{i=1}^{n}\frac{b_i}{x-a_i}\right].$$

61. 证明：

(1) 若 $f(x)$ 为可导的奇函数，则 $f'(x)$ 是偶函数，并问其逆命题成立否？

(2) 若 $f(x)$ 为可导的偶函数，则 $f'(x)$ 是奇函数.

(3) 若 $f(x)$ 是偶函数，且 $f'(0)$ 存在，证明 $f'(0)=0$.

(4) 若 $f(x)$ 为可导的周期函数，则 $f'(x)$ 仍是周期函数.

62. (1) 设 $f(x),g(x)$ 皆可导，有 $f'(x)=\frac{1}{x}$，且 $f[g(x)]=x$，试证：$g'(x)=g(x)$.

(2) 设 $f(x),g(x)$ 在区间 $(-\infty,+\infty)$ 皆有定义，且

1° $f(x+y)=f(x)g(y)+g(x)f(y)$， 2° $f(0)=0, g(0)=1, f'(0)=1, g'(0)=0$.

试证：$f(x)$ 对一切 x 均可导，且 $f'(x)=g(x)$.

63. (1) 设 $f(x)$ 在 $x=x_0$ 处可导，且 $\forall x_n\leqslant x_0\leqslant x'_n, x_n<x'_n, \lim\limits_{n\to\infty}(x'_n-x_n)=0$，试证：

$$\lim_{n\to\infty}\frac{f(x'_n)-f(x_n)}{x'_n-x_n}=f'(x_0).$$

(2) 设 $f(x)$ 在 $[a,b]$ 上连续，且 $f(a)=f(b)=0, f'_+(a)f'_-(b)>0$，则至少存在一点 $\xi\in(a,b)$，使得 $f(\xi)=0$.

64. 试证：

(1) 设 $y=f[\varphi(x)]$，其中 f,φ 皆三阶可导，则

1° $y''=\frac{d^2y}{dx^2}=f''[\varphi(x)][\varphi'(x)]^2+f'[\varphi(x)]\varphi''(x)$,

2° $y'''=\frac{d^3y}{dx^3}=f'''[\varphi(x)][\varphi'(x)]^3+3\varphi'(x)\varphi''(x)f''[\varphi(x)]+f'[\varphi(x)]\varphi'''(x)$.

(2) 若 $f(x)$ 在区间 (a,b) 内严格单调，且 $f'(x)\neq 0$，对 $x_0\in(a,b)$，$f''(x_0)$ 存在. 则函数 $f(x)$ 的反函数 $\varphi(y)$ 在点 $y_0(y_0=f(x_0))$ 处 $\varphi''(y_0)$ 存在，且 $\varphi''(y_0)=-\frac{f''(x_0)}{[f'(x_0)]^3}$.

(3) 设参数方程 $\begin{cases}x=\varphi(t);\\ y=\psi(t),\end{cases}$ $\varphi''(t),\psi''(t)$ 存在，$\varphi'(t)\neq 0$. 证明：

$$\frac{d^2y}{dx^2}=\frac{d}{dx}\left(\frac{dy}{dx}\right)=\frac{d}{dt}\left(\frac{dy}{dt}\Big/\frac{dx}{dt}\right)\Big/\frac{dx}{dt}=\frac{\varphi'(t)\psi''(t)-\varphi''(t)\psi'(t)}{[\varphi'(t)]^3}.$$

(4) 设曲线的极坐标方程为 $r=r(\theta)$，若用极坐标 (r,θ) 表示二阶导数，证明：

$$\frac{d^2y}{dx^2}=\frac{2\left(\frac{dr}{d\theta}\right)^2-r\frac{d^2r}{d\theta^2}+r^2}{\left(\frac{dr}{d\theta}\cos\theta-r\sin\theta\right)^3}.$$

65. (1) 证明从椭圆$\frac{x^2}{a^2}+\frac{y^2}{b^2}=1$一焦点发射的光线经椭圆反射后，必经过另一焦点.

(2) 设一族椭圆$\frac{x^2}{5^2}+\frac{y^2}{b_n^2}=1, n=1,2,\cdots, 0<b_n<5$. $\forall\, x_0\in(0,5)$，直线$x=x_0$与这一系列椭圆交于点$M_n, n=1,2,\cdots$，过点M_n作相应椭圆的切线，证明所有这些切线均交x轴于同一点.

(3) 证明直线$\frac{x}{m}+\frac{y}{n}=1$是椭圆$\frac{x^2}{a^2}+\frac{y^2}{b^2}=1$的切线的必要充分条件是$\frac{a^2}{m^2}+\frac{b^2}{n^2}=1$.

66. (1) 设$f(x)=k_1\sin x+k_2\sin 2x+\cdots+k_n\sin nx$，其中$k_1,k_2,\cdots,k_n$都是常数，且$\forall\, x\in R$，有$|f(x)|\leqslant|\sin x|$，试证：$|k_1+2k_2+\cdots+nk_n|\leqslant 1$.

(2) 试证：$1+2x+3x^2+\cdots+nx^{n-1}=\frac{nx^{n+1}-(n+1)x^n+1}{(x-1)^2}$

与 $\lim\limits_{x\to 1}(1+2x+3x^2+\cdots+nx^{n-1})=\frac{n(n+1)}{2}$.

(3) 试证：$1+2^2x+3^2x^2+\cdots+n^2x^{n-1}$

$$=\frac{n^2x^{n+2}-(2n^2+2n-1)x^{n+1}+(n+1)^2x^n-x-1}{(x-1)^3}$$

与 $\lim\limits_{x\to 1}(1+2^2x+3^2x^2+\cdots+n^2x^{n-1})=\frac{n(n+1)(2n+1)}{6}$.

67. (1) 水从高18厘米且顶直径为12厘米的正圆锥形漏斗漏入一直径为10厘米的圆柱形桶中，设开始时，漏斗中盛满了水，圆柱形桶中没有水，又当漏斗中水深12厘米时，其水平面下降的速度为1厘米／分，求此时圆柱形桶中水平面上升速度为多少？

(2) 血液由心脏流出，经由主动脉，流经血管，再由静脉回到心脏，血压也跟着连续下降，由医学知识，血压公式为

$$p=\frac{25t^2+125}{t^2+1}\quad(0\leqslant t\leqslant 10).$$

此处p的单位为mmHg(水银柱毫米)，t的单位是秒，试求血液流出心脏5秒钟时的血压下降的速率.

第四章　微分中值定理与导数应用

上章详述了导数的概念和计算法，应用它们可以解决函数的变化率问题. 本章将利用导数进一步研究函数的性态，使导数用于解决更广泛的问题，这里首先介绍一组微分中值定理.

§1　微分中值定理

微分中值定理包括罗尔定理、拉格朗日定理、柯西定理和泰勒定理，它们揭示了函数值与导数值之间的联系，从而提供了利用导数来研究函数本身性态的有力工具，具有十分重要的理论价值.

1.1　罗尔定理

第一章中讨论过连续函数在闭区间上一定可以取到最大值和最小值，现在进一步考察一个可导函数当最大值或最小值在区间内部取到时，函数在此点处的导数有何特性.

罗尔(Rolle)定理　设函数 $f(x)$ 满足下列条件：

1°　在闭区间 $[a,b]$ 上连续；

2°　在开区间 (a,b) 内可导；

3°　端值相等 $f(a)=f(b)$.

则在区间 (a,b) 内至少存在一点 $\xi\in(a,b)$，使得

$$f'(\xi)=0.$$

定理有明显的几何意义：在平面上一段两端等高，处处有切线的曲线弧 $\overset{\frown}{AB}$，其上至少存在一条水平的切线，如图 4-1.

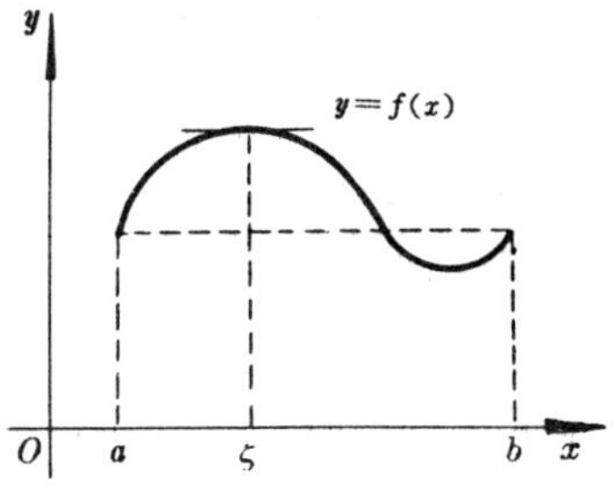

图 4-1

证　由条件 1° 及连续函数的最大值最小值定理知，函数 $f(x)$ 在闭区间 $[a,b]$ 上必定可以取到最大值 M 和最小值 m. 下分两种情形讨论：

(1) 若 $M=m$，即 $f(x)$ 在 $[a,b]$ 上恒为常数，这时 $f'(x)\equiv 0$，因此区间 (a,b) 内任何一点 x 都可取作 ξ.

(2) 若 $M\neq m$，则 M、m 中至少有一个不等于端值 $f(a)$，不妨设 $M\neq f(a)$，那么在区间 (a,b) 内至少有一点 ξ 取到最大值 M，即有 $f(\xi)=M$. 于是对充分小的 $|\Delta x|$，使 $\xi+\Delta x\in(a,b)$，有

$$f(\xi+\Delta x)-f(\xi)\leqslant 0.$$

于是当 $\Delta x>0$ 时，$\dfrac{f(\xi+\Delta x)-f(\xi)}{\Delta x}\leqslant 0$；当 $\Delta x<0$ 时，$\dfrac{f(\xi+\Delta x)-f(\xi)}{\Delta x}\geqslant 0$，由于 $f(x)$ 在点 ξ 处可导，令 $\Delta x\to 0$，取极限，得单侧导数

$$f_+'(\xi)=\lim_{\Delta x\to 0^+}\frac{f(\xi+\Delta x)-f(\xi)}{\Delta x}\leqslant 0,$$

$$f_-'(\xi)=\lim_{\Delta x\to 0^-}\frac{f(\xi+\Delta x)-f(\xi)}{\Delta x}\geqslant 0.$$

根据导数与单侧导数的关系定理，有

$$f'(\xi) = f_+{}'(\xi) = f_-{}'(\xi),$$

从而得

$$f'(\xi) = 0.$$

证毕

特别,当 $f(a) = f(b) = 0$ 时,$a < \xi < b$,$f'(\xi) = 0$. 因此这定理也表明,若 $f(x)$ 为可导函数,则在方程 $f(x) = 0$ 的两个实根之间至少有导数方程 $f'(x) = 0$ 的一个实根.

例 1 设 $f(x) = x^2 - 4x + 3$,试用罗尔定理证明在(1,3) 内存在一点 ξ,使得 $f'(\xi) = 0$.

证 由于函数 $f(x) = (x-1)(x-3)$,在[1,3] 上连续,在(1,3) 内可导,且 $f(1) = f(3) = 0$,满足罗尔定理的三个条件,因而在(1,3) 内至少存在一点 ξ,使得 $f'(\xi) = 0$,又由 $f'(x)$ 是一次函数,这样的点是唯一的.

上述结论不难直接验证,令 $f'(x) = 2x - 4 = 0$,得 $x = 2$,即 $\xi = 2 \in (1,3)$.

例 2 已知函数 $f(x)$ 在[0,1] 上连续,在(0,1) 内可导,且 $f(0) = 1$,$f(1) = 0$,试证在(0,1) 内至少存在一点 ξ,使得 $f'(\xi) = -\dfrac{f(\xi)}{\xi}$.

分析 罗尔定理的最后结论是,在区间(a,b) 内至少存在一点ξ,使得等式$f'(\xi) = 0$成立. 而此题要证明的等式是 $f'(\xi) = -\dfrac{f(\xi)}{\xi}$,两者不一样,为此须将要证的等式改写为 $\xi f'(\xi) + f(\xi) = 0$ 的形式,如果能找到一个函数 $F(x)$,其导数为 $F'(x) = xf'(x) + f(x)$,且满足 $F(0) = F(1)$,那么问题便得到证明. 由导数运算法则,容易看出 $F(x) = xf(x)$.

证 作辅助函数 $F(x) = xf(x)$,由题设条件知 $F(x)$ 在[0,1] 上连续,在(0,1) 内导数 $F'(x) = xf'(x) + f(x)$ 存在,且有 $F(0) = 0f(0) = 0$,$F(1) = 1f(1) = 0$. 因此 $F(x)$ 在[0,1] 上满足罗尔定理三个条件,于是在(0,1) 内至少存在一点 ξ,使得 $F'(\xi) = \xi f'(\xi) + f(\xi) = 0$,即

$$f'(\xi) = -\frac{f(\xi)}{\xi}, \quad \xi \in (0,1).$$

证毕

应注意:罗尔定理的条件只是充分条件,而不是必要条件. 例如,函数

$$f(x) = \begin{cases} 1 - x^2, & -1 \leqslant x \leqslant \dfrac{1}{2}; \\ -\dfrac{1}{2}(x-2), & \dfrac{1}{2} < x \leqslant 2 \end{cases}$$

在[−1,2] 上连续,$f(-1) = f(2) = 0$,在 $x = \dfrac{1}{2}$ 处不可导,定理的条件 2° 不成立,但存在 $\xi = 0 \in (-1,2)$,使 $f'(\xi) = 0$.

1.2 拉格朗日中值定理

如果把罗尔定理中的条件 3° 取消,这时曲线弧$\overset{\frown}{AB}$ 上存在平行于弦 AB 的切线的特性仍然保持,有如下定理.

拉格朗日(Lagrange) 中值定理 如果函数 $f(x)$ 满足条件:

1° 在闭区间$[a,b]$ 上连续; 2° 在开区间(a,b) 内可导.

则在(a,b) 内至少存在一点 $\xi \in (a,b)$,使得

$$f(b) - f(a) = f'(\xi)(b-a). \tag{1.1}$$

分析 着手证明之前,先分析一下定理的几何性质,比值$\dfrac{f(b)-f(a)}{b-a}$ 表示曲线 $y = f(x)$ 上两点 $A(a,f(a))$,$B(b,f(b))$ 连成的弦的斜率,而 $f'(\xi)$ 表示曲线在点$(\xi,f(\xi))$ 处的切线斜率. 于是定理的几何意义是:在题设条件下,曲线弧$\overset{\frown}{AB}$上存在着平行于弦 AB的切线(如图 4-2),特别当 $f(a) = f(b)$ 时,便是罗尔定理,可见拉格朗日中值定理是罗尔定理的推广,于是启发我们

可考虑用罗尔定理来证明它. 为此需要构造一个与已知函数 $f(x)$ 相联系，且满足罗尔定理三个条件的辅助函数. 考察曲线弧 $\overset{\frown}{AB}$：$y_{曲} = f(x)$ 与弦 AB：$y_{弦} = f(a) + \dfrac{f(b) - f(a)}{b - a}(x - a)$ 在点 $x \in [a,b]$ 处的纵坐标之差

$$f(x) - \left[f(a) + \frac{f(b) - f(a)}{b - a}(x - a)\right] \triangleq \varphi(x),$$

$\varphi(x)$ 的图形如图 4-2 中的虚线所示，这时弦 ab 是水平的. 由 $f(x)$ 的题设条件可知，函数 $\varphi(x)$ 在$[a,b]$上满足罗尔定理的三条件。于是存在一点 $\xi \in (a,b)$，使得 $\varphi'(\xi) = f'(\xi) - \dfrac{f(b) - f(a)}{b - a} = 0$. 这就是 $f(b) - f(a) = f'(\xi)(b - a)$. 这样就找到了证明此定理的思路.

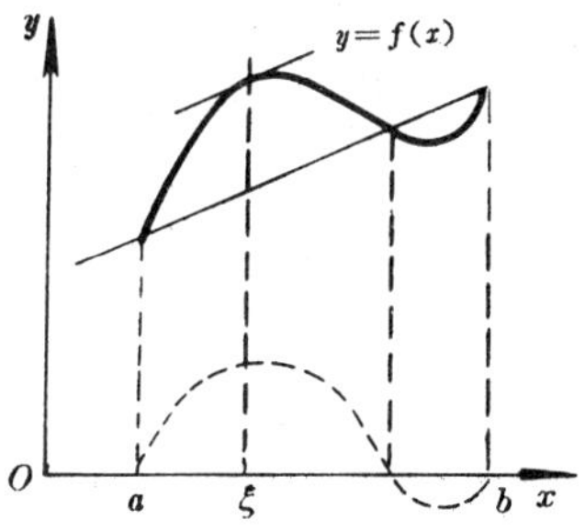

图 4-2

证　设辅助函数

$$\varphi(x) = f(x) - \left[f(a) + \frac{f(b) - f(a)}{b - a}(x - a)\right],$$

由题设条件得 $\varphi(x)$ 在$[a,b]$上连续，在(a,b)内可导，且 $\varphi(a) = \varphi(b) = 0$，满足罗尔定理的三个条件. 于是$(a,b)$内至少存在一点 ξ，使得 $\varphi'(\xi) = 0$. 即有

$$f'(\xi) = \frac{f(b) - f(a)}{b - a}, a < \xi < b$$

或

$$f(b) - f(a) = f'(\xi)(b - a), a < \xi < b.$$

证毕

(1.1) 式称为**拉格朗日中值公式**. 由于 $\dfrac{f(a) - f(b)}{a - b} = \dfrac{f(b) - f(a)}{b - a}$，故当 $b < a$ 时，公式仍然成立. 这公式揭示了可导函数在两点的函数值之差与在这两点之间某处导数值之间的联系，具有重要的理论价值，拉格朗日中值定理又称**微分中值定理**. 公式中的点 ξ 肯定存在，但它的准确值一般并不知道，尽管如此，并不影响定理在微分学中的各种重要应用. 下面将拉格朗日中值公式改写成另外的几种形式.

ξ 介于 a 与 b 之间，于是 $0 < \dfrac{\xi - a}{b - a} < 1$，记 $\theta = \dfrac{\xi - a}{b - a}$，则 $\xi = a + \theta(b - a)$，$0 < \theta < 1$，这样(1.1) 式可改写为

$$f(b) - f(a) = f'[a + \theta(b - a)](b - a), \quad 0 < \theta < 1. \tag{1.2}$$

若令 $a = x_0, b = x_0 + \Delta x$，则有

$$f(x_0 + \Delta x) - f(x_0) = f'(x_0 + \theta\Delta x)\Delta x, \quad 0 < \theta < 1 \tag{1.3}$$

或

$$\Delta y = f'(x_0 + \theta\Delta x)\Delta x, \quad 0 < \theta < 1.$$

例 3　证明不等式

$$\frac{1}{1 + x} < \ln\left(1 + \frac{1}{x}\right) < \frac{1}{x} \quad (x > 0).$$

分析　这里 $\ln\left(1 + \dfrac{1}{x}\right) = \ln(1 + x) - \ln x$，可视作函数 $f(x) = \ln x$ 在 x 与 $1 + x$ 两点的函数值之差，于是应用拉格朗日中值定理来证明.

证　设函数 $f(t) = \ln t, x \leqslant t \leqslant 1 + x$，它在区间$[x, 1 + x]$上连续，在$(x, 1 + x)$内导数 $f'(t) = \dfrac{1}{t}$ 存在，满足拉格朗日中值定理的条件，于是在区间$(x, 1 + x)$内至少存在一点 ξ，使得

$$\ln(1 + x) - \ln x = \frac{1}{\xi} \quad 或 \quad \ln\left(1 + \frac{1}{x}\right) = \frac{1}{\xi},$$

而$\frac{1}{1+x}<\frac{1}{\xi}<\frac{1}{x}$,所以得证

$$\frac{1}{1+x}<\ln(1+\frac{1}{x})<\frac{1}{x}, \quad (x>0).$$ 证毕

例 4 $n\in N, x>0$,证明 $(1+\frac{x}{n})^n<e^x$.

分析 改写不等式为 $(1+\frac{x}{n})<e^{\frac{x}{n}}$,这相当于$e^x-(1+x)>0\quad(x>0)$. 记 $f(x)=e^x-(1+x)$,$f(0)=0$,于是可对 $f(x)$ 在区间$[0,x]$上应用拉格朗日中值定理.

证 作辅助函数 $f(x)=e^x-(1+x),(x>0)$. 它在区间$[0,x]$上满足拉格朗日中值定理的条件,于$(0,x)$内存在一点 ξ,使得

$$f(x)-f(0)=f'(\xi)(x-0).$$

而 $f'(\xi)=e^\xi-1>0$,于是 $f'(\xi)x>0$,所以 $f(x)>f(0)$ 即

$$e^x-(1+x)>0 \quad 或 \quad e^x>1+x.$$

以$\frac{x}{n}$代上式中的 x,得

$$e^{\frac{x}{n}}>1+\frac{x}{n},$$

再 n 次方,就是

$$e^x>(1+\frac{x}{n})^n \quad (x>0).$$ 证毕

由拉格朗日中值定理,还可以得到一个重要的命题,我们知道一个函数在某区间上是一常数,则在该区间上的导数恒为零,反之命题也成立,即**如果函数在某区间上的导数恒为零,则此函数在该区间上必为常数**.

事实上,如果 $f(x)$ 在(a,b) 内有 $f'(x)\equiv 0$,在(a,b) 内任取两点 x_1,x_2,不妨设 $x_1<x_2$,那么 $f(x)$ 在$[x_1,x_2]$上连续,在(x_1,x_2) 内可导,满足拉格朗日定理的条件,于是在(x_1,x_2) 内至少存在一点 ξ,使得

$$f(x_2)-f(x_1)=f'(\xi)(x_2-x_1), \quad x_1<\xi<x_2.$$

因 $f'(x)=0$,所以 $f(x_2)=f(x_1)$,即 $f(x)$ 在(a,b) 内任意两点上的函数值相等,从而得证在(a,b) 上 $f(x)=$ 常数.

例 5 证明恒等式 $\text{arctg}x+\text{arcctg}x\equiv\frac{\pi}{2}$.

证 设 $f(x)=\text{arctg}x+\text{arcctg}x,(-\infty<x<+\infty)$,则有

$$f'(x)=\frac{1}{1+x^2}+(-\frac{1}{1+x^2})\equiv 0,$$

所以 $f(x)=\text{arctg}x+\text{arcctg}x=$ 常数. 再取一个特定的 $x=0$,计算

$$f(0)=\text{arctg}0+\text{arcctg}0=0+\frac{\pi}{2}=\frac{\pi}{2},$$

得证成立恒等式

$$\text{arctg}x+\text{arcctg}x\equiv\frac{\pi}{2}.$$ 证毕

1.3 柯西中值定理

现在考察用参数方程

$$\begin{cases} x = g(t); \\ y = f(t), \end{cases} \quad \alpha \leqslant t \leqslant \beta. \tag{1.4}$$

给定的连续曲线(如图 4-3),且除端点 A,B 外处处有不垂直于 Ox 轴的切线,而两端的坐标为 $(g(\alpha),f(\alpha)),(g(\beta),f(\beta))$. 连接两端点的弦 AB 之斜率是

$$\frac{f(\beta)-f(\alpha)}{g(\beta)-g(\alpha)}.$$

又曲线(1.4) 的切线斜率为

$$\frac{dy}{dx}=\frac{\frac{dy}{dt}}{\frac{dx}{dt}}=\frac{f'(t)}{g'(t)},$$

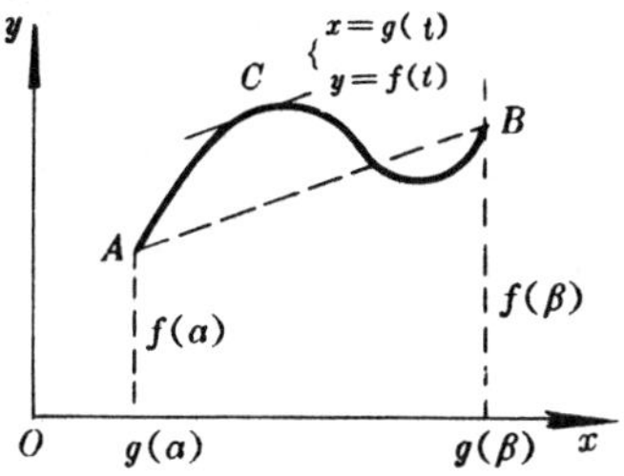

图 4-3

由于曲线弧 $\overset{\frown}{AB}$ 上至少存在一点 C,使得曲线在 C 处的切线平行于弦 AB,于是弦的斜率等于切线的斜率. 假定点 C 对应于参数 $t=\xi$,便有

$$\frac{f(\beta)-f(\alpha)}{g(\beta)-g(\alpha)}=\frac{f'(\xi)}{g'(\xi)}.$$

撇开此式的几何意义,就有下面的定理:

柯西(Cauchy) 中值定理 设函数 $f(x)$、$g(x)$ 满足条件:

1° 在闭区间$[a,b]$ 上连续;

2° 在开区间(a,b) 内可导,且 $g'(x)\neq 0$,

则在(a,b) 内至少存在一点 ξ,使得

$$\frac{f(b)-f(a)}{g(b)-g(a)}=\frac{f'(\xi)}{g'(\xi)} \quad (a<\xi<b). \tag{1.5}$$

证 由于 $g(x)$ 在$[a,b]$ 上连续,在(a,b) 内可导,满足拉格朗日中值定理的条件,又 $g'(x)\neq 0$,故有

$$g(b)-g(a)=g'(\xi)(b-a)\neq 0,$$

因此(1.5) 式是有意义的. 把要证的(1.5) 式改写成

$$f'(\xi)-\frac{f(b)-f(a)}{g(b)-g(a)}g'(\xi)=0,$$

如果能构造出一个在$[a,b]$ 上满足罗尔定理条件的函数 $\varphi(x)$,它在 ξ 的导数 $\varphi'(\xi)$ 是上式的左端,那么应用罗尔定理便可得到证明. 为此作辅助函数

$$\varphi(x)=f(x)-\frac{f(b)-f(a)}{g(b)-g(a)}g(x),$$

由题设条件知 $\varphi(x)$ 在$[a,b]$ 上连续,在(a,b) 内可导,且有

$$\varphi(a)=f(a)-\frac{f(b)-f(a)}{g(b)-g(a)}g(a)=\frac{f(a)g(b)-f(b)g(a)}{g(b)-g(a)};$$

$$\varphi(b)=f(b)-\frac{f(b)-f(a)}{g(b)-g(a)}g(b)=\frac{f(a)g(b)-f(b)g(a)}{g(b)-g(a)},$$

得 $\varphi(a)=\varphi(b)$. 故 $\varphi(x)$ 满足罗尔定理的三条件,于是在(a,b) 内至少存在一点 ξ,使得

$$\varphi'(\xi)=f'(\xi)-\frac{f(b)-f(a)}{g(b)-g(a)}g'(\xi)=0,$$

即
$$\frac{f(b)-f(a)}{g(b)-g(a)}=\frac{f'(\xi)}{g'(\xi)} \quad (a<\xi<b).$$
证毕

式(1.5) 称为**柯西中值公式**. 特别当 $g(x)\equiv x$ 时,就是拉格朗日中值公式. 于是柯西中值定

理又称**广义微分中值定理**.

例 6 设 $0 < x_1 \leqslant x_2$,试证 $|\ln x_2 - \ln x_1| \leqslant |1 - \frac{x_2}{x_1}|$.

分析 当 $x_1 \neq x_2$ 时,可把不等式改为 $\left|\frac{\ln x_2 - \ln x_1}{\frac{1}{x_2} - \frac{1}{x_1}}\right| \leqslant |x_2|$,它的左边是函数 $\ln x$ 与 $\frac{1}{x}$ 在区间 $[x_1, x_2]$ 上改变量之比的绝对值,其值可用柯西中值公式来估计,这启发我们考虑用柯西中值定理来证明.

证 当 $x_1 = x_2$ 时,不等式显然成立,因此只须证明 $0 < x_1 < x_2$ 时成立,设 $f(x) = \ln x, g(x) = \frac{1}{x}$,在区间 $[x_1, x_2]$ 上连续可导,且 $g'(x) = -\frac{1}{x^2} \neq 0$,满足柯西中值定理的条件,于是存在点 $\xi \in (x_1, x_2)$,使得

$$\frac{\ln x_2 - \ln x_1}{\frac{1}{x_2} - \frac{1}{x_1}} = \frac{\frac{1}{\xi}}{-\frac{1}{\xi^2}} = -\xi \quad (x_1 < \xi < x_2).$$

取绝对值

$$\left|\frac{\ln x_2 - \ln x_1}{\frac{1}{x_2} - \frac{1}{x_1}}\right| = |-\xi| < |x_2|,$$

或

$$|\ln x_2 - \ln x_1| < |x_2| \left|\frac{1}{x_2} - \frac{1}{x_1}\right| = \left|1 - \frac{x_2}{x_1}\right|,$$

于是得证 $|\ln x_2 - \ln x_1| \leqslant |1 - \frac{x_2}{x_1}|$,等号仅当 $x_1 = x_2$ 时成立. 证毕

§2 洛比达法则

在第二章看到,当某个变化过程中,函数 $f(x), g(x)$ 同时趋向零,或者同时趋向无穷大时,它们比的极限 $\lim \frac{f(x)}{g(x)}$,不能直接使用“商的极限等于极限的商”的运算法则来求,必须经过适当处理或者使用别的方法才能定值,而且结果随着 $f(x), g(x)$ 的不同而不同,可以是无穷小,或者无穷大,也可以是非零的常数. 如前面所说,这类极限我们分别称之为“$\frac{0}{0}$”型,“$\frac{\infty}{\infty}$”**型未定式**. 本节借助柯西中值定理给出计算未定式极限的一个简便有效的方法,叫做**洛比达法则**.

2.1 $\frac{0}{0}$ 型未定式

洛比达(L'Hospital) **法则** I 设函数 $f(x), g(x)$ 满足下列条件:

1° $\lim\limits_{x \to x_0} f(x) = 0, \quad \lim\limits_{x \to x_0} g(x) = 0$;

2° 在点 x_0 的空心邻域 $0 < |x - x_0| < \delta$ 内可导,且 $g'(x) \neq 0$;

3° $\lim\limits_{x \to x_0} \frac{f'(x)}{g'(x)} = A$ (或 ∞).

则 $$\lim_{x \to x_0} \frac{f(x)}{g(x)} = \lim_{x \to x_0} \frac{f'(x)}{g'(x)} = A \quad (\text{或 } \infty). \tag{2.1}$$

分析 要证明结论(2.1),需要找出 $\frac{f(x)}{g(x)}$ 与 $\frac{f'(x)}{g'(x)}$ 之间的联系,而柯西中值定理是沟通两个函数比与它们导数比之间联系的定理,但题设条件 2° 并没有肯定函数 $f(x), g(x)$ 在包含点 x_0

的 $x_0-\delta$ 邻域内连续，为此须对函数在点 x_0 处的连续性作补充定义，使得满足柯西中值定理的条件，这样我们就有了证明的思路.

证 由条件 1° 知，$f(x)$，$g(x)$ 在 x_0 不连续的话，x_0 必是可去间断点，作补充定义：

$$F(x)=\begin{cases}f(x), & \text{当 } x\neq x_0;\\ 0, & \text{当 } x=x_0,\end{cases}\quad G(x)=\begin{cases}g(x), & \text{当 } x\neq x_0;\\ 0, & \text{当 } x=x_0,\end{cases}\tag{2.2}$$

那么 $F(x)$，$G(x)$ 在 x_0 处连续.

在点 x_0 的空心邻域 $0<|x-x_0|<\delta$ 内任取一点 x，则函数 $F(x)$，$G(x)$ 在区间 $[x_0,x]$ 或 $[x,x_0]$ 上连续，在 (x_0,x) 或 (x,x_0) 内可导，且有 $G'(x)=g'(x)\neq 0$，满足柯西中值定理条件，于是在 x_0 与 x 之间至少存在一点 ξ，使得

$$\frac{F(x)-F(x_0)}{G(x)-G(x_0)}=\frac{F'(\xi)}{G'(\xi)},\quad \xi \text{ 在 } x_0 \text{ 与 } x \text{ 之间}.$$

由(2.2)式便知 $\dfrac{f(x)}{g(x)}=\dfrac{f'(\xi)}{g'(\xi)}$.

当 $x\to x_0$ 时，$\xi\to x_0$，因此有

$$\lim_{x\to x_0}\frac{f(x)}{g(x)}=\lim_{\xi\to x_0}\frac{f'(\xi)}{g'(\xi)}.$$

又因为当 $\lim\limits_{x\to x_0}\dfrac{f'(x)}{g'(x)}=A$（或 ∞）时，必有 $\lim\limits_{\xi\to x_0}\dfrac{f'(\xi)}{g'(\xi)}=A$（或 ∞），所以得证

$$\lim_{x\to x_0}\frac{f(x)}{g(x)}=\lim_{x\to x_0}\frac{f'(x)}{g'(x)}=A\ (\text{或 }\infty).$$

证毕

例 1 求 $\lim\limits_{x\to 0}\dfrac{\cos x-e^{-x^2}}{x^2}$.

解 这里分子、分母都是可导函数，当 $x\to 0$ 时均趋于 0，是 $\dfrac{0}{0}$ 型未定式，由洛比达法则得

$$\lim_{x\to 0}\frac{\cos x-e^{-x^2}}{x^2}=\lim_{x\to 0}\frac{-\sin x+2xe^{-x^2}}{2x}=-\frac{1}{2}\lim_{x\to 0}\frac{\sin x}{x}+\lim_{x\to 0}e^{-x^2}=-\frac{1}{2}+1=\frac{1}{2}.$$

例 2 求 $\lim\limits_{x\to 1}\dfrac{x^2-3x+2}{\ln x}$.

解 这是 $\dfrac{0}{0}$ 型未定式，用洛比达法则，得

$$\lim_{x\to 1}\frac{x^2-3x+2}{\ln x}=\lim_{x\to 1}\frac{2x-3}{\dfrac{1}{x}}=\frac{2-3}{1}=-1.$$

在条件满足的情形下，可以连续使用洛比达法则.

例 3 求 $\lim\limits_{x\to 0}\dfrac{e^x-\sin x-1}{1-\sqrt{1-x^2}}$.

解 这是 $\dfrac{0}{0}$ 型未定式，由洛比达法则得

$$\lim_{x\to 0}\frac{e^x-\sin x-1}{1-\sqrt{1-x^2}}=\lim_{x\to 0}\frac{e^x-\cos x}{\dfrac{x}{\sqrt{1-x^2}}}=\lim_{x\to 0}\sqrt{1-x^2}\lim_{x\to 0}\frac{e^x-\cos x}{x}$$

$$=1\cdot\lim_{x\to 0}\frac{e^x+\sin x}{1}=1\cdot(1+0)=1.$$

其中第二步，将极限非零的因子 $\sqrt{1-x^2}$ 及时提出单独计算极限，可使运算简化.

例 4 求 $\lim\limits_{x\to 0}\dfrac{x-\operatorname{tg}x}{x\ln^2(1+x)}$.

解 这是$\frac{0}{0}$型未定式，若注意到当$x\to 0$时分母中无穷小因子$\ln^2(1+x)$以等价无穷小x^2代换，再使用洛比达法则，可使计算更简捷.

$$\lim_{x\to 0}\frac{x-\mathrm{tg}x}{x\ln^2(1+x)}=\lim_{x\to 0}\frac{x-\mathrm{tg}x}{x\cdot x^2}=\lim_{x\to 0}\frac{1-\sec^2 x}{3x^2}=\lim_{x\to 0}\frac{-\mathrm{tg}^2 x}{3x^2}=-\frac{1}{3}.$$

洛比达法则 Ⅰ 可以推广到$x\to\infty$的情形，即

若$\lim\limits_{x\to\infty}f(x)=0$，$\lim\limits_{x\to\infty}g(x)=0$；在$|x|$充分大后，$f(x)$，$g(x)$可导，且$g'(x)\neq 0$；又已知$\lim\limits_{x\to\infty}\frac{f'(x)}{g'(x)}=A$（或$\infty$）. 则$\lim\limits_{x\to\infty}\frac{f(x)}{g(x)}=\lim\limits_{x\to\infty}\frac{f'(x)}{g'(x)}=A$ （或∞）.

事实上，作代换$x=\frac{1}{t}$，当$x\to\infty$时$t\to 0$，所以

$$\lim_{x\to\infty}\frac{f(x)}{g(x)}=\lim_{t\to 0}\frac{f(\frac{1}{t})}{g(\frac{1}{t})}.$$

上式右端满足洛比达法则 Ⅰ 的条件，于是有

$$\lim_{x\to\infty}\frac{f(x)}{g(x)}=\lim_{t\to 0}\frac{f(\frac{1}{t})}{g(\frac{1}{t})}=\lim_{t\to 0}\frac{f'(\frac{1}{t})(-\frac{1}{t^2})}{g'(\frac{1}{t})(-\frac{1}{t^2})}=\lim_{t\to 0}\frac{f'(\frac{1}{t})}{g'(\frac{1}{t})}=\lim_{x\to\infty}\frac{f'(x)}{g'(x)}=A\quad(\text{或}\infty).$$

例 5 求 $\lim\limits_{x\to+\infty}\dfrac{\frac{\pi}{2}-\mathrm{arctg}x}{\ln(1+\frac{1}{x})}$.

解 这是当$x\to+\infty$时的$\frac{0}{0}$型未定式，用洛比达法则，得

$$\lim_{x\to+\infty}\frac{\frac{\pi}{2}-\mathrm{arctg}x}{\ln(1+\frac{1}{x})}=\lim_{x\to+\infty}\frac{-\frac{1}{1+x^2}}{\frac{1}{1+\frac{1}{x}}(-\frac{1}{x^2})}=\lim_{x\to+\infty}\frac{1+\frac{1}{x}}{1+\frac{1}{x^2}}=1.$$

2.2 $\frac{\infty}{\infty}$型未定式

洛比达法则 Ⅱ 设函数$f(x)$，$g(x)$满足条件：

1° $\lim\limits_{x\to x_0}f(x)=\infty$， $\lim\limits_{x\to x_0}g(x)=\infty$；

2° 在x_0的空心邻域$0<|x-x_0|<\delta$内，$f(x)$，$g(x)$可导，且$g'(x)\neq 0$；

3° $\lim\limits_{x\to x_0}\frac{f'(x)}{g'(x)}=A$ （或∞）.

则 $\lim\limits_{x\to x_0}\frac{f(x)}{g(x)}=\lim\limits_{x\to x_0}\frac{f'(x)}{g'(x)}=A$ （或∞）.

* **证** 我们只证$\lim\limits_{x\to x_0}\frac{f(x)}{g(x)}=A$的情形，先证右极限 $\lim\limits_{x\to x_0^+}\frac{f(x)}{g(x)}=A$.

由条件 3° 知，对于任意小的$\varepsilon>0$，存在$\delta_1>0(\delta_1<\delta)$，使当$0<|x-x_0|<\delta_1$时，有

$$\left|\frac{f'(x)}{g'(x)}-A\right|<\varepsilon \quad\text{或}\quad A-\varepsilon<\frac{f'(x)}{g'(x)}<A+\varepsilon\quad(0<|x-x_0|<\delta_1).\tag{2.3}$$

在右半邻域$x_0<x<x_0+\delta_1$内任取两点x，x_1，且$x<x_1$，在区间$[x,x_1]$上应用柯西中值定理，得

$$\frac{f(x_1)-f(x)}{g(x_1)-g(x)}=\frac{f'(\xi)}{g'(\xi)}\qquad(x<\xi<x_1),\tag{2.4}$$

因 $x_0 < x < \xi < x_1 < x_0 + \delta_1$，所以有

$$A - \varepsilon < \frac{f'(\xi)}{g'(\xi)} < A + \varepsilon. \tag{2.5}$$

把(2.4)式改写为

$$\frac{f(x)}{g(x)} \cdot \frac{1 - \dfrac{f(x_1)}{f(x)}}{1 - \dfrac{g(x_1)}{g(x)}} = \frac{f'(\xi)}{g'(\xi)} \quad 或 \quad \frac{f(x)}{g(x)} = \frac{f'(\xi)}{g'(\xi)} \cdot \frac{1 - \dfrac{g(x_1)}{g(x)}}{1 - \dfrac{f(x_1)}{f(x)}}.$$

固定 x_1，让 $x \to x_0^+$，由题设条件 1°，$\lim\limits_{x \to x_0^+} \dfrac{f(x_1)}{f(x)} = 0$，$\lim\limits_{x \to x_0^+} \dfrac{g(x_1)}{g(x)} = 0$，所以

$$\frac{f(x)}{g(x)} = \frac{f'(\xi)}{g'(\xi)} \cdot (1 + \alpha(x)), \quad 其中 \lim_{x \to x_0^+} \alpha(x) = 0.$$

代入(2.5)式，得

$$(A - \varepsilon)(1 + \alpha(x)) < \frac{f(x)}{g(x)} < (A + \varepsilon)(1 + \alpha(x)).$$

由于当 $x \to x_0^+$ 时，$\alpha(x) \to 0$，且 ε 为任意小，因而上式不等式两侧同时趋向于 A，所以

$$\lim_{x \to x_0^+} \frac{f(x)}{g(x)} = A.$$

同理可得左极限 $\lim\limits_{x \to x_0^-} \dfrac{f(x)}{g(x)} = A$，从而得证 $\lim\limits_{x \to x_0} \dfrac{f(x)}{g(x)} = A$. 证毕

如果法则中的极限过程 $x \to x_0$，改为 $x \to \infty$，把点 x_0 的空心 δ 邻域改为 $|x| > M$（M 为任意大的正数），那么，法则 Ⅱ 仍然成立.

例 6 求 $\lim\limits_{x \to 0^+} \dfrac{e^{-1/x^2}}{x}$.

解 令 $t = \dfrac{1}{x}$，当 $x \to 0^+$ 时，$t = \dfrac{1}{x} \to +\infty$，于是

$$\lim_{x \to 0^+} \frac{e^{-1/x^2}}{x} = \lim_{t \to +\infty} \frac{t}{e^{t^2}} = \lim_{t \to +\infty} \frac{1}{2te^{t^2}} = 0.$$

例 7 求 $\lim\limits_{x \to +\infty} \dfrac{\ln x}{x^\alpha}$ $(\alpha > 0)$.

解 这是 $\dfrac{\infty}{\infty}$ 型未定式，用洛比达法则 Ⅱ，得

$$\lim_{x \to +\infty} \frac{\ln x}{x^\alpha} = \lim_{x \to +\infty} \frac{\dfrac{1}{x}}{\alpha x^{\alpha-1}} = \frac{1}{\alpha} \lim_{x \to +\infty} \frac{1}{x^\alpha} = 0.$$

例 8 求 $\lim\limits_{x \to +\infty} \dfrac{x^\alpha}{a^x}$ $(\alpha > 0, a > 1)$.

解 这是 $\dfrac{\infty}{\infty}$ 型未定式，用洛比达法则 Ⅱ，得

$$\lim_{x \to +\infty} \frac{x^\alpha}{a^x} = \lim_{x \to +\infty} \frac{\alpha x^{\alpha-1}}{a^x \ln a} = \lim_{x \to +\infty} \frac{\alpha(\alpha-1)x^{\alpha-2}}{a^x \ln^2 a} = \cdots$$
$$= \lim_{x \to +\infty} \frac{\alpha(\alpha-1)\cdots(\alpha-n+1)x^{\alpha-n}}{a^x \ln^n a} = 0.$$

这是因为根据实数性质，总存在 $n \in N$，使 $n \geqslant \alpha$，使用 n 次法则 Ⅱ，这时分子中 x 的幂次降为 0 或负数，于是分子的极限为常数或零，而分母的极限始终是无穷大，所以分式的极限为零.

最后两例说明，当 $x \to +\infty$ 时，对数函数 $\ln x$，幂函数 $x^\alpha (\alpha > 0)$ 与指数函数 $a^x (a > 1)$ 都趋于 无穷大，但它们趋于无穷大的速度是不同的，指数函数增长最快，幂函数其次，对数函数最慢.

2.3 其它未定式

$\frac{0}{0}$,$\frac{\infty}{\infty}$是两种基本未定式,其它的未定式还有 $0\cdot\infty$,$(+\infty)-(+\infty)$,0^0,1^∞,∞^0 等.这些未定式可通过适当恒等变形化成$\frac{0}{0}$型或$\frac{\infty}{\infty}$型,再使用洛比达法则.

例 9 求 $\lim\limits_{x\to0^+} xe^{\frac{1}{x}}$.

解 这是 $0\cdot\infty$ 型未定式.由 $xe^{\frac{1}{x}}=\frac{e^{\frac{1}{x}}}{x^{-1}}$ 就化为$\frac{\infty}{\infty}$型,于是

$$\lim_{x\to0^+} xe^{\frac{1}{x}}=\lim_{x\to0^+}\frac{e^{\frac{1}{x}}}{x^{-1}}=\lim_{x\to0^+}\frac{e^{\frac{1}{x}}\cdot\left(-\frac{1}{x^2}\right)}{-x^{-2}}=\lim_{x\to0^+}e^{\frac{1}{x}}=+\infty.$$

例 10 求 $\lim\limits_{x\to0}\left(\frac{1}{x^2}-\text{ctg}^2x\right)$.

解 这是$(+\infty)-(+\infty)$型未定式,把它通分就化成$\frac{0}{0}$型.于是

$$\begin{aligned}\lim_{x\to0}\left(\frac{1}{x^2}-\text{ctg}^2x\right)&=\lim_{x\to0}\frac{\sin^2x-x^2\cos^2x}{x^2\sin^2x}\\&=\lim_{x\to0}\frac{(\sin x+x\cos x)(\sin x-x\cos x)}{x^2\cdot x^2}\qquad(\text{当 } x\to0 \text{ 时},\sin x\sim x)\\&=\lim_{x\to0}\frac{\sin x+x\cos x}{x}\cdot\lim_{x\to0}\frac{\sin x-x\cos x}{x^3}=2\cdot\lim_{x\to0}\frac{x\sin x}{3x^2}=\frac{2}{3}.\end{aligned}$$

对于 0^0,∞^0,1^∞ 型未定式,都是幂指函数$[u(x)]^{v(x)}$的极限问题,只要改写成指数函数

$$[u(x)]^{v(x)}=e^{v(x)\ln u(x)},$$

就化为 $0\cdot\infty$ 型.

例 11 求 $\lim\limits_{x\to0^+}x^{\sin x}$.

解 这是 0^0 型未定式.

$$\lim_{x\to0^+}x^{\sin x}=\lim_{x\to0^+}e^{\sin x\ln x},$$

而 $$\lim_{x\to0^+}\sin x\cdot\ln x=\lim_{x\to0^+}\frac{\ln x}{\csc x}=\lim_{x\to0^+}\frac{\frac{1}{x}}{-\csc x\cdot\text{ctg}x}=-\lim_{x\to0^+}\frac{\sin^2x}{x\cos x}=-\lim_{x\to0^+}\frac{x}{\cos x}=0.$$

于是 $$\lim_{x\to0^+}x^{\sin x}=e^0=1.$$

例 12 求$\lim\limits_{x\to\infty}\left(\sin\frac{2}{x}+\cos\frac{1}{x}\right)^x$.

解 这是 1^∞ 型未定式.

$$\lim_{x\to\infty}\left(\sin\frac{2}{x}+\cos\frac{1}{x}\right)^x=\lim_{x\to\infty}e^{x\ln\left(\sin\frac{2}{x}+\cos\frac{1}{x}\right)}\xlongequal{x=\frac{1}{t}}\lim_{t\to0}e^{\frac{\ln(\sin2t+\cos t)}{t}},$$

而 $$\lim_{t\to0}\frac{\ln(\sin2t+\cos t)}{t}=\lim_{t\to0}\frac{2\cos2t-\sin t}{\sin2t+\cos t}=2,\text{所以}$$

$$\lim_{x\to\infty}\left(\sin\frac{2}{x}+\cos\frac{1}{x}\right)^x=e^2.$$

例 13 求 $\lim\limits_{x\to+\infty}\left(x+\sqrt{x^2+1}\right)^{\frac{1}{\ln x}}$.

解 这是 ∞^0 型未定式.

$$\lim_{x\to+\infty}\left(x+\sqrt{x^2+1}\right)^{\frac{1}{\ln x}}=\lim_{x\to+\infty}e^{\frac{\ln(x+\sqrt{x^2+1})}{\ln x}}$$

而 $$\lim_{x\to+\infty}\frac{\ln(x+\sqrt{x^2+1})}{\ln x}=\lim_{x\to+\infty}\frac{\frac{1}{\sqrt{x^2+1}}}{\frac{1}{x}}=\lim_{x\to+\infty}\frac{x}{\sqrt{x^2+1}}=1.$$

所以 $$\lim_{x\to+\infty}(x+\sqrt{x^2+1})^{\frac{1}{\ln x}}=e^1=e.$$

最后应指出：洛比达法则是当 $\lim\frac{f'(x)}{g'(x)}=A$(或 ∞) 时才有 $\lim\frac{f(x)}{g(x)}=A$(或 ∞). 如果遇到极限 $\lim\frac{f'(x)}{g'(x)}$ 是振荡型不存在，不能由此得出原极限也不存在，只表明洛比达法则不适用. 例如

$$\lim_{x\to\infty}\frac{x+\sin x}{x}=\lim_{x\to\infty}\frac{1+\cos x}{1}\qquad(\text{振荡型}),$$

等式右边极限不存在，但原极限却是存在的. 事实上

$$\lim_{x\to\infty}\frac{x+\sin x}{x}=\lim_{x\to\infty}\left(1+\frac{1}{x}\cdot\sin x\right)=1.$$

§3 泰勒公式

在分析函数的一些局部性态时，常希望用一个能在这个范围内达到精度要求、性质优良、构造简单的函数，近似替代比较复杂的函数来简化要研究的问题. 我们知道 x 的多项式是一类只用到加法、减法和乘法，处处连续，处处可微的简单函数. 如何用一个多项式近似替代一个结构较复杂的函数，这就是本节要论述的泰勒公式.

3.1 泰勒定理

设函数 $f(x)$ 在点 x_0 的邻域内可导，由拉格朗日中值公式得

$$f(x)=f(x_0)+f'(x_0+\theta_1\Delta x)\Delta x,\quad 0<\theta_1<1.\tag{3.1}$$

如果用点 x_0 处的函数值 $f(x_0)$ 近似函数 $f(x)$，其误差 $f'(x_0+\theta_1\Delta x)\Delta x$ 比较大. 假设函数 $f(x)$ 在点 x_0 的邻域内具有二阶导数，这时可将 $f'(x_0+\theta_1\Delta x)$ 在区间 $[x_0,x_0+\theta_1\Delta x]$ 或 $[x_0+\theta_1\Delta x,x_0]$ 上使用拉格朗日中值定理，有

$$f'(x_0+\theta_1\Delta x)=f'(x_0)+f''[x_0+\theta_2\theta_1\Delta x]\theta_1\Delta x,\quad 0<\theta_2<1.\tag{3.2}$$

把它代入(3.1)式

$$f(x)=f(x_0)+f'(x_0)\Delta x+f''(x_0+\theta_2\theta_1\Delta x)\theta_1\Delta x^2,\tag{3.3}$$

这里 $(\Delta x)^2\triangleq\Delta x^2$. 如果用一次函数 $f(x_0)+f'(x_0)(x-x_0)$ 近似函数 $f(x)$，其误差是 $f''(x_0+\theta_2\theta_1\Delta x)\theta_1\Delta x^2$，这要比用 $f(x_0)$ 近似 $f(x)$ 好得多. 下面考察这个误差的具体表达式.

设

$$f(x)=f(x_0)+f'(x_0)(x-x_0)+D(x)(x-x_0)^2,\tag{3.4}$$

其中 $D(x)$ 是待定函数，写成

$$D(x)=\frac{f(x)-f(x_0)-f'(x_0)(x-x_0)}{(x-x_0)^2}.$$

记 $F(x)=f(x)-f(x_0)-f'(x_0)(x-x_0)$， $G(x)=(x-x_0)^2$，则有

$F'(x)=f'(x)-f'(x_0)$； $G'(x)=2(x-x_0)$，

$F(x_0)=F'(x_0)=0$； $G(x_0)=G'(x_0)=0.$

可见函数 $F(x)$，$G(x)$ 在区间 $[x_0,x]$ 或 $[x,x_0]$ 上连续，在 (x_0,x) 或 (x,x_0) 内可导，且 $G'(x)\neq0$，满

足柯西中值定理条件. 于是在 x_0 与 x 之间至少存在一点 ξ_1, 使得

$$D(x)=\frac{F(x)}{G(x)}=\frac{F(x)-F(x_0)}{G(x)-G(x_0)}=\frac{F'(\xi_1)}{G'(\xi_1)},\quad \xi_1\text{ 在 } x_0 \text{ 与 } x \text{ 之间}.$$

又函数 $F'(x)=f'(x)-f'(x_0)$, $G'(x)=2(x-x_0)$ 在区间 $[x_0,\xi_1]$ 或 $[\xi_1,x_0]$ 上连续, 在 (x_0,ξ_1) 或 (ξ_1,x_0) 内可导, 且 $G''(x)=2\neq 0$, 因而满足柯西中值定理条件. 于是在 x_0 与 ξ_1 之间至少存在一点 ξ, 使得

$$\frac{F'(\xi_1)}{G'(\xi_1)}=\frac{F'(\xi_1)-F'(x_0)}{G'(\xi_1)-G'(x_0)}=\frac{F''(\xi)}{G''(\xi)},\quad \xi\text{ 在 } x_0 \text{ 与 } \xi_1 \text{ 之间}.$$

而 $F''(\xi)=f''(\xi)$, 因此

$$D(x)=\frac{F(x)}{G(x)}=\frac{F'(\xi_1)}{G'(\xi_1)}=\frac{F''(\xi)}{G''(\xi)}=\frac{f''(\xi)}{2},$$

代入(3.4)式, 得

$$f(x)=f(x_0)+f'(x_0)(x-x_0)+\frac{f''(\xi)}{2!}(x-x_0)^2,\quad \xi\text{ 在 } x_0 \text{ 与 } x \text{ 之间}. \tag{3.5}$$

由此可见, 用一次函数 $f(x_0)+f'(x_0)(x-x_0)$ 近似函数 $f(x)$ 的误差具体表达式为

$$R_1(x)=\frac{f''(\xi)}{2!}(x-x_0)^2,\quad \xi\text{ 在 } x_0 \text{ 与 } x \text{ 之间}.$$

仿照上述思路, 如果函数 $f(x)$ 在点 x_0 的邻域内具有更高阶的导数, 那么就可用更高次的多项式近似替代函数 $f(x)$. 这就是下面讨论的泰勒公式.

泰勒(Taylor) 定理 设函数 $f(x)$ 在点 x_0 的某个邻域内具有 $n+1$ 阶导数, 则对该邻域内的任一点 x 处, 有

$$f(x)=f(x_0)+f'(x_0)(x-x_0)+\frac{f''(x_0)}{2!}(x-x_0)^2+\cdots+\frac{f^{(n)}(x_0)}{n!}(x-x_0)^n+R_n(x),$$

其中 $$R_n(x)=\frac{f^{(n+1)}(\xi)}{(n+1)!}(x-x_0)^{n+1},\quad \xi\text{ 在 } x_0 \text{ 与 } x \text{ 之间}. \tag{3.6}$$

证 设

$$R_n(x)=f(x)-\left[f(x_0)+f'(x_0)(x-x_0)+\frac{f''(x_0)}{2!}(x-x_0)^2+\cdots+\frac{f^{(n)}(x_0)}{n!}(x-x_0)^n\right];$$

$G(x)=(x-x_0)^{n+1}$.

这里只须证明 $R_n(x)=\dfrac{f^{(n+1)}(\xi)}{(n+1)!}(x-x_0)^{n+1}$ 即可:

易知 $R_n(x_0)=R'_n(x_0)=R''(x_0)=\cdots=R_n^{(n)}(x_0)=0,\quad R_n^{(n+1)}(x)=f^{(n+1)}(x)$;

$G(x_0)=G'(x_0)=G''(x_0)=\cdots=G^{(n)}(x_0)=0,\quad G^{(n+1)}(x)=(n+1)!$.

对函数 $R_n(x)$ 与 $G(x)$ 连续使用 $n+1$ 次柯西中值定理:

$$\begin{aligned}\frac{R_n(x)}{G(x)}&=\frac{R_n(x)-R_n(x_0)}{G(x)-G(x_0)}=\frac{R'_n(\xi_1)}{G'(\xi_1)}=\frac{R'_n(\xi_1)-R'_n(x_0)}{G'(\xi_1)-G'(x_0)}=\frac{R''_n(\xi_2)}{G''(\xi_2)}=\cdots=\frac{R_n^{(n)}(\xi_n)}{G^{(n)}(\xi_n)}\\&=\frac{R_n^{(n)}(\xi_n)-R_n^{(n)}(x_0)}{G^{(n)}(\xi_n)-G^{(n)}(x_0)}=\frac{R^{(n+1)}(\xi)}{G^{(n+1)}(\xi)}=\frac{f^{(n+1)}(\xi)}{(n+1)!}.\end{aligned}$$

其中 ξ 在 x_0 与 ξ_n 之间, 也在 x_0 与 ξ_{n-1} 之间 …, 从而也在 x_0 与 x 之间, 所以得证

$$R_n(x)=\frac{f^{(n+1)}(\xi)}{(n+1)!}(x-x_0)^{n+1},\quad \xi\text{ 在 } x_0 \text{ 与 } x \text{ 之间}.$$ 证毕

称(3.6)式为**函数 $f(x)$ 在点 x_0 处的 n 阶泰勒公式**, 其中 $R_n(x)$ 称为**拉格朗日余项**. (3.6)式右边的前 $n+1$ 项是关于 $(x-x_0)$ 的 n 次多项式:

$$P_n(x)=f(x_0)+f'(x_0)(x-x_0)+\frac{f''(x_0)}{2!}(x-x_0)^2+\cdots+\frac{f^{(n)}(x_0)}{n!}(x-x_0)^n$$

称为**函数 $f(x)$ 在点 x_0 处的 n 阶泰勒多项式**，于是余项 $R_n(x)$ 就是用 $P_n(x)$ 近似 $f(x)$ 的误差.

这样，对一个较复杂的函数的研究，可用一个多项式替代，且其精度可随多项式次数高低而调节，当 $n=0$ 时的泰勒公式

$$f(x)=f(x_0)+f'(\xi)(x-x_0),\quad \xi \text{ 在 } x_0 \text{ 与 } x \text{ 之间},$$

就是拉格朗日中值公式. 前面的(3.5)式就是 $n=1$ 阶的泰勒公式.

若记 $\dfrac{\xi-x_0}{x-x_0}=\theta\quad(0<\theta<1)$，则(3.6)式可写为

$$f(x)=f(x_0)+f'(x_0)(x-x_0)+\frac{f''(x_0)}{2!}(x-x_0)^2+\cdots+\frac{f^{(n)}(x_0)}{n!}(x-x_0)^n+\frac{f^{(n+1)}[x_0+\theta(x-x_0)]}{(n+1)!}(x-x_0)^{n+1},\quad 0<\theta<1.$$

如果令 $x_0=0$，便得到

$$f(x)=f(0)+f'(0)x+\frac{f''(0)}{2!}x^2+\cdots+\frac{f^{(n)}(0)}{n!}x^n+\frac{f^{(n+1)}(\theta x)}{(n+1)!}x^{n+1}\quad 0<\theta<1.\qquad(3.7)$$

这是泰勒公式一个极为重要的特殊情形，称为**马克劳林**(Maclaurin) **公式**.

例 1　求函数 $f(x)=x^3-2x^2+3$ 在点 $x=1$ 处的泰勒公式.

解　先求出 $f(x)$ 在 $x=1$ 处的函数值及各阶导数，由 $f(x)=x^3-2x^2+3$，$f'(x)=3x^2-4x$，$f''(x)=6x-4$，$f'''(x)=6$，$f^{(k)}(x)=0\ (k\geqslant 4)$，令 $x=1$ 得

$$f(1)=2,f'(1)=-1,f''(1)=2,f'''(1)=6, \text{又 } f^{(4)}(\xi)=0,$$

代入(3.6)式，得 $f(x)$ 在 $x=1$ 处的泰勒公式

$$x^3-2x^2+3=2-(x-1)+(x-1)^2+(x-1)^3.$$

例 2　求 $f(x)=e^{\sin x}$ 的二阶马克劳林公式.

解　由 $f(x)=e^{\sin x}$，$f'(x)=\cos x e^{\sin x}$，$f''(x)=e^{\sin x}(\cos^2 x-\sin x)$，

$$f'''(x)=-\sin x\cos x(3+\sin x)e^{\sin x}.$$

令 $x=0$，得 $f(0)=1$，$f'(0)=1$，$f''(0)=1$，

又 $f'''(\theta x)=-\sin\theta x\cos\theta x(3+\sin\theta x)e^{\sin\theta x}$，代入(3.7)，得到所求的二阶马克劳林公式

$$e^{\sin x}=1+x+\frac{x^2}{2!}-\frac{x^3}{3!}\sin\theta x\cos\theta x(3+\sin\theta x)e^{\sin\theta x},\ 0<\theta<1.$$

3.2　几个常用函数的马克劳林公式

(1) $f(x)=e^x$ 的马克劳林公式

由　$f(x)=f'(x)=f''(x)=\cdots=f^{(n)}(x)=f^{(n+1)}(x)=e^x$，令 $x=0$，有

$$f(0)=f'(0)=f''(0)=\cdots=f^{(n)}(0)=e^0=1, \text{又 } f^{(n+1)}(\theta x)=e^{\theta x},$$

代入(3.7)式，得

$$e^x=1+x+\frac{x^2}{2!}+\cdots+\frac{x^n}{n!}+\frac{e^{\theta x}}{(n+1)!}x^{n+1},\ 0<\theta<1.$$

(2) $f(x)=\sin x$ 的马克劳林公式

由 $f^{(k)}(x)=(\sin x)^{(k)}=\sin(x+k\cdot\frac{\pi}{2})$，

当 $k=2n$ 时，　$f^{(2n)}(0)=\sin(n\pi)=0$；

当 $k=2n-1$ 时，　$f^{(2n-1)}(0)=\sin(\frac{2n-1}{2}\pi)=-\cos n\pi=(-1)^{n-1}$；

当 $k=2n+1$ 时，　$f^{(2n+1)}(x)=\sin(x+\frac{2n+1}{2}\pi)=\cos(x+n\pi)=(-1)^n\cos x$；

$$f^{(2n+1)}(\theta x)=(-1)^n\cos\theta x,\quad 0<\theta<1$$

代入(3.7)式得

$$\sin x = x - \frac{x^3}{3!} + \frac{x^5}{5!} - \frac{x^7}{7!} + \cdots + (-1)^{n-1}\frac{x^{2n-1}}{(2n-1)!}$$

$$+ (-1)^n \frac{\cos\theta x}{(2n+1)!}\cdot x^{2n+1}, \quad 0<\theta<1.$$

类似地可得

$$\cos x = 1 - \frac{x^2}{2!} + \frac{x^4}{4!} - \frac{x^6}{6!} + \cdots + (-1)^n \frac{x^{2n}}{(2n)!}$$

$$+ (-1)^{n+1}\frac{\cos\theta x}{(2n+2)!}x^{2n+2}, \quad 0<\theta<1.$$

(3) $f(x) = \ln(1+x)$ **的马克劳林公式**

当 $x>-1$ 时，$f(x)=\ln(1+x)$，$f'(x)=\frac{1}{1+x}$，$f''(x)=\frac{-1}{(1+x)^2}$，…，$f^{(n)}(x)=\frac{(-1)^{n-1}(n-1)!}{(1+x)^n}$，$f^{(n+1)}(x)=\frac{(-1)^n n!}{(1+x)^{n+1}}$. 令 $x=0$，有 $f(0)=0$，$f'(0)=1$，$f''(0)=-1$，$f'''(0)=(-1)^2\cdot 2!$，…，$f^{(n)}(0)=(-1)^{n-1}(n-1)!$，

又 $f^{(n+1)}(\theta x)=\frac{(-1)^n\cdot n!}{(1+\theta x)^{n+1}}$，所以得

$$\ln(1+x) = x - \frac{x^2}{2} + \frac{x^3}{3} - \frac{x^4}{4} + \cdots + (-1)^{n-1}\frac{x^n}{n}$$

$$+ (-1)^n \frac{x^{n+1}}{(n+1)(1+\theta x)^{n+1}}, \quad 0<\theta<1.$$

(4) $f(x)=(1+x)^\alpha$**的马克劳林公式**

由 $f(x)=(1+x)^\alpha$，$f^{(n)}(x)=\alpha(\alpha-1)(\alpha-2)\cdots(\alpha-n+1)(1+x)^{\alpha-n}$，令 $x=0$ 有 $f(0)=1$，$f'(0)=\alpha$，$f''(0)=\alpha(\alpha-1)$，…，$f^{(n)}(0)=\alpha(\alpha-1)(\alpha-2)\cdots(\alpha-n+1)$，

又 $f^{(n+1)}(\theta x)=\alpha(\alpha-1)(\alpha-2)\cdots(\alpha-n+1)(\alpha-n)(1+\theta x)^{\alpha-n-1}$，所以得

$$(1+x)^\alpha = 1+\alpha x+\frac{\alpha(\alpha-1)}{2!}x^2+\cdots+\frac{\alpha(\alpha-1)\cdots(\alpha-n+1)}{n!}x^n+R_n(x).$$

其中余项

$$R_n(x)=\frac{x^{n+1}}{(n+1)!}\alpha(\alpha-1)(\alpha-2)\cdots(\alpha-n)\cdot(1+\theta x)^{\alpha-n-1}, \quad 0<\theta<1.$$

泰勒公式的余项 $R_n(x)=\frac{f^{(n+1)}(\xi)}{(n+1)!}(x-x_0)^{n+1}$，当用来估计误差时，在不少情形，只要知道它的量级，并不需要具体表达式. 例如，e^x 的 n 阶马克劳林公式的余项 $R_n(x)=\frac{e^{\theta x}}{(n+1)!}x^{n+1}$，当 $x\to 0$ 时是一个比 x^n 高阶的无穷小，可记作 $o(x^n)$. 一般 n 阶泰勒公式的余项 $R_n(x)=\frac{f^{(n+1)}(\xi)}{(n+1)!}(x-x_0)^{n+1}$，可写成

$$R_n(x)=o((x-x_0)^n) \quad (x\to x_0).$$

这种形式的泰勒公式余项，称为**皮亚诺**(Peano)**型余项**. 这不但形式简洁，而且泰勒公式成立的条件也可以减弱.

定理 设函数 $f(x)$ 在点 x_0 的某个邻域内具有 $n-1$ 阶导数，而在点 x_0 处有 n 阶导数，则对于该邻域内任一点 x，有

$$f(x)=f(x_0)+f'(x_0)(x-x_0)+\frac{f''(x_0)}{2!}(x-x_0)^2+\cdots$$

$$+\frac{f^{(n)}(x_0)}{n!}(x-x_0)^n+o((x-x_0)^n) \quad (x\to x_0). \tag{3.8}$$

此式称为函数 $f(x)$ 在点 x_0 处 n 阶**带皮亚诺余项的泰勒公式**.

证 设 $R_n(x)=f(x)-\left[f(x_0)+f'(x_0)(x-x_0)+\frac{f''(x_0)}{2!}(x-x_0)^2+\cdots+\frac{f^{(n)}(x_0)}{n!}(x-x_0)^n\right]$,

只须证明 $\lim\limits_{x\to x_0}\frac{R_n(x)}{(x-x_0)^n}=0$ 即可.

$$R'_n(x)=f'(x)-\left[f'(x_0)+f''(x_0)(x-x_0)+\frac{f'''(x_0)}{2!}(x-x_0)^2+\cdots+\frac{f^{(n)}(x_0)}{(n-1)!}(x-x_0)^{n-1}\right],$$

$$R''_n(x)=f''(x)-\left[f''(x_0)+f'''(x_0)(x-x_0)+\cdots+\frac{f^{(n)}(x_0)}{(n-2)!}(x-x_0)^{n-2}\right],$$

……

$$R_n^{(n-1)}(x)=f^{(n-1)}(x)-\left[f^{(n-1)}(x_0)+f^{(n)}(x_0)(x-x_0)\right].$$

由 $f(x)$ 在 x_0 处 n 阶可导知,导函数 $f'(x),f''(x),\cdots,f^{(n-1)}(x)$ 在 $x=x_0$ 处必连续,于是有

$$\lim_{x\to x_0}R_n(x)=\lim_{x\to x_0}R'_n(x)=\lim_{x\to x_0}R''_n(x)=\cdots=\lim_{x\to x_0}R_n^{(n-1)}(x)=0.$$

连续使用 $n-1$ 次洛比达法则,得

$$\lim_{x\to x_0}\frac{R_n(x)}{(x-x_0)^n}=\lim_{x\to x_0}\frac{R'_n(x)}{n(x-x_0)^{n-1}}=\lim_{x\to x_0}\frac{R''_n(x)}{n(n-1)(x-x_0)^{n-2}}=\cdots=\lim\frac{R_n^{(n-1)}(x)}{n!(x-x_0)}.$$

又因 $f(x)$ 在 $x=x_0$ 处 n 阶导数存在,从而

$$\begin{aligned}\lim_{x\to x_0}\frac{R_n^{(n-1)}(x)}{n!(x-x_0)}&=\lim_{x\to x_0}\frac{f^{(n-1)}(x)-\left[f^{(n-1)}(x_0)+f^{(n)}(x_0)(x-x_0)\right]}{n!(x-x_0)}\\&=\frac{1}{n!}\left[\lim_{x\to x_0}\frac{f^{(n-1)}(x)-f^{(n-1)}(x_0)}{x-x_0}-f^{(n)}(x_0)\right]\\&=\frac{1}{n!}\left[f^{(n)}(x_0)-f^{(n)}(x_0)\right]=0.\end{aligned}$$

于是 $\lim\limits_{x\to x_0}\frac{R_n(x)}{(x-x_0)^n}=0$,亦即

$$R_n(x)=o((x-x_0)^n)\quad(x\to x_0).$$

证毕

带皮亚诺余项的五个常用函数的马克劳林公式为:

$$\begin{aligned}&e^x=1+x+\frac{x^2}{2!}+\cdots+\frac{x^n}{n!}+o(x^n)\quad(x\to 0);\\&\sin x=x-\frac{x^3}{3!}+\frac{x^5}{5!}-\frac{x^7}{7!}+\cdots+(-1)^{n-1}\frac{x^{2n-1}}{(2n-1)!}+o(x^{2n})\quad(x\to 0);\\&\cos x=1-\frac{x^2}{2!}+\frac{x^4}{4!}-\frac{x^6}{6!}+\cdots+(-1)^n\frac{x^{2n}}{(2n)!}+o(x^{2n+1})\quad(x\to 0);\\&\ln(1+x)=x-\frac{x^2}{2}+\frac{x^3}{3}-\frac{x^4}{4}+\cdots+(-1)^{n-1}\frac{x^n}{n}+o(x^n)\quad(x\to 0);\\&(1+x)^\alpha=1+\alpha x+\frac{\alpha(\alpha-1)}{2!}x^2+\cdots+\frac{\alpha(\alpha-1)\cdots(\alpha-n+1)}{n!}x^n+o(x^n)\quad(x\to 0).\end{aligned}\tag{3.9}$$

以上公式揭示了不同函数可以用统一的 x 的多项式来近似表示,使不同函数之间找到了联系,通过这种联系,便于进行运算.

3.3 泰勒公式应用举例

泰勒公式把不同函数用统一的形式(3.6)式表示出来,创立了用多项式近似表示函数的一般方法,它是利用高阶导数研究函数性态的重要工具,亦为函数的一些运算带来方便.

例 3　设有一条匀质柔软且不会拉伸的绳索，两头固定在柱子上，在其自重作用下形成的曲线（如图 4-4），称为**悬链线**（如两铁塔之间的高压输电线），其方程是 $y = a\operatorname{ch}\frac{x}{a}\,(a > 0)$，试问可用怎样的一条二次抛物线近似它.

解　依题意是用二次多项式近似悬链线，于是须求出 $y = a\operatorname{ch}\frac{x}{a}$ 的二阶马克劳林公式.

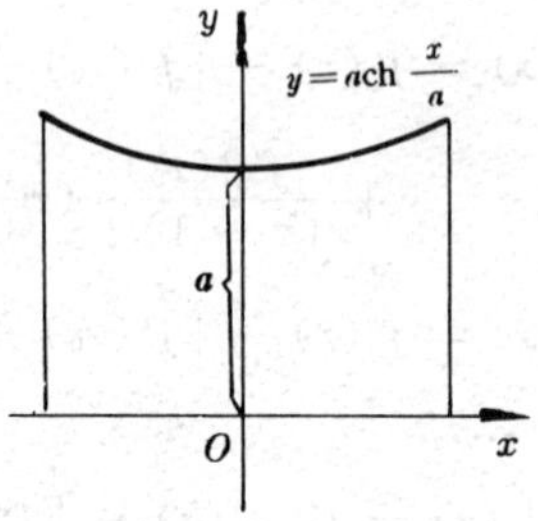

图 4-4

由 $y = a\operatorname{ch}\frac{x}{a}$，$y' = \operatorname{sh}\frac{x}{a}$，$y'' = \frac{1}{a}\operatorname{ch}\frac{x}{a}$，$y''' = \frac{1}{a^2}\operatorname{sh}\frac{x}{a}$ 得，

$y|_{x=0} = a$，$y'|_{x=0} = 0$，$y''|_{x=0} = \frac{1}{a}$，又 $y'''|_{x=\xi} = \frac{1}{a^2}\operatorname{sh}\frac{\xi}{a}$，所以

$$y = a\operatorname{ch}\frac{x}{a} = a + \frac{1}{2a}x^2 + \frac{x^3}{3!}\cdot\frac{1}{a^2}\operatorname{sh}\frac{\xi}{a},\ \xi \text{ 在 } 0 \text{ 与 } x \text{ 之间}.$$

因此，可用抛物线 $y = a + \frac{1}{2a}x^2$ 近似悬链线，其误差是

$$|R_2(x)| = \left|\frac{x^3}{6a^2}\operatorname{sh}\frac{\xi}{a}\right| \leqslant \frac{|x|^3}{6a^2}\operatorname{sh}\frac{|x|}{a}.$$

例 4　求 $\lim\limits_{x\to 0}\dfrac{x^2e^{2x} + \ln(1-x^2)}{x\cos x - \sin x}$.

解　由公式(3.9)

$$x^2e^{2x} = x^2\left(1 + 2x + \frac{(2x)^2}{2!} + o(x^2)\right) = x^2 + 2x^3 + 2x^4 + o(x^4);$$

$$\ln(1-x^2) = (-x^2) - \frac{(-x^2)^2}{2} + o(x^4) = -x^2 - \frac{x^4}{2} + o(x^4);$$

$$x\cos x = x\left(1 - \frac{x^2}{2!} + o(x^3)\right) = x - \frac{x^3}{2} + o(x^4);$$

$$\sin x = x - \frac{x^3}{3!} + o(x^4),$$

其中　$x^2\cdot o(x^2) = o(x^4)$，　$x\cdot o(x^3) = o(x^4)$. 于是

$$\lim_{x\to 0}\frac{x^2e^{2x} + \ln(1-x^2)}{x\cos x - \sin x} = \lim_{x\to 0}\frac{[x^2 + 2x^3 + 2x^4 + o(x^4)] + \left(-x^2 - \frac{x^4}{2} + o(x^4)\right)}{\left[x - \frac{x^3}{2} + o(x^4)\right] - \left(x - \frac{x^3}{3!} + o(x^4)\right)}$$

$$= \lim_{x\to 0}\frac{2x^3 + \frac{3}{2}x^4 + o(x^4)}{-\frac{1}{3}x^3 + o(x^4)} = \lim_{x\to 0}\frac{2 + \frac{3}{2}x + \frac{o(x^4)}{x^3}}{-\frac{1}{3} + \frac{o(x^4)}{x^3}} = -6.$$

其中　$\lim\limits_{x\to 0}\dfrac{o(x^4)}{x^3} = \lim\limits_{x\to 0}x\cdot\dfrac{o(x^4)}{x^4} = 0\cdot 0 = 0.$

例 5　设函数 $f(x) = \dfrac{1-x}{\sqrt{1+x^2}}$，求带皮亚诺余项 $o(x^4)$ 的泰勒公式.

解　因 $\dfrac{1}{\sqrt{1+x^2}} = (1+x^2)^{-\frac{1}{2}} = 1 + \left(-\dfrac{1}{2}\right)x^2 + \dfrac{\left(-\frac{1}{2}\right)\left(-\frac{3}{2}\right)}{2!}(x^2)^2 + o(x^4)$，

于是

$$\frac{1-x}{\sqrt{1+x^2}} = (1-x)\left[1 - \frac{1}{2}x^2 + \frac{3}{8}x^4 + o(x^4)\right]$$

$$= 1 - x - \frac{1}{2}x^2 + \frac{1}{2}x^3 + \frac{3}{8}x^4 - \frac{3}{8}x^5 + o(x^4) - o(x^5)$$

$$= 1 - x - \frac{1}{2}x^2 + \frac{1}{2}x^3 + \frac{3}{8}x^4 + o(x^4),$$

其中 $$-\frac{3}{8}x^5 + o(x^4) - o(x^5) = o(x^4).$$

例 6 计算 e 的近似值，误差要求不超过 10^{-5}.

解 由公式

$$e^x = 1 + x + \frac{x^2}{2!} + \frac{x^3}{3!} + \cdots + \frac{x^n}{n!} + \frac{e^{\theta x}}{(n+1)!}x^{n+1} \quad 0 < \theta < 1$$

令 $x = 1$，得 $$e = 1 + 1 + \frac{1}{2!} + \frac{1}{3!} + \cdots + \frac{1}{n!} + \frac{e^{\theta}}{(n+1)!} \quad 0 < \theta < 1.$$

用近似公式

$$e \approx 1 + 1 + \frac{1}{2!} + \frac{1}{3!} + \cdots + \frac{1}{n!}$$

的误差为

$$|R_n(x)| = \left|\frac{e^{\theta}}{(n+1)!}\right| \leqslant \frac{3}{(n+1)!}.$$

要达到不超过 10^{-5} 的误差要求，当取 $n = 9$ 时，公式误差为

$$|R_n(x)| \leqslant \frac{3}{10!} < \frac{1}{10} \times 10^{-5}.$$

取 $$e \approx 1 + 1 + \frac{1}{2!} + \frac{1}{3!} + \frac{1}{4!} + \frac{1}{5!} + \frac{1}{6!} + \frac{1}{7!} + \frac{1}{8!} + \frac{1}{9!},$$

其中后七项有舍入误差，为达到总的误差要求，每项取小数后至第六位，第七位四舍五入. 每项舍入误差不超过 $\frac{1}{2} \times 10^{-6}$，七项共计舍入误差不超过

$$\frac{1}{2} \times 10^{-6} \times 7 = \frac{7}{20} \times 10^{-5}.$$

公式误差与舍入误差之和至多为

$$\frac{1}{10} \times 10^{-5} + \frac{7}{20} \times 10^{-5} = \frac{9}{20} \times 10^{-5},$$

可见取 $n = 9$ 的计算方案符合要求，于是

$$\begin{aligned} e &\approx 1 + 1 + 0.5 + 0.166667 + 0.041667 + 0.008333 \\ &\quad + 0.001389 + 0.000198 + 0.000025 + 0.000003 = 2.718282. \end{aligned}$$

最后，将第六位四舍五入，得近似值 $e \approx 2.71828$.

总误差不超过 $\frac{9}{20} \times 10^{-5} + \frac{1}{2} \times 10^{-5} = \frac{19}{20} \times 10^{-5} < 10^{-5}$，符合误差不超过 10^{-5} 的要求.

§4 函数的增减性与极值

应用微分中值定理，就可以进一步研究函数的各种性态. 这节从函数增减性这一最基本问题开始，讨论函数的极值与最值，往后几节再讨论曲线的凹向、拐点、渐近线和曲率等.

4.1 函数增减性的判定法

在第一章中我们已经讨论过函数的增减性，但那时只能借助代数运算，十分费劲，现在应用导数工具可得出极其简便的判定法.

从图 4-5 看到，曲线 $y = f(x)$ 在区间 (a,c) 上的一段弧 $\overset{\frown}{AC}$ 是上升的（随着 x 的增大，y 也增

大)，其上任一点处的切线与 x 轴正向的倾角 α 均是锐角，切线的斜率 $y' = \mathrm{tg}\alpha > 0$；在区间 (c,b) 上的一段弧 $\overset{\frown}{CB}$ 是下降的(随着 x 的增大，y 减少)，其上任一点处的切线与 x 轴正向的倾角 α 均是钝角，切线的斜率 $y' = \mathrm{tg}\alpha < 0$. 可见曲线的升降(即函数的增减)与导数 y' 的符号密切相关.

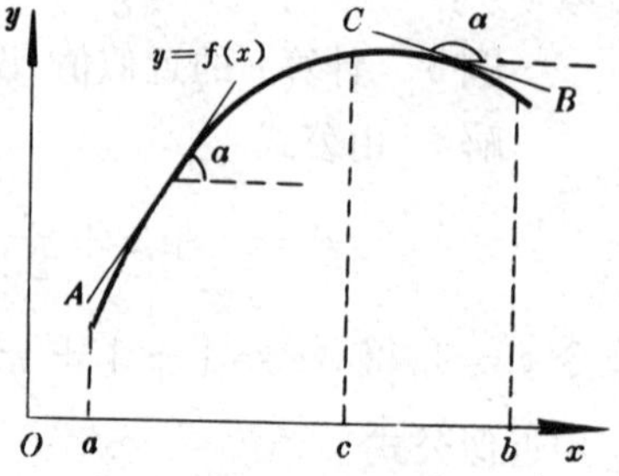

图 4-5

定理(函数增减性的判定定理) 设函数 $f(x)$ 在区间 (a,b) 内可导，于是有

(1) 若在 (a,b) 内 $f'(x) > 0$，则 $f(x)$ 在该区间内严格单调增(简称**严格增**)；

(2) 若在 (a,b) 内 $f'(x) < 0$，则 $f(x)$ 在该区间内严格单调减(简称**严格减**).

证 由函数严格单调增(减)的定义，只须证明在 (a,b) 内任意两点 x_1, x_2，当 $x_1 < x_2$ 时有 $f(x_1) < f(x_2)$(或 $f(x_1) > f(x_2)$)即可.

因 $f(x)$ 在 (a,b) 内可导，故 $f(x)$ 在 $[x_1,x_2]$ 上连续、可导，满足拉格朗日中值定理的条件，于是在 (x_1,x_2) 内至少存在一点 ξ，使得

$$f(x_2) - f(x_1) = f'(\xi)(x_2 - x_1).$$

这里 $x_2 - x_1 > 0$，故当 $f'(x) > 0$ 时 $f'(\xi) > 0$，便有 $f(x_2) - f(x_1) > 0$，即 $f(x_2) > f(x_1)$；当 $f'(x) < 0$ 时，$f'(\xi) < 0$，便有 $f(x_2) - f(x_1) < 0$，即 $f(x_2) < f(x_1)$. 证毕

例 1 讨论函数 $y = \ln|x|$ 的单调性.

解 由 $y' = (\ln|x|)' = \dfrac{1}{x}$，知当 $x < 0$ 时，$y' < 0$；当 $x > 0$ 时，$y' > 0$. 故函数在 $(-\infty, 0)$ 上严格减，在 $(0, +\infty)$ 上严格增.

例 2 求函数 $y = xe^{-x}$ 的单调性区间.

解 由 $y' = (xe^{-x})' = (1-x)e^{-x}$，令 $y' = 0$，得 $x = 1$. 当 $x < 1$ 时，$y' > 0$；当 $x > 1$ 时，$y' < 0$，所以，$(-\infty, 1)$ 是严格单调增区间；$(1, +\infty)$ 是严格单调减区间. 函数的大致图形如图 4-6 所示.

为简明起见，将讨论结果列表如下：

x	$(-\infty,1)$	1	$(1,+\infty)$
y'	+	0	−
y	↗	e^{-1}	↘

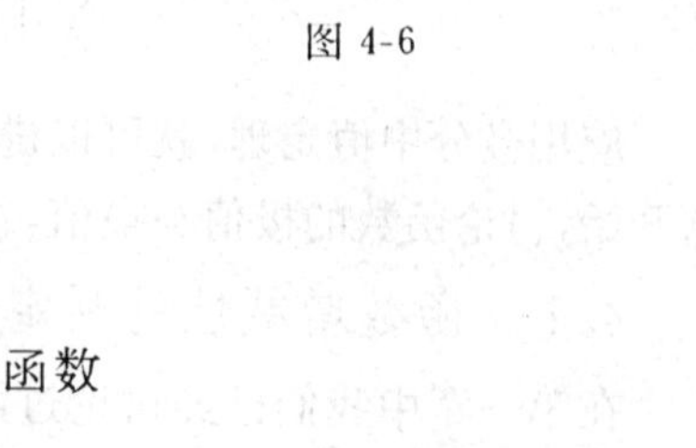

图 4-6

这里记号"↗"表示该区间内严格增；"↘"表示严格减.

如果函数 $f(x)$ 在闭区间 $[a,b]$ 上连续，且在 (a,b) 内恒有 $f'(x) > 0$(或 $f'(x) < 0$)，则有不等式

$$f(b) > f(x) > f(a) \quad (\text{或 } f(b) < f(x) < f(a)).$$

利用函数的增减性可以证明一些不等式.

例 3 证明 $x - \dfrac{x^3}{3} < \mathrm{arctg}x < x \quad (x > 0)$.

证 将联立不等式分开证明，先证右边一个不等式. 设函数

$$f(x) = x - \mathrm{arctg}x,$$

它在 $x \geqslant 0$ 上连续，且当 $x > 0$ 时有

$$f'(x) = 1 - \frac{1}{1+x^2} > 0,$$

所以当 $x > 0$ 时 $f(x)$ 严格增. 从而对于任意的 $x > 0$,有 $f(x) > f(0) = 0$,即

$$\operatorname{arctg} x < x.$$

再证左边一个不等式,设函数

$$g(x) = x - \frac{x^3}{3} - \operatorname{arctg} x,$$

它在 $x \geqslant 0$ 上连续,且当 $x > 0$ 时有

$$g'(x) = 1 - x^2 - \frac{1}{1+x^2} = \frac{-x^4}{1+x^2} < 0,$$

所以,当 $x > 0$ 时,$g(x)$ 严格减. 从而对任意的 $x > 0$ 有 $g(x) < g(0) = 0$,即

$$x - \frac{x^3}{3} < \operatorname{arctg} x.$$

综上讨论,得证当 $x > 0$ 时,成立不等式

$$x - \frac{x^3}{3} < \operatorname{arctg} x < x.$$

证毕

4.2 函数的极值

定义 设函数 $f(x)$ 在点 x_0 的某个邻域内有定义,若对于该邻域内任意一点 x 有

$$f(x) \leqslant f(x_0) \quad (\text{或 } f(x) \geqslant f(x_0)),$$

则称 $f(x_0)$ **为函数 $f(x)$ 的极大值**(或**极小值**),极大值与极小值统称为**极值**,使函数取到极值的点 x_0 叫做**极值点**.

图 4-7 中,点 x_0 与 x_2 是极大值点,x_1 与 x_3 是极小值点. 点 x_4 是函数的间断点,它也是极大值点. 我们往后只讨论连续函数的极值问题.

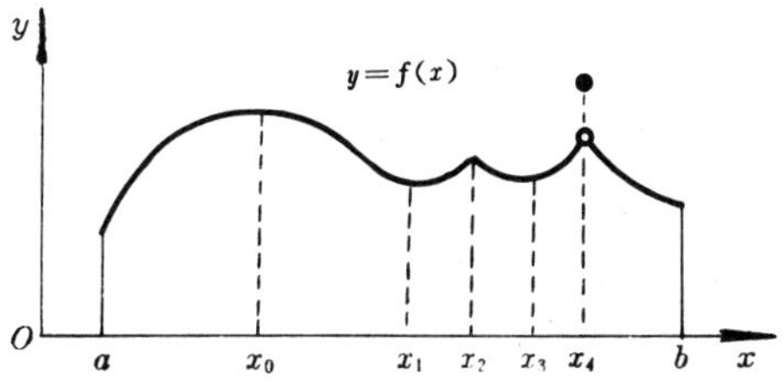

图 4-7

由实数的稠密性,不论多小的区间内都有无穷多个点,因此想通过逐点计算函数值的办法来求极值是不行的,下面从考察极值的必要条件着手,来讨论极值的求法.

定理一(极值的必要条件) 设函数 $f(x)$ 在点 x_0 的某个邻域内可导,若 $f(x_0)$ 是极值,则必有 $f'(x_0) = 0$.

证 不妨假定 $f(x_0)$ 是极大值,即在该邻域内任一点 $x = x_0 + \Delta x$,有

$$f(x_0 + \Delta x) - f(x_0) \leqslant 0.$$

当 $\Delta x > 0$ 时,$\dfrac{f(x_0+\Delta x) - f(x_0)}{\Delta x} \leqslant 0$.

因 $f(x)$ 在点 x_0 处可导,于是让 $\Delta x \to 0^+$,得右导数

$$f'_+(x_0) = \lim_{\Delta x \to 0^+} \frac{f(x_0+\Delta x) - f(x_0)}{\Delta x} \leqslant 0;$$

当 $\Delta x < 0$ 时,$\dfrac{f(x_0+\Delta x) - f(x_0)}{\Delta x} \geqslant 0$,令 $\Delta x \to 0^-$,得左导数

$$f'_-(x_0) = \lim_{\Delta x \to 0^-} \frac{f(x_0+\Delta x) - f(x_0)}{\Delta x} \geqslant 0.$$

由导数与单侧导数的关系，便得

$$f'(x_0) = f'_+(x_0) = f'_-(x_0) = 0.$$

证毕

满足方程 $f'(x) = 0$ 的点叫做**函数的驻点**. 定理一表明，可导函数的极值点必是驻点. 但是驻点未必是极值点. 例如 $y = x^3$，令 $y' = 3x^2 = 0$，$x = 0$ 是驻点，但 $y' = 3x^2 \geqslant 0$，等号仅当 $x = 0$ 时成立，函数 $y = x^3$ 严格增，故 $x = 0$ 不是极值点，如图 4-8 所示. 因此，驻点是不是极值点？如果是极值点，是极大值点还是极小值点？还须进一步用充分条件加以检验.

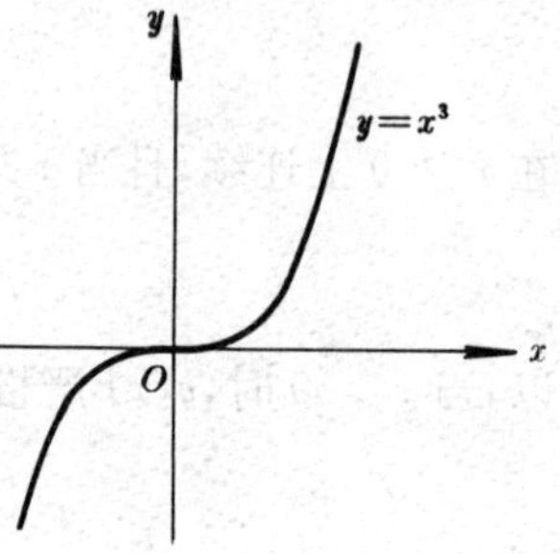

图 4-8

定理二（极值的第一充分条件） 设函数 $f(x)$ 在点 x_0 的某个 δ 邻域内连续且可导（点 x_0 本身可以除外），于是有

(1) 若 $x \in (x_0 - \delta, x_0)$ 时 $f'(x) > 0$，而 $x \in (x_0, x_0 + \delta)$ 时 $f'(x) < 0$，则 $f(x_0)$ 是极大值；

(2) 若 $x \in (x_0 - \delta, x_0)$ 时 $f'(x) < 0$，而 $x \in (x_0, x_0 + \delta)$ 时 $f'(x) > 0$，则 $f(x_0)$ 是极小值；

(3) 若在 x_0 的两旁，即 $x \in (x_0 - \delta, x_0) \cup (x_0, x_0 + \delta)$ 上，$f'(x)$ 的符号保持不变，则 $f(x_0)$ 不是极值.

证 $\forall x \in (0 < |x - x_0| < \delta)$，由题设条件，$f(x)$ 在 $[x_0, x]$ 或 $[x, x_0]$ 上连续，在 (x_0, x) 或 (x, x_0) 内可导，满足拉格朗日中值定理的条件，于是有

$$f(x) - f(x_0) = f'(\xi)(x - x_0),\quad \xi \text{ 在 } x_0 \text{ 与 } x \text{ 之间}.$$

(1) 若 $x \in (x_0 - \delta, x_0)$ 时，$x - x_0 < 0$，$f'(x) > 0$，于是 $f(x) - f(x_0) = f'(\xi)(x - x_0) < 0$，即 $f(x) < f(x_0)$；若 $x \in (x_0, x_0 + \delta)$ 时，$x - x_0 > 0$，$f'(x) < 0$，于是 $f(x) - f(x_0) = f'(\xi)(x - x_0) < 0$，即 $f(x) < f(x_0)$. 因此，对于点 x_0 的 δ 邻域内的任意点 x，均有 $f(x) \leqslant f(x_0)$，故 $f(x_0)$ 是极大值.

(2) 同理可证.

(3) 由于在 x_0 的 δ 邻域内，恒有 $f'(x) > 0$ 或 $f'(x) < 0$，因此函数 $f(x)$ 在该邻域内严格增或严格减，所以 $f(x_0)$ 不是极值.

证毕

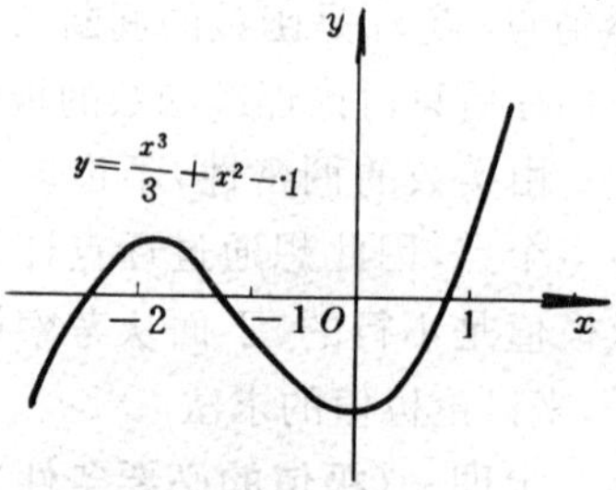

图 4-9

例 4 求函数 $f(x) = \dfrac{x^3}{3} + x^2 - 1$ 的极值.

解 由 $f'(x) = x^2 + 2x = x(x + 2)$，令 $f'(x) = 0$，求得驻点 $x_1 = -2$，$x_2 = 0$. 并用它们把定义域 $(-\infty, +\infty)$ 分成三个子区间，用极值的充分条件，列表讨论如下：

x	$(-\infty, -2)$	-2	$(-2, 0)$	0	$(0, +\infty)$
$f'(x)$	+	0	−	0	+
$f(x)$	↗	极大值	↘	极小值	↗

所以 $x = -2$ 是极大值点，极大值是 $f(-2) = \dfrac{1}{3}$，$x = 0$ 是极小值点，极小值是 $f(0) = -1$，函数图形的大致形状如图 4-9 所示.

这里还应指出，定理一的极值必要条件，是对可导函数而言的，其实连续函数在导数不存

在的点也可能取到极值.例如,$y=|x|$,在 $x=0$ 处不可导,但却是极小值点(如图 4-10),因此,连续函数的极值点应当到驻点和导数不存在的点中去寻找.

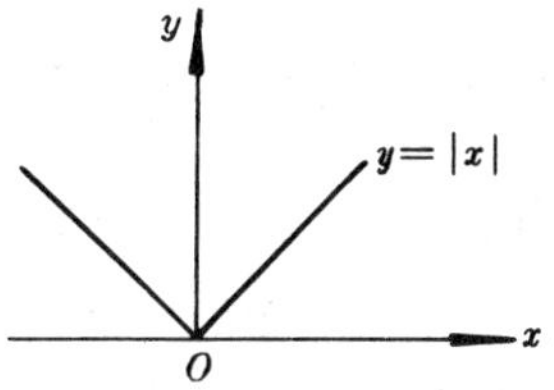

图 4-10

例 5 求函数 $f(x)=x\sqrt[3]{(x-2)^2}$ 的极值.

解 由 $f'(x)=\dfrac{5x-6}{3\sqrt[3]{x-2}}$,令 $f'(x)=0$,求得驻点 $x=\dfrac{6}{5}$,又 $x=2$ 是导数不存在点,它们把定义域$(-\infty,+\infty)$分成三个子区间,列表讨论如下:

x	$(-\infty,\frac{6}{5})$	$\frac{6}{5}$	$(\frac{6}{5},2)$	2	$(2,+\infty)$
$f'(x)$	+	0	−	不存在	+
$f(x)$	↗	极大值	↘	极小值	↗

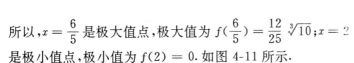

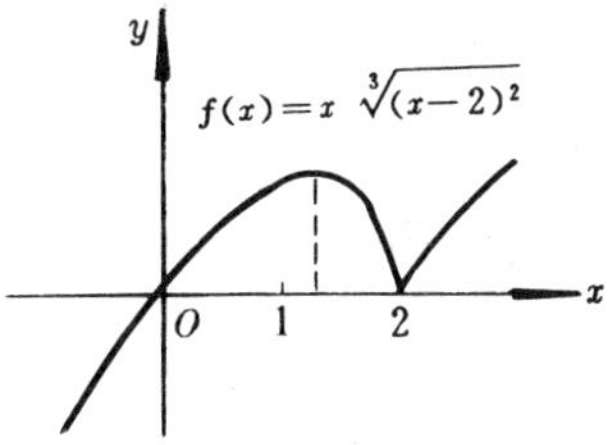

图 4-11

所以,$x=\dfrac{6}{5}$ 是极大值点,极大值为 $f(\dfrac{6}{5})=\dfrac{12}{25}\sqrt[3]{10}$;$x=2$ 是极小值点,极小值为 $f(2)=0$.如图 4-11 所示.

用第一充分条件检验极值,需要确定驻点两侧一阶导数 $f'(x)$ 的符号,有时不太方便,但如果函数 $f(x)$ 在驻点 x_0 处的二阶导数 $f''(x_0)$ 存在,且不是零,那么也可用驻点的二阶导数 $f''(x_0)$ 符号来判定.

这是因为,由假设 x_0 是 $f(x)$ 的驻点,且 $f''(x_0)$ 存在且不是零,这时带皮亚诺余项的二阶泰勒公式成立:

$$f(x)=f(x_0)+f'(x_0)(x-x_0)+\frac{f''(x_0)}{2!}(x-x_0)^2+o((x-x_0)^2)\quad(x\to x_0).$$

因 x_0 是驻点,$f'(x_0)=0$,于是有

$$f(x)-f(x_0)=\frac{f''(x_0)}{2!}(x-x_0)^2+o((x-x_0)^2).$$

当 x 充分接近 x_0 时,上式右边的符号由第一项$\dfrac{f''(x_0)}{2!}(x-x_0)^2$ 决定.因此

当 $f''(x_0)>0$ 时,$f(x)-f(x_0)>0$,即 $f(x)>f(x_0)$,故 $f(x_0)$ 是极小值;

当 $f''(x_0)<0$ 时,$f(x)-f(x_0)<0$,即 $f(x)<f(x_0)$,故 $f(x_0)$ 是极大值.

这样又得到一个判定极值的充分条件:

定理三(极值的第二充分条件) 如果函数 $f(x)$ 在驻点 x_0 处的二阶导数存在,且不等于零,则当 $f''(x_0)>0$ 时,$f(x_0)$ 是极小值;当 $f''(x_0)<0$ 时,$f(x_0)$ 是极大值.

如例 1 中,$f''(x)=2(x+1)$,$f''(-2)=-2<0$,所以 $f(-2)=\dfrac{1}{3}$ 是极大值;$f''(0)=2>0$,所以 $f(0)=-1$ 是极小值.

例 6 求函数 $f(x)=e^{-x}\sin x$ 的极值.

解 $f'(x)=e^{-x}(\cos x-\sin x)=\sqrt{2}e^{-x}\cos(x+\dfrac{\pi}{4})$;

$f''(x)=e^{-x}(-\sin x-\cos x)-e^{-x}(\cos x-\sin x)=-2\cos xe^{-x}$,

令 $f'(x)=0$,求出驻点 $x_n=n\pi+\dfrac{\pi}{4}$,$(n\in Z)$.而 $f''(x_n)=f''(n\pi+\dfrac{\pi}{4})=-2\cos(n\pi+\dfrac{\pi}{4})e^{-n\pi-\frac{\pi}{4}}$

$=-2\cos n\pi\cdot\cos\dfrac{\pi}{4}e^{-n\pi-\frac{\pi}{4}}=\sqrt{2}(-1)^{n+1}e^{-n\pi-\frac{\pi}{4}}$.

当 $n=2k+1$ 时，$f''(x_{2k+1})>0$；当 $n=2k$ 时，$f''(x_{2k})<0$. 所以

极大值 $f(x_{2k})=f(2k\pi+\frac{\pi}{4})=e^{-2k\pi-\frac{\pi}{4}}\cdot\sin(2k\pi+\frac{\pi}{4})=\frac{\sqrt{2}}{2}e^{-2k\pi-\frac{\pi}{4}}$；

极小值 $f(x_{2k+1})=f(2k\pi+\frac{5\pi}{4})=e^{-2k\pi-\frac{5\pi}{4}}\cdot\sin(2k\pi+\frac{5\pi}{4})=-\frac{\sqrt{2}}{2}e^{-2k\pi-\frac{5\pi}{4}}$，

其中 $k\in z$，函数的图形见第一章图 1-20.

上述两种判定极值的充分条件，一般来说，当函数的二阶导数存在，容易求出，且在驻点的二阶导数不为零时，使用第二充分条件比较方便.

例 7 求函数 $f(x)=\frac{\ln x}{x}$ 的极值，并证明不等式 $e^{\pi}>\pi^{e}$.

解 由 $f'(x)=\frac{1-\ln x}{x^2}$，令 $f'(x)=0$ 得驻点 $x=e$. 当 $x\in(0,e)$ 时，$f'(x)>0$；当 $x\in(e,+\infty)$ 时，$f'(x)<0$，于是 $f(e)=\frac{1}{e}$ 为最大值. 从而有 $f(\pi)<f(e)$，即

$$\frac{\ln\pi}{\pi}<\frac{\ln e}{e},$$

两边同乘 πe，得

$$e\ln\pi<\pi\ln e,\quad 或\quad \ln\pi^{e}<\ln e^{\pi},$$

故有

$$\pi^{e}<e^{\pi}.$$

4.3 最大值与最小值问题

不论是一个产品的设计，一项工程的经营管理，还是做一次科学试验，其中都可能遇到诸如在一定条件下材料最省，效益最好，功率最大，时间最少之类的问题，这在数学上可归结为求函数的最大值或最小值问题. 本段在上面极值理论基础上，仅就最简单的一元函数最值问题的求法进行讨论.

函数的最值是对所论问题的整个区间而言的，但函数的极值只是一点邻域内的最值，是个局 部性的概念，如果函数 $f(x)$ 在区间$[a,b]$上的最大(或小)值在(a,b)内部取到，那么它必定是极大(或小)值，此外，最大最小值也可能在区间的端点取到. 因此，函数的最值只可能在驻点、导数不存在的点以及区间的端点取到. 于是，只须比较这三种点上的函数值的大小，便知谁是最大值，谁是最小值，尤其当 $f(x)$ 在区间$[a,b]$上是单调时，那么两端的函数值 $f(a)$，$f(b)$ 就是最大、最小值.

例 8 求函数 $f(x)=(x-3)^2e^{|x|}$ 在$[-1,4]$上的最大值与最小值.

解 因为 $f(x)\geqslant 0$，且 $f(3)=0$，所以 $\min\limits_{-1\leqslant x\leqslant 4}f(x)=f(3)=0$. $\forall x\in(-1,4)$，求导数：

$$f'(x)=\begin{cases}2(x-3)e^{-x}-(x-3)^2e^{-x}=(x-3)(5-x)e^{-x}, & 当\ x<0;\\ 2(x-3)e^{x}+(x-3)^2e^{x}=(x-3)(x-1)e^{x}, & 当\ x>0.\end{cases}$$

在 $x=0$ 处导数不存在. 令 $f'(x)=0$，求出驻点 $x_1=1$，$x_2=3$，$x_3=5$(不在讨论范围舍去). 计算在驻点、导数不存在及端点上的函数值：$f(1)=4e$， $f(3)=0$， $f(0)=9$， $f(-1)=16e$， $f(4)=e^4$. 于是，由比较

$$e^4>16e>4e>9>0,$$

得知

$$\max_{-1\leqslant x\leqslant 4}f(x)=f(4)=e^4,\qquad \min_{-1\leqslant x\leqslant 4}f(x)=f(3)=0.$$

例 9 求函数 $f(x)=x-\sin x$ 在区间$[-\frac{\pi}{2},\pi]$上的最大值与最小值.

解 由 $f'(x)=(x-\sin x)'=1-\cos x\geqslant 0$，知函数单调增，于是在右端取到最大值 $f(\pi)$

$=\pi$；在左端取到最小值 $f(-\frac{\pi}{2})=1-\frac{\pi}{2}$.

特别，当连续函数 $f(x)$ 在$[a,b]$内部仅有唯一极值点 x_0 时，如果 $f(x_0)$ 是极大值（或极小值），则它必是函数 $f(x)$ 在区间$[a,b]$上的最大值（或最小值），无须再与端值作比较，这是因为，此时 $f(x)$ 在(a,x_0)内严格增（或减），而在(x_0,b)内严格减（或增），最大值（或最小值）不可能在端点取到，如图 4-12 所示. 这个结论对于区间为(a,b)及$(-\infty,+\infty)$的情形也成立.

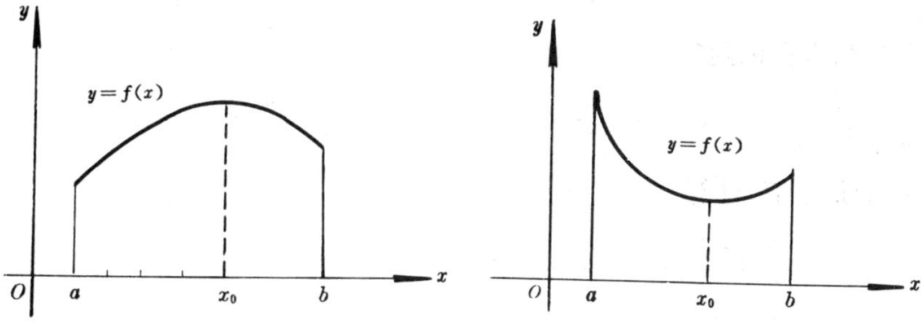

图 4-12

例 10 欲制造一个容积为 V 的圆柱形有盖容器，如何设计可使材料最省？

解 设容器的高为 h，底圆半径为 r（如图 4-13），则所需材料（表面积）为

$$S=2\pi r^2+2\pi rh,$$

由题设条件 $V=\pi r^2h$，知 $h=\frac{V}{\pi r^2}$，代入上式得

$$S=2\pi r^2+\frac{2V}{r}=S(r),\quad 0<r<+\infty.$$

这样，问题就归结为求函数 $S=S(r)$ 在区间$(0,+\infty)$上的最小值问题，通常称 $S(r)$ 为**目标函数**，对 $S(r)$ 求导数，得

$$\frac{dS}{dr}=4\pi r-\frac{2V}{r^2}=\frac{4\pi}{r^2}(r^3-\frac{V}{2\pi}),\ \frac{d^2S}{dr^2}=4\pi+\frac{4V}{r^3}$$

令 $\frac{dS}{dr}=0$，求出驻点 $r=\sqrt[3]{\frac{V}{2\pi}}$，因 $\left.\frac{d^2S}{dr^2}\right|_{r=\sqrt[3]{\frac{V}{2\pi}}}=12\pi>0$，故 $r=\sqrt[3]{\frac{V}{2\pi}}$ 是极小值点. 由于 $S(r)$ 在$(0,+\infty)$内仅此一极值点，所以它必为最小值点.

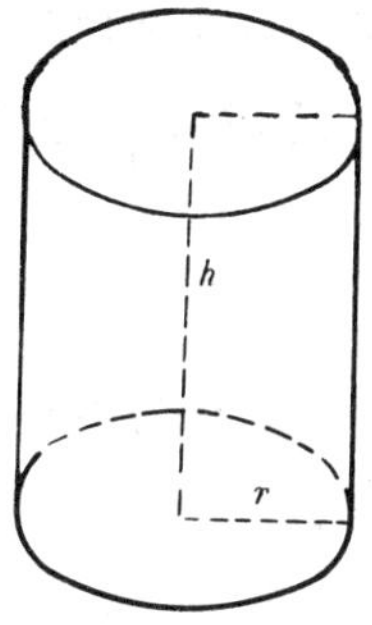

图 4-13

把 $r=\sqrt[3]{\frac{V}{2\pi}}$ 代入 $h=\frac{V}{\pi r^2}$ 得 $h=2r$，这表明有盖圆柱形容器，当高与底圆直径相等时，用料最省.

对实际问题，如果根据题意肯定在区间**内部**存在最大值（或最小值），且函数在该区间内只有一个可能极值点（驻点或导数不存在点），那么此点就是所求函数的最大（或小）值点.

例 11 在椭圆弧 $\frac{x^2}{9}+\frac{y^2}{4}=1\quad(x>0,y>0)$ 上找一点 $P(a,b)$，过 P 点作该椭圆的切线，使此切线与椭圆弧及两坐标轴所围成的区域面积最小，求点 P 的坐标.

解 先建立目标函数 —— 面积函数. 由 $\frac{x^2}{9}+\frac{y^2}{4}=1$，$y'=-\frac{4x}{9y}$，因此过 $P(a,b)$ 的切线方程是

$$y-b=-\frac{4a}{9b}(x-a).$$

它与 x 轴、y 轴的截距分别是 $a+\frac{9b^2}{4a}=\frac{9}{a}$ 和 $b+\frac{4a^2}{9b}=\frac{4}{b}$. 于是图 4-14 中所示的阴影部分的面积为

$$S=\frac{1}{2}\times\frac{9}{a}\times\frac{4}{b}-A=\frac{18}{ab}-A,$$

其中 A 是四分之一椭圆的面积，是一个常量. 又因 $b=\frac{2}{3}\sqrt{9-a^2}$，$S$ 中消去 b，得目标函数

$$S=\frac{27}{a\sqrt{9-a^2}}-A,\quad 0<a<3.$$

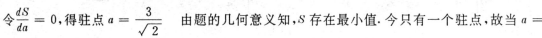

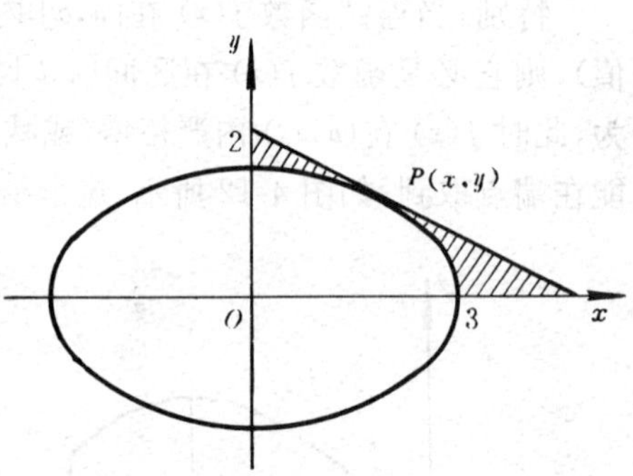

图 4-14

现在求 $S(a)$ 的最小值，计算

$$\frac{ds}{da}=-\frac{27(9-2a^2)}{a^2(9-a^2)^{3/2}}.$$

令 $\frac{dS}{da}=0$，得驻点 $a=\frac{3}{\sqrt{2}}$ 由题的几何意义知，S 存在最小值. 今只有一个驻点，故当 $a=\frac{3}{\sqrt{2}}$ 时 S 达到最小. 此时 P 点的坐标是 $a=\frac{3}{\sqrt{2}}, b=\sqrt{2}$.

顺便指出，这题 S 的最小值点也可由平均值公式求得.

例 12 试在抛物线 $x^2=4y$ 上求到定点 $Q(0,3)$ 距离最近的点，并算出最短距离.

解 设 $P(x,\frac{x^2}{4})$ 为抛物线上的任一点，它到定点 Q 的距离为

$$d=d(x,y)=\sqrt{x^2+(\frac{x^2}{4}-3)^2}=\sqrt{\frac{x^4}{16}-\frac{x^2}{2}+9}.$$

因为 $u=d^2(x,y)$ 与 $d(x,y)$ 的最小值点是相同的，于是考虑求 $u=d^2=\frac{x^4}{16}-\frac{x^2}{2}+9$ 的最小值点，求导数

$$u'=\frac{x^3}{4}-x,$$

令 $u'=0$，得驻点 $x_1=0, x_2=2, x_3=-2$，它们对应的 u 值为 $u(0)=9$，$u(\pm 2)=8$.

又
$$\lim_{x\to\infty}u=\lim_{x\to\infty}(\frac{x^4}{16}-\frac{x^2}{2}+9)=+\infty,$$

故 $x=\pm 2$ 是 u 从而也是 d 的最小值点. 把 $x=\pm 2$ 代入抛物线方程，得 $y=1$，所以最近点为 $(-2,1)$ 和 $(2,1)$，而最短距离是 $d_{\min}=\sqrt{8}=2\sqrt{2}$.

例 13 已知某厂生产 x 件产品的成本为

$$C(x)=25000+200x+\frac{x^2}{40}\quad(元),$$

问(1) 要使平均成本最低，应生产多少件产品？

(2) 若产品以每件 500 元售出，要使利润最大，应生产多少件产品？

解 (1) 记平均成本为 $\overline{C}$，则

$$\overline{C}=\frac{C(x)}{x}=\frac{25000}{x}+200+\frac{x}{40}\quad(0<x<+\infty).$$

求导数 $\frac{d\overline{C}}{dx}=-\frac{25000}{x^2}+\frac{1}{40}$； $\frac{d^2\overline{C}}{dx^2}=\frac{50000}{x^3}$,

令 $\frac{d\overline{C}}{dx}=0$，得驻点 $x=1000$(-1000 舍去).

因 $\frac{d^2\overline{C}}{dx^2}\Big|_{x=1000}=\frac{50000}{x^3}\Big|_{x=1000}=5\times10^{-5}>0$，故当 $x=1000$ 时，$\overline{C}$ 取极小值，由于仅此一极值，所以一定也是最小值，即要使平均成本最低，应生产 1000 件产品.

(2) 利润函数等于收益减去成本，即

$$L(x)=500x-(25000+200x+\frac{x^2}{40})=300x-25000-\frac{x^2}{40},$$

令 $\frac{dL}{dx}=300-\frac{x}{20}=0$，得驻点 $x=6000$. 因 $\frac{d^2L}{dx^2}=-\frac{1}{20}<0$，所以当 $x=6000$ 时，L 取极大值，亦是最大值. 因此，要使利润最大，应生产 6000 件产品.

§5 曲线的凹向与函数图形的描绘

只有增减性，还不足以反映函数的特征，如图 4-15 中，连接 A、B 两点的弧 $\overset{\frown}{ACB}$ 与 $\overset{\frown}{ADB}$，虽同是上升的，但弯曲方向不同，两弧的形状差别很大. 因此要较好地把握函数的性态，还应对弯曲方向进行讨论. 弯曲方向也是曲线的基本特性之一，本节应用导数来讨论这个问题，先给曲线的弯曲方向定义，然后给出判定曲线弯曲方向的方法，并在此基础上讨论函数图形的描绘.

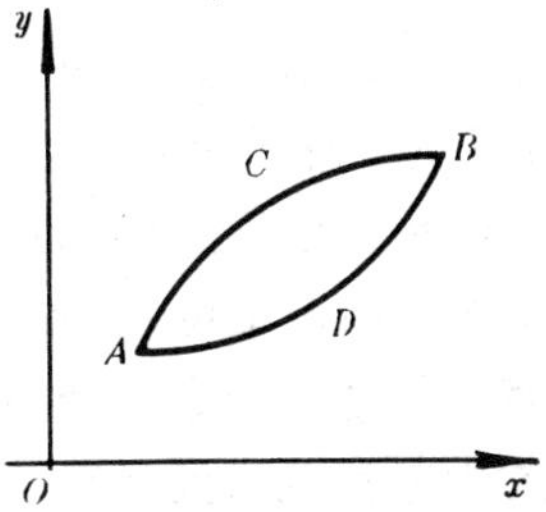

图 4-15

5.1 曲线的凹向与拐点

我们采用曲线与切线的相对位置关系，给出曲线弯曲方向的定义：

定义 设曲线 $y=f(x)$ 在区间 (a,b) 内，其上任意点 $(x, f(x))$ 处的切线存在，且不垂直于 x 轴，如果曲线都在切线的上方，这时称**曲线 $y=f(x)$ 在区间 (a,b) 内是向上凹的**；如果曲线都在切线的下方，就称**曲线在该区间内是向下凹的**.

如图 4-16 中，弧 $\overset{\frown}{AC}$ 是向下凹的，$\overset{\frown}{CB}$ 是向上凹的，这里要注意向上凹或向下凹是相对于坐标系而言的，以 y 轴为准，正向为上，负向为下. 在材料力学中分析材料受力变形，有时取 y 轴的正向朝下，那么曲线的凹向的定义刚好与上面的相反.

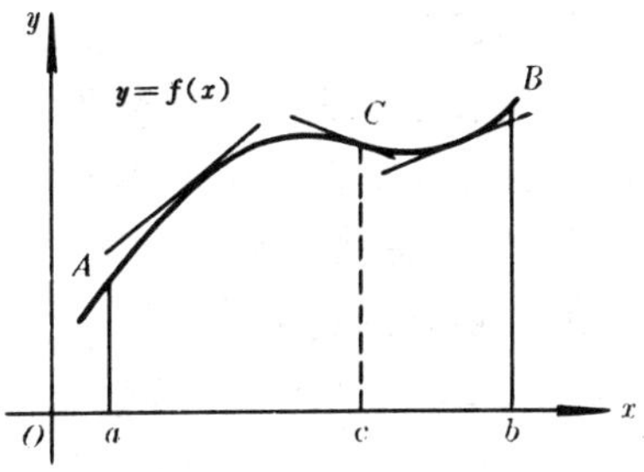

图 4-16

从图 4-16 看出，在弧 $\overset{\frown}{AC}$ 上，切线的斜率 y' 是单调减少的，在弧 $\overset{\frown}{CB}$ 上，切线的斜率 y' 是单调增加的. 可知曲线的凹向与二阶导数 y'' 的符号有关，有如下定理.

定理(曲线凹向的判定定理) 设函数 $f(x)$ 在区间 (a,b) 内具有二阶导数，若在 (a,b) 内 $f''(x)>0$，则曲线 $y=f(x)$ 在 (a,b) 内是向上凹的；若在 (a,b) 内 $f''(x)<0$，则曲线 $y=f(x)$ 在 (a,b) 内是向下凹的.

证 设 x_0 为 (a,b) 内任一点，过点 $(x_0,f(x_0))$ 作曲线 $y=f(x)$ 的切线，要证明曲线位于切线的上方(或下方)，只需说明 (a,b) 内任何异于 x_0 的点 x 处曲线的纵坐标大(或小)于切线的纵坐标(如图 4-17).

因 $f(x)$ 在 (a,b) 内二阶可导，它在点 x_0 处的一阶泰勒公式为

$$f(x)=f(x_0)+f'(x_0)(x-x_0)+\frac{f''(\xi)}{2!}(x-x_0)^2,$$

ξ 在 x_0 与 x 之间.

切线方程是

$$Y = f(x_0) + f'(x_0)(x - x_0).$$

其中 (x, Y) 为切线的流动坐标.

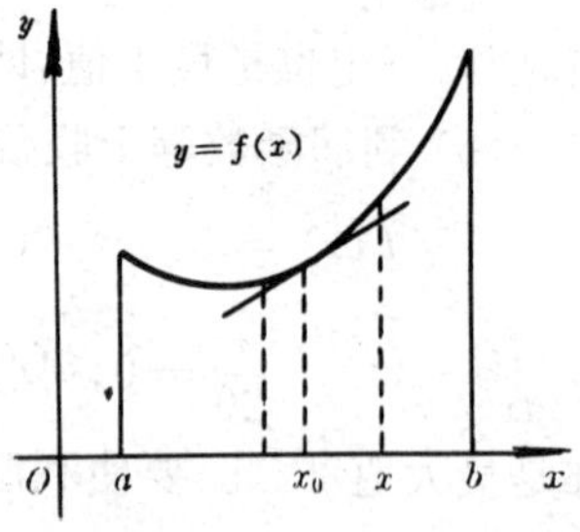

图 1-17

在 (a,b) 中任一异于 x_0 的点 x 处，曲线与切线纵坐标之差为

$$\begin{aligned} y - Y &= f(x) - [f(x_0) + f'(x_0)(x - x_0)] \\ &= \frac{f''(\xi)}{2!}(x - x_0)^2, \end{aligned}$$

所以当 $f''(x)$ 在区间 (a,b) 内大于零时有 $f''(\xi) > 0, y - Y > 0$，表明曲线位于切线的上方，即曲线 $y = f(x)$ 在 (a,b) 内是向上凹的；当 $f''(x)$ 在区间 (a,b) 内是小于零时有 $f''(\xi) < 0, y - Y < 0$，表明曲线位于切线的下方，即曲线 $y = f(x)$ 在 (a,b) 内是向下凹的.

证毕.

定义　设函数 $f(x)$ 在点 x_0 的邻域内连续，若 $(x_0, f(x_0))$ 是曲线 $y = f(x)$ 上向上凹与向下凹的分界点，则称 $(x_0, f(x_0))$ **为曲线** $y = f(x)$ **的拐点**（或称**变凹点**、**反曲点**）.

如图 4-16 中的点 $C(c, f(c))$ 就是曲线的拐点.

由拐点的定义可知，求拐点实际上相当于求一阶导函数 $f'(x)$ 的极值点，因此对导函数 $f'(x)$ 使用极值的判定法，便有如下定理：

定理（拐点的必要条件）　设函数 $f(x)$ 在点 x_0 的邻域内具有二阶导数，若 $(x_0, f(x_0))$ 是曲线 $y = f(x)$ 的拐点，则必有 $f''(x_0) = 0$.

还当指出：仅使 $f''(x_0) = 0$ 的点 $(x_0, f(x_0))$，未必是曲线 $y = f(x)$ 的拐点，例如曲线 $y = x^4$，在 $x = 0$ 处显然有 $y''|_{x=0} = 0$，但原点 $(0,0)$ 却不是这曲线的拐点.

定理（拐点的第一充分条件）　设函数 $f(x)$ 在点 x_0 的一个邻域内有二阶导数（点 x_0 处可以除外），若在 x_0 的两侧 $f''(x)$ 异号，则 $(x_0, f(x_0))$ 是曲线 $y = f(x)$ 的一个拐点；若在 x_0 的两侧 $f''(x)$ 同号，则 $(x_0, f(x_0))$ 不是曲线 $y = f(x)$ 的拐点.

定理（拐点的第二充分条件）　设函数 $f(x)$ 在点 x_0 的一个邻域内二阶可导，$f''(x_0) = 0$，且在 x_0 处三阶导数 $f'''(x_0) \neq 0$，则 $(x_0, f(x_0))$ 是曲线 $y = f(x)$ 的一个拐点.

例 1　求曲线　$y = 3x^4 - 4x^3 + 1$ 的凹向区间与拐点.

解　函数的定义域是 $(-\infty, +\infty)$，求导数

$$y' = 12x^3 - 12x^2 = 12x^2(x - 1),$$

$$y'' = 36x^2 - 24x = 36x\left(x - \frac{2}{3}\right).$$

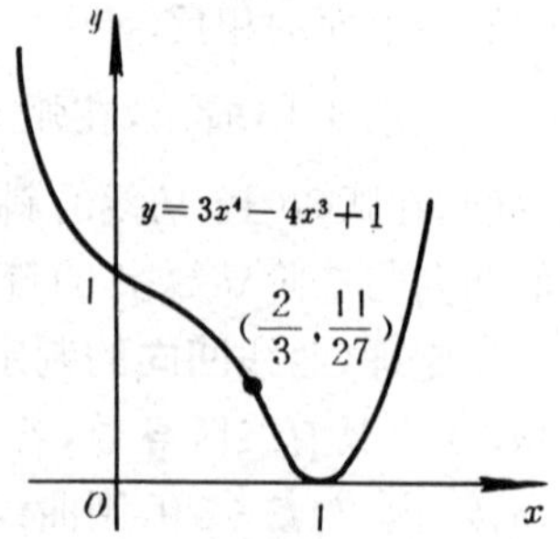

图 4-18

令 $y'' = 0$，得　$x_1 = 0, x_2 = \frac{2}{3}$，把定义域分成三个子区间 $(-\infty, 0)$，$\left(0, \frac{2}{3}\right)$，$\left(\frac{2}{3}, +\infty\right)$. 曲线的凹向列表讨论如下：

x	$(-\infty, 0)$	0	$\left(0, \frac{2}{3}\right)$	$\frac{2}{3}$	$\left(\frac{2}{3}, +\infty\right)$
y''	+	0	−	0	+
y	向上凹	1	向下凹	$\frac{11}{27}$	向上凹

所以曲线在$(-\infty,0)$,$(\frac{2}{3},+\infty)$内是向上凹的;在$(0,\frac{2}{3})$内是向下凹的.$(0,1)$和$(\frac{2}{3},\frac{11}{27})$是二个拐点(如图 4-18).

例 2 求曲线 $y=x^{\frac{1}{3}}(x+3)^{\frac{2}{3}}$ 的凹向区间与拐点.

解 函数的定义域是$(-\infty,+\infty)$,求导数

$$y'=\frac{1}{3}x^{-\frac{2}{3}}(x+3)^{\frac{2}{3}}+\frac{2}{3}x^{\frac{1}{3}}(x+3)^{-\frac{1}{3}}=x^{-\frac{2}{3}}(x+3)^{-\frac{1}{3}}(x+1),$$

$$y''=x^{-\frac{2}{3}}(x+3)^{-\frac{1}{3}}-\frac{2}{3}x^{-\frac{5}{3}}(x+3)^{-\frac{1}{3}}(x+1)-\frac{1}{3}x^{-\frac{2}{3}}(x+3)^{-\frac{4}{3}}(x+1)$$

$$=-2x^{-\frac{5}{3}}(x+3)^{-\frac{4}{3}}.$$

令 $y''=0$,无解,但当 $x_1=0$,$x_2=-3$ 时 y'' 不存在.把定义域分成三个子区间,曲线的凹向列表讨论如下:

x	$(-\infty,-3)$	-3	$(-3,0)$	0	$(0,+\infty)$
y''	+	不存在	+	不存在	−
y	向上凹	0	向上凹	0	向下凹

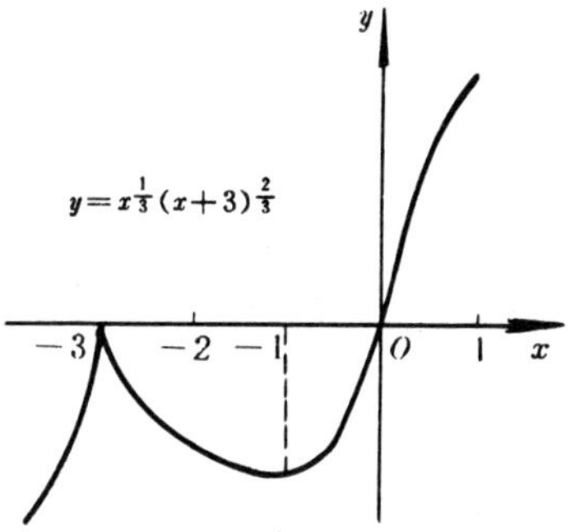

图 4-19

所以曲线在$(-\infty,0)$内是向上凹的;在$(0,+\infty)$内是向下凹的,$(0,0)$是曲线的拐点(如图 4-19).

5.2 函数图形的描绘

用图形可直观地显示一个函数的性态,在科学技术中常常被采用.描绘一个函数的图形,最直接的方法是描点作图法,在平面直角系下,先给一列 x 的值 $x_1,x_2,\cdots,x_n$,算出对应的函数值 $y_1,y_2,\cdots,y_n$,在坐标纸上描出这些点(x_1,y_1),(x_2,y_2),$\cdots$,(x_n,y_n),再用光滑曲线将它们依次连接起来.这种方法有较大的盲目性,例如,相邻两点之间的曲线究竟是向上凹还是向下凹,有没有极值和拐点都无法知道.现在,我们可以借助导数工具,先掌握函数的主要性态(单调区间、极值、凹向及拐点等),然后再绘图,这样可以达到事半功倍的效果.利用导数工具描绘函数图形的一般步骤是:

(1) 确定函数的定义域,曲线与坐标轴的交点(如果方便的话),有无对称性;

(2) 确定函数的单调区间与极值;

(3) 确定曲线的凹向区间与拐点;

(4) 若函数 $y=f(x)$ 定义在闭区间$[a,b]$上,则算出端值 $f(a)$,$f(b)$.若函数定义在开区间(a,b)或无穷区间$(-\infty,+\infty)$上,则考察当 x 趋向于端点或无穷大时,函数值的变化趋势;

(5) 根据上述讨论结果绘出图形,必要时还可以找几个辅助点,以帮助定位.

例 3 描绘函数 $f(x)=\frac{\ln|x|}{x}$ 的图形.

解 (1) 定义域是$(-\infty,0)\cup(0,+\infty)$;又 $f(\pm 1)=0$,曲线与 x 轴交于$(-1,0)$,$(1,0)$;因 $f(-x)=-f(x)$,$f(x)$ 是奇函数,图形关于原点对称,这样只需讨论在$(0,+\infty)$上的情形.

(2) $y'=(\frac{\ln|x|}{x})'=\frac{1-\ln|x|}{x^2}$; $y''=\frac{2\ln|x|-3}{x^3}$,

令 $y'=0$ 得驻点 $x=e$,当 $0<x<e$ 时,$y'>0$;当 $x>e$ 时,$y'<0$,故$(0,e)$是单调增区间;$(e,+\infty)$为单调减区间,极大值为 $y|_{x=e}=e^{-1}$.

(3) 令 $y''=0$,解得 $x=e^{\frac{3}{2}}$. 当 $0<x<e^{\frac{3}{2}}$ 时,$y''<0$,曲线向下凹;当 $x>e^{\frac{3}{2}}$ 时,$y''>0$,曲线向上凹,拐点是$(e^{\frac{3}{2}},\frac{3}{2}e^{-\frac{3}{2}})$.

(4) 由 $\lim\limits_{x\to 0^+}f(x)=\lim\limits_{x\to 0^+}\frac{\ln|x|}{x}=-\infty$,故 $x=0$ 为当 $x\to 0^+$ 时的铅直渐近线;由 $\lim\limits_{x\to+\infty}f(x)=\lim\limits_{x\to+\infty}\frac{\ln|x|}{x}=0$,故 $y=0$ 为当 $x\to+\infty$ 时的水平渐近线.

(5) 根据上述讨论结果绘出区间$(0,+\infty)$上图形,再利用奇函数性质绘出区间$(-\infty,0)$上的图形(图 4-20).

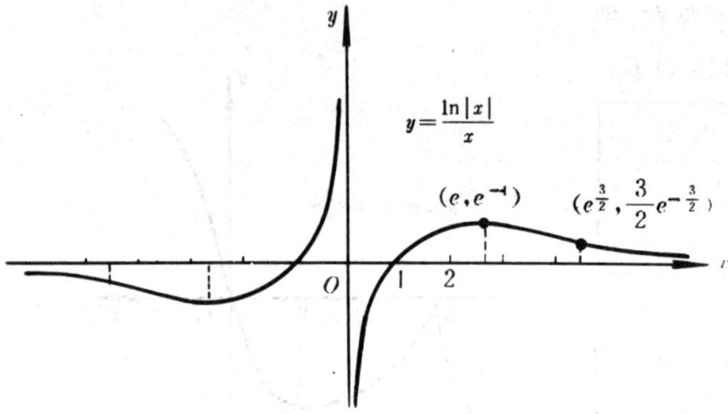

图 4-20

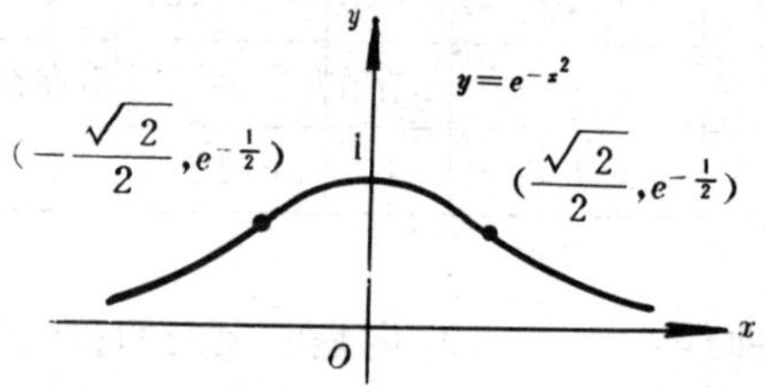

图 4-21

例 4 描绘函数 $y=e^{-x^2}$ 的图形.

解 (1) 定义域是$(-\infty,+\infty)$. 当 $x=0$ 时,$y=1$,曲线与 y 轴的交点是$(0,1)$. 因 $y=e^{-x^2}$ 是偶函数,其图形关于 y 轴对称,故只需讨论 $x\geqslant 0$ 的情形.

(2) $y'=-2xe^{-x^2}$, $y''=4e^{-x^2}(x^2-\frac{1}{2})$,

令 $y'=0$,得驻点 $x=0$,当 $x>0$ 时,$y'<0$,所以在$(0,+\infty)$单调减;因 $y''(0)=-2<0$,故 $x=0$ 是极大值点,极大值为 $y|_{x=0}=1$.

(3) 令 $y''=0$,解得 $x=\frac{\sqrt{2}}{2}$,当 $0<x<\frac{\sqrt{2}}{2}$ 时,$y''<0$,曲线向下凹;当 $x>\frac{\sqrt{2}}{2}$ 时,$y''>0$,曲线向上凹,所以$(\frac{\sqrt{2}}{2},e^{-\frac{1}{2}})$是拐点.

(4) 由 $\lim\limits_{x\to+\infty}y=\lim\limits_{x\to+\infty}e^{-x^2}=0$,故 $y=0$ 是水平渐近线.

(5) 根据上述讨论结果作出函数在$[0,+\infty)$上的图形,再利用图形关于 y 轴的对称性,画出全部图形(图 4-21).

为了描述曲线在无穷远处的性态,除了水平渐近线和铅直渐近线,有时还会遇到所谓斜渐近线,即若曲线 $y=f(x)$ 上的动点 $M(x,y)$,当它沿曲线无限远离原点($x\to+\infty$ 或 $x\to-\infty$)时,点 M 到定直线 L: $y=kx+b$,$k=\mathrm{tg}\alpha$,$(\alpha\neq\frac{\pi}{2},0)$的距离 d 趋向于零,则称此定直线 L 为曲线 $y=f(x)$ 当 $x\to+\infty$(或 $x\to-\infty$)时的**斜渐近线**(图 4-22),下面讨论斜渐近线的求法.

设函数 $f(x)$ 在$[a,+\infty)$上有定义,直线 L: $Y=kx+b$ 为曲线 $y=f(x)$ 当 $x\to+\infty$ 时的斜渐近线(倾角 $\alpha\neq\frac{\pi}{2}$),如图 4-22(a),在曲线上任取一点 $M(x,f(x))$,由点到直线的距离公式,得

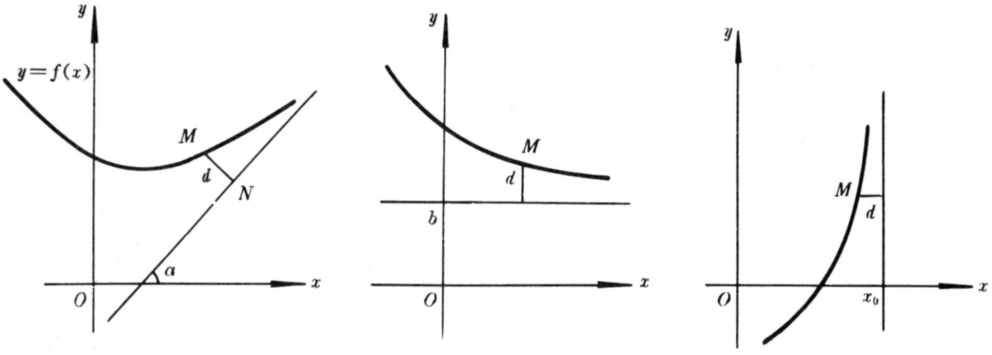

(a) (b) (c)

图 4-22

$$d = |MN| = \frac{|f(x) - kx - b|}{\sqrt{1 + k^2}}$$

因 $Y = kx + b$ 是 $y = f(x)$ 当 $x \to +\infty$ 时的斜渐近线，必有 $d = |MN| \to 0$，所以常数 k 与 b 必须满足

$$\lim_{x \to +\infty} [f(x) - kx - b] = 0. \tag{5.1}$$

由极限与无穷小的关系定理得

$$f(x) = kx + b + \alpha(x), \text{其中} \lim_{x \to +\infty} \alpha(x) = 0$$

于是

$$k = \lim_{x \to +\infty} \frac{f(x) - b - \alpha(x)}{x} = \lim_{x \to +\infty} \frac{f(x)}{x}; \tag{5.2}$$

$$b = \lim_{x \to +\infty} [f(x) - kx - \alpha(x)] = \lim_{x \to +\infty} [f(x) - kx]. \tag{5.3}$$

因此，如果 $Y = kx + b$ 是曲线 $y = f(x)$ 当 $x \to +\infty$ 时的斜渐近线，那么斜率 k 与截距 b 必须满足条件(5.2) 式和(5.3) 式. 反之由(5.2) 式，(5.3) 式确定的直线 $y = kx + b$ 也必定是曲线 $y = f(x)$ 当 $x \to +\infty$ 时的斜渐近线，这是因为，当(5.2) 式、(5.3) 式同时成立时就有

$$\frac{f(x)}{x} = k + \beta_1(x), \quad \text{其中} \lim_{x \to +\infty} \beta_1(x) = 0;$$

$$f(x) - kx = b + \beta_2(x), \quad \text{其中} \lim_{x \to +\infty} \beta_2(x) = 0.$$

于是

$$\lim_{x \to +\infty} [f(x) - (kx + b)] = \lim_{x \to +\infty} \beta_2(x) = 0,$$

即(5.1) 式成立，从而 $\lim\limits_{x \to +\infty} d = \lim\limits_{x \to +\infty} |MN| = 0$，亦即由(5.2) 式、(5.3) 式确定的 k 和 b 为斜率和截距的直线 $y = kx + b$ 是曲线 $y = f(x)$ 的斜渐近线.

上述讨论还表明，如果(5.2) 式、(5.3) 式中有一个极限不存在，那么曲线没有斜渐近线.

当函数 $f(x)$ 在$(-\infty, b]$上有定义时，求斜渐近线的公式(5.2)、(5.3) 仍然成立，只要把上述极限过程 $x \to +\infty$ 改成 $x \to -\infty$ 即可.

例 5 求曲线 $y = x - \operatorname{arctg} x$ 的渐近线.

解 $k = \lim\limits_{x \to +\infty} \dfrac{y}{x} = \lim\limits_{x \to +\infty} \dfrac{x - \operatorname{arctg} x}{x} = 1;$

$$b = \lim_{x \to +\infty} [f(x) - kx] = \lim_{x \to +\infty} [x - \operatorname{arctg} x - x] = -\frac{\pi}{2},$$

所以 $y = x - \dfrac{\pi}{2}$ 是曲线 $y = x - \operatorname{arctg} x$ 当 $x \to +\infty$ 时的斜渐近线.

又 $k=\lim\limits_{x\to-\infty}\dfrac{y}{x}=\lim\limits_{x\to-\infty}\dfrac{x-\operatorname{arctg}x}{x}=1$;

$$b=\lim_{x\to-\infty}[f(x)-kx]=\lim_{x\to-\infty}[x-\operatorname{arctg}x-x]=\frac{\pi}{2},$$

所以 $y=x+\dfrac{\pi}{2}$ 是曲线 $y=x-\operatorname{arctg}x$ 当 $x\to-\infty$ 时的斜渐近线.

例 6 作函数 $y=\dfrac{x^3}{2(x-1)^2}$ 的图形.

解 (1) 定义域是 $(-\infty,1)\cup(1,+\infty)$. 当 $x=0$ 时,$y=0$,曲线过原点.

(2) $y'=\dfrac{x^2(x-3)}{2(x-1)^3}$; $y''=\dfrac{3x}{(x-1)^4}$,

令 $y'=0$ 得驻点 $x_1=0,x_2=3$. 把定义域分成四个子区间 $(-\infty,0)$,$(0,1)$,$(1,3)$,$(3,+\infty)$. 函数的单调区间与极值列表讨论如下:

x	$(-\infty,0)$	0	$(0,1)$	1	$(1,3)$	3	$(3,+\infty)$
y'	+	0	+	不存在	−	0	+
y	↗	非极值	↗	无定义	↘	极小	↗

所以极小值为 $y|_{x=3}=\dfrac{27}{8}$.

(3) 令 $y''=0$,解得 $x=0$. 当 $x<0$ 时,$y''<0$,曲线向下凹;当 $x>0$ 时,$y''>0$,曲线向上凹,所以 $(0,0)$ 是拐点.

(4) 由 $\lim\limits_{x\to1}f(x)=\lim\limits_{x\to1}\dfrac{x^3}{2(x-1)^2}=+\infty$,所以 $x=1$ 是铅直渐近线. 又

$$k=\lim_{x\to\infty}\frac{f(x)}{x}=\lim_{x\to\infty}\frac{x^2}{2(x-1)^2}=\frac{1}{2};$$

$$b=\lim_{x\to\infty}[f(x)-kx]=\lim_{x\to\infty}[\frac{x^3}{2(x-1)^2}-\frac{1}{2}x]$$

$$=\lim_{x\to\infty}\frac{2x^2-x}{2(x-1)^2}=1,$$

所以 $y=\dfrac{1}{2}x+1$ 是当 $x\to\infty$ 时的斜渐近线.

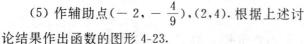

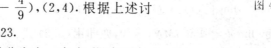

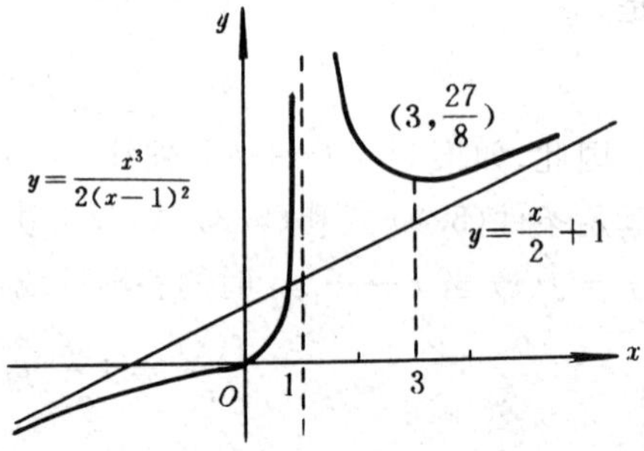

图 4-23

(5) 作辅助点 $(-2,-\dfrac{4}{9})$,$(2,4)$. 根据上述讨论结果作出函数的图形 4-23.

在此例中,如果将函数分离出一次式,即改写为

$$y=\frac{x^3}{2(x-1)^2}=(\frac{x}{2}+1)+\frac{3x-2}{2(x-1)^2},$$

右端第二项当 $x\to\infty$ 时趋向零,这表明曲线 $y=\dfrac{x^3}{2(x-1)^2}$ 与直线 $y=\dfrac{x}{2}+1$ 的纵坐标之差随 $x\to\infty$ 而趋向零,这时曲线上的动点 $M(x,y)$ 到直线 $y=\dfrac{x}{2}+1$ 的距离亦趋向零,因而 $y=\dfrac{x}{2}+1$ 就是该曲线的一条斜渐近线,这种按定义直接求渐近线的方法,有时很方便.

§6 曲率、曲率圆

在建筑结构中，横梁在载荷作用下弯曲变形，当弯曲到一定程度时，就会发生断裂；在铁路的弯道处，铁轨弯曲成何种程度，才能保证列车安全而平稳的通过，可见考察曲线的弯曲程度是有实际意义的.

6.1 曲率的概念

为了定量地描述曲线的弯曲程度，我们考察两条长度相等、弯曲程度不同的光滑曲线弧 $\overset{\frown}{AB}$ 与 $\overset{\frown}{A'B'}$（图 4-24），过它们的两端分别作切线，记各自的切线从曲线弧一端转到另一端所转过的转角分别为 θ 与 θ'，从图中可以看出切线转角大的曲线，弯曲得厉害.

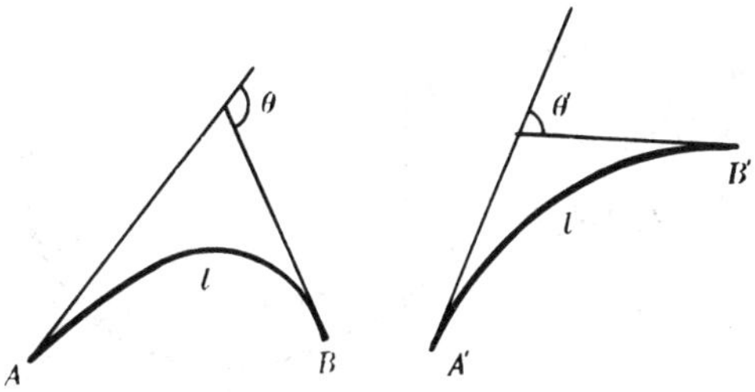

图 4-24

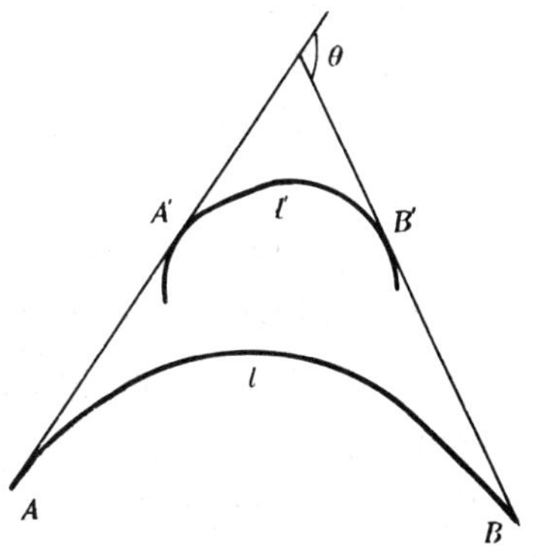

图 4-25

再看另一种情形，两端切线转角相等的光滑弧 $\overset{\frown}{AB}$ 和 $\overset{\frown}{A'B'}$，其长分别为 l 和 l'（图 4-25），从图可见，长度较短的弧弯曲得厉害. 从这两组曲线对比结果发现，当切线转角与弧长的比值 $\frac{\theta}{l}$ 越大，弯曲程度越厉害. 因此比值 $\frac{\theta}{l}$ 反映了一曲线弧的平均弯曲程度，我们称比值 $\frac{\theta}{l}$ 为弧 $\overset{\frown}{AB}$ 的**平均曲率**.

对于一般曲线，其上各部分的弯曲程度通常是不一样的（如图 4-26），设 M 是曲线上任一点，N 为曲线上异于 M 的点，当曲线弧 $\overset{\frown}{MN}$ 的长 l 取得越小，用平均曲率 $\frac{\theta}{l}$ 来描述曲线在点 M 附近的弯曲程度越确切. 因此如果令点 N 沿曲线趋向于 M 时，那么平均曲率 $\frac{\theta}{l}$ 的极限（如果存在的话）就可以用它来刻划曲线在点 M 处的弯曲程度.

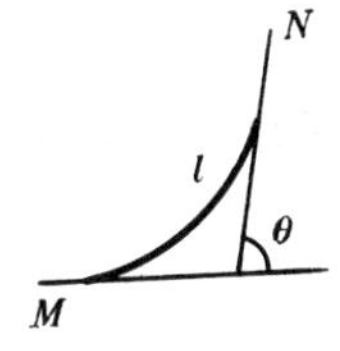

图 4-26

定义 当 $l\to 0$（即点 N 沿曲线趋向于 M）时，若弧 $\overset{\frown}{MN}$ 的平均曲率 $\frac{\theta}{l}$ 的极限

$$\lim_{\substack{l\to 0\\(N\to M)}} \frac{\theta}{l}$$

存在，则称此极限为**曲线在点 M 处的曲率**. 记为 K，即

$$K = \lim_{\substack{l\to 0\\(N\to M)}} \frac{\theta}{l}. \tag{6.1}$$

例 1 直线的曲率 $K=0$,因为直线上任意两点切线转角为 $\theta=0$.

例 2 求半径为 R 的圆弧上任一点处的曲率.

解 设 M 为圆周上任一点,N 为另一点,由平面几何学知,圆弧 $\overset{\frown}{MN}$ 的切线转角 θ 等于 $\overset{\frown}{MN}$ 所对的圆心角(图 4-27),弧长为

$$l=R\theta.$$

于是平均曲率 $\dfrac{\theta}{l}=\dfrac{\theta}{R\theta}=\dfrac{1}{R}$,从而 M 点的曲率是

$$K=\lim_{l\to 0}\frac{\theta}{l}=\frac{1}{R}.$$

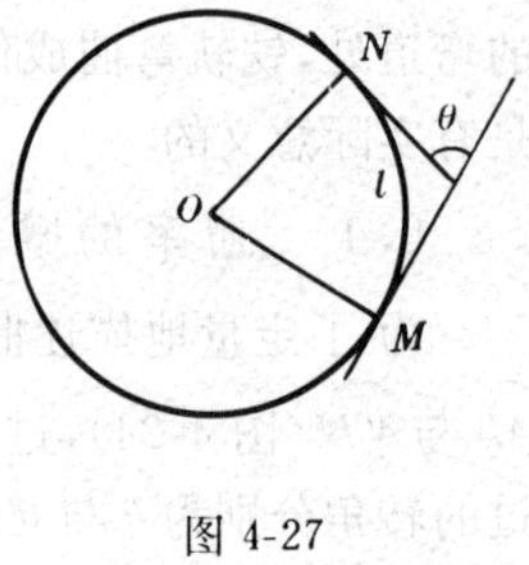

图 4-27

这表明,圆弧上每一点的曲率相同,等于半径的倒数,半径愈大曲率愈小,这结论与直观相符,当半径趋向无穷大时曲率为 0,从这个意义上说,可以把直线看成半径为无穷大的圆弧.

下面推导一般曲线的曲率计算公式.

设在直角坐标系下,曲线 Γ 的方程为 $y=f(x)$,且函数 $f(x)$ 具有二阶导数,试求 Γ 上点 $M(x,f(x))$ 处的曲率.

在 Γ 上另取一点 $N(x+\Delta x,f(x+\Delta x))$,记点 M 处切线的倾角为 α,N 点处切线的倾角为 $\alpha+\Delta\alpha$,又在曲线上任取一点 A 作为弧长计算的起点,记 $\overset{\frown}{AM}$ 的弧长为 s,$\overset{\frown}{MN}$ 的弧长为 Δs(如图 4-28).

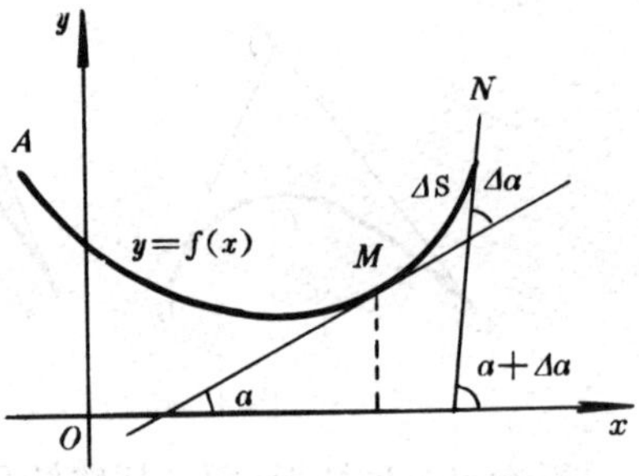

图 4-28

由曲率定义,点 M 处的曲率为

$$K=\lim_{\Delta s\to 0}\left|\frac{\Delta\alpha}{\Delta s}\right|=\left|\frac{d\alpha}{ds}\right| \qquad (6.2)$$

因为根据(6.1)式,定义中曲率是非负的,而(6.2)式中的 $\dfrac{\Delta\alpha}{\Delta s}$ 可能取负值,所以此处比值 $\dfrac{\Delta\alpha}{\Delta s}$ 要加绝对值.

当 x 变动时,M 点的位置随之变动,因而切线的倾角 α 及 $\overset{\frown}{AM}$ 的弧长 s 也随 x 的改变而取相应的值,所以 α 与 s 都是 x 的函数. 于是

$$K=\left|\frac{d\alpha}{ds}\right|=\frac{\left|\dfrac{d\alpha}{dx}\right|}{\left|\dfrac{ds}{dx}\right|}.$$

由导数的几何意义知

$$y'=\operatorname{tg}\alpha,\qquad y''=\sec^2\alpha\,\frac{d\alpha}{dx},$$

则有

$$\frac{d\alpha}{dx}=\frac{y''}{1+y'^2}.$$

另外,在第六章中将证明公式 $\left|\dfrac{ds}{dx}\right|=\sqrt{1+y'^2}$,假定弧长 s 是随 x 的增大而增大,那么 $\dfrac{ds}{dx}=\sqrt{1+y'^2}$,于是有

$$K=\frac{\left|\dfrac{d\alpha}{dx}\right|}{\left|\dfrac{ds}{dx}\right|}=\frac{\dfrac{|y''|}{1+y'^2}}{\sqrt{1+y'^2}}=\frac{|y''|}{(1+y'^2)^{3/2}},$$

这样就得到在直角坐标系下,曲率的计算公式

$$K=\frac{|y''|}{(1+y'^2)^{3/2}}. \tag{6.3}$$

例 3 试求曲线 $y=e^x$ 上曲率最大的点.

解 $y'=e^x, y''=e^x$,于是在任意点 $M(x,y)$ 处的曲率为

$$K=\frac{e^x}{(1+e^{2x})^{3/2}},$$

令 $\frac{dK}{dx}=\frac{e^x(1-2e^{2x})}{(1+e^{2x})^{5/2}}=0$,解出 $x=\frac{1}{2}\ln\frac{1}{2}$,当 $x<\frac{1}{2}\ln\frac{1}{2}$ 时,$\frac{dK}{dx}>0$;当 $x>\frac{1}{2}\ln\frac{1}{2}$ 时,$\frac{dK}{dx}<0$,故 $x=\frac{1}{2}\ln\frac{1}{2}$ 是极大值点.因仅此唯一极值点,亦必是最大值点,最大曲率为

$$K\Big|_{x=\frac{1}{2}\ln\frac{1}{2}}=\frac{e^{\frac{1}{2}\ln\frac{1}{2}}}{(1+e^{\ln\frac{1}{2}})^{3/2}}=\frac{\frac{1}{\sqrt{2}}}{\left(1+\frac{1}{2}\right)^{3/2}}=\frac{2}{3\sqrt{3}}.$$

6.2 曲率圆

设曲线上点 M 处的曲率为 $K(\neq 0)$,在 M 点作曲线的法线,并在曲线凹的一侧取一点 C(见图 4-29),使 $MC=\frac{1}{K}$,以 C 为圆心,MC 为半径作圆,称它为**曲线在点 M 处的曲率圆**,其半径称为**曲率半径**,圆心称为**曲率中心**.

由上述定义可知,曲率圆有如下特性:

1° 在点 M 处与曲线有公切线;

2° 在点 M 处与曲线有相同的凹向;

3° 在点 M 处与曲线有相等的曲率.

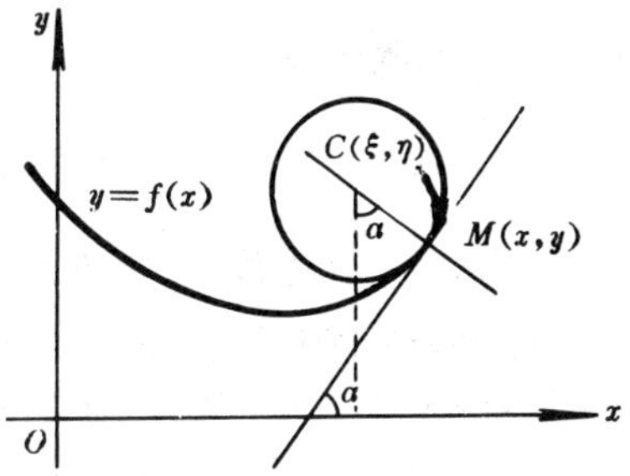

图 4-29

因为圆弧上的曲率处处相等,于是可借助于曲率圆形象地显示曲线上一点处的弯曲程度,所以在工程图中常用曲率圆的一段圆弧近似地替代该点附近的曲线段.

下面推导曲线 $y=f(x)$ 上点 $M(x,y)$ 处的曲率中心 $C(\xi,\eta)$ 的计算公式,由图 4-29,得

$$(CM)^2=(\xi-x)^2+(\eta-y)^2,$$

即
$$(\xi-x)^2+(\eta-y)^2=\frac{(1+y'^2)^3}{y''^2}. \tag{6.4}$$

又直线 CM 的斜率为 $-\frac{1}{y'}$,于是 $\frac{\eta-y}{\xi-x}=-\frac{1}{y'}$ 或 $\xi-x=-(\eta-y)y'$,

并代入(6.4)式,化简得

$$(\eta-y)^2=\frac{(1+y'^2)^2}{y''^2}. \tag{6.5}$$

由于当 $y''>0$,曲线向上凹,故 $\eta-y>0$;当 $y''<0$,曲线向下凹,故 $\eta-y<0$,总之,y'' 与 $\eta-y$ 同号,故(6.5)式化为

$$\eta-y=\frac{1+y'^2}{y''},$$

从而得
$$\xi-x=-\frac{y'(1+y'^2)}{y''},$$

因此得到曲率中心的计算公式:

$$\begin{cases}\xi = x - \dfrac{y'(1+y'^2)}{y''};\\ \eta = y + \dfrac{1+y'^2}{y''}.\end{cases} \tag{6.6}$$

例 4 求曲线 $\begin{cases}x = a(t-\sin t)\\ y = a(1-\cos t)\end{cases}$ 在 $t=\dfrac{\pi}{2}$ 处的曲率圆方程.

解 当 $t=\dfrac{\pi}{2}$ 时，$x=a(\dfrac{\pi}{2}-1)$，$y=a$. 又

$$\frac{dy}{dx}=\frac{\sin t}{(1-\cos t)};\quad \frac{d^2y}{dx^2}=\frac{d(\frac{dy}{dx})}{dx}=\frac{-1}{a(1-\cos t)^2}.$$

于是 $\dfrac{dy}{dx}\Big|_{t=\frac{\pi}{2}}=1$；$\dfrac{d^2y}{dx^2}\Big|_{t=\frac{\pi}{2}}=-\dfrac{1}{a}$，代入曲率公式得

$$K=\frac{|y''|}{(1+y'^2)^{3/2}}\Big|_{t=\frac{\pi}{2}}=\frac{\frac{1}{a}}{2^{3/2}}=\frac{1}{2\sqrt{2}a}.$$

所以曲率半径为 $\rho=\dfrac{1}{K}=2\sqrt{2}a$，又

$$\begin{cases}\xi = a(\dfrac{\pi}{2}-1)-\dfrac{1\cdot(1+1)}{-\dfrac{1}{a}}=a(\dfrac{\pi}{2}+1);\\ \eta = a+\dfrac{1+1}{-\dfrac{1}{a}}=-a,\end{cases}$$

故所求曲率圆方程为

$$[x-a(\frac{\pi}{2}+1)]^2+(y+a)^2=(2\sqrt{2}a)^2.$$

*6.3 渐屈线和渐伸线

从上段看到，曲线 Γ 上每一点 M，只要曲率 $K\neq 0$，就有对应的一个曲率中心 $C(\xi,\eta)$，当点 M 沿 Γ 变动时，点 C 也随之变动，点 C 的轨迹 G 称为**曲线 Γ 的渐屈线**，曲线 Γ 称为**曲线 G 的渐伸线**(或**渐开线**)，如图 4-30.

由曲率中心的计算公式，曲线 $y=f(x)$ 的渐屈线的参数方程就是

$$\begin{cases}\xi = x - \dfrac{y'(x)[1+y'^2(x)]}{y''(x)};\\ \eta = y(x) + \dfrac{1+y'^2(x)}{y''(x)}.\end{cases} \tag{6.7}$$

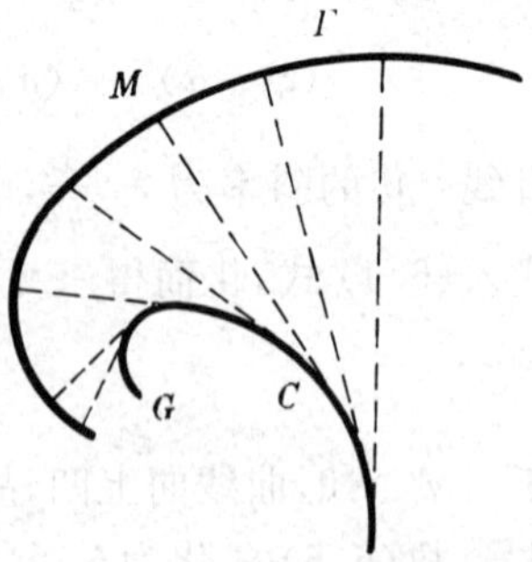

图 4-30

其中 x 为参数.

例 5 求抛物线 $y^2=x$ 的渐屈线方程.

解 方程两边对 x 求导，得

$$2yy'=1,\text{及 } 2y'^2+2yy''=0,$$

于是

$$y'=\frac{1}{2y},\quad y''=-\frac{1}{4y^3},$$

代入(6.7)式，得渐屈线的参数方程

$$\begin{cases}\xi = x - \dfrac{y'(1+y'^2)}{y''}=3y^2+\dfrac{1}{2};\\ \eta = y + \dfrac{1+y'^2}{y''}=-4y^3,\end{cases}$$

其中 y 为参数. 如果消去 y，就得渐屈线的一般方程

$$\eta^2 = \frac{16}{27}(\xi - \frac{1}{2})^3 \quad 或 \quad y^2 = \frac{16}{27}(x - \frac{1}{2})^3,$$

这是一条顶点在($\frac{1}{2}$,0),对称于 x 轴的半立方抛物线,如图 4-31 所示.

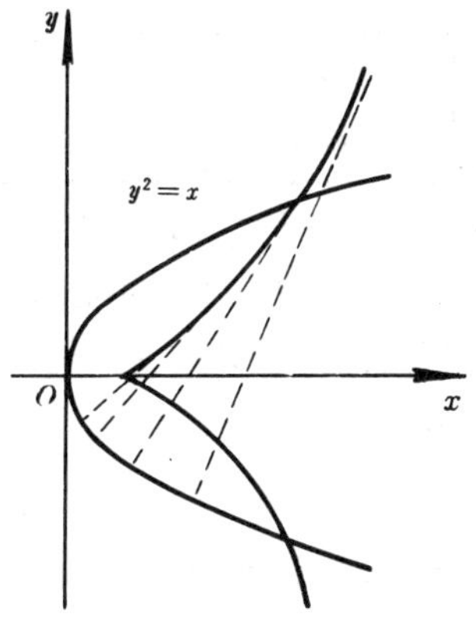

图 4-31

如果对渐屈线方程(6.7),应用参变量函数的求导法,有

$$\frac{d\eta}{d\xi} = \frac{y' + \frac{2y'y''^2 - y'''(1+y'^2)}{y''^2}}{1 - \frac{(y''+3y'^2)y'' - y'''(y'+y'^3)}{y''^2}}$$

$$= \frac{3y'y''^2 - y''' - y'^2y'''}{-3y'^2y''^2 + y'y''' + y'^3y'''}$$

$$= \frac{3y'y''^2 - y''' - y'^2y'''}{-y'(3y'y''^2 - y''' - y'^2y''')} = -\frac{1}{y'},$$

得到 $$\frac{d\eta}{d\xi} = -\frac{1}{\frac{dy}{dx}}.$$

这结果揭示了渐屈线与渐伸线之间的一条性质:**渐伸线的法线就是渐屈线的切线.**

§7 方程实根的近似计算

一般函数方程 $f(x)=0$ 的精确解是比较难求的,有时甚至无法求得,本节介绍求方程实根近似值的几种简单方法.

方程 $f(x)=0$ 的实根在几何上就是曲线 $y=f(x)$ 与 x 轴的交点的横坐标,如图 4-32 所示,求方程实根近似值相当于求这种交点的大体位置.因此可以分两步来进行:第一步找隔根区间,一个方程可能有多个实根,先设法把每一个根隔离开来,使得在某个区间内有且只有一个实根,这种区间叫做**隔根区间**;第二步逐步缩小隔根区间,使之找到符合精度要求的近似根.

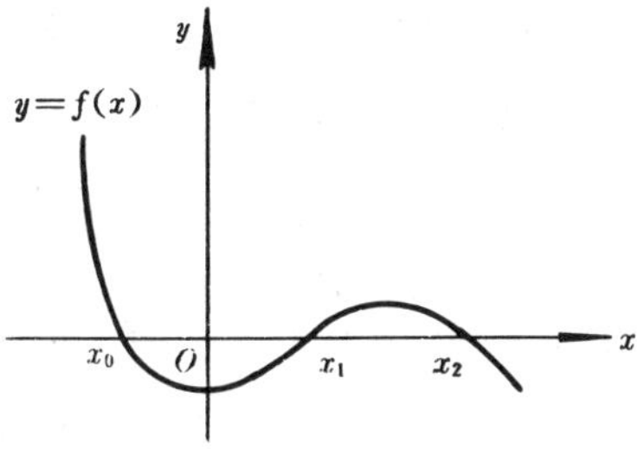

图 4-32

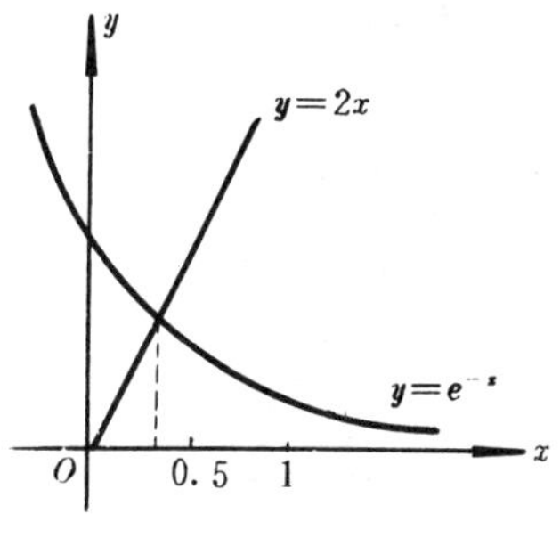

图 4-33

找隔根区间通常可用图解法或逐步搜索法,下面举例说明.

例 1 求方程 $2x - e^{-x} = 0$ 的隔根区间.

解法一(图解法) 改写方程为 $2x = e^{-x}$,记 $y_1 = 2x, y_2 = e^{-x}$,在同一直角坐标系中画出它们的草图(图 4-33),可看到交点只有一个,其横坐标落在(0.3,0.5)内,这就是方程的一个隔根区间.

解法二(逐步搜索法) 记 $f(x) = 2x - e^{-x}$,是一个连续函数,当 $x \leqslant 0$ 时 $f(x) < 0$,可见方程只有正根,取搜索起点为 $a=0$,适当选取 h 为步长,则分点坐标 $x_k = a + kh(k=1,2,\cdots)$,计算 $f(a) = f(0) = -1 < 0$,再逐步计算函数值 $f(x_k)$,并与前一点的函数值 $f(x_{k-1})$ 比较符号,若同号,则在 (x_{k-1}, x_k) 内没有实根;若异号则 $[x_{k-1}, x_k]$ 就是隔根区间;如果刚好 $f(x_k)=0$,那 x_k 就是方程的一个实根.此法叫做**逐步搜索法**,很适合在计算机上实现.不过实际操作时应注意

步长的选取，太大可能会漏根，太小消耗搜索时间，本例可取 $h=0.1, a=0$，计算分点函数值.

x_k	0	0.1	0.2	0.3	0.4
$f(x_k)$	-1	-0.705	-0.419	-0.141	0.129

可见 $f(0.3)$ 与 $f(0.4)$ 异号，故 $[0.3,0.4]$ 是隔根区间，又因 $f'(x)=2+e^{-x}>0$，函数严格增，方程仅有一实根，于是不必往前搜索了.

下面讨论已知根的大体位置后，如何找到符合精度要求的近似根. 这里介绍三种简单而常用的方法.

7.1 二分法(对分法)

设 $[a,b]$ 是方程 $f(x)=0$ 的隔根区间，且 $f(x)$ 在 $[a,b]$ 上连续，计算区间 $[a,b]$ 中点 $x_1=\frac{a+b}{2}$ 的函数值 $f(x_1)$.

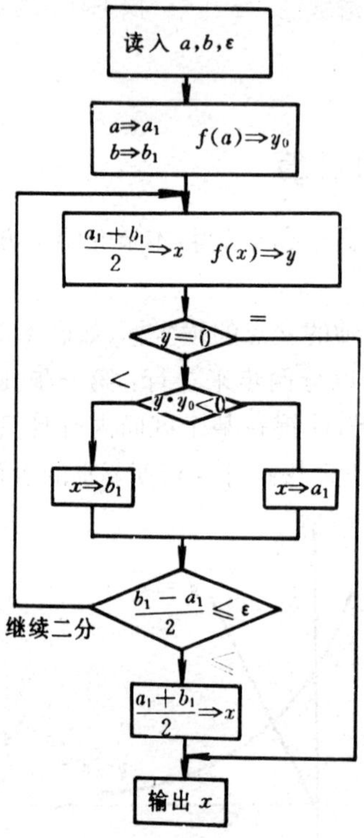

图 4-35

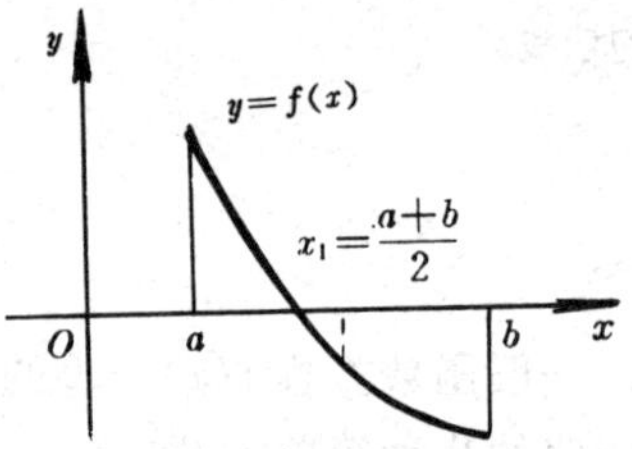

图 4-34

若 $f(x_1)=0$，则 x_1 就是所求的实根；若 $f(x_1)\cdot f(a)<0$，则根在左半区间 $[a,x_1]$ 内，否则在右半区间 $[x_1,b]$ 内，不妨假定在 $[a,x_1]$ 内，取其中点 $x_2=\frac{a+x_1}{2}$ 作为近似根，误差不超过 $\frac{b-a}{2}$（如图 4-34）. 如果精度没有达到要求，那么再计算 $f(x_2)$. 若 $f(x_2)=0$，则 x_2 就是所求的实根；若 $f(x_2)f(a)<0$，则根在左半区间 $[a,x_2]$ 内，否则在右半区间 $[x_2,x_1]$ 内. 不妨假定 $[x_2,x_1]$ 是新的隔根区间，取其中点 $x_3=\frac{x_2+x_1}{2}$ 作近似根，误差不超过 $\frac{b-a}{2^2}$. 如此继续把隔根区间二分下去，直至误差达到要求为止，这种求近似根方法叫做**二分法**(或**对分法**). 在计算机上实施程序简单，收敛性有保证，计算框图如图 4-35 所示.

例 2 求方程 $2x-e^{-x}=0$ 的近似根，误差不超过 0.01.

解 记 $f(x)=2x-e^{-x}$，由例 1 知方程仅有一个实根，$[0.3,0.4]$ 是一个隔根区间，$f(0.3)=-0.141<0$，根据二分法列表计算如下：

n	a	b	$x=\frac{a+b}{2}$	$f(x)$	$f(a)\cdot f(x)<0$	$\frac{b-a}{2^n}$
1	0.3	0.4	0.35	-0.00469	否	0.05
2	0.35	0.4	0.375	0.0627	是	0.025
3	0.35	0.375	0.3625	0.0291	是	0.0125
4	0.35	0.3625	0.35625	0.0122	是	0.00625
5	0.35	0.35625				

由此可见二分 4 次后的隔根区间[0.35,0.35625]之长度已小于 0.01,因此取其中任一点作近似根均满足题设要求,这里不妨取 $x=0.35$ 作为所求的近似根.

7.2 切线法

设$[a,b]$为方程 $f(x)=0$ 的隔根区间,函数 $f(x)$ 在$[a,b]$上连续,在(a,b)内二阶可导,且 $f'(x)\neq 0, f''(x)\neq 0$,不妨设函数 $y=f(x)$ 的图形如图 4-36 所示.

从弦$\widehat{AB}$的一端 B 作曲线的切线,与 x 轴交于点 $N_1(x_1,0)$,x_1 比 b 更接近精确根 μ;过点 $B_1(x_1,f(x_1))$ 作切线交 x 轴于 $N_2(x_2,0)$,取 x_2 作为根的第二近似值,继续这样进行下去,在一定条件下,可求出满足任意精度要求的近似值来.这方法称为**切线法**(或**牛顿法**).

下面推导切线法的计算公式.

如图 4-36,过 B 点的切线方程是

$$y=f(b)+f'(b)(x-b),$$

令 $y=0$,得切线与 x 轴的交点 N_1 的横坐标

$$x_1=b-\frac{f(b)}{f'(b)}, \tag{7.1}$$

这就是根的第一近似值.

用 x_1 代替(7.1)式中的 b,就得到第二近似值

$$x_2=x_1-\frac{f(x_1)}{f'(x_1)},$$

依次代替,可得根的第 n 近似值

$$x_n=x_{n-1}-\frac{f(x_{n-1})}{f'(x_{n-1})}, \quad n=1,2,\cdots. \tag{7.2}$$

这就是切线法求实根的**迭代公式**.

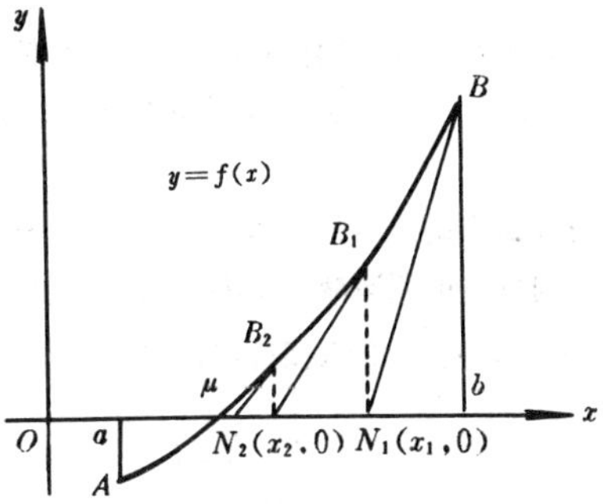

图 4-36

由迭代公式(7.2)构成的数列$\{x_n\}$是否保证收敛于方程 $f(x)=0$ 的精确根 μ 呢?从图 4-37 中可以看出,只要满足一定的条件即可保证收敛.

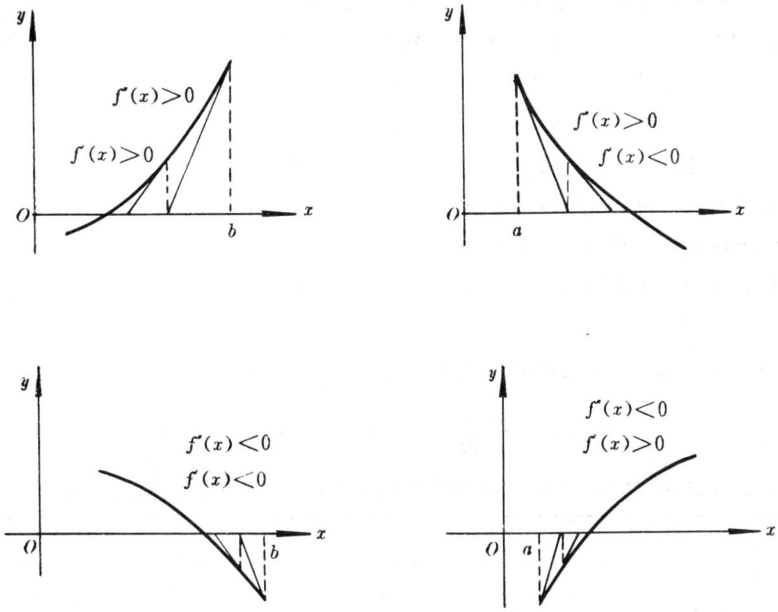

图 4-37

有如下定理:

定理　设函数 $f(x)$ 在 $[a,b]$ 上连续，且满足：1° $f(a)f(b)<0$；2° $f'(x)$，$f''(x)$ 在 $[a,b]$ 上不变号；3° 选取迭代初值 $x_0=a$ 或 b，使得 $f(x_0)$ 与 $f''(x)$ 同号，则由迭代公式(7.2)生成的数列 $\{x_n\}$ 必定收敛于方程 $f(x)=0$ 的精确根 μ，即 $\lim\limits_{n\to\infty}x_n=\mu$.

* **证**　为确定起见，不妨设 $f(a)<0,f(b)>0,f'(x)>0,f''(x)>0$，则取迭代初值 $x_0=b$，即从 $(b,f(b))$ 端开始作切线，得

$$x_1=b-\frac{f(b)}{f'(b)}<b,\quad (因\ f(b)>0,f'(b)>0).$$

又考虑 $f(\mu)$ 在点 b 处的一阶泰勒公式

$$f(\mu)=f(b)+f'(b)(\mu-b)+\frac{f''(\xi)}{2!}(\mu-b)^2,$$

其中 ξ 在 μ 与 b 之间因 $f(\mu)=0$，于是

$$\mu=b-\frac{f(b)}{f'(b)}-\frac{f''(\xi)}{2f'(b)}(\mu-b)^2<b-\frac{f(b)}{f'(b)}=x_1\quad (因\ f'(x)>0,f''(x)>0).$$

故得

$$\mu<x_1<b.$$

因为 $f(b)>0$，必有 $f(x_1)>0$，不然方程 $f(x)=0$ 在 $[x_1,b]$ 内至少还有一个实根，这与 $[a,b]$ 是隔根区间相矛盾，因此可在点 $(x_1,f(x_1))$ 处继续作切线，同理可得

$$\mu<x_2<x_1.$$

用数学归纳法可得 $\mu<x_n<x_{n-1}<\cdots<x_2<x_1<b$.

所以数列 $\{x_n\}$ 单调递减有下界，从而必定收敛，记其极限为 α，即 $\lim\limits_{n\to\infty}x_n=\alpha$，让 $n\to\infty$，对(7.2)式取极限，得

$$\alpha=\alpha-\frac{f(\alpha)}{f'(\alpha)}\quad 或\quad \frac{f(\alpha)}{f'(\alpha)}=0,$$

因 $f'(x)>0,f'(\alpha)>0$，故有

$$f(\alpha)=0,$$

因此 $\mu=\alpha$，得证数列 $\{x_n\}$ 收敛于方程 $f(x)=0$ 的精确根 μ.　证毕

在实际计算时，还应考虑迭代过程的控制问题，往后将证明，如果在精确根 μ 的某个邻域内存在连续的二阶导数，且 $f'(x)\neq 0$，那么可用相邻两次计算结果的偏差

$$|x_n-x_{n-1}|<\varepsilon$$

来控制迭代过程，就是说，只要相邻两次近似值之差的绝对值小于预先指定的误差 ε 时，迭代即可停止.

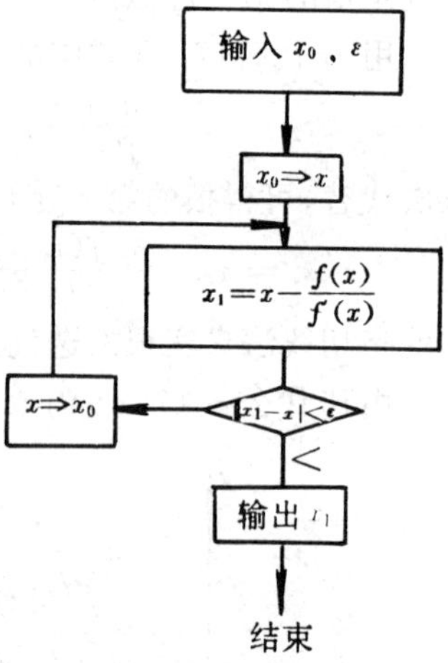

图 4-38

切线法的计算框图如图 4-38 所示.

例 3　用切线法求方程 $f(x)=x^3+4x^2-18=0$ 在区间 $[1,2]$ 内的实根，要求误差不超过 $\varepsilon=10^{-4}$.

解　由 $f'(x)=3x^2+8x$，得该方程的切线法迭代公式

$$x_{n+1}=x_n-\frac{x_n^3+4x_n^2-18}{3x_n^2+8x_n}\quad (n=0,1,2,\cdots).$$

因 $f''(x)=6x+8>0,f(2)=6>0$，取迭代初值 $x_0=2$，列表计算如下：

n	x_n	$\lvert x_n-x_{n-1}\rvert$	n	x_n	$\lvert x_n-x_{n-1}\rvert$
0	2		3	1.367288	0.064299
1	1.785714	0.214286	4	1.365232	0.002056
2	1.431587	0.354127	5	1.365230	0.000002

由上知，取 $x_5 = 1.3652$ 作近似根，其误差已小于 $\varepsilon = 10^{-4}$.

7.3 简单迭代法

将方程 $f(x) = 0$ 改写成

$$x = \varphi(x), \tag{7.3}$$

选取适当的 x_0 作为实根的初始近似值，代入(7.3)式的右边 $\varphi(x_0)$，一般不会刚好等于 x_0，亦即不是方程的根，把它记作 x_1，即

$$x_1 = \varphi(x_0)$$

作为方程根的第一近似值；再把它代入(7.3)的右边 $\varphi(x_1)$ 作为第二近似值

$$x_2 = \varphi(x_1),$$

继续这样迭代下去，可得第 $n+1$ 次近似值

$$x_{n+1} = \varphi(x_n), \quad n = 0,1,2,\cdots. \tag{7.4}$$

这种方法称为**简单迭代法**.

由此生成一串近似根数列 $\{x_n\}$：

$$x_1, x_2, \cdots, x_n, \cdots.$$

如果收敛的话，不妨记其极限为 μ，那么当 $n \to \infty$ 时，就有

$$\mu = \varphi(\mu),$$

则 μ 就是所求方程的根，也称为函数 $\varphi(x)$ 的**不动点**.

此法在几何上相当于求直线 $y = x$ 与曲线 $y = \varphi(x)$ 的交点的横坐标，如图 4-39 所示.

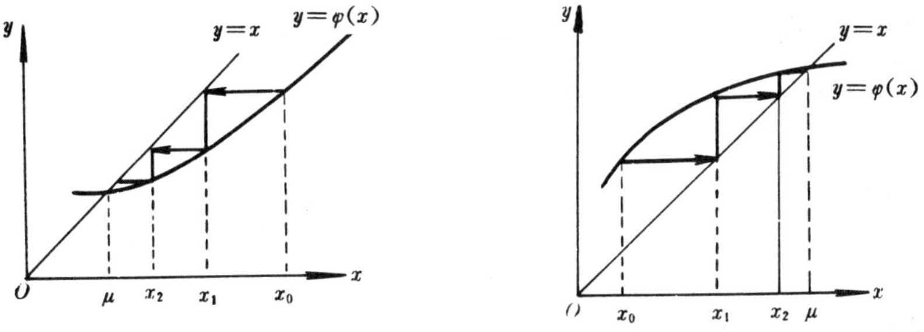

图 4-39

但数列 $\{x_n\}$ 未必收敛，如图 4-40 所示，简单迭代法的收敛性有下述定理.

定理 对于方程 $x = \varphi(x)$ 如果满足条件：1° $\varphi(x)$ 在 $[a,b]$ 上连续；2° 对于 $x \in [a,b]$，有 $a \leqslant \varphi(x) \leqslant b$；3° $\varphi(x)$ 在 $[a,b]$ 上可导，且有 $|\varphi'(x)| \leqslant L < 1$，则

(1) $x = \varphi(x)$ 在 $[a,b]$ 上有唯一解 μ；

(2) 对于任意初始近似值 $x_0 \in [a,b]$，迭代过程 $x_{n+1} = \varphi(x_n)$ $(n = 0,1,2,\cdots)$ 收敛，且 $\lim\limits_{n\to\infty} x_n = \mu$；

(3) $|\mu - x_n| < \dfrac{1}{1-L}|x_{n+1} - x_n|$.

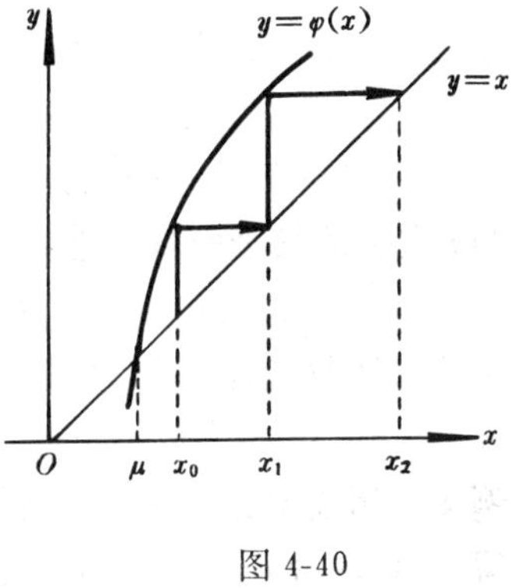

图 4-40

证(1) 先证明存在性. 作函数 $h(x) = \varphi(x) - x$，显然 $h(x)$ 在 $[a,b]$ 上连续，$h'(x)$ 存在，且有

$$h(a) = \varphi(a) - a \geqslant 0, \quad h(b) = \varphi(b) - b \leqslant 0.$$

于是由连续函数的介值性知，必有 $\mu\in[a,b]$，使 $h(\mu)=0$，即 $\mu-\varphi(\mu)=0$.

再证唯一性，设有两个解 μ 及 μ^*，且 $\mu,\mu^*\in[a,b]$ 于是有

$$\mu=\varphi(\mu),\quad \mu^*=\varphi(\mu^*).$$

由微分中值定理有

$$\mu-\mu^*=\varphi(\mu)-\varphi(\mu^*)=\varphi'(\xi)(\mu-\mu^*),$$

ξ 在 μ 与 μ^* 之间，

即
$$(\mu-\mu^*)(1-\varphi'(\xi))=0.$$

因 $|\varphi'(x)|\leqslant L<1, 1-\varphi'(\xi)\neq 0$，故 $\mu=\mu^*$.

(2) 由微分中值定理

$$\begin{aligned}|\mu-x_{n+1}|&=|\varphi(\mu)-\varphi(x_n)|=|\varphi'(\eta_1)||\mu-x_n|\\&\leqslant L|\mu-x_n|=L|\varphi(\mu)-\varphi(x_{n-1})|=L|\varphi'(\eta_2)||\mu-x_{n-1}|\\&\leqslant L^2|\mu-x_{n-1}|\leqslant\cdots\leqslant L^n|\mu-x_0|,\end{aligned}$$

因 $L<1$，故有

$$\lim_{n\to\infty}|\mu-x_{n+1}|\leqslant\lim_{n\to\infty}L^n|\mu-x_0|=0,$$

即
$$\lim_{n\to\infty}x_n=\mu.$$

(3) 由于 $|x_{n+1}-x_n|=|\varphi(x_n)-\varphi(x_{n-1})|=|\varphi'(\xi)||x_n-x_{n-1}|\leqslant L|x_n-x_{n-1}|$，

于是
$$\begin{aligned}|x_{n+1}-x_n|&=|x_{n+1}-\mu+\mu-x_n|\geqslant|x_n-\mu|-|x_{n+1}-\mu|\\&\geqslant|x_n-\mu|-L|x_n-\mu|=(1-L)|x_n-\mu|,\end{aligned}$$

从而
$$|\mu-x_n|\leqslant\frac{1}{1-L}|x_{n+1}-x_n|.$$

证毕

由定理知，当 $0<L<1$ 愈小时，$\{x_n\}$ 收敛愈快，且相邻两次迭代的偏差 $|x_{n+1}-x_n|<\varepsilon$ 时，则误差 $|\mu-x_n|\leqslant\frac{1}{1-L}\varepsilon$，所以电算时通常采用 $|x_{n+1}-x_n|<\varepsilon$ 来控制迭代过程应否终止(ε 为预先指定的精度).

对于切线法的迭代公式

$$x_{n+1}=x_n-\frac{f(x_n)}{f'(x_n)},$$

当在方程 $f(x)=0$ 的精确根 μ 的某个邻域内存在连续的二阶导数，且 $f'(x)\neq 0$ 时，则迭代亦可采用 $|x_{n+1}-x_n|<\varepsilon$ 来控制，事实上，取迭代函数

$$\varphi(x)=x-\frac{f(x)}{f'(x)},$$

则
$$\varphi'(x)=1-\frac{f'^2(x)-f(x)\cdot f''(x)}{f'^2(x)}=\frac{f(x)\cdot f''(x)}{f'^2(x)}.$$

当 $x=\mu$ 时，$\varphi'(\mu)=\dfrac{f(\mu)f''(\mu)}{f'^2(\mu)}=0$，(因 $f(\mu)=0$).

因 $\varphi'(x)$ 在 μ 的某个邻域内连续，必有

$$|\varphi'(x)|\leqslant L<1,$$

所以依迭代法收敛性定理，亦可采用 $|x_{n+1}-x_n|<\varepsilon$ 控制迭代过程.

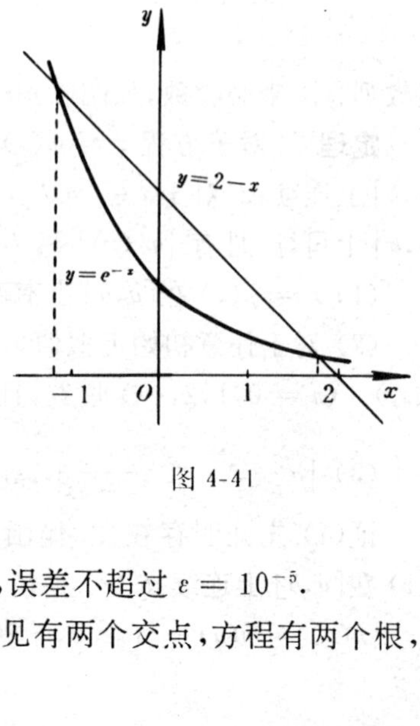

图 4-41

例 4 用简单迭代法求方程 $e^{-x}+x-2=0$ 的正实根，误差不超过 $\varepsilon=10^{-5}$.

解 作函数 $y=e^{-x}$ 与 $y=2-x$ 的图形(如图 4-41). 可见有两个交点，方程有两个根，分

别约为

$x = 1.8$ 与 $x = -1.2$(舍去),

改写方程为 $x = 2 - e^{-x}$,取迭代函数 $\varphi(x) = 2 - e^{-x}$,则 $\varphi'(x) = e^{-x}$,于是在 $x = 1.8$ 附近 $|\varphi'(x)| = |e^{-x}| < 1$,可以使用简单迭代法,迭代公式为 $x_{n+1} = \varphi(x_n) = 2 - e^{-x_n}$,$(n = 0,1,2,\cdots)$.选取迭代初始值 $x_0 = 1.8$,列表计算如下:

n	x_n	n	x_n
0	1.8	4	1.841379
1	1.834701	5	1.841401
2	1.840339	6	1.841405
3	1.841236		

这里 x_5,x_6 的小数点后五位数字完全相同,因此可取 $x = 1.84140$ 作为所求根的近似值,误差已不超过 $\varepsilon = 10^{-5}$,符合题意.

习题四

§1

1. 若 $f(x) = (x+1)(x-1)(x-2)(x-3)$,试证方程 $f'(x) = 0$ 有三个实根,并指出各个根的所在区间.

2. 用罗尔定理证明方程 $x^3 - 3x + c = 0$ 在区间 $(-1,1)$ 内至多有一个实根,不论 c 为何值.

3. 设函数 $f(x)$ 在区间 $[0,1]$ 上可导,且有 $0 < f(x) < 1$,$f'(x) \neq 1$,证明方程 $x = f(x)$ 在 $(0,1)$ 内有且仅有一个实根.

4. 证明下列方程在区间 $(0,1)$ 内至少存在一个实根.

(1) $a_0 + a_1x + a_2x^2 + \cdots + a_nx^n = 0$,其中实系数满足等式 $a_0 + \dfrac{a_1}{2} + \dfrac{a_2}{3} + \cdots + \dfrac{a_n}{n+1} = 0$.

(2) $5ax^4 + 3bx^2 + 2cx = a + b + c$.

5. 设函数 $f(x)$ 在区间 (a,b) 内具有二阶导数,且恒有 $f''(x) > 0$,证明方程 $f(x) = 0$ 在 (a,b) 内最多有两个实根.

6. 证明拉格朗日定理引入辅助函数的想法是什么?试取下列辅助函数,并利用罗尔定理证明拉格朗日定理.

(1) $\varphi(x) = f(x)(b-a) - x[f(b) - f(a)]$; (2) $\varphi(x) = f(x) - \dfrac{f(b) - f(a)}{b-a}x$;

(3) $\varphi(x) = \begin{vmatrix} f(x) & x & 1 \\ f(a) & a & 1 \\ f(b) & b & 1 \end{vmatrix}$.

其中函数 $f(x)$ 在闭区间 $[a,b]$ 上连续,在开区间 (a,b) 内可导.

7. 应用拉格朗日定理证明下列不等式:

(1) 当 $0 < \alpha < \beta < \dfrac{\pi}{2}$ 时,有 $\dfrac{\beta - \alpha}{\cos^2\alpha} < \mathrm{tg}\beta - \mathrm{tg}\alpha < \dfrac{\beta - \alpha}{\cos^2\beta}$;

(2) $\forall\, x,y \in R$ 有 $|\cos x - \cos y| \leqslant |x - y|$; (3) $\dfrac{1}{9} < \sqrt{66} - 8 < \dfrac{1}{8}$;

(4) $x^a|\ln x| \leqslant \dfrac{1}{ae}$ $(0 < x < 1, a > 0)$.

8. 设不恒为常数的函数 $f(x)$ 在闭区间 $[a,b]$ 上连续,在开区间 (a,b) 内可导,且 $f(a) = f(b)$,证明在 (a,b) 内至少存在一点 ξ,使得 $f'(\xi) > 0$.

9. 假设函数 $f(x)$ 在 $[0,1]$ 上连续,在 $(0,1)$ 内二阶导数存在,过点 $A(0,f(0))$ 与 $B(1,f(1))$ 的直线与曲线

$y=f(x)$ 相交于点 $C(c,f(c))$，$(0<c<1)$，证明在 $(0,1)$ 内至少存在一点 ξ，使得 $f''(\xi)=0$.

10. 设 $f''(x)>0$，$f(0)=0$，证明对任何 $x_1>0$，$x_2>0$，有 $f(x_1+x_2)>f(x_1)+f(x_2)$，并问当 $f''(x)<0$ 时结论怎样？

11. (1) 设函数 $f(x)$ 在 $[a,b]$ 上连续，在 (a,b) 内可导，且导函数 $f'(x)$ 的右极限 $\lim\limits_{x\to a^+}f'(x)=f'(a+0)$ 存在，试证明右导数 $f'_+(a)$ 存在，且有 $f'_+(a)=f'(a+0)$.（类似地有 $f'_-(b)=f'(b-0)$）.

(2) 利用(1)的结论，求函数 $f(x)=\arcsin\dfrac{2x}{1+x^2}$ 的左导数 $f'_-(1)$ 与右导数 $f'_+(1)$.

12. (1) 柯西中值公式能否采用分子 $f(x)$ 与分母 $g(x)$ 各自应用拉格朗日中值公式来证明？为什么？

(2) 试求函数 $f(x)=x^2$ 和 $g(x)=x^3$ 在区间 $[0,1]$ 上各自使拉格朗日中值公式成立的点 ξ_1 和 ξ_2，以及使 $\dfrac{f(x)}{g(x)}$ 的柯西中值公式成立的点 ξ_3.

13. 设 $f(x)>0$ 在 $[0,1]$ 上连续，在 $(0,1)$ 内可导，且有 $f(1)=2f(0)$，证明在 $(0,1)$ 内至少存在一点 ξ，使得 $(1+\xi)f'(\xi)=f(\xi)$ 成立.

14. 设 $f(x)$ 在 $[a,b]$ 上连续，在 (a,b) 内可导，且 $ab>0$，证明在 (a,b) 内至少存在一点 ξ，使

$$\frac{ab}{b-a}\begin{vmatrix} b & a \\ f(a) & f(b) \end{vmatrix}=\xi^2[f(\xi)+\xi f'(\xi)].$$

§2

15. 说明下列极限能否用洛比达法则求，试求出它们的极限.

(1) $\lim\limits_{x\to 0}\dfrac{x^2\sin\dfrac{1}{x}}{\ln(1+x)}$，　(2) $\lim\limits_{x\to+\infty}\dfrac{e^x-e^{-x}}{e^x+e^{-x}}$，　(3) $\lim\limits_{x\to 0^+}\left(\dfrac{1-\cos x}{x^2}\right)^{\frac{1}{x}}$，　(4) $\lim\limits_{x\to\infty}xe^{1/x^2}$

16. 用洛比达法则求下列极限：

(1) $\lim\limits_{x\to 0}\dfrac{x-\operatorname{arctg}x}{\arcsin x-x}$，　(2) $\lim\limits_{x\to 0}\dfrac{\sin x-x}{x-\operatorname{tg}x}$，　(3) $\lim\limits_{x\to 0}\dfrac{e^{x^2-x}+x-1}{1-\sqrt{1-x^2}}$，

(4) $\lim\limits_{x\to 1}\dfrac{x^x-x}{1-x+\ln x}$，　(5) $\lim\limits_{x\to 0}\dfrac{a^x-a^{\sin x}}{x^3}$，　$(a>0,a\neq 1)$，(6) $\lim\limits_{x\to 0}\dfrac{\cos x-\sqrt{1+x}}{x^3}$，

(7) $\lim\limits_{x\to+\infty}\dfrac{\sin\dfrac{1}{x}}{\dfrac{\pi}{2}-\operatorname{arctg}x}$，　(8) $\lim\limits_{x\to e}\dfrac{(\ln x)^\alpha-\left(\dfrac{x}{e}\right)^\beta}{x-e}$，　(9) $\lim\limits_{x\to+\infty}\dfrac{x^{2\cdot 3}}{a^x}$，$(a>1)$，

(10) $\lim\limits_{x\to 0^+}\dfrac{\ln x}{\operatorname{ctg}x}$，　(11) $\lim\limits_{x\to+\infty}\dfrac{\ln\ln x}{\ln(x-\ln x)}$，　(12) $\lim\limits_{x\to+\infty}\dfrac{\ln(1+x^2)}{\ln\left(\dfrac{\pi}{2}-\operatorname{arctg}x\right)}$，

(13) $\lim\limits_{x\to 1^+}\left(\dfrac{x}{x-1}-\dfrac{1}{\ln x}\right)$，　(14) $\lim\limits_{x\to 0}\left(\dfrac{1}{\sin x}-\dfrac{1}{x+x^2}\right)$，　(15) $\lim\limits_{x\to 0}\left(\dfrac{1}{x^2}-\operatorname{ctg}^2x\right)$，

(16) $\lim\limits_{x\to 0}\left(\dfrac{1}{x\arcsin x}-\dfrac{1}{x^2}\right)$，　(17) $\lim\limits_{x\to\frac{\pi}{2}}\left(x-\dfrac{\pi}{2}\right)\operatorname{tg}x$，　(18) $\lim\limits_{x\to 0^+}\dfrac{1}{x}e^{-1/x^2}$，

(19) $\lim\limits_{x\to 1^+}\ln x\ln(x-1)$，　(20) $\lim\limits_{x\to 1}(3-2x)^{\sec\frac{\pi}{2}x}$，　(21) $\lim\limits_{x\to 0}(1-\cos x)^x$，

(22) $\lim\limits_{x\to 0}\left(\dfrac{\sin x}{x}\right)^{\frac{1}{1-\cos x}}$，　(23) $\lim\limits_{x\to+\infty}\left(\dfrac{2}{\pi}\operatorname{arctg}x\right)^x$，　(24) $\lim\limits_{x\to 0^+}(\operatorname{ctg}x)^{\frac{1}{\ln x}}$.

17. 怎样运用洛比达法则求数列的极限 $\lim\limits_{n\to\infty}\dfrac{f(n)}{g(n)}$？并求

(1) $\lim\limits_{n\to\infty}n^2\left(\operatorname{arctg}\dfrac{a}{n}-\operatorname{arctg}\dfrac{a}{n+1}\right)$，　(2) $\lim\limits_{n\to\infty}n\left[e^2-\left(1+\dfrac{1}{n}\right)^{2n}\right]$.

18. 设 $a_1,a_2,\cdots,a_n$，皆为正数，试证明：

$$\lim_{x\to 0}\left(\frac{a_1^x+a_2^x+\cdots+a_n^x}{n}\right)^{\frac{1}{x}}=\sqrt[n]{a_1\cdot a_2\cdot a_3\cdot\cdots\cdot a_n}.$$

§3

19. 求下列函数在指定点处和指定阶数的带拉格朗日余项的泰勒公式：

(1) $f(x)=\arcsin x$，在 $x=0$ 处，3 阶；　(2) $f(x)=e^x$，在 $x=1$ 处，n 阶；

(3) $f(x)=\sin x$，在 $x=\dfrac{\pi}{2}$ 处，5 阶；　(4) $f(x)=\cos x$，在 $x=\pi$ 处，5 阶；

(5) $f(x)=3x^4-5x^3+2x$，在 $x=1$ 处，4 阶；　(6) $f(x)=\dfrac{1}{1-x}$，在 $x=0$ 处，5 阶；

(7) $f(x)=\dfrac{1}{\sqrt{x}}$，在 $x=4$ 处，3 阶；　(8) $f(x)=\mathrm{sh}x$，在 $x=0$ 处，4 阶.

20. 推导下列各带皮亚诺余项的马克劳林公式：

(1) $\mathrm{tg}x=x+\dfrac{x^3}{3}+o(x^4)$；　(2) $\mathrm{arctg}x=x-\dfrac{x^3}{3}+o(x^4)$；

(3) $\dfrac{1}{\sqrt{4-x}}=\dfrac{1}{2}+\dfrac{1}{2^4}x+\dfrac{1\cdot 3}{2^7\cdot 2\,!}x^2+\dfrac{1\cdot 3\cdot 5}{2^{10}\cdot 3\,!}x^3+o(x^3)$；

(4) $e^{-\frac{x^2}{2}}=1-\dfrac{x^2}{2}+\dfrac{x^4}{8}+o(x^4)$；　(5) $\sec x=1+\dfrac{x^2}{2}+o(x^3)$.

21. 利用带皮亚诺余项的泰勒公式求下列极限：

(1) $\lim\limits_{x\to 0}\dfrac{\sin x-x\cos x}{x-\sin x}$；　(2) $\lim\limits_{x\to 0}\dfrac{\cos x-e^{-\frac{x^2}{2}}}{x^2[2x+\ln(1-2x)]}$；　(3) $\lim\limits_{x\to 0}\dfrac{1+\dfrac{x^2}{2}-\sqrt{1+x^2}}{(\cos x-e^{x^2})\sin x^2}$；

(4) $\lim\limits_{x\to\infty}[x-x^2\ln(1+\dfrac{1}{x})]$；　(5) $\lim\limits_{x\to+\infty}[(x^3-x^2+\dfrac{x}{2})e^{\frac{1}{x}}-\sqrt{x^6+1}]$.

22. 设 $f(x)=\dfrac{x}{\sqrt{1+x^2}}$. 求 $f^{(5)}(0)$.

23. 设 $f(x)=x^2\sin x$，求 $f^{(99)}(0)$.

24. 当 $x\to 0$ 时，下列无穷小量是 x 的几阶无穷小量.

(1) $x-\sin x$；　(2) $\cos x^2-x^2\cos x-1$；　(3) $\dfrac{1}{x}-\dfrac{1}{\sin x}$；　(4) $e^{x^2}-1-x^2\sqrt{1-x^2}$.

25. 怎样选择常数 a,b，使得当 $x\to 0$ 时

(1) $f(x)=x-(a+b\cos x)\sin x$ 关于 x 为 5 阶无穷小.

(2) $f(x)=\mathrm{arctg}x-\dfrac{x+ax^3}{1+bx^2}$ 关于 x 成为尽可能高阶的无穷小.

26. 设函数 $f(x)$ 在点 $x=0$ 的某个邻域内具有二阶连续的导数，且有 $\lim\limits_{x\to 0}\dfrac{f(x)}{x}=0$，证明当 n 充分大时，有

$$|f(\frac{1}{n})|\leqslant\frac{M}{2n^2}.\quad (M\text{ 为某正数})$$

27. 设函数 $f(x)$ 在区间 $[a,b]$ 上二阶可导，x_1,x_2 为 $[a,b]$ 上的任意两点，试证明：

(1) 若 $f''(x)<0$ 时，则有

$$f(\frac{x_1+x_2}{2})\geqslant\frac{f(x_1)+f(x_2)}{2}\quad(\text{等号仅当 } x_1=x_2 \text{ 时成立}).$$

(2) 若 $f''(x)>0$ 时，则有

$$f(\frac{x_1+x_2}{2})\leqslant\frac{f(x_1)+f(x_2)}{2}\quad(\text{等号仅当 } x_1=x_2 \text{ 时成立}).$$

28. 利用上题的结果证明：(1) 当 $x>0,y>0$ 时，有　$x\ln x+y\ln y\geqslant(x+y)\ln\dfrac{x+y}{2}$；

(2) $\sqrt{xy}\leqslant\dfrac{x+y}{2}$　$(x\geqslant 0,y\geqslant 0)$；　(3) $e^{\frac{x+y}{2}}\leqslant\dfrac{e^x+e^y}{2}$.

29. 设函数 $f(x)$ 在 $[a,b]$ 上连续，在 (a,b) 内二阶可导，且 $f(a)\cdot f(b)<0$ 及 $f'(c)=0$，$a<c<b$，证明：当 $f(c)>0$ 时，在 (a,b) 内至少存在一点 ξ，使得 $f''(\xi)<0$.

30. 用四阶泰勒公式求下列各式近似值，并估计误差.

(1) $\sqrt{e}$；　(2) $\ln(1\cdot 1)$.

§4

31. 函数 $f(x)$ 在 (a,b) 内满足 $f'(x)\geqslant 0$，且等号仅在某一点 $c\in(a,b)$ 处成立，这时函数 $f(x)$ 在该区间内是否严格增？为什么？

32. 求下列各题中函数的增减区间：

(1) $y = 3x^4 - 4x^3 + 1$；　(2) $y = x - \ln(1+x)$；　(3) $y = \dfrac{\sqrt{x}}{1+x^2}$；　(4) $y = x^x$；

(5) $y = x^n e^{-x}, (x \geqslant 0, n > 0)$；　(6) $y = \begin{cases} 1 + x^3, & -2 \leqslant x \leqslant 0, \\ \sqrt[3]{x^2}(1-x), & 0 < x \leqslant 2. \end{cases}$

33. 证明不恒为常数的有理函数

$$R(x) = \frac{a_0 + a_1 x + a_2 x^2 + \cdots + a_n x^n}{b_0 + b_1 x + b_2 x^2 + \cdots + b_m x^m} \quad (a_n, b_m \neq 0)$$

在$(-\infty, -x_0)$及$(x_0, +\infty)$上是严格单调的，其中x_0为充分大的正数.

34. 设函数$f(x)$在$[0,a]$上有连续的二阶导数，且$f(0) = 0, f''(x) > 0$，证明函数$g(x) = \dfrac{f(x)}{x}$在$(0,a)$内严格单调增.

35. 利用函数的增减性或最值证明下列不等式：

(1) $\ln x > \dfrac{2(x-1)}{x+1} \quad (x > 1)$；　(2) $x > \mathrm{arctg} x > x - \dfrac{x^3}{3} \quad (x > 0)$；

(3) $e^{-x} + \sin x < 1 + \dfrac{x^2}{2} \quad (0 < x < 1)$；　(4) $1 + x\ln(x + \sqrt{1+x^2}) \geqslant \sqrt{1+x^2} \quad (x \in R)$；

(5) $a^b > b^a \quad (b > a > e)$；　(6) $(x^\alpha + y^\alpha)^{\frac{1}{\alpha}} > (x^\beta + y^\beta)^{\frac{1}{\beta}} \quad (x > 0, y > 0, 0 < \alpha < \beta)$；

(7) $x^\alpha - \alpha x \leqslant 1 - \alpha \quad (x > 0, 0 < \alpha < 1)$；　(8) $x(2 + \cos x) > 3\sin x \quad (x > 0)$.

36. 试用多种方法证明不等式

$$e^x > 1 + x \quad (x \neq 0).$$

37. 设$f(x)$在$[a, +\infty)$上连续，当$x > a$时，$f'(x) \geqslant K > 0$，其中K为常数，且$f(a) < 0$，证明方程$f(x) = 0$在$(a, a - \dfrac{f(a)}{K})$内有且仅有一个实根.

38. 求下列函数的极值：

(1) $y = x^3 - 2x^2 + x - 1$；　(2) $y = xe^{-x}$；　(3) $y = x + \dfrac{1}{x^2}$；

(4) $y = \dfrac{2}{3}x - \sqrt[3]{x^2}$；　(5) $y = 2x^2 - \ln x$；　(6) $y = \dfrac{x^3}{2(x-1)^2}$；

(7) $f(x) = e^{-x}\cos x$；　(8) 由方程$x + y = e^x - \ln y$所确定的隐函数；

(9) $\begin{cases} x(t) = \ln(t^2 + \dfrac{1}{4}), \\ y(t) = t - \mathrm{arctg}(2t). \end{cases}$

39. 怎样选择系数a, b，使得函数$f(x) = ax^3 + bx^2 + x$在$x = 1$处取到极大值$f(1) = 1$.

40. 讨论函数$y = (1 + x + \dfrac{x^2}{2!} + \cdots + \dfrac{x^n}{n!})e^{-x} \quad (n \in N)$的极值.

41. 求下列函数在指定区间上的最大值与最小值.

(1) $y = 2x - \sin 2x$，在$[\dfrac{\pi}{4}, \pi]$；　(2) $y = x^2 e^{-x^2}$，在$(-\infty, +\infty)$；

(3) $y = (x-1)^2(x-2)^3$，在$[0, 1.5]$；　(4) $y = 2\sin 2x + \sin 4x$，在$[0, \pi]$.

42. 设有一条长为 20 厘米的绳子，如何剪成两段，使得围成的一个正三角形与一个圆的面积之和最小，并算出这最小面积.

43. 试求数列$1, \sqrt{2}, \sqrt[3]{3}, \sqrt[4]{4}, \cdots, \sqrt[n]{n} \cdots$中最大的一项.

44. 设圆扇形的周长$p(p > 0)$为常数，问当圆扇形的半径r为何值时，使扇形的面积最大？

45. 作半径为r的球的外切正圆锥，问此圆锥的高h为何值时，其体积V最小，最小体积是多少？

46. 一通讯员要从河岸A处驾船驶往对岸，再步行到B点(如图)，设船速为v_1，步行速度为v_2，问如何选择登岸点C，才能最快到达B点？

47. 如图，有一杠杆的支点在A点，在距支点 1 米处挂有一个重为 50 公斤的物体，同时加力于杆的另一端B，使杠杆保持水平，若杠杆本身每米 4 公斤，试求最省力的杆长.

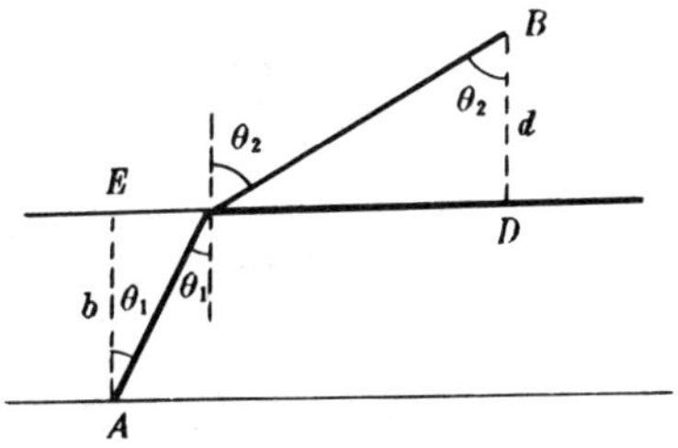

第 46 题

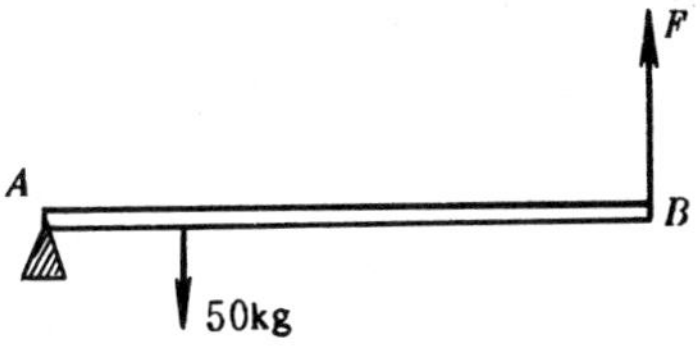

第 47 题

48. 在半径为 a 的圆桌中心的上方挂一盏电灯，问电灯挂得距桌面多高时，才能使桌的边缘的照度最大？(由光学知识，照度 $I = k\frac{\sin\theta}{r^2}$，$\theta$ 是光线的倾角，r 是光源与被照地点的距离，k 是比例系数，它与灯光的强度有关).

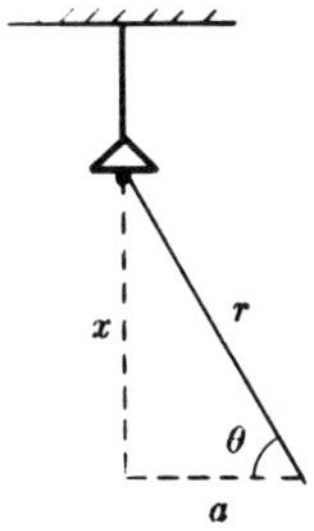

第 48 题

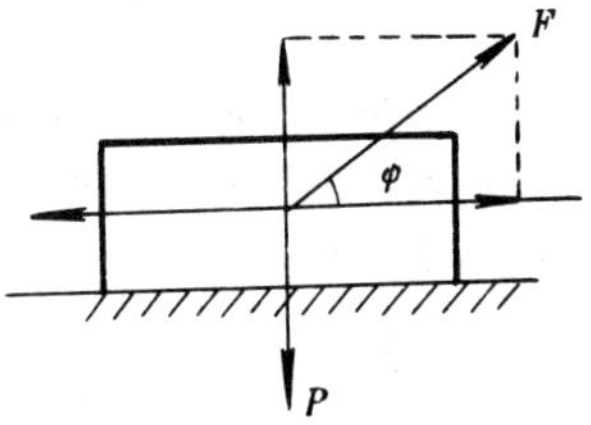

第 49 题

49. 有一重量为 P 的重物放在水平面上，受力 F 的作用开始移动(如图)，设摩擦系数为 $\mu = 0.25$，问当角度 φ 为何值时 F 的值最小？

50. 在 n 次试验中，测得量 A 的 n 个数据 $x_1, x_2, \cdots, x_n$，问选取怎样的 x，使误差平方和 $\delta = \sum_{i=1}^{n}(x - x_i)^2$ 达到最小？误差理论中，常以这样的 x 值来作为量 A 的近似值.

51. 某工厂生产甲、乙两种产品，其销售单价分别为 10 万元和 9 万元，若生产 x 件甲种产品和 y 件乙种产品，其总成本为

$$C = 400 + 2x + 3y + 0.01(3x^2 + xy + 3y^2)\text{(万元)},$$

又知两种产品的总产量为 100 件，求企业要获得最大利润时，两种产品各应生产多少件？这时的最大利润是多少？

52. 甲船以每小时 20 海里的速度向东行驶，同一时刻乙船在甲船正北 123 海里的港口以每小时 16 海里的速度向南行驶，问经过多少小时两船距离最近？

§5

53. 若在区间 (a,b) 上 $f''(x) > 0$(或 $f''(x) < 0$)，证明对于 (a,b) 内任意不同两点 x_1, x_2，有

$$f\left(\frac{x_1 + x_2}{2}\right) < \frac{f(x_1) + f(x_2)}{2} \qquad \left(\text{或 } f\left(\frac{x_1 + x_2}{2}\right) > \frac{f(x_1) + f(x_2)}{2}\right).$$

并说明其几何意义.

54. 求下列曲线的凹向区间及拐点(如果有的话)：

(1) $y = 2x^3 - 3x^2 + x - 1$；　(2) $y = x^2 + \frac{1}{x}$；　(3) $y = (x^2 + 1)e^x$；

(4) $y = x + \sin x$；　(5) $y = \mathrm{arctg}\,\frac{1}{x}$.

55. 证明曲线 $y = \frac{x + 1}{x^2 + 1}$ 有位于同一直线上的三个拐点.

56. 选择 a 和 b 的值，使点(2,4)是曲线 $y = ax^3 + bx^2$ 的拐点.

57. 求下列曲线的渐近线：

(1) $y = \dfrac{3-2x}{x+1}$；　(2) $y = \dfrac{x^3}{2(x+1)^2}$；　(3) $y = \sqrt[3]{x^3+x^2}$；

(4) $y = e^{\frac{1}{x}}$；　(5) $\begin{cases} x = \dfrac{3at}{1+t^3}, \\ y = \dfrac{3at^2}{1+t^3}, \end{cases}$ $(t \neq -1, a \neq 0)$；(6) $y = x\ln(e + \dfrac{1}{x})$.

58. 讨论下列函数的性态，并作出其图形：

(1) $y = x^3 - 3x^2 + 2$；　(2) $y = x^2\ln x$；　(3) $y = xe^{-x^2}$；

(4) $y = x^4 - 2x^2$；　(5) $y = \dfrac{x^3+4}{x^2}$；　(6) $y = x - 2\mathrm{arctg}x$；

(7) $y = xe^{\frac{1}{x}}$；　(8) $y = \sqrt{x^2 - x + 1}$.

§6

59. 求下列曲线在指定点的曲率：

(1) $y = \dfrac{1}{x}$，在点(1,1)；　(2) $y = \mathrm{ch}x$，在点(0,1).

60. 求曲线 $y = \ln x$ 与 x 轴交点处的曲率圆方程.

61. 求曲线 $y = x^3$ 在点(1,1)处的曲率圆方程.

62. 证明抛物线 $y = ax^2 + bx + c$ 在顶点处的曲率最大.

63. 设曲线的参数方程为 $\begin{cases} x = \varphi(t) \\ y = \psi(t) \end{cases}$，验证曲线的曲率为

$$k = \frac{\left| \dfrac{dx}{dt} \cdot \dfrac{d^2y}{dt^2} - \dfrac{d^2x}{dt^2} \cdot \dfrac{dy}{dt} \right|}{\left[(\dfrac{dx}{dt})^2 + (\dfrac{dy}{dt})^2 \right]^{3/2}},$$

并求椭圆 $\begin{cases} x = a\cos t \\ y = b\sin t \end{cases}$ 在顶点 $(a,0)$，$(0,b)$ 处的曲率.

64. 过正弦曲线 $y = \sin x$ 上点 $M(\dfrac{\pi}{2},1)$ 处作一抛物线 $y = ax^2 + bx + c$，使抛物线与正弦曲线在 M 点具有相同的曲率与凹向，并写出 M 点处两曲线的公共曲率圆方程.

65. 求椭圆 $\dfrac{x^2}{4} + y^2 = 1$ 的渐屈线方程.

§7

66. 用二分法和切线法求方程 $x^3 + 4x - 1 = 0$ 在[0,1]内的一个近似根，要求误差不超过 0.05.

67. 用切线法求方程 $x\ln x - 1 = 0$ 在[1,2]内的一个近似根，要求误差不超过 10^{-4}.

综合题

68. (1) 若 n 次多项式 $P_n(x)$ 可以分解为 $P_n(x) = (x-a)^k\varphi(x)$，其中 $k \leqslant n$，且 $\varphi(a) \neq 0$，则称 $x = a$ 是方程 $P_n(x) = 0$ 的 k 重根(或者说是多项式 $P_n(x)$ 的 k 重零点). 试证 $x = a$ 分别是方程 $P'_n(x) = 0, P''_n(x) = 0, \cdots, P^{(n-1)}(x) = 0$ 的 $k-1$ 重、$k-2$ 重，…，2 重，单根.

(2) 试证 n 次勒让德多项式

$$P_n(x) = \frac{1}{2^n n!}\frac{d^n}{dx^n}(x^2-1)^n$$

的所有零点都在区间$(-1,1)$之内，且都是单零点.

69. 已知 $f(x)$ 在[0,1]上连续，在(0,1)内可导，且 $f(0) = 1$，$f(1) = 0$，证明在(0,1)内至少存在一点 c，使得 $cf'(c) + f(c) = 0$.

70. 设 $f(x)$ 在$[0,+\infty)$上二阶可导，且 $|f''(x)| \leqslant K$，又 $f(x)$ 在$(0,a)$内取到最大值，证明

$$|f'(0)| + |f'(a)| \leqslant Ka.$$

71. 设 $f(x)$ 在$[a,b]$上有二阶导数，且 $f'(a) = f'(b) = 0$，证明在(a,b)内必存在一点 c，使得

$$|f''(c)| \geqslant \frac{4}{(b-a)^2}|f(b)-f(a)|.$$

72. 质点在单位时间内由点 A 从静止开始作直线运动到 B 点停止，A、B 距离为 1，求证质点在 $(0,1)$ 内总有一时刻的加速度绝对值不小于 4.

73. (1) 设 $f(x)$ 在 (a,b) 内具有二阶导数，且恒有 $f''(x)<0$，证明 $\forall\, x_1,x_2,\cdots,x_n\in(a,b)$，有

$$f\left(\frac{x_1+x_2+\cdots+x_n}{n}\right)\geqslant\frac{f(x_1)+f(x_2)+\cdots+f(x_n)}{n}.$$

(2) 利用(1)的结论证明：对于 $x_1,x_2,\cdots,x_n\geqslant 0$ 有

$$\sqrt[n]{x_1,x_2,\cdots,x_n}\leqslant\frac{x_1+x_2+\cdots+x_n}{n}.$$

74. 设 $f(x)$ 在 $[0,2]$ 上二阶可导，且 $|f(x)|\leqslant 1$，$|f''(x)|\leqslant 1$，证明 $\forall\, x\in(0,2)$ 有 $|f'(x)|\leqslant 2$.

75. 证明 $f(x)=\left(1+\frac{1}{x}\right)^x$ 在 $(0,+\infty)$ 单调增.

76. 证明 $\frac{1}{3}\mathrm{tg}x+\frac{2}{3}\sin x>x,\quad 0<x<\frac{\pi}{2}.$

77. 设 p,q 是大于 1 的常数，且 $\frac{1}{p}+\frac{1}{q}=1$，证明 $\forall\, x\in(0,+\infty)$ 有 $\frac{1}{p}x^p+\frac{1}{q}\geqslant x.$

78. 证明卡尔丹方程 $x^3+px+q=0$，

当 $\Delta=\left(\frac{q}{2}\right)^2+\left(\frac{p}{3}\right)^3>0$ 时，仅有一个实根；

当 $\Delta<0$ 时，有三个不同的实根；

当 $\Delta=0$，且 $p=q=0$ 时，$x=0$ 为三重根，若 $\left(\frac{q}{2}\right)^2=-\left(\frac{p}{3}\right)^3\neq 0$ 时，有一个单根，一对实重根.

79. 证明函数

$$f(x)=\begin{cases}x^2\left(2+\sin\frac{1}{x}\right), & x\neq 0,\\ 0, & x=0,\end{cases}$$

在 $x=0$ 处有极小值，但在 $x=0$ 不存在下述邻域：在左半邻域内 $f'(x)<0$，在右半邻域内 $f'(x)>0$.

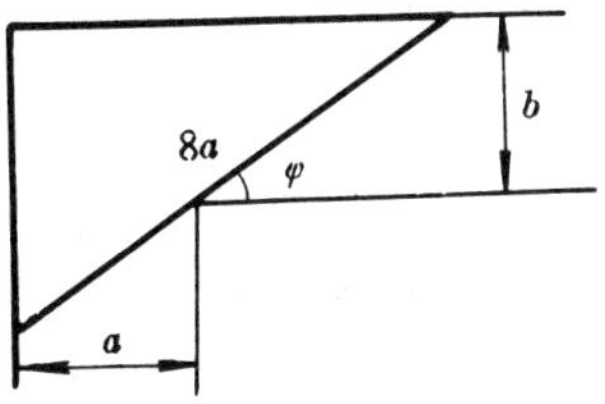

第 80 题

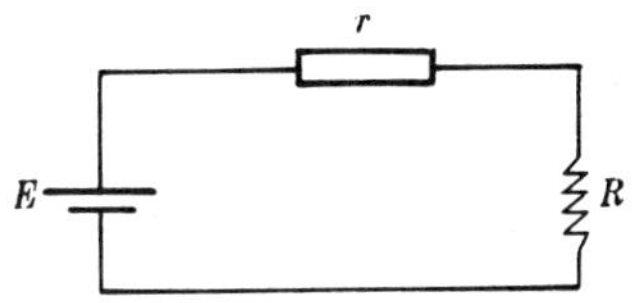

第 81 题

80. 宽为 a 的走廊与另一走廊垂直相交(如图)，如果长为 $8a$ 的细杆能水平地运过拐角，问另一走廊的宽度至少是多少？

81. 设有一电动势 E，内电阻 r 与外电阻 R 构成的闭合电路(如图)，当 E 与 r 给定时，问 R 取何值时，电功率最大？(由电学知识，电流强度 $I=\frac{E}{R+r}$，通过电阻 R 的电功率是 $P=I^2R$)

82. 试求蔓叶线 $x^3+y^3-3axy=0$ 的渐近线.

83. 求曲线 $\begin{cases}x(t)=1+\mathrm{ctg}t,\\ y(t)=\frac{\cos 2t}{\sin t},\end{cases}\quad 0<t<\pi$，的拐点.

84. 设曲线 $y=f(x)$ 在原点与 x 轴相切，函数 $f(x)$ 具有连续的二阶导数，且 $x\neq 0$ 时，$f'(x)\neq 0$，证明该曲线在原点处的曲率半径为

$$R=\lim_{x\to 0}\left|\frac{x^2}{2f(x)}\right|.$$

第五章　不定积分

第三章中,我们讨论了已知函数求这个函数的导数或微分的问题,在科学技术中常常会遇到相反的问题,即已知某个函数的导数或微分,需要确定这个函数. 本章就是讨论这类微分学的相反问题,首先介绍原函数与不定积分两个基本概念,然后讨论三种基本积分法,这些内容与前面的微分学有密切的联系.

§1　原函数与不定积分的概念

1.1　原函数与不定积分的定义

先看两个具体例子.

例 1　已知某曲线上任一点 $M(x,y)$ 处的切线斜率为 $k=2x$,且曲线过点 $P(1,2)$,试求此曲线的方程.

解　设曲线的方程为 $y=F(x)$,于是点 $M(x,y)$ 处的切线斜率是

$$y'=F'(x)=2x.$$

问题的要求是已知 $F(x)$ 的导函数,设法求出 $F(x)$ 来,由求导法则可知

$$y=F(x)=x^2+C, \tag{1.1}$$

其中 C 为任意常数,这是由抛物线 $y=x^2$ 沿 y 轴方向上下平行移动而得到的一族曲线,其上每一点处的切线斜率都等于该点横坐标的 2 倍,要从中选出通过点 $P(1,2)$ 的一条,只须用条件当 $x=1$ 时 $y=2$ 代入(1.1) 式确定常数 C 即可,于是

$$2=1^2+C,\quad 得\quad C=1.$$

故所求曲线方程是

$$y=x^2+1.$$

例 2　已知　$f'(\ln x)=\begin{cases}1, & 0<x\leqslant 1;\\ x, & x>1,\end{cases}$ 且 $f(0)=0$,求 $f(x)$.

解　令 $t=\ln x$,则 $x=e^t$,当 $0<x\leqslant 1$ 时,$-\infty<t\leqslant 0$;当 $x>1$ 时,$t>0$,所以

$$f'(t)=\begin{cases}1, & -\infty<t\leqslant 0;\\ e^t, & t>0.\end{cases}\quad 或\quad f'(x)=\begin{cases}1, & -\infty<x\leqslant 0;\\ e^x, & x>0.\end{cases}$$

由求导法则知,当 $-\infty<x<0$ 时,$f(x)=x+C_1$;当 $x>0$ 时,$f(x)=e^x+C_2$.

因 $f(x)$ 在 $x=0$ 处可导,故在 $x=0$ 处必连续,且已知 $f(0)=0$,于是

$$\lim_{x\to 0^-}f(x)=\lim_{x\to 0^-}(x+C_1)=C_1=0;$$

$$\lim_{x\to 0^+}f(x)=\lim_{x\to 0^+}(e^x+C_2)=1+C_2=0,得\ C_2=-1.$$

所以

$$f(x)=\begin{cases}x, & -\infty<x\leqslant 0;\\ e^x-1, & x>0.\end{cases}$$

从上述例子看出,已知导数求原来的函数问题,是微分运算的逆运算问题,它与求导函数有同等重要的意义.

定义　设 $f(x)$ 是定义在区间 E 上的一个函数,如果存在一个函数 $F(x)$,使得对 E 上的每

一点处都有

$$F'(x) = f(x) \quad 或 \quad dF(x) = f(x)dx,$$

则称 $F(x)$ **为函数** $f(x)$ **在区间** E **上的一个原函数**.

例如,在区间 $(-\infty, +\infty)$ 上有 $(\sin x)' = \cos x$,所以 $\sin x$ 是 $\cos x$ 在区间 $(-\infty, +\infty)$ 上的一个原函数;在区间 $(-1,1)$ 上有 $(\arcsin x)' = \dfrac{1}{\sqrt{1-x^2}}$,所以 $\arcsin x$ 是函数 $\dfrac{1}{\sqrt{1-x^2}}$ 在区间 $(-1,1)$ 上的一个原函数.

由于 $(\sin x + 1)' = (\sin x + 2)' = (\sin x + C)' = \cos x$,其中 C 为常数,可见 $\sin x + 1$,$\sin x + 2$,$\sin x + C$(C 为常数)都是 $\cos x$ 在区间 $(-\infty, +\infty)$ 上的原函数. 一般地,如果 $F(x)$ 是 $f(x)$ 在区间 E 上的一个原函数,那么对于任意常数 C,$F(x) + C$ 都是 $f(x)$ 在该区间上的原函数,由此可见,如果一个函数的原函数存在的话,它的原函数有无穷多个,其中任意两个原函数之间满足下列关系.

定理 设 $F(x)$ 与 $\Phi(x)$ 是函数 $f(x)$ 在区间 E 上两个不同的原函数,则它们之间只相差一个常数,即有

$$\Phi(x) = F(x) + C_0,$$

其中 C_0 为一常数.

证 由题设

$$F'(x) = f(x) \quad 和 \quad \Phi'(x) = f(x), \quad x \in E.$$

于是
$$[\Phi(x) - F(x)]' = f(x) - f(x) \equiv 0, \quad x \in E.$$

所以 $\Phi(x) - F(x)$ 在区间 E 上是个常数,记 $\Phi(x) - F(x) = C_0$,即

$$\Phi(x) = F(x) + C_0.$$

证毕

这定理表明,如果已知 $F(x)$ 是 $f(x)$ 在区间 E 上的一个原函数,那么 $f(x)$ 的任何一个原函数,都可以表示成 $F(x) + C$ 的形式,这里 C 为任意常数. 至于一个函数的原函数在什么条件下存在的问题,将在第六章 §3 中证明:**若 $f(x)$ 在区间 E 上连续,则其原函数一定存在.**

定义 若 $F(x)$ 是函数 $f(x)$ 在区间 E 上的一个原函数,则其原函数的一般表达式 $F(x) + C$ 称为**函数 $f(x)$ 在区间 E 上的不定积分**. 记作 $\int f(x)dx$,即

$$\int f(x)dx = F(x) + C, \quad x \in E.$$

其中称 $\int$ 为**积分号**,x 为**积分变量**,$f(x)$ 为**被积函数**,$f(x)dx$ 为**被积表达式**,C 为**积分常数**.

例如, $\displaystyle\int \cos x dx = \sin x + C \quad (-\infty < x < +\infty).$

$$\int \frac{1}{\sqrt{1-x^2}}dx = \arcsin x + C \quad (-1 < x < 1).$$

求已知函数 $f(x)$ 的一个原函数 $F(x)$,在几何上就是求一条曲线 $y = F(x)$,其上点 $M(x,y)$ 处的切线斜率恰好等于函数 $f(x)$ 在点 x 处的值. 这条曲线称为函数 $f(x)$ 的**积分曲线**,由它沿 y 轴上下平行移动而产生的曲线族 $y = F(x) + C$(如图 5-1)称为函数 $f(x)$ 的**积分曲线族**. 求函数 $f(x)$ 的不定积分,相当于求函数 $f(x)$ 的积分曲线族.

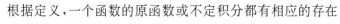

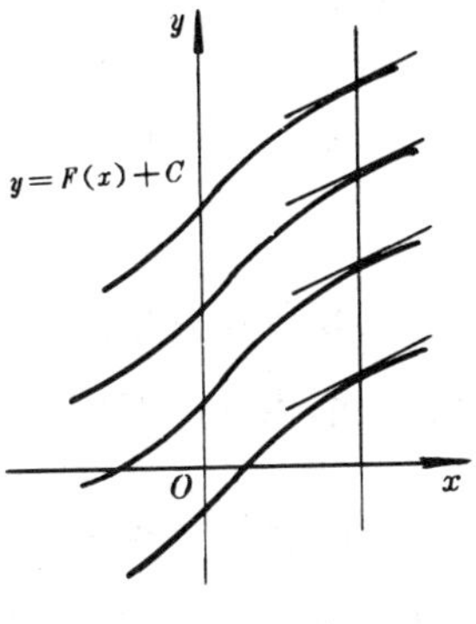

图 5-1

根据定义,一个函数的原函数或不定积分都有相应的存在区间,今后为了简便起见,如无特别声明,就不再一一注明其存在区间,认定所得结果为在其存

在区间上的原函数或不定积分.

1.2 不定积分的性质

求一个已知函数的不定积分，是对函数进行的一种新的运算，称为**积分运算**. 从不定积分的定义，立即可以推出以下基本性质：

性质 1° (1) $\frac{d}{dx}\int f(x)dx = f(x)$ 或 $d\int f(x)dx = f(x)dx$；

(2) $\int F'(x)dx = F(x) + C$ 或 $\int dF(x) = F(x) + C$.

证(1) 设 $F(x)$ 是 $f(x)$ 的一个原函数，则 $\int f(x)dx = F(x) + C$，从而得

$$\frac{d}{dx}\int f(x)dx = \frac{d}{dx}[F(x) + C] = f(x),$$

或

$$d\int f(x)dx = d[F(x) + C] = F'(x)dx = f(x)dx.$$

(2) 因 $[F(x) + C]' = F'(x)$ 或 $dF(x) = F'(x)dx$ 故有

$$\int F'(x)dx = F(x) + C \quad 或 \quad \int dF(x) = F(x) + C.$$

证毕

此性质体现了积分运算与微分运算的互逆性，就像减法与加法，除法与乘法那样，当积分运算符"$\int$"与微分运算符"$\frac{d}{dx}$"相遇时，两者相互抵消，所不同的是当运算是先"微"后"积"时，不是一个原函数而应是原函数族，需要添加一个积分常数.

性质 2° $\int kf(x)dx = k\int f(x)dx$，($k$ 为常数). 就是说：**常数因子可以提到积分符号外边来**.

性质 3° $\int[f(x) \pm g(x)]dx = \int f(x)dx \pm \int g(x)dx$. 就是说：**两个函数和(或差)的积分等于各自积分的和(或差). 亦即积分可以分项进行.**

后面两个性质只须对等式两边求导，并应用性质 1° 便得.

例 3 求不定积分 $\int (3\cos x - \frac{2}{\sqrt{1-x^2}})dx$.

解 前面已经知道 $\cos x$ 与 $\frac{1}{\sqrt{1-x^2}}$ 的不定积分，应用性质 2°，3° 便有

$$\int (3\cos x - \frac{2}{\sqrt{1-x^2}})dx = 3\int \cos x dx - 2\int \frac{1}{\sqrt{1-x^2}}dx$$

$$= 3(\sin x + C_1) - 2(\arcsin x + C_2) = 3\sin x - 2\arcsin x + C \quad (C = 3C_1 - 2C_2).$$

上式分项积分后，本应每一项不定积分都有一个积分常数，由于两个任意常数之和仍然是任意常数，因此今后遇到分项积分时，就不必一一写出积分常数，只需所有积分运算结束时统一添加一个积分常数即可.

1.3 基本积分公式表

由于积分运算是微分运算的逆运算，所以从基本导数公式，立即可以推出相应的基本积分公式，例如，由 $(\ln|x|)' = \frac{1}{x}(x \neq 0)$ 与 $(\frac{x^{a+1}}{a+1})' = x^a(a \neq -1)$ 分别得不定积分公式

$$\int \frac{1}{x}dx = \ln|x| + C(x \neq 0) \text{ 与 } \int x^a dx = \frac{x^{a+1}}{a+1} + C(a \neq -1).$$

类似地，可推出其它基本不定积分公式，现列表如下：

基本积分公式表

1° $\int 0dx = C$,

2° $\int x^\alpha dx = \frac{x^{\alpha+1}}{\alpha+1} + C(\alpha \neq -1)$,

3° $\int \frac{1}{x}dx = \ln|x| + C$,

4° $\int a^x dx = \frac{a^x}{\ln a} + C$,特别$\int e^x dx = e^x + C$,

5° $\int \cos x dx = \sin x + C$,

6° $\int \sin x dx = -\cos x + C$,

7° $\int \sec^2 x dx = \mathrm{tg} x + C$,

8° $\int \csc^2 x dx = -\mathrm{ctg} x + C$,

9° $\int \frac{1}{\sqrt{1-x^2}}dx = \arcsin x + C$,

10° $\int \frac{1}{1+x^2}dx = \mathrm{arctg} x + C$,

11° $\int \sec x dx = \ln|\sec x + \mathrm{tg} x| + C$,

12° $\int \csc x dx = \ln|\csc x - \mathrm{ctg} x| + C$,

13° $\int \sec x \mathrm{tg} x dx = \sec x + C$,

14° $\int \csc x \mathrm{ctg} x dx = -\csc x + C$,

15° $\int \mathrm{sh} x dx = \mathrm{ch} x + C$,

16° $\int \mathrm{ch} x dx = \mathrm{sh} x + C$.

这些公式是积分运算的基础,必须通过反复的练习而熟练掌握,其中公式 2° 有几个特殊情形,它们经常使用,即

当 $\alpha = 0$ 时,$\int 1dx \triangleq \int dx = x + C$;

当 $\alpha = -2$ 时,$\int \frac{1}{x^2}dx = \frac{x^{-2+1}}{-2+1} + C = -\frac{1}{x} + C$;

当 $\alpha = -\frac{1}{2}$ 时,$\int \frac{1}{\sqrt{x}}dx = \frac{x^{-\frac{1}{2}+1}}{-\frac{1}{2}+1} + C = 2\sqrt{x} + C$.

应用上述性质和基本积分公式,可以求一些较简单的不定积分.

例 4 求不定积分 (1) $\int \frac{(\sqrt{x}+1)(2x-3)}{x}dx$; (2) $\int \frac{1+x^4}{1+x^2}dx$;

(3) $\int \frac{1}{x^4+x^2}dx$.

解(1) 先把分子的因式展开并分项后,就化为幂函数的形式,再应用性质 2°,3° 得

$$\begin{aligned}\int \frac{(\sqrt{x}+1)(2x-3)}{x}dx &= \int \frac{2x^{\frac{3}{2}} + 2x - 3\sqrt{x} - 3}{x}dx \\ &= 2\int x^{\frac{1}{2}}dx + \int 2dx - 3\int \frac{1}{\sqrt{x}}dx - 3\int \frac{1}{x}dx \\ &= 2 \cdot \frac{x^{\frac{1}{2}+1}}{\frac{1}{2}+1} + 2x - 3 \cdot 2\sqrt{x} - 3\ln|x| + C \\ &= \frac{4}{3}x^{\frac{3}{2}} + 2x - 6\sqrt{x} - 3\ln|x| + C.\end{aligned}$$

(2) 被积函数中分子的次数高于分母的次数,利用多项式除法,或拆项法,即有

于是 $$\int \frac{1+x^4}{1+x^2}dx = \int \frac{(x^2-1)(x^2+1)+2}{1+x^2}dx = \int (x^2 - 1 + \frac{2}{1+x^2})dx$$

$$= \int x^2dx - \int dx + 2\int \frac{1}{1+x^2}dx = \frac{1}{3}x^3 - x + 2\mathrm{arctg} x + C.$$

(3) 把被积函数拆项,化成积分表中有的类型,即有

$$\int \frac{1}{x^4+x^2}dx = \int \frac{1+x^2-x^2}{x^2(x^2+1)}dx = \int (\frac{1}{x^2} - \frac{1}{x^2+1})dx$$

$$= \int \frac{1}{x^2}dx - \int \frac{1}{x^2+1}dx = -\frac{1}{x} - \text{arctg}x + C.$$

例 5 求不定积分：

(1) $\int \sin^2 \frac{x}{2}dx$, (2) $\int \frac{\cos 2x}{\cos^2 x \sin^2 x}dx$.

解(1) 由三角恒等式 $\sin^2 \frac{x}{2} = \frac{1-\cos x}{2}$，于是

$$\int \sin^2 \frac{x}{2}dx = \frac{1}{2}\int (1-\cos x)dx = \frac{1}{2}\left(\int dx - \int \cos x dx\right) = \frac{1}{2}(x - \sin x) + C.$$

(2) 因 $\cos 2x = \cos^2 x - \sin^2 x$，于是

$$\int \frac{\cos 2x}{\cos^2 x \sin^2 x}dx = \int \frac{\cos^2 x - \sin^2 x}{\cos^2 x \sin^2 x}dx = \int \csc^2 x dx - \int \sec^2 x dx = -\text{ctg}x - \text{tg}x + C.$$

由上述两例看到，一些函数的不定积分，在没有直接可利用的积分公式时，设法把被积函数适当恒等变形后化成基本积分表中有的类型，将积分求出.

例 6 试求一条通过点$(a, -1)$(其中 $a > 0$) 的曲线，使之任何从切点到与 x 轴交点的切线段在 x 轴上的投影等于 a.

解 设所求曲线方程为 $y = y(x)$，$M(x,y)$ 为其上任意一点，过 M 点的切线倾角为 α. 由题设得 $\text{tg}\alpha = \frac{y}{a}$，因 $\frac{dy}{dx} = \text{tg}\alpha$，故有

$$\frac{dy}{dx} = \frac{y}{a} \quad 或 \quad \frac{dy}{y} = \frac{1}{a}dx,$$

上式两边积分 $\int \frac{dy}{y} = \int \frac{1}{a}dx$，

得
$$\ln|y| = \frac{1}{a}x + C_1 \quad 或 \quad y = Ce^{\frac{x}{a}} (C = \pm e^{C_1}).$$

因曲线通过点$(a, -1)$，当 $x = a$ 时 $y = -1$ 代入上式 $-1 = Ce$，得 $C = -e^{-1}$，于是所求曲线方程为

$$y = -e^{-1}e^{\frac{x}{a}} = -e^{\frac{x}{a}-1}.$$

最后举一个分段函数求不定积分的例子：

例 7 设函数 $f(x) = \begin{cases} e^x, & 当\ x \geqslant 0; \\ 1 + x^2, & 当\ x < 0, \end{cases}$ 试求不定积分 $\int f(x)dx$.

解 易知函数 $f(x)$ 在区间$(-\infty, +\infty)$上连续，于是在该区间上 $f(x)$ 的原函数 $F(x)$ 存在，这里

当 $x \geqslant 0$ 时，$F(x) = \int f(x)dx = e^x + C_1$；当 $x < 0$ 时，$F(x) = \int f(x)dx = x + \frac{x^3}{3} + C_2$.

由于 $F'(x) = \left(\int f(x)dx\right)' = f(x)$，即 $F(x) = \int f(x)dx$ 是可导函数，故必连续，所以上面积分常数 C_1 与 C_2 存在着联系，由

$$\lim_{x\to 0^+} F(x) = \lim_{x\to 0^+} (e^x + C_1) = 1 + C_1,$$

$$\lim_{x\to 0^-} F(x) = \lim_{x\to 0^-} \left(x + \frac{x^3}{3} + C_2\right) = C_2.$$

因 $F(x)$ 在 $x = 0$ 处连续，必有 $1 + C_1 = C_2$，不妨令 $C_1 = C$，则 $C_2 = 1 + C$，则得

$$\int f(x)dx = \begin{cases} e^x + C, & x \geqslant 0; \\ x + \frac{x^3}{3} + 1 + C, & x < 0. \end{cases}$$

§2　基本积分方法

直接利用不定积分性质和基本积分表，所能计算的不定积分是很有限的，需要进一步讨论求不定积分的方法. 基本的方法有凑微分法、换元法和分部积分法三种.

2.1　凑微分法（第一换元法）

考察不定积分$\int \cos 2x dx$能否套用公式5°$\int \cos x dx = \sin x + C$而得到$\int \cos 2x dx = \sin 2x + C$呢？通过验算$(\sin 2x + C)' = 2\cos 2x \neq \cos 2x$，说明$\sin 2x$不是$\cos 2x$的原函数，所以上述结果是错误的. 对照公式5°，细心的读者会发现，公式5°中被积函数余弦的内层变量x与微分dx中变量x一致，但$\int \cos 2x dx$中被积函数$\cos 2x$的内层变量是$2x$与dx中变量x不一致，即如果改写$dx = \frac{1}{2}(2x)'dx = \frac{1}{2}d(2x)$，代入原式得

$$\int \cos 2x dx = \int \cos 2x \cdot \frac{1}{2}d(2x) = \frac{1}{2}\int \cos 2x d(2x),$$

再应用公式5°，得

$$\int \cos 2x dx = \frac{1}{2}\int \cos 2x d(2x) = \frac{1}{2}\sin 2x + C.$$

因$(\frac{1}{2}\sin 2x + C)' = \cos 2x$就是被积函数，所以结果是正确的.

又如$\int (1-3x)^{100}dx$，若改写

$$dx = -\frac{1}{3}(1-3x)'dx = -\frac{1}{3}d(1-3x),$$

代入原式，再用公式2°，便得

$$\int (1-3x)^{100}dx = -\frac{1}{3}\int (1-3x)^{100}d(1-3x) = -\frac{(1-3x)^{101}}{303} + C.$$

因$(-\frac{(1-3x)^{101}}{303} + C)' = (1-3x)^{100}$就是被积函数，所以结果是正确的.

一般有如下定理：

定理　设函数$u = \varphi(x)$在所考虑的区间内是可微的，且知$dF(u) = f(u)du$，则有

$$\int f[\varphi(x)]\varphi'(x)dx = \int f[\varphi(x)]d\varphi(x) = F[\varphi(x)] + C. \tag{2.1}$$

证　由复合函数求导法则，有

$$\frac{d}{dx}F[\varphi(x)] = F'[\varphi(x)] \cdot \varphi'(x) = f[\varphi(x)]\varphi'(x),$$

因此$F[\varphi(x)]$是$f[\varphi(x)]\varphi'(x)$的一个原函数，从而等式(2.1)成立.　　证毕

若记$u = \varphi(x)$，则(2.1)式就是

$$\int f(u)du = F(u) + C.$$

这表明基本积分表中的公式，把它的积分变量x换成x的可微函数$u = \varphi(x)$时，公式仍然成立，这就大大扩充了基本积分公式的使用范围，从而可以解决更多较复杂的不定积分问题，只要不定积分$\int g(x)dx$的被积表达式能够改写成

$$g(x)dx = f[\varphi(x)]\varphi'(x)dx = f[\varphi(x)]d\varphi(x),$$

又已知 $F(u)$ 是 $f(u)$ 的一个原函数，那么问题便得到解决，即有

$$\int g(x)dx = \int f[\varphi(x)]\varphi'(x)dx = \int f[\varphi(x)]d\varphi(x)$$

$$\xlongequal{u=\varphi(x)} \int f(u)du = F(u) + C = f[\varphi(x)] + C. \qquad (2.2)$$

这方法的关键在于能否凑出微分 $\varphi'(x)dx = d\varphi(x)$，用 $u = \varphi(x)$ 作为积分变量，所以称它为**凑微分法**(亦称**第一换元法**). 在具体运用(2.2) 式时一般都不再引入中间变量 u，而直接写出结果来，即

$$\int g(x)dx = \int f[\varphi(x)]\varphi'(x)dx = \int f[\varphi(x)]d\varphi(x) = F[\varphi(x)] + C. \qquad (2.3)$$

例如，$\int f(ax+b)dx = \frac{1}{a}\int f(ax+b)d(ax+b) = \frac{1}{a}F(ax+b) + C$,

$$\int \frac{\varphi'(x)}{\varphi(x)}dx = \int \frac{1}{\varphi(x)}d\varphi(x) = \ln|\varphi(x)| + C.$$

例 1 求不定积分：

(1) $\int e^{3x+2}dx$，　　(2) $\int \sin(\omega t + \varphi)dt$ (ω, φ 为常数)，

(3) $\int (x+1)\sqrt{2x+x^2}dx$，　　(4) $\int \mathrm{tg}x dx$.

解(1) 这积分与基本公式 4° 相仿，但 e 的指数 $(3x+2)$ 与积分变量 x 不一致，凑微分

$$dx = \frac{1}{3}d(3x+2),$$

代入原式，使变量一致，得

$$\int e^{3x+2}dx = \frac{1}{3}\int e^{3x+2}\ d(3x+2) \xlongequal{\text{公式 } 4^\circ} \frac{1}{3}e^{3x+2} + C.$$

(2) 这积分与基本积分公式 6° 相仿，被积函数正弦的内层变量 $(\omega t + \varphi)$ 与积分变量不一致，凑微分

$$dt = \frac{1}{\omega}d(\omega t + \varphi),$$

代入原式，使变量一致，得

$$\int \sin(\omega t + \varphi)dt = \frac{1}{\omega}\int \sin(\omega t + \varphi)d(\omega t + \varphi) \xlongequal{\text{公式 } 6^\circ} -\frac{1}{\omega}\cos(\omega t + \varphi) + C.$$

(3) 由于 $d(2x+x^2) = 2(1+x)dx$，得 $(1+x)dx = \frac{1}{2}d(2x+x^2)$，代入原式，得

$$\int (x+1)\sqrt{2x+x^2}dx = \frac{1}{2}\int \sqrt{2x+x^2}d(2x+x^2)$$

$$\xlongequal{\text{公式 } 2^\circ} \frac{1}{2}\,\frac{(\alpha x+x^2)^{\frac{1}{2}+1}}{\frac{1}{2}+1} + c = \frac{1}{3}(2x+x^2)^{\frac{3}{2}} + C.$$

(4) $\int \mathrm{tg}x dx = \int \frac{\sin x}{\cos x}dx = -\int \frac{1}{\cos x}d\cos x = -\ln|\cos x| + C.$

从上述例子看到，使用凑微分法时，首先要找到类型相仿的积分公式，再用"凑微分使变量一致"的方法，化成与积分公式完全一致的形式，最后把不定积分求出来.

例 2 求不定积分　(1) $\int \frac{1}{\sqrt{a^2-x^2}}dx$　$(a > 0)$,

(2) $\int \frac{1}{a^2+x^2}dx$，　(3) $\int \frac{1}{\sqrt{5-4x-x^2}}dx$.

解　(1) $\int \frac{1}{\sqrt{a^2-x^2}}dx = \int \frac{1}{\sqrt{1-(\frac{x}{a})^2}}d(\frac{x}{a}) = \arcsin\frac{x}{a} + C.$

(2) $\int \frac{1}{a^2+x^2}dx = \frac{1}{a}\int \frac{1}{1+(\frac{x}{a})^2}d(\frac{x}{a}) = \frac{1}{a}\text{arctg}\frac{x}{a} + C.$

(3) $\int \frac{1}{\sqrt{5-4x-x^2}}dx = \int \frac{1}{\sqrt{9-(x+2)^2}}dx = \int \frac{1}{\sqrt{1-(\frac{x+2}{3})^2}}d(\frac{x+2}{3})$

$= \arcsin\frac{x+2}{3} + C.$

这里(1),(2) 今后可以取代基本积分公式 9°,10° 使用.

例 3　求不定积分：

(1) $\int \sin^2 x dx$，　(2) $\int \frac{\sqrt{1+\ln x}}{x}dx$，

(3) $\int \frac{2+x}{\sqrt{8-2x-x^2}}dx$，　(4) $\int \frac{1+e^{\frac{1}{x}}}{x^2}dx$.

解　(1) $\int \sin^2 x dx = \int \frac{1-\cos 2x}{2}dx = \frac{1}{2}\int dx - \frac{1}{2}\int \cos 2x dx = \frac{1}{2}x - \frac{1}{4}\int \cos 2x d(2x)$

$= \frac{x}{2} - \frac{1}{4}\sin 2x + C.$

(2) $\int \frac{\sqrt{1+\ln x}}{x}dx = \int \sqrt{1+\ln x}\,d\ln x = \int \sqrt{1+\ln x}\,d(1+\ln x)$

$= \frac{(1+\ln x)^{\frac{1}{2}+1}}{\frac{1}{2}+1} + C = \frac{2}{3}(1+\ln x)^{\frac{3}{2}} + C.$

(3) $\int \frac{x+2}{\sqrt{8-2x-x^2}}dx = -\frac{1}{2}\int \frac{-2(x+1)-2}{\sqrt{8-2x-x^2}}dx$

$= -\frac{1}{2}\int \frac{d(8-2x-x^2)}{\sqrt{8-2x-x^2}} + \int \frac{dx}{\sqrt{9-(x+1)^2}}$

$= -\sqrt{8-2x-x^2} + \arcsin\frac{x+1}{3} + C.$

(4) $\int \frac{1+e^{\frac{1}{x}}}{x^2}dx = \int \frac{1}{x^2}dx + \int \frac{e^{\frac{1}{x}}}{x^2}dx = -\frac{1}{x} - \int e^{\frac{1}{x}}d(\frac{1}{x}) = -\frac{1}{x} - e^{\frac{1}{x}} + C.$

例 4　证明积分公式：

11°　$\int \sec x dx = \ln|\sec x + \text{tg}x| + C$，　12°　$\int \csc x dx = \ln|\csc x - \text{ctg}x| + C.$

证　先证 12°

$\int \csc x dx = \int \frac{1}{\sin x}dx = \int \frac{1}{2\sin\frac{x}{2}\cos\frac{x}{2}}dx$

$= \int \frac{1}{\text{tg}\frac{x}{2}\cdot\cos^2\frac{x}{2}}d(\frac{x}{2}) = \int \frac{1}{\text{tg}\frac{x}{2}}d(\text{tg}\frac{x}{2}) = \ln|\text{tg}\frac{x}{2}| + C.$

因 $\operatorname{tg}\frac{x}{2}=\frac{\sin\frac{x}{2}}{\cos\frac{x}{2}}=\frac{2\sin^2\frac{x}{2}}{\sin x}=\frac{1-\cos x}{\sin x}=\csc x-\operatorname{ctg}x$,所以得证

$$\int\csc x dx=\ln|\csc x-\operatorname{ctg}x|+C.$$

另证 $\int\csc x dx=\int\frac{\csc x(\csc x-\operatorname{ctg}x)}{\csc x-\operatorname{ctg}x}dx=\int\frac{1}{\csc x-\operatorname{ctg}x}d(\csc x-\operatorname{ctg}x)$

$=\ln|\csc x-\operatorname{ctg}x|+C.$

再证 11°,由 $\sec x=\csc(x+\frac{\pi}{2})$,有

$$\int\sec x dx=\int\csc(x+\frac{\pi}{2})dx=\int\csc(x+\frac{\pi}{2})d(x+\frac{\pi}{2})$$

$$=\ln|\csc(x+\frac{\pi}{2})-\operatorname{ctg}(x+\frac{\pi}{2})|+C=\ln|\sec x+\operatorname{tg}x|+C.$$ 证毕

例 5 求不定积分 $\int\sin x\cos x dx$.

解法一 $\int\sin x\cos x dx=\int\sin x d\sin x=\frac{1}{2}\sin^2x+C$;

解法二 $\int\sin x\cos x dx=-\int\cos x d\cos x=-\frac{1}{2}\cos^2x+C$;

解法三 $\int\sin x\cos x dx=\frac{1}{2}\int\sin 2x dx=-\frac{1}{4}\cos 2x+C.$

三种解法的结果形式不一样,正确性可以对各结果求导数来检查,即有

$$(\frac{1}{2}\sin^2x+C)'=(-\frac{1}{2}\cos^2x+C)'=(-\frac{1}{4}\cos 2x+C)'=\sin x\cos x.$$

事实上,$\frac{1}{2}\sin^2x$, $-\frac{1}{2}\cos^2x$,与 $-\frac{1}{4}\cos 2x$ 两两之间仅差一个常数,它们都是 $\sin x\cos x$ 的原函数,可见,答案都是正确的.

凑微分法,常用到以下公式,我们要熟练掌握.

$dx=\frac{1}{a}d(ax+b)$, $xdx=\frac{1}{2}dx^2$, $\frac{1}{x}dx=d\ln|x|$, $\frac{1}{x^2}dx=-d(\frac{1}{x})$,

$\frac{1}{\sqrt{x}}dx=2d\sqrt{x}$, $\sin x dx=-d\cos x$, $\cos x dx=d\sin x$, $e^x dx=de^x$,

$\frac{1}{\sqrt{1-x^2}}dx=d\arcsin x$, $\frac{1}{1+x^2}dx=d\operatorname{arctg}x$.

2.2 换元法

凑微分法的要领是根据具体的被积函数凑成 $\int f[\varphi(x)]\varphi'(x)dx=\int f[\varphi(x)]d\varphi(x)$,与某个积分公式完全一致的形式而获得解决,但有的函数并不容易凑成功,有时采用把积分变量换成某个新变量的函数 $x=\varphi(t)$,进行变量置换来改变被积表达式的结构,使积分易于求出,即所谓**变量替换法**,简称**换元法**.

定理(换元法) 设函数 $f(x)$ 连续,$x=\varphi(t)$ 具有连续的导数,且 $\varphi'(t)\neq 0$,如果已知 $\int f[\varphi(t)]\varphi'(t)dt=G(t)+C$,则有

$$\int f(x)dx=\int f[\varphi(t)]\varphi'(t)dt=G[\varphi^{-1}(x)]+C. \quad (2.4)$$

其中 $\varphi^{-1}(x)$ 是 $x=\varphi(t)$ 的反函数.

证 这里只要证明 $G[\varphi^{-1}(x)]$ 是 $f(x)$ 的一个原函数即可,由题设条件 $x=\varphi(t)$ 的反函数

$t=\varphi^{-1}(x)$ 存在，且有

$$\frac{dt}{dx}=\frac{1}{\frac{dx}{dt}}=\frac{1}{\varphi'(t)}.$$

应用复合函数求导法则，得

$$\frac{d}{dx}G[\varphi^{-1}(x)]=\frac{d}{dt}G(t)\cdot\frac{dt}{dx}=f[\varphi(t)]\varphi'(t)\cdot\frac{1}{\varphi'(t)}=f[\varphi(t)]=f(x).$$

即 $G[\varphi^{-1}(x)]$ 是 $f(x)$ 的一个原函数，从而有

$$\int f(x)dx=G[\varphi^{-1}(x)]+C.$$

证毕

在具体运用换元法时，关键在于选择适当的变换式 $x=\varphi(t)$，这要视被积函数而定，下面举例说明.

例 6 求不定积分 $\int\frac{\sqrt{x+1}}{x+3}dx$.

解 基本积分表中没有直接可利用的公式，凑微分也不明显，问题的困难在被积函数中含有根式，如果能将根号消去，问题就可能获得解决，为此令

$\sqrt{1+x}=t, x\in[-1,+\infty)$，即 $x=t^2-1, t\in[0,+\infty)$，于是 $dx=2tdt$，代入原式得

$$\int\frac{\sqrt{x+1}}{x+3}dx=\int\frac{t}{t^2+2}\cdot 2tdt=2\int\frac{t^2}{t^2+2}dt=2\int(1-\frac{2}{t^2+2})dt$$

$$=2\int dt-4\int\frac{1}{t^2+2}dt=2t-\frac{4}{\sqrt{2}}\operatorname{arctg}\frac{t}{\sqrt{2}}+C,$$

最后代回原变量 $t=\sqrt{1+x}$，便得所求结果，即

$$\int\frac{\sqrt{x+1}}{x+3}dx=2\sqrt{x+1}-\frac{4}{\sqrt{2}}\operatorname{arctg}\frac{\sqrt{x+1}}{\sqrt{2}}+C.$$

例 7 求不定积分 $\int\sqrt{a^2-x^2}dx,\ (a>0)$.

解 先消去被积函数中的根号，可利用三角恒等式 $\sin^2x+\cos^2x\equiv 1$，令

$x=a\sin t, t\in[-\frac{\pi}{2},\frac{\pi}{2}]$，则 $\sqrt{a^2-x^2}=a\cos t, dx=a\cos tdt$，于是

$$\int\sqrt{a^2-x^2}dx=\int a^2\cos^2tdt=\frac{a^2}{2}\int(1+\cos 2t)dt$$

$$=\frac{a^2}{2}(t+\frac{1}{2}\sin 2t)+c=\frac{a^2}{2}t+\frac{a^2}{2}\sin t\cos t+C$$

$$\xlongequal{\text{代回原变量}}\frac{a^2}{2}\arcsin\frac{x}{a}+\frac{x}{2}\sqrt{a^2-x^2}+C.$$

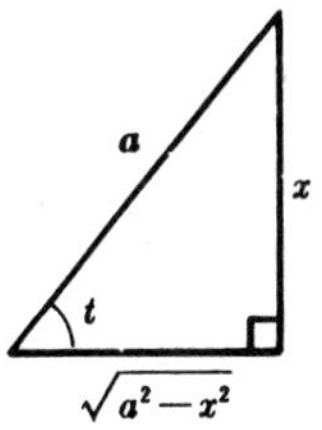

图 5-2

这里采用的是三角变换，这类变换在代回原变量时，为了方便，根据变换式 $x=a\sin t$ 画出直角三角形示意图 5-2，从图中直接看出所需的角 t 的三角函数，如 $\cos t=\frac{\sqrt{a^2-x^2}}{a}$，$\operatorname{tg}t=\frac{x}{\sqrt{a^2-x^2}}$.

例 8 求不定积分 $\int\frac{1}{(a^2+x^2)^{\frac{3}{2}}}dx\ (a>0)$.

解 利用三角恒等式 $1+\operatorname{tg}^2\alpha\equiv\sec^2\alpha$. 令 $x=a\operatorname{tg}t\quad(-\frac{\pi}{2}<t<\frac{\pi}{2})$，则 $(a^2+x^2)^{\frac{3}{2}}=a^3\sec^3t, dx=a\sec^2tdt$，于是

$$\int \frac{1}{(a^2+x^2)^{\frac{3}{2}}}dx = \int \frac{1}{a^3\sec^3 t}\cdot a\sec^2 t dt = \frac{1}{a^2}\int \cos t dt = \frac{1}{a^2}\sin t + C$$

$$\xlongequal{\text{代回原变量}} \frac{x}{a^2\sqrt{a^2+x^2}} + C.$$

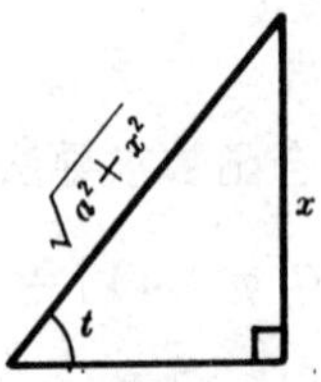

图 5-3

例 9 求 $\int \frac{1}{\sqrt{x^2-a^2}}dx\ (a>0)$.

解 这里 $|x|>a$，当 $x>a$ 时，令 $x=a\sec t\ (0<t<\frac{\pi}{2})$，则 $\sqrt{x^2-a^2}=a\mathrm{tg}t$，$dx=a\sec t\mathrm{tg}t dt$，于是

$$\int \frac{1}{\sqrt{x^2-a^2}}dx = \int \frac{1}{a\mathrm{tg}t}\cdot a\sec t\cdot \mathrm{tg}t dt = \int \sec t dt$$

$$= \ln|\sec t + \mathrm{tg}t| + C$$

$$\xlongequal{\text{代回原变量}} \ln\left|\frac{x}{a}+\frac{\sqrt{x^2-a^2}}{a}\right| + C = \ln|x+\sqrt{x^2-a^2}| + C_1$$

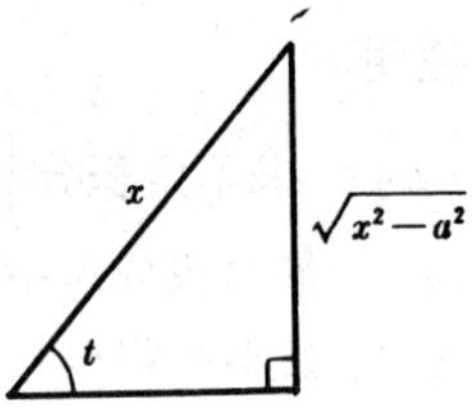

图 5-4

$(C_1 = C - \ln a)$

$$= \ln(x+\sqrt{x^2-a^2}) + C_1 \qquad (\text{因 } x>0).$$

当 $x<-a$ 时，令 $t=-x>a$，则 $dx=-dt$，于是

$$\int \frac{1}{\sqrt{x^2-a^2}}dx = -\int \frac{1}{\sqrt{t^2-a^2}}dt = -\ln|t+\sqrt{t^2-a^2}| + C$$

$$= \ln\left|\frac{1}{t+\sqrt{t^2-a^2}}\right| + C = \ln\left|\frac{t-\sqrt{t^2-a^2}}{a^2}\right| + C$$

$$= \ln|t-\sqrt{t^2-a^2}| + C_1 \qquad (C_1 = C - \ln a^2)$$

$$\xlongequal{t=-x} \ln|-x-\sqrt{x^2-a^2}| + C_1 = \ln|x+\sqrt{x^2-a^2}| + C_1,$$

这时 $x+\sqrt{x^2-a^2}<0$，绝对值符号不能去掉，因此，当 $|x|>a$ 时，有

$$\int \frac{1}{\sqrt{x^2-a^2}}dx = \ln|x+\sqrt{x^2-a^2}| + C \quad (|x|>a).$$

从以上四例可以看出，被积函数中含有 $\sqrt{ax+b}$，$\sqrt{a^2-x^2}$，$\sqrt{a^2+x^2}$，$\sqrt{x^2-a^2}$ 等形式的无理函数时，分别采用下列变换式，可将根号消去，把积分求出：

当含有 $\sqrt{ax+b}$ 时，令 $t=\sqrt{ax+b}$；

当含有 $\sqrt{a^2-x^2}$ 时，令 $x=a\sin t$；

当含有 $\sqrt{a^2+x^2}$ 时，令 $x=a\mathrm{tg}t$；

当含有 $\sqrt{x^2-a^2}$ 时，令 $x=a\sec t$.

但是，换元法并不限于这几种类型的函数适用，其实，凡能通过适当的变量置换将较复杂的不定积分化为较容易积出的积分，都可考虑采用，只是一般情形，变换式的设置是比较灵活的，要根据具体被积函数而定.

例 10 求 $\int x^2(3x-5)^{100}dx$.

解 这里被积函数中因式 $(3x-5)$ 的次数高达 100 次，采用二项式展开多达 101 项，计算极其麻烦，为此令 $t=3x-5$，即 $x=\frac{1}{3}(t+5)$，则 $(3x-5)^{100}=t^{100}$，$dx=\frac{1}{3}dt$，于是

$$\int x^2(3x-5)^{100}dx = \int \left(\frac{t+5}{3}\right)^2\cdot t^{100}\cdot \frac{1}{3}dt = \frac{1}{27}\int (t^{102}+10t^{101}+25t^{100})dt$$

$$= \frac{1}{27}\left(\frac{t^{103}}{103}+\frac{10t^{102}}{102}+\frac{25t^{101}}{101}\right) + C$$

$$= \frac{(3x-5)^{101}}{27}\left[\frac{(3x-5)^2}{103} + \frac{5}{51}(3x-5) + \frac{25}{101}\right] + C.$$

例 11 求 $\int \frac{1}{x\sqrt{3x^2-2x-1}}dx \quad (x>1)$.

解 这里含有根号下是二次多项式的无理函数 $\sqrt{3x^2-2x-1}$，通常通过配完全平方，化为 $\sqrt{u^2-a^2}$ 的形式，再作三角变换，但如果这样作这题的计算较复杂，若采用所谓倒变换 $x = \frac{1}{t}$，计算就十分简单. 令 $x = \frac{1}{t}$，则 $dx = -\frac{1}{t^2}dt$，代入原式，得

$$\int \frac{1}{x\sqrt{3x^2-2x-1}}dx = -\int \frac{t}{\sqrt{\frac{3}{t^2} - \frac{2}{t} - 1}} \cdot \frac{1}{t^2}dt = -\int \frac{1}{\sqrt{3-2t-t^2}}dt$$

$$= -\int \frac{1}{\sqrt{4-(t+1)^2}}d(t+1) = -\arcsin\frac{t+1}{2} + C = -\arcsin\frac{1+x}{2x} + C.$$

例 12 求 $\int \frac{dx}{(x-1)\sqrt{x^2+2x-1}}$.

解 令 $\frac{1}{x-1} = t$，即 $x = \frac{1}{t} + 1$，则 $dx = -\frac{1}{t^2}dt$，于是

$$\text{原式} = \int \frac{dx}{(x-1)\sqrt{(x-1)^2+4(x-1)+2}} = \int \frac{-dt}{\sqrt{2t^2+4t+1}}$$

$$= -\frac{1}{\sqrt{2}}\int \frac{dt}{\sqrt{(t+1)^2 - \frac{1}{2}}} = -\frac{1}{\sqrt{2}}\ln\left|t+1+\sqrt{(t+1)^2-\frac{1}{2}}\right| + C$$

$$= -\frac{1}{\sqrt{2}}\ln\left|\frac{1}{x-1} + 1 + \sqrt{\frac{x^2+2x-1}{(x-1)^2}}\right| + C$$

$$= -\frac{1}{\sqrt{2}}\ln\left|\frac{x+\sqrt{x^2+2x-1}}{x-1}\right| + C.$$

以上两例看出，倒变换 $x = \frac{1}{t}$（或 $\frac{1}{x-1} = t$），也是一种重要变换，常能使分母中的因子 x^n（或 $(x-1)^n$）消去，对于解决某些无理函数的积分是相当有效的.

* **例 13** 设函数 $y = y(x)$ 由方程 $x^3 - 3axy + y^3 = 0$ 所确定，试求 $\int \frac{dx}{y^2}$.

解 要从方程解出 y，将隐函数化为显函数，需解三次方程，计算复杂，若将这个函数用参数方程来表示，然后求这个积分，就方便了，即

设 $y = tx$，代入 $x^3 - 3axy + y^3 = 0$，有 $x^3 - 3atx^2 + t^3x^3 = 0$，即 $x(1+t^3) - 3at = 0$，得

$$x = \frac{3at}{1+t^3}, \quad y = \frac{3at^2}{1+t^3}, \quad dx = \frac{3a(1-2t^3)}{(1+t^3)^2}dt.$$

于是 $\int \frac{dx}{y^2} = \int \frac{1-2t^3}{3at^4}dt = \frac{1}{3a}\int\left(\frac{1}{t^4} - \frac{2}{t}\right)dt = \frac{1}{3a}\left(-\frac{1}{3t^3} - 2\ln|t|\right) + C$

$$= -\frac{1}{3a}\left[\frac{x^3}{3y^3} + \ln\left(\frac{y}{x}\right)^2\right] + C.$$

2.3 分部积分法

分部积分法是由微分学中的两个函数乘积的微分法则导出来的，也是一种基本积分方法.

设函数 $u = u(x)$，$v = v(x)$ 具有连续的导数，由乘积的微分法则，有

$$d[u(x)v(x)] = u(x)dv(x) + v(x)du(x),$$

两边同积分，得

$$u(x)v(x)=\int u(x)dv(x)+\int v(x)du(x).$$

移项得$\int u(x)dv(x)=u(x)v(x)-\int v(x)du(x).$

或
$$\int u(x)v'(x)dx=u(x)v(x)-\int v(x)u'(x)dx.$$

这式称为**分部积分公式**，简记成

$$\int udv=uv-\int vdu. \tag{2.5}$$

当等式左边函数 uv' 的积分遇到困难时，可转化成右边函数 vu' 的积分来计算，如果右边的积分 $\int vu'dx$ 容易求出，那么左边的积分也就解决. 使用分部积分法时必须把被积表达式分成 u 与 $v'dx$ 两部分，且 $\int vu'dx$ 要容易求出.

例 14 求 $\int xe^x dx$.

解 这里被积函数是幂函数 x 与指数函数 e^x 两类函数的乘积，基本积分表中没有可利用的公式，使用分部积分法，把被积表达式分成两部分.

令 $u=x, dv=e^x dx$，则 $du=dx, v=e^x$，于是由分部积分公式，有

$$\int xe^x dx=xe^x-\int e^x dx=(x-1)e^x+C.$$

这里如果令 $u=e^x, dv=x\,dx$，则 $du=e^x dx, v=\frac{x^2}{2}$，于是由分部积分公式，得

$$\int xe^x dx=\frac{x^2}{2}e^x-\int\frac{x^2}{2}e^x dx.$$

结果反而比原积分复杂! 由此可见，如何把被积表达式分成两部分是此法的关键，从例 14 看到，通过对 u 的微分 du，把两类函数的积分转化为只有一类函数的积分.

例 15 求 $\int(2x-1)\cos 3x dx$.

解 令 $u=2x-1, dv=\cos 3x dx$，则 $du=2dx, v=\frac{1}{3}\sin 3x$，由分部积分公式，得

$$\int(2x-1)\cos 3x dx=\frac{1}{3}(2x-1)\sin 3x-\int\frac{1}{3}\sin 3x\cdot 2dx$$
$$=\frac{1}{3}(2x-1)\sin 3x+\frac{2}{9}\cos 3x+C.$$

例 16 求 $\int x^2\ln|x|dx$.

解 令 $u=\ln|x|, dv=x^2dx$，则 $du=\frac{1}{x}dx, v=\frac{1}{3}x^3$. 由分部积分公式，得

$$\int x^2\ln x dx=\frac{1}{3}x^3\ln|x|-\int\frac{1}{3}x^3\cdot\frac{1}{x}dx=\frac{1}{3}x^3\ln|x|-\frac{1}{9}x^3+C.$$

例 17 求 $\int x\mathrm{arctg}x dx$.

解 令 $u=\mathrm{arctg}x, dv=xdx$，则 $du=\frac{1}{1+x^2}dx, v=\frac{1}{2}x^2$. 于是由分部积分公式，得

$$\int x\mathrm{arctg}x dx=\frac{1}{2}x^2\mathrm{arctg}x-\int\frac{1}{2}x^2\cdot\frac{1}{1+x^2}dx=\frac{1}{2}x^2\mathrm{arctg}x-\frac{1}{2}\int\left(1-\frac{1}{1+x^2}\right)dx$$
$$=\frac{1}{2}x^2\mathrm{arctg}x-\frac{1}{2}x+\frac{1}{2}\mathrm{arctg}x+C=\frac{1}{2}(x^2+1)\mathrm{arctg}x-\frac{1}{2}x+C.$$

当问题需要时，可以连续多次使用分部积分法，在计算中当我们对分部积分法比较熟悉之后，可以不必事先写出 u 与 dv.

例 18 求 $\int (x^2-x)\cos x dx$.

解 $\int (x^2-x)\cos x dx = \int (x^2-x)d\sin x = (x^2-x)\sin x - \int \sin x \cdot (2x-1)dx$

$= (x^2-x)\sin x + \int (2x-1)d\cos x = (x^2-x)\sin x + (2x-1)\cos x - 2\sin x + C$

$= (x^2-x-2)\sin x + (2x-1)\cos x + C.$

从以上几例可以看出，形如 $\int p(x)e^{ax}dx$，$\int p(x)\sin(ax+b)dx$，$\int p(x)\cos(ax+b)dx$ 的不定积分（其中 $p(x)$ 为多项式），使用分部积分法可化成 e^{ax}，或 $\sin(ax+b)$，或 $\cos(ax+b)$ 的积分，只要选取多项式 $p(x)=u$ 即可；形如 $\int p(x)\ln x dx$，$\int p(x)\mathrm{arctg} x dx$，$\int p(x)\arcsin x dx$ 的不定积分，也可使用分部积分法，可化为有理函数或无理函数的积分，只要选取 $p(x)dx = dv$ 即可.

有时求两类函数乘积的积分，经过恰当的二次分部积分后，会出现与原积分相同的积分，经过移项，便得所求的积分，如下例：

例 19 求 $\int e^{ax}\sin bx dx$.

解 $\int e^{ax}\sin bx dx = \int \sin bx d(\frac{e^{ax}}{a}) = \frac{1}{a}e^{ax}\sin bx - \int \frac{1}{a}e^{ax}\cdot b\cos bx dx$

$= \frac{1}{a}e^{ax}\sin bx - \frac{b}{a}\int e^{ax}\cos bx dx,$

对右边的积分，由 $\int e^{ax}\cos bx dx = \int \cos bx d(\frac{e^{ax}}{a}) = \frac{1}{a}e^{ax}\cos bx - \int \frac{1}{a}e^{ax}(-b\sin bx)dx$，于是

$\int e^{ax}\sin bx dx = \frac{1}{a}e^{ax}\sin bx - \frac{b}{a}[\frac{1}{a}e^{ax}\cos bx + \frac{b}{a}\int e^{ax}\sin bx dx]$

$= \frac{1}{a}e^{ax}\sin bx - \frac{b}{a^2}e^{ax}\cos bx - \frac{b^2}{a^2}\int e^{ax}\sin bx dx,$

右边出现原来的积分，移项，得

$$(1+\frac{b^2}{a^2})\int e^{ax}\sin bx dx = \frac{e^{ax}}{a^2}(a\sin bx - b\cos bx) + C_1,$$

两边同除以 $(1+\frac{b^2}{a^2})$，便得

$$\int e^{ax}\sin bx dx = \frac{e^{ax}}{a^2+b^2}(a\sin bx - b\cos bx) + C. \quad 其中 C = C_1(\frac{a^2}{a^2+b^2}) \tag{2.6}$$

类似地可得

$$\int e^{ax}\cos bx dx = \frac{e^{ax}}{a^2+b^2}(b\sin bx + a\cos bx) + C. \tag{2.7}$$

例 20 求 $\int \sec^3 x dx$.

解 $\int \sec^3 x dx = \int \sec x d\mathrm{tg} x = \sec x \mathrm{tg} x - \int \mathrm{tg} x \cdot \sec x \mathrm{tg} x dx$

$= \sec x \mathrm{tg} x - \int \sec x(\sec^2 x - 1)dx = \sec x \mathrm{tg} x - \int \sec^3 x dx + \int \sec x dx,$

移项 $2\int \sec^3 x dx = \sec x \mathrm{tg} x + \int \sec x dx,$

所以 $\int \sec^3 x dx = \frac{1}{2}\sec x \mathrm{tg} x + \frac{1}{2}\ln|\sec x + \mathrm{tg} x| + C.$

例 21 求$\int \sqrt{a^2-x^2}dx \quad (a>0)$.

解 在 2.2 中,曾用换元法求过此积分,现用分部积分法可以得到同样的结果,即

$$\int \sqrt{a^2-x^2}dx = x\sqrt{a^2-x^2} - \int x \cdot \frac{-x}{\sqrt{a^2-x^2}}dx$$

$$= x\sqrt{a^2-x^2} - \int \frac{(a^2-x^2)-a^2}{\sqrt{a^2-x^2}}dx$$

$$= x\sqrt{a^2-x^2} - \int \sqrt{a^2-x^2}dx + a^2\int \frac{1}{\sqrt{a^2-x^2}}dx$$

$$= x\sqrt{a^2-x^2} + a^2\arcsin\frac{x}{a} - \int \sqrt{a^2-x^2}dx,$$

移项并除以 2,就得到

$$\int \sqrt{a^2-x^2}dx = \frac{x}{2}\sqrt{a^2-x^2} + \frac{a^2}{2}\arcsin\frac{x}{a} + C.$$

例 22 求$\int \arcsin\sqrt{\frac{x}{x+a}}dx \quad (a>0)$.

解 令 $\arcsin\sqrt{\frac{x}{x+a}} = t$,即 $x = a\mathrm{tg}^2 t$,由分部积分公式,得

$$\text{原式} = \int t dx = tx - \int x dt = tx - \int a\mathrm{tg}^2 t dt$$

$$= tx - a\int (\sec^2 t - 1)dt = tx - a(\mathrm{tg}t - t) + C = (x+a)t - a\mathrm{tg}t + C$$

$$= (x+a)\arcsin\sqrt{\frac{x}{x+a}} - a\cdot\sqrt{\frac{x}{a}} + C.$$

例 23 设 $I_n = \int \frac{1}{(a^2+x^2)^n}dx \quad (a \neq 0)$,正整数 $n \geqslant 2$.

(1) 试证递推公式:

$$I_n = \frac{x}{2(n-1)a^2(a^2+x^2)^{n-1}} + \frac{2n-3}{2(n-1)a^2}I_{n-1}, \quad n = 2,3,\cdots; \tag{2.8}$$

(2) 求 $\int \frac{dx}{(a^2+x^2)^3}$.

解(1) 令 $u = \frac{1}{(a^2+x^2)^n}$, $dv = dx$,则 $du = \frac{-2nx}{(a^2+x^2)^{n+1}}dx$, $v = x$,由分部积分公式,得

$$I_n = \frac{x}{(a^2+x^2)^n} + 2n\int \frac{x^2}{(a^2+x^2)^{n+1}}dx = \frac{x}{(a^2+x^2)^n} + 2n\int \frac{(a^2+x^2)-a^2}{(a^2+x^2)^{n+1}}dx$$

$$= \frac{x}{(a^2+x^2)^n} + 2nI_n - 2na^2 I_{n+1},$$

解得

$$I_{n+1} = \frac{x}{2na^2(a^2+x^2)^n} + \frac{2n-1}{2na^2}I_n,$$

或

$$I_n = \frac{x}{2(n-1)a^2(a^2+x^2)^{n-1}} + \frac{2n-3}{2(n-1)a^2}I_{n-1}, \quad n = 2,3,\cdots.$$

这是一个递推公式,使用一次可以把 n 降低一次,最后总可降到 $n=1$,从而将积分求出,这样可以避免重复作分部积分.

(2)
$$\int \frac{dx}{(a^2+x^2)^3} = \frac{x}{2(3-1)a^2(a^2+x^2)^{3-1}} + \frac{2\times 3-3}{2(3-1)a^2}\int \frac{dx}{(a^2+x^2)^2}$$

$$= \frac{x}{4a^2(a^2+x^2)^2} + \frac{3}{4a^2}\int \frac{dx}{(a^2+x^2)^2},$$

又
$$\int \frac{dx}{(a^2+x^2)^2} = \frac{x}{2(2-1)a^2(a^2+x^2)^{2-1}} + \frac{2\times 2-3}{2(2-1)a^2}\int \frac{dx}{a^2+x^2},$$
$$= \frac{x}{2a^2(a^2+x^2)} + \frac{1}{2a^2}\cdot\frac{1}{a}\operatorname{arctg}\frac{x}{a} + C_1.$$
代入上式,得
$$\int \frac{dx}{(a^2+x^2)^3} = \frac{x}{4a^2(a^2+x^2)^2} + \frac{3}{4a^2}\left[\frac{x}{2a^2(a^2+x^2)} + \frac{1}{2a^3}\operatorname{arctg}\frac{x}{a} + C_1\right]$$
$$= \frac{x}{4a^2(a^2+x^2)^2} + \frac{3}{8a^4}\left(\frac{x}{a^2+x^2} + \frac{1}{a}\operatorname{arctg}\frac{x}{a}\right) + C.$$

§3 若干初等可积函数类

3.1 有理函数的积分

一、预备知识

设 x 的多项式
$$P_n(x) = a_0x^n + a_1x^{n-1} + \cdots + a_{n-1}x + a_n,$$
$$Q_m(x) = b_0x^m + b_1x^{m-1} + \cdots + b_{m-1}x + b_m.$$
当 $m \geqslant n$ 时,$\frac{Q_m(x)}{P_n(x)}$ 称为**有理假分式**,当 $m < n$ 时,$\frac{Q_m(x)}{P_n(x)}$ 称为**有理真分式**,通过多项式的除法,有理假分式可以化为多项式与有理真分式之和.例如:
$$\frac{x^4 - x^3 + 3x + 1}{x^2 + 4x + 5} = x^2 - 5x + 15 - \frac{32x + 74}{x^2 + 4x + 5}.$$

多项式的积分是容易的,于是有理函数$\frac{Q_m(x)}{P_n(x)}$的积分只须着重讨论有理真分式的情形.根据代数学知识,既约有理真分式总可以分解成若干个最简分式之和的形式,其结论叙述如下.

定理一 设 $P_n(x)$,$Q_m(x)$ 分别为 n,m 次实系数多项式,$m < n$,且已知
$$P_n(x) = a_0(x-\alpha)^k\cdots(x-\beta)^l(x^2+px+q)^h\cdots(x^2+sx+t)^j,$$
其中 $(x-\alpha)^k$,$(x-\beta)^l$ 分别表示 α,β 是方程 $P_n(x)=0$ 的 k 重与 l 重实根;$(x^2+px+q)^h$,$(x^2+sx+t)^j$ 分别表示方程 $P_n(x)=0$ 有 h 对和 j 对相同的共轭复根.则必存在一组实常数 $A_1,A_2,\cdots,A_k$;$B_1,B_2,\cdots,B_l$;$C_1,D_1,C_2,D_2,\cdots,C_h,D_h$;$E_1,F_1,E_2,F_2,\cdots,E_j,F_j$,使得下列恒等式成立:
$$\frac{Q_m(x)}{P_n(x)} = \frac{A_1}{x-\alpha} + \frac{A_2}{(x-\alpha)^2} + \cdots + \frac{A_k}{(x-\alpha)^k} + \cdots + \frac{B_1}{x-\beta} + \frac{B_2}{(x-\beta)^2} + \cdots$$
$$+ \frac{B_l}{(x-\beta)^l} + \frac{C_1x+D_1}{x^2+px+q} + \frac{C_2x+D_2}{(x^2+px+q)^2} + \cdots + \frac{C_hx+D_h}{(x^2+px+q)^h} + \cdots$$
$$+ \frac{E_1x+F_1}{x^2+sx+t} + \frac{E_2x+F_2}{(x^2+sx+t)^2} + \cdots + \frac{E_jx+F_j}{(x^2+sx+t)^j}.$$
这定理表明,有理真分式,可以分解成下列两类分式(称为**最简分式**):

Ⅰ. $\frac{A_1}{x-\alpha},\frac{A_2}{(x-\alpha)^2},\cdots,\frac{A_n}{(x-\alpha)^n}$;

Ⅱ. $\frac{A_1x+B_1}{x^2+px+q},\frac{A_2x+B_2}{(x^2+px+q)^2},\cdots,\frac{A_nx+B_n}{(x^2+px+q)^n}$ $(p^2-4q<0)$.

如何确定定理中的待定系数,下面举例说明.

例1 将有理真分式 $\frac{x^2-5}{(x+1)(x-2)^2}$ 分解为最简分式之和.

解 由定理可设

$$\frac{x^2-5}{(x+1)(x-2)^2}=\frac{A}{x+1}+\frac{B}{x-2}+\frac{C}{(x-2)^2},$$

消去公分母得 $$x^2-5=A(x-2)^2+B(x+1)(x-2)+C(x+1),\tag{3.1}$$

或 $$x^2-5=(A+B)x^2+(-4A-B+C)x+4A-2B+C.$$

比较等式两边 x 的同次幂系数，有

$$\begin{cases}A+B=1;\\-4A-B+C=0;\\4A-2B+C=-5.\end{cases}$$

解此方程组，得 $A=-\frac{4}{9}, B=\frac{13}{9}, C=-\frac{1}{3}$.

因此所求最简分式之和为

$$\frac{x^2-5}{(x+1)(x-2)^2}=\frac{-\frac{4}{9}}{x+1}+\frac{\frac{13}{9}}{x-2}+\frac{-\frac{1}{3}}{(x-2)^2}.$$

例 2 将有理真分式 $\frac{2x+1}{(x-3)(x^2+2x+5)}$ 分解成最简分式之和.

解 由定理可设

$$\frac{2x+1}{(x-3)(x^2+2x+5)}=\frac{A}{x-3}+\frac{Bx+C}{x^2+2x+5},$$

消去公分母得 $$2x+1=A(x^2+2x+5)+(Bx+C)(x-3),\tag{3.2}$$

或 $$2x+1=(A+B)x^2+(2A-3B+C)x+5A-3C.$$

比较等式两边 x 的同次幂系数，得

$$\begin{cases}A+B=0;\\2A-3B+C=2;\\5A-3C=1.\end{cases}$$

解此方程组得 $A=\frac{7}{20}, B=-\frac{7}{20}, C=\frac{1}{4}$.

因此所求最简分式之和为

$$\frac{2x+1}{(x-3)(x^2+2x+5)}=\frac{\frac{7}{20}}{x-3}+\frac{-\frac{7}{20}x+\frac{1}{4}}{x^2+2x+5}.$$

上述这种待定系数法通常运算比较复杂. 如果注意到(3.2)式是一个恒等式，对 x 的一切值均应成立，因而也可以选择一些特殊的 x 值把系数定出来，即所谓**赋值法**，例如(3.2)式

令 $x=3$ 得 $7=A(9+6+5)$， 故 $A=\frac{7}{20}$；

令 $x=0$ 得 $1=5A-3C$， 故 $C=\frac{1}{4}$；

令 $x=-2$ 得 $-3=5A-5(-2B+C)$， 故 $B=-\frac{7}{20}$.

因此得最简分式之和为

$$\frac{2x+1}{(x-3)(x^2+2x+5)}=\frac{\frac{7}{20}}{x-3}+\frac{-\frac{7}{20}x+\frac{1}{4}}{x^2+2x+5}.$$

二、有理函数的积分

从上面的预备知识看到，有理函数由多项式与有理真分式的和组成，而多项式的积分是容

易的，有理函数的积分只需考察有理真分式的积分，又根据代数定理，有理真分式可分解成Ⅰ、Ⅱ 两类最简分式，于是只要讨论这两类最简分式的积分问题.

对于第 Ⅰ 类最简分式

当 $n=1$ 时，$\int \frac{1}{x-a}dx = \ln|x-a| + C$；

当 $n>1$ 时，$\int \frac{1}{(x-a)^n}dx = \frac{1}{(1-n)(x-a)^{n-1}} + C.$

对于第 Ⅱ 类最简分式

当 $n=1$ 时，$\int \frac{1}{x^2+px+q}dx = \int \frac{1}{(x+\frac{p}{2})^2+(q-\frac{p^2}{4})}dx$

$$= \frac{1}{\sqrt{q-\frac{p^2}{4}}}\text{arctg}\,\frac{x+\frac{p}{2}}{\sqrt{q-\frac{p^2}{4}}} + C;$$

当 $n>1$ 时，$\int \frac{1}{(x^2+px+q)^n}dx = \int \frac{dx}{[(x+\frac{p}{2})^2+(q-\frac{p^2}{4})]^n} \triangleq \int \frac{1}{(u^2+a^2)^n}du$，其中 $u = x+\frac{p}{2}, a^2 = q-\frac{p^2}{4}$. 利用递推公式(2.6)知，其原函数由有理函数、反正切函数组成.

综上讨论得到如下结论：

定理二 一切有理函数的原函数总可以用有理函数、对数函数及反正切函数表示出来.

可见，有理函数的原函数一定是初等函数.

例 3 求不定积分 $\int \frac{x^2-5}{(x+1)(x-2)^2}dx.$

解 由例 1 知

$$\frac{x^2-5}{(x+1)(x-2)^2} = \frac{-\frac{4}{9}}{x+1} + \frac{\frac{13}{9}}{x-2} + \frac{-\frac{1}{3}}{(x-2)^2},$$

于是 $$\int \frac{x^2-5}{(x+1)(x-2)^2}dx = -\frac{4}{9}\int \frac{1}{x+1}dx + \frac{13}{9}\int \frac{1}{x-2}dx - \frac{1}{3}\int \frac{1}{(x-2)^2}dx$$
$$= -\frac{4}{9}\ln|x+1| + \frac{13}{9}\ln|x-2| + \frac{1}{3(x-2)} + C.$$

例 4 求不定积分 $\int \frac{1}{x^2+3x-4}dx.$

解 这里分母 $x^2+3x-4 = (x-1)(x+4)$ 是两个一次因式的乘积，分解最简分式可用观察方法直接得到

$$\frac{1}{(x-1)(x+4)} = \frac{(x+4)-(x-1)}{5(x-1)(x+4)} = \frac{1}{5}(\frac{1}{x-1} - \frac{1}{x+4}),$$

于是 $$\int \frac{1}{x^2+3x-4}dx = \frac{1}{5}\int (\frac{1}{x-1} - \frac{1}{x+4})dx = \frac{1}{5}\ln\frac{|x-1|}{|x+4|} + C.$$

例 5 求不定积分 $\int \frac{1}{e^{2x}+3e^x+2}dx.$

解 这里 $f(x) = \frac{1}{e^{2x}+3e^x+2}$ 不是有理函数，如果有适当的变换式 $x=\varphi(t)$，能把原积分化成有理函数的积分，那么积分一定可以求出. 为此

令 $x = \ln t\,(t>0)$，即 $t=e^x$，则 $dx = \frac{1}{t}dt$，于是

$$\int \frac{1}{e^{2x}+3e^x+2}\cdot dx=\int \frac{1}{t^2+3t+2}\cdot \frac{1}{t}dt=\int \frac{1}{t(t+1)(t+2)}dt,$$

这是有理函数的积分，被积函数的最简分式之和为

$$\frac{1}{t(t+1)(t+2)}=\frac{\frac{1}{2}}{t}+\frac{-1}{t+1}+\frac{\frac{1}{2}}{t+2},$$

因此 $\int \frac{1}{e^{2x}+3e^x+2}dx=\frac{1}{2}\int \frac{1}{t}dt-\int \frac{1}{t+1}dt+\frac{1}{2}\int \frac{1}{t+2}dt$

$$=\frac{1}{2}\ln t-\ln(t+1)+\frac{1}{2}\ln(t+2)+C=\frac{1}{2}x+\frac{1}{2}\ln\frac{(e^x+2)}{(e^x+1)^2}+C.$$

从上例知，对于以 e^x 为变元的有理函数 $R(e^x)$ 的积分 $\int R(e^x)dx$，都可通过变换式 $x=\ln t$，化成有理函数的积分 $\int R(t)\frac{1}{t}dt$.

虽然有理函数的积分使用化成最简分式之和的方法，总可以把积分求出来，但还应注意灵活运用各种积分方法，使计算更简便，如下面例子：

例 6 求 $\int \frac{x^2+x-3}{(x-1)^{10}}dx$.

解 用换元法，令 $x-1=t, dx=dt$，于是

$$\int \frac{x^2+x-3}{(x-1)^{10}}dx=\int \frac{(t+1)^2+(t+1)-3}{t^{10}}dt=\int \frac{t^2+3t-1}{t^{10}}dt$$

$$=\int \frac{1}{t^8}dt+3\int \frac{1}{t^9}dt-\int \frac{1}{t^{10}}dt=-\frac{1}{7t^7}-\frac{3}{8t^8}+\frac{1}{9t^9}+C$$

$$=\frac{1}{(x-1)^9}\left[\frac{1}{9}-\frac{3}{8}(x-1)-\frac{1}{7}(x-1)^2\right]+C.$$

例 7 求 $\int \frac{x^4}{(1+x^2)^2}dx$.

解 用分部积分法，得

$$\int \frac{x^4}{(1+x^2)^2}dx=\frac{1}{2}\int \frac{x^3}{(1+x^2)^2}dx^2=-\frac{1}{2}\int x^3 d\frac{1}{1+x^2}$$

$$=-\frac{x^3}{2(1+x^2)}+\frac{3}{2}\int \frac{x^2}{1+x^2}dx=-\frac{x^3}{2(1+x^2)}+\frac{3}{2}x-\frac{3}{2}\operatorname{arctg}x+C.$$

3.2 三角函数有理式的积分

以三角函数为变元的有理函数，统称为**三角函数有理式**，记作 $R(\sin x,\cos x)$. 例如 $\frac{\cos x}{2+\sin x}$， $\frac{\operatorname{tg}x}{\sec x+\sin x}$ 均是三角函数有理式，下面讨论不定积分 $\int R(\sin x,\cos x)dx$ 问题.

设 $t=\operatorname{tg}\frac{x}{2}$，即 $x=2\operatorname{arctg}t$，则有 $dx=\frac{2}{1+t^2}dt$,

$$\sin x=\frac{2\operatorname{tg}\frac{x}{2}}{1+\operatorname{tg}^2\frac{x}{2}}=\frac{2t}{1+t^2};\quad \cos x=\frac{1-\operatorname{tg}^2\frac{x}{2}}{1+\operatorname{tg}^2\frac{x}{2}}=\frac{1-t^2}{1+t^2},$$

于是 $\int R(\sin x,\cos x)dx=\int R\left(\frac{2t}{1+t^2},\frac{1-t^2}{1+t^2}\right)\cdot\frac{2}{1+t^2}dt.$

等式右边是以 t 为变元的有理函数的积分，因而一定可以用初等函数表示出来，由于这个原故，半角变换 $t=\operatorname{tg}\frac{x}{2}$ 也称为**万能变换**.

例 8 求 $\int \frac{1}{3+5\cos x}dx$.

解　令 $t=\operatorname{tg}\frac{x}{2}$，于是

$$\int\frac{1}{3+5\cos x}dx=\int\frac{1}{3+5\cdot\frac{1-t^2}{1+t^2}}\cdot\frac{2}{1+t^2}dt=\int\frac{1}{4-t^2}dt$$

$$=\frac{1}{4}\int\left(\frac{1}{2-t}+\frac{1}{2+t}\right)dt=\frac{1}{4}\ln\left|\frac{2+t}{2-t}\right|+C=\frac{1}{4}\ln\left|\frac{2+\operatorname{tg}\frac{x}{2}}{2-\operatorname{tg}\frac{x}{2}}\right|+C.$$

例 9　求 $\int\frac{\cos x\sin x}{1+\cos^4x}dx$.

解　这是三角函数有理式的积分，令 $t=\operatorname{tg}\frac{x}{2}$，则

$$\int\frac{\cos x\sin x}{1+\cos^4x}dx=\int\frac{\frac{1-t^2}{1+t^2}\cdot\frac{2t}{1+t^2}}{1+\left(\frac{1-t^2}{1+t^2}\right)^4}\cdot\frac{2}{1+t^2}dt=\int\frac{4t(1-t^2)(1+t^2)}{(1+t^2)^4+(1-t^2)^4}dt,$$

这样得到的有理函数是相当复杂的，在实际中，可见半角变换并不是万能的，一般不轻易使用. 本题利用熟知的三角函数的微分公式，用凑微分法十分简单.

$$\int\frac{\cos x\sin x}{1+\cos^4x}dx=-\int\frac{\cos x}{1+\cos^4x}d\cos x=\frac{-1}{2}\int\frac{1}{1+\cos^4x}d\cos^2x$$

$$=-\frac{1}{2}\operatorname{arctg}(\cos^2x)+C.$$

对于下列一些特殊类形的三角函数的积分，只要利用熟悉的三角恒等式，都可方便地把积分求出来.

(1) **形如** $\int\sin^n x\cos^m x dx$，**其中** m,n **至少有一个是奇数**.

从指数为奇数的那个因子中分离出一个三角函数与 dx 凑成另一个三角函数的微分，即 $\cos xdx=d\sin x$ 或 $\sin xdx=-d\cos x$，那么就化为以 $\sin x$ 或 $\cos x$ 为变元的幂函数的积分.

$$\int\sin^n x(1-\sin^2x)^{\frac{m-1}{2}}d\sin x,\qquad -\int(1-\cos^2x)^{\frac{n-1}{2}}\cdot\cos^m xd\cos x.$$

例 10　求 $\int\sin^3x\sqrt{\cos x}dx$.

解　$\int\sin^3x\sqrt{\cos x}dx=-\int(1-\cos^2x)\sqrt{\cos x}d\cos x=\int\cos^{\frac{5}{2}}xd\cos x-\int\sqrt{\cos x}d\cos x$

$$=\frac{2}{7}\cos^{\frac{7}{2}}x-\frac{2}{3}\cos^{\frac{3}{2}}x+C.$$

(2) **形如** $\int\sin^n x\cos^m xdx$，**其中** m,n **是偶数或零**.

利用倍角公式

$$\cos^2x=\frac{1+\cos2x}{2};\quad\sin^2x=\frac{1-\cos2x}{2};\quad\sin x\cos x=\frac{\sin2x}{2},$$

可以把被积函数中三角函数的次数，降到一次，从而将积分求出.

例 11　求 $\int\sin^4x\cos^2xdx$.

解　$\int\sin^4x\cos^2xdx=\int(\sin x\cos x)^2\sin^2xdx=\int\frac{\sin^22x}{4}\cdot\frac{1-\cos2x}{2}dx$

$$=\frac{1}{8}\int\sin^22xdx-\frac{1}{8}\int\sin^22x\cos2xdx=\frac{1}{16}\int(1-\cos4x)dx-\frac{1}{16}\int\sin^22xd\sin2x$$

$$= \frac{1}{16}[x - \frac{1}{4}\sin 4x - \frac{1}{3}\sin^3 2x] + C.$$

(3) **形如** $\int \sin nx \cos mx dx$，$\int \sin nx \sin mx dx$，$\int \cos nx \cos mx dx$. 其中 $n \neq \pm m$.
这类积分只要利用三角函数的积化和差公式

$$\sin nx \cos mx = \frac{1}{2}[\sin(n+m)x + \sin(n-m)x];$$

$$\sin nx \sin mx = -\frac{1}{2}[\cos(n+m)x - \cos(n-m)x];$$

$$\cos nx \cos mx = \frac{1}{2}[\cos(n+m)x + \cos(n-m)x]$$

即可.

例 12 求 $\int \sin\frac{1}{2}x\cos 2x dx$.

解 $\int \sin\frac{1}{2}x\cos 2x dx = \frac{1}{2}\int [\sin(\frac{1}{2}+2)x + \sin(\frac{1}{2}-2)x]dx$

$$= \frac{1}{2}\int \sin\frac{5}{2}x dx - \frac{1}{2}\int \sin\frac{3}{2}x dx = -\frac{1}{5}\cos\frac{5}{2}x + \frac{1}{3}\cos\frac{3}{2}x + C.$$

(4) **形如** $\int R(\sin x, \cos x)dx$，**其中** $R(\sin x, \cos x) = R(-\sin x, -\cos x)$.

作变换 $t = \mathrm{tg}x$ 或 $x = \mathrm{arctg}t$，可化为以 t 为积分变量的某个有理函数的积分

$$\int R(\sin x, \cos x)dx = \int R_0(\mathrm{tg}x)dx = \int R_0(t)\frac{1}{1+t^2}dt.$$

这是由于 $dx = \frac{1}{1+t^2}dt$，以及

$$R(\sin x, \cos x) = R(\mathrm{tg}x\cos x, \cos x) \triangleq R_1(\mathrm{tg}x, \cos x) = R_1(\mathrm{tg}x, -\cos x)$$

$$\overset{\text{若有}}{=} R_2(\mathrm{tg}x, \cos^2 x) = R_2(\mathrm{tg}x, \frac{1}{1+\mathrm{tg}^2 x}) = R_0(\mathrm{tg}x) = R_0(t).$$

例 13 求 $\int \frac{1}{2-\cos^2 x}dx$.

解 被积函数满足 $R(-\sin x, -\cos x) = R(\sin x, \cos x)$，故可令 $t = \mathrm{tg}x$ 或 $x = \mathrm{arctg}t$，于是

$$\int \frac{1}{2-\cos^2 x}dx = \int \frac{1}{2 - \frac{1}{1+t^2}} \cdot \frac{1}{1+t^2}dt = \int \frac{1}{1+2t^2}dt$$

$$= \frac{1}{\sqrt{2}}\int \frac{1}{1+(\sqrt{2}t)^2}d(\sqrt{2}t) = \frac{1}{\sqrt{2}}\mathrm{arctg}(\sqrt{2}t) + C = \frac{1}{\sqrt{2}}\mathrm{arctg}(\sqrt{2}\,\mathrm{tg}x) + C.$$

最后举一个用特殊处理技巧的三角函数有理式的积分例子.

例 14 求 $\int \frac{\sin x}{a\cos x + b\sin x}dx \quad (a^2 + b^2 \neq 0)$.

解 注意到 $b(a\cos x + b\sin x) - a(a\cos x + b\sin x)' = (b^2 + a^2)\sin x$，于是，有

$$\int \frac{\sin x}{a\cos x + b\sin x}dx = \frac{1}{(a^2+b^2)}\int \frac{b(a\cos x + b\sin x) - a(a\cos x + b\sin x)'}{a\cos x + b\sin x}dx$$

$$= \frac{1}{a^2+b^2}(\int b dx - a\int \frac{d(a\cos x + b\sin x)}{a\cos x + b\sin x}) = \frac{1}{a^2+b^2}(bx - a\ln|a\cos x + b\sin x|) + C.$$

3.3 某些无理函数的积分

设 $\int R(x, \sqrt[n]{\frac{ax+b}{cx+d}})dx$ 与 $\int R(x, \sqrt{ax^2+bx+c})dx$ 是两类无理函数的积分，前者通过变换 t

$= \sqrt[n]{\dfrac{ax+b}{cx+d}}$，可以化成关于 t 的有理函数的积分；后者通过将根号下的二次三项式配完全平方化成含有形如 $\sqrt{u^2+A^2}$，$\sqrt{u^2-A^2}$，$\sqrt{A^2-u^2}$ 的无理函数的积分，再作三角变换便可化为三角函数有理式的积分，因此这两类无理函数的不定积分一定是初等函数.

例 15 求 $\displaystyle\int \frac{dx}{\sqrt[3]{(x-1)^2(x+1)^4}}$.

解 $\displaystyle\int \frac{dx}{\sqrt[3]{(x-1)^2(x+1)^4}} = \int \frac{1}{(x-1)(x+1)}\sqrt[3]{\frac{x-1}{x+1}}dx$，

作变换 $t = \sqrt[3]{\dfrac{x-1}{x+1}}$，即 $x = \dfrac{1+t^3}{1-t^3}$，则

$$x-1 = \frac{2t^3}{1-t^3}, \quad x+1 = \frac{2}{1-t^3}, \quad dx = \frac{6t^2}{(1-t^3)^2}dt.$$

于是 $\displaystyle\int \frac{dx}{\sqrt[3]{(x-1)^2(x+1)^4}} = \int \frac{(1-t^3)^2}{4t^3}\cdot t\cdot\frac{6t^2}{(1-t^3)^2}dt = \int\frac{3}{2}dt = \frac{3}{2}t + C$

$$= \frac{3}{2}\sqrt[3]{\frac{x-1}{x+1}} + C.$$

例 16 求 $\displaystyle\int \frac{1}{x+\sqrt{-x^2+4x-3}}dx$.

解 由于 $\sqrt{-x^2+4x-3} = \sqrt{1-(x-2)^2}$，令 $x-2=\sin t$，于是

$$\text{原式} = \int\frac{\cos t}{2+\sin t+\cos t}dt = \frac{1}{2}\int\frac{(2+\sin t+\cos t)+(2+\sin t+\cos t)'-2}{2+\sin t+\cos t}dt$$

$$= \frac{1}{2}\int dt + \frac{1}{2}\int\frac{d(2+\sin t+\cos t)}{2+\sin t+\cos t} - \int\frac{dt}{2+\sin t+\cos t}$$

$$= \frac{t}{2} + \frac{1}{2}\ln(2+\sin t+\cos t) - \int\frac{dt}{2+\sin t+\cos t},$$

其中，$\displaystyle\int\frac{dt}{2+\sin t+\cos t} \xlongequal{\text{令 } u=\mathrm{tg}\frac{t}{2}} \int\frac{\frac{2}{1+u^2}du}{2+\frac{2u}{1+u^2}+\frac{1-u^2}{1+u^2}} = \int\frac{2}{u^2+2u+3}du$

$$= 2\int\frac{du}{(u+1)^2+2} = \sqrt{2}\,\mathrm{arctg}\frac{u+1}{\sqrt{2}} + C = \sqrt{2}\,\mathrm{arctg}\frac{\mathrm{tg}\frac{t}{2}+1}{\sqrt{2}} + C.$$

故 $\displaystyle\int\frac{dx}{x+\sqrt{-x^2+4x-3}} = \frac{t}{2}+\frac{1}{2}\ln(2+\sin t+\cos t) - \sqrt{2}\,\mathrm{arctg}\frac{\mathrm{tg}\frac{t}{2}+1}{\sqrt{2}} + C$

$$\xlongequal{x-2=\sin t} \frac{1}{2}\arcsin(x-2) + \frac{1}{2}\ln(x+\sqrt{1-(x-2)^2}) - \sqrt{2}\,\mathrm{arctg}\frac{1}{\sqrt{2}}$$

$$\left(1+\frac{1-\sqrt{1-(x-2)^2}}{x-2}\right) + C.$$

上面所介绍的各种积分的方法，它们的基础是基本积分表和不定积分的性质，而凑微分法、换元法与分部积分法是三种基本积分方法，还得到有理函数的原函数一定是初等函数的重要结论. 在讨论中我们看到积分法比微分法要灵活得多，这需要通过一定数量的解题练习才能逐步掌握.

最后还须指出：有些不定积分，例如：

$$\int e^{-x^2}dx,\quad \int\frac{\sin x}{x}dx,\quad \int\sin x^2dx,\quad \int\frac{1}{\ln x}dx,\quad \int\sqrt{1-k^2\sin^2x}\,dx \quad (0<k<1).$$

等，它们的被积函数虽然是初等函数，但它们的原函数却不是初等函数，用上述各种积分法都不能求出这些不定积分，这需要用另外的方法来解决.

习题五

§1

1. 利用基本积分表和不定积分的性质，求下列各题的不定积分.

(1) $\int (1+x+\frac{1}{x}+\frac{1}{x^2})dx$,

(2) $\int \frac{(1+x)^2}{\sqrt{x}}dx$,

(3) $\int (\sqrt{x}+1)(1-\sqrt[3]{x})dx$,

(4) $\int (1-\frac{1}{t})^2 dt$,

(5) $\int \sqrt{x\sqrt{x}}\,dx$,

(6) $\int (x^2+2^x-\frac{2}{x})dx$,

(7) $\int (a^{\frac{2}{3}}-x^{\frac{2}{3}})^2 dx$,

(8) $\int \frac{(\sqrt{x}-2\sqrt[3]{x})^2}{x}dx$,

(9) $\int (1+\frac{2}{x^2}+\frac{3}{1+x^2})dx$,

(10) $\int \frac{x^2}{1+x^2}dx$,

(11) $\int \frac{1}{x^2(1+x^2)}dx$,

(12) $\int 3^{2x}e^x dx$,

(13) $\int (2^x+5^x)^2 dx$,

(14) $\int e^{x+1}dx$,

(15) $\int \frac{e^{2x}-1}{e^x+1}dx$,

(16) $\int \frac{x^3-3x^2+x+1}{x^2+1}dx$,

(17) $\int (\frac{1}{\sqrt{2x}}+\frac{1}{\sqrt{1-x^2}})dx$,

(18) $\int (\frac{\sin x}{2}+\frac{3}{\sin x}+\frac{1}{\sin^2 x})dx$,

(19) $\int (\frac{2}{\cos^2\theta}+\frac{1}{\sqrt{1-\theta^2}}-\frac{1}{1+\theta^2})d\theta$,

(20) $\int \mathrm{tg}^2 x\,dx$,

(21) $\int \cos^2\frac{x}{2}dx$,

(22) $\int \frac{\cos 2\theta}{\cos\theta+\sin\theta}d\theta$,

(23) $\int (\sin\frac{x}{2}+\cos\frac{x}{2})^2 dx$,

(24) $\int \frac{\sec x-\mathrm{tg}x}{\cos x}dx$,

(25) $\int \sqrt{1-\sin 2x}\,dx$.

2. 已知 $ds=(12t^2-3\sin t)dt$，求 $s(t)$.

3. 已知函数

$$f(x)=\frac{1}{2\sqrt{x}}+\sin(x+1),\ x\in(0,+\infty)$$

的积分曲线经过点(4,2)，试求原函数 $F(x)$.

4. 设函数 $f(x)=\begin{cases}x^2, & x\leqslant 0;\\ \sin x, & x>0,\end{cases}$ 求不定积分 $\int f(x)dx$.

§2

5. 用凑微分法求下列各题的不定积分：

(1) $\int (1-3x)^5 dx$,

(2) $\int \frac{1}{(3x-2)^5}dx$,

(3) $\int \frac{1}{\sqrt{1+2x}}dx$,

(4) $\int \frac{1}{9+4x^2}dx$,

(5) $\int \frac{1}{x^2-2x+5}dx$,

(6) $\int \frac{1}{(x+1)(x+3)}dx$,

(7) $\int \frac{1}{\sqrt{1-(2x-3)^2}}dx$,

(8) $\int \frac{1}{\sqrt{9-4x^2}}dx$,

(9) $\int e^{-\frac{x}{2}}dx$,

(10) $\int \sin(\frac{2\pi}{T}t+\varphi)dt$,

(11) $\int \csc^2\frac{\varphi}{2}d\varphi$,

(12) $\int \frac{1}{\cos^2(\omega t+\varphi)}dt$, $(\omega\neq 0)$,

(13) $\int \frac{1}{\sin \frac{\pi}{l} t} dt$,　(14) $\int \text{ch} \frac{x}{3} dx$,　(15) $\int \frac{\sin x}{1+\cos x} dx$,

(16) $\int \frac{e^x}{1+e^x} dx$,　(17) $\int \frac{6x-5}{3x^2-5x+7} dx$,　(18) $\int \frac{x^3}{\sqrt[3]{x^4+5}} dx$,

(19) $\int x \sin x^2 dx$,　(20) $\int x e^{-x^2} dx$,　(21) $\int \frac{1}{x^2} \cos \frac{1}{x} dx$,

(22) $\int \frac{\sin \sqrt{x}}{\sqrt{x}} dx$,　(23) $\int \frac{\sqrt{1+\ln x}}{x} dx$,　(24) $\int \frac{\sqrt{x}+\ln x}{x} dx$,

(25) $\int \frac{1}{\sin x \cos x} dx$,　(26) $\int \text{tg}^3 x \sec^4 x dx$,　(27) $\int \frac{e^{3x}+1}{e^x+1} dx$,

(28) $\int \frac{1}{1+e^x} dx$,　(29) $\int \frac{1}{\text{ch} x} dx$,　(30) $\int \frac{1+e^{\text{arctg} x}}{1+x^2} dx$,

(31) $\int \frac{x+\arcsin x}{\sqrt{1-x^2}} dx$,　(32) $\int \frac{3-x}{\sqrt{3-x^2}} dx$,　(33) $\int \frac{5+7x}{5+7x^2} dx$,

(34) $\int \frac{x+1}{\sqrt{x-x^2}} dx$,　(35) $\int \frac{x-5}{\sqrt{3-2x-x^2}} dx$,　(36) $\int \frac{x-1}{x^2+3x+4} dx$,

(37) $\int \frac{1}{x(x^7+1)} dx$,　(38) $\int \frac{1+\text{tg}\theta}{\cos^2\theta} d\theta$,　(39) $\int \frac{\sin^3 x}{2+\cos x} dx$,

(40) $\int \frac{\sqrt{1+\sin x}}{\sin x} dx$,　(41) $\int \frac{1}{2+\cos^2 x} dx$,　(42) $\int \frac{\ln 2x}{x \ln 4x} dx$,

(43) $\int \frac{\ln \text{tg} x}{\sin 2x} dx$,　(44) $\int \frac{\sin 2x}{\sqrt{1+\sin^2 x}} dx$,　(45) $\int \frac{dx}{x \ln x \ln(\ln x)}$,

(46) $\int \text{ch}^2 x \,\text{sh} x dx$,　(47) $\int \frac{\text{sh} x}{\text{ch} x} dx$,　(48) $\int \frac{\sin x}{\cos^2 x} dx$,

(49) $\int \frac{\sin^2 x}{\cos^4 x} dx$.

6. 考察并总结下列各题中不定积分的解题方法：

(1) $\int 2x \sqrt{x^2+5} dx$, $\int \frac{2x-1}{\sqrt{x^2-x+3}} dx$, $\int \frac{\cos x}{\sqrt{1+\sin x}} dx$, $\int \frac{e^{-x}}{\sqrt{4+e^{-x}}} dx$.

(2) $\int \frac{x^n}{1+x^2} dx$, $n=0,1,2,3$.　(3) $\int \cos^n x dx$, $n=1,2,3,4$.

(4) $\int \frac{1}{1+\cos x} dx$, $\int \frac{1}{1-\cos x} dx$, $\int \frac{1}{1+\sin x} dx$, $\int \frac{1}{1-\sin x} dx$.　(5) $\int \sec^n x dx$, $n=1,2,4$.

7. 用指定的变换式求下列各题中的不定积分.

(1) $\int \frac{1}{x^2 \sqrt{x^2+a^2}} dx$.　(i) $x = a\text{tg}t$;　(ii) $x = a\text{sh}t$;　(iii) $x = \frac{1}{t}$.

(2) $\int \frac{1}{x\sqrt{x^2-1}} dx$. $(x>1)$　(i) $x=\sec t$; (ii) $x=\csc t$; (iii) $x=\frac{1}{t}$;　(iv) $x=\text{ch}t$; (v) $\sqrt{x^2-1}=t$.

8. 用换元法求下列各题中的不定积分：

(1) $\int \frac{\sqrt{x}}{1+x} dx$,　(2) $\int \frac{1}{1-\sqrt{2x+1}} dx$,　(3) $\int x\sqrt{x-3} dx$,

(4) $\int \frac{x^3}{(x-1)^7} dx$,　(5) $\int \frac{dx}{4+5\sqrt{x}}$,　(6) $\int \frac{x^2}{\sqrt{2+3x}} dx$,

(7) $\int \sqrt{4-x^2} dx$,　(8) $\int \frac{x^2}{\sqrt{25-4x^2}} dx$,　(9) $\int \frac{1}{\sqrt{1+2x^2}} dx$,

(10) $\int \frac{1}{x\sqrt{1-x^2}} dx$,　(11) $\int \frac{1}{x^2\sqrt{1+x^2}} dx$,　(12) $\int \frac{1}{\sqrt{3x^2-2}} dx$,

(13) $\int \frac{3}{x\sqrt{x^2-9}} dx$,　(14) $\int \frac{\sqrt{x^2-9}}{x} dx$,　(15) $\int \frac{x^2}{(a^2+x^2)^{3/2}} dx$,

(16) $\int \frac{x^3}{\sqrt{a^2-x^2}} dx$,　(17) $\int \frac{e^{2x}}{\sqrt{e^x+1}} dx$,　(18) $\int x^7(3-2x^4)^{2/3} dx$,

(19) $\int \frac{1}{\sqrt{x}(1+\sqrt[3]{x})}dx$,　(20) $\int \frac{x^2}{\sqrt{4-(x-1)^2}}dx$.

9. 用分部积分法求下列各题的不定积分：

(1) $\int x\cos 3x dx$,　(2) $\int x^3 e^{-x^2} dx$,　(3) $\int (\pi - x)\sin \frac{n\pi}{l} x dx$,

(4) $\int (3x^2-2x+1)\ln x dx$,　(5) $\int \frac{\operatorname{arctg}\sqrt{x}}{\sqrt{x}}dx$,　(6) $\int x^2 \arccos x dx$,

(7) $\int (2+x)e^{-2x}dx$,　(8) $\int \ln(2x^2+1)dx$,　(9) $\int \frac{x}{\cos^2 x}dx$,

(10) $\int (5x+2)\cdot 2^x dx$,　(11) $\int \frac{\ln x}{\sqrt[3]{x}}dx$,　(12) $\int x^2 \sin x dx$,

(13) $\int (x^2-2x+2)e^{-x}dx$,　(14) $\int x^3 \ln x dx$,　(15) $\int \operatorname{arctg}\sqrt{3x-1}dx$,

(16) $\int x\cos^2 x dx$,　(17) $\int x^2 \operatorname{arctg} x dx$,　(18) $\int \arcsin^2 x dx$,

(19) $\int e^{ax}\cos bx dx$,　(20) $\int (e^t \sin t)^2 dt$,　(21) $\int \sqrt{x^2+a^2}dx$,

(22) $\int \frac{x^2}{(4+x^2)^2}dx$,　(23) $\int x^2\sqrt{x^2+a^2}dx$.

10. 已知 $f(x)$ 的一个原函数是$\frac{\sin x}{x}$,试求不定积分$\int x^3 f'(x)dx$.

§ 3

11. 证明公式$\int \frac{1}{x^2-a^2}dx = \frac{1}{2a}\ln\left|\frac{x-a}{x+a}\right| + c \quad (a>0)$.

12. 考察下列有理函数不定积分的解题方法,并将其求出：

(1) $\int \frac{1}{x^2+x+1}dx$,　(2) $\int \frac{x+1}{x^2+x+1}dx$,　(3) $\int \frac{x^3}{(x+1)^{100}}dx$,

(4) $\int \frac{x^7}{(x^4+1)^3}dx$,　(5) $\int \frac{1}{x(1+x^{10})}dx$.

13. 求下列各题中有理函数的不定积分：

(1) $\int \frac{2x-3}{x^2-3x-4}dx$,　(2) $\int \frac{1}{x(x-2)}dx$,　(3) $\int \frac{1}{x^2-9}dx$,

(4) $\int \frac{1}{6x^2+x-12}dx$,　(5) $\int \frac{2x+1}{x^2+2x-3}dx$,　(6) $\int \frac{2x^3-5x^2-4x+4}{2x^2+x-1}dx$,

(7) $\int \frac{x}{x^3-1}dx$,　(8) $\int \frac{4x-3}{(x-1)(x^2+2x+5)}dx$,　(9) $\int \frac{x^3+x+2}{x^4+2x^2+1}dx$,

(10) $\int \frac{1}{(x+1)^2(2x+1)}dx$,　(11) $\int \frac{x^2}{1-x^4}dx$,　(12) $\int \frac{1}{x(1+x^2)}dx$,

(13) $\int \frac{1}{(x^2+1)(x^2+3)}dx$,　(14) $\int \frac{x^4+1}{x(x^2+1)^2}dx$,　(15) $\int \frac{x^4}{(1+x^2)^2}dx$,

(16) $\int \frac{1}{x^4-1}dx$,　(17) $\int \frac{1}{x^4+1}dx$,　(18) $\int \frac{x^2+1}{x^4+x^2+1}dx$,

(19) $\int \frac{x-1}{(x^2+2x+3)^2}dx$,　(20) $\int \frac{x^9}{(x^5+3)^4}dx$,　(21) $\int \frac{2}{x(1+x^5)}dx$,

(22) $\int \frac{1}{x(x^8-3)}dx$.

14. 求下列各题中的三角函数有理式的不定积分：

(1) $\int \sin^3 x dx$,　(2) $\int \sin^4 x dx$,　(3) $\int \sin^2 x\cos^3 x dx$,

(4) $\int \frac{1}{\sin^3 x\cos x}dx$,　(5) $\int \sin^2 mx dx$,　(6) $\int \sin^2 x\cos^4 x dx$,

(7) $\int \frac{\sin^3 x}{\cos^2 x+1}dx$,　(8) $\int \frac{\sin^3 x}{\cos x}dx$,　(9) $\int \frac{\sin^2 x}{\cos^3 x}dx$,

(10) $\int \frac{1}{7\cos^2 x+2\sin^2 x}dx$,　(11) $\int \frac{2\sin x+3\cos x}{\sin^2 x\cos x+9\cos^3 x}dx$,　(12) $\int \frac{1-\operatorname{tg} x}{1+\operatorname{tg} x}dx$,

(13) $\int \frac{\cos x}{1+\cos x}dx$，　(14) $\int \frac{1}{\cos x(1-\sin x)}dx$，　(15) $\int \cos\frac{x}{2}\sin\frac{5}{2}x dx$，

(16) $\int \cos 3x\cos 5x dx$，　(17) $\int \frac{1}{(\cos x+\sin x)^2}dx$，　(18) $\int \frac{1+\sin x}{1+\cos x}dx$，

(19) $\int \frac{1}{2\sin x+3}dx$，　(20) $\int \frac{1}{(2+\cos x)\sin x}dx$，　(21) $\int \frac{1}{\sin x+\cos x}dx$，

(22) $\int \frac{1}{1+\cos x+\sin x}dx$，　(23) $\int \frac{1}{3\sin x+4\cos x+5}dx$.

15. 求下列各题中无理函数的不定积分：

(1) $\int \frac{1}{x}\sqrt{\frac{1+x}{x}}dx$，　(2) $\int \sqrt{\frac{a-x}{x-b}}dx$，　(3) $\int \frac{1}{1+\sqrt{x^2+2x+2}}dx$，

(4) $\int \frac{1-x+x^2}{\sqrt{1+x-x^2}}dx$，　(5) $\int \frac{dx}{x\sqrt{3x^2-2x-1}}$.

综合题

16. 已知 e^{-x} 是 $f(x)$ 的一个原函数，求不定积分 $\int xf(x)dx$.

17. 设 $f(x)=e^{-x}$，求不定积分 $\int \frac{f'(\ln x)}{x}dx$.

18. 已知 $\int f(x)dx=\sqrt{x}+C$，求不定积分 $\int x^2f(1-x^3)dx$.

19. 试验证不定积分公式 $\int \frac{1}{\sqrt{x^2\pm a^2}}dx=\ln|x+\sqrt{x^2\pm a^2}|+C$ 成立.

20. 函数 $f(x)$ 在区间 E 上存在原函数，问函数 $f(x)$ 在该区间上是否一定连续？请考察函数

$$F(x)=\begin{cases} x^2\cos\frac{1}{x}, & \text{当 } x\neq 0; \\ 0, & \text{当 } x=0. \end{cases}$$

的导函数，然后对此问题作出回答.

21. 求下列各题中的函数 $f(x)$：

(1) 设 $f'(\ln x)=\frac{1}{x}$，且 $f(0)=1$；　(2) 设 $f'(x^2)=\frac{1}{x}$，且 $f(1)=3$；

(3) 设 $f'(3x+1)=xe^{\frac{x}{2}}$，且 $f(1)=0$；　(4) 设 $f'(\cos x+2)=\sin^2x+\mathrm{tg}^2x$，且 $f(1)=2$；

(5) 设 $f'(e^t-1)=1+e^{2t}$，且 $f(0)=1$.

22. 求下列各题中的不定积分：

(1) $\int \frac{x(x^2+1)}{x^4+1}dx$，　(2) $\int \frac{1}{(x^2+3)(x^2+4)}dx$，

(3) $\int \frac{e^x+2}{e^x-e^{-x}}dx$，　(4) $\int \frac{e^{2x}}{\sqrt[4]{e^x+1}}dx$，

(5) $\int \frac{xe^x}{(1+x)^2}dx$，　(6) $\int \frac{dx}{e^x+e^{-x}+2}$，

(7) $\int \frac{\mathrm{arctg}e^x}{\mathrm{ch}x}dx$，　(8) $\int \frac{\arcsin e^x}{e^x}dx$，$(x<0)$，

(9) $\int e^{\sqrt{x}}dx$，　(10) $\int \frac{1}{e^x+\sqrt{e^x}}dx$，

(11) $\int \frac{1}{\sqrt{2x+3}+\sqrt{2x-1}}dx$，　(12) $\int x\sqrt{x^2-1}dx$，

(13) $\int \frac{1}{x\sqrt{x-1}}dx$，　(14) $\int \frac{\ln x}{x\sqrt{1+\ln x}}dx$，

(15) $\int \frac{\mathrm{arctg}\frac{1}{x}}{1+x^2}dx$，　(16) $\int (\mathrm{tg}x+\mathrm{ctg}x)^2dx$，

(17) $\int \frac{x\cos^4\frac{x}{2}}{\sin^3x}dx$，　(18) $\int \frac{x-\mathrm{arctg}\sqrt{x}}{\sqrt{x}(1+x)}dx$，

(19) $\int \frac{\sin x}{\cos x+\sin x}dx$, (20) $\int \frac{1}{\sin 2x+2\sin x}dx$,

(21) $\int \frac{1+\sin x}{\sin x(1+\cos x)}dx$, (22) $\int \cos^2\sqrt{x}\,dx$,

(23) $\int \frac{1}{\cos^4\theta}d\theta$, (24) $\int \csc^3 x dx$,

(25) $\int \frac{\sin x\cos x}{\sin x+\cos x}dx$, (26) $\int \frac{1}{\cos^4 x+\sin^4 x}dx$,

(27) $\int \frac{1}{2\sin x-\cos x+5}dx$, (28) $\int \frac{1}{(2+\cos x)\sin x}dx$,

(29) $\int \frac{\sin x}{3\cos x+2\sin x}dx$, (30) $\int \frac{\cos x}{3\cos x+2\sin x}dx$,

(31) $\int \frac{dx}{\sin(x+a)\cos(x+b)}$, (32) $\int \frac{x}{1+\cos x}dx$,

(33) $\int \frac{x^3+x^2}{x^2-2x-8}dx$, (34) $\int \frac{1}{x^2-8x+15}dx$,

(35) $\int \frac{x+2}{x^2(x+1)}dx$, (36) $\int \frac{6x^2+7}{(x-1)(x^2+4x+5)}dx$,

(37) $\int \frac{x^2}{(x^2+4)^2}dx$, (38) $\int \frac{1}{x(1+x^n)}dx$,

(39) $\int \frac{x+1}{\sqrt{3+4x-4x^2}}dx$, (40) $\int \frac{x+\sqrt[3]{x^2}+\sqrt[6]{x}}{x(1+\sqrt[3]{x})}dx$,

(41) $\int \frac{dx}{(2x+1)^2\sqrt{4x^2+4x+5}}$, (42) $\int \frac{dx}{\sqrt[3]{(2+x)(2-x)^5}}$,

(43) $\int \frac{1}{\sqrt{(x-a)(b-x)}}dx,(a<b)$, (44) $\int \frac{1}{x}\sqrt{\frac{1+x}{1-x}}dx$,

(45) $\int \frac{x-1}{x^2\sqrt{2x^2-2x+1}}dx$.

23. 已知 $f(x)\equiv f(x+4)$,$f(0)=0$,且在$(-2,2]$上有 $f'(x)=|x|$,试求 $f(9)$.

24. 设 $f(x)=\begin{cases}a^x, & 当\ x\leqslant 0,\\ 1-x, & 当\ x>0\end{cases}$ $(a>0,a\neq 1)$,求不定积分 $\int f(x)dx$.

25. 求不定积分 $\int \max\{1,x^2\}dx$.

26. 试证 $\int |x|dx=\frac{x|x|}{2}+C$, 并计算(1) $\int x|x|dx$; (2) $\int(|1+x|-|1-x|)dx$.

27. 在区间 E 内有第一类间断点的函数,不可能存在原函数. 试以函数

$$f(x)=\begin{cases}1, & 当\ x\geqslant 0;\\ 0, & 当\ x<0\end{cases}$$

为例说明之.

28. 设函数 $y(x)$ 是由方程 $y^2(x-y)=x^2$ 所确定的隐函数,试求不定积分 $\int \frac{dx}{y^2}$.

29. 设函数 $y(x)$ 是由方程 $y(x-y)^2=x$ 所确定的隐函数,试求不定积分 $\int \frac{dx}{x-3y}$.

30. 推导下列递推公式:

(1) 若 $I_n=\int \sin^n x dx$,则 $I_n=\frac{-\sin^{n-1}x\cos x}{n}+\frac{n-1}{n}I_{n-2}\quad(n>2)$;

(2) 若 $K_n=\int \cos^n x dx$,则 $K_n=\frac{\sin x\cos^{n-1}x}{n}+\frac{n-1}{n}K_{n-2}\quad(n>2)$;

(3) 若 $L_n=\int \mathrm{tg}^n x dx$,则 $L_n=\frac{\mathrm{tg}^{n-1}x}{n-1}-L_{n-2}\quad(n>2)$.

并利用上述公式计算不定积分 $\int \sin^6 x dx$; $\int \cos^4 x dx$; $\int \mathrm{tg}^8 x dx$.

第六章　定积分及其应用

定积分是微积分学中的主要概念之一，许多几何、物理中的量要用它来描述与计算，本章先从几个典型问题引入定积分的概念，并讨论其性质、计算方法与应用，然后将其概念加以扩充，引入广义积分的定义，并讨论其收敛性判别法.

§1　定积分的概念

1.1　定积分概念的引入

问题一　曲边梯形的面积.

由曲线 $y=f(x)(f(x)\geqslant 0)$ 与直线 $x=a,x=b$ 及 x 轴所围成的图形称为**曲边梯形**，如图 6-1. 这里 $f(x)$ 为 $[a,b]$ 上的非负连续函数. 现求此曲边梯形的面积 A.

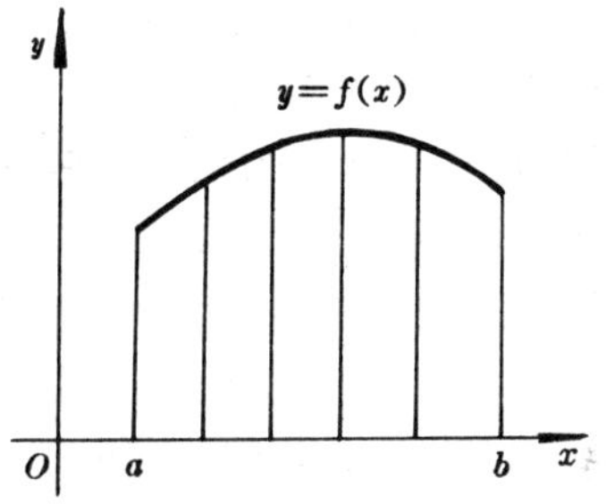

图 6-1

计算的困难在于底 $[a,b]$ 上的高是变数，对于高是常数的矩形面积公式(矩形面积 = 底 × 高) 不能直接使用，我们采用如下处理方法：

第一步　**分割**　在区间 $[a,b]$ 内插入 $n-1$ 个分点

$a=x_0<x_1<x_2<\cdots<x_{i-1}<x_i<\cdots<x_n=b$,

将 $[a,b]$ 分成 n 个子区间 $[x_{i-1},x_i](i=1,2,\cdots,n)$，子区间的长度记为 $\Delta x_i=x_i-x_{i-1}$，过分点作平行于 y 轴的直线，把曲边梯形分割成 n 个小曲边梯形.

第二步　**取近似**　在每一子区间 $[x_{i-1},x_i]$ 上任取一点 ξ_i，用小矩形的面积 $f(\xi_i)\Delta x_i$ 近似小曲边梯形的面积 ΔA_i，即

$$\Delta A_i\approx f(\xi_i)\Delta x_i\quad(i=1,2,\cdots,n).$$

第三步　**作和**　把小矩形面积相加，得到曲边梯形面积 A 的近似值

$$A=\sum_{i=1}^{n}\Delta A_i\approx\sum_{i=1}^{n}f(\xi_i)\Delta x_i.$$

第四步　**求极限**　让小区间长度的最大值 $\max\limits_{1\leqslant i\leqslant n}\{\Delta x_i\}\triangleq\lambda$，趋向于零，那么上述和式的极限自然地可定义为所求曲边梯形的面积，即得

$$A=\lim_{\lambda\to 0}\sum_{i=1}^{n}f(\xi_i)\Delta x_i. \tag{1.1}$$

问题二　直线运动的路程.

设一物体以速度 $v(t)$ 作直线运动，试求从 $t=a$ 时刻到 $t=b$ 时刻，物体运动的路程 S，这里 $v(t)$ 为连续函数.

解　如果是匀速运动，即 $v(t)$ 为常数，则路程等于速度乘时间

$$S=v\times(b-a).$$

如果 $v(t)$ 不是常数，那么这个公式就不能直接使用，这时可以采用类似于曲边梯形面积问题的

分析处理方法，先把时间区间$[a,b]$分割成n个子区间$[t_{i-1},t_i](i=1,2,\cdots,n)$，其长度为$\Delta t_i=t_i-t_{i-1}$；再在每一子区间上任取一点$\xi_i$，以此刻的速度$v(\xi_i)$作等速运动，得到物体在此时间内经过的路程之近似值

$$\Delta S_i \approx v(\xi_i)\Delta t_i,$$

于是总路程S的近似值为

$$S=\sum_{i=1}^{n}\Delta S_i \approx \sum_{i=1}^{n}v(\xi_i)\Delta t_i.$$

当时间区间$[a,b]$分得愈细，路程的近似程度愈好，当最大的子区间长度$\lambda=\max\limits_{1\leqslant i\leqslant n}\{\Delta t_i\}\to 0$时，近似值的极限，就是所求的运动路程，即

$$S=\lim_{\lambda\to 0}\sum_{i=1}^{n}v(\xi_i)\Delta t_i. \tag{1.2}$$

问题三　变力作功.

物体在力$F(x)$的作用下沿数轴x作直线运动，产生位移S，那么力就作了功，如果力是恒力F，则它所作的功就是

$$W=力\times位移=F\times S.$$

这里$F(x)$是个变力，在不同位置力的大小是不一样的，这时上述公式就不能直接使用，如何度量这种变力所作的功呢？

例如：　有一个力把一条弹簧从$x=a$拉到$x=b$(如图6-2)，试求此力克服弹簧恢复力所作的功.

根据虎克定律，弹簧(在弹性限度内)的恢复力为

$$F(x)=k(x-a),$$

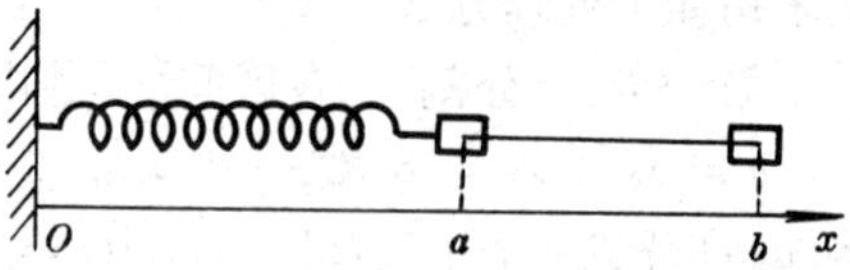

图 6-2

其中k为弹簧的弹性系数，是常数. 恢复力的大小随着拉伸的不同而变化，是个变力. 不能用常力作功的计算公式，但是当位移很微小时，力的变化也很微小，于是将位移区间$[a,b]$分割成n个子区间$[x_{i-1},x_i](i=1,2,\cdots,n)$，在每一子区间上弹簧的恢复力近似地看成常量$F(\xi_i)$，$x_{i-1}\leqslant\xi_i\leqslant x_i$. 因此从$x=x_{i-1}$到$x=x_i$克服弹力所作的功近似为

$$\Delta W_i \approx F(\xi_i)\Delta x_i.$$

将每一小段位移上所作的功相加，就得总功W的近似值，即有

$$W=\sum_{i=1}^{n}\Delta W_i \approx \sum_{i=1}^{n}F(\xi_i)\Delta x_i=\sum_{i=1}^{n}k(\xi_i-a)\Delta x_i,$$

随着位移区间无限分细，上述总功的近似值与精确值就无限接近，于是令最大子区间的长度λ趋向于零，就得克服弹力所作的功，即有

$$W=\lim_{\lambda\to 0}\sum_{i=1}^{n}F(\xi_i)\Delta x_i=\lim_{\lambda\to 0}\sum_{i=1}^{n}k(\xi_i-a)\Delta x_i. \tag{1.3}$$

上述三个问题分属于不同的知识领域，但都是对一个已知函数($f(x)$，$v(t)$或$F(x)$)在一个确定的区间$[a,b]$上求出与之相关的某个可加量的确定之数值(A，S或W)，而且方法完全一样，都归结为计算一个特殊的和式之极限$\lim\limits_{\lambda\to 0}\sum\limits_{i=1}^{n}f(\xi_i)\Delta x_i$，因此讨论这类极限的一般方法，具有实际的意义.

1.2 定积分的定义

定义 设 $f(x)$ 是定义在闭区间 $[a,b]$ 上的有界函数，在 $[a,b]$ 中任意插入 $n-1$ 个分点

$$a=x_0<x_1<x_2<\cdots<x_{i-1}<x_i<\cdots<x_n=b,$$

将 $[a,b]$ 分成 n 个子区间 $[x_{i-1},x_i]$ $(i=1,2,\cdots,n)$，其长度记为 $\Delta x_i=x_i-x_{i-1}$，在每个子区间上任取一点 ξ_i，作和式

$$\sum_{i=1}^{n} f(\xi_i)\Delta x_i, \tag{1.4}$$

称此和式为**积分和**或**黎曼**(Riemann)**和**.

如果当子区间的最大长度 $\lambda=\max\limits_{1\leqslant i\leqslant n}\{\Delta x_i\}\to 0$ 时，积分和的极限存在，且与区间 $[a,b]$ 的分法及点 ξ_i 的取法无关，则称**函数 $f(x)$ 在区间 $[a,b]$ 上是可积的**，并称此极限值为**函数 $f(x)$ 在区间 $[a,b]$ 上的定积分**或**黎曼积分**，记作 $\int_a^b f(x)dx$，即

$$\int_a^b f(x)dx=\lim_{\lambda\to 0}\sum_{i=1}^{n} f(\xi_i)\Delta x_i. \tag{1.5}$$

其中符号 $\int$ 称为**积分号**，是拉丁字母 S 的变形；$f(x)dx$ 称为**被积表达式**；$f(x)$ 称为**被积函数**；x 称为**积分变量**；a 与 b 分别称为**积分下限**与**上限**；$[a,b]$ 称为**积分区间**.

根据这个定义，前面讨论的曲边梯形的面积就是表示曲边的函数 $y=f(x)$ 在底边所在区间 $[a,b]$ 上的定积分：

$$A=\int_a^b f(x)dx;$$

直线运动的路程就是速度函数 $v=v(t)$ 在时间区间 $[a,b]$ 上的定积分：

$$S=\int_a^b v(t)dt;$$

变力所作的功，就是变力 $F=F(x)$ 在位移区间 $[a,b]$ 上的定积分：

$$W=\int_a^b F(x)dx.$$

从定积分的定义可以看出，定积分的值(即和式的极限)只依赖于被积函数 f 与积分区间 $[a,b]$，而与积分变量的记号无关，即有

$$\int_a^b f(x)dx=\int_a^b f(t)dt=\int_a^b f(u)du=\cdots.$$

在定义中，积分的下限小于上限，即 $a<b$，因而有 $\Delta x_i=x_i-x_{i-1}>0$，这样的限制对于定积分的应用不是很方便的，比如当物体在力 $F(x)$ 的作用下，从点 $x=b$ 移动到 $x=a$ 时的情形，此时把区间 $[a,b]$ 分成 n 个子区间，插入分点的编号应从 b 端开始.

$$a=x_n<x_{n-1}<\cdots<x_j<x_{j-1}<\cdots<x_1<x_0=b.$$

这样，$\Delta x_j=x_j-x_{j-1}<0$，从而

$$\sum_{j=1}^{n} F(\xi_j)\Delta x_j=-\sum_{i=1}^{n} F(\xi_i)\Delta x_i,$$

如果从 a 移动到 b 是作正功的话，那么从 b 移动到 a 是作负功. 因此我们规定

$$\int_a^b f(x)dx=-\int_b^a f(x)dx.$$

特别，当 $a=b$ 时 $\quad \int_a^a f(x)=0.$

定积分有明显的**几何意义**，由引入问题一知，当在$[a,b]$上$f(x)\geqslant 0$时，定积分$\int_a^b f(x)dx$在几何上表示以$y=f(x)$为曲边的曲边梯形的面积(如图 6-3(a)).

如果在$[a,b]$上$f(x)\leqslant 0$，这时定积分$\int_a^b f(x)dx$在几何上表示以$y=f(x)$为曲边的曲边梯形面积的负值，不妨称为**负面积**(如图 6-3(b)).

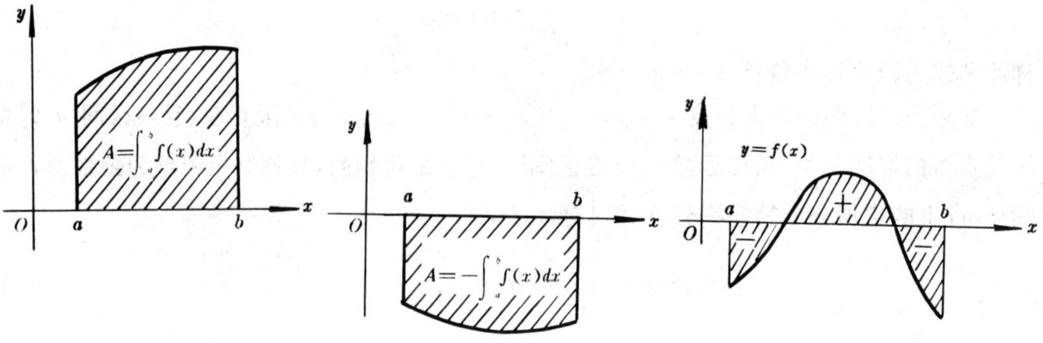

(a)　　　　(b)　　　　(c)

图 6-3

如果在$[a,b]$上$f(x)$的值时正时负，这时定积分$\int_a^b f(x)dx$在几何上可以看成以$y=f(x)$为曲边的曲边梯形正负面积的代数和(如图 6-3(c)).

1.3　定积分存在的条件

定积分定义中的和式极限存在，其涵义是：对于区间$[a,b]$上的任意分法，点ξ_i的任意取法，只要$\lambda=\max\limits_{1\leqslant i\leqslant n}\{\Delta x_i\}\to 0$，和式$\sum\limits_{i=1}^{n}f(\xi_i)\Delta x_i$都趋于同一数值$I$，用$\varepsilon-\delta$的语言可精确表述为：

$\forall\ \varepsilon>0,\exists\ \delta>0$，不论区间$[a,b]$怎样分法与点$\xi_i\in[x_{i-1},x_i]$的怎样取法，只要子区间的最大长度$\lambda<\delta$，就有不等式

$$\left|\sum_{i=1}^{n}f(\xi_i)\Delta x_i-I\right|<\varepsilon \tag{1.6}$$

成立.

积分和式的极限问题，比起以往见过的数列或函数的极限问题要复杂得多，究竟具有怎样性质的函数，这种极限才存在(即$f(x)$可积)呢?

在上述定积分定义中我们假定$f(x)$在$[a,b]$上是有界的. 因为如果$f(x)$在$[a,b]$上无界，那么不论什么分法，总有一个子区间$[x_{i-1},x_i]$函数$f(x)$是无界的，亦即不管多么大的正数K，总可找到一点$\xi_i\in[x_{i-1},x_i]$，使得$|f(\xi_i)|>K$，因而$\sum\limits_{i=1}^{n}f(\xi_i)\Delta x_i$无界，和式极限不存在，$f(x)$在$[a,b]$上不可积.

但函数$f(x)$在$[a,b]$上有界，未必可积，例如狄里克利(Dirichlet)函数

$$D(x)=\begin{cases}1, & \text{当 } x \text{ 是有理数；}\\ 0, & \text{当 } x \text{ 是无理数，}\end{cases}$$

在任何区间$[a,b]$上有$|D(x)|\leqslant 1$，但不可积，因为当ξ_i取有理数时

$$\sum_{i=1}^{n}D(\xi_i)\Delta x_i=\sum_{i=1}^{n}1\cdot\Delta x_i=b-a.$$

当 ξ_i 取无理数时

$$\sum_{i=1}^{n} D(\xi_i)\Delta x_i = \sum_{i=1}^{n} 0 \cdot \Delta x_i = 0.$$

可见和式的极限 $\lim\limits_{\lambda\to 0}\sum\limits_{i=1}^{n} D(\xi_i)\Delta x_i$ 不存在. 因此,狄里克利函数在任何区间上不可积.

综上讨论得到如下定理.

定理一(可积的必要条件)　函数 $f(x)$ 在 $[a,b]$ 上可积,则 $f(x)$ 必须有界.

什么样的有界函数才可积呢?有如下一些充分条件:

定理二　在区间 $[a,b]$ 上连续的函数 $f(x)$,在该区间上一定可积.

定理三　在区间 $[a,b]$ 上只有有限个间断点的有界函数,在该区间上一定可积.

定理四　在区间 $[a,b]$ 上单调的函数,在该区间上一定可积.

这里只证明最常用的定理二,其余从略.

* **证**　取一组分点

$$a = x_0 < x_1 < x_2 < \cdots < x_{i-1} < x_i < \cdots < x_n = b,$$

将区间 $[a,b]$ 分成 n 个子区间 $[x_{i-1},x_i]$ $(i = 1,2,\cdots,n)$,这称为**区间 $[a,b]$ 的一个分法** T,由闭区间上连续函数的最值定理,函数 $f(x)$ 在 $[x_{i-1},x_i]$ 上存在最大值 M_i 与最小值 m_i,则有

$$\sum_{i=1}^{n} m_i\Delta x_i \leqslant \sum_{i=1}^{n} f(\xi_i)\Delta x_i \leqslant \sum_{i=1}^{n} M_i\Delta x_i,\quad \xi_i \in [x_{i-1},x_i].$$

记 $s(T) = \sum\limits_{i=1}^{n} m_i\Delta x_i$, $S(T) = \sum\limits_{i=1}^{n} M_i\Delta x_i$ 分别称为函数 $f(x)$ 在区间 $[a,b]$ 上对应于分法 T 的**小和**与**大和**,于是

$$s(T) \leqslant \sum_{i=1}^{n} f(\xi_i)\Delta x_i \leqslant S(T). \tag{1.7}$$

大和与小和有如下性质:

(1) **加密分点,大和不增,小和不减.** 不妨设只在一个子区间 $[x_{i-1},x_i]$ 内增加一个分点 $\bar{x}_i$,得到一个新的分法 $\overline{T}$,把子区间 $[x_{i-1},x_i]$ 分成两个区间

$$[x_{i-1},\bar{x}_i] \text{ 与 } [\bar{x}_i,x_i],$$

记 $\Delta x'_i = \bar{x}_i - x_{i-1}$, $\Delta x''_i = x_i - \bar{x}_i$. $f(x)$ 在这两个区间上的最大值与最小值分别记为 M'_i, M''_i 与 m'_i, m''_i. 显然有

$$m_i \leqslant \min(m'_i, m''_i),\quad M_i \geqslant \max(M'_i, M''_i).$$

于是

$$m_i\Delta x_i = m_i(\Delta x'_i + \Delta x''_i) \leqslant m'_i\Delta x'_i + m''_i\Delta x''_i;$$

$$M_i\Delta x_i = M_i(\Delta x'_i + \Delta x''_i) \geqslant M'_i\Delta x_i + M''_i\Delta x''_i,$$

故有

$$s(T) \leqslant s(\overline{T}),\quad S(T) \geqslant S(\overline{T}).$$

(2) **任何一个分法的大和,不会小于任何一个分法的小和.** 设 T, T' 为区间 $[a,b]$ 的任意两个分法,把它们的分点放在一起,构成一个新的分法 $\overline{T}$,它都是 T 与 T' 的加密,于是由性质(1)得

$$s(T) \leqslant s(\overline{T}) \leqslant S(\overline{T}) \leqslant S(T'),$$

故有

$$s(T) \leqslant S(T').$$

由此推知,所有小和的集合 $\{s(T)\}$ 有上界,从而存在上确界,记 $s = \sup\{s(T)\}$;所有大和的集合 $\{S(T)\}$ 有下界,从而存在下确界,记 $S = \inf\{S(T)\}$.

(3) **若函数 $f(x)$ 在区间 $[a,b]$ 上连续,则必定** $s = S$. 这是由于

$$s(T) \leqslant s \leqslant S \leqslant S(T),$$

得

$$|S-s| \leqslant |S(T)-s(T)| = |\sum_{i=1}^{n}(M_i - m_i)\Delta x_i|$$

$$= |\sum_{i=1}^{n}[f(p_i)-f(q_i)]\Delta x_i| \leqslant \sum_{i=1}^{n}|f(p_i)-f(q_i)|\Delta x_i.$$

其中 p_i, q_i 为 $f(x)$ 在$[x_{i-1}, x_i]$上的最大值点与最小值点.

又因 $f(x)$ 在$[a,b]$上连续,从而一致连续,故对 $\forall\ \varepsilon > 0$,总存在与 x 无关的正数 $\delta(\varepsilon) > 0$,使当

$$|p_i - q_i| \leqslant |x_i - x_{i-1}| = |\Delta x_i| < \delta$$

时,有

$$|f(p_i) - f(q_i)| < \frac{\varepsilon}{b-a},$$

代入前式,得

$$|S-s| \leqslant \sum_{i=1}^{n}|f(p_i)-f(q_i)|\Delta x_i < \sum_{i=1}^{n}\frac{\varepsilon}{b-a}\Delta x_i = \frac{\varepsilon}{b-a}\sum_{i=1}^{n}\Delta x_i = \varepsilon.$$

所以,若 $f(x)$ 在$[a,b]$上连续时,必定 $S = s \triangleq I$.

有了大和与小和的上述性质,当 $f(x)$ 在$[a,b]$上连续时,对于任意的分法 T,就有

$$s(T) \leqslant I \leqslant S(T).$$

又因

$$s(T) \leqslant \sum_{i=1}^{n} f(\xi_i)\Delta x_i \leqslant S(T),$$

从而得证,$\forall\ \varepsilon > 0, \exists\ \delta(\varepsilon) > 0$,不论什么分法 T,只要当 $\lambda < \delta$ 时,不等式

$$|\sum_{i=l}^{n} f(\xi_i)\Delta x_i - I| \leqslant |S(T) - s(T)| < \varepsilon$$

对于任意选取的 ξ_i 均成立,按定义 $\lim\limits_{\lambda \to 0}\sum_{i=1}^{n} f(\xi_i)\Delta x_i = I$,即函数 $f(x)$ 在$[a,b]$上可积. 证毕

例 1 用定义证明 $\int_a^b A dx = A(b-a)$.

证 这里被积函数 $f(x) = A$,将区间$[a,b]$任意分成 n 个子区间$[x_{i-1}, x_i]$$(i = 1,2,\cdots,n)$,记子区间的长度为 $\Delta x_i = x_i - x_{i-1}$,作黎曼和

$$\sum_{i=1}^{n} f(\xi_i)\Delta x_i = \sum_{i=1}^{n} A\Delta x_i = A\sum_{i=1}^{n}\Delta x_i = A(b-a),$$

令 $\lambda = \max\limits_{1 \leqslant i \leqslant n}\{\Delta x_i\} \to 0$,取极限

$$\lim_{\lambda \to 0}\sum_{i=1}^{n} f(\xi_i)\Delta x_i = \lim_{\lambda \to 0} A(b-a) = A(b-a),$$

依定积分定义,得证

$$\int_a^b A dx = A(b-a).$$

证毕

其实,从定积分的几何意义知,定积分 $\int_a^b A dx$ 表示以 $f(x) = A$ 为高,以$[a,b]$为底边的矩形面积,当 $A > 0$ 时如图 6-4 所示,结论是显而易见的.

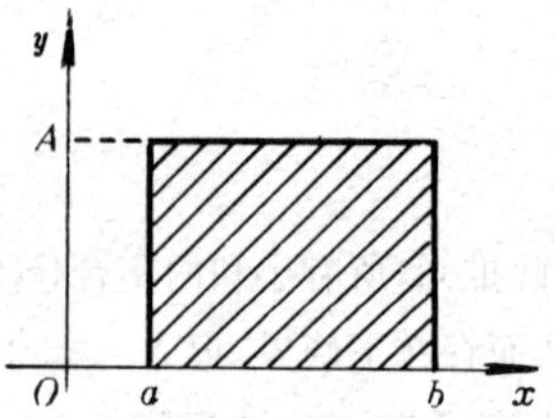

图 6-4

例 2 用定义计算 $\int_a^b \frac{1}{x^2} dx \quad (0 < a < b)$.

解 这里被积函数 $f(x) = \frac{1}{x^2}$,在$[a,b]$上连续,因而是可积的,于是可以采用等分区间$[a,b]$

$$a = x_0 < x_1 < x_2 < \cdots < x_{i-1} < x_i < \cdots < x_n = b.$$

这里分点坐标为 $x_i=a+\frac{b-a}{n}i,(i=0,1,2,\cdots,n)$，并取 $\xi_i=\sqrt{x_{i-1}\cdot x_i}\in[x_{i-1},x_i]$，作黎曼和

$$\sum_{i=1}^{n}f(\xi_i)\Delta x_i=\sum_{i=1}^{n}\frac{1}{(\sqrt{x_{i-1}x_i})^2}(x_i-x_{i-1})=\sum_{i=1}^{n}(\frac{1}{x_{i-1}}-\frac{1}{x_i})=\frac{1}{a}-\frac{1}{b},$$

让 $n\to\infty$（因为这里是等分区间），取极限

$$\lim_{n\to\infty}\sum_{i=1}^{n}f(\xi_i)\Delta x_i=\lim_{n\to\infty}(\frac{1}{a}-\frac{1}{b})=\frac{1}{a}-\frac{1}{b},$$

所以

$$\int_a^b\frac{1}{x^2}dx=\frac{1}{a}-\frac{1}{b}.$$

§2 定积分的性质

由于黎曼和结构的复杂性，按和式极限来计算定积分，一般来说是十分困难的，必须寻求简便有效的计算方法，为此需要了解定积分的性质，这里假设函数在所讨论的区间上都是可积的.

性质 1° $\int_a^b kf(x)dx=k\int_a^b f(x)dx.$

就是说，**常数因子可以提到积分符号外边来**.

性质 2° $\int_a^b[f(x)\pm g(x)]dx=\int_a^b f(x)dx\pm\int_a^b g(x)dx.$

就是说，**和（或差）的积分等于各自积分的和（或差）**. 简言之，**分项可积**.

以上两个性质，请读者应用定积分定义及极限运算法则，自行证明.

性质 3° 对于任意的三个实数 a,b,c 有

$$\int_a^b f(x)dx=\int_a^c f(x)dx+\int_c^b f(x)dx.$$

就是说，**定积分可以分段进行**，简言之，**分段可积**.

证 先设 $a<c<b$，因 $f(x)$ 在 $[a,b]$ 上可积，定积分的值与区间 $[a,b]$ 的分法无关，因此可设 c 为一固定分点，把黎曼和式相应地分成在 $[a,c]$ 和 $[c,b]$ 上两部分.

$$\sum_{[a,b]}f(\xi_i)\Delta x_i=\sum_{[a,c]}f(\xi_i)\Delta x_i+\sum_{[c,b]}f(\xi_i)\Delta x_i,$$

故 $\int_a^b f(x)dx=\lim_{\lambda\to 0}\sum_{[a,b]}f(\xi_i)\Delta x_i=\lim_{\lambda\to 0}\sum_{[a,c]}f(\xi_i)\Delta x_i+\lim_{\lambda\to 0}\sum_{[c,b]}f(\xi_i)\Delta x_i=\int_a^c f(x)dx+\int_c^b f(x)dx.$

对于 $a<b<c$ 的情形，按上述结果有

$$\int_a^c f(x)dx=\int_a^b f(x)dx+\int_b^c f(x)dx,$$

移项得

$$\int_a^b f(x)dx=\int_a^c f(x)dx-\int_b^c f(x)dx=\int_a^c f(x)dx+\int_c^b f(x)dx.$$

可见性质 3° 也成立. 对于 $c<a<b$ 的情形，同样可证.

性质 4° 若函数 $f(x)\geqslant 0$，且 $a<b$，则有 $\int_a^b f(x)dx\geqslant 0.$

证 由 $f(x)\geqslant 0$ 及 $\Delta x_i=x_i-x_{i-1}>0$，得 $\sum_{i=1}^{n}f(\xi_i)\Delta x_i\geqslant 0$，因此根据极限的保号性必有

$$\lim_{\lambda\to 0}\sum_{i=1}^{n}f(\xi_i)\Delta x_i\geqslant 0,$$

从而得证

$$\int_a^b f(x)dx = \lim_{\lambda\to 0}\sum_{i=1}^n f(\xi_i)\Delta x_i \geqslant 0.$$ 证毕

性质 5° 若函数 $f(x) \geqslant g(x)$，且 $a < b$，则必有

$$\int_a^b f(x)dx \geqslant \int_a^b g(x)dx \quad (a < b).$$

这里只要设 $F(x) = f(x) - g(x)$，应用性质 4° 便可得证.

性质 6° $\left|\int_a^b f(x)dx\right| \leqslant \int_a^b |f(x)|dx \quad (a < b).$

证 因为

$$-|f(x)| \leqslant f(x) \leqslant |f(x)|,$$

由性质 5° 有

$$-\int_a^b |f(x)|dx \leqslant \int_a^b f(x)dx \leqslant \int_a^b |f(x)|dx,$$

故得证

$$\left|\int_a^b f(x)dx\right| \leqslant \int_a^b |f(x)|dx.$$ 证毕

性质 7° **（积分中值定理）** 若 $f(x)$ 在 $[a,b]$ 上连续，则在 $[a,b]$ 上至少存在一点 ξ，使得

$$\int_a^b f(x)dx = f(\xi)(b-a) \quad (a \leqslant \xi \leqslant b).$$

证 由闭区间上连续函数的最值定理，$f(x)$ 在 $[a,b]$ 上存在最大值 M 与最小值 m，于是有

$$m \leqslant f(x) \leqslant M \quad (a \leqslant x \leqslant b).$$

由性质 5°，得

$$\int_a^b m dx \leqslant \int_a^b f(x)dx \leqslant \int_a^b M dx,$$

即 $$m(b-a) \leqslant \int_a^b f(x)dx \leqslant M(b-a),$$

或 $$m \leqslant \frac{1}{b-a}\int_a^b f(x)dx \leqslant M.$$

可见数 $\mu = \frac{1}{b-a}\int_a^b f(x)dx$ 介于 $f(x)$ 在 $[a,b]$ 上的最大值与最小值之间，再由连续函数的介值定理，在区间 $[a,b]$ 上至少存在一点 ξ，使得 $f(\xi) = \mu$，即

$$f(\xi) = \frac{1}{b-a}\int_a^b f(x)dx,$$

或 $$\int_a^b f(x)dx = f(\xi)(b-a) \quad (a \leqslant \xi \leqslant b).$$ 证毕

积分中值定理，在几何上表示了这样一个简单的事实：以连续曲线 $y = f(x)$ $(a \leqslant x \leqslant b, f(x) \geqslant 0)$ 为曲边的曲边梯形的面积等于以 $f(\xi)$ 为高，$(b-a)$ 为底的矩形面积（图 6-5）

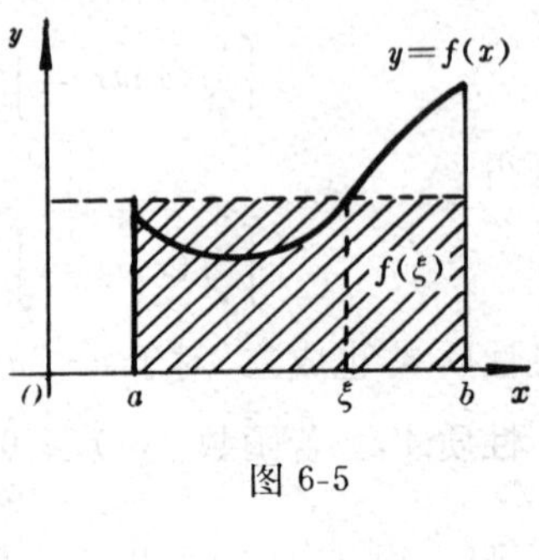

图 6-5

例 1 证明 $\frac{1}{e} \leqslant \int_0^1 e^{-x^2}dx \leqslant 1.$

证 这里被积函数 $f(x) = e^{-x^2}$ 在 $0 \leqslant x \leqslant 1$ 上有 $e^{-1} \leqslant e^{-x^2} \leqslant 1$. 由性质 5°，得

$$\int_0^1 e^{-1}dx \leqslant \int_0^1 e^{-x^2}dx \leqslant \int_0^1 1dx,$$

即 $$e^{-1} \leqslant \int_0^1 e^{-x^2} dx \leqslant 1.$$ 证毕

例 2 证明 $\lim\limits_{n \to \infty} \int_0^{2\pi} \frac{\sin nx}{x^2 + n^2} dx = 0.$

证 $$0 \leqslant \left| \int_0^{2\pi} \frac{\sin nx}{x^2 + n^2} dx \right| \leqslant \int_0^{2\pi} \left| \frac{\sin nx}{x^2 + n^2} \right| dx \leqslant \int_0^{2\pi} \frac{1}{x^2 + n^2} dx$$
$$\leqslant \int_0^{2\pi} \frac{1}{n^2} dx = \frac{2\pi}{n^2} \to 0 \quad (n \to \infty).$$

由夹逼性,得证 $$\lim_{n \to \infty} \int_0^{2\pi} \frac{\sin nx}{x^2 + n^2} dx = 0.$$ 证毕

例 3 设函数 $f(x)$ 在$[0,1]$上连续,在$(0,1)$内可导,且满足 $3\int_{\frac{2}{3}}^1 f(x)dx = f(0)$,试证明在$[0,1]$内存在一点 ξ,使得 $f'(\xi) = 0$.

证 因 $f(x)$ 在$[0,1]$上连续,积分中值定理的条件满足,于是有
$$\int_{\frac{2}{3}}^1 f(x)dx = f(c)(1 - \frac{2}{3}) = \frac{1}{3}f(c), \quad \frac{2}{3} \leqslant c \leqslant 1.$$

或 $$f(c) = 3\int_{\frac{2}{3}}^1 f(x)dx,$$

可见 $f(0) = f(c)$. 因此 $f(x)$ 在区间$[0,c]$上满足罗尔定理的条件,于是在区间$(0,c)$内,也是在$[0,1]$内至少有一点 ξ,使得 $f'(\xi) = 0$. 证毕

§3 微积分学基本定理 牛顿 - 莱布尼兹公式

定积分的值取决于被积函数$f(x)$与积分区间$[a,b]$,如果函数$f(x)$在区间$[a,b]$上可积. 那么,$\forall x \in [a,b]$,**变上限的定积分**
$$\int_a^x f(x)dx \tag{3.1}$$
都有唯一确定的值与之对应. 当 x 在$[a,b]$上变化时,因而(3.1)式是上限 x 的函数,记作
$$F(x) = \int_a^x f(x)dx.$$

这里出现了积分变量与积分上限用同一个字母 x 表示,必须注意两者的意义是不同的. 因为定积分的值与积分变量的记号无关,为避免混淆,可把积分变量改用别的字母表示,如
$$F(x) = \int_a^x f(t)dt.$$

在几何上看,(3.1)式表示一个右端为活动边界的曲边梯形的面积(图 6-6).

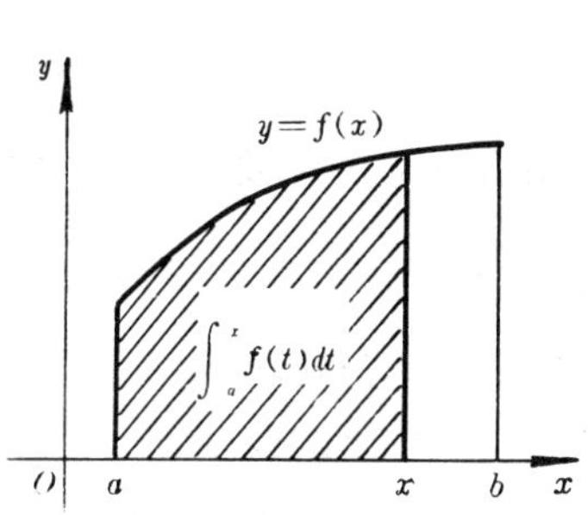

图 6-6

下面考察变上限积分所表示的函数的性质.

定理一(变上限积分的求导定理) 设函数 $f(x)$ 在区间$[a,b]$上连续,则变上限积分 $F(x) = \int_a^x f(t)dt$ 在$[a,b]$上任一点 x 处可导,且导数就是被积函数在该处的值,即
$$\frac{d}{dx}F(x) = \frac{d}{dx}\int_a^x f(t)dt = f(x). \tag{3.2}$$

证 $\forall x \in [a,b]$,给增量 Δx,使 $x + \Delta x \in [a,b]$,由导数定义与积分中值定理

$$F'(x) = \lim_{\Delta x \to 0} \frac{F(x+\Delta x) - F(x)}{\Delta x} = \lim_{\Delta x \to 0} \frac{\int_a^{x+\Delta x} f(t)dt - \int_a^x f(t)dt}{\Delta x}$$

$$= \lim_{\Delta x \to 0} \frac{\int_a^x f(t)dt + \int_x^{x+\Delta x} f(t)dt - \int_a^x f(t)dt}{\Delta x}$$

$$= \lim_{\Delta x \to 0} \frac{\int_x^{x+\Delta x} f(t)dt}{\Delta x} = \lim_{\Delta x \to 0} \frac{f(\xi)\Delta x}{\Delta x} = \lim_{\Delta x \to 0} f(\xi).$$

因 ξ 介于 x 与 $x+\Delta x$ 之间，当 $\Delta x \to 0$ 时 $\xi \to x$，又因 $f(x)$ 连续，故有

$$\lim_{\Delta x \to 0} f(\xi) = \lim_{\xi \to x} f(\xi) = f(x),$$

从而得证

$$F'(x) = \frac{d}{dx}\int_a^x f(t)dt = f(x).$$

证毕

这个定理揭示了微分与积分两者之间的联系，对于任何一个连续函数 $f(x)$，都有一个可以直接从定积分得到的原函数：$F(x) = \int_a^x f(t)dt$. 这样就给出了原函数存在的一个充分条件.

推论（原函数的存在性）　若函数 $f(x)$ 在区间 E 上连续，则在该区间上必定存在原函数.

由此，对于闭区间 $[a,b]$ 上连续的函数 $f(x)$ 的任何一个原函数 $F(x)$，总可以表示成

$$F(x) = \int_a^x f(t)dt + C_0.$$

其中 C_0 为某个常数，比较 $F(x)$ 在 $x=a$ 与 $x=b$ 处的函数值

$$F(a) = \int_a^a f(t)dt + C_0 = C_0,$$

$$F(b) = \int_a^b f(t)dt + C_0,$$

两式相减，得到

$$\int_a^b f(t)dt = F(b) - F(a).$$

这表明，连续函数的定积分之值等于它的任意一个原函数在积分区间上的改变量，这样定积分的计算问题就转化成求原函数问题，使得在闭区间 $[a,b]$ 上连续函数的定积分的计算难题，在理论上有了根本性的突破.

定理二（牛顿—莱布尼兹定理）　若函数 $f(x)$ 在区间 $[a,b]$ 上连续，且已知 $F(x)$ 是它的一个原函数，则有

$$\int_a^b f(x)dx = F(b) - F(a), \tag{3.3}$$

这就是著名的**牛顿—莱布尼兹**（$N-L$）**公式**，常简记为

$$\int_a^b f(x)dx = F(x)\Big|_a^b.$$

$N-L$ 公式表明，在被积函数连续的条件下，定积分的值等于任意一个原函数 $F(x)$ 在积分区间 $[a,b]$ 上的改变量 $F(b)-F(a)$，这要比直接用定义去作黎曼和、取极限来计算定积分，显然要容易得多，比如 §1.3 例 2，因 $\left(-\frac{1}{x}\right)' = \frac{1}{x^2}$，所以

$$\int_a^b \frac{1}{x^2}dx = -\frac{1}{x}\Big|_a^b = \frac{1}{a} - \frac{1}{b} \quad (0 < a < b).$$

与前面的解法相比，足见 $N-L$ 公式有明显的便利之处.

$N-L$ 公式是定理一的直接推论，可见定理一把微分与积分从概念上和计算方法上同时联系起来，成为微积分学形成的理论基础，鉴于定理一对于微积分学的重要性，通常称它为**微积分学基本定理**.

例 1 已知 $F(x)=\int_0^x \sin t^2 dt$， 求$\frac{d}{dx}F(x)$.

解 因 $\sin t^2$ 是连续函数，于是由定理一，得

$$\frac{d}{dx}F(x)=\frac{d}{dx}\int_0^x \sin t^2 dt=\sin x^2.$$

例 2 若 $u(x),v(x)$ 在$[a,b]$上可导，且当 $a\leqslant x\leqslant b$ 时有 $A\leqslant u(x)\leqslant B, A\leqslant v(x)\leqslant B$，而 $f(t)$ 在$[A,B]$上连续，则

$$F(x)=\int_{v(x)}^{u(x)} f(t)dt,\quad a\leqslant x\leqslant b$$

在$[a,b]$上可导，且有

$$\frac{d}{dx}\int_{v(x)}^{u(x)} f(t)dt=f[u(x)]u'(x)-f[v(x)]v'(x). \tag{3.4}$$

证 因为

$$\int_{v(x)}^{u(x)} f(t)dt=\int_A^{u(x)} f(t)dt-\int_A^{v(x)} f(t)dt,$$

右边两个积分分别是 u 与 v 的函数，而 $u(x),v(x)$ 又都是 x 的函数，按复合函数求导法则，得

$$\frac{d}{dx}\int_{v(x)}^{u(x)} f(t)dt=\frac{d}{du}\int_A^u f(t)dt\cdot\frac{du}{dx}-\frac{d}{dv}\int_A^v f(t)dt\cdot\frac{dv}{dx}$$
$$=f[u(x)]\cdot u'(x)-f[v(x)]\cdot v'(x),$$

所以公式(3.4)成立. 证毕

例如：$$\frac{d}{dx}\int_{\sin x}^{\cos x}\cos\pi t^3 dt=\cos(\pi\cos^3x)(\cos x)'-\cos(\pi\sin^3x)\cdot(\sin x)'$$
$$=-\cos(\pi\cos^3x)\sin x-\cos(\pi\sin^3x)\cos x.$$

例 3 求极限 $\lim\limits_{x\to 0}\frac{\int_0^x(\mathrm{arctg}t)^2dt}{(1-\cos x)x}$.

解 注意到 $x\to 0$ 时$\int_0^x(\mathrm{arctg}t)^2dt\to 0$，这是$\frac{0}{0}$型未定式，可用洛比达法则，因当 $x\to 0$ 时 $1-\cos x\sim\frac{x^2}{2}$，$\mathrm{arctg}x\sim x$ 于是有

$$\lim_{x\to 0}\frac{\int_0^x(\mathrm{arctg}t)^2dt}{(1-\cos x)x}=\lim_{x\to 0}\frac{\int_0^x(\mathrm{arctg}t)^2dt}{\frac{1}{2}x^2\cdot x}=\lim_{x\to 0}\frac{(\mathrm{arctg}x)^2}{\frac{3}{2}x^2}=\frac{2}{3}.$$

例 4 求$\int_0^2\frac{1}{4+x^2}dx$.

解 $$\int_0^2\frac{1}{4+x^2}dx=\frac{1}{2}\mathrm{arctg}\frac{x}{2}\Big|_0^2=\frac{1}{2}(\mathrm{arctg}1-\mathrm{arctg}0)=\frac{\pi}{8}.$$

例 5 求$\int_{-1}^2|x^2-1|dx$.

解 由于

$$|x^2-1|=\begin{cases}1-x^2, & \text{当 } |x|\leqslant 1;\\ x^2-1, & \text{当 } |x|>1,\end{cases}$$

应用性质 3°，得

$$\int_{-1}^{2}|x^2-1|dx=\int_{-1}^{1}|x^2-1|dx+\int_{1}^{2}|x^2-1|dx$$
$$=\int_{-1}^{1}(1-x^2)dx+\int_{1}^{2}(x^2-1)dx=(x-\frac{x^3}{3})\Big|_{-1}^{1}+(\frac{x^3}{3}-x)\Big|_{1}^{2}=\frac{8}{3}.$$

例 6 将数列的极限 $\lim\limits_{n\to\infty}(\frac{1}{n+1}+\frac{1}{n+2}+\cdots+\frac{1}{n+n})$ 用定积分表示，并计算之.

解 先把数列改写成黎曼和的形式

$$\frac{1}{n+1}+\frac{1}{n+2}+\cdots+\frac{1}{n+n}=\sum_{i=1}^{n}\frac{1}{1+\frac{i}{n}}\cdot\frac{1}{n}. \tag{3.5}$$

再考察函数 $f(x)=\frac{1}{1+x}$，它在区间$[0,1]$上连续，故必可积，于是可将$[0,1]$ n 等分，并取子区间$[\frac{i-1}{n},\frac{i}{n}]$的右端点为$\xi_i=\frac{i}{n}$，这样(3.5)式就是函数$f(x)=\frac{1}{1+x}$在区间$[0,1]$上的黎曼和，从而有

$$\lim_{n\to\infty}(\frac{1}{n+1}+\frac{1}{n+2}+\cdots+\frac{1}{n+n})=\lim_{n\to\infty}\sum_{i=1}^{n}\frac{1}{1+\frac{i}{n}}\cdot\frac{1}{n}$$
$$=\lim_{n\to\infty}\sum_{i=1}^{n}f(\xi_i)\Delta x_i=\int_0^1\frac{1}{1+x}dx,$$

又因 $(\ln(1+x))'=\frac{1}{1+x}$，依 $N-L$ 公式得

$$\int_0^1\frac{1}{1+x}dx=\ln(1+x)\Big|_0^1=\ln 2,$$

所以 $\lim\limits_{n\to\infty}(\frac{1}{n+1}+\frac{1}{n+2}+\cdots+\frac{1}{n+n})=\int_0^1\frac{1}{1+x}dx=\ln 2.$

§4 定积分的计算法

有了 $N-L$ 公式，连续函数的定积分计算便转化为求被积函数的原函数问题，而上一章的不定积分已经讨论了原函数的求法. 本节讨论定积分的换元法与分部积分法以及几个简化定积分计算的常用公式.

4.1 定积分的换元法

定理一 设函数 $f(x)$ 在区间$[a,b]$上连续，$x=\varphi(t)$ 在$[\alpha,\beta]$上具有连续的导数 $\varphi'(t)$，当新变量 t 在区间$[\alpha,\beta]$上变动时，代换 $x=\varphi(t)$ 所确定的 x 值不超出区间$[a,b]$，且 $\varphi(\alpha)=a$，$\varphi(\beta)=b$，则有定积分的换元公式

$$\int_a^b f(x)dx \xlongequal{x=\varphi(t)} \int_\alpha^\beta f[\varphi(t)]\varphi'(t)dt. \tag{4.1}$$

证 因 $f(x)$ 在$[a,b]$上连续，原函数一定存在，记为 $F(x)$，于是 $F[\varphi(t)]$ 是 $f[\varphi(t)]\varphi'(t)$ 的原函数，由 $N-L$ 公式，得

$$\int_\alpha^\beta f[\varphi(t)]\varphi'(t)dt=F[\varphi(t)]\Big|_\alpha^\beta=F[\varphi(\beta)]-F[\varphi(\alpha)]=F(b)-F(a),$$

另一方面有

$$\int_a^b f(x)dx=F(x)\Big|_a^b=F(b)-F(a),$$

故定积分的换元公式(4.1)成立. 证毕

从公式(4.1)看出,定积分的换元法当积分变量 x 换成新变量 t 之后,积分上、下限也作相应的改变,将原来的定积分变换成一个积分值相等的新积分.因而就不必像不定积分的换元法那样再要代回原变量,也就不必要求代换函数的反函数一定存在,换元的条件可由 $x=\varphi(t)$ 严格单调减弱为 $a\leqslant\varphi(t)\leqslant b$,这些就是把换元公式改写成定积分的形式的好处.

例 1 求 $\int_1^4\frac{1}{1+\sqrt{x}}dx$.

解 令 $\sqrt{x}=t$,即 $x=t^2$,则 $dx=2tdt$,当 $x=1$ 时 $t=1$,当 $x=4$ 时 $t=2$,且当 $1\leqslant t\leqslant 2$ 时有 $1\leqslant x\leqslant 4$,于是由定积分换元公式,得

$$\int_1^4\frac{1}{1+\sqrt{x}}dx=\int_1^2\frac{1}{1+t}\cdot 2tdt=2\int_1^2(1-\frac{1}{1+t})dt$$

$$=2(t-\ln|1+t|)\Big|_1^2=2(2-\ln3-1+\ln2)=2(1-\ln\frac{3}{2}).$$

另解 对于变换 $x=t^2$,新变量 t 的相应取值区间亦可选为 $[-1,2]$,这时 $x=t^2$ 在 $[-1,2]$ 上不是单调的,但只要注意到

$$\sqrt{x}=\sqrt{t^2}=|t|=\begin{cases}-t, & -1\leqslant t\leqslant 0,\\ t, & 0<t\leqslant 2.\end{cases}$$

那么 $$\int_1^4\frac{1}{1+\sqrt{x}}dx=\int_{-1}^2\frac{2t}{1+|t|}dt=\int_{-1}^0\frac{2t}{1-t}dt+\int_0^2\frac{2t}{1+t}dt$$

$$=-2(t+\ln|1-t|)\Big|_{-1}^0+2(t-\ln|1-t|)\Big|_0^2=2(1-\ln\frac{3}{2}).$$

这个例子说明定积分换元时,不必要求 $x=\varphi(t)$ 有反函数,因此,$\varphi(t)$ 不一定在相应的变化区间上单调,同样可以得出结果,不过如果这例选取单调区间 $[1,2]$,做起来简单不易出错,所以在定积分换元时,我们总尽可能选取变换式 $x=\varphi(t)$ 的单调区间.

例 2 求 $\int_0^a\frac{dx}{x+\sqrt{a^2-x^2}}\quad(a>0)$.

解 令 $x=a\sin t$,当 $x=0$ 时 $t=0$,当 $x=a$ 时 $t=\frac{\pi}{2}$,且当 $0\leqslant t\leqslant\frac{\pi}{2}$ 时有 $0\leqslant x\leqslant a$,这时 $\sqrt{a^2-x^2}=|a\cos t|=a\cos t$,$dx=a\cos tdt$.于是由定积分换元公式,得

$$\int_0^a\frac{dx}{x+\sqrt{a^2-x^2}}=\int_0^{\frac{\pi}{2}}\frac{1}{a\sin t+a\cos t}\cdot a\cos tdt=\int_0^{\frac{\pi}{2}}\frac{\cos t}{\sin t+\cos t}dt$$

$$=\int_0^{\frac{\pi}{2}}\frac{\cos(t+\frac{\pi}{4}-\frac{\pi}{4})}{\sqrt{2}\sin(t+\frac{\pi}{4})}dt=\frac{1}{2}\int_0^{\frac{\pi}{2}}\frac{\cos(t+\frac{\pi}{4})}{\sin(t+\frac{\pi}{4})}dt+\frac{1}{2}\int_0^{\frac{\pi}{2}}\frac{\sin(t+\frac{\pi}{4})}{\sin(t+\frac{\pi}{4})}dt$$

$$=\frac{1}{2}\ln|\sin(t+\frac{\pi}{4})|\Big|_0^{\frac{\pi}{2}}+\frac{1}{2}t\Big|_0^{\frac{\pi}{2}}=\frac{1}{2}[\ln(\sin\frac{3}{4}\pi)-\ln(\sin\frac{\pi}{4})]+\frac{\pi}{4}=\frac{\pi}{4}.$$

或者 $$\int_0^{\frac{\pi}{2}}\frac{\cos t}{\sin t+\cos t}dt\xlongequal{令 t=\frac{\pi}{2}-u}\int_0^{\frac{\pi}{2}}\frac{\sin u}{\cos u+\sin u}du,$$

所以 $$\int_0^{\frac{\pi}{2}}\frac{\cos t}{\sin t+\cos t}dt=\frac{1}{2}\int_0^{\frac{\pi}{2}}\frac{\cos t}{\sin t+\cos t}dt+\frac{1}{2}\int_0^{\frac{\pi}{2}}\frac{\sin t}{\cos t+\sin t}dt=\frac{1}{2}\int_0^{\frac{\pi}{2}}dt=\frac{\pi}{4}.$$

例 3 求 $\int_{-2}^{-\sqrt{2}}\frac{\sqrt{x^2-1}}{x}dx$.

解 令 $x=\sec t, dx=\sec t\ \mathrm{tg}t dt$，取当 $x=-2$ 时 $t=\frac{2}{3}\pi$，当 $x=-\sqrt{2}$ 时 $t=\frac{3\pi}{4}$，且当 $\frac{2\pi}{3}\leqslant t\leqslant\frac{3\pi}{4}$ 时，有 $-2\leqslant x=\sec t\leqslant-\sqrt{2}$，于是 $\sqrt{x^2-1}=\sqrt{\mathrm{tg}^2 t}=|\mathrm{tg}t|=-\mathrm{tg}t$. 由定积分换元公式，得

$$\int_{-2}^{-\sqrt{2}}\frac{\sqrt{x^2-1}}{x}dx=\int_{\frac{2}{3}\pi}^{\frac{3}{4}\pi}\frac{-\mathrm{tg}t}{\sec t}\cdot\sec t\mathrm{tg}t dt=-\int_{\frac{2}{3}\pi}^{\frac{3}{4}\pi}\mathrm{tg}^2 t dt=\int_{\frac{2}{3}\pi}^{\frac{3}{4}\pi}(1-\sec^2 t)dt$$

$$=(t-\mathrm{tg}t)\Big|_{2\pi/3}^{3\pi/4}=\left(\frac{3\pi}{4}-\mathrm{tg}\frac{3\pi}{4}\right)-\left(\frac{2\pi}{3}-\mathrm{tg}\frac{2\pi}{3}\right)=\frac{\pi}{12}+1-\sqrt{3}.$$

例 4 设函数 $f(u)$ 在 $[0,1]$ 上连续，证明

$$\int_0^\pi xf(\sin x)dx=\frac{\pi}{2}\int_0^\pi f(\sin x)dx,$$

并利用此结果计算 $\int_0^\pi\frac{x\sin x}{1+\cos^2 x}dx$.

解 令 $x=\pi-t$，则

$$\int_0^\pi xf(\sin x)dx=\int_\pi^0(\pi-t)f(\sin t)(-dt)=\pi\int_0^\pi f(\sin t)dt-\int_0^\pi tf(\sin t)dt.$$

因 $\int_0^\pi tf(\sin t)dt=\int_0^\pi xf(\sin x)dx$，于是移项并除以 2 便得证

$$\int_0^\pi xf(\sin x)dx=\frac{\pi}{2}\int_0^\pi f(\sin x)dx.$$

利用此结果，就有

$$\int_0^\pi\frac{x\sin x}{1+\cos^2 x}dx=\frac{\pi}{2}\int_0^\pi\frac{\sin x}{1+\cos^2 x}dx=-\frac{\pi}{2}\int_0^\pi\frac{1}{1+\cos^2 x}d\cos x$$

$$=-\frac{\pi}{2}\mathrm{arctg}\ \cos x\Big|_0^\pi=\frac{\pi^2}{4}.$$

4.2 定积分的分部积分法

设函数 $u=u(x), v=v(x)$ 在区间 $[a,b]$ 上具有连续的导数，由乘积的微分法则，有

$$d[u(x)v(x)]=u(x)dv(x)+v(x)du(x),$$

等式两边从 $x=a$ 到 $x=b$ 积分

$$\int_a^b d[u(x)v(x)]=\int_a^b u(x)dv(x)+\int_a^b v(x)du(x).$$

由于 $\int_a^b d[u(x)v(x)]=u(x)v(x)\Big|_a^b$，于是

$$\int_a^b u(x)dv(x)=u(x)v(x)\Big|_a^b-\int_a^b v(x)du(x)\quad 或\quad \int_a^b udv=uv\Big|_a^b-\int_a^b vdu, \tag{4.2}$$

这就是**定积分的分部积分公式**.

例 5 计算 $\int_0^1 x\arcsin x dx$.

解 用定积分的分部积分公式

$$\int_0^1 x\arcsin x dx=\int_0^1\arcsin x d\frac{x^2}{2}=\frac{x^2}{2}\arcsin x\Big|_0^1-\frac{1}{2}\int_0^1\frac{x^2}{\sqrt{1-x^2}}dx\quad(令\ x=\sin t)$$

$$=\frac{1}{2}\cdot\frac{\pi}{2}-\frac{1}{2}\int_0^{\frac{\pi}{2}}\sin^2 t dt=\frac{\pi}{4}-\frac{1}{4}\int_0^{\frac{\pi}{2}}(1-\cos 2t)dt$$

$$=\frac{\pi}{4}-\frac{\pi}{8}+\frac{1}{8}\sin 2t\Big|_0^{\frac{\pi}{2}}=\frac{\pi}{8}.$$

例 6 求 $\int_0^{\frac{\pi}{2}} x^2\cos x dx$.

解 $\int_0^{\frac{\pi}{2}} x^2\cos x dx = \int_0^{\frac{\pi}{2}} x^2 d\sin x = x^2\sin x \Big|_0^{\frac{\pi}{2}} - 2\int_0^{\frac{\pi}{2}} x\sin x dx = \frac{\pi^2}{4} + 2\int_0^{\frac{\pi}{2}} x d\cos x$

$$= \frac{\pi^2}{4} + 2x\cos x\Big|_0^{\frac{\pi}{2}} - 2\int_0^{\frac{\pi}{2}} \cos x dx = \frac{\pi^2}{4} + 0 - 2\sin x\Big|_0^{\frac{\pi}{2}} = \frac{\pi^2}{4} - 2.$$

上面定积分的分部积分法，也可先用不定积分的分部积分法求出原函数后，再用 $N-L$ 公式算出定积分的值，但从上面例子看到，可以“边求边代”使运算简捷.

4.3 几个定积分简化计算的公式

一、奇偶函数在关于原点对称区间上的积分

设函数 $f(x)$ 在区间 $[-a,a]$ 上可积，则有

$$\int_{-a}^{a} f(x)dx = \int_0^a [f(x) + f(-x)]dx. \tag{4.3}$$

证 $\int_{-a}^{a} f(x)dx = \int_{-a}^{0} f(x)dx + \int_0^a f(x)dx$，其中

$$\int_{-a}^{0} f(x)dx \xlongequal{x=-t} -\int_a^0 f(-t)dt = \int_0^a f(-x)dx,$$

代入上式，有 $\int_{-a}^{a} f(x)dx = \int_0^a [f(x) + f(-x)]dx.$ 证毕

特别，有公式
$$\int_{-a}^{a} f(x)dx = \begin{cases} 0, & \text{当 } f(-x) = -f(x) \text{ 时}; \\ 2\int_0^a f(x)dx, & \text{当 } f(-x) = f(x) \text{ 时}. \end{cases} \tag{4.4}$$

例 7 求 $\int_{-\frac{\pi}{6}}^{\frac{\pi}{6}} \frac{\sin^2 x}{1+e^{-x}}dx$.

解 由公式(4.3)，得

$$\int_{-\frac{\pi}{6}}^{\frac{\pi}{6}} \frac{\sin^2 x}{1+e^{-x}}dx = \int_0^{\frac{\pi}{6}} (\frac{\sin^2 x}{1+e^{-x}} + \frac{\sin^2 x}{1+e^{x}})dx = \int_0^{\frac{\pi}{6}} \frac{1+e^{-x}+1+e^{x}}{(1+e^{-x})(1+e^{x})}\sin^2 x dx$$

$$= \int_0^{\frac{\pi}{6}} \frac{2+e^{-x}+e^{x}}{2+e^{-x}+e^{x}}\sin^2 x dx = \int_0^{\frac{\pi}{6}} \sin^2 x dx = \frac{1}{2}\int_0^{\frac{\pi}{6}} (1-\cos 2x)dx$$

$$= \frac{1}{2}(x - \frac{1}{2}\sin 2x)\Big|_0^{\frac{\pi}{6}} = \frac{1}{24}(2\pi - 3\sqrt{3}).$$

二、$\sin^n x$、$\cos^n x$ 在 $[0,\frac{\pi}{2}]$ 上的积分

对任意的自然数 n，有

$$\int_0^{\frac{\pi}{2}} \sin^n x dx = \int_0^{\frac{\pi}{2}} \cos^n x dx = \begin{cases} \frac{n-1}{n}\cdot\frac{n-3}{n-2}\cdots\cdot\frac{1}{2}\cdot\frac{\pi}{2}, & \text{当 } n \text{ 是偶数时}; \\ \frac{n-1}{n}\cdot\frac{n-3}{n-2}\cdots\cdot\frac{2}{3}\cdot 1, & \text{当 } n \text{ 是奇数时}. \end{cases} \tag{4.5}$$

证 $I_n = \int_0^{\frac{\pi}{2}} \sin^n x dx = -\int_0^{\frac{\pi}{2}} \sin^{n-1} x \cdot d\cos x$

$$= -\sin^{n-1} x\cos x\Big|_0^{\pi/2} + \int_0^{\frac{\pi}{2}} (n-1)\sin^{n-2} x\cdot\cos^2 x dx$$

$$= 0 + (n-1)\int_0^{\frac{\pi}{2}} \sin^{n-2} x(1-\sin^2 x)dx = (n-1)I_{n-2} - (n-1)I_n,$$

移项
$$nI_n = (n-1)I_{n-2},$$

两边同除以 n，得递推公式

$$I_n=\frac{n-1}{n}I_{n-2}\quad(n\geqslant 2).$$

反复使用此递推公式，当 n 为偶数时，得

$$I_n=\frac{n-1}{n}I_{n-2}=\frac{n-1}{n}\cdot\frac{n-3}{n-2}I_{n-4}=\cdots$$
$$=\frac{n-1}{n}\cdot\frac{n-3}{n-2}\cdot\frac{n-5}{n-4}\cdot\cdots\cdot\frac{1}{2}\cdot I_0,$$

当 n 为奇数时，得

$$I_n=\frac{n-1}{n}I_{n-2}=\frac{n-1}{n}\cdot\frac{n-3}{n-2}\cdot I_{n-4}=\cdots$$
$$=\frac{n-1}{n}\cdot\frac{n-3}{n-2}\cdot\frac{n-5}{n-4}\cdot\cdots\cdot\frac{2}{3}I_1$$

而 $\quad I_0=\int_0^{\frac{\pi}{2}}\sin^0 x dx=\int_0^{\frac{\pi}{2}}dx=\frac{\pi}{2},\quad I_1=\int_0^{\frac{\pi}{2}}\sin x dx=-\cos x\Big|_0^{\frac{\pi}{2}}=1,$

因此得证

$$\int_0^{\frac{\pi}{2}}\sin^n x dx=\begin{cases}\frac{n-1}{n}\cdot\frac{n-3}{n-2}\cdot\cdots\cdot\frac{1}{2}\cdot\frac{\pi}{2}, & \text{当 } n \text{ 为偶数时；}\\ \frac{n-1}{n}\cdot\frac{n-3}{n-2}\cdot\cdots\cdot\frac{2}{3}\cdot 1, & \text{当 } n \text{ 为奇数时.}\end{cases}$$

又由于 $\quad \int_0^{\frac{\pi}{2}}\cos^n x dx\xlongequal{x=\frac{\pi}{2}-t}-\int_{\frac{\pi}{2}}^0\sin^n t dt=\int_0^{\frac{\pi}{2}}\sin^n x dx,$

所以，得证公式(4.5)成立. 证毕

例 8 $\int_0^{\frac{\pi}{2}}\sin^7 x dx=\frac{6}{7}\cdot\frac{4}{5}\cdot\frac{2}{3}\cdot 1=\frac{16}{35}.$

$$\int_0^{\frac{\pi}{2}}\sin^4 x\cos^2 x dx=\int_0^{\frac{\pi}{2}}\sin^4 x(1-\sin^2 x)dx=\int_0^{\frac{\pi}{2}}\sin^4 x dx-\int_0^{\frac{\pi}{2}}\sin^6 x dx$$
$$=\frac{3}{4}\cdot\frac{1}{2}\cdot\frac{\pi}{2}-\frac{5}{6}\cdot\frac{3}{4}\cdot\frac{1}{2}\cdot\frac{\pi}{2}=\frac{\pi}{32}.$$

例 9 求 $\int_{-1}^1 x^2\sqrt{1-x^2}dx.$

解 $\int_{-1}^1 x^2\sqrt{1-x^2}dx=2\int_0^1 x^2\sqrt{1-x^2}dx\xlongequal{x=\sin t}2\int_0^{\frac{\pi}{2}}\sin^2 t\cdot\cos t\cdot\cos t dt$

$$=2\left[\int_0^{\frac{\pi}{2}}\sin^2 t dt-\int_0^{\frac{\pi}{2}}\sin^4 t dt\right]=2\left(\frac{1}{2}\cdot\frac{\pi}{2}-\frac{3}{4}\cdot\frac{1}{2}\cdot\frac{\pi}{2}\right)=\frac{\pi}{8}.$$

例 10 求 $\int_0^{\frac{\pi}{4}}\cos^6 2x dx.$

解 令 $t=2x$，即 $x=\frac{1}{2}t$，当 $x=0$ 时 $t=0$，当 $x=\frac{\pi}{4}$ 时 $t=\frac{\pi}{2}$，于是

$$\int_0^{\frac{\pi}{4}}\cos^6 2x dx=\int_0^{\frac{\pi}{2}}\cos^6 t\cdot\frac{1}{2}dt=\frac{1}{2}\cdot\frac{5}{6}\cdot\frac{3}{4}\cdot\frac{1}{2}\cdot\frac{\pi}{2}=\frac{5\pi}{64}.$$

三、周期函数的积分

设 $f(x)$ 是一个以 T 为周期的可积周期函数 $f(x+T)=f(x)$，则有

$$\int_a^{a+T}f(x)dx=\int_0^T f(x)dx,\quad (a \text{ 为任意实数}). \qquad (4.6).$$

证 由定积分性质 3°，有

$$\int_a^{a+T} f(x)dx = \int_a^0 f(x)dx + \int_0^T f(x)dx + \int_T^{a+T} f(x)dx,$$

对等式右边第三个积分，作代换 $x = t + T$，则有

$$\int_T^{a+T} f(x)dx = \int_0^a f(t+T)dt = \int_0^a f(t)dt = -\int_a^0 f(t)dt,$$

代入上式，得证

$$\int_a^{a+T} f(x)dx = \int_a^0 f(x)dx + \int_0^T f(x)dx - \int_a^0 f(x)dx = \int_0^T f(x)dx.$$

证毕

例 11 证明 $\int_0^{2\pi} \sin^{2n} x dx = 4\int_0^{\frac{\pi}{2}} \sin^{2n} x dx.$

证 记 $f(x) = \sin^{2n} x$，由 $\sin^2 x = \frac{1-\cos 2x}{2}$ 可知

$$f(x+2\pi) = f(x) \text{ 及 } f(x+\pi) = f(x),$$

于是应用公式(4.6)及公式(4.4)，得

$$\int_0^{2\pi} \sin^{2n} x dx = \int_{-\pi}^{\pi} \sin^{2n} x dx = 2\int_0^{\pi} \sin^{2n} x dx = 2\int_{-\frac{\pi}{2}}^{\frac{\pi}{2}} \sin^{2n} x dx = 4\int_0^{\frac{\pi}{2}} \sin^{2n} x dx,$$

再应用公式(4.5)，便得

$$\int_0^{2\pi} \sin^{2n} x dx = 4\int_0^{\frac{\pi}{2}} \sin^{2n} x dx$$

$$= 4 \cdot \frac{2n-1}{2n} \cdot \frac{2n-3}{2n-2} \cdot \frac{2n-5}{2n-4} \cdot \cdots \cdot \frac{1}{2} \cdot \frac{\pi}{2} = \frac{(2n-1)!!\pi}{2^{n-1} n!}.$$

同理可得

$$\int_0^{2\pi} \cos^{2n} x dx = 4\int_0^{\frac{\pi}{2}} \cos^{2n} x dx = \frac{(2n-1)!!\pi}{2^{n-1} \cdot n!}.$$

例如：$\int_0^{2\pi} \sin^4 x dx = 4\int_0^{\frac{\pi}{2}} \sin^4 x dx = 4 \cdot \frac{3}{4} \cdot \frac{1}{2} \cdot \frac{\pi}{2} = \frac{3\pi}{4},$

$$\int_0^{2\pi} \cos^6 x dx = 4\int_0^{\frac{\pi}{2}} \cos^6 x dx = 4 \cdot \frac{5}{6} \cdot \frac{3}{4} \cdot \frac{1}{2} \cdot \frac{\pi}{2} = \frac{5\pi}{8}.$$

§5 定积分在几何上的应用

本节与下节，运用定积分来解决一些几何上和物理上的简单问题，学习时应主要掌握下面的微元法.

5.1 建立积分表达式的微元法

从 §1 分析曲边梯形面积、直线运动的路程及变力作功等问题引出定积分概念的过程中，可以看出，能用定积分表达的量，具有两个共同的特征：(一) 所求量是分布在一个区间$[a,b]$上的；(二) 将区间$[a,b]$分成若干个子区间，那么所求量等于它在各个子区间上的部分量之和(具有可加性). 当认定所求量可以用定积分解决之后，接下去的工作是建立积分表达式，亦即选定积分变量和积分区间，再按分割、取近似、作和、求极限四个步骤建立积分表达式，其中主要的是第二步：写出所求量 Q 在任一子区间$[x, x+\Delta x]$上的部分量 ΔQ 的近似值(其实质就是写出所求量的被积表达式)

$$\Delta Q \approx f(x)\Delta x.$$

究竟 ΔQ 怎样的近似值 $f(x)\Delta x$，使得积分 $\int_a^b f(x)dx$ 恰好就是所求量 Q 呢？下面我们来讨论这

个问题，假设所求量 Q 的积分表达式为

$$Q=\int_a^b f(x)dx, \tag{5.1}$$

其中 $f(x)$ 在 $[a,b]$ 上连续，$\forall\ x\in[a,b]$，则在区间 $[a,x]$ 上的部分量为 x 的函数

$$Q(x)=\int_a^x f(t)dt. \tag{5.2}$$

于是 Q 在子区间 $[x,x+\Delta x]$ 上的部分量就是

$$\Delta Q=Q(x+\Delta x)-Q(x)=dQ+o(\Delta x),$$

其中 $o(\Delta x)$ 是关于 Δx 的高阶无穷小，dQ 是函数(5.2)的微分，即

$$dQ=f(x)dx, \tag{5.3}$$

称(5.3)为所求量 Q **的微元**（如面积的微元，功的微元等等）.

由此可见，在子区间 $[x,x+\Delta x]$ 上部分量的近似值 $f(x)\Delta x$，只要与部分量 ΔQ 之差是关于 Δx 的高阶无穷小（即 $f(x)\Delta x$ 与 ΔQ 是等价无穷小），那么积分 $\int_a^b f(x)dx$ 必为所求量的表达式.

检验 $f(x)\Delta x$ 与 ΔQ 是否是等价无穷小，往往是比较复杂的，不过对于本章所介绍的有关实际问题，所采用"以直代曲"、"以不变代变"的处理方法写出的近似值，都是通过检验已知满足要求的. 但有时，如本章后面将要介绍的(5.17)中求旋转曲面的面积问题，就不是"以直代曲"了！因此，应具体问题具体分析.

这样，用定积分解决实际问题的处理步骤可简化成：

(1) 确定积分变量 x 及其变化区间 $[a,b]$. $\forall\ x\in[a,b]$，在微区间 $[x,x+dx]\subset[a,b]$ 上写出所求量 Q 的部分量近似值，得到 Q 的微元

$$dQ=f(x)dx;$$

(2) 将 dQ 从 $x=a$ 到 $x=b$ 积分，就是所求量的积分表达式

$$Q=\int_a^b f(x)dx.$$

此法的关键是取微元，故这种用定积分解决实际问题的方法称为**微元法**（亦称**积分元素法**）.

5.2 平面图形的面积

一、直角坐标系下的平面图形面积

求由曲线 $y=f(x)$，$y=g(x)$ 及直线 $x=a$，$x=b$ 围成的平面图形（图 6-7）面积.

图形立于 x 的变化区间 $[a,b]$ 上，选定 x 作积分变量，把图形竖直切割成小直条，考察位于微区间 $[x,x+dx]\subset[a,b]$ 上的小直条面积，用以 $(y_上-y_下)$ 为高，dx 为底的小矩形面积近似，得面积微元

$$dA=[y_上-y_下]dx=[f(x)-g(x)]dx,$$

将它从 $x=a$ 到 $x=b$ 积分，便是所求图形的面积

$$A=\int_a^b[f(x)-g(x)]dx. \tag{5.4}$$

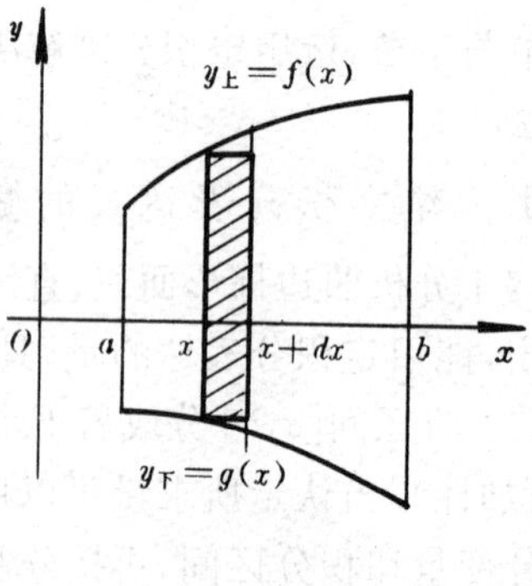

图 6-7

例 1 求双曲线 $y=\dfrac{1}{x}$ 和直线 $y=x$ 及 $x=2$ 所围成的图形面积.

解 画出图形如图 6-8 所示，并求出边界曲线的交点(1,1)，$(2,\frac{1}{2})$，(2,2).

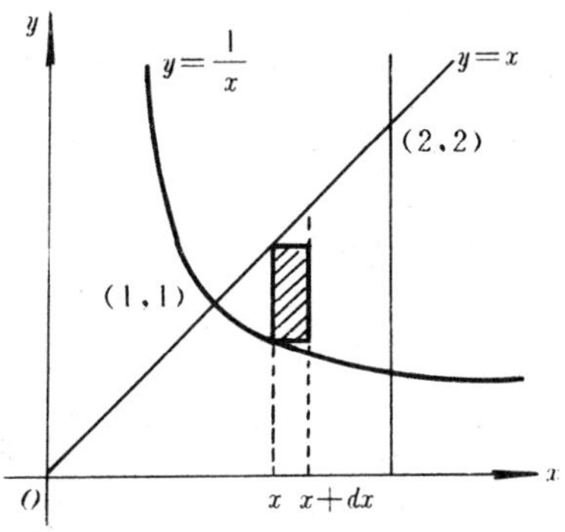

图 6-8

选定横坐标 $x\in[1,2]$ 作为积分变量，将图形竖直切割成小直条，考察位于微区间 $[x,x+dx]\subset[1,2]$ 上小直条的面积近似值，得面积微元

$$dA=(y_{上}-y_{下})dx=(x-\frac{1}{x})dx,$$

把它从 $x=1$ 到 $x=2$ 积分，就是所求图形的面积

$$A=\int_1^2(x-\frac{1}{x})dx=(\frac{x^2}{2}-\ln x)\Big|_1^2=\frac{3}{2}-\ln 2.$$

另解 亦可采用水平切割方法，分成小横条(图 6-9)，亦即选定 y 作积分变量，考察位于微区间 $[y,y+dy]$ 上小横条面积，只因 y 的不同，小横条的左端落在不同的曲线上，因此必须把图形用直线 $y=1$ 分成上下两块 A_1,A_2.

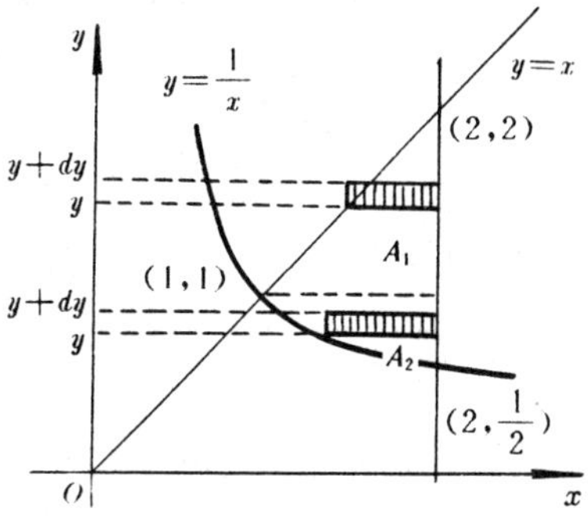

图 6-9

在 $1\leqslant y\leqslant 2$ 上，小横条的面积用以 $(x_{右}-x_{左})=(2-y)$ 为宽，dy 为高的矩形面积近似，得面积微元

$$dA_1=(x_{右}-x_{左})dy=(2-y)dy,$$

在 $\frac{1}{2}\leqslant y\leqslant 1$ 上，小横条的面积用以 $(x_{右}-x_{左})=(2-\frac{1}{y})$ 为宽，dy 为高的矩形面积近似，得面积微元

$$dA_2=(x_{右}-x_{左})dy=(2-\frac{1}{y})dy,$$

把它们分别在区间[1,2]与 $[\frac{1}{2},1]$ 上积分，相加便是所求图形的面积

$$\begin{aligned}A=A_1+A_2&=\int_1^2(2-y)dy+\int_{\frac{1}{2}}^1(2-\frac{1}{y})dy\\&=(2y-\frac{y^2}{2})\Big|_1^2+(2y-\ln y)\Big|_{1/2}^1\\&=\frac{1}{2}+(1+\ln\frac{1}{2})=\frac{3}{2}-\ln 2.\end{aligned}$$

比较上述两种解法，前一种要简单得多，可见对于具体问题采用竖割还是横割，亦即选定 x 还是 y 作积分变量，对定积分的计算的繁简程度，有时关系是较大的.

例 2 求由抛物线 $2y=16-x^2$ 与直线 $x+2y-4=0$ 所围图形的面积.

解 画出图形如图 6-10 所示，并联立 $2y=16-x^2$，$x+2y-4=0$，求出两曲线的交点(4,0)，$(-3,\frac{7}{2})$.

可见图形落在 x 的变化区间[-3,4]上，把图形竖直切割成小直条，考察位于微区间 $[x,x+dx]\subset[-3,4]$ 上的小直条面积，用以 $(y_{上}-y_{下})=(\frac{16-x^2}{2}-\frac{4-x}{2})$ 为高，dx 为底的矩形面积近似，得面积微元

$$dA=(y_{上}-y_{下})dx=(\frac{16-x^2}{2}-\frac{4-x}{2})dx$$

$$= \frac{1}{2}(12 + x - x^2)dx,$$

把它从 $x = -3$ 到 $x = 4$ 积分，就得所求图形的面积

$$A = \int_{-3}^{4} \frac{1}{2}(12 + x - x^2)dx$$

$$= \frac{1}{2}\left(12x + \frac{x^2}{2} - \frac{x^3}{3}\right)\Bigg|_{-3}^{4}$$

$$= \frac{52}{3} + \frac{45}{4} = \frac{343}{12}.$$

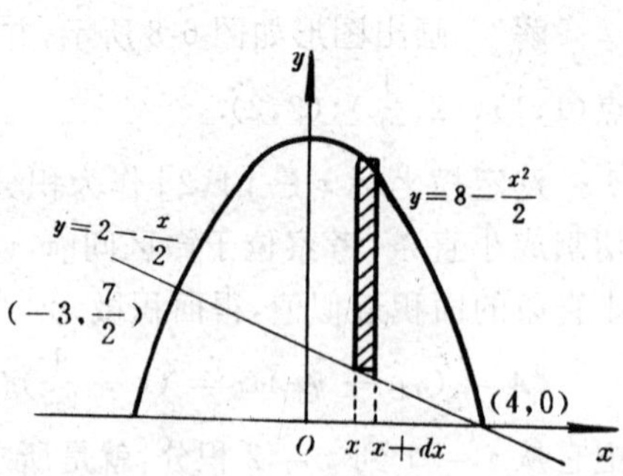

图 6-10

例 3 求椭圆 $\frac{x^2}{a^2} + \frac{y^2}{b^2} = 1$ 围成图形的面积.

解 由对称性，只须计算第一象限部分的面积，再4倍，(如图 6-11).

选取 x 为积分变量，$\forall\ x \in [0,a]$ 考察位于微区间 $[x, x + dx] \subset [0,a]$ 上一直条面积的近似值，得面积微元

$$dA = ydx = \frac{b}{a}\sqrt{a^2 - x^2}dx,$$

把它从 $x = 0$ 到 $x = a$ 积分，再 4 倍就是椭圆围成的面积

$$A = 4\int_0^a ydx = 4\int_0^a \frac{b}{a}\sqrt{a^2 - x^2}dx$$

$$\xlongequal{x = a\sin t} \frac{4b}{a}\int_0^{\frac{\pi}{2}} a^2\cos^2 t dt = 4ab \cdot \frac{1}{2} \cdot \frac{\pi}{2} = ab\pi.$$

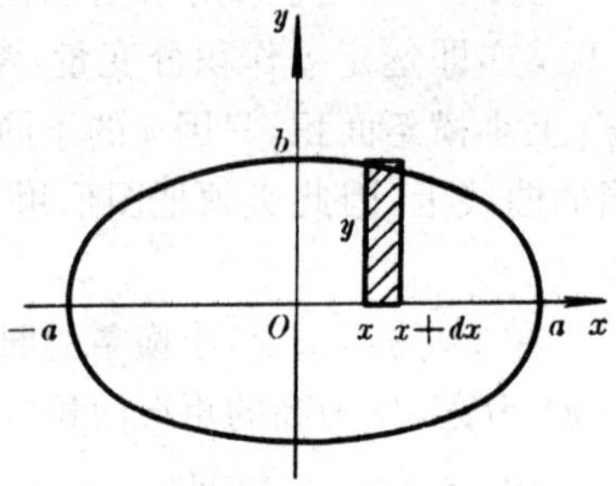

图 6-11

另解 如果椭圆是用参数方程给出 $\begin{cases} x = a\cos t \\ y = b\sin t \end{cases}$ $(0 \leqslant t \leqslant 2\pi)$，这时只须采用定积分的换元法，令 $x = a\cos t$，当 $x = 0$ 时，$t = \frac{\pi}{2}$，当 $x = a$ 时，$t = 0$，于是

$$A = 4\int_0^a ydx = 4\int_{\frac{\pi}{2}}^0 b\sin t(-a\sin t dt) = 4ab\int_0^{\frac{\pi}{2}} \sin^2 t dt = ab\pi.$$

二、在极坐标系下的平面图形面积

设由曲线 $\rho = \rho(\theta)$ 与两极径 $\theta = \alpha, \theta = \beta$ 所围图形(图 6-12)，称为**曲边扇形**，现讨论它的面积求法，这里假设函数 $\rho(\theta)$ 在 $[\alpha,\beta]$ 上连续.

这时采用从原点出发的射线将曲边扇形分割成小曲边扇形，考察位于子区间 $[\theta, \theta + \Delta\theta] \subset [\alpha,\beta]$ 上的小曲边扇形面积 ΔA，它介于函数 $\rho = \rho(\theta)$ 在区间 $[\theta, \theta + \Delta\theta]$ 上的最大值 M 与最小值 m 为半径的两圆扇形面积之间，即有

$$\frac{1}{2}m^2\Delta\theta \leqslant \Delta A \leqslant \frac{1}{2}M^2\Delta\theta \quad 或 \quad \frac{1}{2}m^2 \leqslant \frac{\Delta A}{\Delta\theta} \leqslant \frac{1}{2}M^2,$$

当 $\Delta\theta \to 0$ 时，$m, M \to \rho(\theta)$，得

$$\lim_{\Delta\theta \to 0} \frac{\Delta A}{\Delta\theta} = \frac{1}{2}[\rho(\theta)]^2,$$

即

$$\frac{dA}{d\theta} = \frac{1}{2}[\rho(\theta)]^2,$$

于是面积微元为

$$dA = \frac{1}{2}[\rho(\theta)]^2 d\theta,$$

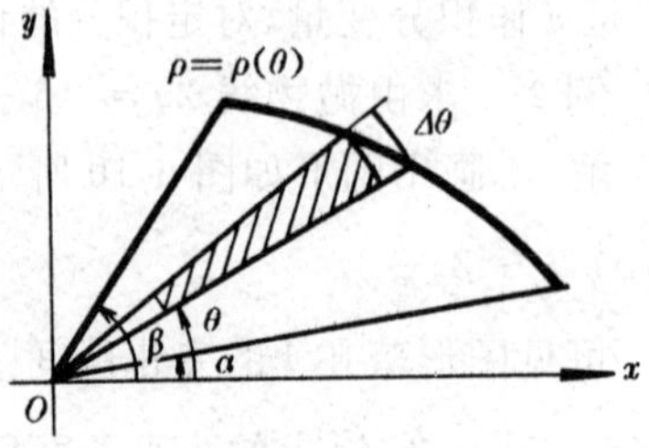

图 6-12

把它从 $\theta = \alpha$ 到 $\theta = \beta$ 积分，就是曲边扇形的面积

$$A=\frac{1}{2}\int_{\alpha}^{\beta}[\rho(\theta)]^2d\theta. \qquad (5.5)$$

例 4 求心形线 $\rho=a(1+\cos\theta)$ 围成的图形面积.

解 由于(ρ,θ)与$(\rho,-\theta)$同时满足方程,图形关于极轴对称(如图 6-13),只须计算 $0\leqslant\theta\leqslant\pi$ 的一半,再 2 倍,由公式(5.5)得心形线围成的图形面积为

$$A=2\int_0^{\pi}\frac{1}{2}\rho^2d\theta=\int_0^{\pi}a^2(1+\cos\theta)^2d\theta=4a^2\int_0^{\pi}\cos^4\frac{\theta}{2}d\theta$$

$$\xlongequal{\text{令 } t=\frac{\theta}{2}} 8a^2\int_0^{\frac{\pi}{2}}\cos^4tdt=8a^2\cdot\frac{3}{4}\cdot\frac{1}{2}\cdot\frac{\pi}{2}=\frac{3}{2}\pi a^2.$$

大小等于半径为 a 的圆面积的 1.5 倍.

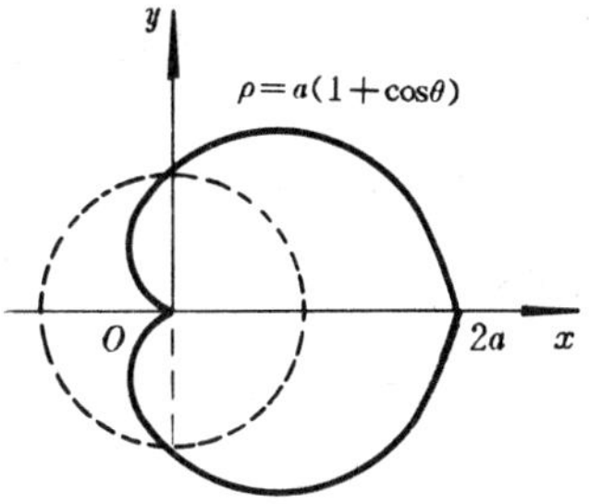

图 6-13

这题如果要求心形线内部与圆 $\rho=a$ 的外部那块面积,其积分表达式应是怎样的?请读者自己列出.

例 5 求双纽线 $(x^2+y^2)^2=x^2-y^2$ 所围图形的面积.

解 由方程可知双纽线关于 x 轴和 y 轴均对称,因而面积只须计算第一象限部分,再 4 倍,又因 $x^2-y^2\geqslant0$,得 $|x|\geqslant|y|$,可见第一象限的图形在角域 $0\leqslant\theta\leqslant\frac{\pi}{4}$ 内,如图 6-14.

这里从方程解出 y 比较复杂,因而不便用直角坐标系来计算,我们采用极坐标系,把双纽线方程改写成极坐标形式为

$$\rho^2=\cos2\theta,$$

于是应用公式(5.5),得所求图形的面积为

$$A=4\int_0^{\frac{\pi}{4}}\frac{1}{2}\rho^2d\theta=2\int_0^{\frac{\pi}{4}}\cos2\theta d\theta=\sin2\theta\Big|_0^{\frac{\pi}{4}}=1.$$

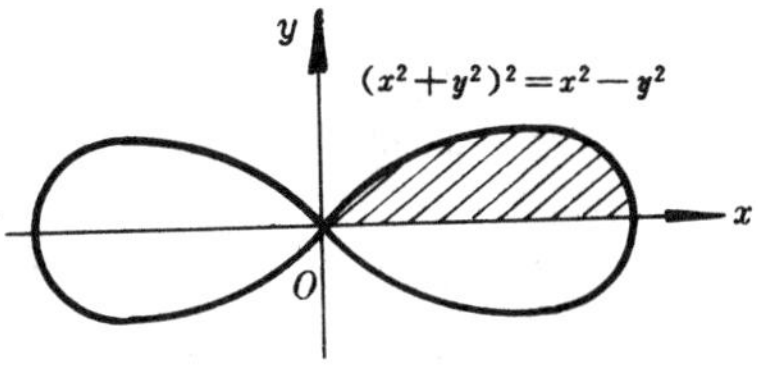

图 6-14

5.3 已知平行截面面积求立体体积

一、已知平行截面积的立体体积

设如图 6-15 所示的立体,已知垂直于 x 轴的截面面积为连续函数 $A(x)(a\leqslant x\leqslant b)$,试求其体积 V.

考察位于子区间$[x,x+\Delta x]$上一薄片的体积 ΔV,因 $A(x)$ 连续,在$[x,x+\Delta x]$上存在最大值 M 与最小值 m,于是有

$$m\Delta x\leqslant\Delta V\leqslant M\Delta x \quad \text{或} \quad m\leqslant\frac{\Delta V}{\Delta x}\leqslant M.$$

令 $\Delta x\to0$ 时,$m,M\to A(x)$,因此得

$$\lim_{\Delta x\to0}\frac{\Delta V}{\Delta x}=A(x), \quad \text{即} \quad \frac{dV}{dx}=A(x),$$

从而体积微元为

$$dV=A(x)dx,$$

把它从 $x=a$ 到 $x=b$ 积分,就是所求立体的体积

$$V=\int_a^bA(x)dx. \qquad (5.6)$$

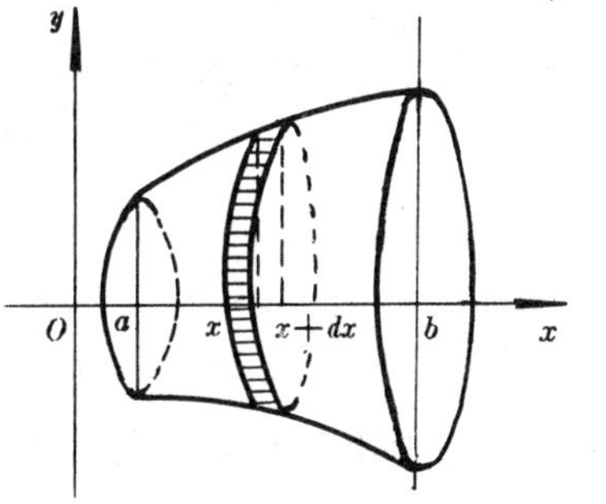

图 6-15

例 6 设有半径为 a 的圆柱体,用与底面交成 α 角,且过底圆直径 AB 的平面所截,试求截下的楔形体积(图

6-16).

解 取坐标系如图 6-16 所示，则底圆方程为

$$x^2+y^2=a^2,$$

垂直于 x 轴的截面都是直角三角形，考察位于 $x\in[-a,a]$ 处的直角三角形 $\triangle PQR$ 的面积 $A(x)$. 这里 $\angle QPR=\alpha, QR=PQ\mathrm{tg}\alpha$，于是截面面积为

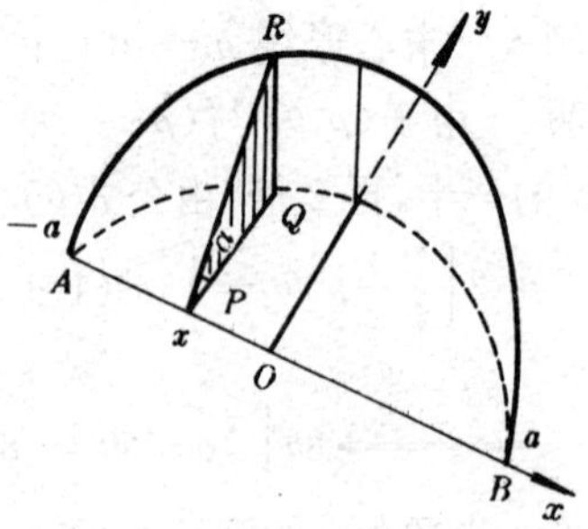

图 6-16

$$A(x)=\frac{1}{2}PQ\cdot QR=\frac{1}{2}PQ^2\,\mathrm{tg}\alpha=\frac{1}{2}(\sqrt{a^2-x^2})^2\,\mathrm{tg}\alpha$$

$$=\frac{1}{2}\mathrm{tg}\alpha(a^2-x^2),$$

代入公式(5.6)，得所求楔形的体积是

$$V=\int_{-a}^{a}A(x)dx=\int_{-a}^{a}\frac{1}{2}\mathrm{tg}\alpha(a^2-x^2)dx$$

$$=\frac{1}{2}\mathrm{tg}\alpha(a^2x-\frac{x^3}{3})\Big|_{-a}^{a}=\frac{2}{3}\mathrm{tg}\alpha\cdot a^3.$$

二、旋转体体积

如果所考察的立体是由连续曲线 $y=f(x)(a\leqslant x\leqslant b)$ 绕 x 轴旋转一周而成的旋转体(如图 6-17)，这时垂直于旋转轴 x 轴的截面就是以 y 为半径的圆，因而截面面积为 $A(x)=\pi y^2$，代入公式(5.6) 就得旋转体体积公式

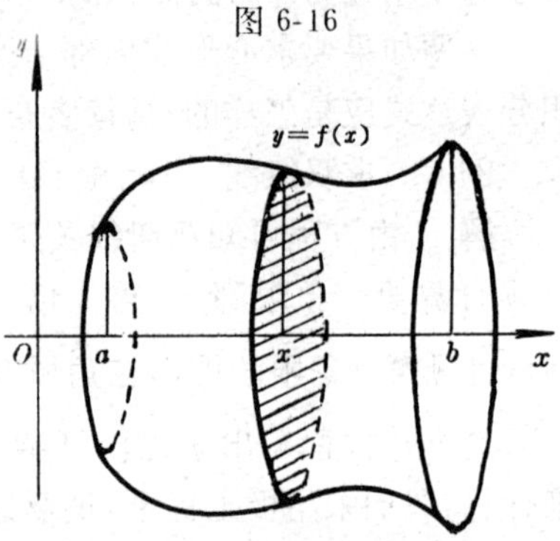

图 6-17

$$V_x=\int_a^b\pi y^2dx=\pi\int_a^b[f(x)]^2dx. \tag{5.7}$$

同理可得连续曲线 $x=g(y)(c\leqslant y\leqslant d)$，绕 y 轴旋转一周而成的旋转体体积公式

$$V_y=\int_c^d\pi x^2dy=\pi\int_c^d[g(y)]^2dy. \tag{5.8}$$

例 7 设 D 是由抛物线 $4y=x^2$ 与直线 $x=2$ 及 x 轴围成的图形，试求：

(1) 绕 x 轴旋转而成的旋转体体积 V_x；

(2) 绕 y 轴旋转而成的旋转体体积 V_y.

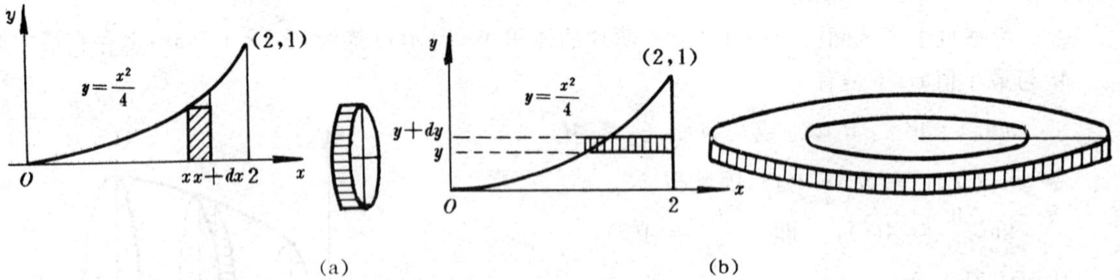

图 6-18

解 (1) $\forall x\in[0,2]$，考察旋转体位于微区间 $[x,x+dx]\subset[0,2]$ 上的薄片(图 6-18(a))的体积. 用半径为 $y=\frac{x^2}{4}$，厚度为 dx 的圆柱体近似，得体积微元

$$dV=\pi y^2dx=\pi(\frac{x^2}{4})^2dx,$$

由公式(5.7)，把它从 $x=0$ 到 $x=2$ 积分，就是所求的绕 x 轴旋转而成的旋转体体积

$$V_x=\int_0^2 \pi y^2 dx=\pi\int_0^2 (\frac{x^2}{4})^2 dx=\frac{\pi}{16}\cdot\frac{x^5}{5}\Big|_0^2=\frac{2\pi}{5}.$$

(2) $\forall\ y\in[0,1]$，考察旋转体位于微区间$[y,y+dy]\subset[0,1]$上的薄片(图 6-18(b))的体积，用以 $x_2=2$ 为外径，$x_1=\sqrt{4y}$ 为内径，厚度为 dy 的圆环柱体近似，得体积微元

$$dV=\pi(x_2^2-x_1^2)dy=\pi[2^2-(\sqrt{4y})^2]dy=4\pi(1-y)dy,$$

把它从 $y=0$ 到 $y=1$ 积分，就是所求的绕 y 轴旋转而成的旋转体体积

$$V_y=\int_0^1 4\pi(1-y)dy=4\pi(y-\frac{y^2}{2})\Big|_0^1=2\pi.$$

另解 将旋转体用以 y 轴为轴线的同心圆柱面切割成若干个“套筒”. $\forall\ x\in[0,2]$，考察位于微区间$[x,x+dx]$上的一个套筒的体积，用半径是 x，壁厚是 dx，高度为 $y=\frac{x^2}{4}$ 的圆柱壳体(如图 6-19)近似，得体积微元

$$dV=2\pi x dx\cdot y=2\pi x(\frac{x^2}{4})dx,$$

把它从 $x=0$ 到 $x=2$ 积分，得所求绕 y 轴旋转而成的旋转体体积

$$V_y=2\int_0^2 \pi xy dx=2\pi\int_0^2 x\frac{x^2}{4}dx=\frac{\pi}{2}\cdot\frac{x^4}{4}\Big|_0^2=2\pi.$$

这种用同心圆柱面切割旋转体的计算方法，对于有些情形特别方便，不妨叫它为**套筒法**.

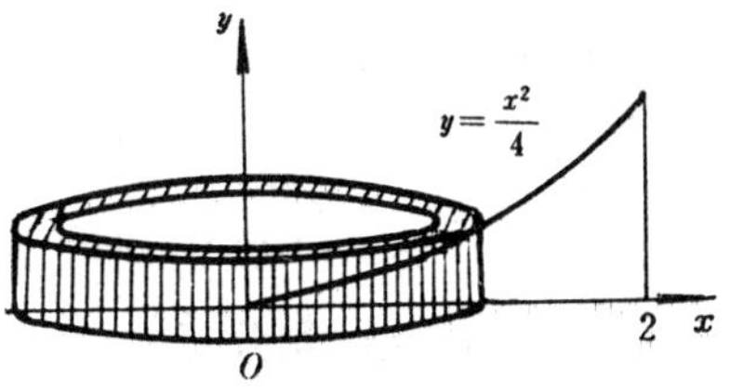

图 6-19

例 8 求由曲线 $y=2x-x^2$ 与 x 轴围成的区域绕 y 轴旋转而成的旋转体体积.

解 $y=2x-x^2$ 为一支抛物线，它与 x 轴的交点是$(0,0)$，$(2,0)$，如图 6-20 所示，采用套筒法计算.

$\forall\ x\in[0,2]$，考察位于微区间$[x,x+dx]\subset[0,2]$上的一套筒体积，得体积微元

$$dV=2\pi x dx\cdot y=2\pi x\cdot(2x-x^2)dx.$$

把它从 $x=0$ 到 $x=2$ 积分，就是所求绕 y 轴旋转而成的旋转体体积

$$V_y=2\pi\int_0^2 x(2x-x^2)dx=2\pi(\frac{2}{3}x^3-\frac{x^4}{4})\Big|_0^2=\frac{8\pi}{3}.$$

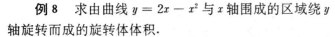

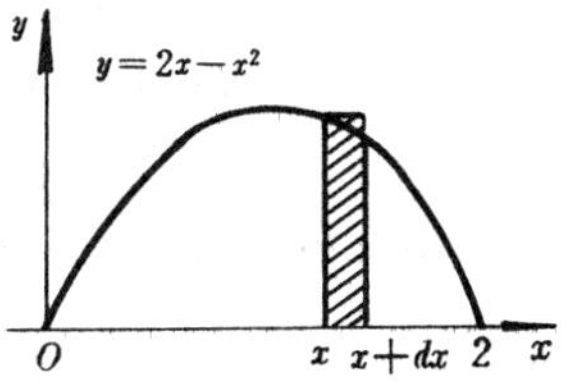

图 6-20

5.4 平面曲线的弧长

一、平面曲线的弧长计算

一条直线段的长度可以用尺子度量得到，但是一条曲线的弧长就不行了，在平面几何中，圆周长是用内接正多边形的周长，当边数无限增加时的极限的方法来确定，这种确定圆周长的处理思想，可以推广到一般的平面曲线.

设有一条以 A、B 为端点的平面曲线弧$\overset{\frown}{AB}$①(图 6-21)，在其上任取一组分点

$A=M_0,M_1,M_2,\cdots,M_n=B$,

相邻分点用直线段连接，得到一条折线$\overline{AM_1M_2\cdots M_{n-1}B}$，记其长为

① 这里假设曲线弧$\overset{\frown}{AB}$不自交，非封闭的，否则，可分段考虑.

$$s_n = \sum_{i=1}^{n} \overline{M_{i-1}M_i}.$$

若直线段的最大长度 $\lambda = \max\limits_{1 \leqslant i \leqslant n}\{\overline{M_{i-1}M_i}\} \to 0$ 时，s_n 趋于极限 s，即

$$s = \lim_{\lambda \to 0} \sum_{i=1}^{n} \overline{M_{i-1}M_i},$$

则称此极限 s 为**曲线 $\overset{\frown}{AB}$ 的弧长**，这时的曲线 $\overset{\frown}{AB}$ 称为**可求长的**.

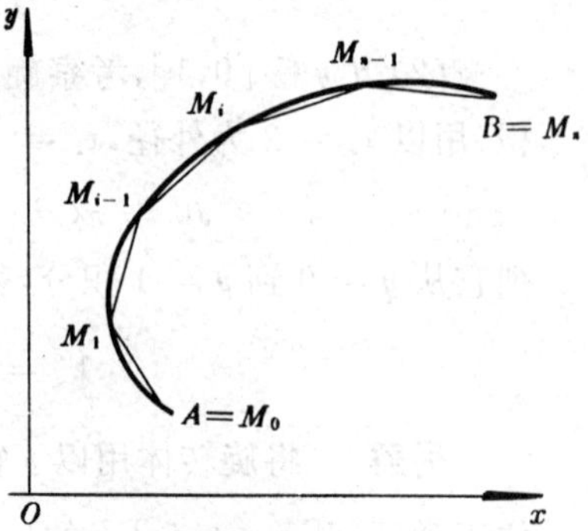

图 6-21

下面推导弧长的计算公式.

假设曲线弧 $\overset{\frown}{AB}$ 由参数方程

$$\begin{cases} x = \varphi(t); \\ y = \psi(t), \end{cases} \quad (\alpha \leqslant t \leqslant \beta)$$

给出，这里函数 $\varphi(t)$ 及 $\psi(t)$ 在区间 $[\alpha,\beta]$ 上具有连续的且不同时为零的导数，又端点 A 对应值 $t=\alpha$，而 B 点对应于值 $t=\beta$. 在这些条件下，我们证明，曲线是可求长的，且 $\overset{\frown}{AB}$ 的弧长计算公式为

$$s = \int_{\alpha}^{\beta} \sqrt{x'^2_t + y'^2_t}\,dt = \int_{\alpha}^{\beta} \sqrt{[\varphi'(t)]^2 + [\psi'(t)]^2}\,dt. \tag{5.9}$$

先把区间 $[\alpha,\beta]$ 用分点

$$\alpha = t_0 < t_1 < t_2 < \cdots < t_{i-1} < t_i < \cdots < t_n = \beta$$

分割成长为 $\Delta t_i = t_i - t_{i-1}$ 的 n 个子区间，这些 t 值与 $\overset{\frown}{AB}$ 弧的折线 $\overline{AM_1M_2\cdots M_i\cdots M_{n-1}B}$ 的顶点相对应，于是点 M_i 的坐标为 $x_i = \varphi(t_i)$，$y_i = \psi(t_i)$，线段 $\overline{M_{i-1}M_i}$ 的长可表示成

$$\overline{M_{i-1}M_i} = \sqrt{(\varphi(t_i) - \varphi(t_{i-1}))^2 + [\psi(t_i) - \psi(t_{i-1})]^2},$$

因 $\varphi(t)$，$\psi(t)$ 在 $[\alpha,\beta]$ 有连续的导数，应用拉格朗日中值定理得

$$\varphi(t_i) - \varphi(t_{i-1}) = \varphi'(\xi_i)(t_i - t_{i-1}) = \varphi'(\xi_i)\Delta t_i, \quad t_{i-1} < \xi_i < t_i,$$

$$\psi(t_i) - \psi(t_{i-1}) = \psi'(\xi_i^*)(t_i - t_{i-1}) = \psi'(\xi_i^*)\Delta t_i, \quad t_{i-1} < \xi_i^* < t_i.$$

因此，整个折线 $\overline{AM_1M_2\cdots M_{n-1}B}$ 的长的表达式为

$$s_n = \sum_{i=1}^{n} \overline{M_{i-1}M_i} = \sum_{i=1}^{n} \sqrt{[\varphi'(\xi_i)]^2 + [\psi'(\xi_i^*)]^2}\,\Delta t_i \tag{5.10}$$

记 $\lambda = \max\limits_{1 \leqslant i \leqslant n}\{\overline{M_{i-1}M_i}\}$，$\bar{\lambda} = \max\limits_{1 \leqslant i \leqslant n}\{\Delta t_i\}$，在题设条件下当 $\lambda \to 0$ 时有 $\bar{\lambda} \to 0$.

如果和式(5.10)中根号下的 ξ_i^* 一一换成 ξ_i，那么(5.10)式就成为函数 $\sqrt{[\varphi'(t)]^2 + [\psi'(t)]^2}$ 在区间 $[\alpha,\beta]$ 上的积分和，由于 $\varphi'(t)$，$\psi'(t)$ 连续，当 $\lambda \to 0$ 时极限存在，就是

$$\lim_{\bar{\lambda} \to 0} \sum_{i=1}^{n} \sqrt{[\varphi'(\xi_i)]^2 + [\psi'(\xi_i)]^2}\,\Delta t_i = \int_{\alpha}^{\beta} \sqrt{[\varphi'(t)]^2 + [\psi'(t)]^2}\,dt,$$

但是这里 ξ_i^* 不一定等于 ξ_i，因而(5.10)式不是积分和，不能直接得到上述结果，为此将(5.10)式改写成

$$\sum_{i=1}^{n} \sqrt{[\varphi'(\xi_i)]^2 + [\psi'(\xi_i^*)]^2}\,\Delta t_i = \sum_{i=1}^{n} \sqrt{[\varphi'(\xi_i)]^2 + [\psi'(\xi_i)]^2}\,\Delta t_i$$

$$+ \sum_{i=1}^{n} \left[\sqrt{[\varphi'(\xi_i)]^2 + [\psi'(\xi_i^*)]^2} - \sqrt{[\varphi'(\xi_i)]^2 + [\psi'(\xi_i)]^2}\right]\Delta t_i. \tag{5.11}$$

而 $\left|\sqrt{[\varphi'(\xi_i)]^2 + [\psi'(\xi_i^*)]^2} - \sqrt{[\varphi'(\xi_i)]^2 + [\psi'(\xi_i)]^2}\right|$

$$= \frac{|[\psi'(\xi_i^*)]^2 - [\psi'(\xi_i)]^2|}{\sqrt{[\varphi'(\xi_i)]^2 + [\psi'(\xi_i^*)]^2} + \sqrt{[\varphi'(\xi_i)]^2 + [\psi'(\xi_i)]^2}}$$

$$= \frac{|\psi'(\xi_i^*) + \psi'(\xi_i)|}{\sqrt{[\varphi'(\xi_i)]^2 + [\psi'(\xi_i^*)]^2} + \sqrt{[\varphi'(\xi_i)]^2 + [\psi'(\xi_i)]^2}} \cdot |\psi'(\xi_i^*) - \psi'(\xi_i)|$$

$$\leqslant |\psi'(\xi_i^*) - \psi'(\xi_i)|.$$

因 $\psi'(t)$ 在 $[\alpha,\beta]$ 上连续，必定一致连续，故 $\forall\ \varepsilon > 0, \exists\ \delta(\varepsilon) > 0$，当 $|\xi_i^* - \xi_i| < \Delta t_i < \delta$ 时，就有

$$|\psi'(\xi_i^*) - \psi'(\xi_i)| < \frac{\varepsilon}{b-a}.$$

于是(5.11)式右边第二项有估计式

$$\left| \sum_{i=1}^{n} \left[\sqrt{[\varphi'(\xi_i)]^2 + [\psi'(\xi_i^*)]^2} - \sqrt{[\varphi'(\xi_i)]^2 + [\psi'(\xi_i)]^2} \right] \Delta t_i \right|$$

$$\leqslant \sum_{i=1}^{n} \left| \sqrt{[\varphi'(\xi_i)]^2 + [\psi'(\xi_i^*)]^2} - \sqrt{[\varphi'(\xi_i)]^2 + [\psi'(\xi_i)]^2} \right| \Delta t_i$$

$$< \sum_{i=1}^{n} \frac{\varepsilon}{b-a} \Delta t_i = \frac{\varepsilon}{b-a} \sum_{i=1}^{n} \Delta t_i = \frac{\varepsilon}{b-a}(b-a) = \varepsilon.$$

所以 $$\lim_{\lambda \to 0} \sum_{i=1}^{n} \sqrt{[\varphi'(\xi_i)]^2 + [\psi'(\xi_i^*)]^2} \Delta t_i = \lim_{\lambda \to 0} \sum_{i=1}^{n} \sqrt{[\varphi'(\xi_i)]^2 + [\psi'(\xi_i)]^2} \Delta t_i$$

$$= \int_\alpha^\beta \sqrt{[\varphi'(t)]^2 + [\psi'(t)]^2}\, dt,$$

从而得证曲线弧 $\overset{\frown}{AB}$ 是可求长的，且弧长计算公式为

$$s = \int_\alpha^\beta \sqrt{x'^2_t + y'^2_t}\, dt = \int_\alpha^\beta \sqrt{[\varphi'(t)]^2 + [\psi'(t)]^2}\, dt.$$

如果曲线弧 $\overset{\frown}{AB}$ 是用直角坐标方程

$$y = f(x) \quad (a \leqslant x \leqslant b)$$

给出的，且 $f(x)$ 在 $[a,b]$ 上具有连续的导数，这时可取 x 作参数，那么方程为

$$\begin{cases} x = x; \\ y = f(x), \end{cases} \quad a \leqslant x \leqslant b.$$

代入公式(5.9)，得直角坐标系下的弧长计算公式

$$s = \int_a^b \sqrt{1 + y'^2}\, dx. \tag{5.12}$$

如果曲线是用极坐标方程

$$r = r(\theta), \quad \theta_0 \leqslant \theta \leqslant \theta_1$$

给出的，且 $r(\theta)$ 在 $[\theta_0, \theta_1]$ 上具有连续的导数，这时可取 θ 作参数，曲线的参数方程为

$$\begin{cases} x = r\cos\theta = r(\theta)\cos\theta; \\ y = r\sin\theta = r(\theta)\sin\theta, \end{cases}$$

于是 $\dfrac{dx}{d\theta} = \dfrac{dr}{d\theta}\cos\theta - r(\theta)\sin\theta$， $\dfrac{dy}{d\theta} = \dfrac{dr}{d\theta}\sin\theta + r(\theta)\cos\theta$，从而

$$\sqrt{(\frac{dx}{d\theta})^2 + (\frac{dy}{d\theta})^2} = \sqrt{r^2(\theta) + (\frac{dr}{d\theta})^2},$$

代入公式(5.9)，便得极坐标下的弧长计算公式

$$s = \int_{\theta_0}^{\theta_1} \sqrt{r^2 + (\frac{dr}{d\theta})^2}\, d\theta. \tag{5.13}$$

应当注意，公式(5.9)，(5.12)，(5.13)中的被积函数均是非负的，因此积分上限必须大于下限，才能保证弧长一定是正的.

例 9 求摆线 $x=a(t-\sin t), y=a(1-\cos t)$ $(0\leqslant t\leqslant 2\pi)$ 一拱(图 6-22)的弧长.

解 $\frac{dx}{dt}=a(1-\cos t), \frac{dy}{dt}=a\sin t$ 代入公式(5.9)，得摆线一拱的弧长

$$s=\int_0^{2\pi}\sqrt{x_t'^2+y_t'^2}dt=\int_0^{2\pi}\sqrt{a^2(1-\cos t)^2+a^2\sin^2 t}dt$$

$$=a\sqrt{2}\int_0^{2\pi}\sqrt{1-\cos t}dt=a\sqrt{2}\int_0^{2\pi}\sqrt{2\sin^2\frac{t}{2}}dt$$

$$=2a\cdot\int_0^{2\pi}\sin\frac{t}{2}dt=4a(-\cos\frac{t}{2})\Big|_0^{2\pi}=8a.$$

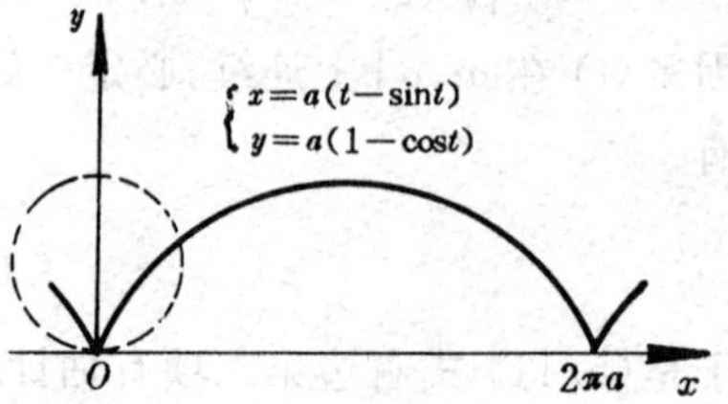

图 6-22

例 10 求椭圆 $x=a\cos t, y=b\sin t, 0\leqslant t\leqslant 2\pi$ 的弧长.

解 由椭圆的对称性，只须计算第一象限部分$(0\leqslant t\leqslant\frac{\pi}{2})$的弧长，再 4 倍.

这里 $\frac{dx}{dt}=-a\sin t$，$\frac{dy}{dt}=a\cos t$，代入公式(5.9)，得椭圆的弧长

$$s=4\int_0^{\frac{\pi}{2}}\sqrt{x_t'^2+y_t'^2}dt=4\int_0^{\frac{\pi}{2}}\sqrt{a^2\sin^2 t+b^2\cos^2 t}dt=4b\int_0^{\frac{\pi}{2}}\sqrt{1-\varepsilon^2\sin^2 t}dt,$$

其中$\frac{\sqrt{b^2-a^2}}{b}=\varepsilon\in(0,1)$为椭圆的离心率，这积分的原函数不是初等函数，称为**椭圆积分**，不能用前面已有的积分方法求出椭圆的弧长，它的计算需要用到无穷级数或其他近似计算方法，但有现成的椭圆积分表可以查出其值.

二、弧微分公式

如果曲线 Γ: $\begin{cases}x=\varphi(t)\\ y=\psi(t)\end{cases}$上任取一定点 $A(t=t_0)$ 作为弧长计算的起点，那么它到 Γ 上任意点 $M(t)$ 的弧$\overset{\frown}{AM}$的长 s 是参数 t 的一个函数 $s(t)$，并约定随着 t 的增大方向 s 取正，另一方向 s 为负，亦即约定随着 t 增大的方向为曲线的正方向，由公式(5.9)，得

$$s=s(t)=\int_{t_0}^{t}\sqrt{\varphi'^2(t)+\psi'^2(t)}dt.$$

它是一个单调增加的函数，应用微积分基本定理，便有

$$\frac{ds}{dt}=\sqrt{\varphi'^2(t)+\psi'^2(t)}$$

或
$$ds=\sqrt{\varphi'^2(t)+\psi'^2(t)}dt. \qquad (5.14)$$

(5.14)式称为**弧长的微分公式(或弧微分公式)**.

当曲线 Γ 是用直角坐标方程 $y=f(x)$ 表示时，有

$$\varphi'(t)=\frac{dx}{dt},\quad \psi'(t)=\frac{dy}{dt},$$

这时的弧微分公式为

$$ds=\sqrt{dx^2+dy^2} \qquad (5.15)$$

或
$$ds=\sqrt{1+(\frac{dy}{dx})^2}dx.$$

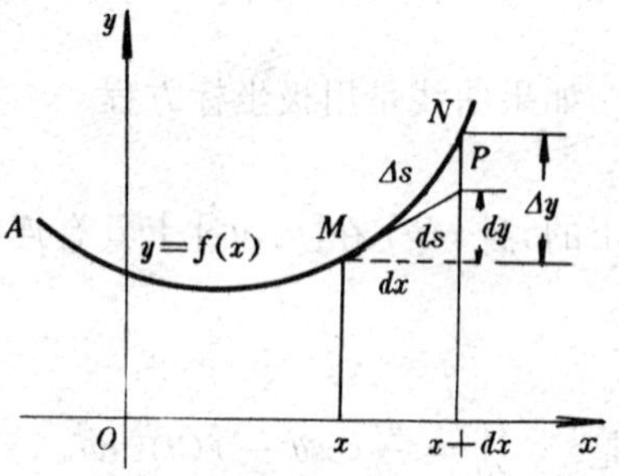

图 6-23

此式有明显的几何意义：如图 6-23 所示，当自变量从 x 增加到 $x+\Delta x$ 时，相应的曲线的切线长 $MP=ds=\sqrt{dx^2+dy^2}$.

如果曲线 Γ 用极坐标方程 $r=r(\theta)$ 表示时，那么弧微分公式为

$$ds=\sqrt{r^2+(\frac{dr}{d\theta})^2}d\theta. \tag{5.16}$$

三、旋转曲面的面积

设函数 $y=y(x)$ 在区间 $[a,b]$ 上是非负的，且有连续的导数，试求由曲线 $y=y(x)(a\leqslant x\leqslant b)$ 绕 x 轴旋转一周而成的旋转曲面(如图 6-24) 的面积.

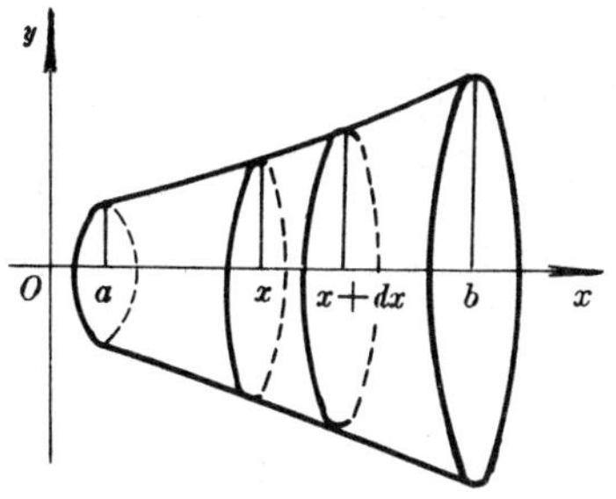

图 6-24

将旋转曲面用垂直于旋转轴 x 轴的平面切割成若干窄带，考察位于微区间 $[x,x+dx]\subset[a,b]$ 上一窄带的面积，用半径为 y，以弧长 dl 为斜高的圆台侧面积近似，得到曲面积的微元

$$ds=2\pi ydl=2\pi y\sqrt{1+y'^2}dx.$$

(注意：这里不能用圆柱面面积 $2\pi ydx$，因为它与 Δs 不是等价无穷小).

把它从 $x=a$ 到 $x=b$ 积分，就得旋转曲面的面积计算公式

$$s=2\pi\int_a^b y\sqrt{1+y'^2}dx. \tag{5.17}$$

例 11 证明半径为 R 的球面积为 $s=4\pi R^2$.

证 球面可以看成如图 6-25 所示的上半圆弧

$$\begin{cases}x=R\cos t;\\ y=R\sin t,\end{cases}\quad(0\leqslant t\leqslant\pi)$$

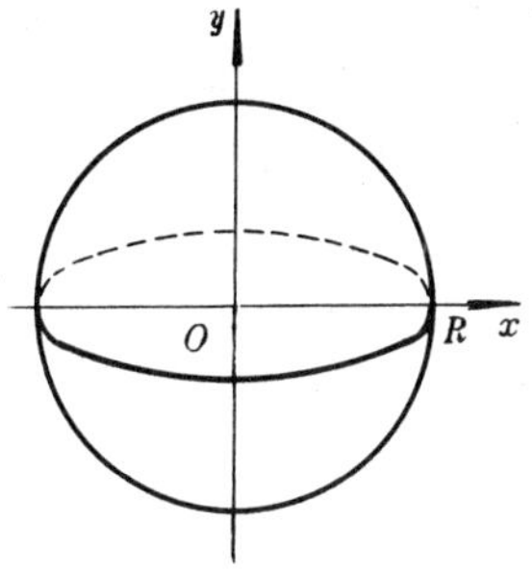

图 6-25

绕 x 轴旋转一周而成的旋转曲面，这时弧长微分为

$$dl=\sqrt{x'^2_t+y'^2_t}dt=Rdt,$$

于是曲面积的微元是

$$ds=2\pi ydl=2\pi R\sin t\cdot Rdt=2\pi R^2\sin tdt,$$

把它从 $t=0$ 到 $t=\pi$ 积分，得

$$s=2\pi R^2\int_0^\pi\sin tdt=2\pi R^2(-\cos t)\Big|_0^\pi=4\pi R^2,$$

从而得证球面积公式为 $S=4\pi R^2$. 证毕

§6 定积分在物理上的应用

6.1 液体的侧压力

由物理学知识，液体压强与液深成正比，因而物体在液中所受的静压力是液深的函数，又压力具有可加性，所以液体的静压力问题可以用定积分来解决.

例1 设有一等腰三角形闸门，垂直置于水中，底边与水面持平，已知底边长为 a 米，高为 h 米，试求闸门受到的水压力.

解 取坐标系如图 6-26 所示，则三角形一条腰边的方程是

$$\frac{x}{h}+\frac{y}{\frac{a}{2}}=1\quad 或\quad y=\frac{a}{2}(1-\frac{x}{h}),$$

因为压强与液深成正比，同一深度的压强是一样的，于是将闸门水平分割成小横条，考察位于微区间$[x,x+dx]\subset[O,h]$上小横条上所受的水压力，得压力微元

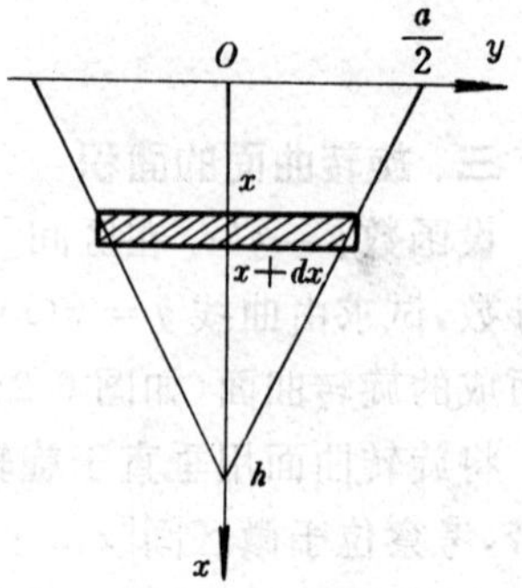

图 6-26

$$dF=\text{压强}\times\text{面积}=\omega x\cdot 2ydx=2\omega x\cdot\frac{a}{2}(1-\frac{x}{h})dx$$
$$=\omega ax(1-\frac{x}{h})dx,$$

其中，水的重度$\omega=1$吨/米^3.

把它从$x=0$到$x=h$积分，就是闸门所受的水压力

$$F=\int_0^h\omega ax(1-\frac{x}{h})dx=\omega a(\frac{x^2}{2}-\frac{x^3}{3h})\Big|_0^h=\frac{1}{6}ah^2(\text{吨}).$$

6.2　变力作功

例 2　设有一直径为 8 米的半球形水池，盛满了水，欲将池水全部抽到距池口高 10 米的水箱上，问至少该作多少功？

解　选取坐标系如图 6-27 所示，这时水池底线圆的方程为

$$x^2+y^2=16.$$

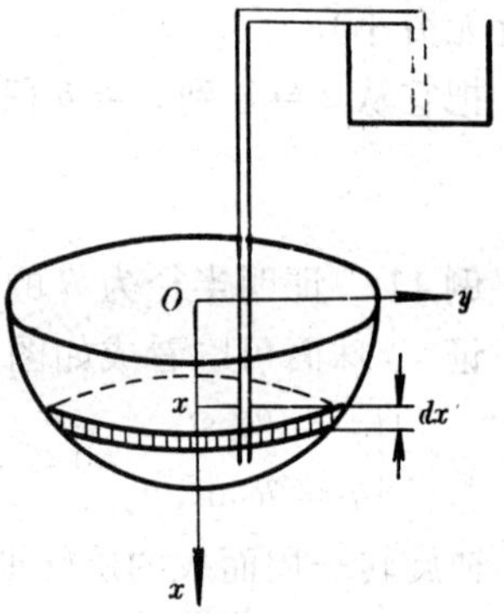

图 6-27

由物理学知，功 = 力 × 位移，这里的力是水的重力，位移是各处水分子到水箱口的距离，因为同一水层到水箱口的距离是一样的. 于是将池水水平分割成若干层，考察位于微区间$[x,x+dx]\subset[0,4]$上一层水提到水箱口所需的功，得功的微元

$$dW=\omega\cdot\pi y^2dx\cdot(x+10)=\omega\pi(x+10)(16-x^2)dx,$$

其中水的重度$\omega=1$吨/米^3.

把它从$x=0$到$x=4$积分，就是所求之功

$$W=\int_0^4\omega\pi(x+10)(16-x^2)dx$$
$$=\omega\pi\int_0^4(160+16x-10x^2-x^3)dx$$
$$=\omega\pi(160x+8x^2-\frac{10}{3}x^3-\frac{x^4}{4})\Big|_0^4\approx 490.67\pi(\text{吨}\cdot\text{米}).$$

这个问题如果把坐标原点取在池底，x轴正向朝上，那么功的积分表达式有什么不同，计算量如何？从中得到什么启发？请读者自己思考后回答.

例 3　已知 2 公斤力能拉长弹簧 1 厘米，问要把弹簧拉长 5 厘米，拉力作了多少功？

解　取弹簧的平衡点作坐标原点建立坐标系如图 6-28 所示.

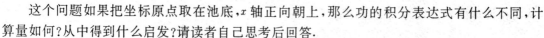

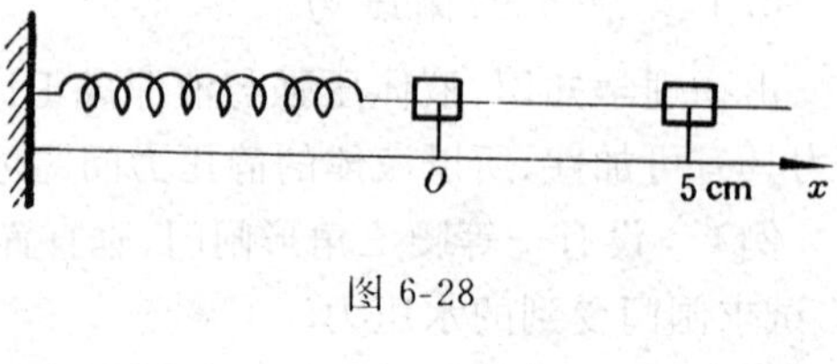

图 6-28

由虎克定律知，在弹性限度内拉长弹簧所需的力与伸长成正比，于是拉长x米所需的力是

$$f=kx,$$

其中k为弹性系数，由弹簧的物理性质所决定，

由题设，当$f=2$公斤时，$x=1$厘米$=0.01$米，代入上式，$2=k\times 0.01$，得$k=200$(公斤/米)，于是有

$$f=200x,$$

$\forall x \in [0,0.05]$,考察拉力在位移微区间$[x,x+dx] \subset [0,0.05]$上所作的功,得功的微元

$$dW = 200x \cdot dx,$$

把它从 $x=0$ 到 $x=0.05$ 积分,就是把弹簧拉长 5 厘米,拉力所作的功

$$W = \int_0^{0.05} 200x dx = 100x^2 \Big|_0^{0.05} = 0.25(\text{公斤·米}).$$

6.3 某些密度分布不均匀的质量问题

例 4 设有一半径为 R 的半圆形薄板,其面密度分布是点到圆心距离 r 的函数 $\mu = \mu(r) = a + br$,试求薄板的质量.

解 注意到这薄板质量分布在变量 r 的变化区间$[0,R]$上,且质量具有可加性,因此可以用定积分解决.

用同心圆将半圆薄板分割成若干个半圆环(如图 6-29). $\forall r \in [O,R]$,考察位于微区间$[r,r+dr] \subset [o,R]$上的半圆环的质量,得质量微元

$$dm = \mu(r) \cdot \pi r dr = \pi(a+br) r dr.$$

把它从 $r=0$ 到 $r=R$ 积分,就是所求的半圆薄板的质量

$$m = \int_0^R \pi(a+br) r dr = \pi\left(\frac{a}{2}r^2 + \frac{b}{3}r^3\right)\Big|_0^R$$

$$= \frac{\pi}{6}R^2(3a+2bR).$$

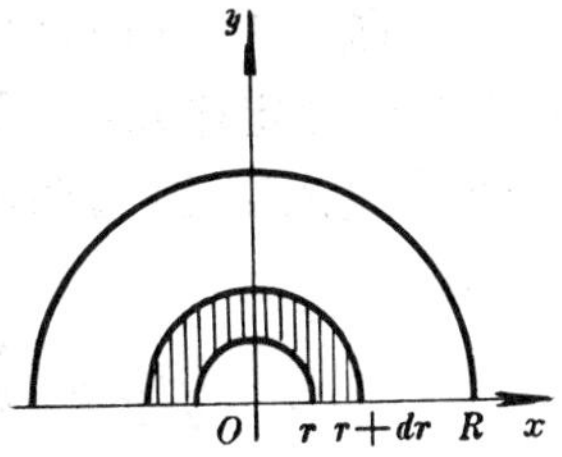

图 6-29

例 5 设有上下半径分别为 R 与 r,高为 H 的圆台形容器,盛满某种溶液,选取坐标系如图 6-30 所示,已知溶液的浓度分层分布,上轻下重,是 y 的函数

$$\mu = \mu_0\left(1 - \frac{y}{2H}\right),$$

其中 μ_0 为正常数,试求溶液的总质量.

解 这里溶液的质量分布在高度 y 的变化区间$[0,H]$上,且质量具有可加性,因此可以用定积分解决.

将溶液水平分成若干层,考察位于微区间$[y,y+dy] \subset [0,H]$上一层溶液的质量,得质量微元

$$dm = \mu(y) \cdot \pi x^2 dy = \mu_0 \pi\left(1 - \frac{y}{2H}\right)x^2 dy,$$

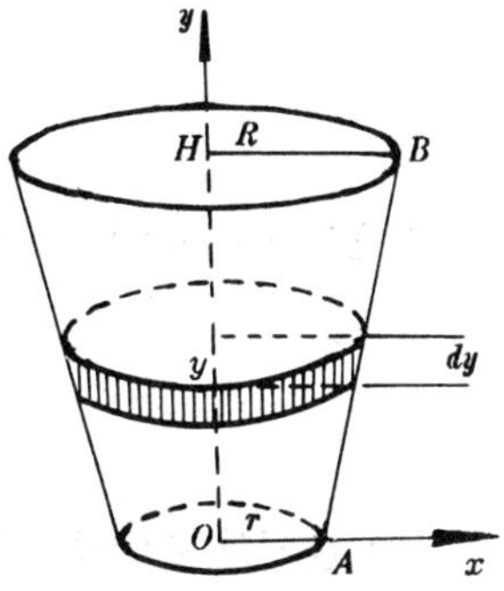

图 6-30

由平面解析几何易知直线 AB 的方程为

$$y = \frac{H}{R-r}(x-r) \quad \text{或} \quad x = r + \frac{R-r}{H}y,$$

代入上式,得质量微元为

$$dm = \mu_0 \pi\left(1 - \frac{y}{2H}\right)\left(r + \frac{R-r}{H}y\right)^2 dy,$$

把它从 $y=0$ 到 $y=H$ 积分,就是所求溶液的总质量

$$m = \mu_0 \pi \int_0^H \left(1 - \frac{y}{2H}\right)\left(r + \frac{R-r}{H}y\right)^2 dy$$

$$= \frac{\mu_0 \pi}{2(R-r)} \int_0^H \left[2(R-r) - \frac{R-r}{H}y\right]\left(r + \frac{R-r}{H}y\right)^2 dy$$

$$= \frac{\mu_0 \pi}{2(R-r)} \int_0^H \left[2(R-r) + r - \left(r + \frac{R-r}{H}y\right)\right]\left(r + \frac{R-r}{H}y\right)^2 dy$$

$$= \frac{\mu_0 \pi}{2(R-r)}\left[(2R-r)\int_0^H (r+\frac{R-r}{H}y)^2 dy - \int_0^H (r+\frac{R-r}{H}y)^3 dy\right]$$

$$= \frac{\mu_0 \pi}{2(R-r)}\left[\frac{(2R-r)H}{3(R-r)}(r+\frac{R-r}{H}y)^3\Big|_0^H - \frac{H}{R-r}\cdot\frac{1}{4}(r+\frac{R-r}{H}y)^4\Big|_0^H\right]$$

$$= \frac{\mu_0 \pi H}{2(R-r)}\left[\frac{2R-r}{3(R-r)}(R^3-r^3) - \frac{1}{4(R-r)}(R^4-r^4)\right]$$

$$= \frac{\mu_0 \pi H}{24(R-r)}(5R^3+rR^2+r^2R-7r^3).$$

6.4 引力

例 6 设有一长度为 l，质量为 M 的匀质细杆及一个质量为 m 的质点，试求：

(1) 当质点位于细杆延长线上距杆端为 a 处，细杆对质点的引力；

(2) 当质点位于细杆中垂线上距细杆为 h 处，细杆对质点的引力.

解 (1) 取细杆一端为原点，x 轴落在细杆上，并指向质点的方向为正向，如图 6-31 所示.

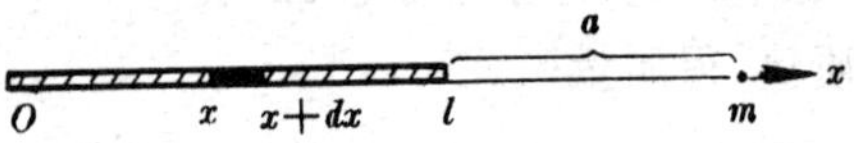

图 6-31

由万有引力定律知，两质点之间的引力的大小与它们的质量成正比，与两质点之间的距离平方成反比，即有

$$f = k\frac{mM}{r^2}.$$

细杆上各点到质点的距离不一样，引力大小也就不一样，为此将细杆分成若干小段，考察位于微区间 $[x, x+dx] \subset [0, l]$ 上小段对质点的引力，小段视作一质点，其质量为 $\frac{M}{l}dx$，到质点的距离为 $(l+a-x)$，于是表示引力大小的微元为

$$df = k\cdot\frac{m\cdot\frac{M}{l}dx}{(l+a-x)^2},$$

把它从 $x=0$ 到 $x=l$ 积分，就是细杆对质点的引力的大小为

$$f = \frac{kmM}{l}\int_0^l \frac{1}{(l+a-x)^2}dx = \frac{kmM}{l(l+a-x)}\Big|_0^l$$

$$= \frac{kmM}{l}(\frac{1}{a} - \frac{1}{l+a}) = \frac{kmM}{a(l+a)}.$$

(2) 这时取坐标原点在细杆中央，且质点落在 y 轴上的正向部分，如图 6-32 所示.

$\forall x \in [-\frac{l}{2}, \frac{l}{2}]$，考察位于微区间 $[x, x+dx] \subset [-\frac{l}{2}, \frac{l}{2}]$ 上小段细杆对质点的引力，这时小段细杆的质量为 $\frac{M}{l}dx$，到质点的距离为 $\sqrt{h^2+x^2}$，于是小段对质点的引力大小为

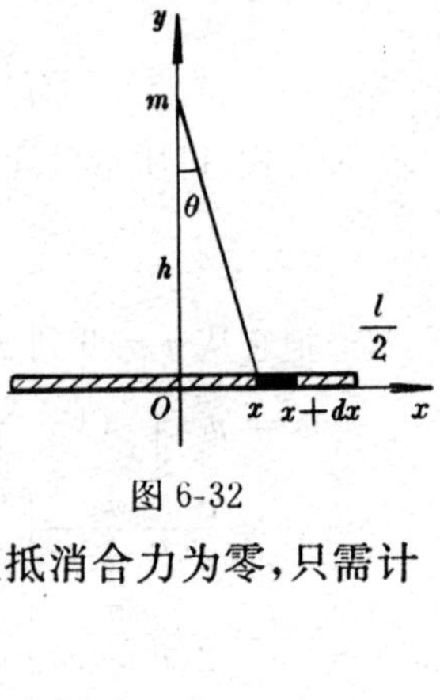

图 6-32

$$k\frac{m\cdot\frac{M}{l}dx}{(\sqrt{h^2+x^2})^2} = \frac{kmM}{l(h^2+x^2)}dx,$$

引力的方向从质点指向 x 处，并设它与 y 轴的负向夹角为 θ，各小段对质点引力的方向是不平行的，相加起来不是积分和，为此须把小段对质点的引力分解成水平分力与垂直分力，由对称性，显然水平分力相互抵消合力为零，只需计算垂直分力，得表示引力大小的微元

$$df=\frac{kmM\,dx}{l(h^2+x^2)}\cdot\cos\theta=\frac{kmM\,dx}{l(h^2+x^2)}\cdot\frac{h}{\sqrt{h^2+x^2}}=\frac{kmMh}{l(h^2+x^2)^{3/2}}dx,$$

把它从 $x=-\frac{l}{2}$ 到 $x=\frac{l}{2}$ 积分，就是所求细杆对质点的引力大小为

$$f=\frac{kmMh}{l}\int_{-\frac{l}{2}}^{\frac{l}{2}}\frac{1}{(h^2+x^2)^{3/2}}dx=\frac{2kmMh}{l}\int_0^{\frac{l}{2}}\frac{1}{(h^2+x^2)^{3/2}}dx$$

$$=\frac{2kmMh}{l}\cdot\frac{x}{h^2\sqrt{h^2+x^2}}\bigg|_0^{l/2}=\frac{2kmM}{h\sqrt{4h^2+l^2}},$$

其方向垂直向下.

6.5 连续函数在闭区间[a,b]上的平均值

为了对一组数 $y_1,y_2,\cdots,y_n$ 的大小有一个总体的了解，通常用它们的算术平均值

$$\bar{y}=\frac{y_1+y_2+\cdots+y_n}{n}$$

来刻划，其中每一个数 y_i 在平均值中所占的份额为自身的 n 分之一，即 $\frac{y_i}{n}$，对于一个在闭区间[a,b]上连续的函数 $f(x)$ 的大小，在实际工作中常常需要有一个总体的了解，比如化学反应速度的快慢，通电导线在一个周期内的电流强度等等.

连续函数 $f(x)$ 在闭区间[a,b]上的函数值有无穷多个，如何描述这无穷多个数的平均值呢？我们把区间[a,b]分为 n 等分，每个小区间[x_{i-1},x_i]$(i=1,2,\cdots,n)$ 的长度是 $\Delta x=\frac{b-a}{n}$，先考察区间[a,b]上函数 $f(x)$ 的平均值在小区间[x_{i-1},x_i]所占的份额：

当 Δx 很小时，在小区间[x_{i-1},x_i]上可以把 $f(x)$ 看成一个不变的常量，用小区间上任一点 ξ_i 的函数值 $f(\xi_i)$ 来近似，于是区间[a,b]上函数 $f(x)$ 的平均值 $\bar{f}$ 在小区间[x_{i-1},x_i]所占的份额为

$$\Delta\bar{f}\approx\frac{f(\xi_i)}{n}=\frac{f(\xi_i)}{b-a}\cdot\frac{b-a}{n}=\frac{f(\xi_i)}{b-a}\Delta x,$$

则平均值的微元为

$$d\bar{f}=\frac{f(x)}{b-a}dx, \tag{6.1}$$

再把它从 $x=a$ 到 $x=b$ 积分，便是连续函数 $f(x)$ 在闭区间[a,b]上的平均值

$$\bar{f}=\frac{1}{b-a}\int_a^b f(x)dx. \tag{6.2}$$

其实这个 $\bar{f}$ 就是积分中值定理中的 $f(\xi)$.

例 7 已知某物质在一化学反应过程中的反应速度为 $v=mke^{-\beta t}$，其中 m 为物质在反应开始时的质量，k 与 β 为非零常数. 试求此化学反应在 t_0 到 t_1 时间内的平均反应速度.

解 由公式(6.2)得平均反应速度为

$$\bar{v}=\frac{1}{t_1-t_0}\int_{t_0}^{t_1}mke^{-\beta t}dt=\frac{mk}{t_1-t_0}\left(-\frac{1}{\beta}\right)e^{-\beta t}\bigg|_{t_0}^{t_1}=\frac{mk}{\beta(t_1-t_0)}(e^{-\beta t_0}-e^{-\beta t_1}).$$

例 8 求正弦交流电 $I(t)=I_m\sin\omega t$ 在一个周期内的平均功率，这里 I_m 为电流的最大值(峰值)，ω 为圆频率.

解 由电学知识，交流电流 I 在时刻 t 通过电阻 R 所耗的功率为

$$P(t)=RI^2(t)=RI_m^2\sin^2\omega t,$$

而周期为 $T=\frac{2\pi}{\omega}$，因此它在一个周期内的平均功率是

$$\overline{P} = \frac{1}{\frac{2\pi}{\omega}}\int_0^T P(t)dt = \frac{\omega}{2\pi}\int_0^{\frac{2\pi}{\omega}} RI_m^2\sin^2\omega t dt = \frac{\omega RI_m^2}{2\pi}\cdot\frac{1}{2}\int_0^{\frac{2\pi}{\omega}}(1-\cos 2\omega t)dt$$

$$= \frac{\omega RI_m^2}{4\pi}\cdot\left(t - \frac{1}{2\omega}\sin 2\omega t\right)\Big|_0^{\frac{2\pi}{\omega}} = \frac{RI_m^2}{2} = \frac{I_m U_m}{2} \quad (U_m = RI_m).$$

这结果表明，正弦交流电的平均功率等于电流与电压峰值乘积的一半. 通常电灯泡上注明的 40W，60W 字样，指的就是这种平均功率.

§7 定积分的近似计算

用 $N-L$ 公式计算定积分，只有在被积函数的原函数可以用初等函数或者分段函数表示时实现，如果说原函数不能用初等函数表示或者原函数很复杂，甚至在实际工作中有时被积函数仅由一张表格或图形表示，遇到这些情形时，就需进行近似计算.

定积分 $\int_a^b f(x)dx$ 的几何意义是，在数值上等于以 $y=f(x)$ 为曲边，以 $[a,b]$ 为底的曲边梯形的面积. 因此，设法将曲边梯形面积的近似值算出来，那就是一种定积分的近似计算法，下面介绍最简单的几种.

7.1 矩形法

将区间 $[a,b]$ n 等分，小区间的长度为 $\Delta x = \frac{b-a}{n}$，过分点 $x_i = a + i\Delta x \quad (i=1,2,\cdots,n-1)$ 作平行于 y 轴的直线，把曲边梯形切割成 n 个小曲边梯形，用小区间的左端点的函数值 $y_{i-1} = f(x_{i-1})$ 为高，Δx 为底的小矩形面积之和近似小曲边梯形面积之和(如图 6-33)，就得定积分的近似值.

$$\int_a^b f(x)dx \approx y_0\Delta x + y_1\Delta x + \cdots + y_{n-1}\Delta x$$

$$= \frac{b-a}{n}(y_0 + y_1 + \cdots + y_{n-1}). \qquad (7.1)$$

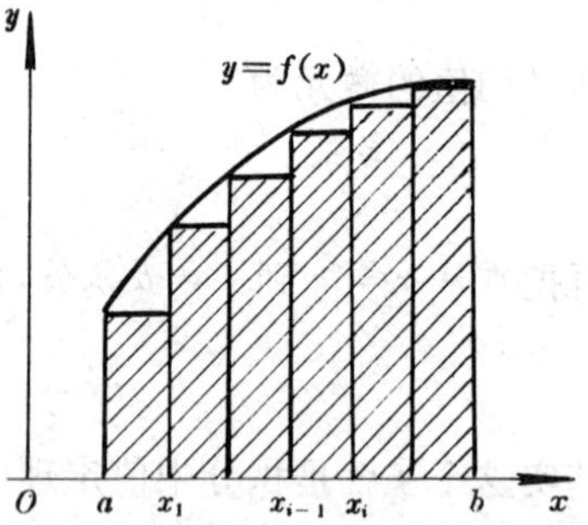

图 6-33

亦可取小区间右端点的函数值 $y_i = f(x_i)$ 作为小矩形的高，那么定积分的近似值为

$$\int_a^b f(x)dx \approx y_1\Delta x + y_2\Delta x + \cdots + y_n\Delta x$$

$$= \frac{b-a}{n}(y_1 + y_2 + \cdots + y_n). \qquad (7.2)$$

此法称为**矩形法**，公式(7.1)、(7.2) 称为**矩形公式**.

7.2 梯形法

矩形公式的误差较大，为了提高精度，可改用折线代替曲线，用小梯形面积近似小曲边梯形面积(如图 6-34)，这种方法叫做**梯形法**. 小梯形的面积分别为

$$\frac{y_0+y_1}{2}\Delta x,\quad \frac{y_1+y_2}{2}\Delta x,\cdots,\frac{y_{n-1}+y_n}{2}\Delta x,$$

于是得定积分的近似计算公式

$$\int_a^b f(x)dx \approx \frac{y_0+y_1}{2}\Delta x + \frac{y_1+y_2}{2}\Delta x + \cdots + \frac{y_{n-1}+y_n}{2}\Delta x$$

$$= \frac{b-a}{n}\left[\frac{y_0+y_n}{2}+(y_1+y_2+\cdots+y_{n-1})\right]. \tag{7.3}$$

称(7.3)为**梯形公式**.

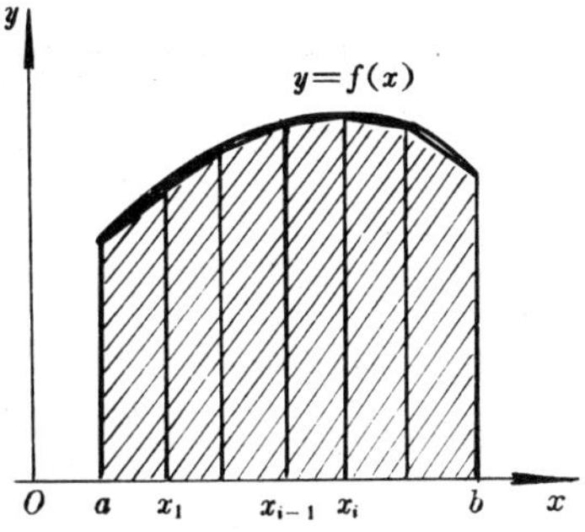

图 6-34

7.3 抛物线法(辛普生(simpson)法)

其实,矩形法是在小区间上用一个常数 y_i 近似函数 $f(x), x\in[x_{i-1},x_i]$,梯形法是用一个一次函数 $y=f(x_{i-1})+\frac{f(x_i)-f(x_{i-1})}{x_i-x_{i-1}}(x-x_{i-1})$ 近似函数 $f(x)$,如果需要提高精度,我们可以用一个二次函数

$$y=\alpha x^2+\beta x+\gamma$$

近似函数 $f(x)$,这在几何上相当于用一条对称轴平行于 y 轴的抛物线代替曲线 $y=f(x)$. 这里有三个待定的常数 α、β、γ,可令抛物线通过三点来确定,为此我们将区间 $[a,b]$ 偶数等分,每等分的长度 $\Delta x=\frac{b-a}{n}$,每相邻的两个小曲边梯形面积,用过曲线 $y=f(x)$ 上相应的三点 $(x_{2(i-1)},y_{2(i-1)})$,(x_{2i-1},y_{2i-1}),(x_{2i},y_{2i}) 所唯一确定的一条抛物线 $y=\alpha x^2+\beta x+\gamma$ 梯形的面积近似代替(如图 6-35).

先计算位于区间 $[x_0,x_1]$ 与 $[x_1,x_2]$ 上的第一个抛物梯形的面积 A_1.

$$A_1=\int_{x_0}^{x_2}(\alpha x^2+\beta x+\gamma)dx=\left(\frac{\alpha}{3}x^3+\frac{\beta}{2}x^2+\gamma x\right)\Big|_{x_0}^{x_2}$$

$$=\frac{\alpha}{3}(x_2^3-x_0^3)+\frac{\beta}{2}(x_2^2-x_0^2)+\gamma(x_2-x_0)$$

$$=\frac{x_2-x_0}{6}[2\alpha(x_2^2+x_0x_2+x_0^2)+3\beta(x_2+x_0)+6\gamma]$$

$$=\frac{x_2-x_0}{6}[(\alpha x_2^2+\beta x_2+\gamma)+(\alpha x_0^2+\beta x_0+\gamma)+\alpha(x_2+x_0)^2+2\beta(x_2+x_0)+4\gamma],$$

因为 $y_0=\alpha x_0^2+\beta x_0+\gamma$, $y_2=\alpha x_2^2+\beta x_2+\gamma$, $\frac{x_2+x_0}{2}=x_1$, $x_2-x_0=2\Delta x=\frac{2(b-a)}{n}$,

代入上式,得

$$A_1=\frac{b-a}{3n}[y_2+y_0+4(\alpha x_1^2+\beta x_1+\gamma)],$$

$$=\frac{b-a}{3n}(y_0+4y_1+y_2),$$

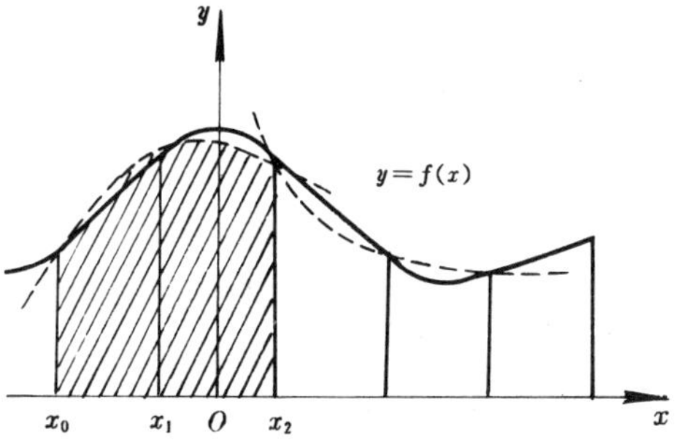

图 6-35

同理可得第 $2,3,\cdots,\frac{n}{2}$ 个抛物梯形的面积分别为

$$A_2=\frac{b-a}{3n}(y_2+4y_3+y_4),$$

$$A_3=\frac{b-a}{3n}(y_4+4y_5+y_6),$$

……

$$A_{\frac{n}{2}}=\frac{b-a}{3n}(y_{n-2}+4y_{n-1}+y_n).$$

将这 $\frac{n}{2}$ 个抛物梯形的面积相加,就得到定积分 $\int_a^b f(x)dx$ 的近似表达式

$$\int_a^b f(x)dx\approx\frac{b-a}{3n}[(y_0+4y_1+y_2)+(y_2+4y_3+y_4)+\cdots+(y_{n-2}+4y_{n-1}+y_n)]$$

$$= \frac{b-a}{3n}[(y_0 + y_n) + 4(y_1 + y_3 + y_5 + \cdots + y_{n-1}) + 2(y_2 + y_4 + \cdots + y_{n-2})] \tag{7.4}$$

式(7.4)称为**抛物线公式(或辛普生公式)**.

可以证明,上述定积分的近似计算公式有如下的误差估计式:

矩形公式 $R_n \leqslant \frac{(b-a)^2}{2n} M_1$,

梯形公式 $R_n \leqslant \frac{(b-a)^3}{12n^2} M_2$,

抛物线公式 $R_n \leqslant \frac{(b-a)^5}{2880n^4} M_4$.

其中 n 为区间$[a,b]$的等分数;$M_i = \max\limits_{a \leqslant x \leqslant b} |f^{(i)}(x)|$, $(i = 1,2,4)$.

从这些误差估计式,可以看出,在一般情形下:

(1) 使用一个公式时,区间$[a,b]$的等分数 n 愈大,误差愈小.

(2) 对于相同的等分数,抛物线公式误差最小,矩形公式误差最大.

在实际工作中,如果需要更高精度,可参阅《计算方法》方面的教材.

误差估计式中的 M_i 计算是比较复杂的,因此常常采用下述方法:算出 n 等分的近似值 $A(n)$,再算出 $2n$ 等分的近似值 $A(2n)$,若 $|A(2n) - A(n)|$ 小于允许误差时,可取 $A(2n)$ 作为要求的近似值,否则继续把等分数倍增,算出 $A(4n)$,然后检验 $|A(4n) - A(2n)|$ 是否小于允许误差,依此类推,直至满足要求为止,这方法计算量虽较大,但方法简单,便于在计算机上实现.

例 1 用梯形法和抛物线法计算积分 $\int_0^1 \frac{\sin x}{x} dx$ 的近似值.

解 因为 $\lim\limits_{x \to 0} \frac{\sin x}{x} = 1$,在 $x = 0$ 处定义被积函数的值为1,这样 $\frac{\sin x}{x}$ 在区间$[0,1]$上是连续函数,原函数存在,但是原函数不是初等函数,无法用 $N-L$ 公式计算积分值,现在采用近似计算方法,把积分区间$[0,1]$分成8等分,各分点的函数值计算如下:

x_i	0	$\frac{1}{8}$	$\frac{1}{4}$	$\frac{3}{8}$	$\frac{1}{2}$
$y_i = \frac{\sin x}{x}$	1.00000	0.99740	0.98962	0.97673	0.95885
x_i	$\frac{5}{8}$	$\frac{3}{4}$	$\frac{7}{8}$	1	
$y_i = \frac{\sin x}{x}$	0.93616	0.90885	0.87719	0.84147	

用梯形公式(7.3),得

$$\int_0^1 \frac{\sin x}{x} dx \approx \frac{1}{8}\left[\frac{y_0 + y_8}{2} + (y_1 + y_2 + y_3 + y_4 + y_5 + y_6 + y_7)\right]$$

$$= \frac{1}{8}\left[\frac{1.00000 + 0.84147}{2} + 0.99740 + 0.98962 + 0.97673 + 0.95885 + 0.93616 + 0.90885 + 0.87719\right] \approx 0.94569,$$

用抛物线公式(7.4),得

$$\int_0^1 \frac{\sin x}{x} dx \approx \frac{1}{24}[(y_0 + y_8) + 4(y_1 + y_3 + y_5 + y_7) + 2(y_2 + y_4 + y_6)]$$

$$= \frac{1}{24}[1.00000 + 0.84147 + 4(0.99740 + 0.97673 + 0.93616$$

$$+0.87719)+2(0.98962+0.95885+0.90885)]\approx 0.94608.$$

$\int_0^x \frac{\sin t}{t}dt$ 是一个非初等函数，称为**正弦积分函数**，记作 $\mathrm{si}(x)$，即 $\mathrm{si}(x)=\int_0^x \frac{\sin t}{t}dt$，其函数值有专门的函数表可查，$\mathrm{si}(1)=\int_0^1 \frac{\sin t}{t}dt$ 的七位准确值是 0.9460831，对照上面的计算结果，可见抛物线公式比梯形公式要精确得多.

例 2 求椭圆 $\frac{x^2}{1}+\frac{y^2}{4}=1$ 的周长.

解 椭圆的参数方程是

$$\begin{cases} x=\cos t; \\ y=2\sin t, \end{cases} \quad (0\leqslant t\leqslant 2\pi).$$

由对称性，只须计算第一象限部分$(0\leqslant t\leqslant \frac{\pi}{2})$的弧长，再 4 倍，应用弧长计算公式，得

$$l=4\int_0^{\frac{\pi}{2}} \sqrt{x'^2_t+y'^2_t}\,dt=4\int_0^{\frac{\pi}{2}} \sqrt{\sin^2 t+4\cos^2 t}\,dt$$

$$=4\int_0^{\frac{\pi}{2}} \sqrt{4-3\sin^2 t}\,dt=8\int_0^{\frac{\pi}{2}} \sqrt{1-\frac{3}{4}\sin^2 t}\,dt.$$

这是一个椭圆积分，现用抛物线公式近似计算.

将积分区间$[0,\frac{\pi}{2}]$分为 6 等分，计算函数 $f(t)=\sqrt{1-\frac{3}{4}\sin^2 t}$ 在各分点的函数值如下：

t_i	0	$\frac{\pi}{12}$	$\frac{\pi}{6}$	$\frac{\pi}{4}$	$\frac{\pi}{3}$	$\frac{5\pi}{12}$	$\frac{\pi}{2}$
$f(t_i)$	1.00000	0.97456	0.90139	0.79057	0.66144	0.54794	0.50000

代入抛物线公式(7.4)，得

$$l=8\int_0^{\frac{\pi}{2}} \sqrt{1-\frac{3}{4}\sin^2 t}\,dt\approx 8\cdot\frac{\frac{\pi}{2}}{18}[(y_0+y_6)+4(y_1+y_3+y_5)+2(y_2+y_4)]$$

$$=\frac{2\pi}{9}[1.00000+0.50000+4(0.97456+0.79057+0.54794)$$

$$+2(0.90139+0.66144)]=\frac{2\pi}{9}\times 13.87794\approx 9.68863.$$

这就是椭圆$\frac{x^2}{1}+\frac{y^2}{4}=1$周长的近似值.

§8 广义积分

前面讨论的定积分，是限定在积分区间为有限、被积函数在积分区间上是有界的条件下的，可是在实际问题中常会遇到不满足这些条件的情形，因此有必要对定积分的概念在这两个方面加以扩展，得到所谓广义积分，相应地把前面的定积分叫常义积分.

8.1 无穷区间上的广义积分

定义 设函数 $f(x)$ 在$[a,+\infty)$上连续，对$[a,+\infty)$上任意一点 t，积分$\int_a^t f(x)dx$ 存在，称极限

$$\lim_{t\to+\infty}\int_a^t f(x)dx$$

为函数 $f(x)$ **在无穷区间** $[a,+\infty)$ **上的广义积分**，记作 $\int_a^{+\infty} f(x)dx$，即

$$\int_a^{+\infty} f(x)dx = \lim_{t\to+\infty}\int_a^t f(x)dx. \tag{8.1}$$

若(8.1)式右边的极限存在，就称广义积分 $\int_a^{+\infty} f(x)dx$ 是**收敛的**，并且这极限就是广义积分的值，否则称广义积分 $\int_a^{+\infty} f(x)dx$ 是**发散的**.

类似地可定义在无穷区间 $(-\infty,b]$ 和 $(-\infty,+\infty)$ 上的广义积分：

$$\int_{-\infty}^{b} f(x)dx = \lim_{t\to+\infty}\int_{-t}^{b} f(x)dx$$

$$\int_{-\infty}^{+\infty} f(x)dx = \int_{-\infty}^{c} f(x)dx + \int_{c}^{+\infty} f(x)dx = \lim_{t\to+\infty}\int_{-t}^{c} f(x)dx + \lim_{t'\to+\infty}\int_{c}^{t'} f(x)dx.$$

注意，这里 t 与 t' 是两个独立的变量，c 是任意取定的常数，当 $\int_{-\infty}^{c} f(x)dx$ 与 $\int_{c}^{+\infty} f(x)dx$ 两个广义积分都收敛时，$\int_{-\infty}^{+\infty} f(x)dx$ 才是收敛的.

例 1 求广义积分 $\int_0^{+\infty} xe^{-x}dx$ 的值.

解 $\int_0^{+\infty} xe^{-x}dx = \lim\limits_{t\to+\infty}\int_0^t xe^{-x}dx = \lim\limits_{t\to+\infty}\left[-xe^{-x}\Big|_0^t + \int_0^t e^{-x}dx\right] = \lim\limits_{t\to+\infty}\left[-te^{-t}-(e^{-t}-1)\right] = 1.$

简记为 $\int_0^{+\infty} xe^{-x}dx = -xe^{-x}\Big|_0^{+\infty} + \int_0^{+\infty} e^{-x}dx = 0 - e^{-x}\Big|_0^{+\infty} = 1,$

这里 $\lim\limits_{x\to+\infty} xe^{-x} = 0$ 是用洛比达法则求得的.

例 2 $\int_0^{+\infty}\frac{1}{1+x^2}dx = \text{arctg}x\,\Big|_0^{+\infty} = \frac{\pi}{2} - \text{arctg}0 = \frac{\pi}{2}.$

$\int_{-\infty}^{0}\frac{1}{1+x^2}dx = \text{arctg}x\,\Big|_{-\infty}^{0} = \text{arctg}0 - (-\frac{\pi}{2}) = \frac{\pi}{2}.$

$\int_{-\infty}^{+\infty}\frac{1}{1+x^2}dx = \text{arctg}x\,\Big|_{-\infty}^{+\infty} = \frac{\pi}{2} - (-\frac{\pi}{2}) = \pi.$

可见这三个广义积分都是收敛的.

例 3 讨论广义积分 $\int_0^{+\infty}\cos xdx$ 与 $\int_0^{+\infty}\sin xdx$ 的敛散性.

解 $\int_0^{+\infty}\cos xdx = \sin x\,\Big|_0^{+\infty}$，当 $x\to+\infty$ 时 $\sin x$ 的极限不存在，故广义积分 $\int_0^{+\infty}\cos xdx$ 发散.同理 $\int_0^{+\infty}\sin xdx$ 也是发散的.

例 4 讨论广义积分 $\int_a^{+\infty}\frac{1}{x^p}dx\,(a>0)$ 的敛散性.

解 当 $p\neq 1$ 时，$\int_a^{+\infty}\frac{1}{x^p}dx = \frac{x^{1-p}}{1-p}\Big|_a^{+\infty} = \begin{cases}\frac{a^{1-p}}{p-1}, & p>1,\\ +\infty, & p<1;\end{cases}$

当 $p=1$ 时，$\int_a^{+\infty}\frac{1}{x}dx = \ln x\,\Big|_a^{+\infty} = +\infty,$

所以广义积分 $\int_a^{+\infty}\frac{1}{x^p}dx$ 的敛散性取决于"指标"p，当 $p>1$ 时收敛，当 $p\leqslant 1$ 时发散，故称此广义积分为 p—**积分**.这个结果在以后讨论广义积分的敛散性时常要用到.

例 5 设有质量为 m 的火箭，欲将其垂直发射到脱离地球引力范围的太空去，试问火箭克

服地球引力所需的功和最低初速是多少?

解 由万有引力定律知,地球对火箭的引力为

$$f = k\frac{mM}{r^2},$$

其中 M 为地球质量,r 为火箭到地心的距离,k 为引力常数,为了确定 k 与 M,可将火箭放在地面上,这时引力为 mg,$r = R$,得

$$mg = k\cdot\frac{mM}{R^2},$$

于是 $kM = gR^2$,因此地球对火箭的引力是

$$f = \frac{mgR^2}{r^2}.$$

从理论上看,要把火箭送到太空去,火箭的位移应是 $[R, +\infty)$,所以火箭克服地球引力需作的功是

$$W = \int_R^{+\infty}\frac{mgR^2}{r^2}dr = -\frac{mgR^2}{r}\Big|_R^{+\infty} = mgR.$$

再根据能量守恒定律,有

$$mgR = \frac{1}{2}mv^2,$$

解得

$$v = \sqrt{2gR},$$

将 $g = 9.81$ 米/秒^2,地球半径 $R = 6.371\times 10^6$ 米,代入上式,有

$$v = \sqrt{2\times 9.81\times 6.371\times 10^6} \approx 11.2 \text{ 公里/秒},$$

这是火箭发射到地球引力范围以外的太空去,所需要的最低初速,通常称为**第二宇宙速度**.

8.2 无界函数的广义积分

定义 设函数 $f(x)$ 在区间 $[a,b)$ 上连续,且当 $x\to b^-$ 时,$f(x)\to\infty$,对于任意给定充分小的正数 ε,常义积分 $\int_a^{b-\varepsilon}f(x)dx$ 存在,称极限

$$\lim_{\varepsilon\to 0}\int_a^{b-\varepsilon}f(x)dx$$

为**无界函数 $f(x)$ 在区间 $[a,b]$ 上的广义积分**,记作 $\int_a^b f(x)dx$,即

$$\int_a^b f(x)dx = \lim_{\varepsilon\to 0}\int_a^{b-\varepsilon}f(x)dx. \tag{8.2}$$

如果(8.2)式右边的极限存在,则称广义积分 $\int_a^b f(x)dx$ 是**收敛的**,且此极限就是广义积分的值.否则称此广义积分是**发散的**.

当 $x\to b$ 时,函数 $f(x)\to\infty$,这时称 $x = b$ 为函数 $f(x)$ 的**瑕点**,因而无界函数的广义积分也称**瑕积分**.

类似地可定义瑕点在区间的左端和在内点 $c\in(a,b)$ 时的瑕积分.

$$\int_a^b f(x)dx = \lim_{\varepsilon\to 0^+}\int_{a+\varepsilon}^b f(x)dx.$$

$$\int_a^b f(x)dx = \int_a^c f(x)dx + \int_c^b f(x)dx = \lim_{\varepsilon\to 0^+}\int_a^{c-\varepsilon}f(x)dx + \lim_{\varepsilon'\to 0^+}\int_{c+\varepsilon'}^b f(x)dx.$$

这里要注意 ε 与 ε' 是两个独立的变量①，只有当上式右边两个极限都存在时，左边的广义积分才是收敛的.

例 6 求 $\int_0^1 \ln x dx$.

解 当 $x \to 0^+$ 时，$\lim\limits_{x\to 0^+} \ln x = -\infty$，所以这是瑕积分.

$$\int_0^1 \ln x dx = \lim_{\varepsilon\to 0^+} \int_{0+\varepsilon}^1 \ln x dx = \lim_{\varepsilon\to 0^+} (x\ln x - x)\Big|_{\varepsilon}^1 = \lim_{\varepsilon\to 0^+} (-1 - \varepsilon\ln\varepsilon + \varepsilon) = -1,$$

其中 $\lim\limits_{\varepsilon\to 0^+} \varepsilon\ln\varepsilon = 0$，是根据洛比达法则求得的. 故此瑕积分是收敛的.

例 7 判别 $\int_{-1}^1 \frac{1}{x^2}dx$ 的敛散性.

解 当 $x \to 0$ 时，$\frac{1}{x^2} \to +\infty$，所以这是瑕积分.

$$\int_{-1}^1 \frac{1}{x^2}dx = \int_{-1}^0 \frac{1}{x^2}dx + \int_0^1 \frac{1}{x^2}dx = \lim_{\varepsilon\to 0^+} \int_{-1}^{-\varepsilon} \frac{1}{x^2}dx + \lim_{\varepsilon'\to 0^+} \int_{\varepsilon'}^1 \frac{1}{x^2}dx$$

$$= \lim_{\varepsilon\to 0^+} \left(-\frac{1}{x}\right)\Big|_{-1}^{-\varepsilon} + \lim_{\varepsilon'\to 0^+} \left(-\frac{1}{x}\right)\Big|_{\varepsilon'}^1 = \lim_{\varepsilon\to 0^+} \left(\frac{1}{\varepsilon} - 1\right) + \lim_{\varepsilon'\to 0^+} \left(-1 + \frac{1}{\varepsilon'}\right),$$

最后两个极限都不存在，因此，这瑕积分是发散的.

此题如果不加检验，误认为是常义积分，那么就得出错误的结果.

$$\int_{-1}^1 \frac{1}{x^2}dx = -\frac{1}{x}\Big|_{-1}^1 = -1 - 1 = -2.$$

例 8 求 $\int_0^a \frac{1}{\sqrt{a^2 - x^2}}dx \quad (a > 0)$.

解 当 $x \to a^-$ 时，$\frac{1}{\sqrt{a^2 - x^2}} \to +\infty$，所以是瑕积分.

$$\int_0^a \frac{1}{\sqrt{a^2 - x^2}}dx = \lim_{\varepsilon\to 0^+} \int_0^{a-\varepsilon} \frac{1}{\sqrt{a^2 - x^2}}dx = \lim_{\varepsilon\to 0^+} \arcsin\frac{x}{a}\Big|_0^{a-\varepsilon}$$

$$= \lim_{\varepsilon\to 0^+} \arcsin\left(1 - \frac{\varepsilon}{a}\right) = \arcsin 1 = \frac{\pi}{2}.$$

例 9 讨论广义积分 $\int_a^b \frac{1}{(b-x)^p}dx$ 的敛散性.

解 当 $p > 0$ 时，这是上限 b 为瑕点的广义积分.

当 $p \neq 1$ 时，

$$\int_a^b \frac{1}{(b-x)^p}dx = \lim_{\varepsilon\to 0^+} \int_a^{b-\varepsilon} \frac{1}{(b-x)^p}dx = \lim_{\varepsilon\to 0^+} \frac{-(b-x)^{1-p}}{1-p}\Big|_a^{b-\varepsilon}$$

$$= \lim_{\varepsilon\to 0^+} \frac{(b-a)^{1-p} - \varepsilon^{1-p}}{1-p} = \begin{cases} \dfrac{(b-a)^{1-p}}{1-p}, & \text{当 } p < 1 \text{ 时;} \\ +\infty, & \text{当 } p > 1 \text{ 时.} \end{cases}$$

当 $p = 1$ 时，

$$\int_a^b \frac{1}{b-x}dx = \lim_{\varepsilon\to 0^+} \int_a^{b-\varepsilon} \frac{1}{b-x}dx = -\lim_{\varepsilon\to 0^+} \ln|b-x|\Big|_a^{b-\varepsilon}$$

$$= \lim_{\varepsilon\to 0^+} [\ln(b-a) - \ln\varepsilon] = +\infty.$$

---

① 若 $\varepsilon = \varepsilon'$，极限 $\lim\limits_{\varepsilon\to 0^+} \left[\int_a^{c-\varepsilon} f(x)dx + \int_{c+\varepsilon}^b f(x)dx\right]$ 存在，称为函数 $f(x)$ 在柯西主值意义下收敛. 这种收敛在工程技术中有时要遇到，但本课程不讨论.

所以广义积分$\int_a^b \frac{1}{(b-x)^p}dx = \begin{cases} \frac{(b-a)^{1-p}}{1-p}; & 当\ p<1\ 时, \\ 发散, & 当\ p\geqslant 1\ 时. \end{cases}$

8.3 广义积分敛散性的判别法

一、无穷区间广义积分敛散性的判别法

定理一(比较法) 设函数 $f(x),g(x)$ 在$[a,+\infty)$上连续,且有 $0\leqslant f(x)\leqslant g(x)$,那么

(1) 当$\int_a^{+\infty} g(x)dx$ 收敛时,$\int_a^{+\infty} f(x)dx$ 必收敛;

(2) 当$\int_a^{+\infty} f(x)dx$ 发散时,$\int_a^{+\infty} g(x)dx$ 必发散.

证 (1) 任取 $t\in[a,+\infty)$,记 $F(t)=\int_a^t f(x)dx$, $G(t)=\int_a^t g(x)dx$.
因 $F'(t)=f(t)\geqslant 0$,故 $F(t)$ 在$[a,+\infty)$上单调增加,同理 $G(t)$ 在$[a,+\infty)$也单调增加.

由题设 $0\leqslant f(x)\leqslant g(x)\quad(x\geqslant a)$,应用定积分性质 5°,便有

$$0\leqslant F(t)=\int_a^t f(x)dx\leqslant\int_a^t g(x)dx\leqslant\int_a^{+\infty} g(x)dx,$$

若$\int_a^{+\infty} g(x)dx$ 收敛,记其值为 M,则必有

$$0\leqslant F(t)\leqslant M,$$

于是函数 $F(t)=\int_a^t f(x)dx$ 单调增加且有上界,从而极限 $\lim\limits_{t\to+\infty}F(t)=\lim\limits_{t\to+\infty}\int_a^t f(x)dx$ 存在,亦即广义积分$\int_a^{+\infty} f(x)dx$ 收敛.

(2) 用反证法,假设$\int_a^{+\infty} g(x)dx$ 收敛,由(1)知$\int_a^{+\infty} f(x)dx$ 必定收敛,与题设矛盾,这就得证当$\int_a^{+\infty} f(x)dx$ 发散时,$\int_a^{+\infty} g(x)dx$ 必定发散. 证毕

如果利用 $p-$ 积分作为比较标准,那么就有以下推论.

推论一 设函数 $f(x)$ 在$[a,+\infty)$上连续.

(1) 若当 x 充分大后有 $0\leqslant f(x)\leqslant\frac{c}{x^p}(p>1,c>0,a>0)$,则广义积分$\int_a^{+\infty} f(x)dx$ 收敛;

(2) 若当 x 充分大后有 $f(x)\geqslant\frac{c}{x^p}(p\leqslant 1,c>0,a>0)$,则广义积分$\int_0^{+\infty} f(x)dx$ 发散.

为便于应用,把推论一改写成极限形式.

推论二 设函数 $f(x)$ 在$[a,+\infty)$上连续,且 $f(x)\geqslant 0$,那么

(1) 若极限 $\lim\limits_{x\to+\infty}x^pf(x)=\lim\limits_{x\to+\infty}\frac{f(x)}{\frac{1}{x^p}}=A,(0<A<+\infty)$ 存在,即有

$$f(x)\sim\frac{A}{x^p}\quad(x\to+\infty),$$

则广义积分$\int_a^{+\infty} f(x)dx$ 与$\int_1^{+\infty}\frac{1}{x^p}dx$ 同时敛散,就是说$\int_a^{+\infty} f(x)dx$,当 $p>1$ 时收敛,当 $p\leqslant 1$ 时发散.

(2) 若 $\lim\limits_{x\to+\infty}x^pf(x)=0$,且 $p>1$,则$\int_a^{+\infty} f(x)dx$ 收敛.

(3) 若 $\lim\limits_{x\to+\infty}x^pf(x)=+\infty$,且 $p\leqslant 1$,则$\int_a^{+\infty} f(x)dx$ 发散.

证 (1) 由 $\lim\limits_{x\to+\infty}x^pf(x)=A$ 知,对 $\varepsilon=\frac{A}{2}>0$,当 x 充分大后有

$$|x^p f(x) - A| < \varepsilon = \frac{A}{2},$$

于是
$$\frac{A}{2} < x^p f(x) < \frac{3A}{2} \quad 或 \quad \frac{A}{2} \cdot \frac{1}{x^p} < f(x) < \frac{3A}{2} \cdot \frac{1}{x^p},$$

所以由推论一知，积分$\int_a^{+\infty} f(x)dx$与$\int_1^{+\infty} \frac{1}{x^p}dx$同时敛散，即当$p > 1$时收敛，当$p \leqslant 1$时发散.

(2)、(3)的证明请读者自己完成.

上述定理及推论是对区间$[a, +\infty)$上广义积分的，对于区间$(-\infty, b]$上的广义积分有完全相同的结论.

例 10 判别广义积分$\int_1^{+\infty} \frac{1}{x\sqrt{1+x+x^2}}dx$的敛散性.

解 记$f(x) = \frac{1}{x\sqrt{1+x+x^2}}$在$[1, +\infty)$上连续，且有

$$0 \leqslant f(x) = \frac{1}{x\sqrt{1+x+x^2}} < \frac{1}{x\sqrt{x^2}} = \frac{1}{x^2},$$

这里$p = 2 > 1$，由推论一知此广义积分收敛.

例 11 判别概率积分$\int_0^{+\infty} e^{-x^2}dx$的敛散性.

解 记$f(x) = e^{-x^2}$，处处连续，又因

$$\lim_{x\to+\infty} x^2 f(x) = \lim_{x\to+\infty} x^2 e^{-x^2} = \lim_{x\to+\infty} \frac{x^2}{e^{x^2}} = 0,$$

这里$p = 2 > 1$，故由推论二知$\int_0^{+\infty} e^{-x^2}dx$是收敛的. 但其值多少，由于$e^{-x^2}$的原函数不是初等函数，暂且无法求出，将在二重积分一章中证明：

$$\int_0^{+\infty} e^{-x^2}dx = \frac{\sqrt{\pi}}{2}.$$

这个结果在概率论中常要用到.

例 12 判别广义积分$\int_a^{+\infty} \frac{\operatorname{arctg}x}{x}dx \quad (a > 0)$的敛散性.

解 记$f(x) = \frac{\operatorname{arctg}x}{x}$，在$[a, +\infty)$上连续，且有

$$\lim_{x\to+\infty} xf(x) = \lim_{x\to+\infty} x \cdot \frac{\operatorname{arctg}x}{x} = \lim_{x\to+\infty} \operatorname{arctg}x = \frac{\pi}{2}.$$

因$p = 1$，所以由推论二知，广义积分发散.

虽然定理一及其推论都是对非负函数$f(x)$的，但是结论不难推广到恒负的函数$f(x)$的情形，这只要$-f(x) > 0$即可，如果$f(x)$是时正时负的函数该怎么判别？有下面的定理.

定理二(绝对收敛判别法) 设函数$f(x)$在$[a, +\infty)$上连续，若$\int_a^{+\infty} |f(x)|dx$收敛，则$\int_a^{+\infty} f(x)dx$也收敛.

证 因为$0 \leqslant f(x) + |f(x)| \leqslant 2|f(x)|$，又已知$\int_a^{+\infty} |f(x)|dx$收敛，故由定理一得知$\int_a^{+\infty} [f(x) + |f(x)|]dx$收敛，从而广义积分

$$\int_a^{+\infty} f(x)dx = \int_a^{+\infty} [f(x) + |f(x)|]dx - \int_a^{+\infty} |f(x)|dx$$

也收敛.

证毕

当$\int_a^{+\infty}|f(x)|dx$收敛时，称$\int_a^{+\infty}f(x)dx$是**绝对收敛**的. 于是定理二表明，**绝对收敛的广义积分，本身一定是收敛的**.

例 13 判别广义积分$\int_a^{+\infty}\frac{\sin x}{x^2}dx \quad (a>0)$的敛散性.

解 在$[a,+\infty)$上函数$\frac{\sin x}{x^2}$连续，且有

$$0\leqslant\left|\frac{\sin x}{x^2}\right|\leqslant\frac{1}{x^2},$$

由推论一得知$\int_a^{+\infty}\left|\frac{\sin x}{x^2}\right|dx$收敛，所以广义积分$\int_a^{+\infty}\frac{\sin x}{x^2}dx$绝对收敛.

二、无界函数广义积分敛散性的判别法

为确定起见，只讨论上限b为瑕点的情形，所得结论可以推广到其它瑕积分.

定理三 设函数$f(x),g(x)$在$[a,b)$上连续，当$x\to b^-$时，$f(x)$与$g(x)$都趋向无穷，且有$0\leqslant f(x)\leqslant g(x)$，那么

(1) 若$\int_a^b g(x)dx$收敛，则$\int_a^b f(x)dx$也收敛；(2) 若$\int_a^b f(x)dx$发散，则$\int_a^b g(x)dx$也发散.

证 $\forall\, t\in[a,b)$，设$F(t)=\int_a^t f(x)dx$，$G(t)=\int_a^t g(x)dx$，因$F'(t)=f(t)\geqslant 0$，所以$F(t)$单调增，同理$G(t)$也单调增，由题设$0\leqslant f(x)\leqslant g(x)$，得

$$0\leqslant F(t)=\int_a^t f(x)dx\leqslant\int_a^t g(x)dx\leqslant\int_a^b g(x)dx.$$

当$\int_a^b g(x)dx$收敛时，记其值为M，于是有

$$0\leqslant F(t)\leqslant M.$$

因此函数$F(t)$单调增加有上界，极限

$$\lim_{t\to b^-}F(t)=\lim_{t\to b^-}\int_a^t f(x)dx$$

存在，所以广义积分$\int_a^b f(x)dx$收敛.

对于(2)，只需用反证法，假设$\int_a^b g(x)dx$收敛，由已证的(1)知$\int_a^b f(x)dx$必收敛，这与题设矛盾，从而得证$\int_a^b g(x)dx$发散. 证毕

利用§8.2例9的结论作为定理三中的比较对象，那么就有以下推论.

推论一 设函数$f(x)$在$[a,b)$上连续，且当$x\to b^-$时，$f(x)\to\infty$，若满足

$$0\leqslant f(x)\leqslant\frac{c}{(b-x)^p}\quad(p<1,c>0),$$

则广义积分$\int_a^b f(x)dx$收敛.

推论二 设函数$f(x)$在$[a,b)$上连续，当$x\to b^-$时$f(x)\to\infty$，且$f(x)\geqslant 0$，那么

(1) 若$\lim\limits_{x\to b^-}(b-x)^p f(x)=A\quad(0<A<+\infty)$存在，即有

$$f(x)\sim\frac{A}{(b-x)^p}\quad(x\to b^-),$$

则广义积分$\int_a^b f(x)dx$与$\int_a^b\frac{dx}{(b-x)^p}$同时敛散，亦即$\int_a^b f(x)dx$当$p<1$时收敛，当$p\geqslant 1$时发散.

(2) 若$\lim\limits_{x\to b^-}(b-x)^p f(x)=0$，且$p<1$，则$\int_a^b f(x)dx$收敛.

(3) 若 $\lim\limits_{x\to b^-}(b-x)^p f(x)=+\infty$，且 $p\geqslant 1$，则 $\int_a^b f(x)dx$ 发散.

证明方法类似于定理一的推论二，请读者自行完成，另外无界函数广义积分也有类似于定理二的绝对收敛判别法，且证明也一样.

定理四 设函数 $f(x)$ 在区间 $[a,b)$ 上连续，当 $x\to b^-$ 时 $f(x)\to\infty$，则若 $\int_a^b |f(x)|dx$ 收敛时，广义积分 $\int_a^b f(x)dx$ 必也收敛，这时称 $\int_a^b f(x)dx$ 是**绝对收敛**的.

例 14 判别 $\int_1^2 \frac{x+2}{\sqrt{x^3-1}}dx$ 的敛散性.

解 $x=1$ 是瑕点，这是瑕积分，由于

$$\lim_{x\to 1^+}(x-1)^{\frac{1}{2}}\frac{x+2}{\sqrt{x^3-1}}=\lim_{x\to 1^+}\frac{x+2}{\sqrt{x^2+x+1}}=\sqrt{3},$$

这里 $p=\frac{1}{2}<1$，故此瑕积分收敛.

例 15 判别 $\int_1^{+\infty}\frac{x+2}{\sqrt{x^3-1}}dx$ 的敛散性.

解 这里 $x=1$ 是瑕点，又是在无穷区间上积分，因此，这是一个混合型的广义积分，在 $[1,+\infty)$ 上任取一点不妨取 $x=2$，分成两个积分

$$\int_1^{+\infty}\frac{x+2}{\sqrt{x^3-1}}dx=\int_1^2\frac{x+2}{\sqrt{x^3-1}}dx+\int_2^{+\infty}\frac{x+2}{\sqrt{x^3-1}}dx,$$

右边第一个是瑕积分，由例 14 知它是收敛的，第二个是无穷区间 $[2,+\infty)$ 上的广义积分，由于

$$\lim_{x\to+\infty}x^{\frac{1}{2}}\frac{x+2}{\sqrt{x^3-1}}=\lim_{x\to+\infty}\frac{1+\frac{2}{x}}{\sqrt{1-\frac{1}{x^3}}}=1,$$

这里 $p=\frac{1}{2}<1$，根据定理一的推论二知，广义积分 $\int_2^{+\infty}\frac{x+2}{\sqrt{x^3-1}}dx$ 是发散的.

所以，广义积分 $\int_1^{+\infty}\frac{x+2}{\sqrt{x^3-1}}dx$ 是发散的.

* **例 16** 讨论积分 $I=\int_0^{+\infty}\frac{y^{a-1}}{|y-1|^{a+b}}dy$ （其中 a,b 是实数）的敛散性.

解 积分 I 有 $y=0,1$ 两个瑕点，又是无穷区间上积分，所以是个混合型的广义积分，当 $y\to+0$ 时

$$\left|\frac{y^{a-1}}{|y-1|^{a+b}}\right|\sim\frac{1}{y^{1-a}},$$

可见当 $1-a<1$，即 $a>0$ 时积分在瑕点 $y=0$ 处绝对收敛，当 $y\to 1$ 时

$$\left|\frac{y^{a-1}}{|y-1|^{a+b}}\right|\sim\frac{1}{|y-1|^{a+b}},$$

可见当 $a+b<1$ 时积分在瑕点 $y=1$ 处绝对收敛，当 $y\to+\infty$ 时

$$\left|\frac{y^{a-1}}{|y-1|^{a+b}}\right|\sim\frac{1}{y^{1+b}},$$

可见当 $1+b>1$ 即 $b>0$ 时积分对于 $y\to+\infty$ 时绝对收敛.

综上讨论知，积分 I 在 $a>0,b>0$ 且 $a+b<1$ 时绝对收敛，当 a,b 为其余情形时，积分 I 至少在 $y=0,1$ 及 $+\infty$ 有一处发散，从而积分 I 本身发散.

8.4 Γ 函数

在数学、物理学中常会遇到这样的广义积分 $\int_0^{+\infty}x^{s-1}e^{-x}dx$，其中 s 是一个参数，若该积分收

敛，那它是参数 s 的一个函数，称为 Γ **函数**. 记作

$$\Gamma(s)=\int_0^{+\infty}x^{s-1}e^{-x}dx. \tag{8.3}$$

Γ 函数的定义域是什么？亦即对于怎样的参数 s 值，广义积分 $\int_0^{+\infty}x^{s-1}e^{-x}dx$ 是收敛的？这是混合型广义积分，为此，在区间 $(0,+\infty)$ 内不妨取一点 $x=1$，将积分分成两项

$$\int_0^{+\infty}x^{s-1}e^{-x}dx=\int_0^1 x^{s-1}e^{-x}dx+\int_1^{+\infty}x^{s-1}e^{-x}dx,$$

先考察第一项积分，当 $s<1$ 时，$x=0$ 是瑕点，是一个瑕积分，由于

$$\lim_{x\to0^+}x^{1-s}(x^{s-1}e^{-x})=\lim_{x\to0^+}e^{-x}=1,$$

因此，根据定理三的推论二知，当 $p=1-s<1$，即 $s>0$ 时 $\int_0^1 x^{s-1}e^{-x}dx$ 收敛.

第二项是无穷区间上的广义积分，由于

$$\lim_{x\to+\infty}x^2[x^{s-1}e^{-x}]=\lim_{x\to+\infty}\frac{x^{s+1}}{e^x}=0,$$

因此，根据定理一的推论二知，不论 s 是什么值，广义积分 $\int_1^{+\infty}x^{s-1}e^{-x}dx$ 都是收敛的.

综上述，广义积分 $\int_0^{+\infty}x^{s-1}e^{-x}dx$ 当 $s>0$ 时收敛，亦即 $\Gamma(s)$ 函数的定义域为 $0<s<+\infty$. 因而有

$$\Gamma(s)=\int_0^{+\infty}x^{s-1}e^{-x}dx,\quad s\in(0,+\infty).$$

Γ 函数有一个重要性质：

$$\Gamma(s+1)=s\Gamma(s), \tag{8.4}$$

这是因为

$$\begin{aligned}\Gamma(s+1)&=\int_0^{+\infty}x^se^{-x}dx=-x^se^{-x}\Big|_0^{+\infty}+\int_0^{+\infty}sx^{s-1}e^{-x}dx\\&=0+s\int_0^{+\infty}x^{s-1}e^{-x}dx=s\Gamma(s).\end{aligned}$$

特别当 s 是正整数 n 时，有

$$\Gamma(n+1)=n\Gamma(n)=n(n-1)\Gamma(n-1)=\cdots=n!\,\Gamma(1),$$

又

$$\Gamma(1)=\int_0^{+\infty}x^{1-1}e^{-x}dx=\int_0^{+\infty}e^{-x}dx=-e^{-x}\Big|_0^{+\infty}=1,$$

所以

$$\Gamma(n+1)=n!. \tag{8.5}$$

这表明，Γ 函数是阶乘的推广.

为了以后应用的需要，我们将 Γ 函数的定义域加以扩展，为此，将递推公式(8.4)改写成

$$\Gamma(s)=\frac{\Gamma(s+1)}{s}. \tag{8.6}$$

等式(8.6)的右边对于 $s+1>0$，即 $s>-1$ 时 Γ 函数是有意义的，我们用右边的值补充定义为 $\Gamma(s)$ 在 $-1<s<0$ 上的值，这样 $\Gamma(s)$ 函数在 $s>-1$，且 $s\neq0$ 时有意义，定义域经这样扩充后，式(8.6)的右边在 $s+1>-1$，且 $s+1\neq0$，即 $s>-2$，且 $s\neq-1$，$s\neq0$ 时有意义，再用(8.6)式的右边值补充定义 $\Gamma(s)$ 在 $-2<s<-1$，且 $s\neq-2$ 时的值. 这样 $\Gamma(s)$ 函数的定义域又扩充到 $s>-2$，且 $s\neq0$，$s\neq-1$ 上，依此作法，可以把 $\Gamma(s)$ 函数的定义域从正实数扩展到除 0 及负整数以外的一切实数.

例 17 求 $\Gamma\left(\frac{5}{2}\right)$，$\Gamma\left(-\frac{3}{2}\right)$ 的值.

解 由递推公式(8.4),有

$$\Gamma(\frac{5}{2})=\frac{3}{2}\Gamma(\frac{3}{2})=\frac{3}{2}\cdot\frac{1}{2}\Gamma(\frac{1}{2})=\frac{3}{4}\Gamma(\frac{1}{2}),$$

$$\Gamma(-\frac{3}{2})=\frac{\Gamma(-\frac{1}{2})}{-\frac{3}{2}}=\frac{1}{-\frac{3}{2}}\cdot\frac{\Gamma(\frac{1}{2})}{-\frac{1}{2}}=\frac{4}{3}\Gamma(\frac{1}{2}),$$

而 $\Gamma(\frac{1}{2})=\int_0^{+\infty}x^{\frac{1}{2}-1}e^{-x}dx=\int_0^{+\infty}\frac{e^{-x}}{\sqrt{x}}dx\xlongequal{t=\sqrt{x}}\int_0^{+\infty}\frac{e^{-t^2}}{t}\cdot 2tdt=2\int_0^{+\infty}e^{-t^2}dt$

$$=2\cdot\frac{\sqrt{\pi}}{2}=\sqrt{\pi},$$

所以 $\Gamma(\frac{5}{2})=\frac{3}{4}\Gamma(\frac{1}{2})=\frac{3}{4}\sqrt{\pi}$, $\Gamma(-\frac{3}{2})=\frac{4}{3}\Gamma(\frac{1}{2})=\frac{4}{3}\sqrt{\pi}$.

利用递推公式(8.4),$\Gamma(s)$ 的函数值总可以化归 $0<s<1$ 之间的 $\Gamma(s)$ 函数值来计算,这在一般数学手册中有专门的 $\Gamma(s)$ 函数表($0<s\leqslant 1$),可供查阅.

习题六

§1

1. 试按定积分处理问题的四个步骤求下列问题:

(1) 质点作直线运动,其速度为 $v(t)=2t+1$ 厘米/秒,试求在前5秒内质点所经过的路程.

(2) 由曲线 $y=x^3$,直线 $x=1$ 及 Ox 轴所围成的曲边三角形的面积.

提示:将区间 n 等分,取子区间的端点 x_{i-1} 或 x_i 作为 ξ_i. 问题(2)要用到公式 $1^3+2^3+\cdots+n^3=\frac{n^2(n+1)^2}{4}$.

2. 设交流电路的电流为 $i=i(t)=i_0\sin\omega t$(其中 i_0,ω 是常数),试用定积分表示时间从 $t=a$ 到 $t=b$ 通过电路的电量 q(已知直流电路的电量 = 电流 × 时间).

3. 说明下列定积分的几何意义,并指出其值.

(1) $\int_{-R}^{R}\sqrt{R^2-x^2}dx$; (2) $\int_0^1(2x+1)dx$; (3) $\int_{-\pi}^{\pi}\sin x dx$.

4. 试用定积分表示如图所示平面图形的面积:

5. 定积分定义中的"$\lambda\to 0$"是否可以换成"$n\to\infty$"(即分点无限增加)?为什么?在什么情况下可以换?

6. 试用定积分表示下列和式的极限:

(1) $\lim\limits_{n\to\infty}\frac{1^p+2^p+3^p+\cdots+n^p}{n^{p+1}},(p>0)$; (2) $\lim\limits_{n\to\infty}(\frac{n}{n^2+1^2}+\frac{n}{n^2+2^2}+\cdots+\frac{n}{n^2+n^2})$;

(3) $\lim\limits_{n\to\infty}(\frac{1}{\sqrt{4n^2-1^2}}+\frac{1}{\sqrt{4n^2-2^2}}+\cdots+\frac{1}{\sqrt{4n^2-n^2}})$;

(4) $\lim\limits_{n\to\infty}\frac{1}{n}(\sin\frac{\pi}{n}+\sin\frac{2\pi}{n}+\cdots+\sin\frac{n-1}{n}\pi)$.

7. 设 $f(x)$ 是连续函数,且满足 $f(x)=x+2\int_0^1 f(t)dt$,试求 $f(x)$.

§2

8. 不经计算判别下列积分哪个大?

(1) $\int_0^1 x^2dx$ 与 $\int_0^1 x^3dx$; (2) $\int_1^2 x^2dx$ 与 $\int_1^2 x^3dx$; (3) $\int_1^2(\ln x)^3dx$ 与 $\int_1^2(\ln x)^2dx$; (4) $\int_0^1 e^{-x}dx$ 与 $\int_0^1 e^{-x^2}dx$.

9. 证明下列不等式:

(1) $\frac{3}{5}<\int_1^3\frac{x}{1+x^2}dx<1$; (2) $\frac{1}{3}<\int_{\frac{\pi}{4}}^{\frac{\pi}{3}}\frac{\mathrm{tg}x}{x}dx<\frac{\sqrt{3}}{4}$; (3) $\frac{3}{e^4}<\int_{-1}^{2}e^{-x^2}dx<3$.

10. 估计下列积分的值

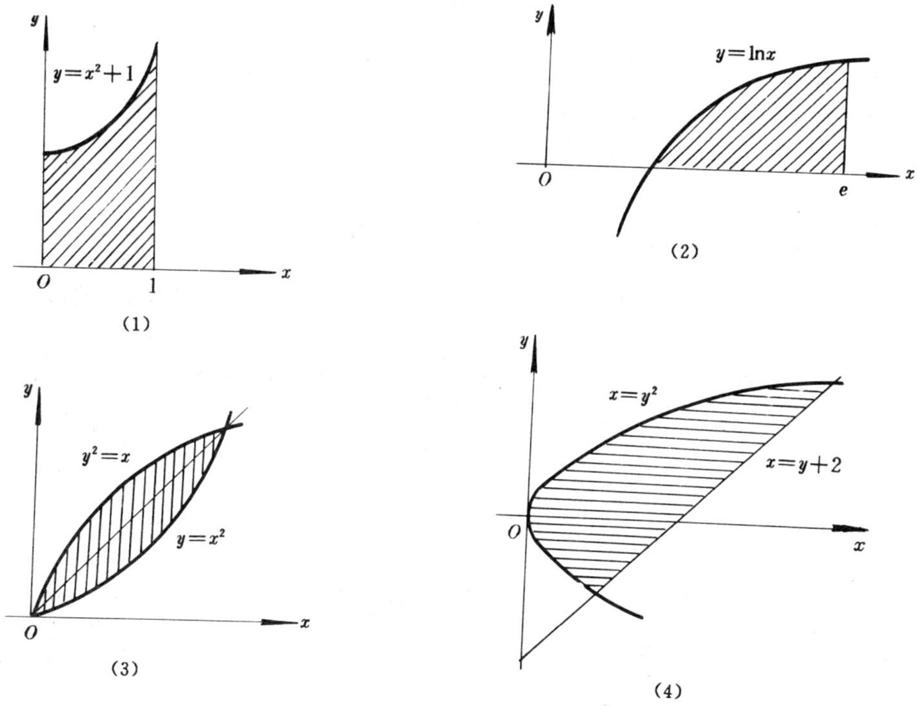

第 4 题

(1) $I=\int_0^{\frac{\pi}{2}}(1+\cos^4 x)dx$;　　　　(2) $I=\int_{\frac{1}{\sqrt{3}}}^{\sqrt{3}} x\operatorname{arctg} x dx$.

11. 若 $f(x)$ 是$[a,b]$上的非负连续函数，且 $f(x)\not\equiv 0$，则必有$\int_a^b f(x)dx>0$.

12. 证明第一积分中值定理：若函数 $f(x)$ 和 $g(x)$ 在闭区间$[a,b]$上均连续，且 $g(x)$ 在$[a,b]$上非负(或非正)，则在$[a,b]$上至少存在一点 ξ，使得

$$\int_a^b f(x)g(x)dx=f(\xi)\int_a^b g(x)dx.$$

13. 设函数 $f(x)$ 在$[0,1]$上连续，且递减，证明当 $0<\lambda<1$ 时，有$\int_0^\lambda f(x)dx\geqslant\lambda\int_0^1 f(x)dx$. 如果条件减弱为 $f(x)$ 在$[0,1]$上可积，且递减该如何证明？

*14. 设函数 $f(x)$ 在$[0,1]$上可微，且满足 $f(1)-2\int_0^{\frac{1}{2}}xf(x)dx=0$，证明在$(0,1)$内至少存在一点 ξ，使得 $f'(\xi)=-\dfrac{f(\xi)}{\xi}$.

§ 3

15. 求下列函数的导数：

(1) $f(x)=\int_0^x e^{-t^2}dt$;　　　　(2) $f(x)=\int_{\sqrt{x}}^1\sqrt{1+t^2}dt$;

(3) $f(\theta)=\int_{\sin\theta}^{\cos\theta}\cos(\pi t^2)dt$;　　　　(4) $f(y)=\int_{\frac{1}{y}}^{\ln y}\varphi(u)du$，　其中 $\varphi(u)$ 连续.

16. 设 $g(x)$ 是连续函数，且$\int_0^{x^3-1}g(t)dt=x-1$，求 $g(7)$.

17. 设 $f(x)=\int_{-x}^{\sin x}\operatorname{arctg}(1+t^2)dt$，求 $f'(0)$.

18. 设 $y(x)$ 是由方程$\int_0^y e^{-t^2}dt+\int_0^x\cos t^2dt=0$ 所确定的隐函数，求$\dfrac{dy}{dx}$.

19. 设 $\begin{cases} x = \cos t^2, \\ y = t\cos t^2 - \int_1^{t^2} \frac{\cos u}{2\sqrt{u}} du, \end{cases}$ 求 $\frac{dy}{dx}$， $\frac{d^2y}{dx^2}$ 在 $t = \sqrt{\frac{\pi}{2}}$ 的值.

20. 求极限：

(1) $\lim\limits_{x\to 0} \frac{\int_0^x \cos(t^2)dt}{x}$；　(2) $\lim\limits_{x\to+\infty} \frac{\int_0^x (\mathrm{arctg}t)^2 dt}{\sqrt{x^2+1}}$；

(3) $\lim\limits_{x\to 0} \frac{\int_0^{x^2} \frac{t}{\sqrt{4+t}} dt}{1-\cos(x^2)}$；　(4) $\lim\limits_{x\to 0} \frac{\int_0^x \sin(t-x)dt}{1-\sqrt{1-x^2}}$.

21. 设 $f(x)$ 为连续函数，在 $x=0$ 处可导，且已知 $f(0)=0, f'(0)=b$，试确定常数 A，使得函数

$$F(x) = \begin{cases} \dfrac{\int_0^x f(t)dt + f(x)}{x}, & \text{当 } x \neq 0, \\ A, & \text{当 } x = 0. \end{cases}$$

在 $x=0$ 处连续.

22. 设 $f(u)$ 连续，且 $\lim\limits_{u\to 0} \frac{f(u)}{u} = 1$，求 $\lim\limits_{x\to 0} \frac{\int_0^{\sqrt{x}} (x-t^2)f(t)dt}{x^2}$.

利用 $N-L$ 公式计算下列各题的定积分.

23. (1) $\int_0^1 (2x^2 - \sqrt[3]{x} + 1)dx$；　(2) $\int_0^{\frac{T}{2}} \sin(\frac{2\pi}{T}t - \varphi_0)dt$；　(3) $\int_{-\frac{\pi}{2}}^{\frac{\pi}{2}} \frac{1}{1+\cos\theta} d\theta$；

(4) $\int_0^{\frac{\pi}{2}} (1-\cos x)\sin^2 x dx$；　(5) $\int_{-1}^{0} \frac{1+x}{\sqrt{4-x^2}} dx$；　(6) $\int_{\frac{1}{\pi}}^{\frac{2}{\pi}} \frac{\sin\frac{1}{x}}{x^2} dx$；

(7) $\int_0^2 (1 + xe^{\frac{x^2}{4}})dx$；　(8) $\int_{-2}^{-1} \frac{1}{x^2+4x+5} dx$；　(9) $\int_1^{e^3} \frac{\sqrt[4]{1+\ln x}}{x} dx$；

(10) $\int_0^3 (|x-1| + |x-2|)dx$；　(11) $\int_{-3}^{2} \min(1, e^{-x})dx$；　(12) $\int_1^2 \frac{1}{x+x^3} dx$；

(13) $\int_0^{\frac{\pi}{2}} \frac{\sin x\cos x}{a^2\cos^2 x + b^2\sin^2 x} dx, (b > a > 0)$.

24. 已知曲线 $\begin{cases} x - e^x\cos t + 1 = 0, \\ y = \int_{\frac{\pi}{2}}^{t} \frac{\sin u}{u} du, \end{cases}$ 求其在 $t = \frac{\pi}{2}$ 对应点处的切线方程.

25. 函数 $f(x) = \int_0^{\sin x} \sin(t^2)dt$ 与 $g(x) = x^3 + x^4$ 当 $x \to 0$ 时均为无穷小量，试确定它们无穷小阶的关系.

26. 设 $f(x)$ 在 $[a,b]$ 上连续，且 $f(x) > 0 (a \leqslant x \leqslant b)$，试证明函数 $\varphi(x) = \int_a^b |x-t| f(t)dt$ 的图形在 $[a,b]$ 内向上凹.

27. 设 $f(x) = \int_0^x e^{-t}\cos t dt$，试求 $f(x)$ 在 $[0,\pi]$ 上的最大值与最小值.

28. 若 $f(x) > 0$，且连续，证明在 $(0, +\infty)$ 上函数 $\varphi(x) = \frac{\int_0^x tf(t)dt}{\int_0^x f(t)dt}$ 严格单调增.

29. 证明 $\lim\limits_{n\to\infty} \int_0^1 \frac{x^n}{1+x} dx = 0$.

§ 4

30. 下列积分能否使用指定的变量代换？为什么？应如何正确计算？

(1) $\int_{-1}^{1} dx$，令 $x = t^2$；　(2) $\int_0^2 x\sqrt[3]{1-x^2} dx$，令 $x = \sin t$.

31. 由定积分基本性质知 $\int_{-1}^{1} \frac{1}{1+x^2} dx > 0$ (因 $\frac{1}{1+x^2} \geqslant \frac{1}{2}$)，若令 $x = \frac{1}{t}$，则有

$$\int_{-1}^{1} \frac{1}{1+x^2} dx = \int_{-1}^{1} \frac{1}{1+\frac{1}{t^2}} (-\frac{1}{t^2}) dt = -\int_{-1}^{1} \frac{1}{1+t^2} dt, \text{移项 } 2\int_{-1}^{1} \frac{1}{1+x^2} dx = 0,$$

得到 $\int_{-1}^{1}\frac{1}{1+x^2}dx=0$ 的错误结果，问错在何处？应如何正确计算？

32. 对积分 $\int_0^1\sqrt{1-x^2}dx$ 作变量代换 $x=\sin t$ 时，可否取 $t=\frac{\pi}{2}$ 和 π 作为新的上、下限？若可以，应如何计算？

33. 计算下列各题：

(1) $\int_1^2(x+1)^2\sqrt{x-1}dx$；　(2) $\int_{-\frac{\pi}{2}}^{\pi}\sqrt{1-\cos^2x}dx$；　(3) $\int_0^a x^2\sqrt{a^2-x^2}dx$；

(4) $\int_1^2\frac{\sqrt{x^2-1}}{x}dx$；　(5) $\int_0^2\frac{1}{(4+x^2)^{3/2}}dx$；　(6) $\int_0^1 e^{-\sqrt{x}}dx$；

(7) $\int_{\frac{1}{e}}^{e}|\ln x|dx$；　(8) $\int_0^1 x(1-x^4)^{3/2}dx$；　(9) $\int_{-\frac{\pi}{2}}^{\frac{\pi}{2}}\sqrt{\cos x-\cos^3x}dx$；

(10) $\int_{-\frac{\sqrt{3}}{2}}^{\frac{\sqrt{3}}{2}}\frac{x\arcsin x}{\sqrt{1-x^2}}dx$；　(11) $\int_{-\frac{1}{2}}^{\frac{1}{2}}\left[\frac{\sin x}{1+x^2}+\sqrt{[\ln(1-x)]^2}\right]dx$；　(12) $\int_0^{\frac{\pi}{4}}\frac{x}{1+\cos 2x}dx$；

(13) $\int_0^3\arcsin\sqrt{\frac{x}{1+x}}dx$；　(14) $\int_1^e(x\ln x)^2dx$；　(15) $\int_0^{\pi}e^x\cos^2xdx$；

(16) $\int_{-2}^{2}\frac{x+|x|}{2+x^2}dx$；　(17) $\int_0^{\frac{\pi}{2}}\left(\int_x^{\frac{\pi}{2}}\frac{\sin y}{y}dy\right)dx$；　*(18) $\int_{-1}^{1}\frac{x^2}{1+e^{-x}}dx$；

(19) $\int_{-\pi}^{\pi}\sin mx\cos nxdx$；　(20) $\int_{-\pi}^{\pi}\sin mx\sin nxdx$，$(m,n\in N)$.

34. 利用定积分简化计算公式，计算下列各题：

(1) $\int_0^{\frac{\pi}{2}}\sin^5xdx$；　(2) $\int_{-\pi}^{\pi}\cos^4\frac{x}{2}dx$；　(3) $\int_0^{\pi}(1+\cos 2x)^5dx$.

35. 设 $f(x)=\int_1^{x^2}e^{-t^2}dt$，计算定积分 $\int_{-1}^{0}xf(x)dx$.

36. 设 $f(x)=\begin{cases}1+x^2, & \text{当 } x\leqslant 0,\\ e^{-x}, & \text{当 } x>0,\end{cases}$ 求 $\int_1^3 f(x-2)dx$.

37. 求 $I=\int_0^1 x|x-a|dx$，其中 a 为参数.

38. 设函数 $f(x)$ 可导，且 $f(0)=0$，$F(x)=\int_0^x t^{n-1}f(x^n-t^n)dt$，求 $\lim\limits_{x\to 0}\frac{F(x)}{x^{2n}}$.

39. 设 $f(x)=\begin{cases}x^2, & \text{当 } 0\leqslant x<1,\\ 1, & \text{当 } 1\leqslant x\leqslant 2,\end{cases}$ 求 $F(x)=\int_1^x f(t)dt$，$(0\leqslant x\leqslant 2)$.

40. 证明 $\int_0^1 x^n(1-x)^m dx=\int_0^1 x^m(1-x)^n dx$，并利用此结果计算 $\int_0^1 x^2(1-x)^7dx$.

41. 证明 $\int_a^b\left[\int_a^y f(x)dx\right]dy=\int_a^b(b-x)f(x)dx$.

42. 若 $f(x)$ 为连续函数，证明当 $f(x)$ 是奇函数时，$\int_0^x f(t)dt$ 是偶函数；当 $f(x)$ 是偶函数时 $\int_0^x f(t)dt$ 是奇函数；并证明：奇函数的一切原函数皆为偶函数，而偶函数的原函数中只有一个是奇函数.

§5

求下列各题中各组曲线围成的平面图形的面积.

43. (1) $y=\ln x, x=e, y=0$；　(2) $xy=1(x>0), y=x, y=2x$；

(3) $y=x^3, y=1, y=2, x=0$；　(4) $y=\frac{x^2}{2}, x^2+y^2=8$ （较小的一块）；

(5) $y^2=2x+1, y=x-1$.

44. 求抛物线 $y=-x^2+4x-3$ 及其在点 $(0,-3)$ 和 $(3,0)$ 处的切线所围成的平面图形的面积.

45. 求一水平直线 $y=c$，使得它与曲线 $y=\frac{x^3}{8}$ 及直线 $x=1$ 围成的图形面积等于它与曲线 $y=\frac{x^3}{8}$ 及直线 $x=2$ 围成的图形面积.

46. 求曲线 $y^2=x^2-x^4$ 所围成的平面图形的面积.

47. 若曲线 $y=\cos x\left(0\leqslant x\leqslant\frac{\pi}{2}\right)$ 与 x 轴、y 轴所围成图形面积被曲线 $y=a\sin x, y=b\sin x(a>b>0)$ 三

等分，试求 a 和 b 的值.

48. 求在圆 $r=2\cos\theta$ 的内部，且在心形线 $r=2(1-\cos\theta)$ 的外部的面积.

49. 求下列各题中各组曲线围成的平面图形绕指定的轴旋转而成的旋转体体积：

(1) $y=\sin x(0\leqslant x\leqslant\pi)$，$y=0$；绕 x 轴； (2) $x=y^2$，$x=1$；绕 y 轴；

(3) 椭圆 $\dfrac{x^2}{a^2}+\dfrac{y^2}{b^2}=1$；绕 y 轴； (4) $x^2+(y-b)^2=a^2\quad(a<b)$；绕 x 轴；

(5) $y=\arcsin x$，$x=1$，$y=0$；绕 x 轴，绕 y 轴.

50. 证明球缺体积公式

$V=\pi H^2(R-\dfrac{H}{3})$，其中 R 为球半径，H 为球缺的高.

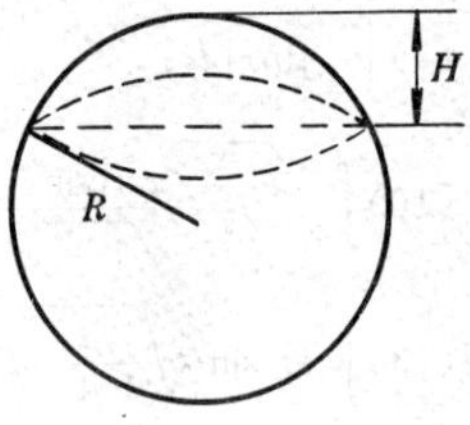

第 50 题

51. 两个相同直径的圆柱体相交成直角，求两圆柱体公共部分的体积.

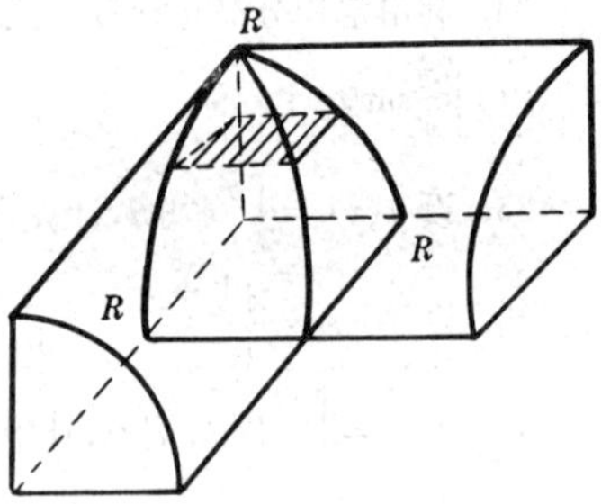

第 51 题

52. 已知曲线 $y=a\sqrt{x}\ (a>0)$ 与曲线 $y=\ln\sqrt{x}$ 在点 (x_0,y_0) 处有公切线，试求：

(1) 常数 a 及切点 (x_0,y_0)；

(2) 两曲线与 x 轴围成的平面图形 A 的面积 S；

(3) 图形 A 绕 x 轴旋转而成的旋转体体积 V_x.

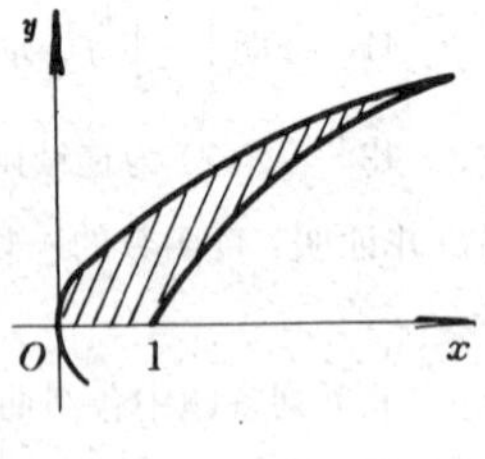

第 52 题

53. 设平面图形 A 由 $x^2+y^2\leqslant 2x$ 与 $y\geqslant x$ 所确定，求图形 A 绕直线 $x=2$ 旋转一周而成的旋转体体积.

54. 在由抛物线 $y=x^2$ 绕 y 轴旋转而成抛物形容器内，已知盛有 8π 立方厘米的水，现注入 120π 立方厘米的水，问水面比原来升高了多少？

55. 求曲线 $y=3-|x^2-1|$ 与 x 轴围成的封闭图形绕直线 $y=3$ 旋转而成的旋转体体积.

56. 求悬链线 $y=a\operatorname{ch}\dfrac{x}{a}$，自 $x=-a$ 到 $x=a$ 一段的弧长.

57. 求曲线 $y=\ln(1-x^2)$ 上自点 $(0,0)$ 到点 $(\dfrac{1}{2},\ln\dfrac{3}{4})$ 一段的弧长.

58. 求曲线 $x=\dfrac{1}{4}y^2-\dfrac{1}{2}\ln y$ 自点 $(\dfrac{1}{4},1)$ 到点 $(\dfrac{1}{4}e^2-\dfrac{1}{2},e)$ 一段的弧长.

59. 求星形线 $x=a\cos^3t$，$y=a\sin^3t$（如图）的全长及围成的平面区域的面积.

60. 设曲线 $x=\displaystyle\int_1^t\frac{\cos u}{u}du$，$y=\displaystyle\int_1^t\frac{\sin u}{u}du$，试求自原点到此曲线右边第一条垂直于 x 轴的切线之间的弧长.

61. 求阿基米得螺线 $r=e^{a\theta}(a>0)$ 的第一圈（指从 $\theta=0$ 开始到 $\theta=2\pi$ 的一段）的弧长.

62. 设摆线 $\begin{cases}x=a(t-\sin t),\\ y=a(1-\cos t)\end{cases}\quad 0\leqslant t\leqslant 2\pi$，试求：

(1) 摆线一拱与 x 轴围成的平面图形 D 的面积；

(2) D 绕 x 轴旋转一周而成的旋转体体积；

(3) 题(2)旋转体的侧面积.

§6

63. 洒水车的水箱是长短半轴分别为 a 和 b 的椭圆形柱体（如图），现贮有半箱水，水面与长轴齐平，求水箱一端面所受的水压力（设 $a=0.6$ 米，$b=0.4$ 米，水的比重为 $\omega=1$ 吨 / 米^3）.

64. 如图，有一贮油罐装有油料，油料比重为 $\omega=960$ 千克 / 米^3，贮油罐下部有一半径为 $r=0.38$ 米的圆孔入口（便于进入检修清理），孔的中心离液面 $H=6.8$ 米，孔口挡板螺钉固紧，求挡板所受的压力.

65. 一圆锥形容器放置如图，底半径为 1 米，高 3 米，其中盛水深 2 米，如将水全部抽出，问需作功多少？

66. 设端面呈抛物线形的水槽，尺寸如图所示，其内盛满水，若把这些水抽干，至少需消耗多少功（$a=0.75$

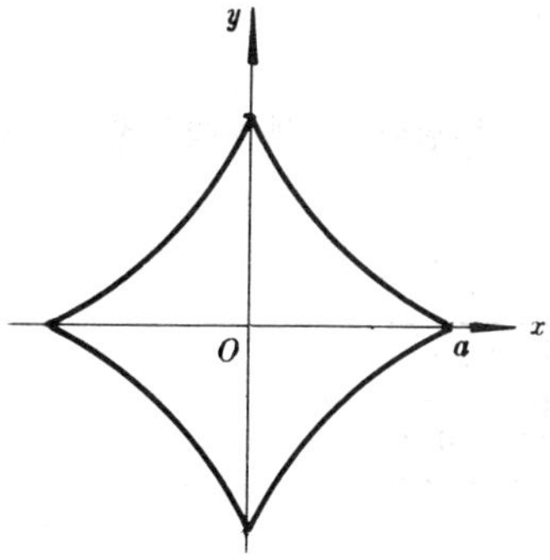

第 59 题

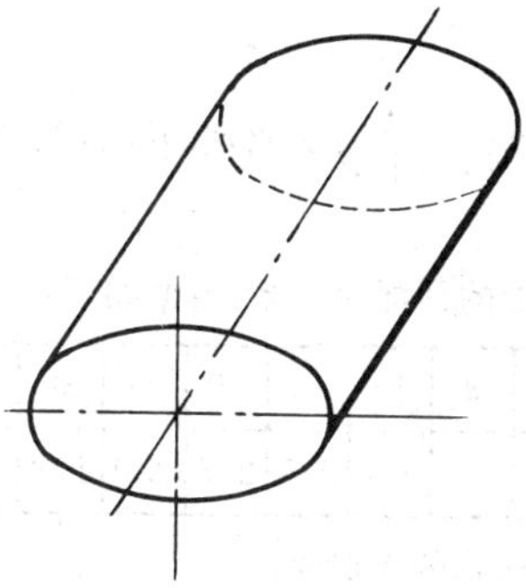

第 63 题

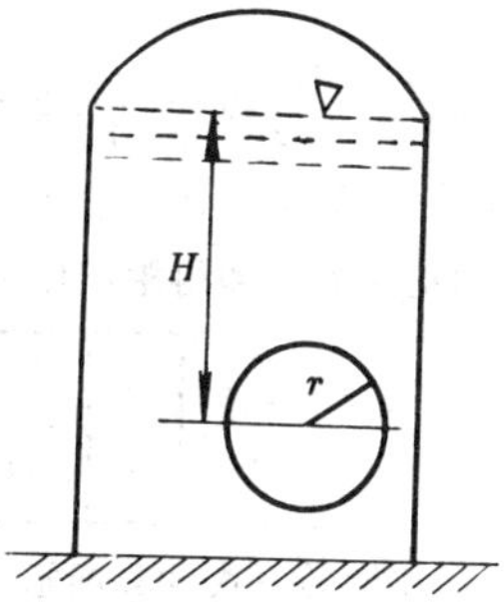

第 64 题

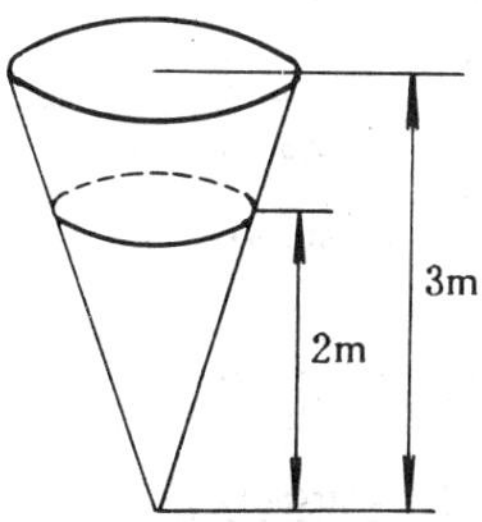

第 65 题

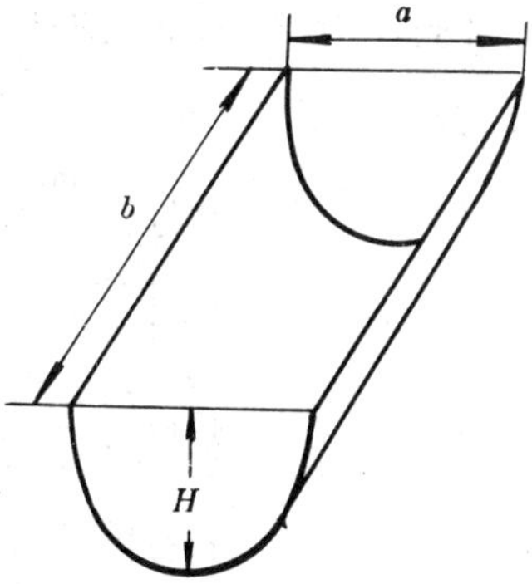

第 66 题

米，$b = 1.2$ 米，$H = 1$ 米）？

67. 人造地球卫星质量为 173 公斤，在离地面 630 公里处进入轨道，问将这卫星从地面送到 630 公里高空处，克服地球引力需作功多少？已知地球的半径为 6370 公里.

68. 自 5 米深的矿井提取 M 公斤的物体，而铁索每米重 m 公斤，问需作功多少？

69. 一水坝的矩形闸门（长为 b 米，宽为 a 米）铅直竖立在水中，且矩形边长为 a 米的一边与水平面相齐，在闸门沿铅直方向提起过程中，闸门所受的摩擦力 F 与其所受的静水压力 P 之间满足关系 $F = 4P$，求把闸门沿铅直方向全部提出水面时，克服摩擦力 F 所作的功.

70. 有一半径为 R 的匀质圆盘，总质量为 M，在中心轴线上距圆盘 h 处放置一质量为 m 的质点，试求：

(1) 圆盘对质点的引力；

(2) 圆盘将质点从高 $h = b$ 处吸至高 $h = a$ 处（$b > a > 0$）时引力所作的功.

71. 设半径为 R 均匀带正电荷的半圆弧，总电量为 Q，在半圆弧的圆心处置有一单位负电荷，求带电半圆弧对点电荷的吸引力.

72. 一长为 10 米的细杆，其线密度为 $\rho = 0.3x + 6$（千克 / 米），其中 x 是点到细杆一端之距离，求细杆的总质量.

73. 求半径为 R 的球体的质量，已知体密度为 $\rho = r^2$：(1) r 是球内任一点到球心的距离；(2) r 为球内任一点到直径的距离；(3) r 为球内任一点到过球心的平面的距离.

74. 单相半波整流电路中负载两端的电压在第一个周期中为

$$U = \begin{cases} U_m \sin\omega t, & 0 \leqslant t \leqslant \dfrac{\pi}{\omega}, \\ 0, & \dfrac{\pi}{\omega} < t \leqslant \dfrac{2\pi}{\omega}, \end{cases}$$

求电压 U 在一个周期中的平均值 $\bar{U}$.

75. 试求一气缸内质量为 m 克分子的理想气体在等温过程中，体积由 V_0 膨胀到 V_1 时活塞所受气体压力的平均值.

§7

76. 已知 $\int_0^1 \frac{1}{1+x^2}dx = \frac{\pi}{4}$，即 $\pi = 4\int_0^1 \frac{1}{1+x^2}dx$，将区间[0,1]8 等分，用梯形公式和抛物线公式近似计算 π 的值(取小数 4 位).

77. 一河道某断面测得距左岸 x_i 米处的河深为 y_i 米，数据如下：

x_i	0	4	8	12	16	20	24	28	32	36	40
y_i	0.3	1.2	1.8	2.1	2.5	2.3	2.0	1.9	1.7	1.0	0.7

试用矩形公式和梯形公式计算河道断面面积的近似值.

78. 用抛物线法计算积分 $\int_0^1 \sqrt{1-x^3}dx$ 的近似值(取 $n=10$).

§8

79. 用定义讨论下列各题广义积分的敛散性，若收敛，求出其值.

(1) $\int_0^{+\infty} \frac{x}{(1+x)^3}dx$；　(2) $\int_0^{+\infty} xe^{-x^2}dx$；　(3) $\int_1^{+\infty} \frac{\mathrm{arctg}x}{x^2}dx$；

(4) $\int_e^{+\infty} \frac{dx}{x(\ln x)^2}$；　(5) $\int_1^{+\infty} \frac{\ln x}{x}dx$；　(6) $\int_1^{+\infty} \frac{1}{x\sqrt{x^2+x+1}}dx$；

(7) $\int_0^{+\infty} \frac{1}{e^x+\sqrt{e^x}}dx$；　(8) $\int_{-\infty}^{+\infty} \frac{1}{x^2+x+1}dx$；　(9) $\int_0^{+\infty} e^{-x}\sin x dx$；

(10) $\int_0^{+\infty} x^n e^{-x}dx$；　(11) $\int_1^2 \frac{x}{\sqrt{x-1}}dx$；　(12) $\int_1^e \frac{1}{x\sqrt{\ln x}}dx$；

(13) $\int_0^{\frac{\pi}{2}} \mathrm{ctg}x dx$；　(14) $\int_0^{\frac{\pi}{2}} \frac{1}{\sin x}dx$；　(15) $\int_0^1 \frac{x^3\arcsin x}{\sqrt{1-x^2}}dx$；

(16) $\int_1^{+\infty} \frac{1}{x\sqrt{x-1}}dx$；　(17) $\int_{-2}^{+\infty} \min(e^{-x},1)dx$.

80. 已知 $\lim\limits_{x\to\infty}(\frac{x-a}{x+a})^x = \int_a^{+\infty} 4x^2e^{-2x}dx$，求常数 a 的值.

81. 讨论广义积分 $\int_2^{+\infty} \frac{1}{x(\ln x)^k}dx$ 的敛散性.

82. 函数 $f(x)$ 在$[a,+\infty)$上连续，且有 $\lim\limits_{x\to+\infty} f(x) = A$，证明当 $A \neq 0$ 时，广义积分 $\int_0^{+\infty} f(x)dx$ 发散，并问当 $A=0$ 时能肯定广义积分 $\int_0^{+\infty} f(x)dx$ 收敛吗？

83. 判别下列各广义积分的敛散性：

(1) $\int_0^{+\infty} \frac{x^2}{x^4-x^2+1}dx$；　(2) $\int_0^{+\infty} \frac{x}{1+x^2\sin^2 x}dx$；　(3) $\int_1^{+\infty} \frac{1}{\sqrt{4x+\ln x}}dx$；

(4) $\int_2^{+\infty} (\cos\frac{2}{x}-1)dx$；　(5) $\int_{-1}^{+\infty} \frac{\sin 3x}{\sqrt[3]{x^4+2}}dx$；　(6) $\int_3^{+\infty} \frac{x^a}{\sqrt{x(x-1)(x-2)}}dx$；

(7) $\int_0^1 \frac{1}{e^{\sqrt{x}}-1}dx$；　(8) $\int_0^{\frac{\pi}{2}} \frac{1}{\sin^p x\cos^q x}dx$；　(9) $\int_0^1 \frac{1}{e^x-\cos x}dx$；

(10) $\int_0^1 \frac{\sqrt{x}}{e^{\sin x}-1}dx$；　(11) $\int_a^b x\sqrt{\frac{x-a}{b-x}}dx\ (b>a)$；　(12) $\int_1^{+\infty} \frac{1}{(2x-1)\sqrt{x^2-1}}dx$.

84. 讨论下列积分的敛散性.

(1) $\int_0^{\frac{\pi}{2}} \frac{1-\cos x}{x^m}dx$；　(2) $\int_0^{+\infty} \frac{\ln(1+x)}{x^n}dx$.

85. 利用递推公式计算 $\Gamma(\frac{7}{2})$，$\Gamma(-\frac{5}{2})$.

86. 用 Γ 函数表示下列积分：

(1) $\int_0^{+\infty} e^{-x^2}dx$;　　(2) $\int_0^{+\infty} x^n e^{-bx}dx\ (b>0)$.

87. 设 m 是正整数,利用 Γ 函数求下列积分之值.

(1) $\int_0^{+\infty} x^{2m+1}e^{-x^2}dx$;　　(2) $\int_0^{+\infty} x^{2m}e^{-x^2}dx$;　　(3) $\int_0^1 x^n(\ln x)^m dx\quad (n>-1)$.

综合题

88. 按定义计算

(1) $\int_1^2 (2x)dx$;　　(2) $\int_0^1 e^x dx$.

89. 设 $y=\varphi(x)$ 是在 $x\geqslant 0$ 上严格递增的连续函数,且 $\varphi(0)=0$,$x=\psi(y)$ 是它的反函数,试用定积分的几何意义说明(YounG)不等式

$$\int_0^a \varphi(x)dx+\int_0^b \psi(y)dy\geqslant ab$$

成立.

90. 证明 $\int_{-\frac{\pi}{2}}^{-\frac{\pi}{4}} \frac{\sin x}{x}dx>\int_{\frac{\pi}{4}}^{\frac{\pi}{2}} \frac{\cos x}{x}dx$.

*91. 设函数 $f(x)$ 在闭区间 $[a,b]$ 上有连续的一阶导数,证明存在常数 $M>0$,使得

$$\left|\int_0^1 f(x)dx-\frac{1}{n}\sum_{k=1}^{n} f\left(\frac{k}{n}\right)\right|\leqslant \frac{M}{2n}.$$

92. 计算下列各题:

(1) $\int_0^a \frac{1}{x+\sqrt{a^2-x^2}}dx$;　　(2) $\int_0^{\frac{\pi}{4}} \ln(1+\mathrm{tg}x)dx$;　　(3) $\int_0^{2\pi} \frac{d\theta}{1+\varepsilon\cos\theta}\quad (0\leqslant\varepsilon<1)$;

(4) $\int_1^2 \frac{dx}{x\sqrt{x^2+x+1}}$;　　(5) $\int_0^\pi \frac{x\sin x}{1+\cos^2 x}dx$.

93. 设函数 $y=x^2(0\leqslant x<1)$,问当 t 为何值时图中的阴影部分 s_1 与 s_2 的面积之和最小.

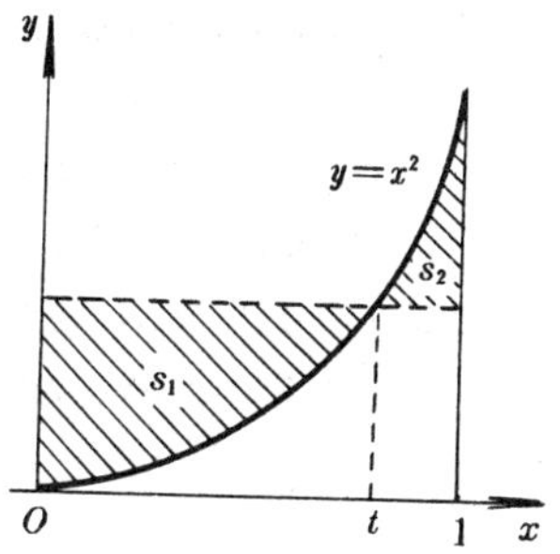

第 93 题

94. 设 $f(x)$ 是 $[a,b]$ 上的连续函数,$f(b)$ 与 $f(a)$ 分别是 $f(x)$ 在 $[a,b]$ 上的最大值与最小值,试证明在 $[a,b]$ 上存在一点 ξ,使得

$$\int_a^b f(x)dx=f(a)(\xi-a)+f(b)(b-\xi).$$

95. 设函数 $x=x(t)$ 由方程 $t-\int_1^{x-t} e^{-u^2}du=0$ 所确定,试求 $x(0)$,$\frac{dx}{dt}\Big|_{t=0}$,及 $\frac{d^2x}{dt^2}\Big|_{t=0}$ 之值.

96. 设 $f(x)=\int_1^x \frac{\ln t}{1+t}dt$,其中 $x>0$,求 $f(x)+f\left(\frac{1}{x}\right)$.

97. 设 $f(x)$ 在 $[a,b]$ 上连续,且 $f(x)\neq 0$,证明方程 $\int_a^x f(t)dt+\int_b^x \frac{1}{f(t)}dt=0$ 在区间 $[a,b]$ 上只有一个根.

98. 设 $f(u)$ 在 $u=0$ 的某邻域内连续,且 $\lim\limits_{u\to 0}\frac{f(u)}{u}=A$. 求 $\lim\limits_{\alpha\to 0}\frac{d}{d\alpha}\int_0^1 f(\alpha t)dt$.

99. 设 $\begin{cases} x=\int_0^t e^{-s^2}ds, \\ y=\int_0^t \sin(t-s)ds, \end{cases}$ 求 $\frac{dy}{dx}$,　$\frac{d^2y}{dx^2}$.

100. 设 $f(x)$ 是连续函数,并且满足

$f(x)=\sin x-\int_0^x (x-t)f(t)dt$,求 $f(x)$5 阶带皮亚诺余项的马克劳林公式.

101. 设函数 $f(x)$ 在 $[0,a]$ 上有连续的导数,且 $f(0)=0$,证明:

$$\left|\int_0^a f(x)dx\right|\leqslant \frac{Ma^2}{2},\quad 其中\ M=\max_{0\leqslant x\leqslant a}|f'(x)|.$$

102. 设函数 $f(x)$ 在 $\left[\frac{1}{2},2\right]$ 上可微,且满足 $\int_1^2 \frac{f(x)}{x^2}dx=4f\left(\frac{1}{2}\right)$,试证明至少存在一点 $\xi\in\left(\frac{1}{2},2\right)$,使得

$\xi f'(\xi) = 2f(\xi)$.

103. 设 $f(x)$ 在$[0,1]$上连续，且$\int_0^1 f(x)dx = 0$，试证在$(0,1)$内存在一点 ξ，使得 $f(1-\xi) = -f(\xi)$.

104. 设 $I_n = \int_0^{\frac{\pi}{4}} \mathrm{tg}^n x dx \quad (n > 1)$，证明：

(1) $I_n + I_{n-2} = \dfrac{1}{n-1}$；并由此计算 I_n；

(2) $\dfrac{1}{2(n+1)} < I_n < \dfrac{1}{2(n-1)}$.

105. 设 $f(x)$，$g(x)$ 在$[a,b]$上连续，证明柯西 - 许瓦兹(Cauchy − Shwary)不等式

$$\left[\int_a^b f(x)g(x)dx\right]^2 \leqslant \left[\int_a^b f^2(x)dx\right]\left[\int_a^b g^2(x)dx\right],$$

并利用它证明不等式$\int_0^{\frac{\pi}{2}} \sqrt{x\sin x}dx \leqslant \dfrac{\pi}{2\sqrt{2}}$.

106. (1) 实数 p,q 为何值时，积分$\int_0^1 x^{p-1}(1-x)^{q-1}dx$ 收敛；

(2) 记 $B(p,q) = \int_0^1 x^{p-1}(1-x)^{q-1}dx$，证明当 p 与 q 均为自然数时有 $B(p+1,q+1) = \dfrac{p!q!}{(p+q+1)!}$.

107. 求由曲线 $|\ln x| + |\ln y| = 1$ 围成的平面图形的面积.

108. 求曲线 $x^3 + y^3 = 3axy$ 所围成的平面图形的面积.

109. 设一容器的内壁是由抛物线 $y = \dfrac{3}{8}x^2$ 绕 y 轴旋转而成的旋转抛物面，开口朝上，其内盛有高为 H 的水，现将半径为 r 的铁球完全浸入水中，且水未溢出，试求水面上升的高度.

110. 设有上底 $b = 8$ 米，下底为 $a = 4$ 米，高为 $H = 4$ 米的等腰梯形闸门，铅直置于水中，b 边与水面持平，试求

(1) 闸门受到的水压力；

(2) 若要压力增加二倍，问闸门该下沉多少米？

111. 设有一半径为 R 的匀质球体，放入水池中，上端与水面相切，试求

(1) 当比重 $\omega = 1$ 时，将球捞出水面所需的功；

(2) 当比重 $\omega > 1$ 时，将球捞出水面所需的功.

112. 有一条长为 l，线密度 ρ 是常数的柔软链条，直放在桌面上，一端露出长 a，桌边有一个滑轮(如图)，试求当抓住链条一端往上提升，直至链条离开桌面为止，需作多少功？(设桌面摩擦系数为 μ，假定滑轮没有阻力).

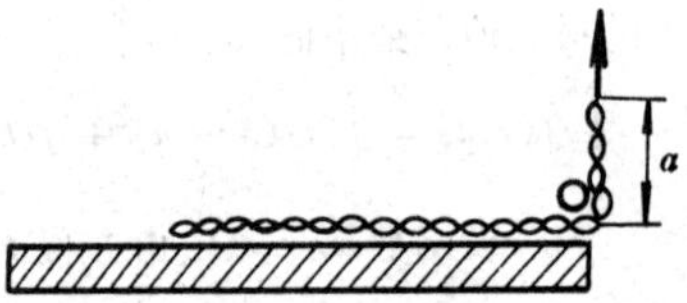

第 112 题

113. 有 2 根长均为 l 的相同的匀质细杆，放置在同一水平直线上，两杆间距为 a，试求它们之间的引力.

114. 转动惯量是描述物体绕定轴旋转时惯性的一个物理量，其大小与质点的质量 m 及质点到定轴的距离平方成正比，即 $J = mr^2$，试求

(1) 形状由 $\dfrac{x^2}{a^2} + \dfrac{y^2}{b^2} = 1$ 与 $\dfrac{x}{a} + \dfrac{y}{b} = 1 (x > 0, y > 0)$ 所围成的匀质平板关于 y 轴的转动惯量.

(2) 由 $(x-b)^2 + y^2 \leqslant a^2 (b > a > 0)$ 绕 y 轴旋转而成的匀质立体(犹如自行车内胎)关于 y 轴的转动惯量.

115. 有一长 50 米，宽 20 米的游泳池，池底是倾斜的平面，池深一边是 3 米，另一边是 1 米，蓄满水，今用抽水机将水全部抽出，问需作多少功？

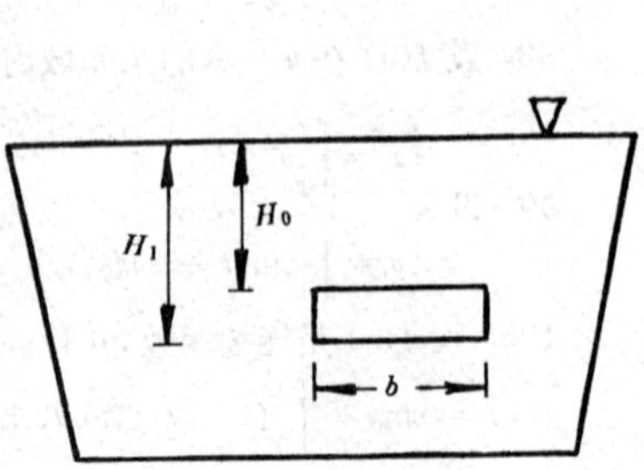

第 116 题

116. 在水渠的垂直截面上有一闸门，闸门上有一矩形泄水孔，孔的上缘距闸门顶部为 H_0，孔的长宽分别为 b 与 $(H_1 - H_0)$(如图)，经过小孔的水流速度为 $v = c\sqrt{2gh}$，h 是离水面的深度，c 为常数，求流经矩形泄水孔的流量(即单位时间内流出的流体体积).

第七章　微分方程

科学技术中研究的许多现象或运动过程，往往通过函数关系来描述，在具体问题中，这些函数关系也往往是未知的．但有时可根据具体问题的内在规律，利用物理、几何等等关系，列出含有未知函数及其导数或微分的等式，然后再由这种等式去求未知函数，这类问题就是微分方程问题．

§1　基本概念

1.1　实例

例 1　将温度为 100℃ 的物体置于保持 30℃ 的恒温介质中冷却，由冷却定律："物体冷却的速率和当时物体与介质的温差成正比．"

(1) 求物体温度随时间的变化规律；

(2) 已知经过三分钟后，物体温度降至 70℃．问什么时候物体的温度降至 31℃．

解　(1) 在冷却过程中，设物体的温度 θ 与时间 t 的函数关系是 $\theta=\theta(t)$．为了找出 $\theta(t)$，首先根据冷却定律，建立 $\theta(t)$ 应满足的等式．

由于物体冷却的速率就是物体的温度 θ 对时间 t 的变化率 —— $\frac{d\theta}{dt}$．已知 $\frac{d\theta}{dt}$ 应与 $\theta-30$ 成正比，引入比例常数 α，就有

$$\frac{d\theta}{dt}=\alpha(\theta-30).$$

由于 θ 随时间 t 增加而减小，所以 $\frac{d\theta}{dt}<0$，而 $\theta-30>0$，因此 α 应为负数，设 $\alpha=-k, k>0$，上式成为

$$\frac{d\theta}{dt}=-k(\theta-30). \tag{1.1}$$

根据题设，$\theta=\theta(t)$ 尚需满足条件

$$\theta|_{t=0}=100. \tag{1.2}$$

(1.1) 是含有未知函数 $\theta(t)$ 的导数的等式称为微分方程，为了求出未知函数 $\theta=\theta(t)$，就要从 (1.1) 解出 θ，即解微分方程，为此，将 (1.1) 改写成微分形式：

$$d\theta=-k(\theta-30)dt.$$

为了好积分，将 $\theta-30$ 为一项分离至 $d\theta$ 前面，即

$$\frac{d\theta}{\theta-30}=-kdt,$$

两边积分

$$\int\frac{d\theta}{\theta-30}=\int -kdt+C_1,$$

这里，积分都只表示一个原函数，因此，另加任意常数 C_1，于是，得

$$\ln(\theta-30)=-kt+\ln C \quad (C_1=\ln C)①$$

或 $\ln\frac{\theta-30}{C}=-kt$，即 $\frac{\theta-30}{C}=e^{-kt}$，于是

$$\theta=30+Ce^{-kt}. \tag{1.3}$$

(1.3) 含有一个任意常数 C 称为微分方程(1.1)的通解，将(1.2)代入(1.3)，得 $C=70$，从而所求函数是

$$\theta=\theta(t)=30+70e^{-kt}. \tag{1.4}$$

(1.4) 称为微分方程(1.1)的特解.

(2) 已知 $t=3,\theta=70$，由(1.4)，$70=30+70e^{-3k}$，得 $e^{-3k}=\frac{4}{7}$，即 $e^{-k}=(\frac{4}{7})^{\frac{1}{3}}$，于是(1.4)化为 $\theta(t)=30+70(\frac{4}{7})^{\frac{t}{3}}$. 当 $\theta=31℃$ 时，得 $31=30+70(\frac{4}{7})^{\frac{t}{3}}$，或 $(\frac{4}{7})^{\frac{t}{3}}=\frac{1}{70}$. 于是，物体降至 31℃ 时间为

$$t=\frac{3(1+\lg 7)}{\lg 7-2\lg 2}=\frac{3(1+0.8451)}{0.8451-2\times 0.3010}=22.770(\text{分}).$$

注：类似于冷却问题，在其他领域中也可见到，例如，放射物质"镭的衰变速率和当时镭的质量 m 成正比，已知 $t=0$ 时镭的质量为 m_0，求镭的质量 m 随时间变化的规律"."化学物质反应的速率和当时还没有起反应的物质的质量 M 成正比，已知 $t=0$ 时还没有起反应的物质的质量为 M_0，求还没有起反应的物质的质量 M 随时间 t 变化的规律"."绝缘不善的带电体放电的速率与当时的电荷量 q 成正比，已知 $t=0$ 时的电荷量为 q_0，求电荷量 q 随时间 t 的变化规律"."某种细菌在某一瞬时繁殖速率与该瞬时细菌的数量 Q 成正比，设 $t=0$ 时细菌的数量为 Q_0，求细菌数量 Q 随时间 t 的变化规律"."设一台机器在任何时间的贬值率与当时的价值 p 成正比，若机器全新时价值为 p_0，求机器的价值 p 随时间 t 的变化规律". 等等都可归结为待求函数 $y=y(x)$ 满足如下微分方程和附加条件

$$\begin{cases}\frac{dy}{dx}=ay; & (1.5)\\ y|_{x=0}=y_0. & (1.6)\end{cases}$$

其中 a 是比例常数，可由实验测定，于是由(1.5)解得

$$y=Ce^{ax}, \tag{1.7}$$

其中 C 是任意常数. 再将附加条件(1.6)代入(1.7)中，得 $C=y_0$，于是待求函数为

$$y=y_0e^{ax}. \tag{1.8}$$

例 2 某列车在平直线路上以 26 米/秒的速度行驶，当制动时，列车获得加速度 $-\frac{1}{2}$ 米/秒^2. (1) 求制动后列车的运动方程；(2) 列车从开始制动后经多少时间完全停止？以及列车在这段时间里行驶了多少路程？

解 设列车开始制动后 t 秒钟内行驶了 S 米，现在来求距离 S 与时间 t 的函数关系 $S=S(t)$，也就是列车的运动方程，由牛顿运动第二定律，未知函数 $S=S(t)$ 应满足微分方程

$$\frac{d^2S}{dt^2}=-\frac{1}{2}. \tag{1.9}$$

同时，由假设条件，$S=S(t)$ 还要满足下列条件：

$$S|_{t=0}=0, \tag{1.10}$$

$$v=\left.\frac{dS}{dt}\right|_{t=0}=26. \tag{1.11}$$

---

① 一般情况下，在积分过程中，原函数出现对数函数时，真数应加绝对值，任意常数 C_1 也不能写成 $\ln C$.

将(1.9)两边积分,得

$$v=\frac{dS}{dt}=-\frac{1}{2}t+C_1, \tag{1.12}$$

再积分,得

$$S=-\frac{1}{4}t^2+C_1t+C_2. \tag{1.13}$$

其中 C_1,C_2 为两个任意常数,(1.13)即是微分方程的通解.

将条件 $\left.\frac{dS}{dt}\right|_{t=0}=26$ 代入(1.12)得 $C_1=26$;将条件 $S|_{t=0}=0$ 代入(1.13)得 $C_2=0$. 于是

$$v=-\frac{1}{2}t+26, \tag{1.14}$$

与

$$S=-\frac{1}{4}t^2+26t. \tag{1.15}$$

(1.15)即是微分方程(1.9)满足附加条件(1.10)、(1.11)的特解. 在(1.14)中,令 $v=0$,得列车开始制动到完全停止所需时间

$$t=26\times 2=52(\text{秒}).$$

再把 $t=52$ 代入(1.15)得列车制动后行程为

$$S=-\frac{1}{4}\times 52^2+26\times 52=-676+1352=676\text{米}.$$

1.2 微分方程、阶、解

定义 含有未知函数的导数(或微分)的等式,称为**微分方程**. 微分方程的一般形式是

$$F(x,y,y',y'',\cdots,y^{(n)})=0 \quad (n\geqslant 1).① \tag{1.16}$$

微分方程中所含未知函数的最高阶导数的阶数,称为这个**方程的阶**. (1.16)中含有最高阶导数 $y^{(n)}(n\geqslant 1)$ 是 n 阶,它是 n 阶微分方程,如(1.1)与(1.9)分别是一阶与二阶微分方程,这里 $F(t,\theta,\theta')=\theta'+k(\theta-30)=0, F(t,S,S',S'')=S''+\frac{1}{2}=0$.

在(1.16)中,如果 F 对变量 $y,y',y'',\cdots,y^{(n)}$ 来说是有理式,我们又可把这种方程说成是几次的. 特别是若 $a_0,a_1,a_2,\cdots,a_{n+1}$ 是 x 的已知函数,形如

$$a_0y^{(n)}+a_1y^{(n-1)}+\cdots+a_{n-2}y''+a_{n-1}y'+a_ny+a_{n+1}=0 \tag{1.17}$$

的微分方程,叫做**一次的或线性的微分方程**,这是因为在微分方程中,$y,y',y'',\cdots,y^{(n)}$ 的幂次至多是一次的. 像 $y'''-(y')^2=0$,关于 y' 不是一次的;$y''+\sin y=0$,关于 y 不能说它是几次的,它们都是非线性微分方程.

设函数 $y=y(x)$ 在某区间 I 上有直到 n 阶的导数,如果把 $y=y(x)$ 及其相应的各阶导数 $y'(x),y''(x),\cdots,y^{(n)}(x)$ 代入(1.16),得到在该区间 I 上关于自变量 x 的恒等式

$$F(x,y(x),y'(x),y''(x),\cdots,y^{(n)}(x))\equiv 0,$$

则称 $y=y(x)$ 是微分方程(1.16)的解或积分.

一个微分方程描述一个系统的运动状态,它可以反映该系统所发生的无数不同的过程,(如例1中,初始温度不同便有不同过程),每一个具体过程与一个具体解相对应. 因此,微分方程的解可分为**通解**与**特解**. 一个 n 阶微分方程的通解中含有 n 个实质上彼此无关的任意常数 $C_1,C_2,\cdots,C_n$,它可用显式或隐式表示为

$$y=y(x,C_1,C_2,\cdots,C_n) \text{ 或 } \varphi(x,y,C_1,C_2,\cdots,C_n)=0. \tag{1.18}$$

---

① 本书只讨论一个自变量的函数的微分方程,也称**常微分方程**;若多于一个自变量的情形,称为**偏微分方程**,本书不作介绍. 式中记号 $F(x,y,y',y'',\cdots,y^{(n)})$ 表示关于变量 $x,y,y',y'',\cdots,y^{(n)}$ 的一个解析式.

尚须指出：实质上彼此无关是指对通解的表达式(1.18)进行任何方式的重新整理，其中 n 个任意常数不能用任何少于 n 个的常数来替代.

在(1.18)中给这些常数以特定值，就成为特解.

从通解中用来确定特解的附加条件，称为微分方程的**定解条件**. 例如(1.10)与(1.11)是微分方程(1.9)的定解条件. 若定解条件是在一点处给出未知函数及其导数取值的若干条件，称为**初始条件**. 对于 n 阶微分方程(1.16)，其初始条件的一般形式为

$$y|_{x=x_0}=y_0,\quad y'|_{x=x_0}=y'_0,\ \cdots,y^{(n-1)}|_{x=x_0}=y_0^{(n-1)}, \tag{1.19}$$

其中 $y_0,y'_0,\cdots,y_0^{(n-1)}$ 都是已知常数.

在定解条件中有时还会遇到在不少于两点处附加若干条件，称为**边值条件**.

微分方程解的几何图形，称为微分方程的**积分曲线**. 一阶微分方程

$$F(x,y,y')=0$$

的通解 $y=y(x,C)$ 或 $\varphi(x,y,C)=0$ 的几何图形是以 C 为参数的一族平面曲线. 满足初始条件 $y|_{x=x_0}=y_0$ 的特解 $y=y(x)$ 或 $\varphi(x,y)=0$ 的几何图形是经过点(x_0,y_0)的一条平面曲线.

微分方程和附加的定解条件列在一起称为定解问题. 定解问题分为初值问题与边值问题，如 n 阶微分方程的初值问题是

$$\begin{cases}y^{(n)}=f(x,y,y',\cdots,y^{(n-1)}),\\ y|_{x=x_0}=y_0,\quad y'|_{x=x_0}=y'_0,\cdots,y^{(n-1)}|_{x=x_0}=y_0^{(n-1)}.\end{cases}$$

关于初值问题解的存在唯一性定理见本书下册附录.

微分方程和边值条件列在一起称为**边值问题**，如 §5 例 11.

从微分方程作为解决科技实际问题的要求来说，研究微分方程的一般步骤为：

1° 根据实际问题的具体条件，建立微分方程并列出定解条件.

2° 求微分方程的通解，并由定解条件定出所含任意常数，得出它的特解.

3° 分析特解的性质，并解释给定问题的变化过程的规律性.

为了方便起见，微分方程有时简称**方程**.

§2 一阶微分方程

2.1 变量可分离的方程

一阶方程 $F(x,y,y')=0$ 中，若能从这个方程中解出 y'，即有

$$\frac{dy}{dx}=f(x,y).$$

又若 $f(x,y)$ 可改写为两个函数 $\varphi(x)$ 与 $\psi(y)$ 的乘积，即

$$\frac{dy}{dx}=\varphi(x)\psi(y) \tag{2.1}$$

称为**变量可分离的微分方程**. 由于这一特点，方程(2.1)可通过积分来求解.

设 $\psi(y)\neq 0$，将(2.1)改写为

$$\frac{dy}{\psi(y)}=\varphi(x)dx,$$

这一步骤叫做**分离变量**. 等式两边积分，得

$$\int \frac{dy}{\psi(y)} = \int \varphi(x)dx + C, \tag{2.2}$$

其中 C 为任意常数. 我们知道,当 $\psi(y)$,$\varphi(x)$ 在某区间 I 上连续,且 $\psi(y) \neq 0$,那么(2.2) 就是(2.1) 的通解.

若 $y = y_0$ 时有 $\psi(y_0) = 0$,则 $y = y_0$ 也是(2.1) 的解,但这种解未必一定属于上述通解(2.2) 中. 这种由于求解过程中,可能是非等价代换而失去解,所以通解并不等同于全部解.

例 1 求解定解问题 $(1 - 2x^2)\sin y dx - x\cos y dy = 0$, $y(1) = \frac{\pi}{2}$.

解 这是变量可分离的微分方程,分离变量,得

$$\frac{\cos y}{\sin y}dy = (\frac{1}{x} - 2x)dx.$$

积分,得 $\ln|\sin y| = \ln|x| - x^2 + \ln|C|$,于是方程的通解为

$$\sin y = Cxe^{-x^2} (C \neq 0 \text{ 为任意常数}).$$

又 $\sin y = 0$,即 $y = k\pi(k = 0, \pm 1, \cdots)$ 也是方程的解,但它可从通解中,令 $C = 0$ 就包含了它,即所求通解为 $\sin y = Cxe^{-x^2}$ (C 为任意常数).

由初始条件 $y(1) = \frac{\pi}{2}$ 代入通解中,即 $\sin\frac{\pi}{2} = Ce^{-1}$,得 $C = e$. 所求定解问题的解为

$$\sin y = xe^{1-x^2}.$$

例 2 求解 $e^x y' = \sqrt{y}(1 + y)$.

解 这是变量可分离的微分方程,当 $\sqrt{y}(1 + y) \neq 0$ 时,分离变量,得

$$\frac{dy}{\sqrt{y}(1 + y)} = e^{-x}dx.$$

积分,得通解 $2\operatorname{arctg}\sqrt{y} = -e^{-x} + C$. 又 $\sqrt{y}(1 + y) = 0$ 即 $y = 0$ 也是方程的解,但它们都不能从通解中令 C 取任何值所能得到,即此解并没有包含在通解中.

例 3 设 $p(x)$ 是连续函数,求方程 $\frac{dy}{dx} + p(x)y = 0$ 的通解.

解 当 $y \neq 0$ 时,分离变量,得

$$\frac{dy}{y} = -p(x)dx,$$

积分得

$$\ln|y| = -\int p(x)dx + \ln|C|,$$

于是,得通解

$$y = Ce^{-\int p(x)dx}. \tag{2.3}$$

其中 C 是任意常数,因 $y = 0$ 是解,所以通解中任意常数 C 也可取零值.

例 4 一容器在开始时盛有溶液 V_0 升,其中含溶质 m_0 公斤. 然后以每分钟 a 升的速率注入净水,同时又以每分钟 b 升($b \leqslant a$) 的速率将冲淡的溶液放出,容器中的搅拌器使溶液始终保持均匀,求溶液中含溶质的质量 m 随时间变化的规律.

解 考察时间 t 的变化区间为 $[0, +\infty)$,$\forall\, t \in [0, +\infty)$,求 $m = m(t)$. 取微区间 $[t, t + dt] \subset [0, +\infty)$,在此微区间内溶质 m 变化区间为 $[m, m + dm]$,由于

溶质减少量 = 浓度 × 放出溶液量.

在考虑的微区间 $[t, t + dt]$ 内的浓度为 $\frac{m}{V_0 + (a - b)t}$(公斤 / 升),

于是

$$dm = -\frac{m}{V_0 + (a - b)t} \cdot bdt \text{(负号是因为 } dm < 0\text{)},$$

这是可分离变量的方程,分离变量,得

$$\frac{dm}{m}=-\frac{bdt}{V_0+(a-b)t}.$$

当 $a>b$ 时，积分，得

$$\ln m=-\frac{b}{a-b}\ln[V_0+(a-b)t]+\ln C,$$

即
$$m=\frac{C}{[V_0+(a-b)t]^{\frac{b}{a-b}}}.$$

代入初始条件 $m|_{t=0}=m_0$，得 $C=m_0V_0^{\frac{b}{a-b}}$. 于是，在这个系统中所求溶质 m 随时间 t 的变化规律为

$$m=\frac{m_0}{[1+\frac{(a-b)t}{V_0}]^{\frac{b}{a-b}}};$$

当 $a=b$ 时，同理可得 $m=m_0e^{-\frac{b}{V_0}t}$.

例 5 生态学家以数学方法研究生物群体的个体总数问题. 记时刻 t 的个体总数为 $p(t)$，当考察所属地区很大时，$p(t)$ 是一个很大的整数，为了利用数学工具，将 $p(t)$ 看作连续、可导函数. 又记某地区在时间 t_0 的个体总数为 p_0，考虑到自然与环境因素，以 $a-bp$ 表示出生率与死亡率之差，其中常数 a,b 叫做生命系数，并测得 a 的自然值为 0.029，而 b 的值依赖于该地区环境经济条件，如果不考虑个体流动问题，那么 $p(t)$ 的变化率 $\frac{dp}{dt}$ 等于 $(a-bp)$ 与 p 的乘积，即

$$\frac{dp}{dt}=(a-bp)p. \tag{2.4}$$

这是可分离变量的方程，设 $p\neq 0, p\neq\frac{a}{b}$，分离变量，得

$$\frac{dp}{p(a-bp)}=dt \quad 或 \quad \frac{1}{a}(\frac{1}{p}+\frac{b}{a-bp})dp=dt,$$

积分

$$\frac{1}{a}\int_{p_0}^{p}(\frac{1}{p}+\frac{b}{a-bp})dp=\int_{t_0}^{t}dt \text{ 或 } \ln\frac{p(a-bp_0)}{p_0(a-bp)}=a(t-t_0).$$

于是
$$p(t)=\frac{ap_0}{bp_0+(a-bp_0)e^{-a(t-t_0)}}.$$

由上式得该地区该群体个体总数的变化趋势为

$$N=\lim_{t\to+\infty}p(t)=\frac{a}{b}.$$

由 $a=0.029$，得 $N=\frac{0.029}{b}$.

若已知某地区某年个体总数为 m 万个，及平均增长率 $\frac{1}{p}\frac{dp}{dt}$ 在该地区为千分之 r，即

$$\frac{1}{p}\frac{dp}{dt}=\frac{r}{1000},$$

由(2.4)及 $a=0.029$，得

$$0.029-b\times m\times 10^4=\frac{r}{1000},$$

于是 $b=\frac{0.029-0.001r}{m\times 10^4}$，从而求得 N 的值，以此可预报特别是长期预报该群体的个体总数.

2.2 齐次变量型方程

一、齐次变量型方程的几种类型

(1) $\frac{dy}{dx}=\varphi(\frac{y}{x})$ **型方程**

一阶微分方程$\frac{dy}{dx}=f(x,y)$中,若$f(x,y)$可改写成$\frac{y}{x}$的函数,即$f(x,y)\triangleq\varphi(\frac{y}{x})$. 这时

$$\frac{dy}{dx}=\varphi(\frac{y}{x}) \tag{2.5}$$

称为**齐次变量型微分方程**,简称**齐次方程**,其中$\varphi(u)$是u的连续函数.

令$\frac{y}{x}=u$或$y=xu$,于是$\frac{dy}{dx}=u+x\frac{du}{dx}$,代入(2.5)得

$$x\frac{du}{dx}=\varphi(u)-u.$$

这是变量可分离方程. 若$\varphi(u)-u\neq 0$,分离变量得

$$\frac{du}{\varphi(u)-u}=\frac{dx}{x},$$

积分得
$$\int\frac{du}{\varphi(u)-u}=\ln|x|-\ln|C|,$$

于是
$$x=Ce^{\int\frac{du}{\varphi(u)-u}}$$

若记$e^{\int\frac{du}{\varphi(u)-u}}=\Phi(u)$,代回原变量$u=\frac{y}{x}$,则有

$$x=C\Phi(\frac{y}{x}),$$

它是方程(2.5)的隐式通解,其中C是任意常数. 若$\varphi(u)-u=0$有根,即若存在某些常数$K_i(i=1,2,\cdots,n)$,使得$\varphi(K_i)-K_i=0$,则$y=K_ix$也都是方程(2.5)的解.

(2) $\frac{dy}{dx}=f(\frac{ax+by+c}{a_1x+b_1y+c_1})$ **型方程**,其中$f(u)$连续,a、b、c、a_1、b_1、c_1皆为常数.

1° 若$c=c_1=0$,即$\frac{dy}{dx}=f(\frac{ax+by}{a_1x+b_1y})$,将括号内的分子、分母同除以$x$,就成为齐次方程

$$\frac{dy}{dx}=f\left(\frac{a+b\frac{y}{x}}{a_1+b_1\frac{y}{x}}\right)\triangleq\varphi(\frac{y}{x})\quad(b、b_1\text{不同为}0). \tag{2.6}$$

2° 若$\frac{a}{a_1}=\frac{b}{b_1}\triangleq\frac{1}{k}$,则方程可改写为

$$\frac{dy}{dx}=f\left[\frac{ax+by+c}{k(ax+by)+c_1}\right]\triangleq\varphi(ax+by), \tag{2.7}$$

令$u=ax+by$,则$\frac{du}{dx}=a+b\frac{dy}{dx}$,得变量可分离的方程

$$\frac{du}{dx}=a+b\varphi(u). \tag{2.8}$$

(3) 若$\frac{a}{a_1}\neq\frac{b}{b_1}$,采用坐标平移方法来消去$c,c_1$,为此,令

$$x=x_0+X;\quad y=y_0+Y,$$

于是方程化为

$$\frac{d(y_0+Y)}{d(x_0+X)}=f\left[\frac{aX+bY+(ax_0+by_0+c)}{a_1X+b_1Y+(a_1x_0+b_1y_0+c)}\right]. \tag{2.9}$$

只要选取x_0,y_0,使得

$$\begin{cases}ax_0+by_0+c=0;\\ a_1x_0+b_1y_0+c_1=0,\end{cases}$$

则微分方程(2.9)化为

$$\frac{dY}{dX}=f\left(\frac{aX+bY}{a_1X+b_1Y}\right)=f\left(\frac{a+b\frac{Y}{X}}{a_1+b_1\frac{Y}{X}}\right)=\varphi\left(\frac{Y}{X}\right)\quad (b、b_1\text{ 不同为 }0). \tag{2.10}$$

例 6 求解 $xy'-y=x\mathrm{tg}\frac{y}{x}$.

解 将方程变形为

$$\frac{dy}{dx}=\frac{y}{x}+\mathrm{tg}\frac{y}{x},$$

这是齐次变量型方程. 令 $u=\frac{y}{x}$ 代入方程,得

$$x\frac{du}{dx}+u=u+\mathrm{tg}u \quad 即 \quad x\frac{du}{dx}=\mathrm{tg}u.$$

当 $\mathrm{tg}u\neq 0$ 时,分离变量,得 $\mathrm{ctg}u\,du=\frac{dx}{x}$. 积分得

$$\ln|\sin u|=\ln|x|+\ln|C| \quad 即 \quad \sin u=Cx.$$

代回原变量 $u=\frac{y}{x}$,得原方程的通解为

$$\sin\frac{y}{x}=Cx,$$

又当 $\mathrm{tg}u=0$ 时,$u=k\pi(k=0,\pm 1,\pm 2,\cdots)$,即 $y=(k\pi)x$ 也是方程的解.

例 7 设一平面曲线,其上任一点处的切线与该点矢径的夹角为常量,求此曲线的方程.

解 如图 7-1,设所求平面曲线方程为 $y=y(x)$,其上任一点 $M(x,y)$,矢径 OM 与切线 MT 相交成定角 $\varphi\neq\frac{\pi}{2}$ 时,正切 $\mathrm{tg}\varphi=K$(常量),在点 $M(x,y)$ 处矢径 OM 的斜率 $\mathrm{tg}\theta=\frac{y}{x}$,曲线切线的斜率为 $\mathrm{tg}\alpha=\frac{dy}{dx}$,由关系式 $\mathrm{tg}\alpha=\mathrm{tg}(\varphi+\theta)$,于是得

$$\frac{dy}{dx}=\frac{K+\frac{y}{x}}{1-K\frac{y}{x}},$$

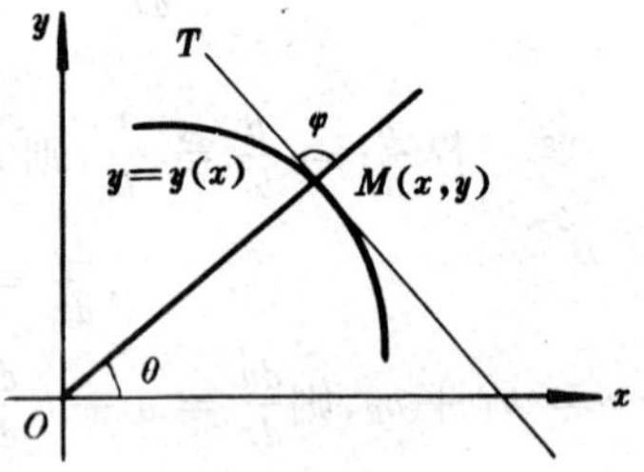

图 7-1

这是齐次变量型方程. 令 $\frac{y}{x}=u$,得

$$x\frac{du}{dx}+u=\frac{K+u}{1-Ku} \text{ 或 } x\frac{du}{dx}=\frac{K(1+u^2)}{1-Ku}.$$

分离变量,得

$$\frac{1}{K}\frac{1-Ku}{1+u^2}du=\frac{dx}{x},$$

积分得 $\frac{1}{K}\mathrm{arctg}u-\ln\sqrt{1+u^2}=\ln|x|-\ln|C|$ 或 $x\sqrt{1+u^2}=Ce^{\frac{1}{K}\mathrm{arctg}u}$

代回原变量 $u=\frac{y}{x}$,得通解

$$\sqrt{x^2+y^2}=Ce^{\frac{1}{K}\mathrm{arctg}\frac{y}{x}}.$$

引入极坐标 $x=r\cos\theta, y=r\sin\theta$,得

$$r=Ce^{\frac{\theta}{K}},$$

这是一族对数螺线. 特别,当 $\varphi=\frac{\pi}{2}$ 时,$\frac{1}{K}=0$,于是得 $x^2+y^2=C^2$,这是一族圆.

二、等角轨线

上述例 7 是过原点的直线族与曲线 $y=y(x)$ 相交成等角的情形. 一般与 xOy 平面上的曲线族

$$l:\quad F(x,y,C)=0 \tag{2.11}$$

中每条曲线相交成定角 φ 的曲线叫做曲线族(2.11) 的**等角轨线**,特别,当 $\varphi=\frac{\pi}{2}$ 时,称它为**正交轨线**,将(2.11) 及与(2.11) 对 x 求导所得到方程联立并消去常数 C 后得到相应于(2.11) 的微分方程:

$$l:\quad f(x,y,y')=0. \tag{2.12}$$

于是可知曲线族 l 的正交轨线微分方程为

$$L_{\frac{\pi}{2}}:\quad f\left(x,y,-\frac{1}{y'}\right)=0, \tag{2.13}$$

与曲线族 l 相交成定角 φ 的等角轨线微分方程为

$$L_{\varphi}:\quad f\left(x,y,\frac{y'-\operatorname{tg}\varphi}{1+y'\operatorname{tg}\varphi}\right)=0. \tag{2.14}$$

解微分方程(2.13) 与(2.14) 便得所求曲线族 $L_{\frac{\pi}{2}}, L_{\varphi}$.

例 8 求抛物线族 $y=4Cx^2$ 的正交轨线.

解 对 $y=4Cx^2$ 关于 x 求导,得 $y'=8Cx$,与原式联立消去 C 得相应于此抛物线族的微分方程为

$$xy'=2y.$$

以 $-\frac{1}{y'}$ 代上式中 y',得所求抛物线族的正交轨线微分方程为

$$x\left(-\frac{1}{y'}\right)=2y \quad 即 \quad xdx+2ydy=0.$$

积分后得所求正交轨线为椭圆族 $x^2+2y^2=C^2$,其中 C 为任意常数.

2.3 一阶线性方程

在一阶方程 $\frac{dy}{dx}=f(x,y)$ 中,若 $f(x,y)$ 可写成 $Q(x)-P(x)y$ 的形式,即

$$\frac{dy}{dx}+P(x)y=Q(x) \tag{2.15}$$

称为**一阶线性微分方程**,其中 $P(x)$、$Q(x)$ 是某区间上的连续函数,当(2.15) 中的 $Q(x)\equiv 0$ 时,化为

$$\frac{dy}{dx}+P(x)y=0. \tag{2.16}$$

(2.16) 称为与(2.15)**对应的一阶线性齐次微分方程**,而(2.15) 称为**一阶线性非齐次微分方程**,$Q(x)$ 称为**非齐次项**或**自由项**.

现在来求(2.15) 的解,令 $y=u(x)v(x)$,其中 $u(x)$,$v(x)$ 都是待定函数,代入(2.15) 得

$$u'v+uv'+P(x)uv=Q(x)$$

或

$$u'v+u[v'+P(x)v]=Q(x).$$

可以看出:如果 $u(x)$,$v(x)$ 分别满足

$$\begin{cases} v'+P(x)v=0; & (2.17)\\ u'v=Q(x), & (2.18)\end{cases}$$

则 $y=u(x)v(x)$ 就是方程(2.15) 的解,而(2.17) 通解为

$$v = Ce^{-\int P(x)dx}. \tag{2.19}$$

在(2.19)中,不妨取 $C = 1$,即 $v = e^{-\int P(x)dx}$ 并代入(2.18)得

$$u'e^{-\int P(x)dx} = Q(x) \quad 或 \quad u' = Q(x)e^{\int P(x)dx},$$

积分得
$$u = \int Q(x)e^{\int P(x)dx}dx + C. \tag{2.20}$$

于是 $y = u(x)v(x)$ 中的 $u(x)$ 与 $v(x)$ 都已确定,得一阶线性非齐次微分方程(2.15)的通解为

$$y = e^{-\int P(x)dx}\left[\int Q(x)e^{\int P(x)dx}dx + C\right]. \tag{2.21}$$

由(2.21)知,一阶线性非齐次方程的通解结构为

$$y = \tilde{y} + Y,$$

其中 $\tilde{y} = e^{-\int P(x)dx}\int Q(x)e^{\int P(x)dx}dx,\quad Y = Ce^{-\int P(x)dx}.$

$\tilde{y}$ 相当于(2.21)中 $C = 0$ 的情形,因而它是非齐次方程的一个特解,Y 是相应齐次方程的通解.

我们将 $y = uv = ue^{-\int P(x)dx}$ 与 $Y = Ce^{-\int P(x)dx}$ 比较,只需把后者中任意常数 C 换为 u,因此,求(2.15)的解,可将(2.16)的通解中任意常数 C 换为待定函数 u 而求得,这种求解的方法,叫做**常数变易法**.

例 9 求解 $\dfrac{dy}{dx} + \dfrac{y}{x} = \dfrac{\cos 2x}{x},\quad y|_{x=\pi} = 1.$

解 这是一阶线性非齐次微分方程,$P(x) = \dfrac{1}{x},\quad Q(x) = \dfrac{\cos 2x}{x}$. 由(2.21)得所求通解为

$$y = e^{-\int \frac{1}{x}dx}\left[\int \frac{\cos 2x}{x}e^{\int \frac{1}{x}dx}dx + C\right] = e^{-\ln x}\left[\int \frac{\cos 2x}{x}e^{\ln x}dx + C\right] = e^{\ln \frac{1}{x}}\left[\int \frac{\cos 2x}{x}\cdot x dx + C\right]$$

$$= \frac{1}{x}\left[\int \cos 2x dx + C\right] = \frac{1}{x}\left(\frac{\sin 2x}{2} + C\right).$$

代入 $y|_{x=\pi} = 1$,得 $C = \pi$. 于是方程满足初始条件的特解为

$$y = \frac{1}{x}\left(\frac{\sin 2x}{2} + \pi\right).$$

例 10 求方程 $\dfrac{dy}{dx} = \dfrac{y}{x + y^5}$ 的通解.

解 未知函数出现 y^5,这是非线性方程,但将方程两边分子分母颠倒,得

$$\frac{dx}{dy} = \frac{x + y^5}{y} \quad 或 \quad \frac{dx}{dy} - \frac{x}{y} = y^4,$$

这是关于未知函数 $x = x(y)$ 的一阶线性非齐次方程,其通解可由(2.21)将 y 与 x 对换位置得到,即

$$x = e^{-\int P(y)dy}\left[\int Q(y)e^{\int P(y)dy}dy + C\right],$$

其中 $P(y) = -\dfrac{1}{y},\quad Q(y) = y^4$,于是所求通解为

$$x = e^{-\int \left(-\frac{1}{y}\right)dy}\left[\int y^4 e^{\int \left(-\frac{1}{y}\right)dy}dy + C\right] = e^{\ln y}\left[\int y^4 e^{\ln \frac{1}{y}}dy + C\right]$$

$$= y\left(\int y^4 \cdot \frac{1}{y}dy + C\right) = y\left(\frac{y^4}{4} + C\right).$$

例 11 一闭合电路(如图 7-2),其中电阻为 R,电感为 L,接入电动势为 $E = E_0\sin\omega t$ 的电源,(R, L, E_0, ω 都是正常数),求电路中电流 i 与时间 t 的函数关系.

解 由于电动势 E 随时间 t 而变化,于是电路中的电流 i 也随时间 t 变化,即 $i = i(t)$. 由电工学知识,在电阻 R 两端的电压降落为 Ri;当随时间 t 变化的电流 $i(t)$ 通过电感 L 时,电感上产

生电压降落为 $L\frac{di}{dt}$. 由克希荷夫定律,外加电压等于电路上电压降落的总和,于是得

$$L\frac{di}{dt}+Ri=E_0\sin\omega t,\text{即}\frac{di}{dt}+\frac{R}{L}i=\frac{E_0}{L}\sin\omega t,$$

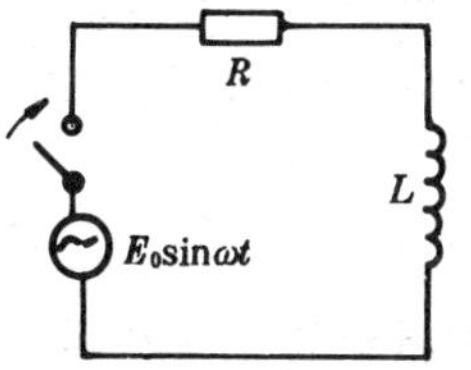

图 7-2

方程是一阶线性非齐次方程,其中 $P(t)=\frac{R}{L}$, $Q(t)=\frac{E_0}{L}\sin\omega t$. 其通解为

$$\begin{aligned} i &= e^{-\int\frac{R}{L}dt}\left[\int\frac{E_0}{L}\sin\omega t\cdot e^{\int\frac{R}{L}dt}dt+C\right] \\ &= e^{-\frac{R}{L}t}\left[\frac{E_0}{L}\int\sin\omega t\cdot e^{\frac{R}{L}t}dt+C\right] \\ &= e^{-\frac{R}{L}t}\left[\frac{E_0}{L}\cdot\frac{e^{\frac{R}{L}t}}{(\frac{R}{L})^2+\omega^2}(\frac{R}{L}\sin\omega t-\omega\cos\omega t)+C\right]. \end{aligned} \tag{2.22}$$

将初始条件 $i|_{t=0}=0$ 代入(2.22),得 $C=\frac{\omega LE_0}{R^2+\omega^2L^2}$,于是,所求函数关系式为

$$i=\frac{\omega LE_0}{R^2+\omega^2L^2}e^{-\frac{R}{L}t}+\frac{E_0}{R^2+\omega^2L^2}(R\sin\omega t-\omega L\cos\omega t).$$

上式右边第一项当 $t\to+\infty$,它趋于零,称**暂态分量**. 而第二项不随时间 t 的增加而衰减,称**稳态分量**.

2.4 贝努里方程

方程

$$\frac{dy}{dx}+P(x)y=Q(x)y^\alpha \quad (\text{其中 } \alpha\neq 0,1) \tag{2.23}$$

称为**贝努里**(Bernoulli) **方程**.

当 $y\neq 0$ 时,以 y^α 除(2.23)两边,得

$$y^{-\alpha}\frac{dy}{dx}+P(x)y^{1-\alpha}=Q(x) \quad \text{或} \quad \frac{1}{1-\alpha}\frac{dy^{1-\alpha}}{dx}+P(x)y^{1-\alpha}=Q(x).$$

令 $z=y^{1-\alpha}$,则有

$$\frac{dz}{dx}+(1-\alpha)P(x)z=(1-\alpha)Q(x),$$

这是一阶线性非齐次方程,其通解为

$$z=e^{-(1-\alpha)\int P(x)dx}\left[\int(1-\alpha)Q(x)e^{(1-\alpha)\int P(x)dx}dx+C\right].$$

因此,

$$y=z^{\frac{1}{1-\alpha}}=e^{-\int P(x)dx}\left[\int(1-\alpha)Q(x)e^{(1-\alpha)\int P(x)dx}dx+C\right]^{\frac{1}{1-\alpha}}.$$

另外,当 $\alpha>0$ 时,$y=0$ 是贝努里方程的解,它未包含在通解之中. 在微分方程中,这样的解叫**零解**,我们主要是讨论非零解.

例 12 求解 $xy'-4y=(x^2)y^{\frac{1}{2}}$.

解 这是贝努利方程,当 $\alpha=\frac{1}{2}$ 的情形,以 $y^{\frac{1}{2}}$ 除两边,得

$$y^{-\frac{1}{2}}y'-\frac{4}{x}y^{\frac{1}{2}}=x \quad \text{或} \quad 2(y^{\frac{1}{2}})'-\frac{4}{x}y^{\frac{1}{2}}=x,$$

即

$$(y^{\frac{1}{2}})'-\frac{2}{x}y^{\frac{1}{2}}=\frac{x}{2}.$$

令 $y^{\frac{1}{2}}=z$,方程化为一阶线性方程

$$z' - \frac{2}{x}z = \frac{x}{2}.$$

其通解为

$$z = e^{-\int(-\frac{2}{x})dx}[\int \frac{x}{2}e^{\int(-\frac{2}{x})dx}dx + C] = e^{\ln x^2}[\int \frac{x}{2}e^{\ln\frac{1}{x^2}}dx + C]$$

$$= x^2[\int \frac{x}{2}\cdot\frac{1}{x^2}dx + C] = x^2(\frac{1}{2}\ln|x| + C),$$

代回原变量 $z = y^{\frac{1}{2}}$,得

$$y = z^2 = x^4(\frac{1}{2}\ln|x| + C)^2.$$

例 13 求解方程 $y(x) - \int_0^x [ty(t) - e^{-t^2}y^3(t)]dt = 1.$

解 方程两边关于 x 求导,得

$$y'(x) - xy(x) + e^{-x^2}y^3(x) = 0$$

或

$$y'(x) - xy(x) = - e^{-x^2}y^3(x),$$

这是贝努利方程 $\alpha = 3$ 的情形.两边以 y^3 除,得

$$y^{-3}y' - xy^{-2} = - e^{-x^2},$$

即 $\frac{1}{-2}(y^{-2})' - xy^{-2} = - e^{-x^2}$ 或 $(y^{-2})' + 2xy^{-2} = 2e^{-x^2}.$

令 $z = y^{-2}$,化为一阶线性方程

$$z' + 2xz = 2e^{-x^2},$$

其通解 $z = e^{-\int 2xdx}[\int 2e^{-x^2}e^{\int 2xdx}dx + C] = e^{-x^2}(2x + C),$

代回原变量 $y^2 = z^{-1}$,得

$$y^2 = z^{-1} = e^{x^2}(2x + C)^{-1}.$$

由原方程,$x = 0, y = 1$,代入上式,得 $c = 1$,故 $y^2 = e^{x^2}(2x + 1)^{-1}$.

§3 微分方程的降阶法

3.1 几种可降阶的特殊类型

一、$y'' = f(x)$ 型

这种类型的微分方程,每积分一次,便降低一阶,积分两次就能求得其通解,即有

$$y' = \int f(x)dx + C_1,$$

$$y = \int [\int f(x)dx]dx + C_1x + C_2. \tag{3.1}$$

易知 $y^{(n)} = f(x)$,只须积分 n 次,便可求得其通解.

二、$y'' = f(x, y')$ 型

这种类型的微分方程中,不显含 y.作变量代换 $y' = p, y'' = p'$,于是方程降为一阶方程

$$p' = f(x, p). \tag{3.2}$$

若它有通解 $p = \varphi(x, C_1)$,由 $p = y'$,于是得一阶方程

$$y' = \varphi(x, C_1),$$

积分,得通解

$$y=\int \varphi(x,C_1)dx+C_2.$$

易知方程 $y^{(n)}=f(x,y^{(n-1)})$，只须令 $y^{(n-1)}=p, y^{(n)}=p'$，于是化为 $p'=f(x,p)$ 便是(3.2)情形.

三、$y''=f(y,y')$ 型

这种类型的微分方程中，不显含 x. 作变量代换 $y'=p, y''=\frac{dp}{dx}=\frac{dp}{dy}\cdot\frac{dy}{dx}=p\frac{dp}{dy}$，于是方程降为 p 关于 y 的一阶方程，即

$$p\frac{dp}{dy}=f(y,p).$$

若它有通解 $p=\psi(y,C_1)$，由 $p=y'$，于是得一阶方程

$$\frac{dy}{dx}=\psi(y,C_1).$$

当 $\psi(y,C_1)\neq 0$ 时，分离变量后积分，得原方程的通解为

$$\int\frac{dy}{\psi(y,C_1)}=x+C_2. \tag{3.3}$$

例 1 求解 $(\operatorname{ctg}x)y^{(5)}+y^{(4)}=0$.

解 设 $y^{(4)}=p, y^{(5)}=p'$，原方程化为

$$(\operatorname{ctg}x)p'+p=0 \quad 或 \quad p'+(\operatorname{tg}x)p=0. \tag{3.4}$$

其通解为 $p=C_1e^{-\int \operatorname{tg}x dx}=C_1\cos x.$

即有 $y^{(4)}=C_1\cos x. \quad (3.5)$

积分四次得所求通解为

$$y=C_1\cos x+C_2x^3+C_3x^2+C_4x+C_5.$$

例 2 求解 $(1-x^2)y''-xy'=0, y|_{x=\sqrt{2}}=0, y'|_{x=\sqrt{2}}=1$.

解 方程不显含 y，设 $y'=p, y''=p'$，方程化为

$$(1-x^2)p'-xp=0.$$

分离变量，得

$$\frac{dp}{p}=\frac{xdx}{1-x^2},$$

积分 $\ln|p|=-\frac{1}{2}\ln|1-x^2|+\ln|C_1|,$

于是 $$p=\frac{C_1}{\sqrt{|1-x^2|}}. \tag{3.6}$$

当 $|x|<1$ 时，$y'=\frac{C_1}{\sqrt{1-x^2}}$，积分得 $y=C_1\arcsin x+C_2. \quad (3.7)$

当 $|x|>1$ 时，$y'=\frac{C_1}{\sqrt{x^2-1}}$，积分得 $y=C_1\ln|x+\sqrt{x^2-1}|+C_2. \quad (3.8)$

将 $y'=p|_{x=\sqrt{2}}=1$ 代入(3.6)得 $C_1=1$；将 $y|_{x=\sqrt{2}}=0$ 代入(3.8)得 $C_2=\ln(\sqrt{2}-1)$.

故所求方程满足初始条件的特解为

$$y=\ln|x+\sqrt{x^2-1}|+\ln(\sqrt{2}-1).$$

例 3 求解 $y''-e^yy'=0, y|_{x=0}=0, y'|_{x=0}=2$.

解 方程不显含 x，设 $y'=p, y''=p\frac{dp}{dy}$，原方程化为

$$p\frac{dp}{dy}-pe^y=0 \quad 或 \quad p(\frac{dp}{dy}-e^y)=0.$$

1° 当 $p=0$ 时，得 $y=C$，但不满足初始条件.

2° 当 $\frac{dp}{dy}=e^y$ 时，由 $dp=e^y dy$，得 $p=e^y+C_1$，由初始条件，当 $x=0$ 时，$y=0$，$p=2$，代入上式得 $C_1=1$，于是得

$$p=e^y+1 \quad 或 \quad \frac{dy}{e^y+1}=dx,$$

积分
$$\int\frac{dy}{e^y+1}=x-\ln C_2. \tag{3.9}$$

由于 $\int\frac{dy}{e^y+1}=\int\frac{e^{-y}}{1+e^{-y}}dy=-\int\frac{1}{1+e^{-y}}d(1+e^{-y})=-\ln(1+e^{-y})$,

代入(3.9)得 $\frac{C_2}{1+e^{-y}}=e^x$ 或 $1+e^{-y}=C_2e^{-x}$.

代入 $y|_{x=0}=0$，得 $C_2=2$，所求方程特解为

$$1+e^{-y}=2e^{-x}.$$

例4 追迹问题 开始时，甲、乙水平距离为1单位，乙从 A 点沿垂直于 OA 的直线以等速 v_0 向正北行走；甲从乙的左侧 O 点出发，始终对准乙以 $nv_0(n>1)$ 的速度追赶，求追迹曲线方程，并问乙行多远时，被甲追到.

解 建立坐标系如图7-3. 设所求追迹曲线方程为 $y=y(x)$，经过时刻 t，甲在追迹曲线上的点为 $P(x,y)$，乙在点 $B(1,v_0t)$. 于是有

$$\mathrm{tg}\theta=y'=\frac{v_0t-y}{1-x}. \tag{3.10}$$

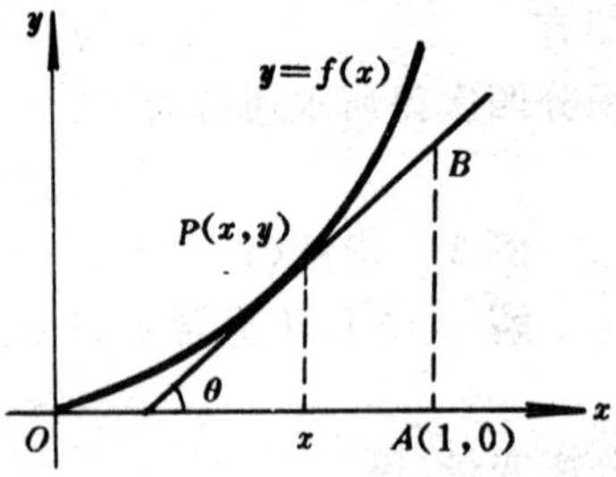

图 7-3

由题设，曲线弧 OP 的长为

$$\int_0^x\sqrt{1+y'^2}dx=nv_0t \quad (n>1).$$

解出 v_0t 代入(3.10)式，得

$$(1-x)y'+y=\frac{1}{n}\int_0^x\sqrt{1+y'^2}dx,$$

两边对 x 求导，得

$$-y'+(1-x)y''+y'=\frac{\sqrt{1+y'^2}}{n}$$

或
$$(1-x)y''=\frac{\sqrt{1+y'^2}}{n},$$

这是不显含 y 的可降阶方程，设 $y'=p$，$y''=p'$，代入得

$$(1-x)p'=\frac{\sqrt{1+p^2}}{n} \quad 或 \quad \frac{dp}{\sqrt{1+p^2}}=\frac{dx}{n(1-x)},$$

积分，得
$$\ln(p+\sqrt{1+p^2})=\frac{-1}{n}\ln(1-x)+\ln C_1,$$

即
$$p+\sqrt{1+p^2}=\frac{C_1}{\sqrt[n]{1-x}}.$$

将初始条件 $y'|_{x=0}=p|_{x=0}=0$ 代入上式，得 $C_1=1$，于是

$$y'+\sqrt{1+y'^2}=\frac{1}{\sqrt[n]{1-x}}. \tag{3.11}$$

两边同乘 $y'-\sqrt{1+y'^2}$，并化简得

$$y'-\sqrt{1+y'^2}=-\sqrt[n]{1-x}. \tag{3.12}$$

(3.11)与(3.12)相加，解得

$$y' = \frac{1}{2}\left(\frac{1}{\sqrt[n]{1-x}} - \sqrt[n]{1-x}\right).$$

积分，得 $$y = \frac{1}{2}\left[-\frac{n}{n-1}(1-x)^{\frac{n-1}{n}} + \frac{n}{n+1}(1-x)^{\frac{n+1}{n}}\right] + C_2.$$

代入初始条件 $y|_{x=0} = 0$，得 $C_2 = \dfrac{n}{n^2-1}$，所求追迹曲线方程为

$$y = \frac{n}{2}\left[\frac{(1-x)^{\frac{n+1}{n}}}{n+1} - \frac{(1-x)^{\frac{n-1}{n}}}{n-1}\right] + \frac{n}{n^2-1} \quad (n > 1).$$

甲追到乙时，即曲线上点 P 的横坐标 $x = 1$，此时，$y = \dfrac{n}{n^2-1}$，即乙行走至离 A 点 $\dfrac{n}{n^2-1}$ 个单位距离时即被甲追到.

例 5 一平面曲线，其上任一点 P 的曲率半径与其法线上 P 点至与 x 轴交点的长成正比，求此曲线方程.

解 如图 7-4. 设所求曲线方程为 $y = f(x)$，该曲线上任一点 P 的坐标为 (x,y)，切线为 PT，法线 PA 的方程为

$$Y - y = -\frac{1}{y'}(X - x).$$

令 $Y = 0$，得 A 点横坐标 $X = x + yy'$.

于是法线长

$$PA = \sqrt{(x + yy' - x)^2 + (0 - y)^2}$$
$$= \sqrt{y^2(1 + y'^2)} = |y|\sqrt{1 + y'^2}.$$

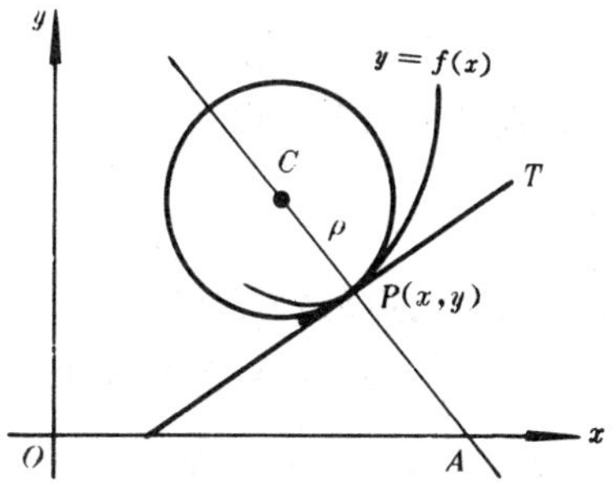

图 7-4

又曲线 $y = f(x)$ 在点 $P(x,y)$ 处的曲率半径为

$\rho = \dfrac{(1 + y'^2)^{\frac{3}{2}}}{|y''|}$. 由题设，得

$$\frac{(1 + y'^2)^{\frac{3}{2}}}{y''} = ky\sqrt{1 + y'^2},$$

其中 k 为比例常数，且 y 与 y'' 同号取正，否则取负. 化简得

$$1 + y'^2 = kyy'',$$

这是不显含 x 的可降阶方程，令 $y' = p, y'' = p\dfrac{dp}{dy}$，代入得

$$1 + p^2 = ky \cdot p\frac{dp}{dy} \text{ 或 } \frac{dy}{y} = k\frac{pdp}{1 + p^2}.$$

积分，得 $\ln y = \dfrac{k}{2}\ln(1 + p^2) + \ln C_1$ 或 $\ln\dfrac{y}{C_1} = \ln(1 + p^2)^{\frac{k}{2}}$. 解得

$$p = \sqrt{\left(\frac{y}{C_1}\right)^{\frac{2}{k}} - 1} \quad \text{或} \quad \frac{dy}{dx} = \sqrt{\left(\frac{y}{C_1}\right)^{\frac{2}{k}} - 1} \text{（根号前不妨只取正）}.$$

分离变量，得 $dx = \dfrac{dy}{\sqrt{\left(\frac{y}{C_1}\right)^{\frac{2}{k}} - 1}}$，积分，得

$$x + C_2 = \int \frac{dy}{\sqrt{\left(\frac{y}{C_1}\right)^{\frac{2}{k}} - 1}}.$$

1° 当 $k = -1$ 时，当 $y > 0$ 时得

$$x + C_2 = \int \frac{ydy}{\sqrt{C_1^2 - y^2}} = -\sqrt{C_1^2 - y^2} \quad \text{或} \quad (x + C_2)^2 + y^2 = C_1^2,$$

这时，所求曲线是圆.

2° 当 $k=1$ 时，得

$$x+C_2=C_1\int\frac{dy}{\sqrt{y^2-C_1^2}}\xlongequal[t>0]{\text{令 } y=C_1\text{ch}t}C_1\int\frac{C_1\text{sh}tdt}{C_1\text{sh}t}=C_1t=C_1\text{ch}^{-1}\frac{y}{C_1},$$

解得

$$y=C_1\text{ch}(\frac{x+C_2}{C_1}),$$

这是悬链线方程.

3° 当 $k=2$ 时，得

$$x+C_2=\int\frac{dy}{\sqrt{\frac{y}{C_1}-1}}=2C_1\sqrt{\frac{y}{C_1}-1}\quad\text{或}\quad(x+C_2)^2=4C_1(y-C_1),$$

这是对称轴平行于 y 轴的抛物线方程.

4° 当 $k=-2$ 时，得

$$x+C_2=\int\sqrt{\frac{y}{C_1-y}}dy\xlongequal[0<t<\pi]{\text{令 } y=\frac{C_1(1-\cos t)}{2}}C_1\int\sin^2\frac{t}{2}dt=\frac{C_1(t-\sin t)}{2},$$

故所求曲线的参数方程为

$$x+C_2=\frac{C_1(t-\sin t)}{2};\quad y=\frac{C_1(1-\cos t)}{2},$$

这是摆线（最速降线）方程.

3.2 二阶线性方程的降阶法

设二阶线性微分方程

$$\frac{d^2y}{dx^2}+p(x)\frac{dy}{dx}+q(x)y=0,\tag{3.13}$$

并已知它的一个非零特解 y_1，可用如下所说的降阶法求出其通解.

作变量替换，令 $y=y_1u$，有

$$y'=y_1u'+y'_1u,\quad y''=y_1u''+2y'_1u'+y''_1u,$$

代入(3.13)得

$$y_1u''+[2y'_1+p(x)y_1]u'+[y''_1+p(x)y'_1+q(x)y_1]u=0.$$

由假设 y_1 是方程(3.13)的解，故上式左边第二个方括号内为零，于是

$$y_1u''+[2y'_1+p(x)y_1]u'=0.\tag{3.14}$$

令 $u'=z$，则(3.14)化为

$$y_1\frac{dz}{dx}+[2y'_1+p(x)y_1]z=0\text{ 或 }\frac{dz}{dx}+[2\frac{y'_1}{y_1}+p(x)]z=0,$$

这是一阶线性齐次方程，其通解为

$$z=C_1e^{-\int[2\frac{y'_1}{y_1}+p(x)]dx}=C_1e^{\ln y_1^{-2}}\cdot e^{-\int p(x)dx}=\frac{C_1}{y_1^2}e^{-\int p(x)dx}.$$

于是

$$u=\int zdx+C_2=C_1\int\frac{1}{y_1^2}e^{-\int p(x)dx}dx+C_2.$$

从而得方程(3.13)的通解为

$$y=y_1[C_1\int\frac{1}{y_1^2}e^{-\int p(x)dx}dx+C_2].\tag{3.15}$$

(3.15)式称为**二阶线性齐次方程的刘维尔**(Liouville)**公式**.

例 6 已知 $y=\frac{\sin x}{x}$ 是方程 $y''+\frac{2}{x}y'+y=0$ 的一个解，试求方程的通解.

解 由刘维尔公式，其通解为

$$y=\frac{\sin x}{x}\left[C_1\int\left(\frac{x}{\sin x}\right)^2e^{-\int\frac{2}{x}dx}dx+C_2\right]=\frac{\sin x}{x}\left[C_1\int\csc^2xdx+C_2\right]$$

$$=\frac{\sin x}{x}[-C_1\text{ctg}x+C_2]=\frac{1}{x}(C_2\sin x-C_1\cos x).$$

例 7 求解方程 $\quad y''+\frac{1}{x}y'-\frac{1}{x^2}y=0.\qquad(3.16)$

解 为了利用刘维尔公式，需先知道它的一个特解 y_1，将方程变形为

$$x^2y''+xy'-y=0.\qquad(3.17)$$

因方程各项的系数 x 的次数与导数的阶数恰好相同，猜想具有 x^λ(λ 为待定常数) 形式的解，设 $y_1=x^\lambda$(λ 待定)，代入(3.17) 得

$$x^2\cdot\lambda(\lambda-1)x^{\lambda-2}+x\cdot\lambda x^{\lambda-1}-x^\lambda=0 \text{ 或 } \lambda^2-1=0,$$

得 $\lambda=-1,1$. 今取 $y_1=x$，由刘维尔公式，得方程通解

$$y=x\left[C_1\int\frac{1}{x^2}e^{-\int\frac{1}{x}dx}dx+C_2\right]=x\left[C_1\cdot\frac{x^{-2}}{-2}+C_2\right]=C'_1x^{-1}+C_2x\quad\left(C'_1=\frac{-C_1}{2}\right).$$

最后指出：对二阶线性齐次方程的刘维尔公式导出用的变换 $y=y_1u=y_1\int zdx$，也能使二阶线性非齐次方程

$$\frac{d^2y}{dx^2}+p(x)\frac{dy}{dx}+q(x)y=f(x)$$

降低一阶，这是因为这个变换并不影响方程的右端. 由于这个方法难于事先知道相应齐次方程的一个解 y_1，同时使用积分方法往往复杂，往后将就方程一些特殊形式介绍另外的方法.

§4 线性微分方程通解的结构

二阶或二阶以上的线性微分方程称为**高阶线性微分方程**，这是常见的一类微分方程，我们先看以下几个实例.

4.1 实例

例 1(单摆) 设有一根长为 l 的细线，一端悬挂在一固定点 O，另一端悬挂一质量为 m 的重物(如图 7-5). 若开始时，重物偏离平衡位置，然后自由运动，由于重物沿圆弧在铅直平面内摆动，这个系统称为**单摆**，现在求单摆的运动方程.

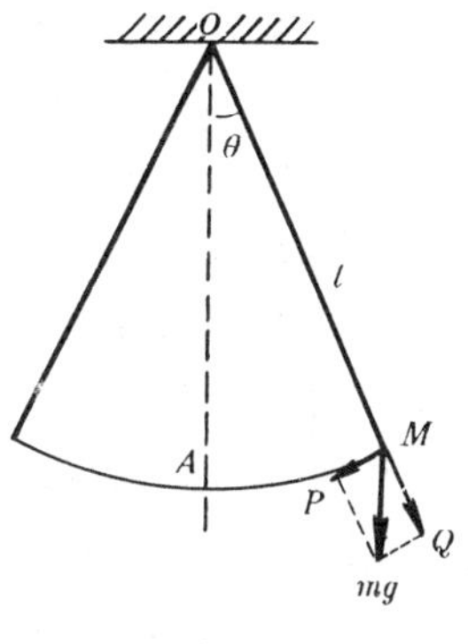

图 7-5

解 如图 7-5，细线的平衡位置为 OA，偏离平衡位置的夹角 θ 在右侧时，$\theta>0$；在左侧时，$\theta<0$，而 $\overset{\frown}{AM}=l\theta$，$\theta$(以弧度为单位) 是时间 t 的函数 $\theta=\theta(t)$，重物 M 的切向速度

$$v=\frac{d}{dt}(l\theta)=l\frac{d\theta}{dt}.$$

重物 M 的重力 mg 可分解为沿 OM 方向的分力 $\overrightarrow{MQ}$，它与细线的拉力平衡；另一分力 $\overrightarrow{MP}$ 沿运动轨迹 $\overset{\frown}{AM}$ 的切线方向，它引起重物速度 v 的变化，其大小为 $-mg\sin\theta$，其中 g 是重力加速度，在忽略细线的质量和介

质的阻力的情况下，由牛顿第二运动定律得

$$ml\frac{d^2\theta}{dt^2} = -mg\sin\theta$$

或
$$\frac{d^2\theta}{dt^2} + \frac{g}{l}\sin\theta = 0. \tag{4.1}$$

这是单摆的偏离角 $\theta = \theta(t)$ 所满足的微分方程，是非线性的，若只考察单摆的微小运动，即 $|\theta|$ 很小，这时，$\sin\theta \approx \theta$，于是(4.1) 化为线性微分方程

$$\frac{d^2\theta}{dt^2} + \frac{g}{l}\theta = 0. \tag{4.2}$$

再假定单摆受到一个与速度 v 成正比的介质阻力，设阻尼系数是 μ，则单摆运动方程为

$$\frac{d^2\theta}{dt^2} + \frac{\mu}{m}\frac{d\theta}{dt} + \frac{g}{l}\theta = 0. \tag{4.3}$$

又若沿单摆的运动方向还有一个外力 $F(t)$ 作用于重物，则单摆运动方程为

$$\frac{d^2\theta}{dt^2} + \frac{\mu}{m}\frac{d\theta}{dt} + \frac{g}{l}\theta = \frac{1}{ml}F(t). \tag{4.4}$$

例 2(弹簧振动) 如图 7-6. 设一弹簧，上端固定，下端悬挂一质量为 m 的物体处于平衡位置. 今将物体向下拉开然后释放，物体就作振动，振动过程中，物体受到与弹簧的伸长成正比(比例系数为 k) 的弹簧恢复力，以及受到与速度成正比(比例系数为 λ) 的介质阻力，此外，还受到大小为 $F(t)$ 的外力(强迫力) 的作用. 试建立物体振动的微分方程.

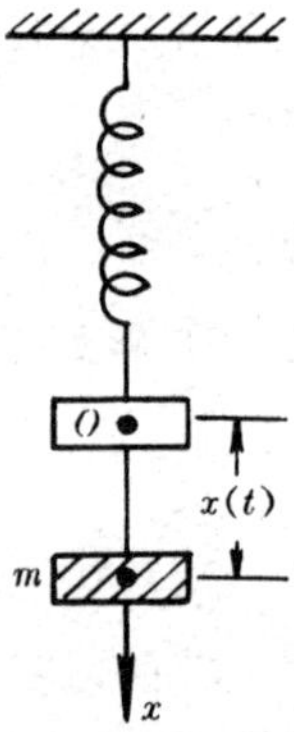

图 7-6

解 如图 7-6. 取物体的平衡位置为原点 O，x 轴垂直向下，在振动过程中时刻 t 物体的位置为 $x(t)$. 现在建立物体振动的微分方程. 由于物体所受到的力为

(1) 弹簧的恢复力：$-kx$(负号表示恢复力与位移 $x(t)$ 的方向相反)；

(2) 介质的阻力：$-\lambda\frac{dx}{dt}$(负号表示阻力与速度$\frac{dx}{dt}$ 的方向相反)；

(3) 外力(强迫力)；$F(t)$.

由牛顿第二运动定律，得

$$m\frac{d^2x}{dt^2} = -kx - \lambda\frac{dx}{dt} + F(t)$$

或
$$\frac{d^2x}{dt^2} + \frac{\lambda}{m}\frac{dx}{dt} + \frac{k}{m}x = \frac{1}{m}F(t), \tag{4.5}$$

这便是物体振动的微分方程.

例 3 (R、L、C **电路**) 如图 7-7. 设有一电路，由电阻 R、自感 L、电容 C 及电源 E 串联而成，其中 R、L、C 均为正常数，电源电动势 E 是时间 t 的函数 $E(t)$.

电路中从某时刻 $t = 0$ 开始到任一时刻 t，经过导线横截面的电荷量 Q 是时间 t 的函数：$Q = Q(t)$.

电流 $i = i(t)$ 是在某一瞬时 t 经过导线横截面的电荷量，所以 i 与 Q 的关系是

$$i = \frac{dQ}{dt} \quad 或 \quad Q = \int_0^t i dt.$$

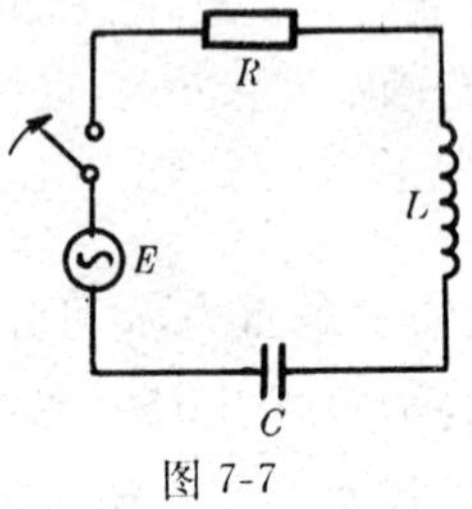

图 7-7

试推导 $Q = Q(t)$ 所满足的微分方程.

解 由电工学知识，在电阻 R 两端的电压降为 Ri；电感上电压降落为 $L\frac{di}{dt}$；电容两端的电压降落正比于电容器极板的电荷量，比例系数为 $\frac{1}{C}$，即电容两端电压降落为 $\frac{Q}{C}$. 由克希荷夫定律，外加电压等于电路上电压降的总和. 于是，得

$$L\frac{di}{dt}+Ri+\frac{Q}{C}=E(t). \tag{4.6}$$

以 $i=\frac{dQ}{dt}$, $\frac{di}{dt}=\frac{d^2Q}{dt^2}$ 代入，并整理即得

$$\frac{d^2Q}{dt^2}+\frac{R}{L}\frac{dQ}{dt}+\frac{1}{LC}Q=\frac{1}{L}E(t). \tag{4.7}$$

这便是电路中电量 $Q=Q(t)$ 所满足的微分方程.

另外，将(4.6)两边求导并整理，便得

$$\frac{d^2i}{dt^2}+\frac{R}{L}\frac{di}{dt}+\frac{1}{LC}i=\frac{1}{L}E'(t). \tag{4.8}$$

我们看到(4.4)、(4.5)、(4.7)、(4.8)代表实际意义不同，但从微分方程角度看，如果不计其系数是常数这一特点外，都可归结为二阶线性非齐次微分方程

$$\frac{d^2y}{dx^2}+p(x)\frac{dy}{dx}+q(x)y=f(x)$$

这一形式. 下面我们来研究这类方程通解的结构.

4.2 线性微分方程通解的结构

设二阶线性非齐次微分方程

$$y''+p(x)y'+q(x)y=f(x) \tag{4.9}$$

(其中自由项 $f(x)\not\equiv 0$，系数 $p(x)$，$q(x)$ 是某区间上的已知函数). 与(4.9)对应齐次方程(即 $f(x)\equiv 0$)为

$$y''+p(x)y'+q(x)y=0. \tag{4.10}$$

(4.9)的通解结构类似于一阶情形，为此，我们先讨论齐次方程(4.10)的通解结构，为简便起见引进算子符号

$$L\triangleq\frac{d^2}{dx^2}+p(x)\frac{d}{dx}+q(x), \tag{4.11}$$

称为**二阶线性微分算子**. 规定 L 以右方作用于函数 $y=y(x)$ 时，作如下求导运算：

$$L[y]=\frac{d^2y}{dx^2}+p(x)\frac{dy}{dx}+q(x)y. \tag{4.12}$$

于是，(4.9)与(4.10)可简化记作

$$L[y]=f(x) \quad 与 \quad L[y]=0.$$

下面讨论二阶线性微分算子的一些性质.

关于二阶线性算子的符号与性质也可推广到高阶情形.

设 y，y_1，y_2 是关于 x 的二阶可导函数，则有

性质 1 $L[Cy]=CL[y]$ (C 为常数).

性质 2 $L[y_1+y_2]=L[y_1]+L[y_2]$.

证(1) $$L[Cy]=(Cy)''+p(x)(Cy)'+q(x)(Cy)$$
$$=C[y''+p(x)y'+q(x)y]=CL[y].$$

(2) $$L[y_1+y_2]=(y_1+y_2)''+p(x)(y_1+y_2)'+q(x)(y_1+y_2)$$

$$= [y''_1 + p(x)y'_1 + q(x)y_1] + [y''_2 + p(x)y'_2 + q(x)y_2]$$
$$= L[y_1] + L[y_2].$$
证毕

推论 设 C_1, C_2 为常数，y_1, y_2 为二阶可导函数，则
$$L[C_1y_1 + C_2y_2] = C_1L[y_1] + C_2L[y_2].$$
这是将性质 1 与性质 2 合在一起的结果，它刻划了算子 L 的线性性质，因此，$C_1y_1 + C_2y_2$ (C_1, C_2 为常数) 称为 y_1, y_2 **的线性组合**.

下面考虑二阶线性齐次微分方程通解的结构，算子符号如(4.12) 所规定，有下列定理.

定理 1(叠加原理) 设 y_1, y_2 是 $L[y] = 0$ 的解，则 $C_1y_1 + C_2y_2$ 也是 $L[y] = 0$ 的解，其中 C_1, C_2 是常数.

证 已知 $L[y_1] \equiv 0, L[y_2] \equiv 0$. 由算子 L 的线性性质，y_1 与 y_2 的线性组合仍是解，即
$$L[C_1y_1 + C_2y_2] = C_1L[y_1] + C_2L[y_2] = C_1 \cdot 0 + C_2 \cdot 0 = 0.$$
证毕

叠加原理说明：若 y_1, y_2 是线性齐次方程 $L[y] = 0$ 的解，则 y_1, y_2 的线性组合 $C_1y_1 + C_2y_2$ 仍是它的解. 问题是 $C_1y_1 + C_2y_2$ 是否是它的通解？这就要进一步看 $C_1y_1 + C_2y_2$ 中是否在实质上确含两个彼此独立的任意常数.

例 4 容易验证函数 $e^x, 3e^x, e^{-x}$ 都是线性齐次方程
$$y'' - y = 0$$
的解，由叠加原理知对任意常数 $C_1, C_2, y = C_1y_1 + C_2y_2$ 也是它的解. 但重新整理后，即
$$y = C_1y_1 + C_2y_2 = C_1e^x + C_2 \cdot 3e^x = (C_1 + 3C_2)e^x = Ce^x,$$
其中 $C = C_1 + 3C_2$，即实质上只包含一个任意常数，故 $C_1y_1 + C_2y_2$ 并不是方程的通解.

又 $y = C_1y_1 + C_2y_2 = C_1e^x + C_2e^{-x} = C_1e^x + C_2e^{-x}$ 含有两个彼此独立的任意常数，故是通解.

由此可知，能否构成通解，关键在于所选取的特解是否还要满足某种条件，为此引入函数线性相关与线性无关的概念.

定义 1 设 $y_1(x), y_2(x)$ 是定义在区间 (a,b) 上的两个函数，若存在不全为零的常数 α_1, α_2，使得 $\forall x \in (a,b)$，都有
$$\alpha_1y_1(x) + \alpha_2y_2(x) = 0,$$
则称**函数** $y_1(x), y_2(x)$ **在区间** (a,b) **上线性相关**. 否则，$\alpha_1y_1(x) + \alpha_2y_2(x) = 0$ 当且仅当 $\alpha_1 = \alpha_2 = 0$ 成立，则称**函数** $y_1(x), y_2(x)$ **在区间** (a,b) **上线性无关**.

在定义 1 中，若 $y_1(x), y_2(x)$ 在区间 (a,b) 上线性相关，不妨设 $\alpha_1 \neq 0$，于是 $\forall x \in (a,b)$，都有
$$\frac{y_1(x)}{y_2(x)} = -\frac{\alpha_2}{\alpha_1} \triangleq \alpha \quad (\text{常数}),$$
即 $y_1(x)$ 与 $y_2(x)$ 之比恒为常数. 反之，若 $\forall x \in (a,b)$，都有 $\frac{y_1(x)}{y_2(x)} = \alpha$(常数)，则 $y_1(x) - \alpha y_2(x) = 0$，这里 $\alpha_1 = 1, \alpha_2 = -\alpha$，显然不全为零，即 $y_1(x), y_2(x)$ 线性相关. 可见定义 1 也可改为

定义 1′ 设 $y_1(x), y_2(x)$ 是定义在区间 (a,b) 上的两个函数，若 $\forall x \in (a,b)$，都有
$$\frac{y_1(x)}{y_2(x)} = \alpha \quad (\text{常数}),$$
则称 $y_1(x), y_2(x)$ **在区间** (a,b) **上线性相关**，否则，若 $\forall x \in (a,b)$，都有
$$\frac{y_1(x)}{y_2(x)} \neq \alpha \quad (\text{常数}),$$
则称 $y_1(x), y_2(x)$ **在区间** (a,b) **上线性无关**.

定理 2(线性齐次微分方程通解的结构定理) 设 $y_1(x), y_2(x)$ 是线性齐次方程

$$y'' + p(x)y' + q(x)y = 0$$

的两个线性无关的解,则 $y = C_1y_1(x) + C_2y_2(x)$ 是该方程的通解,其中 C_1, C_2 是任意常数.

也就是说,两个解 $y_1(x), y_2(x)$ 线性无关,是保证 $C_1y_1(x) + C_2y_2(x)$ 确含彼此独立的两个任意常数,因而构成通解.

这里指出:利用微分方程解的存在唯一性定理可以证明当线性微分方程的系数和自由项都连续时,其通解就是全部解,定理的证明见本书下册附录.

定理 3(线性非齐次微分方程通解的结构定理) 设 $\tilde{y}(x)$ 是线性非齐次微分方程

$$\frac{d^2y}{dx^2} + p(x)\frac{dy}{dx} + q(x)y = f(x)$$

一个特解,又 $Y = C_1y_1(x) + C_2y_2(x)$(其中 C_1, C_2 是任意常数)是相应齐次方程

$$\frac{d^2y}{dx^2} + p(x)\frac{dy}{dx} + q(x)y = 0$$

的通解,则

$$y = Y + \tilde{y} = C_1y_1(x) + C_2y_2(x) + \tilde{y}(x)$$

是线性非齐次方程的通解.

证 记 $L = \frac{d^2}{dx^2} + p(x)\frac{d}{dx} + q(x)$. 由定理的条件,有

$$L[Y] = L[C_1y_1 + C_2y_2] \equiv 0, L[\tilde{y}] \equiv f(x).$$

于是 $$L[Y + \tilde{y}] = L[Y] + L[\tilde{y}] \equiv 0 + f(x) \equiv f(x).$$

因此 $y = Y + \tilde{y} = C_1y_1 + C_2y_2 + \tilde{y}$ 是 $L[y] = f(x)$ 的解,且含两个彼此独立的任意常数,因而是 $L[y] = f(x)$ 的通解.

证毕

例 5 由观察知 $\tilde{y} = -x$ 是非齐次方程

$$y'' - y = x$$

的一个特解,又知 $Y = C_1e^x + C_2e^{-x}$ 是相应齐次方程

$$y'' - y = 0$$

的通解. 因此由定理 3 知

$$y = Y + \tilde{y} = C_1e^x + C_2e^{-x} - x$$

是非齐次方程 $y'' - y = x$ 的通解.

定理 4(广义叠加原理) 设 $\tilde{y}_1, \tilde{y}_2$ 分别是方程 $y'' + p(x)y' + q(x)y = f_1(x)$ 与 $y'' + p(x)y' + q(x)y = f_2(x)$ 的解,则 $\tilde{y}_1 + \tilde{y}_2$ 是方程

$$y'' + p(x)y' + q(x)y = f_1(x) + f_2(x)$$

的解.

证 由 $L[\tilde{y}_1] \equiv f_1(x), L[\tilde{y}_2] \equiv f_2(x)$,于是

$$L[\tilde{y}_1 + \tilde{y}_2] = L[\tilde{y}_1] + L[\tilde{y}_2] \equiv f_1(x) + f_2(x).$$

证毕

例 6 由观察知 $\tilde{y}_1 = -x, \tilde{y}_2 = \frac{1}{3}e^{2x}$ 分别是

$$y'' - y = x \quad 与 \quad y'' - y = e^{2x}$$

的解,于是 $\tilde{y} = \tilde{y}_1 + \tilde{y}_2 = -x + \frac{1}{3}e^{2x}$ 是方程

$$y'' - y = x + e^{2x}$$

的一个特解,$y = Y + \tilde{y} = C_1e^x + C_2e^{-x} - x + \frac{1}{3}e^{2x}$ 是它的通解.

定理 5　设 $\tilde{y}=\tilde{y}_1+i\tilde{y}_2$ 是方程

$$y''+p(x)y'+q(x)y=f_1(x)+if_2(x)\qquad (i=\sqrt{-1})$$

的解，则

(1) $\tilde{y}_1$ 是方程 $y''+p(x)y'+q(x)y=f_1(x)$ 的解；

(2) $\tilde{y}_2$ 是方程 $y''+p(x)y'+q(x)y=f_2(x)$ 的解.

证　由假设有

$$(\tilde{y}_1+i\tilde{y}_2)''+p(x)(\tilde{y}_1+i\tilde{y}_2)'+q(x)(\tilde{y}_1+i\tilde{y}_2)\equiv f_1(x)+if_2(x),$$

即 $$(\tilde{y}_1''+p(x)\tilde{y}'_1+q(x)y_1)+i(\tilde{y}''_2+p(x)\tilde{y}'_2+q(x)\tilde{y}_2)\equiv f_1(x)+if_2(x).$$

由于恒等式两边的实部与虚部分别相等，得

$$\tilde{y}''_1+p(x)y'_1+q(x)y_1\equiv f_1(x);\quad \tilde{y}''_2+p(x)\tilde{y}'_2+q(x)\tilde{y}_2\equiv f_2(x).$$

证毕

对 $n(n>2)$ 阶线性微分方程通解的结构，也类似于二阶的情形，即有如下定义与定理：

定义　设 $y_1(x),y_2(x)\cdots,y_n(x)$ 是定义在区间 (a,b) 的 n 个函数，若存在不全为零的常数 α_1，$\alpha_2,\cdots,\alpha_n$，使得 $\forall\, x\in(a,b)$，都有

$$\alpha_1y_1(x)+\alpha_2y_2(x)+\cdots+\alpha_ny_n(x)=0,$$

则称**函数** $y_1(x),y_2(x),\cdots,y_n(x)$ **在区间** (a,b) **上线性相关**. 否则，当且仅当 $\alpha_1=\alpha_2=\cdots=\alpha_n=0$ 成立，则称**函数** $y_1(x),y_2(x),\cdots,y_n(x)$ **在区间** (a,b) **上线性无关**.

例如：　函数 $1,x,x^2,\cdots,x^{n-1}$ 在区间 $(-\infty,+\infty)$ 上是线性无关的. 因为 $\forall\, x\in(-\infty,+\infty)$，等式

$$\alpha_1\cdot 1+\alpha_2x+\alpha_3x^2+\cdots+\alpha_nx^n=0\tag{4.13}$$

当且仅当常数 $\alpha_1=\alpha_2=\cdots=\alpha_n=0$ 成立. 因为假若不然，在 n 个系数中有几个 α_i 不为零，则(4.13) 左端为一多项式，不妨设为 $k(k<n)$ 次多项式，则方程(4.13) 可至多有 k 个不同实根，从而不可能在区间 $(-\infty,+\infty)$ 上恒为零.

定理(通解的结构定理)

(1) 设 $y_1(x),y_2(x),\cdots,y_n(x)$ 是 n 阶线性齐次方程

$$y^{(n)}+p_1(x)y^{(n-1)}+\cdots+p_{n-1}(x)y'+p_n(x)y=0\tag{4.14}$$

的 n 个线性无关的解，则

$$Y=C_1y_1(x)+C_2y_2(x)+\cdots+C_ny_n(x)$$

是该方程的通解，其中 $C_1,C_2,\cdots,C_n$ 是任意常数.

(2) 设 $\tilde{y}(x)$ 是 n 阶线性非齐次方程

$$y^{(n)}+p_1(x)y^{(n-1)}+\cdots+p_{n-1}(x)y'+p_n(x)y=f(x)\tag{4.15}$$

的一个特解，$Y=C_1y_1(x)+C_2y_2(x)+\cdots+C_ny_n(x)$ 是相应齐次方程(4.14) 的通解，则

$$y=Y+\tilde{y}=C_1y_1(x)+C_2y_2(x)+\cdots+C_ny_n(x)+\tilde{y}$$

是非齐次方程(4.15) 的通解.

§5　常系数线性微分方程

系数为常数的线性微分方程，称为**常系数线性微分方程**，它的解法，完全可以用代数方法来实现，本节就来讨论这个问题.

5.1　常系数线性齐次方程

设二阶常系数线性齐次方程

$$y'' + py' + qy = 0 \quad (\text{其中 } p,q \text{ 为常数}) \tag{5.1}$$

的两个线性无关的特解为 y_1,y_2，则它的通解是 $y = C_1y_1 + C_2y_2$ （其中 C_1,C_2 为任意常数）.

如何求 y_1,y_2 呢？根据(5.1)具有常系数、线性、齐次三个特点，以及指数函数

$$y = e^{rx} \qquad (r \text{ 为待定常数}) \tag{5.2}$$

的导数 $y' = re^{rx}, y'' = r^2e^{rx}$ 仍为指数函数的特点，将(5.2)代入(5.1)得

$$y'' + py' + qy = (e^{rx})'' + p(e^{rx})' + qe^{rx} = (r^2 + pr + q)e^{rx} = 0,$$

由于 $e^{rx} \neq 0$，于是

$$r^2 + pr + q = 0. \tag{5.3}$$

(5.3)是关于待定常数 r 的一元二次代数方程，称为微分方程(5.1)的**特征方程**，当 r 是特征方程(5.3)的根时，那么 e^{rx} 就是微分方程(5.1)的解. 这样就把求解微分方程(5.1)的问题化为求特征方程(5.3)的根的问题，使得其求解问题可用代数方法来实现. 特征方程(5.3)的根为

$$r_1,r_2 = \frac{-p \pm \sqrt{p^2 - 4q}}{2}.$$

(1) 当 $p^2 - 4q > 0$ 时，二根 r_1,r_2 为不等实根，那么 $y_1 = e^{r_1x}, y_2 = e^{r_2x}$ 都是微分方程(5.1)的解，又 $\dfrac{y_2}{y_1} = e^{(r_2-r_1)x} \not\equiv$ 常数，所以线性无关，故方程(5.1)有通解

$$y = C_1e^{r_1x} + C_2e^{r_2x} \quad (C_1,C_2 \text{ 为任意常数}).$$

(2) 当 $p^2 - 4q = 0$ 时，二根为相等实根，即 $r_1 = r_2 \triangleq r$，这只能得到微分方程(5.1)的一个特解 $y_1 = e^{rx}$，还须求出与 y_1 线性无关的另一特解，为此，令

$$y_2 = u(x)e^{rx} \qquad (u(x) \text{ 是待定函数}), \tag{5.4}$$

现在来选取 $u(x)$ 使(5.4)是方程(5.1)的解. 为此，将(5.4)代入(5.1)得

$$\begin{aligned} y''_2 + py'_2 + qy_2 &= (ue^{rx})'' + p(ue^{rx})' + q(ue^{rx}) \\ &= [(u'' + 2ru' + r^2u) + p(u' + ru) + qu]e^{rx} \\ &= [u'' + (2r + p)u' + (r^2 + pr + q)u]e^{rx} = 0, \end{aligned}$$

因 $e^{rx} \neq 0$，于是得确定 $u(x)$ 的方程

$$u'' + (2r + p)u' + (r^2 + pr + q)u = 0. \tag{5.5}$$

注意到 r 是特征方程(5.3)的重根，应有 $r^2 + pr + q = 0$ 及 $2r + p = 0$，于是(5.5)化为

$$u'' = 0,$$

积分得 $u = C_1 + C_2x$. 于是得 $y_2 = ue^{rx} = (C_1 + C_2x)e^{rx}$，特别取 $C_1 = 0, C_2 = 1$，得特解 $y_2 = xe^{rx}$. 它与 $y_1 = e^{rx}$ 线性无关，所以，方程(5.1)有通解

$$y = C_1e^{rx} + C_2xe^{rx} = (C_1 + C_2x)e^{rx}.$$

(3) 当 $p^2 - 4q < 0$ 时，特征方程的根为一对共轭复根，设 $r_1 = \alpha + i\beta, r_2 = \alpha - i\beta$，这时微分方程(5.1)有两个线性无关的特解

$$y_1 = e^{(\alpha+i\beta)x}, \quad y_2 = e^{(\alpha-i\beta)x}.$$

为了便于应用，利用欧拉公式①

$$e^{i\theta} = \cos\theta + i\sin\theta, \quad e^{-i\theta} = \cos\theta - i\sin\theta$$

以及解的叠加原理，将 y_1,y_2 化为实数形式，由于

① 见第13章 §6，(6.22)式

$$y_1 = e^{(\alpha+i\beta)x} = e^{\alpha x}\cdot e^{i\beta x} = e^{\alpha x}(\cos\beta x + i\sin\beta x),$$
$$y_2 = e^{(\alpha-i\beta)x} = e^{\alpha x}\cdot e^{-i\beta x} = e^{\alpha x}(\cos\beta x - i\sin\beta x),$$
以及(5.1)是线性齐次微分方程,当 y_1,y_2 是方程(5.1)的解时,则
$$\frac{1}{2}(y_1 + y_2) = e^{\alpha x}\cos\beta x,\quad \frac{1}{2i}(y_1 - y_2) = e^{\alpha x}\sin\beta x$$
也是该方程的解,又 $e^{\alpha x}\cos\beta x, e^{\alpha x}\sin\beta x$ 线性无关,于是得微分方程(5.1)的通解为
$$y = C_1e^{\alpha x}\cos\beta x + C_2e^{\alpha x}\sin\beta x = e^{\alpha x}(C_1\cos\beta x + C_2\sin\beta x).$$

综上所述,求二阶常系数齐次方程 $y'' + py' + qy = 0$ 的通解,只须先求出其特征方程(一元二次代数方程)$r^2 + pr + q = 0$ 的根,然后按下表写出它的通解:

特征方程 $r^2 + pr + q = 0$ 的根	微分方程 $y'' + py' + qy = 0$ 的通解
二不等实根 r_1,r_2	$y = C_1e^{r_1x} + C_2e^{r_2x}$
实重根 $r_1 = r_2 \triangleq r$	$y = (C_1 + C_2x)e^{rx}$
一对共轭复根 $r_1,r_2 = \alpha \pm \beta i$	$y = e^{\alpha x}(C_1\cos\beta x + C_2\sin\beta x)$

例1 求二阶常系数线性齐次微分方程的通解:

(1) $y'' + 4y' - 5y = 0$, (2) $y'' + 4y' + 4y = 0$, (3) $y'' + 4y' + 7y = 0$.

解 (1) 特征方程 $r^2 + 4r - 5 = 0$ 的根为 $r = -5,1$,所求微分方程的通解为
$$y = C_1e^{-5x} + C_2e^x.$$

(2) 特征方程 $r^2 + 4r + 4 = 0$ 的根为 $r = -2,-2$,所求微分方程的通解为
$$y = (C_1 + C_2x)e^{-2x}.$$

(3) 特征方程 $r^2 + 4r + 7 = 0$ 的根为 $r = -2 \pm \sqrt{3}\,i$,所求微分方程的通解为
$$y = e^{-2x}(C_1\cos\sqrt{3}\,x + C_2\sin\sqrt{3}\,x).$$

以上求二阶常系数线性齐次微分方程通解的方法可推广到 n 阶($n > 2$)常系数线性齐次微分方程
$$y^{(n)} + p_1y^{(n-1)} + p_2y^{(n-2)} + \cdots + p_{n-1}y' + p_ny = 0, \tag{5.6}$$
其中系数 $p_1,p_2,\cdots,p_n$ 为常数.求通解的步骤为:

(1) 写出(5.6)相应的特征方程
$$r^n + p_1r^{n-1} + p_2r^{n-2} + \cdots + p_{n-1}r + p_n = 0, \tag{5.7}$$
这是关于 r 的一元 n 次代数方程.

(2) 解特征方程(5.7),求出 n 个根(因 n 次代数方程必存在 n 个根),每一个特征方程的根对应微分方程(5.6)一个解,如下表:

特征方程(5.7)的根	微分方程(5.6)的特解 y
实单根 r	e^{rx}
$k(k \leqslant n)$ 实重根 r	$e^{rx},xe^{rx},x^2e^{rx},\cdots,x^{k-1}e^{rx}$
一对共轭复根 $\alpha \pm \beta i$	$e^{\alpha x}\cos\beta x,e^{\alpha x}\sin\beta x$
$k(2k \leqslant n)$ 一对 k 重共轭复根 $\alpha \pm \beta i$	$e^{\alpha x}\cos\beta x,xe^{\alpha x}\cos\beta x,x^2e^{\alpha x}\cos\beta x,\cdots,x^{k-1}e^{\alpha x}\cos\beta x$ $e^{\alpha x}\sin\beta x,xe^{\alpha x}\sin\beta x,x^2e^{\alpha x}\sin\beta x,\cdots,x^{k-1}e^{\alpha x}\sin\beta x$

可以证明,这些特解线性无关.

(3) 写出微分方程(5.6) 的通解

$$y = C_1y_1 + C_2y_2 + \cdots + C_ny_n. \tag{5.8}$$

例 2 求微分方程 $y''' - 3y'' + 3y' - y = 0$ 的通解.

解 特征方程 $r^3 - 3r^2 + 3r - 1 = 0$ 或 $(r-1)^3 = 0$ 的根为 $r = 1,1,1$. 所求微分方程的通解为

$$y = (C_1 + C_2x + C_3x^2)e^x.$$

例 3 求微分方程 $y^{(4)} + a^4y = 0$(a 为正常数) 的通解.

解 特征方程为 $r^4 + a^4 = 0$,由于

$$\begin{aligned} r^4 + a^4 &= (r^2 + a^2)^2 - 2a^2r^2 \\ &= (r^2 + \sqrt{2}ar + a^2)(r^2 - \sqrt{2}ar + a^2), \end{aligned}$$

故特征方程的根为

$$r = -\frac{\sqrt{2}}{2}a \pm \frac{\sqrt{2}}{2}ai,$$

$$\frac{\sqrt{2}}{2}a \pm \frac{\sqrt{2}}{2}ai.$$

所求微分方程的通解为

$$y = e^{-\frac{\sqrt{2}}{2}ax}\left(C_1\cos\frac{\sqrt{2}}{2}ax + C_2\sin\frac{\sqrt{2}}{2}ax\right) + e^{\frac{\sqrt{2}}{2}ax}\left(C_3\cos\frac{\sqrt{2}}{2}ax + C_4\sin\frac{\sqrt{2}}{2}ax\right).$$

例 4 求微分方程 $y^{(5)} + y^{(4)} + 2y''' + 2y'' + y' + y = 0$ 的通解.

解 特征方程

$$r^5 + r^4 + 2r^3 + 2r^2 + r + 1 = 0 \quad \text{或} \quad (r+1)(r^2+1)^2 = 0$$

的根为 $r = -1, \pm i, \pm i$. 所求微分方程的通解为

$$y = C_1e^{-x} + (C_2 + C_3x)\cos x + (C_4 + C_5x)\sin x.$$

5.2 常系数线性非齐次微分方程

设二阶常系数线性非齐次微分方程

$$y'' + py' + qy = f(x), \tag{5.9}$$

其中 p,q 为常数. 其通解为 $y = Y + \tilde{y}$,其中 $Y = C_1y_1 + C_2y_2$ 是相应齐次方程 $y'' + py' + qy = 0$ 的通解,它已经会求了. 因此,解非齐次方程(5.9) 的关键在于找到非齐次方程一个特解 $\tilde{y}$,下面我们就自由项 $f(x)$ 的两种常见的特殊情形,用待定系数法来讨论这个问题.

一、自由项 $f(x) = P_n(x)e^{\lambda x}$ 的情形

设二阶常系数线性非齐次方程

$$y'' + py' + qy = P_n(x)e^{\lambda x}, \tag{5.10}$$

其中 λ 是已知常数,$P_n(x) = a_0x^n + a_1x^{n-1} + \cdots + a_{n-1}x + a_n$ 为关于 x 的已知的 n 次实系数多项式. 为了求(5.10) 的一个特解 $\tilde{y}$,令

$$\tilde{y} = Q(x)e^{\lambda x}, \tag{5.11}$$

其中 $Q(x)$ 是关于 x 的待定多项式. 将(5.11) 代入(5.10) 有

$$\begin{aligned} \tilde{y}'' + p\tilde{y}' + q\tilde{y} &= (Qe^{\lambda x})'' + p(Qe^{\lambda x})' + q(Qe^{\lambda x}) \\ &= [(Q'' + 2\lambda Q' + \lambda^2Q) + p(Q' + \lambda Q) + qQ]e^{\lambda x} \\ &= [Q'' + (2\lambda + p)Q' + (\lambda^2 + p\lambda + q)Q]e^{\lambda x} \equiv P_n(x)e^{\lambda x}, \end{aligned}$$

消去公因子 $e^{\lambda x}$，得确定待定多项式 $Q(x)$ 的恒等式

$$Q'' + (2\lambda + p)Q' + (\lambda^2 + p\lambda + q)Q \equiv P_n(x). \tag{5.12}$$

1° 若 λ 不是特征方程 $r^2 + pr + q = 0$ 的根，即 $\lambda^2 + p\lambda + q \neq 0$. 由恒等式(5.12)，$Q(x)$ 应与已知多项式 $P_n(x)$ 同为 n 次多项式，故取

$$Q(x) = b_0x^n + b_1x^{n-1} + \cdots + b_{n-1}x + b_n \triangleq Q_n(x).$$

这里，待定的 n 次多项式 $Q_n(x)$ 的系数 $b_0, b_1, \cdots, b_n$ 可比较恒等式(5.12)两边 x 的同次幂的系数求得.

2° 若 λ 是特征方程 $r^2 + pr + q = 0$ 的实单根，即 $\lambda^2 + p\lambda + q = 0, 2\lambda + p \neq 0$. 于是恒等式(5.12)化为

$$Q'' + (2\lambda + p)Q' \equiv P_n(x). \tag{5.13}$$

这时，$Q'(x)$ 应与 $P_n(x)$ 同为 n 次多项式，故取

$$Q(x) = x(b_0x^n + b_1x^{n-1} + \cdots + b_{n-1}x + b_n) = xQ_n(x).$$

其中系数 $b_0, b_1, \cdots, b_n$，可比较恒等式(5.13)两边 x 的同次幂系数求得.

3° 若 λ 是特征方程 $r^2 + pr + q = 0$ 的实重根，即 $\lambda^2 + p\lambda + q = 0$，且 $2\lambda + p = 0$. 于是恒等式(5.12)化为

$$Q'' \equiv P_n(x). \tag{5.14}$$

这时，$Q''(x)$ 应与 $P_n(x)$ 同为 n 次多项式，故取

$$Q(x) = x^2(b_0x^n + b_1x^{n-1} + \cdots + b_{n-1}x + b_n) = x^2Q_n(x).$$

其中系数 $b_0, b_1, \cdots, b_n$，可比较恒等式(5.14)两边 x 的同次幂系数求得.

综上1°，2°，3°所述，常系数线性非齐次方程 $y'' + py' + qy = P_n(x)e^{\lambda x}$ 的一个特解的形式为 $\tilde{y} = Q(x)e^{\lambda x} = x^kQ_n(x)e^{\lambda x}$ 其中 x 的幂次 k 取法为

$$\begin{cases} k = 0, \text{当 } \lambda \text{ 不是特征方程的根；} \\ k = 1, \text{当 } \lambda \text{ 是特征方程的实单根；} \\ k = 2, \text{当 } \lambda \text{ 是特征方程的实重根.} \end{cases}$$

又 $Q(x) = x^kQ_n(x) = x^k(b_0x^n + b_1x^{n-1} + \cdots + b_{n-1}x + b_n)$ 的系数 $b_0, b_1, \cdots, b_n$，可通过比较恒等式

$$Q'' + (2\lambda + p)Q' + (\lambda^2 + p\lambda + q)Q \equiv P_n(x)$$

两边 x 的同次幂的系数求得.

例 5 求非齐次方程 $y'' + 2y' + 3y = (x^2 + x + 1)e^{-x}$ 的通解.

解 相应齐次方程 $y'' + 2y' + 3y = 0$ 的特征方程 $r^2 + 2r + 3 = 0$ 的根为 $r = -1 \pm \sqrt{2}i$，其通解为

$$Y = e^{-x}(C_1\cos\sqrt{2}x + C_2\sin\sqrt{2}x).$$

由于 $\lambda = -1$ 不是特征根，又 $P_n(x) = x^2 + x + 1$ 为 $n = 2$ 次的多项式，故设非齐次方程特解的形式为

$$\tilde{y} = (b_0x^2 + b_1x + b_2)e^{-x},$$

其中 $Q(x) = b_0x^2 + b_1x + b_2$. 将 $Q(x)$，$Q'(x) = 2b_0x + b_1$，$Q''(x) = 2b_0$，$\lambda = -1$ 及方程的系数 $p = 2, q = 3$ 代入恒等式

$$Q'' + (2\lambda + p)Q' + (\lambda^2 + p\lambda + q)Q \equiv P_n(x),$$

即有 $$2b_0 + [2(-1) + 2](2b_0x + b_1) + [(-1)^2 + 2(-1) + 3](b_0x^2 + b_1x + b_2) \equiv x^2 + x + 1,$$

整理，得 $$2b_0x^2 + 2b_1x + (2b_2 + 2b_0) \equiv x^2 + x + 1,$$

比较恒等式两边 x 同次幂的系数，得

$$2b_0 = 1,\quad 2b_1 = 1,\quad 2b_2 + 2b_0 = 1,$$

解得 $b_0 = \dfrac{1}{2}, b_1 = \dfrac{1}{2}, b_2 = 0$. 所求非齐次方程的一个特解为

$$\tilde{y} = \frac{1}{2}(x^2 + x)e^{-x},$$

通解为 $$y = Y + \tilde{y} = e^{-x}(C_1\cos\sqrt{2}x + C_2\sin\sqrt{2}x) + \frac{1}{2}(x^2 + x)e^{-x}.$$

例 6 求非齐次方程 $y'' - 2y' - 3y = (x^2 + 1)e^{-x}$ 的通解.

解 相应齐次方程 $y'' - 2y' - 3y = 0$ 的特征方程 $r^2 - 2r - 3 = 0$ 的根为 $r = -1, 3$，其通解为

$$Y = C_1e^{-x} + C_2e^{3x}.$$

由于 $\lambda = -1$ 是特征方程 $r^2 - 2r - 3 = 0$ 的单根，$P_n(x) = x^2 + 1$ 为关于 x 的 $n = 2$ 次多项式，故设非齐次方程特解的形式为

$$\tilde{y} = x(b_0x^2 + b_1x + b_2)e^{-x},$$

其中 $Q(x) = b_0x^3 + b_1x^2 + b_2x$. 将 $Q'(x) = 3b_0x^2 + 2b_1x + b_2, Q''(x) = 6b_0x + 2b_1, \lambda = -1$ 及方程的系数 $p = -2$ 代入恒等式

$$Q'' + (2\lambda + p)Q' = P_n(x),$$

即有 $$6b_0x + 2b_1 + [2(-1) + (-2)](3b_0x^2 + 2b_1x + b_2) \equiv x^2 + 1.$$

整理，得 $$-12b_0x^2 + (6b_0 - 8b_1)x + 2b_1 - 4b_2 \equiv x^2 + 1,$$

比较恒等式两边 x 同次幂的系数，得

$$-12b_0 = 1,\quad 6b_0 - 8b_1 = 0,\quad 2b_1 - 4b_2 = 1,$$

解得 $b_0 = -\dfrac{1}{12}, b_1 = -\dfrac{1}{16}, b_2 = -\dfrac{9}{32}$. 故所求非齐次方程一个特解为

$$\tilde{y} = -\frac{x}{4}\left(\frac{x^2}{3} + \frac{x}{4} + \frac{9}{8}\right)e^{-x},$$

通解为 $$y = Y + \tilde{y} = C_1e^{-x} + C_2e^{3x} - \frac{x}{4}\left(\frac{x^2}{3} + \frac{x}{4} + \frac{9}{8}\right)e^{-x}.$$

例 7 求非齐次方程 $y'' + 2y' + y = (x^4 + x^2 + 1)e^{-x}$ 的通解.

解 相应齐次方程 $y'' + 2y' + y = 0$ 的特征方程 $r^2 + 2r + 1 = 0$ 的根为 $r = -1, -1$，其通解为

$$Y = (C_1 + C_2x)e^{-x}.$$

由于 $\lambda = -1$ 是特征方程 $r^2 + 2r + 1 = 0$ 的重根，$P_n(x) = x^4 + x^2 + 1$ 为关于 x 的 $n = 4$ 次多项式，故设非齐次方程特解的形式为

$$\tilde{y} = x^2(b_0x^4 + b_1x^3 + b_2x^2 + b_3x + b_4)e^{-x},$$

其中 $Q(x) = b_0x^6 + b_1x^5 + b_2x^4 + b_3x^3 + b_4x^2$. 将 $Q'(x) = 6b_0x^5 + 5b_1x^4 + 4b_2x^3 + 3b_3x^2 + 2b_4x$, $Q''(x) = 30b_0x^4 + 20b_1x^3 + 12b_2x^2 + 6b_3x + 2b_4$ 代入恒等式

$$Q'' \equiv P_n(x),$$

即有 $$30b_0x^4 + 20b_1x^3 + 12b_2x^2 + 6b_3x + 2b_4 \equiv x^4 + x^2 + 1.$$

比较恒等式两边 x 同次幂的系数，得

$$30b_0 = 1,\quad 20b_1 = 0,\quad 12b_2 = 1,\quad 6b_3 = 0,\quad 2b_4 = 1,$$

解得 $b_0 = \dfrac{1}{30}, b_1 = 0, b_2 = \dfrac{1}{12}, b_3 = 0, b_4 = \dfrac{1}{2}$. 故所求非齐次方程一个特解为

$$\tilde{y}=\frac{x^2}{2}\left(\frac{x^4}{15}+\frac{x^2}{6}+1\right)e^{-x},$$

通解为 $y=Y+\tilde{y}=(C_1+C_2x)e^{-x}+\frac{x^2}{2}\left(\frac{x^4}{15}+\frac{x^2}{6}+1\right)e^{-x}.$

二、自由项 $f(x)=P_n(x)e^{\alpha x}\cos\beta x$ 或 $P_n(x)e^{\alpha x}\sin\beta x$ 的情形

设二阶常系数线性非齐次方程

$$y''+py'+qy=P_n(x)e^{\alpha x}\cos\beta x; \tag{5.15}$$

$$y''+py'+qy=P_n(x)e^{\alpha x}\sin\beta x, \tag{5.16}$$

其中 p,q,α,β 为已知实常数, $P_n(x)$ 为已知 n 次实系数多项式.

由欧拉公式 $e^{i\theta}=\cos\theta+i\sin\theta$,于是

$$P_n(x)e^{\alpha x}(\cos\beta x+i\sin\beta x)=P_n(x)e^{\alpha x}\cdot e^{i\beta x}=P_n(x)e^{(\alpha+i\beta)x}.$$

根据§4解的结构定理5,若方程

$$y''+py'+qy=P_n(x)e^{(\alpha+i\beta)x} \tag{5.17}$$

有特解 $\tilde{y}=\tilde{y}_1+i\tilde{y}_2$,则它的实部 $\tilde{y}_1$ 为方程(5.15)的特解;虚部 $\tilde{y}_2$ 为方程(5.16)的特解.若注意到方程(5.17)与方程(5.10)属同一类型,只是 $\lambda=\alpha+i\beta$,故可设其特解的形式为

$$\tilde{y}=Q(x)e^{(\alpha+i\beta)x}=x^kQ_n(x)e^{(\alpha+i\beta x)}.$$

其中 x 的幂次 k 取法为

$$\begin{cases}k=0, \text{当 } \alpha+i\beta \text{ 不是特征方程的根;}\\ k=1, \text{当 } \alpha+i\beta \text{ 是特征方程的根.}\end{cases}$$

又 $Q(x)=x^kQ_n(x)=x^k(b_0x^n+b_1x^{n-1}+\cdots+b_{n-1}x+b_n)$ 的系数 $b_0,b_1,\cdots,b_n$ 可通过比较恒等式

$$Q''+(2\lambda+p)Q'+(\lambda^2+p\lambda+q)Q\equiv P_n(x)$$

两边 x 的同次幂的系数求得.

例8 求方程

(1) $y''-3y'+2y=5e^{-x}\cos x$, (2) $y''-3y'+2y=5e^{-x}\sin x$

的通解.

解 这里, $P_n(x)=5,\alpha=-1,\beta=1$,先考虑方程

$$y''-3y'+2y=5e^{(-1+i)x}. \tag{5.18}$$

相应齐次方程 $y''-3y'+2y=0$ 的特征方程 $r^2-3r+2=0$ 的根为 $r=1,2$,其通解为

$$Y=C_1e^x+C_2e^{2x}.$$

由于 $\lambda=\alpha+i\beta=-1+i$ 非特征根,故设非齐次方程(5.18)特解形式为

$$\tilde{y}=be^{(-1+i)x} \quad (b \text{ 为待定常数}).$$

将 $Q(x)=b,Q'(x)=0,Q''(x)=0,\lambda=-1+i,p=-3,q=2$ 代入恒等式

$$Q''+(2\lambda+p)Q'+(\lambda^2+p\lambda+q)Q\equiv P_n(x),$$

即有 $[(-1+i)^2-3(-1+i)+2]b\equiv 5,$

化简得 $(5-5i)b=5$ 或 $b=\frac{1}{1-i}=\frac{1+i}{2}$.于是

$$\tilde{y}=\tilde{y}_1+i\tilde{y}_2=\frac{1+i}{2}e^{(-1+i)x}=\frac{1+i}{2}e^{-x}\cdot e^{ix}=\frac{1+i}{2}e^{-x}(\cos x+i\sin x)$$

$$=\frac{1}{2}e^{-x}[(\cos x-\sin x)+i(\cos x+\sin x)].$$

其实部 $\tilde{y}_1=\frac{1}{2}e^{-x}(\cos x-\sin x)$ 为方程(1)的特解;

虚部 $\tilde{y}_2 = \frac{1}{2}e^{-x}(\cos x + \sin x)$ 为方程(2) 的特解.

方程(1) 的通解为 $$y = Y + \tilde{y}_1 = C_1e^x + C_2e^{2x} + \frac{1}{2}e^{-x}(\cos x - \sin x);$$

方程(2) 的通解为 $$y = Y + \tilde{y}_2 = C_1e^x + C_2e^{2x} + \frac{1}{2}e^{-x}(\cos x + \sin x).$$

例 9 求方程 $y'' - 3y' + 2y = 4x + e^{3x} + 5e^{-x}\cos x$ 的通解.

解 相应齐次方程的通解为

$$Y = C_1e^x + C_2e^{2x}.$$

又非齐次方程 $y'' - 3y' + 2y = 4x$ 的特解为 $\tilde{y}_1 = 2x + 3$;

$y'' - 3y' + 2y = e^{3x}$的特解为 $\tilde{y}_2 = \frac{1}{2}e^{3x}$;

$y'' - 3y' + 2y = 5e^{-x}\cos x$ 的特解为 $\tilde{y}_3 = \frac{1}{2}e^{-x}(\cos x - \sin x)$,

于是由解的叠加原理,所求方程的通解为

$$y = Y + \tilde{y} = Y + \tilde{y}_1 + \tilde{y}_2 + \tilde{y}_3 = C_1e^x + C_2e^{2x} + 2x + 3 + \frac{e^{3x}}{2} + \frac{e^{-x}}{2}(\cos x - \sin x).$$

例 10 在 §4 例 2 弹簧振动问题中,试就无介质阻力与外力为 $A\sin\omega_0 t$(A 与 ω_0 为正常数)的情况下,求振动方程

$$x'' + \omega^2 x = A\sin\omega_0 t$$

的通解,其中 $\omega^2 = \frac{k}{m}(\omega > 0)$.

解 这里,$P_n(t) = A, \alpha = 0, \beta = \omega_0$. 先考虑方程

$$x'' + \omega^2 x = Ae^{i\omega_0 t}, \tag{5.19}$$

相应齐次方程 $x'' + \omega^2 x = 0$ 的特征方程 $r^2 + \omega^2 = 0$ 的根为 $r = \pm\,\omega i$,其通解为

$$X = C_1\cos\omega t + C_2\sin\omega t.$$

为了求(5.19) 的特解 $\tilde{y}$,分两种情况讨论:

(1) 若 $\omega \neq \omega_0$,即 $\lambda = \omega_0 i$ 不是特征方程 $r^2 + \omega^2 = 0$ 的根,设

$$x = be^{i\omega_0 t} \quad (b \text{ 为待定常数}).$$

将 $Q(t) = b, Q'(t) = 0, Q''(t) = 0$ 以及 $p = 0, q = \omega^2, \lambda = i\omega_0$ 代入恒等式

$$Q'' + (2\lambda + p)Q' + (\lambda^2 + p\lambda + q)Q \equiv P_n(t),$$

即有 $[(\omega_0 i)^2 + \omega^2]b \equiv A$ 或 $b = \frac{A}{\omega^2 - \omega_0^2}$. 得方程(5.19) 的特解为

$$\tilde{x} = \tilde{x}_1 + i\tilde{x}_2 = \frac{A}{\omega^2 - \omega_0^2}e^{i\omega_0 t} = \frac{A}{\omega^2 - \omega_0^2}(\cos\omega_0 t + i\sin\omega_0 t).$$

取虚部得所求方程的特解为

$$\tilde{x}_2 = \frac{A}{\omega^2 - \omega_0^2}\sin\omega_0 t,$$

通解为 $$x = X + \tilde{x}_2 = C_1\cos\omega t + C_2\sin\omega t + \frac{A}{\omega^2 - \omega_0^2}\sin\omega_0 t.$$

(2) 若 $\omega = \omega_0$,即 $\lambda = \omega_0 i$ 是特征方程 $r^2 + \omega^2 = 0$ 的根. 设

$$\tilde{x} = bte^{i\omega_0 t} \quad (b \text{ 为待定常数}).$$

将 $Q(t) = bt, Q'(t) = b, Q''(t) = 0$,以及 $p = 0, q = \omega^2, \lambda = i\omega_0$ 代入恒等式

$$Q'' + (2\lambda + p)Q' + (\lambda^2 + p\lambda + q)Q \equiv p_n(t),$$

即有 $$(2 \cdot \omega_0 i)b + [(\omega_0 i)^2 + \omega^2]bt \equiv A.$$

注意到 $\omega=\omega_0$，得 $b=\frac{A}{2\omega_0 i}=-\frac{Ai}{2\omega_0}$. 于是得方程(5.19)的特解为

$$\tilde{x}=\tilde{x}_1+i\tilde{x}_2=-\frac{Ai}{2\omega_0}te^{i\omega_0 t}=-\frac{Ai}{2\omega_0}t(\cos\omega_0 t+i\sin\omega_0 t)=\frac{A}{2\omega_0}t(\sin\omega_0 t-i\cos\omega_0 t).$$

取虚部，得方程所求特解为

$$\tilde{x}_2=-\frac{A}{2\omega_0}t\cos\omega_0 t,$$

所求通解为 $$x=X+\tilde{x}_2=C_1\cos\omega t+C_2\sin\omega t-\frac{A}{2\omega_0}t\cos\omega_0 t.$$

若令 $\frac{C_1}{\sqrt{C_1^2+C_2^2}}=\sin\varphi$，$\frac{C_2}{\sqrt{C_1^2+C_2^2}}=\cos\varphi$，$\sqrt{C_1^2+C_2^2}=B$，于是

$$X=C_1\cos\omega t+C_2\sin\omega t=\sqrt{C_1^2+C_2^2}\left(\frac{C_1}{\sqrt{C_1^2+C_2^2}}\cos\omega t+\frac{C_2}{\sqrt{C_1^2+C_2^2}}\sin\omega t\right)=B\sin(\omega t+\varphi),$$

其中 B,φ 为任意常数. 所求非齐次方程的通解又可写成

$$x=X+\tilde{x}_2=B\sin(\omega t+\varphi)+\frac{A}{\omega^2-\omega_0^2}\sin\omega_0 t,\quad 当\ \omega\neq\omega_0\ 时; \tag{5.20}$$

$$x=X+\tilde{x}_2=B\sin(\omega t+\varphi)-\frac{At}{2\omega_0}\cos\omega_0 t,\quad 当\ \omega=\omega_0\ 时. \tag{5.21}$$

由通解的形式可见，振动由两种运动所合成：一种由内力产生，称为**自由振动(或固有振动)**；另一种由外力产生，称为**强迫振动**. 当 $\omega\neq\omega_0$ 时，强迫振动的振幅为 $\frac{A}{\omega^2-\omega_0^2}$，当 ω 与 ω_0 越接近时，振幅就越大. 当 $\omega=\omega_0$ 时，强迫振动的振幅为 $\frac{At}{2\omega}$，当 $t\to+\infty$ 时，振幅 $\frac{At}{2\omega}\to+\infty$，这种现象称为**共振**. 在机械系统、建筑系统中，共振会导致系统的破坏，但在无线电通讯(电磁振荡)中，电磁振荡的共振称为**谐振**. 例如，收音机就是通过调谐使线路固有频率与电台的发射频率相同产生谐振，从而接收信息.

* **例 11** 如图 7-8. 一长为 l 的杆件 AB，A 端铰支座，B 端固定支座. 又设此杆件受纵向力 P 的作用，A 端铰支座的反力为 Q. 求杆轴挠度曲线方程(杆轴变形后的曲线方程).

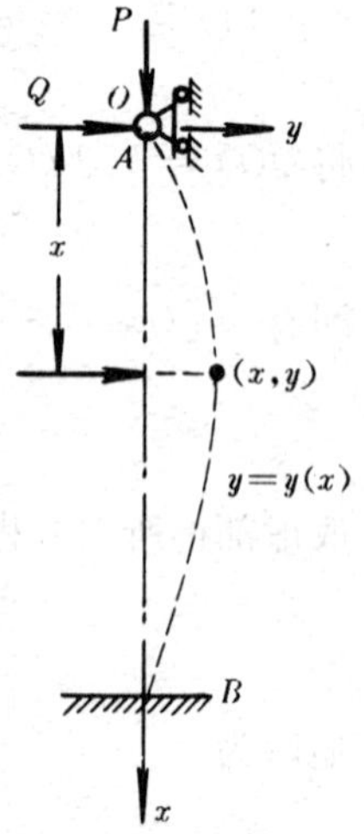

图 7-8

解 建立坐标系如图 7-8. 设杆轴挠度曲线方程为 $y=y(x)$. 由材料力学知识，在外力作用下，表示杆件处于微小弯曲状态的近似微分方程为

$$EI\frac{d^2y}{dx^2}=-M. \tag{5.22}$$

其中正常数 EI 表示杆件的抗弯刚度，M 表示杆件在截面 x 处的弯矩. 由条件

$$M=M(x)=Py-Qx,$$

于是(5.22)可化为

$$\frac{d^2y}{dx^2}+\frac{P}{EI}y=\frac{Q}{EI}x. \tag{5.23}$$

记 $\frac{P}{EI}=\omega^2$，于是(5.23)改写为

$$\frac{d^2y}{dx^2}+\omega^2y=\frac{Q}{EI}x. \tag{5.24}$$

我们知道它的通解为

$$y = C_1\cos\omega x + C_2\sin\omega x + \frac{Q}{P}x. \tag{5.25}$$

根据杆件两端支座情况，其边界条件为

$$y|_{x=0} = 0,\quad y|_{x=l} = 0,\quad y'|_{x=l} = 0.$$

将 $y|_{x=0} = 0$ 代入(5.25)，得 $C_1 = 0$. 于是(5.25) 化为

$$y = C_2\sin\omega x + \frac{Q}{P}x. \tag{5.26}$$

将 $y|_{x=l} = 0$ 代入(5.26)，得

$$C_2\sin\omega l = -\frac{Q}{P}l. \tag{5.27}$$

再将(5.26) 对 x 求导，得 $y' = C_2\omega\cos\omega x + \frac{Q}{P}$，并以 $y'|_{x=l} = 0$ 代入，得

$$C_2\cos\omega l = -\frac{Q}{P\omega}. \tag{5.28}$$

由(5.27) 与(5.28) 得

$$\mathrm{tg}\,\omega l = \omega l.$$

令 $\omega l = u$，考虑方程 $\mathrm{tg}\,u = u$ 的近似根，得最小正根 $u_0 = \omega l = 4.493$. 于是

$$\omega^2 = \frac{(4.493)^2}{l^2} \approx \frac{\pi^2}{(0.7l)^2}.$$

由(5.27) 得 $C_2 = -\frac{Ql}{P}\frac{1}{\sin\omega l} = -\frac{Ql}{P}\frac{1}{\sin\frac{\pi}{0.7}}$，代入(5.26) 得杆件的挠度曲线方程为

$$y = -\frac{Ql}{P}\frac{\sin\frac{\pi}{0.7l}x}{\sin\frac{\pi}{0.7}} + \frac{Q}{P}x.$$

以上二阶常系数线性非齐次方程通解的解法，可推广到高阶的情形.

例 12 求方程 $y^{(4)} + 2y'' + y = xe^x$ 的通解.

解 相应齐次方程 $y^{(4)} + 2y'' + y = 0$ 的特征方程 $r^4 + 2r^2 + 1 = 0$ 或 $(r^2 + 1)^2 = 0$，它有二重共轭复根 $r = \pm i, \pm i$. 其通解为

$$Y = (C_1 + C_2x)\cos x + (C_3 + C_4x)\sin x.$$

由于 $P_n(x) = x$，为 $n = 1$ 次多项式，又 $\lambda = 1$ 非特征根，设非齐次方程的特解形式为

$$\tilde{y} = (b_0x + b_1)e^x \qquad (b_0, b_1 \text{ 为待定系数}),$$

代入原方程，得

$$[(b_0x + b)e^x]^{(4)} + 2[(b_0x + b)e^x]'' + (b_0x + b)e^x \equiv xe^x,$$

求导后，消去 e^x，得

$$\{4b_0 + (b_0x + b_1) + 2[2b_0 + (b_0x + b_1)] + (b_0x + b_1)\} \equiv x.$$

整理，得

$$4b_0x + 8b_0 + 4b_1 \equiv x,$$

比较恒等式两边同次幂的系数，得

$$4b_0 = 1,\quad 8b_0 + 4b_1 = 0,$$

解得 $b_0 = \frac{1}{4}, b_1 = -\frac{1}{2}$. 所求特解为

$$\tilde{y} = \frac{1}{2}\left(\frac{x}{2} - 1\right)e^x,$$

通解为 $$y = Y + \tilde{y} = (C_1 + C_2x)\cos x + (C_3 + C_4x)\sin x + \frac{1}{2}(\frac{x}{2} - 1)e^x.$$

§6　二阶线性微分方程的常数变易法

考虑二阶线性非齐次微分方程
$$y'' + p(x)y' + q(x)y = f(x), \tag{6.1}$$
其中 $p(x), q(x), f(x)$ 在区间 (a,b) 上连续. 如果相应的齐次方程
$$y'' + p(x)y' + q(x)y = 0 \tag{6.2}$$
的通解 $y = C_1y_1(x) + C_2y_2(x)$ 已经求得，那么，可通过下面所说的**常数变易法**，求得非齐次方程 (6.1) 的一个特解 $\tilde{y}$. 设(6.1) 具有形如
$$\tilde{y} = u_1(x)y_1(x) + u_2(x)y_2(x) \tag{6.3}$$
的解，其中 $u_1 = u_1(x), u_2 = u_2(x)$ 是待定函数. 将(6.3) 代入(6.1)，可得确定 u_1, u_2 的一个方程. 为了同时确定这两个待定函数，还须另一条件，由于
$$\tilde{y}' = (u_1y'_1 + u_2y'_2) + (u'_1y_1 + u'_2y_2),$$
为此，我们自动补充另一条件，即令
$$u'_1y_1 + u'_2y_2 = 0, \tag{6.4}$$
于是，得　$\tilde{y}' = u_1y'_1 + u_2y'_2, \tilde{y}'' = u_1y''_1 + u_2y''_2 + u'_1y'_1 + u'_2y'_2$. 将它们代入(6.1) 并整理得
$$u'_1y'_1 + u'_2y'_2 + u_1[y''_1 + p(x)y'_1 + q(x)y_1] + u_2[y''_2 + p(x)y'_2 + q(x)y_2] = f(x).$$
因 y_1, y_2 是(6.2) 的解，故方括号内皆为 0，从而得
$$u'_1y'_1 + u'_2y'_2 = f(x). \tag{6.5}$$
将(6.4)、(6.5) 联立，得确定 u_1, u_2 的方程组：
$$\begin{cases} u'_1y_1 + u'_2y_2 = 0, \\ u'_1y'_1 + u'_2y'_2 = f(x). \end{cases} \tag{6.6}$$
注意到 y_1, y_2 线性无关，可知
$$\begin{vmatrix} y_1 & y_2 \\ y'_1 & y'_2 \end{vmatrix} \neq 0,$$
即 $w(x) \triangleq y_1y'_2 - y_2y'_1 \neq 0$，上述方程组有唯一解. 解得
$$\begin{cases} u'_1 = \dfrac{-y_2f(x)}{y_1y'_2 - y_2y'_1} = \dfrac{-y_2f(x)}{w(x)}, \\ u'_2 = \dfrac{y_1f(x)}{y_1y'_2 - y_2y'_1} = \dfrac{y_1f(x)}{w(x)}. \end{cases}$$
积分，取一个原函数，得
$$u_1 = \int \frac{-y_2f(x)}{w(x)}dx;\quad u_2 = \int \frac{y_1f(x)}{w(x)}dx,$$
代入(6.3)，得所求特解为
$$\tilde{y} = y_1\int \frac{-y_2f(x)}{w(x)}dx + y_2\int \frac{y_1f(x)}{w(x)}dx,$$
所求通解为
$$y = Y + \tilde{y} = C_1y_1 + C_2y_2 + y_1\int \frac{-y_2f(x)}{w(x)}dx + y_2\int \frac{y_1f(x)}{w(x)}dx.$$

上述求特解的方法当然适应于常系数非齐次线性方程的情形.

例 1 求方程 $y''-3y'+2y=\dfrac{1}{1+e^{-x}}$ 的通解.

解 相应齐次方程的通解为

$$Y=C_1e^x+C_2e^{2x}.$$

用常数变易法求非齐次方程一个特解,设

$$\tilde{y}=u_1e^x+u_2e^{2x},$$

其中函数 u_1,u_2 满足联立方程:

$$\begin{cases}u'_1e^x+u'_2e^{2x}=0;\\ u'_1(e^x)'+u'_2(e^{2x})'=\dfrac{1}{1+e^{-x}}\end{cases}\quad\text{或}\quad\begin{cases}u'_1e^x+u'_2e^{2x}=0;\\ u'_1e^x+u'_2\cdot 2e^{2x}=\dfrac{1}{1+e^{-x}}.\end{cases}$$

由于 $w(x)=y_1y'_2-y_2y'_1=e^x\cdot 2e^{2x}-e^{2x}\cdot e^x=e^{3x}$,解得 u'_1,u'_2 并积分,取

$$u_1=-\int\frac{e^{2x}\cdot\dfrac{1}{1+e^{-x}}}{e^{3x}}dx=-\int\frac{e^{-x}}{1+e^{-x}}dx=\ln(1+e^{-x});$$

$$u_2=\int\frac{e^{x}\cdot\dfrac{1}{1+e^{-x}}}{e^{3x}}dx=\int\frac{e^{-2x}}{1+e^{-x}}dx=\int\left[e^{-x}-\frac{e^{-x}}{1+e^{-x}}\right]dx=-e^{-x}+\ln(1+e^{-x}).$$

得特解为

$$\tilde{y}=u_1e^x+u_2e^{2x}=e^x\ln(1+e^{-x})-e^x+e^{2x}\ln(1+e^{-x}).$$

所求通解为

$$y=Y+\tilde{y}=C'_1e^x+C_2e^{2x}+(e^x+e^{2x})\ln(1+e^{-x}),$$

其中 $C'=C_1-1$.

例 2 求方程 $y''+K^2y=f(x)$ 的通解,其中常数 $K>0$,$f(x)$ 在区间 (a,b) 上连续.

解 相应齐次方程的通解为

$$Y=C_1\cos Kx+C_2\sin Kx.$$

用常数变易法求非齐次方程一个特解,令

$$\tilde{y}=u_1\cos Kx+u_2\sin Kx,$$

其中函数 u_1,u_2 满足联立方程:

$$\begin{cases}u'_1\cos Kx+u'_2\sin Kx=0;\\ u'_1(\cos Kx)'+u'_2(\sin Kx)'=f(x)\end{cases}$$

或

$$\begin{cases}u'_1\cos Kx+u'_2\sin Kx=0;\\ u'_1(-K\sin Kx)+u'_2(K\cos Kx)=f(x).\end{cases}$$

由于 $w(x)=y_1y'_2-y_2y'_1=K\cos^2Kx+K\sin^2Kx=K$,解得 u'_1,u'_2 为

$$u'_1=-\frac{1}{K}f(x)\sin Kx;\quad u'_2=\frac{1}{K}f(x)\cos Kx.$$

$\forall\, x_0,x\in(a,b),\xi\in(x_0,x)$,按变上限定积分的形式,有

$$u_1(x)=-\frac{1}{K}\int_{x_0}^{x}f(\xi)\sin K\xi d\xi,\quad u_2(x)=\frac{1}{K}\int_{x_0}^{x}f(\xi)\cos K\xi d\xi.$$

于是所求特解为

$$\begin{aligned}\tilde{y}&=-\frac{1}{K}\cos Kx\int_{x_0}^{x}f(\xi)\sin K\xi d\xi+\frac{1}{K}\sin Kx\int_{x_0}^{x}f(\xi)\cos K\xi d\xi\\&=\frac{1}{K}\int_{x_0}^{x}f(\xi)[-\cos Kx\sin K\xi+\sin Kx\cos K\xi]d\xi=\frac{1}{K}\int_{x_0}^{x}f(\xi)\sin K(x-\xi)d\xi.\end{aligned}$$

所求通解为

$$y = Y + \tilde{y} = C_1\cos Kx + C_2\sin Kx + \frac{1}{K}\int_{x_0}^{x} f(\xi)\sin K(x-\xi)d\xi.$$

顺便指出：其中特解 $\tilde{y}$ 满足初始条件

$$\tilde{y}|_{x=x_0} = 0,\quad \tilde{y}'|_{x=x_0} = 0.$$

§7 欧拉方程、变量替换法

7.1 欧拉方程

形如

$$x^n y^{(n)} + a_1 x^{n-1} y^{(n-1)} + \cdots + a_{n-1} x y' + a_n y = f(x) \tag{7.1}$$

的变系数线性方程称为**欧拉**(Euler) **方程**，其中 $a_1, a_2, \cdots, a_n$ 都是常数，$f(x)$ 是已知连续函数.

欧拉方程可用变量替换化成常系数线性方程，下面就二阶的情形介绍这一方法. 设

$$x^2\frac{d^2y}{dx^2} + a_1 x\frac{dy}{dx} + a_2 y = f(x), \tag{7.2}$$

作变量替换 $x = e^t$ 或 $t = \ln x$，引入新变量 t，对方程(7.2) 进行变换. 由

$$\frac{dy}{dx} = \frac{dy}{dt}\frac{dt}{dx} = \frac{dy}{dt}\cdot\frac{1}{x},$$

$$\frac{d^2y}{dx^2} = \frac{d}{dx}\left(\frac{dy}{dt}\cdot\frac{1}{x}\right) = \frac{1}{x}\frac{d}{dx}\left(\frac{dy}{dt}\right) + \frac{dy}{dt}\frac{d}{dx}\left(\frac{1}{x}\right)$$

$$= \frac{1}{x}\frac{d}{dt}\left(\frac{dy}{dt}\right)\frac{dt}{dx} - \frac{1}{x^2}\frac{dy}{dt} = \frac{1}{x^2}\frac{d^2y}{dt^2} - \frac{1}{x^2}\frac{dy}{dt}.$$

于是 $x\dfrac{dy}{dx} = \dfrac{dy}{dt}$，$x^2\dfrac{d^2y}{dx^2} = \dfrac{d^2y}{dt^2} - \dfrac{dy}{dt}$，原方程(7.2) 化为

$$\frac{d^2y}{dt^2} + (a_1 - 1)\frac{dy}{dt} + a_2 y = f(e^t). \tag{7.3}$$

这是 y 关于新变量 t 的二阶常系数线性方程，就易于用已知的方法求解了. 还要指出：在(7.1)中，若 $f(x) \equiv 0$，则方程是齐次方程，如 §3,3.2 例 7 中看到，可知齐次欧拉方程有形如 $y = x^\lambda$(λ 待定常数) 的解，以 $y = x^\lambda$ 代入方程得到关于 λ 的代数方程，当 λ 求出时，便可得齐次欧拉方程的通解.

例 1 求方程 $x^2y'' + xy' + 4y = x^2$ 的通解.

解 这是二阶欧拉方程，作变量替换，令 $x = e^t$ 或 $t = \ln x$，即将关系式 $x\dfrac{dy}{dx} = \dfrac{dy}{dt}$，$x^2\dfrac{d^2y}{dx^2} = \dfrac{d^2y}{dt^2} - \dfrac{dy}{dt}$ 代入方程后，方程化为

$$\frac{d^2y}{dt^2} + 4y = e^{2t}.$$

这是二阶常系数线性方程，其通解为

$$y = Y(t) + \tilde{y}(t) = C_1\cos 2t + C_2\sin 2t + \frac{1}{8}e^{2t}.$$

再由 $t = \ln x$，代回原变量，得所求方程的通解为

$$y = Y(x) + \tilde{y}(x) = C_1\cos(2\ln x) + C_2\sin(2\ln x) + \frac{1}{8}x^2.$$

7.2 变量替换法

对不是欧拉方程的变系数线性方程的某种特殊形式，也可作适当变换化为常系数线性方

程. 如下例：

例 2 求方程$(1-x^2)\frac{d^2y}{dx^2}-x\frac{dy}{dx}+y=x$的通解.

解 作变量替换，令 $x=\sin t$ 或 $t=\arcsin x$，引入新变量 t，对方程进行变换. 由

$$\frac{dy}{dx}=\frac{dy}{dt}\frac{dt}{dx}=\frac{dy}{dt}\frac{1}{\sqrt{1-x^2}},$$

$$\frac{d^2y}{dx^2}=\frac{d}{dx}\left(\frac{dy}{dt}\frac{1}{\sqrt{1-x^2}}\right)=\frac{1}{\sqrt{1-x^2}}\frac{d}{dx}\left(\frac{dy}{dt}\right)+\frac{dy}{dt}\cdot\frac{d}{dx}\left(\frac{1}{\sqrt{1-x^2}}\right)$$
$$=\frac{1}{\sqrt{1-x^2}}\frac{d}{dt}\left(\frac{dy}{dt}\right)\frac{dt}{dx}+\frac{dy}{dt}\cdot\frac{x}{(1-x^2)^{3/2}}=\frac{1}{1-x^2}\frac{d^2y}{dt^2}+\frac{x}{(1-x^2)^{3/2}}\frac{dy}{dt}.$$

于是 $x\frac{dy}{dx}=\frac{x}{\sqrt{1-x^2}}\frac{dy}{dt}$， $(1-x^2)\frac{d^2y}{dx^2}=\frac{d^2y}{dt^2}+\frac{x}{\sqrt{1-x^2}}\frac{dy}{dt}$，代入方程，得

$$\frac{d^2y}{dt^2}+y=\sin t,$$

这是二阶常系数线性方程. 当 $|x|<1$ 时，易于求得其通解为

$$y=Y(t)+\tilde{y}(t)=C_1\cos t+C_2\sin t-\frac{t}{2}\cos t.$$

再由 $t=\arcsin x$ 代回原变量，得所求方程的通解为

$$y=Y(x)+\tilde{y}(x)=C_1\sqrt{1-x^2}+C_2x-\frac{\arcsin x}{2}\sqrt{1-x^2}.$$

§ 8 微分方程组

线性微分方程组在简单情况下，常用消元法化为一个高阶线性微分方程并求得其解. 下面就一阶常系数线性微分方程组为例，说明如何将它化成一个常系数高阶线性方程，并来求解.

例 1 求一阶常系数线性微分方程组

$$\begin{cases}\frac{dx}{dt}=x+2y+e^t, & (8.1)\\ \frac{dy}{dt}=4x+3y & (8.2)\end{cases}$$

的通解.

解 先消去未知函数 y，为此在(8.1)中解出 y，得

$$y=\frac{1}{2}\left(\frac{dx}{dt}-x-e^t\right), \qquad (8.3)$$

代入(8.2)得$\frac{1}{2}\frac{d}{dt}\left(\frac{dx}{dt}-x-e^t\right)=4x+\frac{3}{2}\left(\frac{dx}{dt}-x-e^t\right)$或

$$\frac{d^2x}{dt^2}-4\frac{dx}{dt}-5x=-2e^t,$$

其通解为$x=C_1e^{5t}+C_2e^{-t}+\frac{1}{4}e^t$，代入(8.3)得 $y=2C_1e^{5t}-C_2e^{-t}-\frac{1}{2}e^t$.

所求方程组的通解为$\begin{cases}x=C_1e^{5t}+C_2e^{-t}+\frac{1}{4}e^t,\\ y=2C_1e^{5t}-C_2e^{-t}-\frac{1}{2}e^t.\end{cases}$

例 2 求一阶常系数线性微分方程组

$$\begin{cases} 2\dfrac{dx}{dt}+\dfrac{dy}{dt}+y=t, & (8.4)\\ \dfrac{dx}{dt}+\dfrac{dy}{dt}-x-y=2t & (8.5)\end{cases}$$

的通解.

解 用消元法先消去 y,为此消去 $\frac{dy}{dt}$,得 $\frac{dx}{dt}+x+2y=-t$,即

$$y=-\frac{1}{2}\left(\frac{dx}{dt}+x+t\right). \tag{8.6}$$

代入(8.5),得

$$\frac{dx}{dt}-\frac{1}{2}\frac{d}{dt}\left(\frac{dx}{dt}+x+t\right)-x+\frac{1}{2}\left(\frac{dx}{dt}+x+t\right)=2t.$$

求导,并整理,得

$$\frac{d^2x}{dt^2}-2\frac{dx}{dt}+x=-3t-1,$$

其通解为 $x=(C_1+C_2t)e^t-(3t+7)$,代入(8.6),得 $y=-\left[C_1+C_2\left(\frac{1}{2}+t\right)\right]e^t+t+5.$

所求方程组的通解为

$$\begin{cases} x=(C_1+C_2t+t)e^t-(3t+7),\\ y=-\left[C_1+C_2\left(\dfrac{1}{2}+t\right)\right]e^t+t+5.\end{cases}$$

例 3 放射性同位素甲原有质量 m_0 克,衰变成放射性同位素乙,乙又衰变成丙,丙不再衰变,于是三种元素的质量都是时间 t 的函数分别记成

$$x=x(t),\quad y=y(t),\quad z=z(t).$$

试建立 x,y,z 所满足的微分方程组,并求其解.

解 甲的衰变速度 $\frac{dx}{dt}$ 与当时甲的质量 x 成正比,设比例系数为 $k_1>0$,于是

$$\frac{dx}{dt}=-k_1x.$$

乙的变化速度由两部分组成:一方面,甲以速度 k_1x 变成乙;另一方面,同时乙又以与乙当时的质量 y 成正比的速度减少,设比例系数为 $k_2>0$,于是

$$\frac{dy}{dt}=k_1x-k_2y.$$

丙是由乙以速度 k_2y 变成的,丙不再变,于是,

$$\frac{dz}{dt}=k_2y.$$

综合上述,得一阶微分方程组

$$\begin{cases} \dfrac{dx}{dt}=-k_1x, & (8.7)\\ \dfrac{dy}{dt}=k_1x-k_2y, & (8.8)\\ \dfrac{dz}{dt}=k_2y. & (8.9)\end{cases}$$

由假设,开始时,甲有 m_0 克,乙、丙还没有,于是得初始条件

$$x|_{t=0}=m_0,\quad y|_{t=0}=0,\quad z|_{t=0}=0.$$

由(8.7)解得 $x = C_1 e^{-k_1 t}$. 代入 $x|_{t=0} = m_0$,得 $C_1 = m_0$,于是

$$x = m_0 e^{-k_1 t}.$$

代入(8.8),整理,得

$$\frac{dy}{dt} + k_2 y = k_1 m_0 e^{-k_1 t},$$

这是 y 关于 t 的一阶线性微分方程,其通解为

$$y = \frac{k_1 m_0}{k_2 - k_1} e^{-k_1 t} + C e^{-k_2 t}.$$

代入 $y|_{t=0} = 0$,得 $C = -\frac{k_1 m_0}{k_2 - k_1}$. 于是

$$y = \frac{k_1 m_0}{k_2 - k_1}(e^{-k_1 t} - e^{-k_2 t}).$$

以此代入(8.9),得

$$\frac{dz}{dt} = \frac{k_1 k_2 m_0}{k_2 - k_1}(e^{-k_1 t} - e^{-k_2 t}),$$

其通解为

$$z = \frac{k_1 k_2 m_0}{k_2 - k_1}\left(-\frac{1}{k_1} e^{-k_1 t} + \frac{1}{k_2} e^{-k_2 t}\right) + C.$$

代入 $z|_{t=0} = 0$,得 $C = m_0$. 于是

$$z = \frac{m_0}{k_2 - k_1}(k_1 e^{-k_2 t} - k_2 e^{-k_1 t}) + m_0.$$

综上,所求定解问题的解是

$$\begin{cases} x = m_0 e^{-k_1 t}, \\ y = \dfrac{k_1 m_0}{k_2 - k_1}(e^{-k_1 t} - e^{-k_2 t}), \\ z = \dfrac{m_0}{k_2 - k_1}(k_1 e^{-k_2 t} - k_2 e^{-k_1 t}) + m_0. \end{cases}$$

习题七

§1

1. 试指出下列微分方程的自变量、未知函数、阶数,并问是否是线性方程?

(1) $\frac{dy}{dx} = \frac{xy}{x^2 - y^2}$,　　(2) $\frac{dx}{dy} + x\text{ctg}y = 5e^{\cos y}$,

(3) $\frac{d^2\theta}{dt^2} + \sin\theta = 0$,　　(4) $\frac{d^4x}{dt^4} + 16x = t^3$.

2. 验证 $y = C_1\cos 3x + C_2\sin 3x$ (C_1, C_2 是任意常数) 是微分方程 $y'' + 9y = 0$ 的解.

3. 验证由方程 $x^2y + \sin y = C$ (C 为任意常数) 所确定的函数 $y = y(x)$ 是微分方程 $2xydx + (x^2 + \cos y)dy = 0$ 的解.

4. 验证参数式函数 $x = t^3 - t + 2$,　$y = \frac{3}{4}t^4 - \frac{1}{2}t^2 + C$ (C 为常数,t 是参数) 是微分方程 $(\frac{dy}{dx})^3 - \frac{dy}{dx} = x - 2$ 的解.

5. 试解下列定解问题:

(1) $\begin{cases} \dfrac{dy}{dx} = x\ln x; \\ y|_{x=1} = 0, \end{cases}$　　(2) $\begin{cases} \dfrac{d^2s}{dt^2} = g\ (g \text{ 为常数}); \\ s|_{t=0} = 0; \dfrac{ds}{dt}\Big|_{t=0} = v_0. \end{cases}$

§2

6. 求下列可分离变量方程的通解：

(1) $\frac{dy}{dx}+\frac{x\sin x}{y\cos y}=0$，　(2) $\frac{dy}{dx}=\frac{xe^{x^2+y^2}}{y}$，

(3) $\sqrt{1-y^2}dx+y\sqrt{1-x^2}dy=0$，　(4) $(1+x^2)dy-2xy\ln ydx=0$，

(5) $(1+x^2)y'+xy^2=x$，　(6) $y'=1-x+y^2-xy^2$，

(7) $y'+\sin\frac{x+y}{2}=\sin\frac{x-y}{2}$，　(8) $xyy'=(x+a)(y+b)$(a,b 为常数).

7. 求下列方程满足初始条件的特解：

(1) $y'=(2y+1)\text{ctg}x$，　$y|_{x=\frac{\pi}{4}}=\frac{1}{2}$；　(2) $y'=\frac{2x\ln x+x}{\sin y+y\cos y}$，　$y|_{x=1}=0$；

(3) $y-xy'=6(1+x^2y')$，　$y|_{x=1}=1$；　(4) $dy=3(x-1)^2(1+y^2)dx$，　$y|_{x=0}=1$；

(5) $y'=k(a-y)(b-y)$，　$y(0)=0$(k,a,b 正常数).

8. 求解下列变量型齐次方程：

(1) $xy-(x^2-y^2)y'=0$，　$y|_{x=0}=1$，　(2) $(y+\sqrt{x^2+y^2})dx-xdy=0$，　$y|_{x=1}=0$，

(3) $xy'=y(1+\ln y-\ln x)$，　(4) $xy'+y=2\sqrt{xy}$，

(5) $(x-y)dx+(x+y)dy+\frac{y}{x}(xdy-ydx)=0$，

(6) $(x-y\cos\frac{y}{x})dx+x\cos\frac{y}{x}dy=0$，　(7) $(1+2e^{\frac{x}{y}})dx+2e^{\frac{x}{y}}(1-\frac{x}{y})dy=0$.

9. 通过适当变换，求解方程：

(1) $y'=\frac{y}{x}+x\sec\frac{y}{x}$，　(2) $y'=(2x+y+3)^2$，

(3) $\frac{dy}{dx}=\frac{y-x+1}{y-x+5}$，　(4) $\frac{dy}{dx}=\frac{x+y-1}{x+4y+2}$，

(5) $\frac{dy}{dx}=2(\frac{y+2}{x+y-1})$，　(6) $\frac{dy}{dx}=y^2-x^2+1$.

10. 求解下列一阶线性(关于 y,y' 或 x,x')方程：

(1) $y'=x^2-\frac{y}{x}$，　$y(1)=0$；　(2) $xy'-y=x^3e^{-x}$，　$y(1)=0$；

(3) $y'+2xy+x=e^{-x^2}$，　$y(0)=2$；

(4) $x(1+x^2)y'+x^2y=1$；　(5) $(x+1)y'-ny=e^x(x+1)^{n+1}$；

(6) $y'+2y\text{tg}x=\sin x$；　(7) $y'=\frac{y}{2y\ln y+y-x}$；

(8) $y'=\frac{1}{x\cos y+\sin 2y}$；　(9) $(y^2-6x)y'+2y=0$.

11. 求下列贝努里方程的解：

(1) $y'+y=(xy)^2$，　(2) $y-2y'=y^3(\cos x-\sin x)$，

(3) $y'=x^3y^2+xy$，　(4) $xy'-4y=x^2\sqrt{y}$，

(5) $y'=\frac{1+y^2}{xy(1+x^2)}$，　(6) $dy+(xy-xy^3)dx=0$，

(7) $(xy+x^2y^3)y'=1$，　(8) $(y\ln x-2)ydx=xdy$，

(9) $\frac{dy}{dx}=\frac{1}{x^2e^{y^2}-2xy}$.

12. 求解下列方程：

(1) $\frac{dy}{dx}=y^2$，　$y(1)=2$，　(2) $3e^x\text{tg}ydx+(2-e^x)\sec^2ydy=0$，

(3) $2x^2\frac{dy}{dx}=x^2+y^2$，　(4) $y'=\frac{x}{y}+\frac{y}{x}$，

(5) $xy'+x+\sin(x+y)=0$，　$y(\frac{\pi}{2})=0$，

(6) $(2x-3y+1)dx-(4x-6y+5)dy=0$，

(7) $(y^3-x^2)dy+xydx=0$，　(8) $y'=1-x(y-x)-x^3(y-x)^2$，

(9) $\frac{dx}{x^2-xy+y^2}+\frac{dy}{xy-2y^2}=0$,　　(10) $y'=2(\frac{y+2}{x+y+1})^2$,

(11) $e^y y'-\frac{1}{x}e^y=x^2$,　　(12) $\frac{1}{y}y'-\frac{1}{x}\ln y=x^2$,

(13) $y'\cos y+x\sin y=2x$,　　(14) $y'-y^2\cos x=y$, $y(0)=2$,

(15) $y'-\frac{y}{2x}=\frac{1}{2y}\mathrm{tg}\frac{y^2}{x}$,　　(16) $y'-\frac{3y}{x}=x^4y^{\frac{1}{3}}$.

13. 求解积分方程.

(1) $\int_1^x[2y(t)+\sqrt{t^2-y^2(t)}]dt=xy(x)$, $y(1)=0$,其中 $y(x)$ 可导.

(2) $x\int_0^x f(t)dt=(x+1)\int_0^x tf(t)dt$, $f(1)=e^{-1}$,其中 $f(t)$ 连续.

§3

14. 用降阶法求下列方程的解:

(1) $y'''=\frac{\ln x}{x^2}$, $y(1)=0$, $y'(1)=1$, $y''(1)=2$;　　(2) $x^2y''+xy'=2$, $y(1)=2$, $y'(1)=1$;

(3) $y''=\sec^2 y\,\mathrm{tg}y$, $y(-1)=0$, $y'(-1)=1$;　　(4) $2y''+y'^2=y$, $y(0)=2$, $y'(0)=1$;

(5) $y''=-\frac{1}{y^3}$, $y(0)=1$, $y'(0)=2$;　　(6) $y''=\frac{y'}{x}+\frac{x^2}{y'}$, $y(1)=0$, $y'(1)=1$;

(7) $(1+x^2)y''+(y')^2+1=0$;　　(8) $xy''=y'\ln\frac{y'}{x}$;

(9) $xy'''-2y''=0$;　　(10) $y'y'''=3(y'')^2$.

15. 设二阶线性方程 $p_0(x)y''+p_1(x)y'+p_2(x)y=0$,试证:

(1) 若 $p_1(x)+xp_2(x)\equiv 0$,则方程有一特解 $y=x$;

(2) 若 $p_0(x)\lambda^2+p_1(x)\lambda+p_2(x)\equiv 0$,则方程有一特解 $y=e^{\lambda x}$,式中 λ 为常数.

16. 利用 15 题的结果求出一个特解 y_1,然后用刘维尔公式求下列二阶方程的通解.

(1) $xy''-(1+x)y'+y=0$,　　(2) $x^3y''-xy'+y=0$,

(3) $y''+\frac{x}{1-x}y'-\frac{1}{1-x}y=0$,　　(4) $(1-x^2)y''+2xy'-2y=0$,

(5) $(2x-x^2)y''+(x^2-2)y'+2(1-x)y=0$, $(x\neq 0,2)$.

§4

17. 用观察法求下列方程的特解,然后求出其通解:

(1) $\frac{dx}{dy}+x=e^y$,　　(2) $y''+y=e^x$,

(3) $y''+y=x^2$,　　(4) $y''+y=e^x+x^2$.

18. (1) 试确定 n 的值,使 $y=x^n$ 为 $x^3y'''-3x^2y''+6xy'-6y=0$ 的解,并求出方程的通解.

(2) 试确定 m 的值,使 $y=e^{mx}$ 为 $y'''-3y''-4y'+12y=0$ 的解,并求出方程的通解.

(3) 试确定函数 $u=u(x)$,使 $y=ue^{mx}$ 为 $y''-2my'+m^2y=(1+x+x^2+\cdots+x^{100})e^{mx}$ 的一个解.

§5

19. 求下列常系数线性齐次方程的通解:

(1) $y''-4y'-5y=0$,　　(2) $y''-4y'+4y=0$,

(3) $y''+4y'+13y=0$,　　(4) $y''+2y=0$,

(5) $y''-4y'=0$,　　(6) $y'''-2y''-y'+2y=0$,

(7) $y^{(4)}+4y''+4y=0$,　　(8) $y^{(4)}-2y'''+y''=0$,

(9) $y^{(4)}+y=0$,　　(10) $y^{(7)}-8y^{(5)}+16y'''=0$.

20. 求下列常系数线性非齐次方程的通解:

(1) $y''+y'+y=3x^2e^x$,　　(2) $y''-y=(x^2-1)e^x$,

(3) $y''+2y'+y=(x^3+x+1)e^{-x}$,　　(4) $y''+y'=x^2+2x$,

(5) $y''-4y'+4y=e^{2x}+e^x+1$,　　(6) $y'''-y''=12x^2+6x$,

(7) $y'''+3y''+3y'+y=(x-5)e^{-x}$,　(8) $y^{(4)}+3y''-4y=e^x$,

(9) $y''' - 4y'' + 4y' = x^2 - 1 + e^{2x}$.

21. 求解下列定解问题：

(1) $y'' - 4y' + 4y = 0$, $y(0) = 0$, $y'(0) = 2$; (2) $y'' + 2y' = 3x$, $y(0) = 1$, $y'(0) = 0$;

(3) $y'' - 4y = e^{2x}$, $y(0) = 1$, $y'(0) = 2$;

(4) $y'' - 3y' + 2y = 4t + e^{2t}$, $y(0) = 0$, $y'(0) = 1$;

(5) $y^{(4)} + 2y'' + y = 0$, $y(0) = 1$, $y'(0) = y''(0) = y'''(0) = 0$.

22. 求下列常系数线性非齐次方程的通解：

(1) $y'' - y = e^x \sin x$, (2) $y'' - 2y' - 3y = \cos x$.

(3) $y'' + 4y = 2\cos 2x$, (4) $y'' + y = xe^x \cos x$,

(5) $2y'' + 5y' = \cos^2 x$, (6) $y''' - 4y' = xe^{2x} + \sin x + x^2$.

23. 求下列定解问题的解：

(1) $y'' + y' + y = \sin x$, $y(0) = y'(0) = 0$; (2) $y'' + 4y = \cos x \sin x$, $y(0) = y'(0) = 0$.

§6

24. 用常数变易法，求解下列方程：

(1) $y'' - 2y' + y = \dfrac{e^x}{x}$, (2) $y'' + y = \csc^3 x$,

(3) $y'' - 3y' + 2y = -\dfrac{e^{3x}}{e^x + 1}$, (4) $y'' + \dfrac{x}{1-x}y' - \dfrac{1}{1-x}y = x - 1$.

§7

25. 求下列方程的通解：

(1) $y'' + \dfrac{2}{x}y' - \dfrac{n(n+1)}{x^2}y = 0 \quad (x > 0)$,

(2) $x^2 y'' + xy' = 6\ln x - \dfrac{1}{x}$, (3) $xy'' + 2y' = 10x$,

(4) $x^2 y'' - xy' + 2y = x\ln x$, (5) $(1+x)^2 y'' + (1+x)y' + y = 4\cos\ln(1+x)$.

26. 利用括号内的变换，将下列方程化为关于新变量 t 的微分方程，并求其解.

(1) $xy'' - y' + x^3 y = 0 \quad (t = x^2)$, (2) $y'' - y' + e^{2x} y = 0 \quad (x = \ln t)$,

(3) $(1 - x^2)y'' - xy' + K^2 y = 0 \quad (x = \cos t)$.

27. 试证利用变换 $u = \mathrm{tg}\, y$，可将方程 $x^2 y'' + 2x^2(\mathrm{tg}\, y)y'^2 + xy' - \sin y \cos y = 0$ 化为

$$x^2 \frac{d^2 u}{dx^2} + x\frac{du}{dx} - u = 0,$$

并求其解.

§8

28. 解下列微分方程组：

(1) $\begin{cases} \dfrac{dx}{dt} + y = \cos t; \\ \dfrac{dy}{dt} + x = \sin t, \end{cases}$ (2) $\begin{cases} \dfrac{dx}{dt} + \dfrac{dy}{dt} + 2x + 2y = 0; \\ \dfrac{dx}{dt} - \dfrac{dy}{dt} + 4y = 0, \end{cases}$

(3) $\begin{cases} \dfrac{dx}{dt} = 4x + y; \\ \dfrac{dy}{dt} = 3x + 2y; \\ \dfrac{dz}{dt} = 2x + 3y + 4z, \end{cases}$ $x(0) = 6, y(0) = -6, z(0) = 24$.

综合题

29. (i) 试证下列方程经过适当变换后，能化成变量可分离的方程：

(1) $\varphi(xy)y\,dx + \psi(xy)x\,dy = 0$, (2) $y' = \varphi(x + y + 1)$,

(3) $y' + \dfrac{y}{x} = f(x)\varphi(xy)$, (4) $x + yy' = f(x)g(\sqrt{x^2 + y^2})$.

(ii) 求解下列方程：

(1) $(y+xy^2)dx+(x-x^2y)dy=0$，　　(2) $x+yy'=(\mathrm{tg}x)(\sqrt{x^2+y^2}-1)$.

30. (1) 试证形如 $f'(y)y'+f(y)P(x)=Q(x)$ 的微分方程，通过变换 $z=f(y)$ 可化为线性方程.

(2) 求解方程 $(\sec^2y)y'+2x\mathrm{tg}y=e^{-x^2}$.

31. 试求可微函数 $f(x)$，已知对所有实数 x，都有 $f'(x)+xf'(-x)=x$.

32. 试分别求下列各题的可微函数 $f(x)$，已知 $f'(0)=1$，且对任意实数 x_1,x_2，都分别有

(1) $f(x_1+x_2)=f(x_1)f(x_2)$；

(2) $f(x_1+x_2)=\dfrac{f(x_1)+f(x_2)}{1-f(x_1)f(x_2)}$.

33. 若 $F(x)$ 和 $G(x)$ 分别是 $f(x)$ 与 $\dfrac{1}{f(x)}$ 的一个原函数，且 $F(x)G(x)=-1$，$f(0)=1$，求 $f(x)$.

34. 设 $y_1(x)$，$y_2(x)$ 是方程 $y'+p(x)y=q(x)$ 的两个不同的解，试证对于该方程的任意解 $y(x)$ 都有

$$\frac{y(x)-y_1(x)}{y_2(x)-y_1(x)}=C\qquad(\text{常数}).$$

35. 设方程 $ay'+by=ke^{-\lambda x}$ （a,b,k 为正常数，λ 为非负常数）.

(1) 求通解 $y(x)$. (2) 验证：当 $\lambda=0$ 时，$\lim\limits_{x\to+\infty}y(x)=\dfrac{k}{b}$；　当 $\lambda>0$ 时，$\lim\limits_{x\to+\infty}y(x)=0$.

36. 设一曲线过点(3,2)，且其上任一点的切线介于两坐标轴间的部分均为切点所平分，求此曲线的方程.

37. 求一曲线族，使其上任一点 P 处的切线在 y 轴上的截距等于原点与 P 点间的距离.

38. 由曲线 $y=y(x)$ 上任一点 M 向 x 轴作垂线，垂足为 N，又在点 M 的切线与法线分别交 x 轴于点 Q、H，若(1) QN 为定长 a；(2) HN 为定长 b，试分别求此曲线的方程.

39. 如图，求经过原点的曲线族，已知在其上任一点 P 处的切线 PT，及从 P 向 x 轴作垂线，垂足为 Q，由 PT、PQ 和 x 轴所围三角形 TPQ 的面积与曲边形 OPQ 的面积之比等于常数 k($k>\dfrac{1}{2}$).

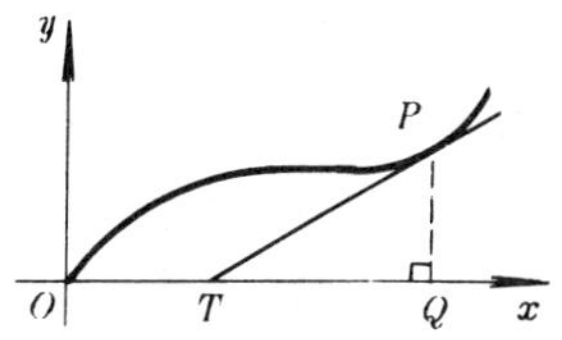

第 39 题

40. 设曲线对称于 x 轴，且由原点发射光线经反射后都平行于 x 轴的正方向，求此曲线的方程.

41. 一曲线过点$(0,b)$，且在该点的切线平行于 x 轴，已知此曲线上任一点处的曲率与该点纵坐标的平方成反比，比例系数为 b，求此曲线的方程.

42. (1) 已知一曲线族为 $y=Ce^{-2x}$，试求其正交轨线方程.

(2) 已知一圆族 $x^2+y^2=C^2$，试求与之相交成 $\dfrac{\pi}{4}$ 的等角轨线方程.

43. 一厂房体积为 V，开始时空气中含二氧化碳 m_0 克，若每分钟通入体积为 Q 的新鲜空气(不含二氧化碳)，同时排出等体积的混浊空气，设室内气体始终保持均匀，求室内二氧化碳的含量 m 与时间 t 的函数关系 $m=m(t)$.

44. 根据水力学的定律，水从距自由面深 $h$cm 的小孔流出，其速度 $v=0.6\sqrt{2gh}$cm/s，其中 g 为重力加速度，0.6 为孔口收缩系数，现有一底半径为 Rcm，高 Hcm 的圆柱形容器，盛满水，其下底有一面积为 A 平方厘米的小孔从某时开启，问水从小孔全部流出需要多少时间？

45. 在经济关系中，净利润 p 与广告费 x 之间的关系为：净利润随广告费增加率正比于常数 a 与净利润 p 之差，已知当 $x=0$ 时，$p=p_0$，试求净利润 p 与广告费 x 的函数关系，并问广告费无限增加时，净利润趋于何值？

46. 伊万斯价格调整模型：设某种商品的特定市场需求 D 与供给 S 都是价格 p 的线性函数，它们分别为

$$D(t)=\alpha_0+\alpha_1p(t),\quad \alpha_1<0;\qquad S(t)=\beta_0+\beta_1p(t),\quad \beta_1>0.$$

在市场的整个供求时间 t 内，价格 p 的变化率正比于过度需求 $D-S$，(比例系数 $k>0$)(正过度需求，价格上升；负过度需求，价格下降). 当 $D(t)=S(t)$ 时，市场供求达到均衡，其均衡价格为 $p_e=\dfrac{\alpha_0-\beta_0}{\beta_1-\alpha_1}$.

(1) 设 $p|_{t=0} = p_0$，试求价格函数 $p = p(t)$；

(2) 试求时间 $t \to +\infty$ 时，价格函数的极限值.

47. 设小艇在静水中行驶时，它所受介质阻力与其运动速度成正比，小艇在发动机停转时速度为 200 米 / 分，它经过 $\frac{1}{2}$ 分钟后的速度为 100 米 / 分，那么，发动机停转后 2 分钟小艇将有怎样的速度？

48. 降落伞及所带物体总质量为 m，降落过程除受重力外，还受到与速度 v^2 和横截面面积 S 的乘积成正比的阻力，设初速为 0，试求

(1) 降落的速度函数 $v = v(t)$；

(2) 为了根据质量和可能承受的落地速度来选择降落伞以保证安全降落，试讨论极限速度.

49. 火箭以初速度 v_0 从地面垂直向上发射，若设火箭和地球中心的距离为 $h = h(t)$，于是火箭的运动方程（忽略空气阻力）为 $\frac{d^2h}{dt^2} = -\frac{k}{h^2}$，（$k$ 常数）.

(1) 试从火箭运动方程导出关系式 $v^2 = v_0^2 - 2gR + \frac{2gR^2}{h}$（$R$ 为地球半径）.

(2) 验证：若 $v_0^2 < 2gR$，则火箭达到最高点为 $h_{\max} = 2gR^2/(2gR - v_0^2)$.

(3) 当 $v_0^2 = 2gR$ 时，此时初速 v_0 是否足以克服引起火箭下落的引力？v_0 的值（第二宇宙速度）是多少？

(4) 验证：若 $v_0^2 > 2gR$ 时，火箭能克服地球引力时的速度为 $v = \sqrt{v_0^2 - 2gR}$.

50. (1) 求解 $\frac{dy}{dx} + y = f(x)$， $f(x) = \begin{cases} e^{-x}, & 0 \leqslant x < 2; \\ e^{-2}, & x \geqslant 2, \end{cases}$ $y(0) = 1$.

(2) 一曲线过原点，且在原点处切线水平，并已知 $f'(x) + 2f(x) + 5\int_0^x f(t)dt + \cos 3x = 1$，试求此曲线 $y = f(x)$.

(3) 试求曲线 $y = f(x)$，已知 $y = f(x)$ 满足 $y''' + y'' - 2y' = 0$，且过点 $(0, -5)$，在该点有倾角 arctg3 的切线以及曲率为零.

51. 设 $y'' + \frac{1}{x}y' - q(x)y = 0$ 有特解 $y_1(x), y_2(x)$，且 $y_1(x) \cdot y_2(x) = 1$，$q(1) = 1$. 求 $q(x)$，并求方程的通解.

52. 一匀质链条挂在一个无摩擦的钉子上，运动开始时，链条一边垂下 8 厘米，另一边垂下 10 厘米，试问整个链条滑过钉子需多少时间？

53. 在 §4 例 2 弹簧振动问题中，试就有阻尼的自由振动方程

$$\frac{d^2x}{dt^2} + 2\beta\frac{dx}{dt} + \omega^2x = 0$$

当 $\beta > \omega$（大阻尼）；$\beta = \omega$（临界阻尼）；$0 < \beta < \omega$（小阻尼）三种情形讨论弹簧的振动情况. 若还受外力 $f(t) = A\sin\omega_0 t$ 的作用，试就小阻尼情形讨论振动的振幅.

习题答案

习题一

§1

1. (1) $f(x)\geqslant 0$, (2) $f(x)>0$, (3) $f(x)>1$, (4) $-\infty<f(x)<+\infty$, (5) $-2\leqslant f(x)\leqslant 0$. 2. (1) 否, (2) 是, (3) 否, (4) 是.

3. (1) $(-\infty,a]\cup[b,c)\cup(d,+\infty)$; $\sqrt{\dfrac{b+c-2a}{2d-b-c}}$, (2) $[-1,3]$; $2-\dfrac{\pi}{2}$, (3) $[-2,0)\cup(3,5]$; $\dfrac{\pi}{2}$,

(4) $(1,+\infty)\cup(\dfrac{1}{2k+1},\dfrac{1}{2k})$, $k=\pm 1,\pm 2,\cdots$; $\overline{1}\cdot 9782$.

4. (1) $(-1,0)\cup(0,1)$, (2) $(2k\pi,2k\pi+\dfrac{\pi}{2})\cup(2k\pi+\dfrac{\pi}{2},(2k+1)\pi)$, $k\in z$, (3) $(1,10)$, 5. $(-1,1)$.

7. (1) $\operatorname{sgn}x$, (2) $x\operatorname{sgn}x=|x|$.

(3) $f(x)=\begin{cases}0, x<-1;\\ 1, -1\leqslant x<1;\\ 2, x\geqslant 1,\end{cases}$ (4) $f(x)=\begin{cases}0, & x<-1;\\ 1-x, & -1\leqslant x<1;\\ 0 & x\geqslant 1.\end{cases}$

8. (1) $G(x)=\begin{cases}1, & x<-2;\\ 2+x & x\geqslant -2.\end{cases}$ (2) $G(x+1)=\begin{cases}1, & x<-3;\\ 3+x & x\geqslant -3.\end{cases}$

(3) $f(x)=\begin{cases}2, & x<-3;\\ 4+x, & -3\leqslant x<-2;\\ 5+2x, & x\geqslant -2.\end{cases}$ 9. (1) 即 $y=\begin{cases}4-2x, & x<-1;\\ 6, & -1\leqslant x\leqslant 5;\\ 2x-4, & x>5\end{cases}$ 的图形, (2) 偶函数,

当 $x>0$ 时,画出 $y=|\ln x|=\begin{cases}\ln x, & x\geqslant 1;\\ -\ln x, 0<x<1\end{cases}$ 的图形,当 $x<0$ 时的图形关于 y 轴对称.

(3) 即 $y=\begin{cases}1, x>2;\\ 0, x=2;\\ -1, x<2\end{cases}$ 的图形, (4) 令 $\begin{cases}X=x+1\\ Y=y\end{cases}$ 作 $Y=\begin{cases}\dfrac{1}{X}, X<0;\\ \lg X, X>0\end{cases}$ 的图形, (5) 作 $y=\begin{cases}\sqrt{1-(x-1)^2}, 0\leqslant x\leqslant 2;\\ |1-(x-1)^2|, x<0 \text{与} x>2\end{cases}$ 的图形.

§2

10. (1) $f(x)+g(x)$ 是单调增,其他都不一定.

11. (2) 在 $(-\infty,+\infty)$ 上有界,最小的上界是 3,最大的下界是 0.

12. (2) 不一定,例如 $\operatorname{arctg}x$ 在 $(-\infty,+\infty)$ 严格单调增,但有界, $|\operatorname{arctg}x|<\dfrac{\pi}{2}$.

14. 由于 $f(x)=(\dfrac{f(x)+f(-x)}{2})+(\dfrac{f(x)-f(-x)}{2})\triangleq G(x)+H(x)$,其中 $G(x)=\dfrac{f(x)+f(-x)}{2}$ 为偶函数; $H(x)=\dfrac{f(x)-f(-x)}{2}$ 为奇函数.

15. (1) 奇函数, (2) 偶函数, (3) 偶函数, (4) 奇函数, (5) 无奇偶性.

17 (1) (i) 是, $T=2l$. (ii) 是, $T=2l$. (2) 非.

18. (1) $\dfrac{\pi}{2}$, (2) 6π, (3) π, (4) 2.

§3

19. (1) $y=-\sqrt{1-x^2}$, $x\in[0,1]$. (2) $y=\begin{cases}x, & -\infty<x<1;\\ \sqrt{x}, & 1\leqslant x\leqslant 16;\\ \log_2 x, & 16<x<+\infty.\end{cases}$ (3) $y=\dfrac{b-dx}{cx-a}$, $x\neq\dfrac{a}{c}$, (4) $y=\dfrac{1}{2}(3x+x^3)$.

20. $y=\dfrac{2x-1}{1-x}, x\neq 1$.　21. 可能，例如 $y=\begin{cases}-x, & -1\leqslant x<0;\\ 1+x, & 0\leqslant x\leqslant 1\end{cases}$ 非严格单调，但存在反函数 $y=\begin{cases}-x, & 0\leqslant x\leqslant 1;\\ x-1, & 1<x\leqslant 2.\end{cases}$　22. (1) $y=u^2, u=\sin v, v=\dfrac{1}{x}$. (2) $y=e^u, u=v^2, v=\sin\omega, \omega=\dfrac{1}{x}$. (3) $y=\sqrt{u}, u=\ln v, v=\mathrm{tg}\omega, \omega=\dfrac{x}{2}$. (4) $y=e^u, u=\sin x\ln v, v=1-x^2$.

23. (1) $f[f(x)]=x^4-2x^2, g[g(x)]=g(x), f[g(x)]=\begin{cases}0, & x\neq 0;\\ -1, & x=0.\end{cases}$　$g[f(x)]=\begin{cases}1, & |x|>1;\\ 0, & |x|=1;\\ -1, & |x|<1.\end{cases}$

(2) $f[f(x)]=\begin{cases}x^9, & x\leqslant 0;\\ x, & x>0,\end{cases}$　$g[g(x)]=\begin{cases}2, & x>0;\\ -4, & x\leqslant 0.\end{cases}$　$f[g(x)]=\begin{cases}-x^6, & x>0;\\ 2, & x\leqslant 0,\end{cases}$　$g[f(x)]=g(x)$.

24. 能，$f[g(x)]=\begin{cases}0, & x>1;\\ 1-x, & x\leqslant 1,\end{cases}$　$g[f(x)]=\begin{cases}0, & x<-1;\\ -\sqrt{1-x^2}, & -1\leqslant x<0;\\ -\sqrt{1-\sin x}, & x\geqslant 0.\end{cases}$

25. (1) $f_i(u)$ 中至少有一个是偶函数. (2) $f(x^2)$ 是偶函数，$f(x^3)$ 不一定是奇函数，例如 $\cos x^3$ 是偶函数.

27. (1) 即 $y=\begin{cases}f(x), & \text{当 } f(x)\geqslant g(x),\\ g(x), & \text{当 } f(x)<g(x)\end{cases}$ 的图形. 即 $y=\begin{cases}g(x), & \text{当 } f(x)\geqslant g(x),\\ f(x), & \text{当 } f(x)<g(x)\end{cases}$ 的图形.

综合题

30. (2) 1°$f(x)=-\dfrac{1}{\sqrt{x}}, x>0$,　2°$f(x)=\dfrac{x}{x^2+2}$,　3°$f(x)=\begin{cases}1, & x\leqslant 0;\\ e^x, & x>0.\end{cases}$

31. $f(x)=\dfrac{bcx^2-ac}{(b^2-a^2)x}, |a|\neq|b|$.　32. $f(x)=\dfrac{a\varphi(x)+\varphi(\frac{x}{x-1})}{1-a^2}, |a|\neq 1$.

33. 即由曲线 $xy=e, xy=e^{-1}, y=ex, y=e^{-1}x$ 所组成的图形.

34. $f_n(x)=\dfrac{x}{\sqrt{1+nx^2}}$.　35. $\cos(4n+1)x$.　37. $f(x)=\begin{cases}0, & 3<x\leqslant 4;\\ x-4, & 4<x\leqslant 5.\end{cases}$

38. (1) 当 $0\leqslant x\leqslant 1$ 的图形为抛物线 $y-\dfrac{1}{4}=-(x-\dfrac{1}{2})^2$，当 $1\leqslant x\leqslant 2$ 时，只要将 $[0,1]$ 上的图形的纵坐标放大 2 倍，余类推. (2) 即作出周期函数 $f(x)=\begin{cases}0, & 0\leqslant x\leqslant\pi;\\ -\sin x, & \pi<x\leqslant 2\pi.\end{cases}$ $f(x+2\pi)=f(x)$ 的图形.

39. (1) 令 $x=\dfrac{T}{2\pi}t$, (2) 令 $t=\dfrac{x-a}{b-a}\pi$.　40. $A(x)=2b(a-x)\sqrt{\dfrac{x}{a}}, 0<x<a$.

41. $S=4\sqrt{a^2-x^2}(2x-\sqrt{a^2-x^2}), 0<x<a$.

42. $V(h)=\pi h[\dfrac{R}{H}(H-h)]^2, 0<h<H$.　43. $x(t)=h(1-\sqrt[3]{1-\dfrac{3v_0t}{\pi hR^2}}), 0\leqslant t\leqslant\dfrac{\pi hR^2}{3v_0}$.

44. $y=\dfrac{5}{9}(x-32)$，y 为摄氏温度，x 为华氏温度.　45. 开始时定点 p 在原点，$\begin{cases}x=a(t-\sin t);\\ y=a(1-\cos t), & -\infty<t<+\infty.\end{cases}$　46. $Q=10+5\times 2^p$.　47. $p(x)=\dfrac{ab}{x}+\dfrac{c}{2}x, x\in(0,a]$.

48. $f(x)=\begin{cases}0, & 0<x\leqslant a;\\ (x-a)\cdot 2\%, & a<x\leqslant b;\\ (b-a)\cdot 2\%+(x-b)\cdot 5\%, & x>b.\end{cases}$

习题二

§1

1. (1) $\dfrac{2}{3}$, (2) 1, (3) 1, (4) $\dfrac{\pi}{2}$, (5) 不存在, (6) 不存在.　2. $a=\dfrac{3}{5}, N=20, N=[\dfrac{1}{5\varepsilon}]$.

3. (3) 提示：$\sqrt[n]{n}\geqslant 1$，记 $\sqrt[n]{n}-1=b(>0)$，于是 $n=(1+b)^n>\dfrac{n(n-1)}{2}b^2$，从而 $0<b<\sqrt{\dfrac{2}{n-1}}$,

$|\sqrt[n]{n}-1|<\sqrt{\dfrac{2}{n-1}}$. 4. (2) 提示：$\sqrt{n+1}-\sqrt{n}=\dfrac{1}{\sqrt{n+1}+\sqrt{n}}$. (4) 提示：利用 $\lim\limits_{n\to+\infty}\sqrt[n]{n}=1$. (6) 提示：利用 $(n!)^2\geqslant n^n$.

5. (1) 是. (2) $\left\{\dfrac{4k}{4k+1}\right\},\{0\},\left\{-\dfrac{4k+2}{4k+3}\right\},\{0\}$. (3) 收敛于 1, 0, −1, 0. (4) 否. (5) 是.

6. (3) 否. 例如，设 $u_n=(-1)^{n-1}$，则 $\{|u_n|\}=\{1\}$ 收敛，但 $\{u_n\}=\{(-1)^{n-1}\}$ 发散. (4) 是；反之，否. 例如 $u_n=2+(-1)^{n-1}$，$v_n=1-(-1)^{n-1}$，则有 $\{u_n+v_n\}=\{3\}$ 收敛，但 $\{u_n\}$ 与 $\{v_n\}$ 都发散. (8) 否，例如 $\{3^{n(-1)^n}\}$.

7. (1) 提示：$\forall\, n\geqslant N$，令 $n=N+K$（当 $n\to+\infty$ 时，$K\to+\infty$），由条件 $0<|u_n|\leqslant q|u_{N+K-1}|\leqslant q^2|u_{N+K-2}|\leqslant\cdots\leqslant q^K|u_N|$，$u_N$ 为定数.

(2) 提示：取 $q\in(l,1)$，由 $\lim\limits_{n\to+\infty}\left|\dfrac{u_{n+1}}{u_n}\right|=l<q<1$，根据极限保号性，存在 $N>0$，当 $n\geqslant N$ 时，有 $\left|\dfrac{u_{N+K}}{u_{N+K-1}}\right|<q$，即 $|u_{N+K}|\leqslant q|u_{N+K-1}|$，化为(1). (3) (i) 0, (ii) 0, (iii) 0.

9. (1) 收敛. (2) 发散. 提示：当 $a<1$ 时，有 $u_n=1+\dfrac{1}{2^a}+\dfrac{1}{3^a}+\cdots+\dfrac{1}{n^a}>1+\dfrac{1}{2}+\dfrac{1}{3}+\cdots+\dfrac{1}{n}\triangleq v_n$，已知 $\{v_n\}$ 发散. (3) 收敛. 提示：令 $y_n\triangleq|u_2-u_1|+|u_3-u_2|+\cdots+|u_n-u_{n-1}|$，知数列 $\{y_n\}$ 单调增加且有上界，由单调有界准则，$\{y_n\}$ 收敛. 由柯西收敛准则，$\forall\,\varepsilon>0$，$\exists\, N>0$，使得当 $m>n>N$ 时，都有 $|y_m-y_n|<\varepsilon$，即有 $|u_m-u_{m-1}|+|u_{m-1}-u_{m-2}|+\cdots+|u_{n+1}-u_n|<\varepsilon$. 为了证明数列 $\{u_n\}$ 的收敛性，再利用柯西收敛准则，要 $|u_m-u_n|<\varepsilon$，由上述结果即得证. (4) 收敛.

§ 2

10. (1) $A=\dfrac{1}{4}$, (2) $\delta=0.12$, (3) $\delta=\min\{12\varepsilon,1\}$.

11. (5) 提示：利用 $|\sin x|\leqslant|x|$，于是 $\left|\sin\dfrac{x-x_0}{2}\right|\leqslant\dfrac{|x-x_0|}{2}$.

13. (1) 1, −1, 不存在. (2) $-\dfrac{\pi}{2}$，不存在，不存在. (3) 0, 0, 0; (4) $-\sqrt{a}$, $\sqrt{a}$，不存在.

14. (1) $\dfrac{b}{a}$，提示：$\dfrac{b}{x}-1<\left[\dfrac{b}{x}\right]\leqslant\dfrac{b}{x}$. (2) $-\dfrac{1}{3}$，提示：$-x\leqslant-[x]<1-x$. (3) $\max\{a_1,a_2,\cdots,a_k\}$.

§ 3

15. (2) (iii) 提示：利用 $(n!)^2\geqslant n^n$ 即 $\sqrt[n]{n!}\geqslant\sqrt{n}$.

16. (1) 1, 0, 不存在；(2) $-\infty,-\infty,-\infty,-\infty,+\infty$；(3) $+\infty$, 0, 不存在；(4) −1, $+\infty$，不存在.

17. (2) (i) $+\infty$, (ii) $+\infty$, (iii) $+\infty$, (v) 无界，不是无穷大.

§ 4

18. (1) $\dfrac{3}{2}$, (2) $3x^2$, (3) $-\dfrac{1}{2x\sqrt{x}}$, (4) $\dfrac{1}{\sqrt{2a}}$, (5) $\dfrac{\sqrt{3}}{2}$, (6) $\dfrac{5}{6}$, (7) $\dfrac{n(n+1)}{2}$, (8) −1, (9) $\dfrac{1}{n}$, (10) $\dfrac{1}{10!}$, (11) −1, (12) $\dfrac{1}{3}$, 1, 不存在.

19. (1) 0, (2) ∞, (3) $\dfrac{3^{20}\cdot 2^{30}}{5^{50}}$, (4) 3, (5) $-\dfrac{1}{2}$, (6) −1, (7) −2, (8) $-\dfrac{1}{4}$, (9) $-\dfrac{3}{2}$, (10) $\dfrac{1-p}{1-q}$, (11) 1, (12) 2, (13) $\dfrac{1}{2}$，提示：$1-\dfrac{1}{k^2}=\dfrac{(k-1)(k+1)}{k^2}$. (14) 3.

20. (1) (i) $\dfrac{m}{n}$, (ii) $(-1)^{m-n}\dfrac{m}{n}$，提示：令 $x=\pi+t$，当 $x\to\pi$，$t\to 0$. 并注意到 $\sin(kt+k\pi)=(-1)^k\sin kt$（$k$ 为自然数）. (2) (i) $\dfrac{1}{2}$, (ii) 1. (3) 4, (4) (i) 2, (ii) 3. (5) (i) 0, (ii) 1, (iii) ∞. (6) 4, (7) $\dfrac{1}{4}$, (8) 0, (9) 14, (10) $-\dfrac{a}{\pi}$, (11) $\dfrac{1}{4}$, (12) $\dfrac{3}{2}$, (13) $\dfrac{2}{\pi}$, (14) $\dfrac{1}{2}$.

21. (1) 1, (2) $\dfrac{1+\sqrt{5}}{2}$. 22. (1) e^{mk}, (2) e^{mk}, (3) e^{-1}, (4) e^4, (5) e^2.

23. (1) 1, (2) $\dfrac{1}{2}$, (3) e，提示：$1+\dfrac{1}{n}<1+\dfrac{1}{n}+\dfrac{1}{n^2}<1+\dfrac{1}{n-1}$ $(n\geqslant 2)$.

24. (1) ln2, (2) $a=\dfrac{1}{2}$, $b=\dfrac{3}{8}$.

§5

26. (1) $a=\frac{1}{3},b=\frac{2}{3}$;(2) $a=\pi,b=-\frac{\pi}{2}$;(3) $a=\frac{1}{2},b=0$.

27. (1) $x=0$,第1类(跳跃型);(2) $x=-1$,第1类(跳跃型);(3) $x=0,1$,第1类(跳跃型),$x=2$,第2类(无穷型);(4) $x=0$,第1类(可去型);$x=k\pi,k=\pm1,\pm2,\cdots$,第2类(无穷型);$x=\frac{\pi}{2}+k\pi,k\in Z$,第1类(可去型). 28 $f(0)=f(1)=-\pi$.

30. (1) 提示:取有理点列 $q_n\to\frac{1}{2}$,于是 $f(q_n)=q_n\to\frac{1}{2}$;取无理点列 $\alpha_n\to\frac{1}{2}$,于是 $f(\alpha_n)=1-\alpha_n\to1-\frac{1}{2}=\frac{1}{2}$. 由于这两个子数列取到了原数列$\{x_n\}$全部的项且趋于同一极限,则原数列$\{x_n\}$也就有同样的极限 $\frac{1}{2}$,即对任意点列 $x_n\to\frac{1}{2}$,有 $f(x_n)\to\frac{1}{2}$,再根据函数极限与数列极限关系定理便得到 $\lim\limits_{x\to\frac{1}{2}}f(x)=\frac{1}{2}=f(\frac{1}{2})$,即 $f(x)$ 在 $x=\frac{1}{2}$ 处连续. (2) $f(x)=\begin{cases}1,当 x 为有理数;\\-1,当 x 为无理数.\end{cases}$ (3) 不一定,例如 $f(x)=\begin{cases}\frac{\sin x}{x},x\neq0;\\0,x=0\end{cases}$ 与 $f(x)=\begin{cases}\frac{1}{x^2},x\neq0;\\0,x=0,\end{cases}$,它们都满足 $\lim\limits_{h\to0}[f(0+h)-f(0-h)]=0$,但都在 $x=0$ 处不连续.

31. (1) 0,(2) 0,(3) $e^{\frac{1}{1-a}}$,(4) 0,(5) 1,(6) 1,提示:$\sin^2(\pi\sqrt{n^2+n}-n\pi+n\pi)=\sin^2\pi(\sqrt{n^2+n}-n)$. (7) ln2.

34. (1) $1-\text{sgn}x=\begin{cases}2,x<0;\\1,x=0;\\0,x>0\end{cases}$ 在 $x=0$ 间断(跳跃型),(2) $x\text{sgn}x=|x|$ 连续,(3) $\text{sgn}^2x=\begin{cases}1,x\neq0;\\0,x=0\end{cases}$ 在 $x=0$ 间断(可去),(4) $\frac{1}{\text{sgn}x}=\begin{cases}-1,x<0;\\1,x>0\end{cases}$ 在 $x=0$ 间断(跳跃),(5) $\frac{1}{\text{sgn}^2x}=1,x\neq0$,在 $x=0$ 处间断(可去),(6) $\frac{1}{1-\text{sgn}^2x}=1,x=0$,仅在 $x=0$ 处有一个函数值1,在其他点皆无定义,谈不上连续性. (7) $\frac{1}{x(1-\text{sgn}^2x)}$ 对 $x\in R$ 都无定义,它不表示任何函数.

35. (3) 提示:令 $F(x)=\frac{\text{tg}x}{x}-m,x\in(0,\frac{\pi}{2})$.

§6

36. (1) $\frac{4}{3},x^{\frac{4}{3}}$;(2) $1,2x$;(3) $3,\frac{x^3}{4}$;(4) $\frac{1}{6},x^{\frac{1}{6}}$. 37. 4.04375,4.04279.

38. (4) (i)$k=\frac{7}{2},c=8$;(ii)$k=\frac{1}{2},c=\frac{1}{2}$;(iii)$k=\frac{1}{3},c=-2^{-\frac{1}{3}}$;(iv) $k=1,c=1$.

41. (1) 2ln2,(2) 1,(3) $-\frac{1}{2}$,(4) 1,(5) 2,(6) 1,(7) 0,(8) $-\ln2$,(9) $(\frac{n}{m})^2$,(10) $\frac{n^2-m^2}{2}$,(11) $\frac{1}{1+x^2}$,提示:$\text{arctg}(x+h)-\text{arctg}x=\text{arctg}\frac{h}{1+x(x+h)}$.

§7

43. (3) 否. 提示:$\exists\ \varepsilon_0>0,\forall\ \delta>0,\exists\ x'_1=2n\pi+\frac{\delta}{3},x''_2=2n\pi-\frac{\delta}{3}$,当 $|x'-x''|=\frac{2}{3}\delta<\delta\Rightarrow|f(x')-f(x'')|=|x'\sin x'-x''\sin x''|=|4n\pi\sin\frac{\delta}{3}|>\varepsilon_0$($n$ 充分大,δ 给定). 44. (2) (i) 一致连续;(ii) 不一致连续.

45(1) 逆命题不真,例:$\sin x$ 在$(a,+\infty)$上一致连续,但 $\lim\limits_{x\to+\infty}\sin x$ 不存在. (2) (i),(ii),(iii) 都一致连续.

47. 提示:考虑 $g(x)=f(x)-x$,利用连续函数介值定理.

48. 提示:由于 $|f(x)-\frac{a+b}{2}|\leqslant\frac{b-a}{2}\Leftrightarrow a\leqslant f(x)\leqslant b$,再由47的结果.

49. 提示:唯一性可由 $\xi,\eta\in(0,a),\xi^n=p,\eta^n=p$,证明 $\xi=\eta$.

51. (3) 提示:$a^x-x^a=a^x-a^a-(x^a-a^a)$.

52. (1) $\begin{cases}0, & 0<a<1;\\ \frac{1}{2}, & a=1;\\ 0, & a>1,\end{cases}$ (2) $\begin{cases}\sqrt{2}-1, & 0<a<1;\\ \sqrt{3}-\sqrt{2}, & a=1;\\ 0, & a>1,\end{cases}$ (3) $\begin{cases}-1, & 0<a<1;\\ 0, & a=1;\\ 1, & a>1.\end{cases}$

53. (1) 4,8;(2) (*i*) $-5,0$;(*ii*) 任意实数,$b\neq 0$;(3) $\frac{1}{5},\frac{7}{5}$;(4) $-\frac{1994}{1995},\frac{1}{1995}$;(5) $e^{-\frac{1}{2}}$;(6) $a=0,b=1$;(7) 0,(8) 1,2.

54. (2) 利用 $\cos\frac{x}{2}\cos\frac{x}{2^2}\cdots\cos\frac{x}{2^n}=\dfrac{\sin x}{2^n\sin\frac{x}{2^n}}$. 55. (1) $f(x)=\begin{cases}\frac{\pi}{2}x, x>0;\\ 0, x=0;\\ -\frac{\pi}{2}x, x<0,\end{cases}$ 在区间$(-\infty,+\infty)$上连续;(2) $f(x)=\frac{1}{x}$,在 $x=0$ 间断(无穷型);(3) $f(x)=\begin{cases}x, x<0;\\ \frac{1}{2}, x=0;\\ 1, x>0\end{cases}$ 在 $x=0$ 间断(跳跃型). (4) $f(x)=\begin{cases}1, |x|>1;\\ 0, |x|=1;\\ -1, |x|<1\end{cases}$ 在 $x=\pm 1$ 间断(跳跃型),(5) $f(x)=\begin{cases}1, x=n\pi;\\ 0, x\neq n\pi\end{cases}$,$n\in z$,在 $x=n\pi$ 间断(可去型).

57. (1) $\lim\limits_{n\to+\infty}x_n=1$,(2) $\lim\limits_{n\to+\infty}x_n=2$,(3) $\lim\limits_{n\to+\infty}x_n=+\infty$. 61. 提示:先证$\{x_n\}$是柯西数列. 62. $(\frac{2}{3},-\frac{1}{3})$. 63. (2,0).

65. $m=\begin{cases}0, & x<0;\\ \frac{3}{2}x, & 0\leqslant x\leqslant 2;\\ 3, & 2<x<3;\\ 4, & x\geqslant 3\end{cases}$ 在 $x=3$ 间断(跳跃型). 66. $f(x)=(x-1)(x-2)(x-3)(3x^2-\frac{23}{2}x+9)$.

67. (2) 不一定. 例如 $h(x)=x-\frac{1}{x}$,$f(x)=x$,$g(x)=x+\frac{1}{x}$,$x>0$,当 $x\to+\infty$ 时,$g(x)-h(x)\to 0$,但 $f(x)\to+\infty$. (3) 一定存在. 因 $h(x)=g(x)-[g(x)-h(x)]$ 有 $\lim\limits_{x\to x_0}h(x)=\lim\limits_{x\to x_0}\{g(x)-[g(x)-h(x)]\}=\lim\limits_{x\to x_0}g(x)$.

习题三

§1

1. (1) $\frac{1}{2}$,(2) $\frac{8}{3}$,(3) 1. 2. (1) $f'(x_0)$,(2) $2f'(x_0)$,(3) $2f'(x_0)$,(4) $(a+b)f'(x_0)$,(5) $f(x_0)-x_0f'(x_0)$,(6) $f'(x_0)$,(7) $e^{\frac{f'(x_0)}{f(x_0)}}$, 提示:化成$(1+\frac{1}{x})^x$的形式.

3. $a=\frac{1}{2}$,$b=\frac{1}{8}$. 4. $f_+'(0)=0$,$f_-'(0)=1$,$f'(0)$不存在.

5. (1) 连续,但 $f_+'(0)=\frac{1}{2}$,$f_-'(0)=-\frac{1}{2}$,$f'(0)$不存在. (2) 可导,$f'(x_0)=g(x_0)$.

(3) 当 $g(x)$ 在 x_0 有定义,且当 $x\to x_0$ 时 $g(x)$ 存在极限,则 $f(x)$ 在 x_0 可导,否则 $f(x)$ 在 x_0 不可导.

(4) 0. (5) 仅当 $f(x_0)=0$,且 $f'(x_0)\neq 0$ 时,$|f(x)|$ 在点 x_0 不可导,其他 $|f(x)|$ 在点 x_0 都可导. 提示:分 $f(x_0)>0$, <0, $=0$ 三种情况讨论.

6. (1) $y-\frac{\sqrt{2}}{2}=\frac{\sqrt{2}}{2}(x-\frac{\pi}{4})$,$y-\frac{\sqrt{2}}{2}=-\sqrt{2}(x-\frac{\pi}{4})$. (2) $y=x$,$y=-x$.

7. (1) 1° $x=0$ 或 $\frac{2}{3}$ 2° $x=-(\frac{1}{6})^{\frac{1}{3}}$, (2) $b=-1$,$c=1$.

8. $W=\frac{1}{2}mV^2=3.2\times 10^{-4}$ 焦耳. 9. (1) $m=2x^2$,$(0<x\leqslant 20)$,(2) 40,(3) $\frac{dm}{dx}=4x$,48. 10. $p'(a)$.

§2

12. (1) 5,3. (2) 1, $\frac{19}{3}$. (3) $-\frac{4}{\pi^2}$, (4) $\frac{7}{9}$. (5) 100!, $-99!$.

13. (1) $5f'(a) = 15a^2 - 30a + 10$, (2) $2\cos x$.

14. (1) $3x^2 + 3^x\ln 3$, (2) $\frac{1}{2}x^{-\frac{1}{2}} + \frac{3}{4}x^{-\frac{1}{4}} + \frac{7}{8}x^{-\frac{1}{8}}$,

(3) $e^x(\cos x - \sin x)$, (4) $x(2\ln x + 1) + 2^x(\ln 2 \cdot \ln x + \frac{1}{x})$, (5) $2xe^x[(x+1)\sin x - \cos x]$,

(6) $\frac{x\cos x - \sin x}{x^2} + \frac{\sin x - x\cos x}{\sin^2 x}$, (7) $-\frac{2}{x(1+\ln x)^2}$, (8) $\frac{(x+1)e^x\ln x - (xe^x - 1)x^{-1}}{(\ln x)^2}$,

(9) $\frac{(\mathrm{ctg}x - x\csc^2 x)(1 + \mathrm{tg}x) - x\,\mathrm{ctg}x\sec^2 x}{(1+\mathrm{tg}x)^2}$, (10) $\frac{(\csc x - \mathrm{ctg}x)(\csc x - \sec x)}{(\sec x + \mathrm{tg}x)}$, (11) $\frac{\pi}{2}(\cos x - \sin x)$,

(12) $\frac{\pi}{2}(\sec^2 x - \csc^2 x)$, (13) $\frac{1 + \frac{1}{\sqrt{1-x^2}}(\frac{\pi}{2} + \cos x + \sin x) + \cos x\arccos x + \sin x\arcsin x}{(\cos x + \arccos x)^2}$.

15. (1) $-200(3-2x)^{99}$, (2) $-\frac{5}{\sqrt{x}(1+\sqrt{x})^2}(\frac{1-\sqrt{x}}{1+\sqrt{x}})^4$, (3) $2\cos 2x + \sin 2x + 2x\cos x^2$,

(4) $\frac{-\sin\sqrt{x}}{2\sqrt{x}} - \frac{\sin x}{2\sqrt{\cos x}} - \frac{\sin\sqrt{x}}{4\sqrt{\cos\sqrt{x}}} \cdot \frac{1}{\sqrt{x}}$, (5) $\frac{1}{2}e^{\frac{x}{2}} + \frac{e^{\sqrt{x}}}{2\sqrt{x}} + \frac{1}{4\sqrt{x}}e^{\frac{\sqrt{x}}{2}}$,

(6) $-\frac{1}{2}\sin\frac{x}{2} + \frac{1}{2}\sin\cos\frac{x}{2} \cdot \sin\frac{x}{2} - \frac{1}{2} \cdot \sin\cos\cos\frac{x}{2}\sin\cos\frac{x}{2} \cdot \sin\frac{x}{2}$,

(7) $\frac{1}{x} + \frac{1}{x\ln x} + \frac{1}{\ln\ln x} \cdot \frac{1}{\ln x} \cdot \frac{1}{x}$,

(8) $-\sin[\cos^2(\cos^3\frac{x}{2})] \cdot 2\cos(\cos^3\frac{x}{2})[-\sin(\cos^3\frac{x}{2})] \cdot 3\cos^2\frac{x}{2}(-\sin\frac{x}{2}) \cdot \frac{1}{2}$

$+ \frac{1}{\ln^2(\ln^3\frac{x}{2})} \cdot 2\ln(\ln^3\frac{x}{2}) \cdot \frac{1}{\ln^3\frac{x}{2}} \cdot 3\ln^2\frac{x}{2} \cdot \frac{1}{\frac{x}{2}} \cdot \frac{1}{2}$,

(9) $-e^{-x} - 2xe^{-x^2} + e^{-\sin^2 x^2} \cdot (-2\sin x^2\cos x^2)2x$,

(10) $\frac{1}{2}\sec^2\frac{x}{2} + \frac{1}{\mathrm{tg}\frac{x}{2}} \cdot \sec^2\frac{x}{2} \cdot \frac{1}{2} + \frac{1}{2}(\ln\mathrm{tg}\frac{x}{2})^{-\frac{1}{2}} \cdot \frac{1}{\mathrm{tg}\frac{x}{2}} \cdot \sec^2\frac{x}{2} \cdot \frac{1}{2}$

$\overset{\text{化简}}{=\!=} \frac{1}{2}\sec^2\frac{x}{2} + \csc x + \frac{1}{2}\csc x(\ln\mathrm{tg}\frac{x}{2})^{-\frac{1}{2}}$,

(11) $\frac{\ln x - 1}{(\ln x)^2}\left\{1 + \frac{2x}{\ln x}[1 + 2^{(\frac{x}{\ln x})^2}\ln 2]\right\}$, (12) $\sec x - \csc x$, (13) $-\frac{e^x}{2}(\frac{1}{1 - e^x + \sqrt{1-e^x}} + \frac{1}{1 + e^x - \sqrt{1+e^x}})$, (14) $-\frac{1}{x^2}[\mathrm{ctg}\frac{1}{x} + \csc^2\frac{1}{x}\sin\frac{2}{x}(1 + 3\ln^2\sin^2\frac{1}{x})]$,

(15) $\frac{1}{2}[\frac{1}{\sqrt{\arcsin x}\sqrt{1-x^2}} + \frac{1}{\sqrt{x - x^2}}(1 + \frac{1}{2\sqrt{\arcsin\sqrt{x}}})]$,

(16) $\frac{1}{2\sqrt{x}}[\sec^2\sqrt{x} + \frac{1}{1+x} + \frac{1}{\sqrt{x}} \cdot \frac{1}{2\sqrt{\sqrt{x} - 1}}]$, (17) $\mathrm{sh}\frac{2x}{a}$,

(18) $\sin(2\arccos\frac{x}{2}) \cdot \frac{2}{\sqrt{4-x^2}} + \frac{1}{1 + 3\sin^2\frac{x}{2}} + 1$, 注 $\mathrm{th}^{-1}x = \frac{1}{2}\ln\frac{1+x}{1-x}$.

(19) $\frac{1}{2}\left\{\frac{1}{x} + \frac{1}{x+\sqrt{x}}(1 + \frac{1}{2\sqrt{x}}) + \frac{1}{x + \sqrt{x + \sqrt{x}}}[1 + \frac{1}{2\sqrt{x+\sqrt{x}}}(1 + \frac{1}{2\sqrt{x}})]\right\}$,

(20) $\frac{1}{1 - e^{2x}}$. 16. (1) $\cos x f'(\sin x) + \cos f(x) \cdot f'(x) + f'[\sin f(x)]\cos f(x) \cdot f'(x)$,

(2) $e^{f(x)}[f'(x)f(e^x) + e^x f'(e^x)]$,

(3) $\frac{1}{\sqrt{x^2 + f^2[x^2 + f(x^2)]}}\{x + f[x^2 + f(x^2)]f'[x^2 + f(x^2)] \cdot [2x + f'(x^2) \cdot 2x]\}$,

(4) $f'\{f[f(\frac{x}{2})]\}\cdot f'[f(\frac{x}{2})]\cdot f'(\frac{x}{2})\cdot\frac{1}{2}$.

17. (1) $2\sec^2 2(\mathrm{arctg}\frac{\varphi(x)}{\psi(x)})\cdot\frac{\varphi'(x)\psi(x)-\varphi(x)\psi'(x)}{\varphi^2(x)+\psi^2(x)}$, (2) $\varphi'(x^2+\psi(x))\cdot(2x+\psi'(x))$.

18. (1) $f'(x)=\begin{cases}3x^2, & x>0;\\ 0, & x=0;\\ -3x^2, & x<0.\end{cases}$ (2) $f'(x)=\begin{cases}-2x, & |x|<2;\\ 2x, & |x|>2.\end{cases}$

(3) $f'(x)=\begin{cases}-(x^2-1)(x+1)(5x-1), & x<-1;\\ (x^2-1)(x+1)(5x-1) & x\geqslant-1.\end{cases}$ (4) $f'(x)=\begin{cases}2^{x-a}\cdot\ln2, x>a;\\ -2^{a-x}\ln2, x<a.\end{cases}$

19. (1) $f'(x)=\begin{cases}e^{-x}(1-x), x>0;\\ \frac{1}{1+x^2}, & x\leqslant0.\end{cases}$ (2) $f'(x)=\begin{cases}2xe^{-x^2}(1-x^2), |x|<1;\\ 0, & |x|\geqslant1.\end{cases}$ 提示：$f(x)$ 是偶函数，

$f'_+(1)=0, f'_-(1)=\lim\limits_{x\to1^-}\frac{x^2e^{-x^2}-e^{-1}}{x-1}=\lim\limits_{x\to1^-}\frac{x^2e^{1-x^2}-x^2+x^2-1}{e(x-1)}$. (3) $f'(x)=\begin{cases}4(x-x^3), |x|<1;\\ 0, & |x|>1.\end{cases}$

§ 3

20. (1) $-\frac{13}{14}$, (2) 0, (3) $\frac{(1+y^2)(1+\sin y)}{1-x(1+y^2)\cos y}$, (4) $\frac{2x-ye^{xy}}{3y^2+xe^{xy}}$, (5) $(\frac{x}{y}-e^{-\frac{x}{y}})^{-1}$,

(6) $\frac{2\mathrm{tg}x\sec^2x+\csc^2(x-y)}{2\mathrm{tg}y\sec^2y+\csc^2(x-y)}$, (7) $\frac{\ln\sin y+y\,\mathrm{tg}x}{\ln\cos x-x\,\mathrm{ctg}y}$, (8) $\frac{-(y\sqrt{1-(x+y)^2}+\sqrt{1-(xy)^2})}{x\sqrt{1-(x+y)^2}+\sqrt{1-(xy)^2}}$.

21. (2) $x^x(\frac{\sin x}{x})^{\mathrm{ctg}x}[\ln x+1-\csc^2x\ln\frac{\sin x}{x}+\mathrm{ctg}x\cdot(\mathrm{ctg}x-\frac{1}{x})]$,

(3) $\frac{e^{\sin x}}{x^2}\sqrt{\frac{x(x+1)}{(x+2)(x+3)}}[\cos x-\frac{2}{x}+\frac{1}{2}(\frac{1}{x}+\frac{1}{x+1}-\frac{1}{x+2}-\frac{1}{x+3})]$.

22. $y-1=\frac{\sqrt{3}}{2}(x+1)$. 23. $a=b=-1$.

26. (1) $\sqrt{3}$, (2) -2, (3) $\frac{(1-\sqrt{t})^{\frac{2}{3}}}{(1-\sqrt[3]{t})^{\frac{1}{2}}}\cdot t^{-\frac{1}{6}}$, (4) 1. 27. $\frac{3}{7}, \frac{3}{8}$.

28. $y=\frac{4}{5}x+\frac{4}{5}a, y=-\frac{5}{4}x+\frac{13}{6}a$. 33. $k=\frac{1}{30}, 4\times10^4\ln2/15$. 34. $\frac{1}{3}$ 米^2/分.

35. 约 1.77 米/分, 4 米^2/分. 提示：$V(h)=\frac{3\pi}{100}h^3, S(h)=\frac{9\pi}{100}h^2$. 36. $(\frac{9}{8}, \frac{9}{2})$.

§ 4

37. (1) $2e^{-x^2}(2x^2-1)$, (2) $x(1-x^2)^{-\frac{3}{2}}$, (3) $x^x[(\ln x+1)^2+x^{-1}]$,

(4) $e^{-ax}[(a^2-b^2)\sin bx-2ab\cos bx]$,

(5) $y''=\begin{cases}x^{-2}, 0<|x|<1;\\ -x^{-2}, |x|>1.\end{cases}$ (6) $e^{f(x)}[f'^2(x)+f''(x)]$.

38. (1) $2x^2y[\frac{3}{1+y^2}+2x^4\frac{1-y^2}{(1+y^2)^3}]$, (2) $\frac{y^2[(1-y\ln x)(y\ln x+3y-1)+y^2\ln x]}{x^2(1-y\ln x)^3}$,

(3) $\frac{1}{4\pi^2}$, (4) $\frac{2(x^2+y^2)}{(x-y)^3}$. 39. (1) $\frac{1}{2}$, (2) $\frac{\sin t}{a\cos^4t}$, (3) 2, (4) $\frac{1}{at}\sec^3t$.

40. (1) $(n-1)![\frac{(-1)^{n-1}}{(1+x)^n}+\frac{1}{(1-x)^n}]$, (2) $4^{n-1}\cos(4x+\frac{n}{2}\pi)$,

(3) $\frac{1}{4}[4^n\sin(4x+\frac{n\pi}{2})-6^n\sin(6x+\frac{n\pi}{2})+2^n\sin(2x+\frac{n\pi}{2})]$, (4) $n![\frac{(-1)^n}{(1+x)^{n+1}}+\frac{2^n}{(1-2x)^{n+1}}]$,

(5) $\omega^n(x^2-\frac{n(n-1)}{\omega^2})\sin(\omega x+\frac{n\pi}{2})-2n\omega^{n-1}x\cos(\omega x+\frac{n\pi}{2})$,

(6) $(-1)^n(\sqrt{2})^ne^{-x}\sin(x-n\cdot\frac{\pi}{4})$. 42. $a=\frac{1}{2}\varphi''(x_0), b=\varphi'(x_0), c=\varphi(x_0)$.

43. (1) $a>3$, (2) $a>4$.

§ 5

47. (1) $\frac{-xdx}{\sqrt{1-x^2}}$, (2) $e^{ax}(\alpha\cos\beta x-\beta\sin\beta x)dx$, (3) $-\frac{3}{2}\frac{1}{\sqrt{\arcsin\frac{1}{x^3}}}\cdot\frac{1}{\sqrt{x^6-1}}\cdot\frac{|x|}{x^2}dx$,

(4) $-4\text{arctg}e^{-x^2}\cdot\dfrac{1}{1+e^{-2x^2}}e^{-x^2}\cdot xdx$, (5) $(1+\dfrac{1}{x})^x[\ln(1+\dfrac{1}{x})+\dfrac{-1}{x+1}]dx$,

(6) $\dfrac{x^{\ln x}}{(\ln x)^x}[\dfrac{2\ln x}{x}-\ln\ln x-\dfrac{1}{\ln x}]dx$. 48. (1) $\dfrac{2x-ye^{xy}}{3y^2+xe^{xy}}dx$, (2) $\dfrac{\sin(x-y)+y\cos x}{\sin(x-y)-\sin x}dx$.

49. (1) $\dfrac{3}{4}(t-1)^{-5}$, (2) $3\text{ctg}^4t\csc t$, (3) $-\dfrac{\varphi'''}{(\varphi'')^3}$.

50. (1) $f'[f(\sin x)]f'(\sin x)\cos xdx$, (2) $f'[\sin f(x)]\cos f(x)\cdot f'(x)dx$.

51. (2) 1.9375. 52. (1) 0.988, (2) 0.5152, (3) 0.01. 53. 44, 2%. 54. 6×10^4(公斤/厘米^2), 3%.

55. (1) 一天内时钟约快 17.3 秒. (2) 约慢 7.6 秒，约快 14.26 秒.

综合题

56. (1) 3, (2) 2, (3) 0, (4) $f(0)$, (5) 1994!. 57. (1) $f'(0)=0$, (2) $g_+'(0)=0, g_-'(0)=-1, g'(0)$ 不存在. (3) $h_+'(0)=0, h_-'(0)=1, h'(0)$ 不存在.

58. (1) $\dfrac{\pi}{180}\cos x^0$, (2) $-\dfrac{1}{(1+x)^2}$, (3) $\dfrac{dy}{dx}=\begin{cases}2, x>5;\\0, -1<x<5;\\-2, x<-1.\end{cases}$

(4) $(1+2x)e^{2x}$, (5) $\cos\sin x$, $(\cos\sin x)\cos x$, (6) $\dfrac{3}{(x+1)^2}\sin(\dfrac{2x-1}{x+1})^2$,

(7) $\dfrac{dy}{dx}=\begin{cases}0, & x<(\dfrac{\pi}{2})^{\frac{1}{2}};\\ 2x\cos x^2 & x\geqslant(\dfrac{\pi}{2})^{\frac{1}{2}}\end{cases}$. (8) $\dfrac{-y\sqrt{a^2-y^2}}{a^2}$; $\dfrac{1}{a^4}[a^2y-2y^3]$. (9) m^n. 59. (1) $2x^2(x-1)$.

61. (1) 逆命题不成立，例如 $f(x)=x+3$, $f'(x)=1$ 为偶函数.

63. (1) 提示：利用 $f(x)=f(x_0)+f'(x_0)(x-x_0)+o(x-x_0)$，分别令 $x=x'_n, x_n$ 再二式相减. (2) 提示：根据极限保号性及连续函数介值定理，存在 $x_1,x_2\in(a,b)$, $f(x_1)f(x_2)<0$.

64. (2) 提示：由 $\varphi'(y)\cdot f'(x)\equiv1$，应用隐函数求导法则；或由导数定义 $\varphi''(y_0)=\lim\limits_{\Delta y\to0}\dfrac{\varphi'(y_0+\Delta y)-\varphi'(y_0)}{\Delta y}$ 及 $\varphi'(y)=\dfrac{1}{f'(x)}$. 66. (1) 提示：已知 $f(0)=0$，由条件得 $|f'(0)|\leqslant|\cos0|\leqslant1$. (2) 提示：利用 $1+x+x^2+\cdots+x^n=\dfrac{x^{n+1}-1}{x-1}$. (3) 提示：利用(2)中等式两端乘以 x，再求导.

67. (1) 0.64 厘米/分，提示：过程开始后任一时刻，两容器内水之体积之和均等于开始时漏斗中水的体积. (2) -1.48(mmHg/秒).

习题四

§1

1. $(-1,1),(1,2),(2,3)$. 3. 提示：令 $F(x)=x-f(x)$ 在$[0,1]$上使用介值定理证明根的存在性；再用反证法与拉格朗日中值定理证明唯一性.

4. 提示：(1) 令 $F(x)=a_0x+\dfrac{a_1}{2}x^2+\dfrac{a_2}{3}x^3+\cdots+\dfrac{a_n}{n+1}x^{n+1}$; (2) 构造满足罗尔定理条件的辅助函数 $F(x)$，使得 $F'(x)=0$ 就是题设的方程. 5. 提示：用罗尔定理反证.

8. 提示：不妨设 $f(a)=f(b)=0$，且 $f(x)\neq0$，因此可设 $\exists\, c\in(a,b)$，使 $f(c)>0$(<0 亦一样)，在$[a,c]$和$[c,b]$上使用拉格朗日中值定理.

10. 提示：在$[0,x_1]$与$[x_2,x_2+x_1]$上使用拉格朗日中值定理.

11. (1) 提示：$\forall\, x\in(a,b)$，在$[a,x]$上引用拉格朗日中值定理 $\dfrac{f(x)-f(a)}{x-a}=f'(\xi)$, $a<\xi<x$，再令 $x\to a^+$. (2) $f'_-(1)=1$, $f'_+(1)=-1$.

12. (2) $\xi_1=\dfrac{1}{2}$; $\xi_2=\dfrac{1}{\sqrt{3}}$; $\xi_3=\dfrac{2}{3}$. 13. 提示：将等式改写成 $\dfrac{f'(\xi)}{f(\xi)}=\dfrac{1}{1+\xi}$，启示构造辅助函数 $F(x)=\ln f(x)$, $G(x)=\ln(1+x)$，在区间$[0,1]$上使用柯西中值定理.

14. 提示：将等式左边的行列式展开，改写成 $-\dfrac{bf(b)-af(a)}{b^{-1}-a^{-1}}$，由此启发令 $F(x)=xf(x)$, $G(x)=x^{-1}$，在

区间$[a,b]$上使用柯西中值定理.

§2

15. 洛比达法则均不适用，这是因为：(1) $\lim\limits_{x\to 0}\dfrac{f'(x)}{g'(x)}$ 不存在；(2) 用一次法则仅是分子分母交替了一下位置；(3) $\lim\limits_{x\to 0}\dfrac{1-\cos x}{x^2}=\dfrac{1}{2}\neq 1$，不是未定式问题；(4) $\lim\limits_{x\to\infty}e^{\frac{1}{x^2}}=e^0=1$，不是未定式问题.

各式的极限分别为：0；1；0；∞.

16. (1) 2， (2) $\dfrac{1}{2}$， (3) 3， (4) -2， (5) $\dfrac{\ln a}{6}$， (6) ∞， (7) 1， (8) $\dfrac{\alpha-\beta}{e}$， (9) 0， (10)0， (11)0， (12) -2， (13) $\dfrac{1}{2}$， (14)1， (15) $\dfrac{2}{3}$， (16) $-\dfrac{1}{6}$ (17) -1， (18)0， (19)0， (20)$e^{\frac{4}{\pi}}$， (21)1， (22)$e^{-\frac{1}{3}}$， (23)$e^{-\frac{2}{\pi}}$， (24) $\dfrac{1}{e}$.

17. 根据函数极限与数列极限的关系定理，若可用洛比达法则求 $\lim\limits_{x\to+\infty}\dfrac{f(x)}{g(x)}$，则此极限就是$\lim\limits_{n\to\infty}\dfrac{f(n)}{g(n)}$ 的值.

(1)a， (2) e^2，提示，令 $x=\dfrac{1}{n}$.

§3

19. (1) $x+\dfrac{x^3}{3!}+\dfrac{(9+6\xi^2)\xi}{4!(1-\xi^2)^{\frac{7}{2}}}x^4$，$\xi$ 在 0 与 x 之间；

(2) $e[1+(x-1)+\dfrac{(x-1)^2}{2!}+\cdots+\dfrac{(x-1)^n}{n!}]+\dfrac{e^{\xi}}{(n+1)!}(x-1)^{n+1}$， ξ 在 1 与 x 之间；

(3) $1-\dfrac{1}{2!}(x-\dfrac{\pi}{2})^2+\dfrac{1}{4!}(x-\dfrac{\pi}{2})^4-\dfrac{\sin\xi}{6!}(x-\dfrac{\pi}{2})^6$， ξ 在$\dfrac{\pi}{2}$ 与 x 之间；

(4) $-1+\dfrac{1}{2!}(x-\pi)^2-\dfrac{1}{4!}(x-\pi)^4-\dfrac{\cos\xi}{6!}(x-\pi)^6$， ξ 在 π 与 x 之间；

(5) $-(x-1)+3(x-1)^2+7(x-1)^3+3(x-1)^4$；

(6) $1+x+x^2+x^3+x^4+x^5+\dfrac{1}{(1-\xi)^7}x^6$， ξ 在 0 与 x 之间；

(7) $\dfrac{1}{2}-\dfrac{1}{1\cdot 2\cdot 2^3}(x-4)+\dfrac{1\cdot 3}{2!\cdot 2^2\cdot 2^5}(x-4)^2-\dfrac{1\cdot 3\cdot 5}{3!\,2^3\cdot 2^7}(x-4)^3+\dfrac{1\cdot 3\cdot 5\cdot 7\xi^{-\frac{9}{2}}}{4!\cdot 2^4}(x-4)^4$， ξ 在 4 与 x 之间；

(8) $x+\dfrac{x^3}{3!}+\dfrac{\mathrm{ch}\xi}{5!}x^5$，$\xi$ 在 0 与 x 之间.

20. (4) 提示：套用基本展开式 $e^x=\sum\limits_{k=0}^{n}\dfrac{x^k}{k!}+o(x^n)$ 把这里的指数$(-\dfrac{x^2}{2})$ 视作公式中的 x.

21. (1) 2， (2) $\dfrac{1}{24}$， (3) $-\dfrac{1}{12}$， (4) $\dfrac{1}{2}$，提示：令 $t=\dfrac{1}{x}$， (5) $\dfrac{1}{6}$，提示：令 $t=\dfrac{1}{x}$.

22. $f^{(5)}(0)=45$，提示：把 $f(x)$ 的马克劳林公式求出，然后考察其系数 $a_5=\dfrac{f^{(5)}(0)}{5!}$.

23. $f^{(99)}(0)=9702$ 24. (1) 三阶，(2) 二阶，(3) 一阶，(4) 四阶，提示：利用马克劳林公式.

25. (1) $a=\dfrac{4}{3}$，$b=-\dfrac{1}{3}$，提示：$\sin x\cos x=\dfrac{1}{2}\sin 2x$，再用马克劳林公式. (2) $a=\dfrac{4}{15}$，$b=\dfrac{3}{5}$，提示：改写 $\dfrac{x+ax^3}{1+bx^2}=x[1+x^2\dfrac{a-b}{1+bx^2}]$，再用马克劳林公式，而 arctg$x$ 的展开可利用题 20(2) 的结果.

26. 提示：由题设 $\lim\limits_{x\to 0}\dfrac{f(x)}{x}=0$，必有$\lim\limits_{x\to 0}f(x)=0$，因 $f(x)$ 连续，故 $f(0)=0$，从而$\lim\limits_{x\to 0}\dfrac{f(x)-f(0)}{x}=f'(0)=0$. 由一阶泰勒公式 $f(x)=f(0)+f'(0)x+\dfrac{f''(\xi)}{2!}x^2=\dfrac{f''(\xi)}{2!}x^2$，因 $f(x)$ 在 $x=0$ 的某个邻域内有二阶连续的导数，故在该邻域内有 $|f''(x)|\leqslant M$，因此当 n 充分大时有 $|f(\dfrac{1}{n})|\leqslant\dfrac{M}{2n^2}$.

27. 提示：把 $f(x_1)$ 与 $f(x_2)$ 分别在点$\dfrac{x_1+x_2}{2}$ 处的一阶泰勒公式写出，然后两式相加.

28. 提示：(1) 设 $f(x)=x\ln x$；(2) 设 $f(x)=\ln x$；(3) 设 $f(x)=e^x$.

29. 提示：因 $f(x)$ 在$[a,b]$上连续，且 $f(a)f(b)<0$. 由介值定理在(a,b) 内必存在一点 x_0，使 $f(x_0)=0$，因

$f(c)>0$.故 $x_0 \neq c$.应用一阶泰勒公式得 $f(x_0)=f(c)+f'(c)(x_0-c)+\frac{f''(\xi)}{2!}(x_0-c)^2$,$\xi$ 在 x_0 与 c 之间.由于 $f(x_0)=0$,$f'(c)=0$,故得证 $f''(\xi)=\frac{-2f(c)}{(x_0-c)^2}<0$.

30. (1) 1.648 ± 10^{-3}, (2) 0.0953 ± 10^{-4}.

§ 4

31. 是严格增.证明只要假定在 (a,b) 仅有一点 c 使 $f'(c)=0$ 的情形即可.

32. (1) $(-\infty,1)$ 单调减,$(1,+\infty)$ 单调增.

(2) $(-1,0)$ 单调减,$(0,+\infty)$ 单调增. (3) $(0,\frac{1}{\sqrt{3}})$ 单调增,$(\frac{1}{\sqrt{3}},+\infty)$ 单调减.

(4) $(0,e^{-1})$ 单调减,$(e^{-1},+\infty)$ 单调增. (5) $(0,n)$ 单调增,$(n,+\infty)$ 单调减.

(6) $[-2,0]$ 单调增,$(0,\frac{2}{5})$ 单调增,$(\frac{2}{5},2]$ 单调减.

35. (5) 提示:改写不等式为 $b\ln a - a\ln b > 0$,设 $f(x)=x\ln a - a\ln x \quad (x>a>e)$.

(8) 提示:设 $f(x)=\frac{3\sin x}{2+\cos x}-x$. 37. 提示:$f(x)$ 在区间 $[a,a-\frac{f(a)}{K}]$ 上应用拉格朗日中值定理,可得 $f(a-\frac{f(a)}{K})>0$,再由介值定理得证根的存在性.

38. (1) 极大值 $f(\frac{1}{3})=-\frac{23}{27}$,极小值 $f(1)=-1$. (2) 极大值 $f(1)=\frac{1}{e}$,

(3) 极小值 $f(\sqrt[3]{2})=\frac{3}{2}\sqrt[3]{2}$, (4) 极大值 $f(0)=0$,极小值 $f(1)=-\frac{1}{3}$,

(5) 极小值 $f(\frac{1}{2})=\frac{1}{2}+\ln 2$, (6) 极小值 $f(3)=\frac{27}{8}$,

(7) 极大值 $f(2k\pi-\frac{\pi}{4})$,极小值 $f(2k\pi+\frac{3}{4}\pi)$,$k\in z$,(8) 极小值 $f(0)=1$,

(9) 极大值 $y(-\frac{1}{2})=-\frac{1}{2}+\frac{\pi}{4}$,极小值 $y(\frac{1}{2})=\frac{1}{2}-\frac{\pi}{4}$.

39. $a=-1$,$b=1$. 40. 当 n 为奇数时有极大值 $y(0)=1$,当 n 为偶数时,没有极值.

41. (1) 最大值 $f(\pi)=2\pi$,最小值 $f(\frac{\pi}{4})=\frac{\pi}{2}-1$, (2) 最大值 $y(\pm 1)=e^{-1}$,最小值 $y(0)=0$,

(3) 最大值 $y(1)=0$,最小值 $y(0)=-8$, (4) 最大值 $y(\frac{\pi}{6})=\frac{3}{2}\sqrt{3}$,最小值 $y(\frac{5\pi}{6})=-\frac{3}{2}\sqrt{3}$.

42. 12.46(厘米),7.54(厘米),11.99(厘米^2).

43. 最大项为 $\sqrt[3]{3}$. 44. $r=\frac{p}{4}$. 45. 当 $h=4r$ 时,圆锥的体积最小,其值为 $V=\frac{8}{3}\pi r^3$.

46. 按光的折射定律 $\frac{V_2}{V_1}=\frac{\sin\theta_2}{\sin\theta_1}$ 选择 c 点最佳. 47. 5 米.

48. 高 $x=\frac{\sqrt{2}}{2}a$. 49. $\varphi=\text{arctg}0.25$. 50. $x=\frac{x_1+x_2+\cdots+x_n}{n}$.

51. $x=70$ (件),$y=30$(件),$L_{\max}=145$(万元). 52. 3 小时.

§ 5

53. 曲线 $y=f(x)$ 在 (a,b) 内向上(或下)凹.

54. (1) $(-\infty,\frac{1}{2})$ 向下凹,$(\frac{1}{2},+\infty)$ 向上凹,拐点为 $(\frac{1}{2},-1)$.

(2) $(-\infty,-1)$,$(0,+\infty)$ 向上凹,$(-1,0)$ 向下凹,拐点为 $(-1,0)$.

(3) $(-\infty,-3)$,$(-1,+\infty)$ 向上凹,$(-3,-1)$ 向下凹,拐点为 $(-3,\frac{10}{e^3})$ 及 $(-1,\frac{2}{e})$.

(4) $(2k\pi,(2k+1)\pi)$ 向下凹,$((2k+1)\pi,2(k+1)\pi)$ 向上凹,拐点为 $(k\pi,k\pi)$,$k\in z$.

(5) $(-\infty,0)$ 向下凹,$(0,+\infty)$ 向上凹,无拐点.

56. $a=-\frac{1}{4}$,$b=\frac{3}{2}$.

57. (1) 水平渐近线 $y=-2$,垂直渐近线 $x=-1$. (2) 垂直渐近线 $x=-1$,斜渐近线 $y=\frac{x}{2}-1$.

(3) 斜渐近线 $y = x + \frac{1}{3}$. (4) 水平渐近线 $y = 1$,垂直渐近线 $x = 0^+$.

(5) 斜渐近线 $y = -(x + a)$. (6) 垂直渐近线 $x = -\frac{1}{e}$,斜渐近线 $y = x + \frac{1}{e}$.

58. (1) $y(0) = 2$ 极大值,$y(2) = -2$ 极小值,$(-\infty, 1)$ 向下凹,$(1, +\infty)$ 向上凹,拐点$(1,0)$.

(2) $y(e^{-\frac{1}{2}}) = -\frac{1}{2}e^{-1}$ 极小值,$(0, e^{-\frac{3}{2}})$ 向下凹,$(e^{-\frac{3}{2}}, +\infty)$ 向上凹,拐点$(e^{-\frac{3}{2}}, -\frac{3}{2}e^{-3})$.

(3) 奇函数,$y(\frac{\sqrt{2}}{2}) = \frac{\sqrt{2}}{2}e^{-\frac{1}{2}}$ 极大值,$y(-\frac{\sqrt{2}}{2}) = -\frac{\sqrt{2}}{2}e^{-\frac{1}{2}}$ 极小值,$(-\infty, -\frac{\sqrt{6}}{2})$,$(0, \frac{\sqrt{6}}{2})$ 向下凹,$(-\frac{\sqrt{6}}{2}, 0)$,$(\frac{\sqrt{6}}{2}, +\infty)$ 向上凹,拐点$(-\frac{\sqrt{6}}{2}, -\frac{\sqrt{6}}{2}e^{-\frac{3}{2}})$,$(0,0)$ 及$(\frac{\sqrt{6}}{2}, \frac{\sqrt{6}}{2}e^{-\frac{3}{2}})$,水平渐近线 $y = 0$. (4) 偶函数,$y(0) = 0$ 极大值,$y(\pm 1) = -1$ 极小值,拐点$(\frac{1}{\sqrt{3}}, -\frac{5}{9})$.

(5) $y(2) = 3$ 极小值,$(-\infty, 0)$,$(0, +\infty)$ 向上凹,渐近线 $x = 0$ 及 $y = x$.

(6) 奇函数,$y(-1) = \frac{\pi}{2} - 1$ 极大值,$y(1) = 1 - \frac{\pi}{2}$ 极小值,$(-\infty, 0)$ 向下凹,$(0, +\infty)$ 向上凹,拐点$(0,0)$,渐近线 $y = x \pm \pi$.

(7) $y(1) = e$ 极小值,$(-\infty, 0)$ 向下凹,$(0, +\infty)$ 向上凹,渐近线 $x = 0^+$ 及 $y = x + 1$.

(8) $y(\frac{1}{2}) = \frac{\sqrt{3}}{2}$ 极小值,$(-\infty, +\infty)$ 向上凹,渐近线 $y = \pm(x - \frac{1}{2})$.

§6

59. (1)$k = \frac{\sqrt{2}}{2}$, (2) $k = 1$. 60. $(x-3)^2 + (y+2)^2 = (2\sqrt{2})^2$,

61. $(x+4)^2 + (y - \frac{8}{3})^2 = (\frac{5\sqrt{10}}{3})^2$, 63. $k_{(a,0)} = \frac{a}{b^2}$,$k_{(0,b)} = \frac{b}{a^2}$,

64. $y = -\frac{x^2}{2} + \frac{\pi}{2}x + 1 - \frac{\pi^2}{8}$,$(x - \frac{\pi}{2})^2 + y^2 = 1$. 65. $(2x)^{\frac{2}{3}} + y^{\frac{2}{3}} = 3^{\frac{2}{3}}$.

66. 0.24, 67. 1.7632.

综合题

68. (2) 提示:记 $u(x) = (x^2-1)^n = (x-1)^n(x+1)^n$,$x = \pm 1$ 是 $u(x)$ 的 n 重零点,根据(1)它们也是 $u'(x)$ 的 $n-1$ 重零点,是 $u''(x)$ 的 $n-2$ 重零点,…,$u^{(n-1)}(x)$ 的单零点,接连使用 n 次罗尔定理.

69. 提示:设 $F(x) = xf(x)$,应用罗尔定理.

70. 提示:由题设 $f(x)$ 在$(0,a)$内的最大值点 c 处有 $f'(c) = 0$,于是 $|f'(0)| + |f'(a)| = |f'(0) - f'(c)| + |f'(a) - f'(c)| = |f''(\xi_1)||-c| + |f''(\xi_2)||a - c| \leqslant K(c + a - c) = Ka$.

71. 提示:$f(\frac{a+b}{2}) = f(a) + \frac{1}{2}f''(\xi_1)(\frac{a+b}{2} - a)^2$,又 $f(\frac{a+b}{2}) = f(b) + \frac{1}{2}f''(\xi_2)(\frac{a+b}{2} - b)^2$,

二式相减得,$f(b) - f(a) = \frac{1}{8}(b-a)^2[f''(\xi_1) - f''(\xi_2)]$,于是 $|f(b) - f(a)| \leqslant \frac{1}{8}(b-a)^2[|f''(\xi_1)| + |f''(\xi_2)|]$.取 $f''(c) = \max(|f''(\xi_1)|, |f''(\xi_2)|)$,代入上式即可.

72. 提示:设运动方程为 $S = S(t)$,$0 \leqslant t \leqslant 1$,则有 $S(0) = 0$,$S(1) = 1$,$S'(0) = 0$,$S'(1) = 0$,加速度就是 $S''(t)$,应用一阶泰勒公式

$$S(\frac{1}{2}) = S(0) + S'(0)(\frac{1}{2} - 0) + \frac{S''(\xi_1)}{2!}(\frac{1}{2} - 0)^2 = \frac{S''(\xi_1)}{8}, \quad (1)$$

$$S(\frac{1}{2}) = S(1) + S'(1)(\frac{1}{2} - 1) + \frac{S''(\xi_2)}{2!}(\frac{1}{2} - 1)^2 = 1 + \frac{S''(\xi_2)}{8}. \quad (2)$$

讨论 $t = \frac{1}{2}$ 时刻的运动路程:若 $S(\frac{1}{2}) \geqslant \frac{1}{2}$,则由(1)式得 $\frac{S''(\xi_1)}{8} \geqslant \frac{1}{2}$,即 $S''(\xi_1) \geqslant 4$;若 $S(\frac{1}{2}) < \frac{1}{2}$,则由(2)式得 $1 + \frac{S''(\xi_2)}{8} < \frac{1}{2}$,于是 $S''(\xi_2) < -4$,故在$[0,1]$中总有一时刻的加速度 $|S''(t)| \geqslant 4$.

73. (1) 提示:因 $x_i \in (a,b)$,$i = 1,2,\cdots,n$,于是 $\bar{x} \triangleq \frac{x_1 + x_2 + \cdots + x_n}{n} \in (a,b)$,应用一阶泰勒公式,得 $f(x_i) = f(\bar{x}) + f'(\bar{x})(x_i - \bar{x}) + \frac{f''(\xi_i)}{2!}(x_i - \bar{x})^2$,$i = 1,2,\cdots,n$,由于 $f''(x) < 0$,于是有

$$f(x_i)<f(\bar{x})+f'(\bar{x})(x_i-\bar{x}),\ \sum_{i=1}^{n}f(x_i)<nf(\bar{x})+f'(\bar{x})\sum_{i=1}^{n}(x_i-\bar{x})=nf(\bar{x}),$$

故 $f(\bar{x})>\frac{1}{n}\sum_{i=1}^{n}f(x_i)$. 当 $x_1=x_2=x_3=\cdots=x_n$ 时，显然 $f(\bar{x})=\frac{1}{n}\sum_{i=1}^{n}f(x_i)$，

所以有 $f(\bar{x})\geqslant\frac{1}{n}\sum_{i=1}^{n}f(x_i)$.

(2) 提示：设 $f(x)=\ln x$.

74. 提示：由一阶泰勒公式 $\forall x\in(0,2)$ 有

$f(0)=f(x)+f'(x)(0-x)+\frac{f''(\xi_1)}{2!}(0-x)^2, 0<\xi_1<x.$

$f(2)=f(x)+f'(x)(2-x)+\frac{f''(\xi_2)}{2!}(2-x)^2, x<\xi_2<2.$

两式相减 $2f'(x)=f(2)-f(0)+\frac{1}{2}x^2f''(\xi_1)-\frac{1}{2}(2-x)^2f''(\xi_2)$，所以

$$|f'(x)|\leqslant\frac{1}{2}|f(2)|+\frac{1}{2}|f(0)|+\frac{x^2}{4}|f''(\xi_1)|+\frac{(2-x)^2}{4}|f''(\xi_2)|\leqslant 1+\frac{1}{4}[x^2+(2-x)^2]\leqslant 2.$$

75. 提示：$f'(x)=(1+\frac{1}{x})^x(\ln(1+x)-\ln x-\frac{1}{1+x}), 0<x<+\infty$，应用拉格朗日中值定理 $\ln(1+x)-\ln x=\frac{1}{\theta+x}, 0<\theta<1$，于是得 $f'(x)=(1+\frac{1}{x})^x(\frac{1}{\theta+x}-\frac{1}{1+x})=(1+\frac{1}{x})^x\frac{1+(1-\theta)x}{(\theta+x)(1+x)}>0$.

76. 提示：应用单调性证明. 77. 提示：令 $f(x)=\frac{1}{p}x^p+\frac{1}{q}-x, (x>0)$ 应用最值证明.

78. 提示：令 $f(x)=x^3+px+q$，利用两个极值的符号进行讨论.

79. 提示：取 $x_n=\frac{1}{n\pi}, (n\in N)$，考察 $f'(x_n)$ 的符号.

80. 提示：其实是求细杆与走廊三处保持接触情况下另一走廊宽度 b 的最小值：$b(\frac{\pi}{3})=3\sqrt{3}a$.

81. 当 $R=r$ 时，$P_{\max}=\frac{E^2}{4r}$.

82. 提示：令 $y=mx+b$ 代入方程，令 2 次 3 次项的系数为 0，定出 m 与 b 的值，得蔓叶线的渐近线方程为 $y=-(x+a)$. 83. 拐点为(2,0)和(0,0). 84. 提示：由题设 $f(0)=0, f'(0)=0$.

习题五

§1

1. (1) $x+\frac{x^2}{2}+\ln|x|-\frac{1}{x}+C$，

(2) $2\sqrt{x}+\frac{4}{3}x^{\frac{3}{2}}+\frac{2}{5}x^{\frac{5}{2}}+C$，

(3) $\frac{2}{3}x^{\frac{3}{2}}+x-\frac{6}{11}x^{\frac{11}{6}}-\frac{3}{4}x^{\frac{4}{3}}+C$，

(4) $t-2\ln|t|-\frac{1}{t}+C$，

(5) $\frac{4}{7}x^{\frac{7}{4}}+C$，

(6) $\frac{x^3}{3}+\frac{2^x}{\ln 2}-2\ln|x|+C$，

(7) $a^{\frac{4}{3}}x-\frac{6}{5}a^{\frac{2}{3}}x^{\frac{5}{3}}+\frac{3}{7}x^{\frac{7}{3}}+C$，

(8) $x-\frac{24}{5}x^{\frac{5}{6}}+6x^{\frac{2}{3}}+C$，

(9) $x-\frac{2}{x}+3\mathrm{arctg}x+C$，

(10) $x-\mathrm{arctg}x+C$，

(11) $-\frac{1}{x}-\mathrm{arctg}x+C$，

(12) $\frac{(9e)^x}{\ln 9e}+C$，

(13) $\frac{4^x}{\ln 4}+\frac{2\cdot 10^x}{\ln 10}+\frac{25^x}{\ln 25}+C$，

(14) $e\cdot e^x+C$，

(15) e^x-x+C，

(16) $\frac{x^2}{2}-3x+4\mathrm{arctg}x+C$，

(17) $\sqrt{2x}+\arcsin x+C$，

(18) $-\frac{\cos x}{2}+3\ln|\csc x-\mathrm{ctg}x|-\mathrm{ctg}x+C$，

(19) $2\mathrm{tg}\theta+\arcsin\theta-\mathrm{arctg}\theta+C$，

(20) $\mathrm{tg}x-x+C$，

(21) $\frac{1}{2}(x+\sin x)+C$，

(22) $\sin\theta+\cos\theta+C$，

(23) $x - \cos x + C$, (24) $\mathrm{tg}x - \sec x + C$,

(25) $\sin x + \cos x + C$(设 $\cos x \geqslant \sin x$).

2. $4t^3 + 3\cos t + C$. 3. $\sqrt{x} - \cos(x+1) + \cos 5$.

4. $\begin{cases} \dfrac{x^3}{3} + C, x \leqslant 0, \\ 1 - \cos x + C, x > 0. \end{cases}$

§ 2

5. (1) $-\frac{1}{18}(1-3x)^6 + C$, (2) $\frac{-1}{12(3x-2)^4} + C$,

(3) $\sqrt{1+2x} + C$, (4) $\frac{1}{6}\mathrm{arctg}\,\frac{2x}{3} + C$,

(5) $\frac{1}{2}\mathrm{arctg}\,\frac{x-1}{2} + C$, (6) $\frac{1}{2}\ln\left|\frac{x+1}{x+3}\right| + C$,

(7) $\frac{1}{2}\arcsin(2x-3) + C$, (8) $\frac{1}{2}\arcsin\frac{2x}{3} + C$,

(9) $-2e^{-\frac{x}{2}} + C$, (10) $-\frac{T}{2\pi}\cos(\frac{2\pi}{T}t + \varphi) + C$,

(11) $-2\mathrm{ctg}\,\frac{\varphi}{2} + C$, (12) $\frac{1}{\omega}\mathrm{tg}(\omega t + \varphi) + C$,

(13) $\frac{l}{\pi}\ln\left|\csc\frac{\pi}{l}t - \mathrm{ctg}\,\frac{\pi}{l}t\right| + C$, (14) $3\mathrm{sh}\,\frac{x}{3} + C$,

(15) $-\ln|1 + \cos x| + C$, (16) $\ln(1 + e^x) + C$,

(17) $\ln|3x^2 - 5x + 7| + C$, (18) $\frac{3}{8}(x^4 + 5)^{\frac{2}{3}} + C$,

(19) $-\frac{1}{2}\cos x^2 + C$, (20) $-\frac{1}{2}e^{-x^2} + C$,

(21) $-\sin\frac{1}{x} + C$, (22) $-2\cos\sqrt{x} + C$,

(23) $\frac{2}{3}(1 + \ln x)^{\frac{3}{2}} + C$, (24) $2\sqrt{x} + \frac{1}{2}(\ln x)^2 + C$,

(25) $\ln|\mathrm{tg}x| + C$, (26) $\frac{1}{4}\mathrm{tg}^4x + \frac{1}{6}\mathrm{tg}^6x + C$,

(27) $\frac{1}{2}e^{2x} - e^x + x + C$, (28) $x - \ln(1 + e^x) + C$,

(29) $2\mathrm{arctg}e^x + C$, (30) $\mathrm{arctg}x + e^{\mathrm{arctg}x} + C$,

(31) $-\sqrt{1-x^2} + \frac{1}{2}(\arcsin x)^2 + C$, (32) $3\arcsin\frac{x}{\sqrt{3}} + \sqrt{3-x^2} + C$,

(33) $\sqrt{\frac{5}{7}}\mathrm{arctg}\sqrt{\frac{7}{5}}x + \frac{1}{2}\ln(5 + 7x^2) + C$, (34) $-\sqrt{x-x^2} + \frac{3}{2}\arcsin(2x-1) + C$,

(35) $-\sqrt{3-2x-x^2} + 6\arcsin\frac{x+1}{2} + C$, (36) $\frac{1}{2}\ln(x^2 + 3x + 4) - \frac{5}{\sqrt{7}}\mathrm{arctg}\,\frac{2x+3}{\sqrt{7}} + C$,

(37) $\ln|x| - \frac{1}{7}\ln|1 + x^7| + C$, (38) $\mathrm{tg}\theta + \frac{1}{2}\mathrm{tg}^2\theta + C$,

(39) $\frac{1}{2}\cos^2 x - 2\cos x + 3\ln(2 + \cos x) + C$,

(40) $\ln\left|\sec\frac{x}{2} + \mathrm{tg}\,\frac{x}{2}\right| + \ln\left|\csc\frac{x}{2} - \mathrm{ctg}\,\frac{x}{2}\right| + C$, (设 $\sin\frac{x}{2} + \cos\frac{x}{2} \geqslant 0$)

(41) $\frac{1}{\sqrt{6}}\mathrm{arctg}(\frac{\sqrt{2}\,\mathrm{tg}x}{\sqrt{3}}) + C$, (42) $\ln x - \ln 2 \cdot \ln(\ln 4x) + C$, (43) $\frac{1}{4}(\ln\mathrm{tg}x)^2 + C$,

(44) $2\sqrt{1 + \sin^2 x} + C$, (45) $\ln|\ln(\ln x)| + C$, (46) $\frac{1}{3}\mathrm{ch}^3 x + C$,

(47) $\ln(\mathrm{ch}x) + C$, (48) $\sec x + C$, (49) $\frac{1}{3}(\mathrm{tg}x)^3 + C$,

8. (1) $2(\sqrt{x} - \mathrm{arctg}\sqrt{x}) + C$, (2) $C - \sqrt{2x+1} - \ln|1 - \sqrt{2x+1}|$,

(3) $\frac{2}{5}(x+2)\sqrt{(x-3)^3}+C$, (4) $C-\frac{1}{(x-1)^3}[\frac{1}{3}+\frac{3}{4(x-1)}+\frac{3}{5(x-1)^2}+\frac{1}{6(x-1)^3}]$,

(5) $\frac{2\sqrt{x}}{5}-\frac{8}{25}\ln|4+5\sqrt{x}|+C$, (6) $\frac{2}{405}\sqrt{2+3x}(27x^2-24x+32)+C$,

(7) $\frac{x}{2}\sqrt{4-x^2}+2\arcsin\frac{x}{2}+C$, (8) $\frac{25}{16}\arcsin\frac{2x}{5}-\frac{x}{8}\sqrt{25-4x^2}+C$,

(9) $\frac{1}{\sqrt{2}}\ln(\sqrt{2}x+\sqrt{1+2x^2})+C$, (10) $\ln|\frac{1-\sqrt{1-x^2}}{x}|+C$,

(11) $C-\frac{\sqrt{1+x^2}}{x}$, (12) $\frac{1}{\sqrt{3}}\ln|\sqrt{3}x+\sqrt{3x^2-2}|+C$, (13) $\arccos\frac{3}{|x|}+C, |x|>3$,

(14) $\sqrt{x^2-9}-3\arccos\frac{3}{x}+C$, 或 $\sqrt{x^2-9}-3\mathrm{arctg}\frac{\sqrt{x^2-9}}{3}+C, |x|>3$.

(15) $\ln(x+\sqrt{a^2+x^2})-\frac{x}{\sqrt{a^2+x^2}}+C$, (16) $\frac{1}{3}(a^2-x^2)^{\frac{3}{2}}-a^2(a^2-x^2)^{\frac{1}{2}}+C$,

(17) $\frac{2}{3}(e^x-2)\sqrt{e^x+1}+C$, (18) $\frac{3}{128}(3-2x^4)^{\frac{8}{3}}-\frac{9}{80}(3-2x^4)^{\frac{5}{3}}+C$,

(19) $6(\sqrt[6]{x}-\mathrm{arctg}\sqrt[6]{x})+C$, (20) $3\arcsin\frac{x-1}{2}-\frac{x+3}{2}\sqrt{4-(x-1)^2}+C$,

9. (1) $\frac{x}{3}\sin 3x+\frac{1}{9}\cos 3x+C$, (2) $C-\frac{1}{2}(x^2+1)e^{-x^2}$,

(3) $C-\frac{l}{n\pi}(\pi-x)\cos\frac{n\pi}{l}x-(\frac{l}{n\pi})^2\sin\frac{n\pi}{l}x$, (4) $(x^3-x^2+x)\ln x-\frac{x^3}{3}+\frac{x^2}{2}-x+C$,

(5) $2\sqrt{x}\,\mathrm{arctg}\sqrt{x}-\ln|1+x|+C$, (6) $\frac{x^3}{3}\arccos x-\frac{1}{9}(x^2+2)\sqrt{1-x^2}+C$,

(7) $C-\frac{1}{4}(5+2x)e^{-2x}$, (8) $x\ln(2x^2+1)-2x+\sqrt{2}\,\mathrm{arctg}(\sqrt{2}x)+C$,

(9) $x\mathrm{tg}x+\ln|\cos x|+C$, (10) $(\frac{5x+2}{\ln 2}-\frac{5}{(\ln 2)^2})\cdot 2^x+C$,

(11) $\frac{3}{2}x^{\frac{2}{3}}(\ln x-\frac{3}{2})+C$, (12) $(2-x^2)\cos x+2x\sin x+C$,

(13) $C-(x^2+2)e^{-x}$ (14) $\frac{x^4}{16}(4\ln x-1)+C$,

(15) $x\,\mathrm{arctg}\sqrt{3x-1}-\frac{1}{3}\sqrt{3x-1}+C$,

(16) $\frac{x^2}{4}+\frac{x}{4}\sin 2x+\frac{1}{8}\cos 2x+C$, 提示：$\int x\cos^2 x dx=\frac{1}{2}\int x(1+\cos 2x)dx$.

(17) $\frac{x^3}{3}\mathrm{arctg}x-\frac{x^2}{6}+\frac{1}{6}\ln(1+x^2)+C$, (18) $x\arcsin^2 x+2\sqrt{1-x^2}\arcsin x-2x+C$,

(19) $\frac{e^{ax}}{a^2+b^2}(b\sin bx+a\cos bx)+C$, (20) $\frac{e^{2t}}{8}(2-\sin 2t-\cos 2t)+C$,

(21) $\frac{x}{2}\sqrt{x^2+a^2}+\frac{a^2}{2}\ln(x+\sqrt{x^2+a^2})+C$,

(22) $-\frac{x}{2(4+x^2)}+\frac{1}{4}\mathrm{arctg}\frac{x}{2}+C$, 提示：$\int\frac{x^2}{(4+x^2)^2}dx=-\frac{1}{2}\int xd\frac{1}{4+x^2}$,

(23) $\frac{1}{8}(2x^2+a^2)x\sqrt{x^2+a^2}-\frac{a^4}{8}\ln(x+\sqrt{x^2+a^2})+C$, 提示：$\int x^2\sqrt{x^2+a^2}dx=\frac{1}{3}\int xd(x^2+a^2)^{\frac{3}{2}}$.

10. $x^2\cos x-4x\sin x-6\cos x+C$.

§3

12. (1) $\frac{2}{\sqrt{3}}\mathrm{arctg}\frac{2x+1}{\sqrt{3}}+C$, (2) $\frac{1}{2}\ln(x^2+x+1)+\frac{1}{\sqrt{3}}\mathrm{arctg}\frac{2x+1}{\sqrt{3}}+C$,

(3) $C-\frac{1}{(x+1)^{96}}[\frac{1}{96}-\frac{3}{97(x+1)}+\frac{3}{98(x+1)^2}-\frac{1}{99(x+1)^3}]$,

(4) 提示：$x^7dx=\frac{1}{4}x^4dx^4$，令 $x^4=t$. (5) 提示：分子 $1=(1+x^{10})-x^{10}$.

13. (1) $\ln|x^2-3x-4|+C$, (2) $\frac{1}{2}\ln|\frac{x-2}{x}|+C$,

(3) $\frac{1}{6}\ln\left|\frac{x-3}{x+3}\right|+C$, (4) $\frac{1}{17}\ln\left|\frac{3x-4}{2x+3}\right|+C$,

(5) $\frac{3}{4}\ln|x-1|+\frac{5}{4}\ln|x+3|+C$, (6) $\frac{x^2}{2}-3x+\frac{1}{3}\ln\left|\frac{2x-1}{x+1}\right|+C$,

(7) $\frac{1}{3}\ln\frac{|x-1|}{\sqrt{x^2+x+1}}+\frac{1}{\sqrt{3}}\mathrm{arctg}\frac{2x+1}{\sqrt{3}}+C$,

(8) $\frac{1}{8}\ln|x-1|-\frac{1}{16}\ln(x^2+2x+5)+\frac{15}{8}\mathrm{arctg}\frac{x+1}{2}+C$,

(9) $\frac{1}{2}\ln(1+x^2)+\mathrm{arctg}x+\frac{x}{1+x^2}+C$, (10) $2\ln\left|\frac{2x+1}{x+1}\right|+\frac{1}{x+1}+C$,

(11) $\frac{1}{4}\ln\left|\frac{1+x}{1-x}\right|-\frac{1}{2}\mathrm{arctg}x+C$, (12) $\ln|x|-\frac{1}{2}\ln(1+x^2)+C$,

(13) $\frac{1}{2}\mathrm{arctg}x-\frac{\sqrt{3}}{6}\mathrm{arctg}\frac{x}{\sqrt{3}}+C$, (14) $\ln|x|+\frac{1}{x^2+1}+C$,

(15) $-\frac{x^4}{2(1+x^2)}+\frac{3}{2}(x-\mathrm{arctg}x)+C$, (16) $\frac{1}{4}\ln\left|\frac{x-1}{x+1}\right|-\frac{1}{2}\mathrm{arctg}x+C$,

(17) $\frac{1}{4\sqrt{2}}\ln\frac{x^2+\sqrt{2}x+1}{x^2-\sqrt{2}x+1}+\frac{1}{2\sqrt{2}}\mathrm{arctg}\frac{\sqrt{2}x}{1-x^2}+C$, (18) $\frac{\sqrt{3}}{3}\mathrm{arctg}\frac{x^2-1}{\sqrt{3}x}+C$,

(19) $-\frac{x+2}{2(x^2+2x+3)}-\frac{1}{2\sqrt{2}}\mathrm{arctg}\left(\frac{x+1}{\sqrt{2}}\right)+C$, (20) $-\frac{1}{10(x^5+3)^2}+\frac{1}{5(x^5+3)^3}+C$,

(21) $2\left(\ln|x|-\frac{1}{5}\ln|1+x^5|\right)+C$, (22) $-\frac{1}{3}\ln|x|+\frac{1}{24}\ln|x^8-3|+C$.

14. (1) $\frac{1}{3}\cos^3x-\cos x+C$, (2) $\frac{1}{32}(12x-8\sin 2x+\sin 4x)+C$,

(3) $\frac{1}{3}\sin^3x-\frac{1}{5}\sin^5x+C$, (4) $C-\frac{1}{2}\csc^2x+\ln|\mathrm{tg}x|$,

(5) $\frac{1}{2}x-\frac{1}{4m}\sin 2mx+C$, (6) $\frac{x}{16}$, $-\frac{1}{64}\sin 4x+\frac{1}{48}\sin^3 2x+C$,

(7) $\cos x-2\mathrm{arctg}(\cos x)+C$, (8) $-\ln|\cos x|+\frac{1}{2}\cos^2x+C$,

(9) $\frac{1}{2}\sec x\,\mathrm{tg}x-\frac{1}{2}\ln|\sec x+\mathrm{tg}x|+C$, (10) $\frac{1}{\sqrt{14}}\mathrm{arctg}\left(\frac{\sqrt{2}}{\sqrt{7}}\mathrm{tg}x\right)+C$,

(11) $\ln(9+\mathrm{tg}^2x)+\mathrm{arctg}\left(\frac{\mathrm{tg}x}{3}\right)+C$,提示：令 $t=\mathrm{tg}x$

(12) $\ln|\sin x+\cos x|+C$, (13) $x-\csc x+\mathrm{ctg}x+C$,

(14) $\frac{1}{2}(\sec x\,\mathrm{tg}x+\ln|\sec x+\mathrm{tg}x|+\sec^2x)+C$, (15) $C-\frac{1}{6}\cos 3x-\frac{1}{4}\cos 2x$,

(16) $\frac{1}{16}\sin 8x+\frac{1}{4}\sin 2x+C$, (17) $C-\frac{1}{1+\mathrm{tg}x}$ 或 $C-\frac{1}{2}\mathrm{ctg}\left(x+\frac{\pi}{4}\right)$,

(18) $\mathrm{tg}\frac{x}{2}-2\ln\left|\cos\frac{x}{2}\right|+C$, (19) $\frac{2}{\sqrt{5}}\mathrm{arctg}\left(\frac{3\mathrm{tg}\frac{x}{2}+2}{\sqrt{5}}\right)+C$,

(20) $\frac{1}{3}\ln\left|\left(\mathrm{tg}\frac{x}{2}\right)\left(3+\mathrm{tg}^2\frac{x}{2}\right)\right|+C$ 或 $\frac{1}{6}\ln\frac{(1-\cos x)(2+\cos x)^2}{(1+\cos x)^3}+C$,

(21) $\frac{\sqrt{2}}{2}\ln\left|\mathrm{tg}\left(\frac{x}{2}+\frac{\pi}{8}\right)\right|+C$ 或 $\frac{\sqrt{2}}{2}\ln\left|\csc\left(x+\frac{\pi}{4}\right)-\mathrm{ctg}\left(x+\frac{\pi}{4}\right)\right|+C$,

(22) $\ln\left|1+\mathrm{tg}\frac{x}{2}\right|+C$ 或 $-\mathrm{tg}\left(\frac{\pi}{8}-\frac{x}{2}\right)+C$, (23) $C-\frac{2}{3+\mathrm{tg}\frac{x}{2}}$.

15. (1) $-2\sqrt{\frac{1+x}{x}}-\ln\left[x\left(\sqrt{\frac{1+x}{x}}-1\right)^2\right]+C$,提示：令 $t=\sqrt{\frac{1+x}{x}}$,

(2) $\sqrt{(a-x)(x-b)}-(a-b)\mathrm{arctg}\sqrt{\frac{a-x}{x-b}}+C$,

(3) $\ln|x+1+\sqrt{x^2+2x+2}|-\frac{\sqrt{x^2+2x+2}-1}{x+1}+C$,提示：令 $x+1=\operatorname{tg}t$,

(4) $\frac{1-2x}{4}\sqrt{1+x-x^2}-\frac{11}{8}\arcsin\frac{1-2x}{\sqrt{5}}+C$, (5) $-\arcsin\frac{1+x}{2x}+C$,提示：令 $t=\frac{1}{x}$.

综合题

16. $(x+1)e^{-x}+C$. 17. $\frac{1}{x}+C$. 18. $-\frac{1}{3}\sqrt{1-x^3}+C$.

21. (1) $2-e^{-x}$; (2) $2\sqrt{x}+1$; (3) $2e^{\frac{x-1}{6}}(x-7)+12$;

(4) $\frac{2}{3}-\frac{1}{x-2}-\frac{1}{3}(x-2)^2$; (5) $x+\frac{1}{3}(x+1)^3+\frac{2}{3}$.

22. (1) $\frac{1}{4}\ln(1+x^4)+\frac{1}{2}\operatorname{arctg}x^2+C$, (2) $\frac{1}{\sqrt{3}}\operatorname{arctg}\frac{x}{\sqrt{3}}-\frac{1}{2}\operatorname{arctg}\frac{x}{2}+C$,

(3) $\frac{3}{2}\ln|e^x-1|-\frac{1}{2}\ln(e^x+1)+C$, (4) $\frac{4}{7}(e^x+1)^{\frac{7}{4}}-\frac{4}{3}(e^x+1)^{\frac{3}{4}}+C$,

(5) $\frac{1}{x+1}e^x+C$, (6) $C-\frac{1}{e^x+1}$, (7) $(\operatorname{arctg}e^x)^2+C$,

(8) $(-x-e^{-x}\arcsin e^x+\ln(1-\sqrt{1-e^{2x}}),(x<0)$.

(9) $2e^{\sqrt{x}}\cdot(\sqrt{x}-1)+C$, (10) $2\ln(1+e^{\frac{x}{2}})-x-2e^{-\frac{x}{2}}+C$,

(11) $\frac{1}{12}(2x+3)^{\frac{3}{2}}-\frac{1}{12}(2x-1)^{\frac{3}{2}}+C$, (12) $\frac{1}{3}(x^2-1)^{\frac{3}{2}}+C$,

(13) $2\operatorname{arctg}\sqrt{x-1}+C$, (14) $\frac{2}{3}(1+\ln x)^{\frac{3}{2}}-2\sqrt{1+\ln x}+C$,

(15) $-\frac{1}{2}(\operatorname{arctg}\frac{1}{x})^2+C$ 或 $\operatorname{arctg}\frac{1}{x}\cdot\operatorname{arctg}x+\frac{1}{2}(\operatorname{arctg}x)^2+C$,

(16) $\operatorname{tg}x-\operatorname{ctg}x+C$, (17) $-\frac{x}{8}\csc^2\frac{x}{2}-\frac{1}{4}\operatorname{ctg}\frac{x}{2}+C$,

(18) $2\sqrt{x}-2\operatorname{arctg}\sqrt{x}-(\operatorname{arctg}\sqrt{x})^2+C$,

(19) $\frac{x}{2}-\frac{1}{2}\ln|\cos x+\sin x|+C$, (20) $\frac{1}{8}\operatorname{tg}^2\frac{x}{2}+\frac{1}{4}\ln|\operatorname{tg}\frac{x}{2}|+C$,

(21) $\frac{1}{2}\ln|\operatorname{tg}\frac{x}{2}|+\operatorname{tg}\frac{x}{2}+\frac{1}{4}\operatorname{tg}^2\frac{x}{2}+C$,

(22) $\frac{x}{2}+\frac{\sqrt{x}}{2}\cdot\sin 2\sqrt{x}+\frac{1}{4}\cos 2\sqrt{x}+C$,

(23) $\frac{1}{3}\operatorname{tg}^3\theta+\operatorname{tg}\theta+C$, (24) $-\frac{1}{2}\csc x\operatorname{ctg}x+\frac{1}{2}\ln|\csc x-\operatorname{ctg}x|+C$,

(25) $\frac{1}{2}(\sin x-\cos x)-\frac{1}{2\sqrt{2}}\ln|\operatorname{tg}(\frac{x}{2}+\frac{\pi}{8})|+C$, 提示：$(\sin x+\cos x)^2=1+2\sin x\cos x$.

(26) $\frac{1}{\sqrt{2}}\operatorname{arctg}(\frac{\operatorname{tg}2x}{\sqrt{2}})+C$, (27) $\frac{1}{\sqrt{5}}\operatorname{arctg}(\frac{3\operatorname{tg}\frac{x}{2}+1}{\sqrt{5}})+C$,

(28) $\frac{1}{6}\ln\frac{(1-\cos x)(2+\cos x)^2}{(1+\cos x)^3}+C$ 或 $-\frac{1}{3}\ln|(\operatorname{tg}\frac{x}{2})(3+\operatorname{tg}^2\frac{x}{2})|+C$,

提示：$\frac{1}{(2+\cos x)\sin x}=\frac{1}{3}(\frac{2-\cos x}{\sin x}-\frac{\sin x}{2+\cos x})$.

(29) $\frac{1}{13}(2x-3\ln|3\cos x+2\sin x|)+C$.

(30) $\frac{1}{13}(3x-2\ln|3\cos x+2\sin x|)+C$,

(31) $\frac{1}{\cos(a-b)}\ln|\frac{\sin(x+a)}{\cos(x+b)}|+C$,提示：$\cos(a-b)=\cos[(x+a)-(x+b)]$,且 $\cos(a-b)\neq 0$.

(32) $x\operatorname{tg}\frac{x}{2}+2\ln|\cos\frac{x}{2}|+C$, (33) $\frac{x^2}{2}+3x+\frac{40}{3}\ln|x-4|+\frac{2}{3}\ln|x+2|+C$,

(34) $\frac{1}{2}\ln|\frac{x-5}{x-3}|+C$, (35) $\ln|\frac{x+1}{x}|-\frac{2}{x}+C$,

(36) $\frac{13}{10}\ln|x-1|+\frac{47}{20}\ln|x^2+4x+5|-\frac{99}{10}\text{arctg}(x+2)+C$,

(37) $\frac{1}{4}\text{arctg}\,\frac{x}{2}-\frac{x}{2(x^2+4)}+C$, (38) $C-\frac{1}{n}\ln|1+\frac{1}{x^n}|$,提示：分子 $1=(1+x^n)-x^n$,

(39) $C-\frac{1}{4}\sqrt{3+4x-4x^2}+\frac{3}{4}\arcsin(x-\frac{1}{2})$, (40) $\frac{3}{2}\sqrt[3]{x^2}+6\text{arctg}\sqrt[6]{x}+C$,

(41) $C-\frac{\sqrt{4x^2+4x+5}}{8(2x+1)}$, (42) $\frac{3}{8}\sqrt[3]{(\frac{2+x}{2-x})^2}+C$, 提示：令 $t=\sqrt[3]{\frac{2-x}{2+x}}$.

(43) $2\arcsin\sqrt{\frac{x-a}{b-a}}+C$,提示：令 $x-a=(b-a)\sin^2 t$.

(44) $\ln|\frac{\sqrt{1+x}-\sqrt{1-x}}{\sqrt{1+x}+\sqrt{1-x}}|+2\text{arctg}\sqrt{\frac{1+x}{1-x}}+C$, 或 $\ln|\frac{1-\sqrt{1-x^2}}{x}|+\arcsin x+C$.

(45) $\frac{\sqrt{2x^2-2x+1}}{x}+C$,提示：令 $x=\frac{1}{t}$.

23. $\frac{1}{2}$. 24. $\begin{cases}\frac{a^x}{\ln a}+C, & \text{当 } x\leqslant 0,\\ x-\frac{x^2}{2}+\frac{1}{\ln a}+C, & \text{当 } x>0.\end{cases}$ 25. $C+\begin{cases}x & \text{当 } |x|\leqslant 1;\\ \frac{x^3}{3}+\frac{2}{3}\text{sgn}x, & \text{当 } |x|>1.\end{cases}$

26. (1) $\frac{x^2|x|}{3}+C$, (2) $\frac{(1+x)|1+x|}{2}+\frac{(1-x)|1-x|}{2}+C$.

27. 提示：用反证法.

28. $\frac{3y}{x}-2\ln|\frac{y}{x}|+C$,提示：令 $y=tx$,把隐函数表示成参数式函数：$x=\frac{1}{t^2(1-t)}$,$y=\frac{1}{t\cdot(1-t)}$.

29. $\frac{1}{2}\ln|(x-y)^2-1|+C$,提示：令 $x-y=t$.

30. $I_6=-\sin x\cos x(\frac{\sin^4 x}{6}+\frac{5}{24}\sin^2 x+\frac{5}{16})-\frac{5}{16}x+C$,

$K_4=\sin x\cos x(\frac{\cos^2 x}{4}+\frac{3}{8})+\frac{3}{8}x+C$, $L_8=\frac{\text{tg}^7 x}{7}-\frac{\text{tg}^5 x}{5}+\frac{\text{tg}^3 x}{3}-\text{tg}x+x+C$.

习题六

§1

1. (1)30 厘米;(2) $\frac{1}{4}$. 2. $q=\int_a^b i_0\sin\omega t dt$.

3. (1) 圆 $x^2+y^2=R^2$ 的上半部分面积,$\frac{\pi R^2}{2}$;

(2) 由直线 $y=2x+1$,$x=0$,$x=1$ 及 $y=0$ 围成的梯形面积,其值为 2;

(3) 由正弦曲线 $y=\sin x$ 在区间$[-\pi,\pi]$上的一段与 Ox 轴围成的平面区域正负面积的代数和,其值为 0.

4. (1) $\int_0^1(x^2+1)dx$; (2) $\int_1^e\ln x dx$; (3) $\int_0^1(\sqrt{x}-x^2)dx$; (4) $\int_{-1}^2[(y+2)-y^2]dy$.

6. (1) $\int_0^1 x^p dx$; (2) $\int_0^1\frac{1}{1+x^2}dx$; (3) $\int_0^1\frac{1}{\sqrt{4-x^2}}dx$; (4) $\int_0^1\sin\pi x dx$ 或 $\frac{1}{\pi}\int_0^\pi\sin x dx$.

7. $f(x)=x-1$,提示：定积分 $\int_0^1 f(t)dt$ 是一个数,可暂且设它为 c,于是 $f(x)=x+2c$,再代入等式确定 c 值. 遇到的定积分可用几何意义看出其值.

§2

8. (1) 第一个大,(2)(3)(4) 第二个大. 10. (1) $\frac{\pi}{2}<I<\pi$; (2) $\frac{2\pi}{9}<I<\frac{4\pi}{9}$.

11. 提示：应用连续函数的保号性,在$[a,b]$内至少存在一个点 $x_0-\delta$ 的邻域,使 $f(x)>0$.

13. 提示：把积分区间$[0,1]$分成$[0,\lambda][\lambda,1]$两个区间,再应用积分中值定理.

14. 提示：用积分中值定理得 $2\int_0^{\frac{1}{2}}xf(x)dx=cf(c)$,$0\leqslant c\leqslant\frac{1}{2}$,于是有 $f(1)-cf(c)=0$,构造在区间$[c,1]$上满足罗尔定理条件的辅助函数 $F(x)=f(1)-xf(x)$.

§3

15. (1) e^{-x^2}； (2) $-\dfrac{\sqrt{1+x}}{2\sqrt{x}}$； (3) $(\sin\theta-\cos\theta)\cos(\pi\sin^2\theta)$； (4) $\dfrac{1}{y}\varphi(\ln y)+\dfrac{1}{y^2}\varphi(\dfrac{1}{y})$.

16. $\dfrac{1}{12}$. 17. $\dfrac{\pi}{2}$. 18. $-e^{y^2}\cos x^2$. 19. $\dfrac{dy}{dx}\Big|_{t=\sqrt{\pi/2}}=\sqrt{\dfrac{\pi}{2}}$, $\dfrac{d^2y}{dx^2}\Big|_{t=\sqrt{\pi/2}}=-\dfrac{1}{\sqrt{2\pi}}$. 20. (1) 1；(2) $\dfrac{\pi^2}{4}$；(3) $\dfrac{1}{2}$； (4) -1，提示：分子的被积函数中含有参变数，变上限求导定理不可直接使用，这里可用三角函数和角公式把参变数 x 从积分号下分离出来，或者把分子的积分先求出.

21. $A=b$. 22. $\dfrac{1}{4}$. 23. (1) $\dfrac{11}{12}$， (2) $\dfrac{T}{\pi}\cos\varphi_0$， (3) 2， (4) $\dfrac{\pi}{4}-\dfrac{1}{3}$， (5) $\dfrac{\pi}{6}+\sqrt{3}-2$，(6)1， (7) $2e$， (8) $\dfrac{\pi}{4}$，

(9) $\dfrac{4}{5}(4\sqrt{2}-1)$， (10) 5， (11) $4-e^{-2}$， (12) $\dfrac{1}{2}\ln\dfrac{8}{5}$， (13) $\dfrac{1}{b^2-a^2}\ln\dfrac{b}{a}$.

24. $y=-\dfrac{2e}{\pi}(x+1)$. 25. 同阶而非等价的无穷小. 26. 提示：$\forall\, x\in[a,b]$，把积分区间分成$[a,x]$和$[x,b]$两个.

27. $M=f(\dfrac{\pi}{2})=\dfrac{1}{2}(1+e^{-\pi/2})$，$m=f(0)=0$. 29. 提示：应用题12的结论，或者利用积分基本性质.

§4

30. (1) 不能，因为 $x=t^2\neq-1$，只要直接使用 $N-L$ 公式可得值为 2；

(2) 不能，因为 $x=\sin t\neq 2$，可用凑微分法得到其值为$\dfrac{3}{8}(1-3\sqrt[3]{3})$.

31. 出错原 因是变换式 $x=\dfrac{1}{t}$ 在 $-1\leqslant t\leqslant 1$ 内不连续，可直接使用 $N-L$ 公式得到其值为$\dfrac{\pi}{2}$.

32. 可以，只要注意到$\dfrac{\pi}{2}\leqslant t\leqslant\pi$ 时$\sqrt{1-\sin^2 t}=|\cos t|=-\cos t$.

33. (1) $\dfrac{478}{105}$， (2) 3， (3) $\dfrac{\pi}{16}a^4$， (4) $\sqrt{3}-\dfrac{\pi}{3}$， (5) $\dfrac{\sqrt{2}}{8}$， (6) $2-\dfrac{4}{e}$， (7) $2-\dfrac{2}{e}$， (8) $\dfrac{3\pi}{32}$，提示：令 $x^2=\sin t$.

(9) $\dfrac{4}{3}$， (10) $\sqrt{3}-\dfrac{\pi}{3}$， (11) $\dfrac{3}{2}\ln 3-2\ln 2$， (12) $\dfrac{\pi}{8}-\dfrac{1}{4}\ln 2$ (13) $\dfrac{4}{3}\pi-\sqrt{3}$， (14) $\dfrac{5}{27}e^3-\dfrac{2}{27}$， (15) $\dfrac{3}{5}(e^\pi-1)$， (16)ln3， (17)1， (18) $\dfrac{1}{3}$， 提示：利用 §4.3 公式 (4.3) (19)0，

(20) $\begin{cases}0, 当\ m\neq n\ 时,\\ \pi, 当\ m=n\ 时.\end{cases}$

34. (1) $\dfrac{8}{15}$； (2) $\dfrac{3\pi}{4}$； (3) $\dfrac{63\pi}{8}$，提示：利用 π 是被积函数的周期. 35. $\dfrac{1}{4}(1-\dfrac{1}{e})$. 36. $\dfrac{7}{3}-\dfrac{1}{e}$.

37. $I=\begin{cases}\dfrac{a}{2}-\dfrac{1}{3}, & 当\ a>1,\\ \dfrac{a^3}{3}-\dfrac{a}{2}+\dfrac{1}{3}, & 当\ 0\leqslant a\leqslant 1,\\ \dfrac{1}{3}-\dfrac{a}{2} & 当\ a<0.\end{cases}$ 38. $\dfrac{1}{2n}f'(0)$. 提示：令 $u=x^n-t^n$. 39. $\begin{cases}\dfrac{x^3}{3}-\dfrac{1}{3}, & 当\ 0\leqslant x<1,\\ x-1, & 当\ 1\leqslant x\leqslant 2.\end{cases}$ 40. $\dfrac{1}{360}$.

41. 提示：左边分部积分.

42. 提示：记 $F(x)=\int_0^x f(t)dt$，于是相当于证明 $F(-x)=F(x)$ 和 $F(-x)=-F(x)$.

§5

43. (1) 1， (2) $\dfrac{1}{2}\ln 2$， (3) $\dfrac{3}{4}(2\sqrt[3]{2}-1)$， (4) $\dfrac{4}{3}+2\pi$，

(5) $\frac{16}{3}$.　44. $\frac{9}{4}$.　45. $y=\frac{15}{32}$.

46. $S=\frac{4}{3}$，提示：由方程看出曲线关于 Ox,Oy 轴均对称，只需计算第一象限部分的面积，再 4 倍，又由方程 $y^2=x^2(1-x^2)\geqslant 0$ 可知 $|x|\leqslant 1$.

47. $a=\frac{4}{3},b=\frac{5}{12}$.　48. $S=4(\sqrt{3}-\frac{\pi}{3})$.

49. (1) $V_x=\frac{\pi^2}{2}$，(2) $V_y=\frac{8\pi}{5}$，(3) $V_y=\frac{4}{3}\pi a^2 b$，(4) $V_x=2\pi^2a^2b$，(5) $V_x=\frac{\pi^3}{4}-2\pi,V_y=\frac{\pi^2}{4}$.

51. $V=\frac{16}{3}a^3$，提示：图示的八分之一部分，图中水平截面是正方形.

52. (1) $a=\frac{1}{e}$，切点 $(e^2,1)$；(2) $S=\frac{e^2}{6}-\frac{1}{2}$；(3) $V_x=\frac{\pi}{2}$.　53. $V=\frac{\pi^2}{2}-\frac{2\pi}{3}$.　54. 12cm.

55. $V=\frac{448}{15}\pi$.　56. $l=a(e-\frac{1}{e})$.　57. $l=\ln 3-\frac{1}{2}$.　58. $l=\frac{1}{4}(e^2+1)$.　59. $l=6a,S=\frac{3}{8}\pi ab$.

60. $l=\ln\frac{\pi}{2}$，提示：垂直于 x 轴的切线的斜率为 ∞.　61. $l=\pi a\sqrt{1+4\pi^2}+\frac{a}{2}\ln(2\pi+\sqrt{1+4\pi^2})$.

62. (1) $S=3\pi a^2$；(2) $V_x=5\pi^2a^3$；(3) $S_{侧}=\frac{64}{3}\pi a^2$.

§6

63. $p=\frac{2}{3}\omega ab^2=0.064$(吨).　64. $p=2.961$(吨).　65. $W=\frac{4}{9}\pi$(吨·米).

66. $W=\frac{4}{15}abH^2=0.24$(吨·米).　67. $W=9.72\times 10^8$(焦耳).

68. $W=MS+\frac{1}{2}mS^2$(其中 $S=5$).　69. $W=\frac{4}{3}\omega ab^3$.

70. (1) $F_1=\frac{2kmM}{R^2}(1-\frac{h}{\sqrt{h^2+R^2}}),F_2=0$；(2) $W=\frac{2kmM}{R^2}(b-a-\sqrt{b^2+R^2}+\sqrt{a^2+R^2})$. 提示：把圆板用同心圆切割成圆环，考察圆环对质点的引力，并利用对称性水平分力相互抵消，合力为 0(即 $F_2=0$)，只需计算垂直分力.

71. $F_x=0,F_y=\frac{2kQ}{\pi R^2}$，提示：取圆心角 θ 为积分变量，把区间 $[0,\pi]$ 分割，考察位于微区间 $[\theta,\theta+d\theta]$ 上的小圆弧 $\frac{Q}{\pi}d\theta$ 对点电荷的吸引力，并注意到水平分力相互抵消合力为 0，写出垂直分力的微元 dF_y，再积分.

72. $M=75$ 千克.　73. (1) $M=\frac{4}{5}\pi R^5$；(2) $M=\frac{8}{15}\pi R^5$；(3) $M=\frac{4}{15}\pi R^5$.

74. $\overline{U}=\frac{U_m}{\pi}$.　75. $\overline{P}=\frac{mRT}{V_1-V_0}\ln\frac{V_1}{V_0}$(这里压力是压力强度的简称).

§7

76. 用梯形公式得 $\pi\approx 3.1389$；　用抛物线公式得 $\pi\approx 3.1416$.

77. 用矩形公式得面积 ≈ 67.2 米^2；　用梯形公式得面积 ≈ 6.80 米^2.　78. 0.8368.

§8

79. (1) $\frac{1}{2}$，(2) $\frac{1}{2}$，(3) $\frac{\pi}{4}+\frac{1}{2}\ln 2$，(4) 1，(5) 发散，(6) $\ln(1+\frac{2}{\sqrt{3}})$，(7) $2(1-\ln 2)$，(8) $\frac{2}{\sqrt{3}}\pi$，(9) $\frac{1}{2}$，(10) $n!$，(11) $\frac{8}{3}$，(12) 2，(13) 发散，(14) 发散，(15) $\frac{7}{9}$，(16) π，(17) 3.　80. $a=0$ 或 $a=-1$.

81. 当 $k>1$ 时收敛于 $\frac{1}{(k-1)(\ln 2)^{k-1}}$，当 $k\leqslant 1$ 时发散.

82. 提示：不妨设 $A>0$，由 $\lim\limits_{x\to+\infty}f(x)=A$ 知，$\forall\ \varepsilon>0(\varepsilon<A)$，$\exists\ x_0>0$，当 $x>x_0$ 时有 $|f(x)-A|<\varepsilon$，即 $A-\varepsilon<f(x)<A+\varepsilon$. 于是 $\int_a^{+\infty}f(x)dx=\int_a^{x_0}f(x)dx+\int_{x_0}^{+\infty}f(x)dx$，右边第一项是常数，只需讨论第二项趋向无穷大；当 $A=0$ 时广义积分 $\int_a^{+\infty}f(x)dx$ 可能收敛也可能发散，例如 $\int_1^{+\infty}\frac{1}{x^2}dx$ 收敛，$\int_1^{+\infty}\frac{1}{x}dx$ 发散.

83. (1) 收敛， (2) 发散， (3) 发散， (4) 绝对收敛， (5) 绝对收敛， (6) 当 $a<\frac{1}{2}$ 时收敛，$a\geqslant\frac{1}{2}$ 时发散.

(7) 收敛， (8) 当 $p<1,q<1$ 时收敛. (9) 发散， (10) 收敛， (11) 收敛， (12) 收敛.

84. (1) 当 $m<3$ 时收敛，当 $m\geqslant3$ 时发散. (2) 当 $1<n<2$ 时收敛.

85. $\Gamma(\frac{7}{2})=\frac{15}{8}\sqrt{\pi}$， $\Gamma(-\frac{5}{2})=-\frac{8}{15}\sqrt{\pi}$. 86. (1) $\frac{1}{2}\Gamma(\frac{1}{2})$， (2) $\frac{\Gamma(n+1)}{b^{n+1}}$.

87. (1) $\frac{m!}{2}$， (2) $\frac{(2m-1)!!}{2^{m+1}}\sqrt{\pi}$， (3) $(-1)^m\frac{m!}{(n+1)^{m+1}}$.

综合题

88. (1)3;(2) $e-1$. 提示：把积分区间 n 等分，并取小区间的左端(或右端)点作 ξ_i.

91. 提示：$\int_0^1 f(x)dx=\sum_{k=1}^{n}\int_{\frac{k-1}{n}}^{\frac{k}{n}}f(x)dx,\frac{1}{n}\sum_{k=1}^{n}f(\frac{k}{n})=\sum_{k=1}^{n}\int_{\frac{k-1}{n}}^{\frac{k}{n}}f(\frac{k}{n})dx$.

92. (1) $\frac{\pi}{4}$. (2) $\frac{\pi}{8}\ln2$，提示：$1+\mathrm{tg}x=\frac{\sqrt{2}\sin(x+\frac{\pi}{4})}{\cos x}$.

(3) $\frac{2\pi}{\sqrt{1-\varepsilon^2}}$，提示：利用周期函数及奇偶函数性质 $\int_0^{2\pi}\frac{d\theta}{1+\varepsilon\cos\theta}=2\int_0^{\pi}\frac{d\theta}{1+\varepsilon\cos\theta}$.

(4) $\ln\frac{3+2\sqrt{3}}{2+\sqrt{7}}$，提示：令 $x=\frac{1}{t}$. (5) $\frac{\pi^2}{4}$，提示：利用 § 4.1 例 4 结论，或令 $x=\pi-t$.

93. $t=\frac{1}{2}$ 时 s_1+s_2 最小.

94. 考察等式的几何意义，构造满足连续函数介值定理条件的辅助函数：

$$\varphi(t)=\int_a^t[f(t)-f(x)]dx-\int_t^b[f(x)-f(t)]dx.$$

95. $x(0)=1,\frac{dx}{dt}|_{t=0}=1+e,\frac{d^2x}{dt^2}|_{t=0}=2e^2$. 96. $\frac{1}{2}\ln^2x$. 98. $\frac{A}{2}$，提示：令 $u=ct$.

99. $\frac{dy}{dx}=e^{t^2}\sin t,\frac{d^2y}{dx^2}=e^{2t^2}(2t\sin t+\cos t)$. 100. $f(x)=x-\frac{x^3}{3}+\frac{x^5}{40}+o(x^5)$.

101. 提示：利用微分中值定理 $f(x)-f(0)=f'(\xi)x$.

102. 提示：利用积分中值定理 $\int_1^2\frac{f(x)}{x^2}dx=\frac{f(c)}{c^2}=\frac{f(\frac{1}{2})}{(\frac{1}{2})^2}$，令 $F(x)=\frac{f(x)}{x^2}$，在 $[\frac{1}{2},c]$ 上应用罗尔定理.

103. 提示：对 $\int_0^1[f(1-x)+f(x)]dx$ 使用积分中值定理.

104. $$I_n=\begin{cases}(-1)^k[\frac{\pi}{4}-1+\frac{1}{3}-\frac{1}{5}+\cdots+(-1)^k\frac{1}{2k-1}], & \text{当 } n=2k,\\ (-1)^k[\ln\sqrt{2}-\frac{1}{2}+\frac{1}{4}-\frac{1}{6}+\cdots+(-1)^k\frac{1}{2k}], & \text{当 } n=2k+1,\end{cases}\quad k=1,2,\cdots.$$

105. 提示：设 $F(t)=\int_a^t f^2(x)dx\int_a^t g^2(x)dx-[\int_a^t f(x)g(x)dx]^2$，或者利用方程 $ax^2+bx+c=0$ 的根的判别式 $\Delta=b^2-4ac$. 106. 当 $p>0,q>0$ 时收敛.

107. $S=e-\frac{1}{e}$. 108. $S=\frac{3}{2}a^2$，提示：将方程改写成极坐标方程 $r=\frac{3a\cos\theta\cdot\sin\theta}{\cos^3\theta+\sin^3\theta}$ $(0\leqslant\theta\leqslant\frac{\pi}{2})$.

109. $\sqrt{H^2+r^3}-H$. 110. (1) $F=\frac{128}{3}\omega$, (2) $l=\frac{16}{9}\approx1.78$(米).

111. (1)$W=\frac{4}{3}\omega\pi R^4$, (2) $\frac{4}{3}(2\omega-1)\pi R^4$. 112. $W=\rho(\mu+g)\frac{(l-a)^2}{2}+\rho ga(l-a)$，提示：功由两部分组成：克服桌面阻力所需的功与提升时克服重力所需的功.

113. $F=\mu^2\ln\frac{(l+a)^2}{a(2l+a)}$. 114. (1) $J=\mu a^3b(\frac{\pi}{16}-\frac{1}{12})$， (2) $J=\frac{1}{2}\mu\pi^2a^2b(3a^2+4b^2)$.

115. $W=2166\frac{2}{3}$(吨·米). 116. $Q=\frac{2}{3}bc\sqrt{2g}(H_1^{3/2}-H_0^{3/2})$.

习题七

§1

1. (1) $x, y=y(x), 1$,非线性；　(2) $y, x=x(y), 1$,线性；

(3) $t, \theta=\theta(t), 2$,非线性；　(4) $t, x=x(t), 4$,线性.

5. (1) $y=\frac{x^2}{2}(\ln x-\frac{1}{2})+\frac{1}{4}$，(2) $S=\frac{1}{2}gt^2+v_0t$.

§2

6. (1) $y\sin y+\cos y-x\cos x+\sin x=C$，(2) $e^{-y^2}=-e^{-x^2}+C$，(3) $\arcsin x-\sqrt{1-y^2}=C$，

(4) $y=Ce^{1+x^2}$，(5) $\frac{y+1}{y-1}=C(1+x^2)$，(6) $y=\operatorname{tg}(C+x-\frac{x^2}{2})$，

(7) $\operatorname{tg}\frac{y}{4}=Ce^{-2\sin\frac{x}{2}}$，(8) $x^a(y+b)^b=Ce^{y-x}$.

7. (1) $y=2\sin^2 x-\frac{1}{2}$，(2) $y\sin y=x^2\ln x$，(3) $y-6=\frac{-35x}{1+6x}$，

(4) $\operatorname{arctg} y=(x-1)^3+\frac{\pi}{4}+1$，(5) $\frac{b-y}{a-y}=\frac{b}{a}e^{(b-a)kx}$.

8. (1) $\ln y=-\frac{x^2}{2y^2}$，(2) $y=\frac{1}{2}(x^2-1)$，(3) $y=xe^{Cx}$，(4) $\sqrt{xy}-x=C$，

(5) $\ln\frac{x^2+y^2}{x}+\operatorname{arctg}\frac{y}{x}=C$，(6) $\sin\frac{y}{x}=\ln\frac{C}{x}$，(7) $x+2ye^{\frac{x}{y}}=C$.

9. (1) $y=x\arcsin(x+C)$，(2) $2x+y+3=\sqrt{2}\operatorname{tg}(\sqrt{2}x+C)$，

(3) $(y-x)^2+10y-2x=C$，(4) $(x+2y)(x-2y-4)^3=C$，(5) $y=C(x-y-5)^2-2$，

(6) $(y-x)(C-\int e^{x^2}dx)=e^{x^2}$. 提示：原方程改写为$\frac{d(y-x)}{dx}=(y-x)(y+x)$.

10. (1) $y=\frac{1}{4}(x^3-\frac{1}{x})$，(2) $y=x[2e^{-1}-(x+1)e^{-x}]$，(3) $y=(x+\frac{5}{2})e^{-x^2}-\frac{1}{2}$，

(4) $y=\frac{1}{\sqrt{1+x^2}}(\ln\frac{|x|}{1+\sqrt{1+x^2}}+C)$，(5) $y=(C+e^x)(1+x)^n$，(6) $y=\cos x(1+C\cos x)$，

(7) $x=y\ln y+\frac{C}{y}$，(8) $x=Ce^{\sin y}-2(1+\sin y)$，(9) $x=Cy^3+\frac{1}{2}y^2$.

11. (1) $y=(x^2+2x+2+Ce^x)^{-1}$，(2) $y^{-2}=Ce^{-x}+\cos x$，(3) $y^{-1}=(Ce^{-\frac{x^2}{2}}-x^2+2)$，

(4) $\sqrt{y}=\frac{x^2}{2}\ln|x|+Cx^2$，(5) $(1+x^2)(1+y^2)=Cx^2$，(6) $y^2=\frac{1}{Ce^{x^2}+1}$，

(7) $x(Ce^{-\frac{1}{2y^2}}-y^2+2)=1$，(8) $y^{-1}=\frac{1}{4}(2\ln x+1)+Cx^2$，(9) $x^{-1}=e^{y^2}(C-y)$.

12. (1) $(\frac{3}{2}-x)y=1$，(2) $\operatorname{tg} y-C(2-e^x)^3=0$，(3) $y=x-\frac{2x}{\ln|x|+C}$，(4) $y^2=2x^2\ln Cx$，

(5) $2x[1-\cos(x+y)]=\pi\sin(x+y)$，(6) $3(x-2y)-9\ln|2x-3y+7|=C$，

(7) $x^2+2y^3=Cy^2$，(8) $(y-x)(Ce^{\frac{x^2}{2}}-x^2-2)=1$，(9) $y(y-2x)^3=C(y-x)^2$，

(10) $2\operatorname{arctg}\frac{y+2}{x-1}=\ln C(y+2)^{-1}$，(11) $e^y=x(\frac{x^2}{2}+C)$，(12) $\ln y=x(\frac{x^2}{2}+C)$，

(13) $y=\arcsin(2+Ce^{-\frac{x^2}{2}})$，(14) $y^{-1}=e^{-x}-\frac{\cos x+\sin x}{2}$，(15) $\sin\frac{y^2}{x}=Cx$，(16) $y^{\frac{2}{3}}=Cx^2+\frac{2}{9}x^5$.

13. (1) $\arcsin\frac{y}{x}=\ln x$　　(2) $f(x)=\frac{1}{x^3}e^{-\frac{1}{x}}$.

§3

14. (1) $y=-\frac{x}{2}\ln^2 x+\frac{3}{2}x^2-2x+\frac{1}{2}$，(2) $y=(\ln x)^2+\ln x+2$，(3) $\sin y=x+1$，

(4) $\sqrt{y-1}=\frac{x}{2}+1$，(5) $(3x+2)^2-3y^2=1$，(6) $y=(2x-1)^{\frac{3}{2}}(\frac{x}{5}+\frac{1}{15})-\frac{4}{15}$，

(7) $y=(1+C_1^2)\ln|x+C_1|-C_1x+C_2$，　(8) $y=(C_1x-C_1^2)e^{\frac{x}{C_1}+1}+C_2$，

(9) $y=C_1x^4+C_2x+C_3$，　(10) $x=C_1y^2+C_2y+C_3$.

16. (1) $y = C_1(1+x) + C_2e^x$, (2) $y = C_1x + C_2xe^{-\frac{1}{x}}$,

(3) $y = C_1x + C_2e^x$, (4) $y = C_1x + C_2(x^2+1)$, (5) $y = C_1x^2 + C_2e^x$.

§ 4

17. (1) $x = Ce^{-y} + \frac{e^y}{2}$, (2) $y = C_1\cos x + C_2\sin x + \frac{e^x}{2}$,

(3) $y = C_1\cos x + C_2\sin x + x^2 - 2$, (4) $y = C_1\cos x + C_2\sin x + \frac{e^x}{2} + x^2 - 2$.

18. (1) $y = C_1x + C_2x^2 + C_3x^3$, (2) $y = C_1e^{-2x} + C_2e^{2x} + C_3e^{3x}$,

(3) $u(x) = \frac{x^2}{1\cdot 2} + \frac{x^3}{2\cdot 3} + \cdots + \frac{x^{102}}{101\cdot 102}$.

§ 5

19. (1) $y = C_1e^{-x} + C_2e^{5x}$, (2) $y = (C_1 + C_2x)e^{2x}$, (3) $y = e^{-2x}(C_1\cos 3x + C_2\sin 3x)$,

(4) $y = C_1\cos\sqrt{2}x + C_2\sin\sqrt{2}x$, (5) $y = C_1 + C_2e^{4x}$, (6) $y = C_1e^x + C_2e^{-x} + C_3e^{2x}$,

(7) $y = (C_1 + C_2x)\cos\sqrt{2}x + (C_3 + C_4x)\sin\sqrt{2}x$, (8) $y = C_1 + C_2x + (C_3 + C_4x)e^x$,

(9) $y = e^{-\frac{\sqrt{2}}{2}x}(C_1\cos\frac{\sqrt{2}}{2}x + C_2\sin\frac{\sqrt{2}}{2}x) + e^{\frac{\sqrt{2}}{2}x}(C_3\cos\frac{\sqrt{2}}{2}x + C_4\sin\frac{\sqrt{2}}{2}x)$,

(10) $y = C_1 + C_2x + C_3x^2 + (C_4 + C_5x)e^{-2x} + (C_6 + C_7x)e^{2x}$.

20. (1) $y = e^{-\frac{x}{2}}(C_1\cos\frac{\sqrt{3}}{2}x + C_2\sin\frac{\sqrt{3}}{2}x) + e^x(x^2 - 2x + \frac{4}{3})$,

(2) $y = C_1e^x + C_2e^{-x} + \frac{1}{2}xe^x(\frac{x^3}{3} - \frac{x}{2} - \frac{1}{2})$, (3) $y = (C_1 + C_2x)e^{-x} + x^2(\frac{x^3}{20} + \frac{x}{6} + \frac{1}{2})e^{-x}$,

(4) $y = C_1 + C_2e^{-x} + \frac{x^3}{3}$, (5) $y = (C_1 + C_2x)e^{2x} + \frac{1}{2}x^2e^{2x} + e^x + \frac{1}{4}$,

(6) $y = C_1 + C_2x + C_3e^x - x^4 - 5x^3 - 15x^2$, (7) $y = (C_1 + C_2x + C_3x^2 - \frac{5}{6}x^3 + \frac{1}{24}x^4)e^{-x}$,

(8) $y = C_1e^x + C_2e^{-x} + C_3\cos 2x + C_4\sin 2x + \frac{x}{10}e^x$,

(9) $y = C_1 + (C_2 + C_3x)e^{2x} + \frac{x^3}{12} + \frac{x^2}{4} + \frac{x}{8} + \frac{x^2e^{2x}}{4}$.

21. (1) $y = 2xe^{2x}$, (2) $y = \frac{1}{8}(11 - 3e^{-2x}) + \frac{3}{4}x(x-1)$, (3) $y = \frac{15}{16}e^{2x} + \frac{1}{16}e^{-2x} + \frac{1}{4}xe^{2x}$.

(4) $y = -4e^t + 2t + 3 + te^{2t} + e^{2t}$, (5) $y = \cos x + \frac{x}{2}\sin x$.

22. (1) $y = C_1e^{-x} + C_2e^x - \frac{e^x}{5}(2\cos x + \sin x)$, (2) $y = C_1e^{-x} + C_2e^{3x} - \frac{1}{5}(\cos x + \frac{1}{2}\sin x)$,

(3) $y = C_1\cos 2x + C_2\sin 2x + \frac{1}{2}x\sin 2x$,

(4) $y = C_1\cos x + C_2\sin x + \frac{e^x}{25}[(5x-2)\cos x + (10x - 14)\sin x]$,

(5) $y = C_1 + C_2e^{-\frac{5}{2}x} + \frac{x}{10} - \frac{1}{41}\cos 2x + \frac{5}{164}\sin 2x$,

(6) $y = C_1 + C_2e^{2x} + C_3e^{-2x} + \frac{e^{2x}}{32}(2x^2 - 3x) + \frac{\cos x}{5} - \frac{x}{4}(\frac{x^2}{3} + \frac{1}{2})$.

23. (1) $y = e^{-\frac{x}{2}}(\cos\frac{\sqrt{3}}{2}x + \frac{\sqrt{3}}{3}\sin\frac{\sqrt{3}}{2}x) - \cos x$, (2) $y = \frac{1}{8}(\frac{1}{2}\sin 2x - x\cos 2x)$.

§ 6

24. (1) $y = (C_1 + C_2x)e^x + xe^x(\ln|x| - 1)$, (2) $y = C_1\cos x + C_2\sin x + \cos x\operatorname{ctg} x - \frac{1}{2}\csc x$,

(3) $y = C_1e^x + C_2e^{2x} - e^x\ln(e^x+1) + [e^x + 1 - \ln(e^x+1)]e^{2x}$, (4) $y = C_1e^x + C_2x - (x^2 + x + 1)$.

§ 7

25. (1) $y = C_1x^n + C_2x^{-(n+1)}$,

(2) $y = C_1 + C_2\ln x + (\ln x)^3 - \frac{1}{x}$, (3) $y = \frac{5}{3}x^2 + C_1x^{-1} + C_2$,

(4) $y = x(C_1\cos\ln x + C_2\sin\ln x + \ln x)$, (5) $y = C_1\cos\ln(1+x) + [C_2 + 2\ln(1+x)]\sin\ln(1+x)$.

26. (1) $y = C_1\cos\frac{x^2}{2} + C_2\sin\frac{x^2}{2}$, (2) $y = C_1\cos e^x + C_2\sin e^x$, (3) $y = C_1\cos K\arccos x + C_2\sin K\arccos x$.

27. $y = \mathrm{arctg}(C_1x + C_2x^{-1})$.

§8

28. (1) $\begin{cases} x = C_1e^t + C_2e^{-t} + \sin t; \\ y = -C_1e^t + C_2e^{-t}, \end{cases}$ (2) $\begin{cases} x = 3C_1e^{-2t} - C_2e^{2t}; \\ y = C_1e^{-2t} + C_2e^{2t}, \end{cases}$

(3) $\begin{cases} x = 3e^t + 3e^{5t}; \\ y = -9e^t + 3e^{5t}; \\ z = 7e^t + 2e^{4t} + 15e^{5t}. \end{cases}$

综合题

29. (ii) (1) $\frac{y}{x} = Ce^{\frac{-1}{xy}}$, (2) $\sqrt{x^2 + y^2} + \ln(\sqrt{x^2 + y^2} - 1) + \ln|\cos x| = C$.

30. (ii) $\mathrm{tg}y = e^{-x^2}(x + C)$. 31. $f(x) = \frac{1}{2}\ln(1 + x^2) + x - \mathrm{arctg}x + C$.

32. (1) $f(x) = e^x$, (2) $f(x) = \mathrm{tg}x$. 33. $f(x) = e^x$ 或 e^{-x}.

35. (1) 当 $\lambda \neq \frac{b}{a}$, $y = \frac{k}{b - a\lambda}e^{-\lambda x} + Ce^{-\frac{b}{a}x}$; 当 $\lambda = \frac{b}{a}$, $y = e^{-x}(\frac{k}{a}x + C)$.

36. $xy = 6$. 37. $x^2 + 2Cy - C^2 = 0$. 38. (1) $y = Ce^{\pm\frac{x}{a}}$, (2) $y^2 = \pm 2bx + 2C$.

39. $y^{2k-1} = Cx$. 40. $y^2 = 2Cx + C^2$.

41. $y = b\,\mathrm{ch}\frac{x}{b}$. 42. (1) $y^2 = x + C$, (2) $\ln(x^2 + y^2) + 2\mathrm{arctg}\frac{y}{x} = C$

43. $m = m_0e^{-\frac{Q}{V}t}$. 44. $T = \frac{2\pi R^2\sqrt{H}}{0.6A\sqrt{2g}}$(秒). 45. $p = a - (a - p_0)e^{-kx}$, a.

46. (1) 由 $\frac{dp}{dt} = k(D - s)$, $k > 0$, $p = p_e + (p_0 - p_e)e^{\lambda t}$, $\lambda = k(\alpha_1 - \beta_1) < 0$. (2) p_e.

47. 12.5(米/秒). 48. (1) $v = \frac{1}{K}\frac{e^{2Kgt-1} - 1}{e^{2Kgt} + 1}$, (2) $\frac{1}{K}$. 49. (3) $v_0 = \sqrt{2gR} = 11.2$(公里/秒).

50. (1) $y = \begin{cases} e^{-x}(x + 1); & 0 \leqslant x < 2; \\ 2e^{-x} + e^{-2}, & x \geqslant 2. \end{cases}$ (2) $f(x) = e^{-x}(\frac{9}{26}\cos 2x + \frac{27}{52}\sin 2x) - \frac{9}{26}\cos 3x - \frac{3}{13}\sin 3x$.

(3) $y = -\frac{13}{2} + 2e^x - \frac{e^{-2x}}{2}$. 51. $q(x) = \frac{1}{x^2}$, $y = C_1x + \frac{C_2}{x}$. 52. $T = \frac{3}{\sqrt{g}}\ln(9 + \sqrt{80})$.

53. 当 $\beta > \omega$ 时, $x = C_1e^{-\eta_1 t} + C_2e^{-\eta_2 t}(\eta_1 > 0, \eta_2 > 0)$; 当 $\beta = \omega$ 时, $x = (C_1 + C_2t)e^{-\beta t}$, 当 $t \to +\infty$, $x \to 0$, 即随时间无限增加而趋于平衡位置, 在这两种情形下弹簧不作任何振动; 当 $0 < \beta < \omega$ 时, $x = Ae^{-\beta t}\cos(\sqrt{\omega^2 - \beta^2}t + \varphi)$, 其中 A, φ 都是任意常数, 当 $t \to +\infty$ 时, 振幅 $Ae^{-\beta t} \to 0$, 于是 $x \to 0$, 即随时间无限增加而趋于平衡位置, 这种情形称为有阻尼的衰减振动, 振动的周期是 $T = \frac{2\pi}{\sqrt{\omega^2 - \beta^2}}$, 这是一个定数, 称为系统的固有周期. 在外力的圆频率 $\omega_0 = \sqrt{\omega^2 - 2\beta^2}$ 时, 振动有最大振幅 $\frac{A}{2\beta\sqrt{\omega^2 - \beta^2}}$ $(t \to +\infty)$.